friends 프렌즈 시리즈 26

프렌즈
말레이시아

김준현, 전혜진 지음

Malaysia

중앙books

Prologue
저자의 말

"말레이시아가 왜 좋아?"

가족과 지인들이 이렇게 물어볼 때마다
짧은 몇 마디 말로는 도저히 설명할 자신이 없었습니다.
결국 400페이지가 넘는 책을 만들게 되었습니다.

인터넷의 정보만 가지고 여행하는 것이 일상적인 시대가 되었습니다.
말레이시아는 인터넷에서 본 것과 실제로 경험하는 것과의 간격이
유독 큰 나라입니다.
이 책을 통해 그 간극을 줄여보고 싶었습니다.

또한 〈프렌즈 말레이시아〉와 함께 여행하는 분들에게는
인터넷의 정보만으로는 경험할 수 없는
보람차고 압도적인 여행 경험을 전해 드리고 싶었습니다.

이 책은,
쿠알라룸푸르 하면 쌍둥이 빌딩만 생각나는 분들을 위한 책입니다.
코타키나발루가 말레이시아인 줄도 몰랐던 분들을 위한 책입니다.
동남아 국가들을 다 여행해 봤으면서도 아직 말레이시아는 안 가본 분들을 위한 책입니다.

여러분들은 그동안의 긴 망설임에 종지부를 찍고 드디어 말레이시아에 가게 될 것입니다.
그리고 곧 자신이 생각보다 더 자주 말레이시아행 비행기에
몸을 싣고 있다는 사실을 발견하게 될 것입니다.
말레이시아의 매력에 빠진 모든 이들이 그랬던 것처럼 말입니다.

이 책에는 말레이시아를 사랑하고 또 사랑한, 저자의 노골적인 사심이 담겨 있습니다.
책을 단 한 장만 펼쳐 보아도 그 마음이 여러분들에게 전해지기를 바랍니다.

김준현 다른 나라에서의 삶, 그리고 여행과 관련한 모든 것들을 체험하고 뜯어보고 분석하는 일을 좋아한다. KAIST에서 산업경영을 전공하고 소프트웨어 벤처기업에서 근무했으며, 대학원에서는 사회복지학을 전공했다. 저서로는 〈라오스 100배 즐기기〉, 〈앙코르와트 100배 즐기기〉, 〈발리 홀리데이〉 등이 있다.

전혜진 인간이 가질 수 있는 한정된 시간의 기억을 가장 촘촘하게 메워주는 여행의 순간을 사랑한다. 연세대 사회학과 학부와 대학원에서 문화인류학적인 관찰을 공부했으며, 라디오, TV의 시사프로그램과 다큐멘터리를 만드는 작가로 활동했다. 저서로는 〈스페인 데이〉, 〈이탈리아 데이〉(공저) 등이 있다.

Foreword
일러두기

지역 구분

이 책은 말레이시아를 크게 쿠알라룸푸르, 코타키나발루, 말라카, 랑카위, 페낭, 카메론 하일랜드 6개의 도시로 구분해 소개한다. 각 도시는 다시 5~6개의 지역으로 나누어 지역별 볼거리, 맛집, 즐길 거리, 쇼핑, 숙박 명소들을 소개했다.

추천 일정

말레이시아 전역을 아우르는 추천 여행 일정은 〈베스트 코스〉 페이지에서 테마별, 취향별로 다양한 코스를 제안했다. 각 도시별로도 다양한 테마의 추천 코스를 소개했다. 각 코스마다 중심이 되는 지역과 총 소요시간, 코스별 이동 시간을 상세하게 소개했으며, 코스별 하단에는 코스 팁Tip과 더욱 풍부한 여행을 즐길 수 있는 옵션Option을 소개했다.

여행지 소개

각 도시는 기본 정보 ▶ 교통 정보(들어가기, 다니기) ▶ 지역별 명소 소개 순서로 구성했다.
여행 명소의 성격별로 Sightseeing(관광), Restaurant(식당), Enjoying(즐길 거리), Shopping(쇼핑), Hotel(숙소) 섹션으로 구분하였다.
여행 명소는 아래의 페이지 요소들을 추가하여 더욱 풍부한 설명을 곁들였다.

Tip : 알고 가면 더욱 알찬 여행 팁.
TALK : 여행지에 얽힌 재미있는 이야기들.
Travel Plus + : 여행지 근처에 자리하고 있어, 함께 가면 좋은 추가 명소.
Focus : 조금 더 깊이 있게 알아보는 여행 명소.
Check : 꼭 알고 가야 하는 상세 정보.

Special Page : 여행이 더욱 재미있어 지는 분야 불문 여행 콘텐츠. 그 지역에서만 먹을 수 있는 베스트 먹거리에서부터 이색 투어까지 흥미진진한 콘텐츠가 가득하다.
Special Theme : 그 지역만의 이색 여행법을 소개하는 코너. 그림지도를 곁들여 보는 재미를 더했다.

지도에 사용한 기호 표시

명소	교통 수단	기타	
V2 관광	✈ 공항	💲 환전소	ℹ 관광안내소
R2 식당	🚆 기차	🏖 비치	✉ 우체국
S2 쇼핑	🚌 버스	⛪ 교회	🚻 화장실
E2 즐길 거리	⚓ 페리	**ATM** ATM	
H2 숙소	🚠 케이블카	113 도로 번호	

※이 책에 실린 정보는 2020년 1월까지 수집한 정보를 바탕으로 하고 있습니다. 따라서 현지의 물가와 여행 관련 정보(입장료, 운영시간, 교통 요금, 운행 시각, 레스토랑, 숙소)는 수시로 바뀔 수 있습니다.

Contents
목차

아시아의 코스모폴리탄이 모여드는 곳
쿠알라룸푸르
Kuala Lumpur

말레이 왕국의 시작,
그 아련한 장미빛 기억
말라카 Melaka

고원을 뒤덮은 차 밭의 물결
카메론 하일랜드
Cameron Highlands

동양의 진주라 불리는
말레이 최고의 미식 도시
페낭 Penang

어른들을 위한 열대의 나른한 천국
랑카위 Langkawi

열대 바다와 정글에서 즐기는 휴양

코타키나발루 Kota Kinabalu

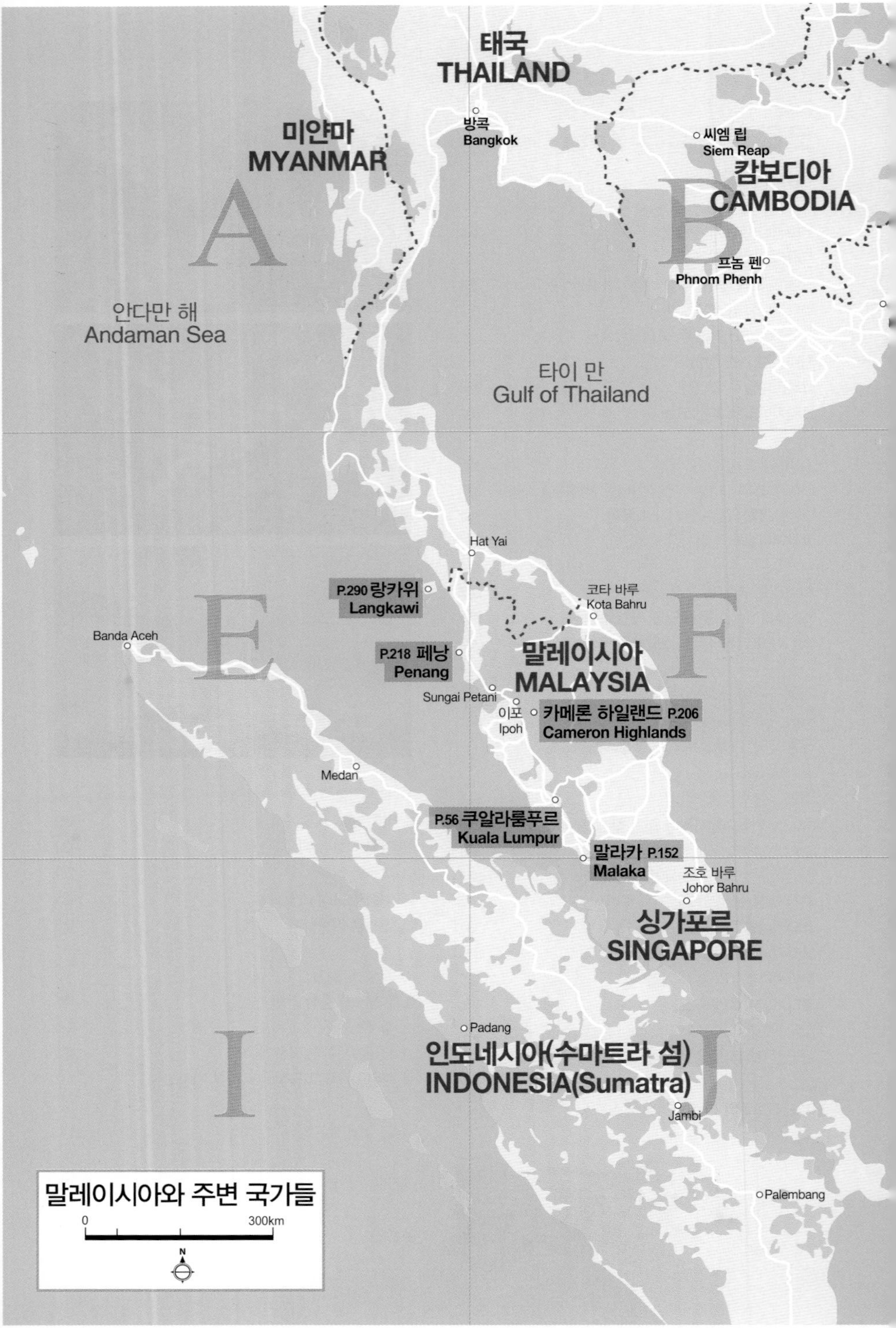

태국
THAILAND

미얀마
MYANMAR

방콕
Bangkok

씨엠 립
Siem Reap

캄보디아
CAMBODIA

A

B

안다만 해
Andaman Sea

프놈 펜
Phnom Phenh

타이 만
Gulf of Thailand

Hat Yai

코타 바루
Kota Bahru

P.290 랑카위
Langkawi

Banda Aceh

E

F

P.218 페낭
Penang

말레이시아
MALAYSIA

Sungai Petani

이포
Ipoh

카메론 하일랜드 P.206
Cameron Highlands

Medan

P.56 쿠알라룸푸르
Kuala Lumpur

말라카 P.152
Malaka

조호 바루
Johor Bahru

싱가포르
SINGAPORE

I

J

Padang

인도네시아(수마트라 섬)
INDONESIA(Sumatra)

Jambi

말레이시아와 주변 국가들

0   300km

N

Palembang

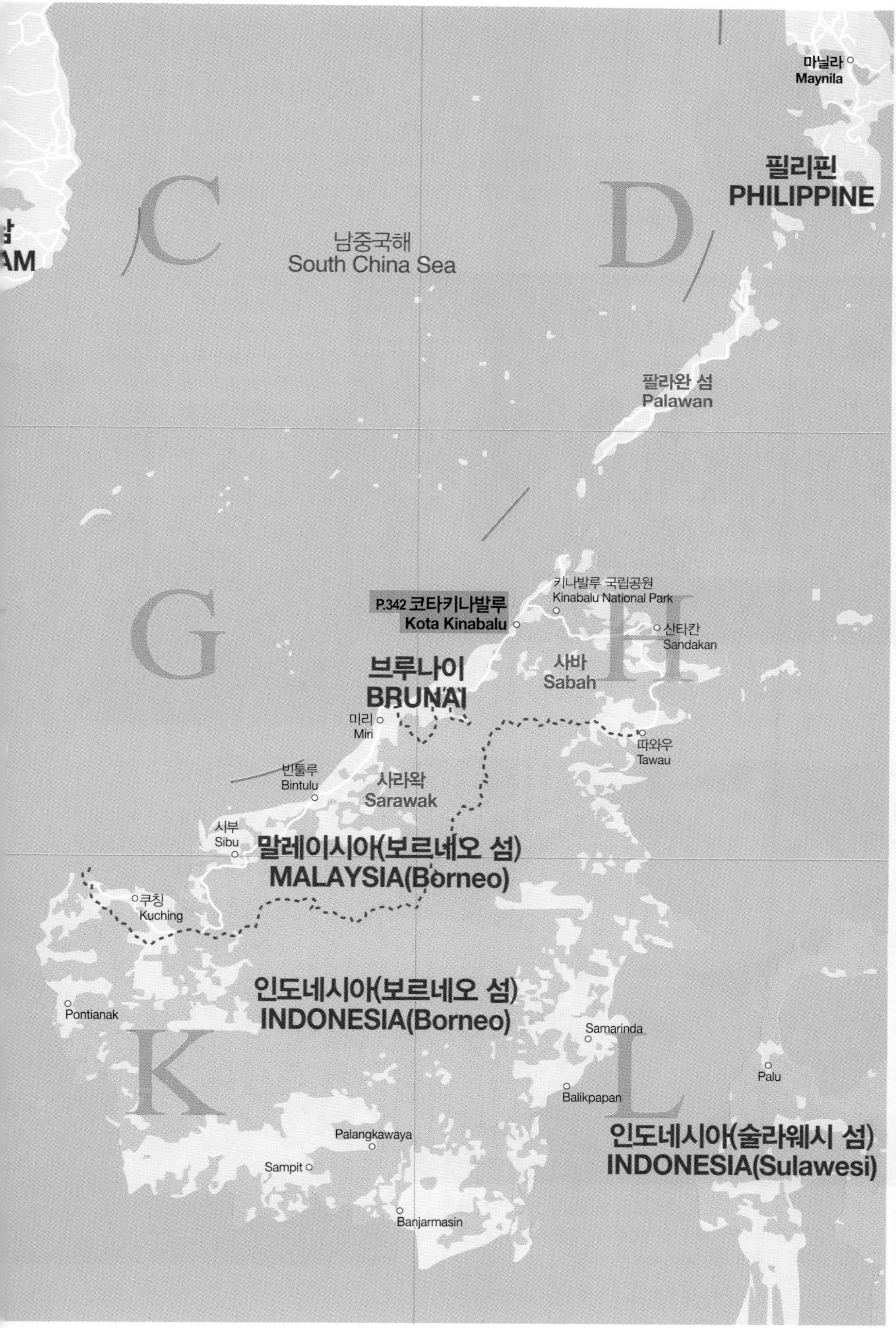

마닐라 ○
Maynila

필리핀
PHILIPPINE

남중국해
South China Sea

C

D

AM

팔라완 섬
Palawan

G

키나발루 국립공원
Kinabalu National Park ○

P.342 **코타키나발루**
Kota Kinabalu

H

브루나이
BRUNAI

사바
Sabah

○ 산타칸
Sandakan

미리 ○
Miri

사라왁
Sarawak

따와우
Tawau

빈툴루
Bintulu

시부 ○
Sibu

말레이시아(보르네오 섬)
MALAYSIA(Borneo)

쿠칭 ○
Kuching

인도네시아(보르네오 섬)
INDONESIA(Borneo)

Samarinda ○

Pontianak ○

K

L

Palu ○

Balikpapan ○

Palangkawaya ○

인도네시아(술라웨시 섬)
INDONESIA(Sulawesi)

Sampit ○

Banjarmasin ○

Best of
Malaysia

말레이시아에 빠진 이유

세계에서 좋다는 곳은 다 가본 여행자들에게 말레이시아가 새로운 여행지로 떠오르는 이유는 무엇일까? 한 번도 안 가본 사람은 있어도 한 번만 가는 사람은 없다는 무한 매력 여행지. 아직 휴가지를 결정하지 못한 이들에게 말레이시아를 자신 있게 추천하는 이유다.

▼ 2 홍콩의 쇼핑몰만큼 편리한 쇼핑센터

뉴욕, 도쿄, 런던과 함께 세계에서 가장 쇼핑하기 좋은 도시로 손꼽히는 쿠알라룸푸르의 명성을 확인해보자.

▲ 1 대만의 야시장만큼 환상적인 야시장

저렴한 먹을 거리가 가득한 야시장은 말레이시아를 기억하게 만들 또 다른 밤 풍경이다.

▼ 3 오사카의 라멘집만큼 유서깊은 맛집

노점에서 시작해 가게 한 켠을 장만하고 아버지가 배운 그 맛을 다시 손주가 이어가는 자부심 넘치는 맛집들이 수두룩하다.

▲ 4 싱가포르의 반값으로 즐기는 미식 여행

미식 여행으로 유명한 싱가포르. 이웃나라 말레이시아에서는 똑같은 요리를 반값으로 즐길 수 있다.

▲ **5** 스페인 뒷골목만큼 역사 깊은 시가지
유럽풍 건물과 힌두교 사원, 중국풍 숍하우스가 나란히 서 있는 도시의 골목마다 세월이 겹겹이 쌓여 있다.

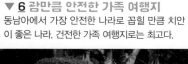

▼ **6** 괌만큼 안전한 가족 여행지
동남아에서 가장 안전한 나라로 꼽힐 만큼 치안이 좋은 나라. 건전한 가족 여행지로는 최고다.

▲ **7** 제주도보다 저렴한 국내 항공권
말레이시아 안이라면 어디든 부담 없는 가격으로 오갈 수 있는 저가항공의 메카다.

▼ **8** 보라카이만큼 멋진 바닷가
주변의 섬 곳곳에 숨겨진 해변들이 많다. 알려지지 않은 나만의 해변을 발굴해보자.

말레이시아의 세계문화유산

동남아시아 어디에서도 볼 수 없는 독특한 문화경관을 간직한 두 도시, 말라카와 페낭 조지타운은 2008년 7월 유네스코 세계문화유산으로 지정되었다. 500년 이상 동서교역의 중심 역할을 하며 아시아와 유럽이 혼재된 건축물이 세워진 말라카, 18세기 말부터 영국식민통치의 중심지이자 세계적인 무역항으로 성장한 페낭 조지타운. 두 도시를 걷는 일 자체가 살아있는 박물관 구경이다.

Best of Malaysia

1 말라카 구시가
Melaka Old Town

15세기에 지은 중국 사원과 16세기에 만든 포르투갈의 요새, 17세기에 세운 네덜란드 교회와 19세기에 만든 영국의 시계탑까지. 구시가 한가운데를 흐르는 운하를 따라 오랜 시간 켜켜이 쌓인 세월이 흐른다.

말라카의 세계문화유산을 즐기는 방법

하나 골동품 가게였던 중국풍 숍 하우스가 가득한 존커 거리(p.175) 걷기.

둘 말라카 리버 크루즈(p.172)를 타고 강변에 복원된 역사 건물들을 구경하기.

셋 낮에는 알록달록 꽃분홍색으로, 밤이면 반짝반짝 조명으로 눈길을 끄는 트라이쇼(p.158) 타기.

넷 일명 '물 위에 떠 있는 사원', 말라카 해협 모스크 (p.171)에서 석양 감상하기

2 페낭 조지타운
Penang Georgetown

페낭 항을 개발한 영국 식민시대의 유산에 이슬람 상인들이 독특한 색깔을 더하고, 막대한 돈을 벌어들인 중국 무역상들이 성공을 과시하며 지은 저택과 땅도 없이 물 위에 집을 지어야 했던 이민 노동자들의 수상가옥이 공존하는 도시다.

페낭 조지타운의 세계문화유산을 즐기는 방법

하나 수백 년 된 전통가옥과 벽화 예술의 만남,
거리 벽화(p.236)를 배경으로 사진 찍기

둘 세월을 고스란히 간직한 조지타운의 뒷골목을 앤틱한 **트라이쇼(p.228)**를 타고 둘러 보기.

셋 매달 마지막 토요일, 축제 분위기로 변신하는
아르메니안 거리(p.235)를 방문하기.

넷 조지타운 세계문화유산 본부에서 진행하는
워킹 투어(p.241)에 참여하기.

말레이시아 대표 명소

당신의 말레이시아 여행을 더욱 특별하게 만들어줄 버킷 리스트를 소개한다. 나를 위해 기다렸다는 듯이 펼쳐지는 마법 같은 순간들, 여행자라면 빼놓지 말아야 할 절대 명소들이다.

Best of Malaysia

은빛으로 반짝이는 쿠알라룸푸르의 상징, 페트로나스 트윈 타워(p.81)

영국 식민지 시대 역사 건축물로 가득한, 메르데카 광장 주변(p.101)

세계 3대 석양이 눈 앞에 펼쳐진다, 코타키나발루의 선셋(p.359)

푸른 바다 속 열대어 만나기, 스노클링 투어(p.306, p.365, p.369)

푸른 바다가 펼쳐지는 360도 파노라마, 랑카위 케이블카&전망대(p.315)

영국 식민지 시대로 떠나는 시간 여행, 북보르네오 기차 투어(p.382)

나무 가득 내려 앉는 아련한 반딧불을 찾아서, 반딧불이 투어(p.378)

말레이시아에서 가장 고즈넉하고 아름다운 해변, 랑카위 딴중 루 비치(p.324)

Best Course
베스트 코스 1

마음 맞는 여자끼리, 양손 무거운 쇼핑 여행
쿠알라룸푸르+페낭 6박 7일

감각적인 도시인의 라이프 스타일을 사랑하는 당신이라면 말레이시아를 대표하는 두 도시, 쿠알라룸푸르와 페낭을 여행할 것을 추천한다. 쿠알라룸푸르의 초대형 쇼핑몰과 미술관을 마음껏 즐긴 다음, 말레이시아 최고의 미식도시 페낭을 둘러본다. 독특한 소품으로 가득한 부티크 호텔에 머물며 낡은 전통가옥을 세련된 브런치 카페로 변신시킨 젊은 예술의 힘을 만날 수 있다.

Day 1 | 한국 출발 | 쿠알라룸푸르 공항 도착 | 쿠알라룸푸르 숙박

Day 2 | 쿠알라룸푸르 시내 관광 | 쿠알라룸푸르 숙박

Day 3 | 페낭으로 이동 | 페낭 숙박

Day 4 | 페낭 시내 관광 | 페낭 숙박

Day 5 | 쿠알라룸푸르로 이동 | 쿠알라룸푸르 숙박

Day 6 | 쿠알라룸푸르 쇼핑몰 순례 | 쿠알라룸푸르 숙박

Day 7 | 쿠알라룸푸르 공항 출발 | 한국 도착

【 이동 Tip 】
❶ 쿠알라룸푸르–페낭 구간은 국내선 비행기, 버스, 기차 등이 운행된다.
❷ 쿠알라룸푸르–버터워스(페낭) 구간을 운행하는 열차는 4시간 정도가 소요된다.

【 여행 Tip 】
❶ 쿠알라룸푸르–페낭 사이의 국내선은 버스보다 저렴하게 구할 수 있다. 저가항공사의 프로모션기간을 주목할 것.
❷ 그랩같은 차량 공유 서비스를 이용하면 시내이동이 편하다.
❸ 귀국편 출발 시각이 이른 아침이라면 페낭을 일정 마지막으로 하는 것도 방법이다. 저녁 비행기로 돌아와 공항의 환승 호텔이나 호스텔에서 잠깐 쉰 다음 바로 귀국할 수 있다.

Best Course
베스트 코스 2

아이들과 함께, 추억 가득한 가족 여행
코타키나발루 3박 5일

수영장에서 첨벙첨벙 놀기 좋아하는 어린 아이와 함께 하는 여행이라면 시설 좋은 리조트를 부담스럽지 않은 가격으로 예약할 수 있는 코타키나발루를 추천한다. 아이를 데리고 어딘가를 가는 것 자체가 고역일 때는 최대한 리조트 안에서 움직이지 않고 모든 것을 해결할 수 있다. 다양한 일일 투어들을 이용해 일정을 쉽게 짤 수 있다는 것도 장점이다. 가족여행에서 큰 고민거리인 이동 방법에 대한 스트레스 없이 모두가 편안하게 쉴 수 있다.

Day 1 한국 출발 ···· 코타키나발루 공항 도착 ···· 코타키나발루 숙박

Day 2 스노클링 보트 투어&코타키나발루 시장 구경 ···· 코타키나발루 숙박

Day 3 북보르네오 기차 투어&코타키나발루 시내 관광 ···· 코타키나발루 숙박

Day 4 시내 외곽 관광&반딧불이 투어 ···· 코타키나발루 공항 출발

Day 5 한국 도착

【 이동 Tip 】

❶ 스노클링 보트 투어는 제셀톤 포인트나 수트라하버 씨 퀘스트에서 바로 신청할 수 있다.

❷ 리조트와 코타키나발루 시내 사이의 이동은 택시 또는 그랩을 이용한다.

❸ 북보르네오 기차 투어와 반딧불이 투어는 여행사 상품을 미리 신청한다.

【 여행 Tip 】

❶ 코타키나발루행 비행기는 늦은 밤에 도착한다. 첫날 밤은 리조트 대신 저렴한 숙소를 잡는 경우도 많다.

❷ 한국행 비행기 역시 밤늦게 출발한다. 공항에 내려주는 반딧불이 투어를 일정 마지막에 잡으면 효율적이다.

❸ 여유 있는 여행을 선호한다면 시내 구경 대신 리조트 수영장에서 휴식하도록 한다.

연인과 함께, 두근두근 로맨틱 여행
페낭+랑카위 6박 7일

푸른 바다를 바라보는 근사한 리조트로 떠나는 여행은 모든 커플들의 로망이다. 말레이시아에서 가장 로맨틱한 두 개 섬을 돌아볼 수 있는 방법. 오래되고 낡은 골목에서 낭만적인 정취를 느낄 수 있는 페낭에서 여행을 시작해, 99개의 섬들이 보석처럼 주변 바다를 수놓는 랑카위에서 여행을 마무리한다. 신혼여행이라면 럭셔리 호텔이 많은 랑카위에서의 숙박을 하루 더 늘리는 것도 좋다.

Day 1 ···· 한국 출발 ···· 쿠알라룸푸르 공항 도착 ···· 페낭행 국내선 환승 ···· 페낭 숙박

Day 2 ···· 페낭 시내 관광 ···· 페낭 숙박

Day 3 ···· 페낭 외곽 관광&랑카위로 이동 ···· 랑카위 숙박

Day 4 ···· 랑카위 보트 투어 ···· 랑카위 숙박

Day 5 ···· 랑카위 렌터카 여행 ···· 랑카위 숙박

Day 6 ···· 쿠알라룸푸르로 이동 ···· 쿠알라룸푸르 숙박

Day 7 ···· 쿠알라룸푸르 공항 출발 ···· 한국 도착

【 이동 Tip 】
❶ 쿠알라룸푸르 공항에서 페낭/랑카위를 오가는 국내선이 자주 운행된다.
❷ 페낭과 랑카위 섬 사이에는 소형 고속 페리가 하루 2회 운행된다.
❸ 페낭과 랑카위 사이를 오가는 국내선 저가항공을 이용할 수도 있다.

【 여행 Tip 】
❶ 쿠알라룸푸르→페낭, 랑카위→쿠알라룸푸르 구간은 국내선을 이용해 시간 절약을 한다.
❷ 저가항공사의 프로모션을 노리면 국내선 가격이 아주 저렴하다.
❸ 한국행 비행기는 밤늦은 시간이나 새벽에 출발하는 경우가 많다. 쿠알라룸푸르 시내로 들어가지 않고 공항에서 잠시 쉬었다가 바로 출발할 수도 있다.
❹ 중국남방항공 등의 경유편을 이용하면 쿠알라룸푸르에서 국내선을 갈아탈 필요 없이 페낭 국제공항으로 바로 갈 수 있다.

Best Course
베스트 코스 4

호기심 가득한 친구와 떠나는, 인문학 체험 여행
페낭+쿠알라룸푸르+말라카 7박 9일

먹고 자고 쇼핑만 하는 여행 그 이상을 꿈꾸는 당신이라면, 유네스코가 세계문화유산으로 지정한 두 도시를 중심으로 하는 일정을 추천한다. 포르투갈, 네덜란드, 영국, 중국 풍의 건축물들이 혼재되어 있는 말라카, 영국식민시대 무역항의 향수를 느낄 수 있는 페낭, 여기에 말레이시아의 역사를 한 눈에 알 수 있는 쿠알라룸푸르의 올드 타운까지. 말레이시아만의 독특한 다문화 전통을 만끽할 수 있다.

Day 1 — 한국 출발 → 쿠알라룸푸르 공항 도착 → 페낭행 국내선 환승 → 페낭 숙박

Day 2 — 조지타운 유네스코 세계문화유산 탐방 → 페낭 숙박

Day 3 — 페낭 외곽의 문화유산 구경 → 페낭 숙박

Day 4 — 쿠알라룸푸르로 이동 → 쿠알라룸푸르 숙박

Day 5 — 콜로니얼 역사 건물&박물관 탐방 → 쿠알라룸푸르 숙박

Day 6 — 쿠알라룸푸르 차이나타운&리틀인디아 → 쿠알라룸푸르 숙박

Day 7 — 말라카로 이동 → 말라카 숙박

Day 8 — 말라카 올드타운 세계문화유산 탐방 → 쿠알라룸푸르 공항으로 이동

Day 9 — 쿠알라룸푸르 공항 출발 → 한국 도착

【 이동 Tip 】

❶ 쿠알라룸푸르-페낭 구간은 국내선 저가항공을 이용한다.
❷ 쿠알라룸푸르-말라카 구간은 시외버스가 자주 운행된다.
❸ 말라카에서 쿠알라룸푸르 국제공항으로 바로 가는 버스를 이용한다.

【 여행 Tip 】

❶ 조지타운 세계문화유산 본부에서 진행하는 투어& 축제 일정을 확인한다.
❷ 가능한 매달 마지막 금~일요일로 페낭 방문 일정을 맞출 것. 문화 이벤트가 집중된다.
❸ 말라카는 야시장이 열리는 주말에 방문하면 재미있다. 단 숙소 확보는 미리 할 것.

Trishaw, Penang

Best Course
베스트 코스 5

나 홀로 떠나는, 흥미진진 배낭 여행
말레이 반도 핵심 도시 12박 14일

몸 건강한 청춘에게는 말레이시아 전역이 놀이터다. 울창한 정글의 숲 속부터 넓고 푸른 인도양의 바닷물까지, 온 몸의 근육이 뻐적지근해지도록 놀 곳들이 천지다. 초현대적인 도시에서부터 수백 년 된 건축물로 가득한 문화유산도시까지. 세상에는 보고 듣고 배울 것들이 너무 많다.

Day 1	한국 출발 / 쿠알라룸푸르 공항 도착	쿠알라룸푸르 숙박
Day 2	쿠알라룸푸르 시내 구경	쿠알라룸푸르 숙박
Day 3	카메론 하일랜드로 이동	카메론 하일랜드 숙박
Day 4	카메론 하일랜드 관광&페낭으로 이동	페낭 숙박
Day 5	페낭 조지타운 구경	페낭 숙박
Day 6	페낭 외곽 지역 구경	페낭 숙박
Day 7	랑카위로 이동	랑카위 숙박
Day 8	호핑 투어	랑카위 숙박
Day 9	코랄 아일랜드 투어	랑카위 숙박
Day 10	쿠알라룸푸르로 이동	쿠알라룸푸르 숙박
Day 11	쿠알라룸푸르 외곽 지역 구경	쿠알라룸푸르 숙박
Day 12	말라카로 이동	말라카 숙박
Day 13	말라카 시내 구경	쿠알라룸푸르 공항으로 이동
Day 14	쿠알라룸푸르 공항 출발	한국 도착

【 이동 Tip 】

❶ 쿠알라룸푸르–카메론 하일랜드–페낭, 쿠알라룸푸르–말라카 구간은 시외버스를 이용한다.

❷ 페낭–랑카위는 소형 고속 페리를 이용한다.

❸ 랑카위에서 쿠알라 펄리스로 이동한 다음 쿠알라룸푸르행 장거리 버스를 탈 수 있다.

【 여행 Tip 】

❶ 말라카에서 쿠알라룸푸르 국제공항으로 바로 가는 버스를 이용하면 일정을 절약할 수 있다.

❷ 랑카위–쿠알라룸푸르 구간의 저가항공권은 미리 구입해둔다. 체력 비축에 큰 도움이 된다.

❸ 정글 트레킹을 좋아하는 여행자라면 카메론 하일랜드에서의 일정을 늘릴 것.

Best Course
베스트 코스 6

엄마와 딸 둘이서, 유유자적 힐링 여행
쿠알라룸푸르+말라카 4박 5일

여행에 익숙하지 않은 어머니와 떠난 휴가라면 가능한 이동시간을 줄여서 체력안배를 하는 것이 중요하다. 무더운 날씨에 지치지 않도록 쿠알라룸푸르와 가까운 말라카 정도로만 부담 없는 스케줄을 잡는 것이 좋다. 매일 반복되던 집안일과 직장 스트레스 따위는 잠시 잊을 수 있도록, 근사한 호텔과 우아한 레스토랑, 럭셔리한 스파를 추가할 것. 여행이 한층 더 특별해진다.

Day 1 · · · 한국 출발 ── 쿠알라룸푸르 공항 도착 ── 쿠알라룸푸르 숙박

Day 2 · · · 쿠알라룸푸르 쇼핑몰 구경&TWG 애프터눈 티 ── 쿠알라룸푸르 숙박

Day 3 · · · 말라카로 이동 ── 카사 델 리오에서 티핀 런치&스파 즐기기 ── 말라카 숙박

Day 4 · · · 마제스틱 호텔의 애프터눈 티&스파 즐기기&리버 크루즈 ── 말라카 숙박

Day 7 · · · 쿠알라룸푸르로 이동&공항 출발 ── 한국 도착

【 이동 Tip 】
❶ 쿠알라룸푸르-말라카는 시외버스를 이용한다.
❷ 말라카에서 쿠알라룸푸르 국제 공항으로 바로 가는 버스를 이용해 일정을 단축할 수도 있다.

【 여행 Tip 】
❶ 여자 두 명이라면 근사한 삼단 트레이에 차려 나오는 애프터눈 티 세트가 점심 대용이 된다.
❷ 특급 호텔의 스파는 미리 예약할 것. 홈페이지에서 제공하는 특별 프로모션도 체크한다.
❸ 카사 델 리오의 티핀 런치는 뇨냐 푸드를 가장 럭셔리하게 즐길 수 있는 방법.
❹ 뜨거운 햇빛을 피해 리버 크루즈는 해 질 무렵 이용하는 것이 좋다. 조명이 반짝이는 강변을 따라 걸어도 낭만적이다.

Best Course
베스트 코스 7

주어진 시간은 단 하루, 쿠알라룸푸르 스탑 오버
쿠알라룸푸르 1박 2일

저가항공사 에어아시아의 허브공항으로 쿠알라룸푸르를 들르게 되는 경우가 많다. 인근 동남아시아 국가들과 호주 등을 연결하는 항공권을 최저가로 구입하다 보면 하루 정도 시간이 남는 경우가 자주 생긴다. 유럽으로 가는 장거리 노선을 운행하는 말레이시아 항공 역시 특가 프로모션을 자주 진행한다. 이럴 때 이용할 수 있는 단 하루짜리 쿠알라룸푸르 핵심 코스!

16:30	쿠알라룸푸르 국제공항으로 입국
17:30	쿠알라룸푸르 공항 출발
18:30	KL 센트랄 도착
19:00	수리아 KLCC 쇼핑몰 구경&저녁 식사
20:00	페트로나스 트윈 타워 구경
21:00	KLCC 공원의 분수 쇼 구경
21:30	워크웨이를 따라 부낏 빈땅 지역으로 이동
22:00	파빌리온의 커넥션에서 맥주 한 잔
23:00	잘란 알로 야시장 구경
24:00	부낏 빈땅에서 마사지 또는 잘란 창캇 부낏 빈땅의 바 순례
03:00	근처 호스텔에서 취침
10:00	체크아웃 후 메르데카 광장 주변 구경
13:00	KL 센트랄 출발
14:00	쿠알라룸푸르 공항 도착

【 이동 Tip 】

❶ 쿠알라룸푸르 공항과 KL 센트랄 사이는 공항철도/공항버스 등이 운행된다. 가장 빠른 것은 공항철도 익스프레스.

❷ KL 센트랄에서 KLCC로 갈 때는 LRT를, 부낏 빈땅에서 KL 센트랄로 갈 때는 모노레일을 이용한다.

❸ KLCC와 부낏 빈땅 사이를 연결하는 보행 전용 고가 통로 '워크웨이'의 위치를 확인해둔다. 아주 요긴하다.

【 여행 Tip 】

❶ 공항에 짐 보관소가 있다. 큰 짐은 맡겨놓고 딱 하룻밤 쓸 세면도구 정도만 챙겨서 움직이면 편하다.

❷ 부낏 빈땅에서 밤 늦게까지 놀 생각이라면 근처의 저렴한 호스텔을 예약하는 것도 방법. 잠깐 자고 가는 용도라도 문제없다.

❸ 쿠알라룸푸르 시내의 교통체증을 충분히 감안해서 움직이도록 한다. 공항에는 출발 3시간 전까지 도착할 수 있도록!

Tasty Malaysia

말레이시아 대표 음식

말레이시아에서 만나게 될 낯선 음식들과 친해져 보자. 이 또한 여행의 묘미니까. 새로운 미각과 새로운 경험에 도전하는 만큼 여행의 추억도 쌓여 간다. 말레이계/중국계/인도계/뇨냐 음식 모두를 맛볼 수 있는 나라, 다문화적인 음식들이 향연을 펼치는 맛의 천국, 말레이시아다.

말레이계 음식

쌀밥에 반찬 몇 가지를 곁들여서 먹는 것이 말레이시아인들의 전통적인 식사법이다. 요리에는 허브와 향신료를 아낌없이 사용하는 것이 특징. 특히 풍미를 더하기 위해 블라찬Belacan이라는 새우 페이스트를 자주 사용한다.

1 나시 르막
Nasi Remak

코코넛 밀크로 지은 밥을 멸치튀김, 땅콩, 달걀, 오이, 매운 삼발 소스와 함께 내는 아침식사다. 바나나 잎으로 포장해서 간편하게 즐기기도 하는 국민 대표 메뉴.

2 나시 고랭
Nasi Goreng

말레이시아식 볶음밥. 잘게 썬 야채와 고기나 해산물을 기름에 볶다가 밥과 양념을 투하. 어디서 먹어도 무난하다.

3 나시 짬뿌르
Nasi Campur

한 접시에 담는 만큼 계산하는 말레이식 백반. 한두 가지 고기반찬과 두세 가지 야채 반찬이면 적당하다.

4 소통 고랭
Sotong Goreng

말레이시아 사람들이 즐겨 먹는 오징어 튀김. 바삭하게 튀긴 오징어를 달콤한 칠리 소스에 찍어 먹는다.

5 삼발 소통
Sambal Sotong

말레이식 양념을 넣어서 볶아낸 오징어 요리. 감칠 맛 나게 발효시킨 새우 페이스트를 사용해서 밥 반찬으로는 최고다.

6 삼발 우당
Sambal Udang

통통한 새우를 매콤 달콤한 양념으로 볶아내는 요리. 말레이 특유의 발효 양념장과 감칠맛 나는 새우는 찰떡궁합.

7 이칸 아삼 쁘다스
Ikan Asam Pedas

말레이 스타일의 생선 조림.시큼하면서도(아삼 Asam) 매콤한(쁘다스 Pedas) 양념장을 넣어서 조려내는 방식이다.

8 로작
Rojak

말레이 스타일의 과일 샐러드. 구아바나 파인애플 같은 과일에 달콤짭짤한 블라찬 드레싱을 뿌려 먹는다.

9 사테
Satay

땅콩소스에 찍어먹는 꼬치구이. 대표적인 길거리 음식으로 닭고기 꼬치구이(사테 아얌)가 제일 많다.

인도계 음식

말레이계와 중국계에 이어 세 번째로 규모가 큰 민족. 영국이 페낭과 싱가포르에 무역기지를 세운 19세기 이후 대거 이주한 타밀 족을 시작으로, 인도 각지에서 온 이민자들이 뒤섞여 영향을 주고받으며 새로운 레시피가 개발되었다.

yummy!

로띠 차나이
Roti Canai

찰진 밀가루 반죽을 얇게 펴서 프라이팬에 구워내는 음식. 인도계 무슬림들이 아침식사로 즐겨 먹는다.

마막 미 고랭
Mamak Mee Goreng

말레이시아에서 먹는 볶음국수가 미 고랭. 그 중에서도 타밀계 무슬림들이 만들어 낸 '인도식 마막 미고랭'이 대표적이다.

탄두리 치킨
Tanduri Chicken

인도 북부 지역 출신의 이민자들이 들여온 인도의 전통 닭요리. 향신료와 요구르트에 재운 닭을 긴 쇠꼬챙이에 꿰어 탄두르Tandoor에서 구워낸다.

나시 칸다르
Nasi Kandar

페낭 지역에서 유래한 타밀계 이주민들의 대표음식. 밥 위에 고기나 야채 반찬을 골라서 담은 다음 커리 소스를 듬뿍 뿌려서 먹는다.

비리야니
Biryani

향신료를 넣어 만든 인도식 커리 영양밥. 인도 특유의 향신료가 들어간 쌀밥에 닭고기 · 양고기 등 여러 재료들을 곁들여 만든다.

바나나 리프 라이스
Banana leaf rice

바나나 잎을 접시 삼아 그 위에 밥과 커리, 반찬을 얹어주는 남인도 지방의 대표 음식. 밀즈 Meals라고 부른다.

무르타바
Murtabak

다진 고기와 야채로 두툼하게 속을 채워서 굽는 인도식 팬케이크. 커리 파우더와 가람 마살라 등 인도의 향신료를 총동원해 속 재료를 양념한다.

파셈부르
Pasembur

튀김에 채 썬 오이와 히까마 등을 얹고 매콤달콤한 소스를 뿌려 먹는다. 인도계 무슬림의 대표음식으로 인도식 로작 Indian Rojak이라고도 한다.

떼 따릭 (혹은 떼 따릭 아이스)
Teh Tarik

뜨거운 홍차와 연유를 섞은 말레이 사람들의 국민 음료. 두 개 용기의 높이를 바꿔가며 액체가 길게 늘어지도록 떨어뜨려 거품을 낸다.

Tasty Malaysia

중국계 음식

말레이시아에서 가장 높은 비중을 차지하는 이주민 인구가 중국계. 그 만큼 중국식 음식 문화는 노점 음식을 비롯해 말레이 음식 문화 전반에 강력한 영향을 미쳤다. 크고 작은 도시에서 다양한 길거리 음식을 내놓고 팔면서, 각 지역 특성에 맞춰 변형한 요리들까지 등장했다.

치킨 라이스
Chicken Rice

말레이시아 스트리트 푸드의 트레이드 마크. 닭 육수로 지은 밥에 찜닭을 얹는 한 그릇 음식으로 하이난 지방 이주민들이 개발했다.

차슈 라이스
Char Siew Rice

달콤짭짤한 양념을 발라서 굽는 중국식 바비큐, 차슈를 밥 위에 얹어 먹는다. 치킨 라이스와 함께 중국계 이민자들에게는 소울 푸드와도 같다.

차 콰이 테우
Char Kway Teow

새조개와 새우, 오징어 같은 해산물과 함께 볶아낸 중국식 볶음 쌀국수. 뜨거운 기름과 중국식 냄비로 내는 불맛이 일품이다.

완탄 미
Wantan Mee

광둥 지방에서 유래한 음식. 굴 소스와 소이 소스로 만든 특제소스에 비빈 드라이 타입과 육수에 말아 먹는 수프 타입이 있다.

딤 섬
Dim Sum

피가 얇고 속이 투명한 까우(餃), 찐빵처럼 껍질이 두툼한 바오(包), 윗부분이 뚫려 속이 보이는 마이(賣) 등 다양한 종류를 중국식 차와 함께 먹는다.

바 꾸 테
Bah Kut Teh

보양식으로 즐겨 먹는 맑은 돼지갈비탕. 향신료 주머니에 갖가지 약재와 허브를 담아서 함께 끓인다.

하이난 식 치킨 찹/폭 찹
Chicken Chop/ Pork Chop

고소하게 튀긴 치킨/포크 커틀릿에 달짝지근한 소스를 뿌려 먹는 하이난 스타일 음식의 대명사.

스팀 보트
Steam Boat

각종 재료를 끓는 국물에 넣어서 익혀 먹는 일종의 샤부샤부. 어묵, 두부, 유부, 국수, 해물, 고기, 야채 등 다양한 재료를 넣어 먹을 수 있다.

로박
Loh Bak

양념에 재운 돼지 안심을
두부피로 돌돌 말아 튀긴다.
아삭할 정도로 노릇하게 튀겨진
두부피 껍질이 핵심이다. 소이
소스로 만든 디핑 소스(로 Loh)에
찍어 먹는다.

10

굴 오믈렛
Oyster Omelette

굴을 곁들인 중국식 달걀 볶음.
타피오카 분말과 쌀가루를 넣은
반죽을 달달 볶아서 특유의 찐득한
질감이 난다.

9

뇨냐 음식

중국계 이주민들과 결혼한 말레이 현지 여인들의 후손을 '바바 뇨냐', 이들이 만들어 먹던 음식을 '뇨냐 음식'라고
한다. 말레이식 양념이나 향신료, 허브와 견과류를 많이 사용하는 것이 특징. 말레이 음식 재료와 중국 요리기법이
결합된 말라카와 페낭 지역 특유의 음식 문화다.

데블 커리
Devil Curry

2

말라카 뇨냐 음식의 대표 주자.
포르투갈의 영향으로 탄생한
'포르투갈 삼발'을 사용한다.
꼬릿하면서도 매큼한 양념장이
끊임없이 밥을 부르는 맛이다.

파이 티
Pai tee

3

뇨냐식 애피타이저의 대명사.
튀긴 과자 안에 익힌 히카마를
넣고 달콤한 소스를 뿌린다. 서양
남자들의 정장 모자와 닮아서
'탑 햇 Top Hat'이라고도 부른다.

아삼 락사
Asam Laksa

1

새콤함과 매콤함이 독특한 조화를
이루는 페낭 뇨냐 음식의 대표
주자. 고등어나 꽁치 같은 등 푸른
생선으로 육수를 내는 진한 풍미의
생선 국수다.

포피아
Pohpiah

4

말라카 사람들이 재해석한 뇨냐식
스프링 롤. 얇게 구운 밀전병 위에
튀긴 두부와 조린 히카마, 숙주와
상추 등을 올려서 돌돌 만다.

오탁 오탁
Otak-otak

5

향신료를 잔뜩 섞어 다진 생선살을
바나나 잎으로 싼 다음 숯불에 굽는
요리. 한 잎에 쏙 들어가는 편리함
덕분에 간식으로 즐긴다.

Tasty Malaysia

말레이 스타일 커피숍,
코피 티암
Kopi Tiam

말레이시아 사람들과 똑같이 한 끼를 해결하고 싶다면 이곳 사람들의 동네 사랑방, 코피 티암으로 가야 한다. 그들의 식당이자 거실이고 부엌이자 살롱인 장소. 백여 년 전부터 커피 한 잔이 생각나면 들르던 장소였고, 일하다 출출해지면 잠시 들러 배를 채우던 장소였다.

사거리 코너의 건물
1층에 있는 코피 티암

WHAT 코피 티암이란?

커피라는 뜻의 말레이어 '코피 Kopi'와 가게라는 뜻의 호키엔어 '티암 Tiam'이 더해진 단어. 말 그대로 커피 가게라는 뜻이다. 말레이 어로 같은 뜻인 '크다이 코피 Kedai Kopi'나 '와룽 코피 Warung Kopi'라고 간판에 써 있기도 한다. 커피나 음료뿐만 아니라 여러 개의 음식 가판에 자리를 빌려주는 서민형 식당이다.

WHERE 어디에 있나?

오래된 건물의 한 귀퉁이에는 어김없이 코피 티암이 자리잡고 있다. 특히 사람들의 왕래가 잦은 사거리 모퉁이가 단골 장소. 건물의 1층 코너 가게를 주로 사용하며 대부분 반 오픈형으로 운영한다.

WHO 누가 먹나?

말레이시아 사람이라면 누구나 맘 편하게 이용하는 장소. 특히 오다가다 들려서 가볍게 한 그릇 먹고 가는 손님들이 많아서, 같이 밥 먹을 사람이 없는 나 홀로 여행자들에게는 최고! 혼자 먹어도 아무도 이상하게 보지 않는다.

WHY 왜 인기가 있을까?

가장 간편하고 저렴하게 한 끼 식사를 해결하는 방법이다. 동네 사람들이 커피 한 잔에 토스트, 달걀로 아침을 해결하는 단골 장소. 점심과 저녁에는 코피 티암에 입점한 음식가판에서 간단한 한 그릇 음식을 주문하기도 편하다.

WHEN 개점 시간은?

코피 티암이 문을 여는 시간은 긴 편이지만, 그 안에 입점한 음식가판들이 문을 여는 시간은 정말 제각각이다. 어떤 때는 같은 자리에 입점한 가판들이 아침/점심/저녁으로 시간을 나누어 사용하기도 한다.

HOW 코피 티암의 주문 방식

보통 코피 티암 주인들은 음식 가판을 찾아 온 손님들에게 테이블을 제공하며, 음료나 토스트를 추가로 판매한다. 입점한 음식가판에 음식을 주문한 다음 빈 테이블을 찾아서 앉으면, 코피 티암 주인이 음료 주문을 받으러 온다. 음료와 음식이 도착하면 각각 계산한다.

주의! 일단 테이블에 앉으면 1인 1음료 주문은 필수! 음료를 시키지 않으면 RM0.5 정도의 자릿세를 내야 하는 코피 티암도 있다.

코피 티암의 대표 메뉴, 카야 토스트

코피 티암에서 먹는 말레이 스타일의 아침 식사는 카야 토스트와 커피 한 잔으로 완성된다. 바삭하게 구운 식빵에 달콤한 카야 잼과 고소한 버터를 바르는 카야 토스트는 코피 티암 주인장들의 자부심이 담겨 있는 메뉴. 가게마다 다른 질감의 식빵에 저마다 다른 굽기, 자신만의 노하우로 정해진 카야 잼과 버터의 양 등, 참 단순한 메뉴지만 미묘하게 다른 맛을 볼 수 있다.

코파+카야 토스트+
반숙 달걀

토스트의 짝꿍, 반숙 달걀을 먹는 방법

토스트에는 세트처럼 반숙 달걀을 곁들여 먹는다. 수저로 톡톡 두드려 달걀을 깬 다음 같이 나온 접시에 달걀을 옮겨 담는다. 입맛대로 간장 소스를 뿌려 먹어도 좋고, 토스트를 달걀에 푹 찍어서 먹어도 좋다.

코피 티암의 인기 가판

코피 티암에 따라 가판 종류는 천차만별이다. 말레이식 꼬치구이인 사테, 볶음국수인 차 콰이 테우와 미 고랭, 중국식 굴 오믈렛인 오친, 뜨끈한 국물 국수인 호키엔 미나 콰이테우 씽, 간식으로 인기 있는 로박과 포피아 등이 대표 가판. 사실 얼마나 맛있는 음식가판이 입점하느냐에 따라 코피 티암의 성패가 갈린다고 해도 과언이 아닌지라, 인기 가판을 유치하기 위한 경쟁도 치열하다.

/TIP/

커피 / 가당연유	얼음 / 커피 / 가당연유	티 / 가당연유	얼음 / 티 / 가당연유
코피 KOPI	코피 펭 KOPI PENG	떼 TEH	떼 펭 TEH PENG
커피 / 설탕	얼음 / 커피 / 설탕	티 / 설탕	얼음 / 티 / 설탕
코피 오 KOPI-O (설탕 넣은 커피)	코피 오 펭 KOPI-O PENG (달달한 아이스 블랙커피)	떼 오 TEH-O (설탕 넣은 홍차)	떼 오 펭 TEH-O PENG (설탕 넣은 아이스티)
커피	얼음 / 커피	티	얼음 / 티
코피 오 코송 KOPI-O KOSONG (블랙커피)	코피 오 코송 펭 KOPI-O KOSONG PENG (아이스 블랙커피)	떼 오 코송 TEH-O KOSONG (설탕 뺀 홍차)	떼 오 코송 펭 TEH-O KOSONG PENG (설탕 뺀 아이스티)
설탕+무가당연유 / 커피	얼음 / 설탕+무가당연유 / 커피	설탕+무가당연유 / 티	설탕+무가당연유 / 티
코피 씨 KOPI-C (밀크커피)	코피 씨 펭 KOPI-C PENG (아이스 밀크커피)	떼 씨 TEH-C (밀크티)	떼 씨 펭 TEH-C PENG (아이스 밀크티)
무가당연유 / 커피	얼음 / 무가당연유 / 커피	무가당연유 / 티	얼음 / 무가당연유 / 티
코피 씨 코송 KOPI-C KOSONG (설탕 뺀 밀크커피)	코피 씨 코송 펭 KOPI-C KOSONG PENG (설탕 뺀 아이스 밀크커피)	떼 씨 코송 TEH-C KOSONG (설탕 뺀 밀크티)	떼 씨 코송 펭 TEH-C KOSONG PENG (설탕 뺀 아이스 밀크티)

Tasty Malaysia

인기 체인점 - 카페 & 레스토랑

낯선 여행지에 도착해 무엇을 먹어야 할지 막막할 때 안심하고 갈 수 있는 체인점을 소개한다. 감동적인 맛까지는 아니더라도 실패 없는 한 끼를 보장할 수 있는 곳. 대규모의 쇼핑몰이나 번화가마다 입점해 있으니 지나가다 눈에 띄면 들어가 보자.

깔끔하게 즐기는 현지 음식
파파리치 PappaRich

말레이시아의 전통 커피숍인 코피 티암의 메뉴들을 현대적으로 재해석한 체인점이다. 코피 티암의 대표 메뉴인 카야 토스트와 커피는 물론이고, 뜨끈한 국물을 베이스로 한 국수인 콰이 테우 수프나 말레이시아 식 백반인 나시 르막처럼 가판대의 인기 메뉴들을 소개한다. 현지 음식이 낯선 이들에게 추천할 메뉴는 볶음 쌀국수인 차 콰이 테우. 대나무 바구니에 촉촉하게 쪄서 나오는 로티 스팀 역시 흔히 먹는 바삭한 카야 토스트와는 또 다른 맛이다. 우리나라의 대구 지점에서 판매하는 가격과 비교하면 깜짝 놀랄 만큼 저렴한 가격대도 매력적이다.

WEB www.papparich.com.my

버터와 카야 잼을 발라 먹는
로티 스팀 Roti Steam
With Butter + Kaya

차 콰이 테우
Char Koay Teow

한국인에게 제일 유명한 카야 토스트
올드 타운 화이트 커피 Old Town White Coffee

말레이시아에서 카야 토스트를 먹어 봤다면 십중팔구 이 집이었을 것이다. 그만큼 한국인 여행자들에게 널리 알려진 카페 레스토랑. 바삭하게 구운 식빵에 코코넛과 달걀로 만든 카야 잼을 바른 것이 카야 토스트. 부드럽고 달콤한 잼과 짭짤한 버터가 절묘하게 어우러진 중독적인 맛을 자랑한다.

달콤한 연유나 설탕시럽을 듬뿍 넣은 아이스 커피와 함께 먹으면 더 맛있다. 나시 르막이나 국수요리, 볶음밥 같은 간단한 말레이 음식들도 함께 판매하는데, 무난한 맛이다.

WEB www.oldtown.com.my

올드타운 화이트
커피의 대표 메뉴,
카야 토스트

말레이시아에서 맛보는 아프리카
난도스 Nado's

온 가족 외식 장소로 폭발적인 인기를 끌고 있는 남아공 출신 체인점이다. 기름기를 쭉 빼면서도 부드럽게 구운 치킨 그릴이 이 집의 대표 메뉴. 포르투갈인들이 아프리카에서 발견한 아주 매운 고추로 만든 피리피리 소스가 주요 테마인데, 한때 포르투갈의 식민지였던 말레이시아에서 맛보니 조금은 특별한 기분이다. 아주 담백한 맛에서 아주 매운맛까지 양념 농도를 정할 수 있다.

WEB www.nandos.com

포르투갈식 샐러드 Portuguese Salad

치킨 그릴 1/4마리, 두 가지 사이드 메뉴 선택 가능

다양한 맛으로 준비된 피리피리 소스

가격 대비 최고의 만족도
퓨엘 쉑 Fuel Shack

뉴욕 맨해튼에 셰이크 쉑 버거가 있다면, 말레이시아 쿠알라룸푸르에는 퓨엘 쉑 버거가 있다. 패스트푸드점의 얄팍한 버거에 만족하지 못했던 사람이라면 꼭 한 번 들러봐야 할 말레이시아 토종 버거 체인점. 수제버거처럼 두툼한 패티에 싱싱한 야채까지 듬뿍 올린 버거를 합리적인 가격대에 즐길 수 있다. 주문 후 바로 만들기 시작해 10분 정도 대기시간이 있다.

WEB www.fuelshack.com.my

카야 토스트의 새로운 강자
토스트 박스 Toast Box

동남아시아에서 유명한 브레드토크 그룹에서 만든 카야 토스트 전문 체인점이다. 다들 비슷한 카야 토스트라고 해도 이 집의 카야 토스트가 다른 이유. 식빵의 품질도 좋고, 버터도 두툼하게 들어 있으며, 카야 잼도 모자라지 않게 넉넉히 들어 있다. 덕분에 카야 토스트가 맛있는 집으로 금세 입소문을 탔다. 바삭한 토스트에 커피 한 잔으로 가볍게 한 끼를 즐길 수 있으며, 가격도 전혀 부담스럽지 않다. 반숙 달걀을 곁들이는 메뉴도 인기다.

WEB www.toastbox.com.sg

설탕을 넣은 아이스 블랙 커피, 코피 오 펭

버터 카야 토스트

Tasty Malaysia

인기 체인점 - 디저트 & 음료

차갑거나 달콤하거나! 거리를 오가며 챙겨 먹는 디저트와 음료는 뜨거운 태양을 이기게 해주는 힘이 된다. 무더위에 지쳐 늘어지는 몸을 가뿐하게 일으켜 세우고 싶을 때, 잠시 칼로리 생각은 접어두고 달콤하고 시원한 디저트 융단폭격을 맞아 보자.

건강 스무디의 지존
부스트 Boost Juice Bars

몸 관리를 해본 사람이라면 다들 알고 있는 호주 출신의 스무디 전문점이다. 품질 좋은 과일과 유제품을 사용하는 건 기본, 여기에 비타민이나 단백질 파우더를 추가해 다이어트 효과를 더 높일 수 있다. 덕분에 공항을 오가는 승무원들 손에 부스트 컵이 자주 들려 있는 모습을 심심찮게 볼 수 있다. 살짝 비싼 가격이 흠이지만 신선한 재료를 아끼지 않아 만족도는 높다. No.1 인기 메뉴는 패션프루트와 망고, 요거트를 섞은 패션 망고, 블루베리와 바나나, 사과주스와 요거트를 섞은 블루베리 블라스트도 인기 있다.
WEB www.boostjuice.com.au

Yummy

달콤한 밀크티에 쫀득쫀득한 젤리
차타임 Chatime

더운 날씨만 되면 자꾸 생각이 나는 대만 버블티의 지존. 진하고 신선하게 우려낸 차를 사용해 다양한 음료들을 만들어 낸다. 쫀득쫀득한 젤리 또는 타피오카 펄을 씹어먹는 맛에 쭉쭉 들이키다 보면 어느새 빈 컵만 남아 있기 일쑤다. 제일 인기 있는 메뉴는 밀크티 베이스에 검은 타피오카 펄을 넣은 '펄 밀크 티'. 타피오카로 만든 펄 외에도 레인보우 젤리나 그래스 젤리, 알로에베라, 레드빈 등 토핑을 선택할 수 있으며, 설탕과 얼음의 양도 조절할 수 있다.
WEB www.chatime.com.my

말레이시아 토종 도넛 브랜드
빅 애플 도넛 앤 커피 Big Apple Donuts & Coffee

도넛을 좋아하는 사람들은 말레이시아에서 한 번쯤 들러봐야 할 체인점이다. 갖가지 색깔의 달콤한 아이싱으로 뒤덮인 수십 가지 도넛들이 선택을 기다리고 있는 곳. 결정 장애가 있는 사람이라면 유리 진열대 앞을 끝없이 방황할 수도 있다. 말레이시아 토종 브랜드로 아시아 각국에 매장 수를 공격적으로 늘리고 있는 중이다. 도넛 안에 단팥소를 채우고 녹차 크림으로 코팅한 '밀키 웨이'처럼 독특한 조합의 도넛들도 만들고 있다.

WEB www.bigappledonuts.com

녹차 크림으로
코팅한 밀키 웨이

소문난 망고 카페
허유산(허이라우쌴) Hui Lau Shan

홍콩에서 망고주스로 인기를 누리고 있는 허유산 매장을 말레이시아에서도 만날 수 있다. 맛있기로 유명한 망고주스에 젤리를 넣어서 먹어도 좋고, 망고를 활용한 다양한 디저트에 도전해 봐도 좋다. 망고 아이스크림, 망고젤리, 망고코코넛 찹쌀떡, 망고 슬라이스, 망고 프루트 칵테일 등을 조금씩 맛볼 수 있는 세트 메뉴도 인기다.

WEB www.hkhls.com

소시지가 들어간
프레즐 독

미국에서 건너온 프레즐의 명가
앤티 앤스 Auntie Anne's

'밥 배 따로 간식 배 따로'라는 신조를 가진 사람이라면 앤티 앤스 프레즐에서 든든한 디저트를 즐겨보자. 앤티 앤스는 미국 출신 프레즐 전문 체인점으로 우리나라에도 골수팬이 많은 브랜드. 버터를 잔뜩 머금은 채 갓 구워져 나오는 프레즐을 맛볼 수 있다. 시나몬 슈거를 뿌리거나 초콜릿을 바른 달콤한 종류도 있고 갈릭 프레즐처럼 짭짤한 양념이 된 것도 있다. 소시지를 넣고 돌돌 만 프레즐 독도 인기다.

WEB www.auntieannes.com

Tasty Malaysia

디저트 & 음료

달콤하거나 시원한 맛으로 유혹하는 디저트는 긴 오후를 버티는 힘이 된다. 1년 내내 무더운 날씨인 만큼 여행자들에게는 빙수나 셰이크처럼 차가운 메뉴가 인기. 우리와 비슷한 듯 다른 말레이 스타일의 디저트를 만나보자.

첸돌
Cendol

차가운 코코넛밀크에 가늘고 길게 뽑은 초록색 첸돌(쌀가루 젤리)을 넣어서 만든 얼음 간식. 두리안 퓌레를 올려서 먹는 두리안 첸돌도 인기 있다.

바바 첸돌
Baba Cendol

말라카 지역 특유의 첸돌. 지역 특산품인 '굴라 말라카(종려당)' 시럽을 듬뿍 사용한다는 것이 특징이다. 스모키한 종려당의 달콤함이 깔끔한 맛이다.

아이스 까장
Ais Kajang

말레이시아 스타일의 팥빙수. ABC라고도 부른다. 곱게 간 얼음 위에 달콤한 팥과 옥수수, 젤리 등을 올리고 연유와 시럽을 듬뿍 뿌린다. 과일도 추가된다.

코코넛 셰이크
Coconut Shake

코코넛 워터에다 코코넛 과육과 바닐라 아이스크림을 넣은 다음 셰이크처럼 갈아 마신다.

칼라만시 주스
Calamansi Juice

라임의 일종인 칼라만시 주스는 새콤한 맛으로 열대 지역 사람들에게 사랑받는 건강 음료다.

킷 차이 핑
Kit Chai Ping

칼라만시 주스에 설탕을 넣고 소금에 절인 시큼한 매실까지 넣으면 사바 지역 사람들이 즐겨 먹는 킷 차이 핑이 된다.

타우 푸 파
Tau fu fa

중국식 연두부. 종려당 시럽이나 생강 시럽을 뿌려서 먹는다. 말캉한 연두부와 달콤한 시럽의 조화!

아팜 발릭
Apam Balik

땅콩이 들어간 말레이시아식 팬케이크. 갓 구워 따끈할 때 먹으면 고소한 땅콩가루와 달콤한 설탕이 어우러져 더 맛있다.

쿠이
Kuih

알록달록한 색으로 물들인 쌀가루를 쪄내는 뇨냐식 대표 디저트. 손이 많이 가는 음식이라 명절선물로 인기다.

에그 타르트
Egg Tart

포르투갈보다 덜 달고 바삭하게 구워내는 마카오식 에그타르트가 중국 이민자들을 통해 전파되었다.

Tasty Malaysia

열대 과일

우리나라에서는 없어서 못 먹거나, 비싸서 못 먹는 열대 과일을 말레이시아에는 맘 놓고 먹을 수 있다. 슈퍼마켓이든 시장 좌판이든 색색의 과일들이 넘쳐나는 곳. 우리나라에선 먹지 못할 남국의 과일에 도전해 보자.

1
코코넛
Coconut (말레이어 Kelapa)

딱딱한 껍질 안에 코코넛 워터가 가득, 보통 약간의 레몬즙과 얼음을 넣어서 마신다. 하얀 과육까지 긁어 먹어야 제 맛.

2
망고
Mango (말레이어 Mangga)

덜 익은 녹색 망고는 새콤하고 아삭한 맛, 잘 익은 노란 망고는 달콤하고 농후한 맛. 시즌에 따라 가격차이가 난다.

3
두리안
Durian

마늘과 양파가 썩은 것 같은 냄새, 하지만 달콤하고 농후한 맛과 크림치즈 같은 질감은 중독성이 매우 강하다. 과일의 왕!

4
망고스틴
Mangosteen (말레이어 Manggis)

약간 새콤하면서도 달콤한 맛. 두터운 껍질을 벗겨내고 마늘 모양의 과육만 먹는다. 과일의 여왕!

5
용과
Dragon Fruit (말레이어 Buah Naga)

선인장의 열매. 울퉁불퉁한 겉과는 달리 부드러운 속살은 키위와 무를 섞은 듯한 맛이다. 흰색과 붉은색 두 가지가 있다.

6
람부탄
Rambutan

우둘투둘하게 털이 난 껍질을 벗기면 투명하고 달콤한 과육이 있다. 차게 해서 먹으면 더 맛있다.

7
살락
Salak

뱀 같은 껍질을 벗기면 마늘처럼 단단한 과육이 나온다. 약간 떫지만 새콤달콤하고 아삭한 맛.

8
스타 프루트
Star Fruit (말레이어 Belimbing)

자른 단면이 별 모양이라 붙은 이름. 사각사각한 아채 같은 질감에 담백한 배 맛이 난다.

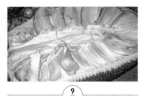

9
잭프루트
Jackfruit (말레이어 Nangka)

겉모양은 두리안과 비슷해도 속살은 다르다. 섬유질이 많은 과육은 달콤하고 진한 맛이다. 통조림으로도 즐겨 먹는다.

All about Shopping

인기만점!
꼭 구입해야 할 패션 브랜드

명품 부티크부터 로컬 디자이너의 브랜드까지 각양각색의 매장들이 가득한 쇼핑의 천국이다. 최신 유행하는 패션 아이템을 우리나라에서보다 저렴하게 구입할 수 있는 절호의 찬스. 쇼핑몰을 방문했다면 한 번쯤 확인해 봐야 할 패션 브랜드 매장들을 소개한다.

말레이만의 감각이 있는 로컬 브랜드

편안한 리조트 복장을 사고 싶다면
브리티시 인디아 British India

린넨이나 면 소재로 만든 편안한 리조트 룩을 선보이는 말레이시아 토종 브랜드. 식민지 시대 특유의 분위기에 영감을 받은 열대 지역용 의류가 전문이다. 여행용 복장이나 요가복도 살 수 있다.

말레이시아 토종 가죽 브랜드 보니따 Bonita
말레이시아 출신의 디자이너들이 만들어 낸 로컬 가죽 브랜드. 다양한 종류의 가죽으로 만드는 큼직한 가방들을 비롯해 가죽 소재의 잡화들을 주로 선보인다. 현지인들에게 인기 있다.

스타일대로 모아서 한 번에 해결
파디니 콘셉트 스토어 Padini Concept Store

인기 절정의 구두 브랜드부터 액세서리와 지갑, 가방 등의 소품까지 모두 한 자리에 모아서 판매한다. 감각적인 디자인에 합리적인 가격대라 젊은 층에게 인기. 세일 기간에는 초저가의 균일상품도 선보인다.

예쁜 신상으로 가득한 신발 브랜드

①
말레이시아 출신 구두 디자이너의 작품,
지미 추 Jimmy Choo

여자라면 한 번쯤은 신어보고 싶은 명품 구두의 대명사. 영화 〈섹스 앤 더 시티〉 〈악마는 프라다를 입는다〉에도 등장한 뉴욕 패션의 아이콘. 페낭의 구두 공방에서 수련하던 지미 추가 창업주다.

②
톡톡 튀는 디자인 노즈 Nose

빈치와 함께 말레이시아를 대표하는 구두 브랜드다. 감각적이고 톡톡 튀는 디자인이 많아서 젊은 층에게 인기 만점. 샌들와 슬리퍼, 힐 같은 신발 뿐만 아니라 가방과 소품 종류도 함께 판매한다.

통째로 들고 가고픈 여름 샌들
빈치 Vincci

③
세일 기간에 이곳을 방문했다면 몇 개씩 사재기하고 싶은 충동이 절로 난다. 세련된 디자인으로 여자들의 마음을 사로잡은 말레이시아 토종 브랜드.

④
저렴하게 구입할 수 있는 싱가포르 브랜드
찰스앤키스 Charles&Keith

말레이시아에서도 인기를 끌고 있는 싱가포르 출신의 구두브랜드. 세일 기간 찬스를 활용하면 한국 백화점에 입점해 있는 매장보다 저렴한 가격으로 쇼핑할 수 있다. 가방 종류도 인기 있다.

실용적이고 저렴한 신발 쇼핑
바타 Bata

⑤
우리나라에는 알려져 있지 않지만 유럽과 남미, 동남아시아와 아프리카 지역에서는 유명한 신발 브랜드. 스위스에 본사가 있는 브랜드답게 조금 투박하지만 실용적인 디자인에 합리적인 가격대가 인기 비결.

⑥
알록달록한 슬리퍼 천국
피퍼 Fipper

⑥
말레이시아의 국민 슬리퍼로 불릴 만큼 인기 있는 브랜드. 발에 착 달라붙는 부드러운 고무소재로 만든 슬리퍼가 대표 상품이다. 정말 다양한 색깔의 바닥과 끈의 조합이 가능. 가격도 저렴하다.

All about Shopping

쉽게 만나기 힘들기에 더욱 가치 있는 해외 브랜드

젊은층에게 인기 있는 영국 브랜드
탑샵 Topshop

영국의 대표적인 SPA 브랜드. 톡톡 튀는 색감의 트랜디한 제품과 함께 다양하게 매치할 수 있는 패션 소품들을 갖추고 있다. 탑샵 만의 스타일을 좋아하는 마니아라면 이제 구매대행 대신 말레이시아에서 직접 구입해보자.

만족도 높은 캐나다 란제리 브랜드 라 센자 La Senza
미국에 빅토리아 시크릿이 있다면 캐나다에는 라 센자가 있다. 그만큼 유명한 캐나다 국민 란제리 브랜드. 다양하고 예쁜 디자인에 편안한 착용감이 인기 비결이다.

유럽의 빈티지한 디자인
웨어하우스 Warehouse
구매대행으로 구입하면 가격이 껑충 뛰는 영국의 대표 브랜드. 좋은 소재를 사용한 자연스럽고 실용적인 디자인이 많다. 영국 특유의 빈티지한 문양을 좋아하는 사람이라면 방문해 보자.

미국 최대의 란제리 브랜드
빅토리아 시크릿
Victoria's Secret
미국 여행을 가는 사람이라면 무조건 쇼핑 목록에 넣을 만큼 인기 만점인 란제리 브랜드. 세계적인 톱모델들이 대거 등장하는 란제리 쇼 역시 세간의 화제 거리다. 화장품과 보디 제품 등 토털 뷰티 용품을 살 수 있다.

호주의 국민 브랜드
코튼 온 Cotton On
면과 데님 소재의 심플한 디자인으로 인기를 끄는 호주의 SPA 브랜드. 특히 코튼 온 키즈 라인은 가격이 저렴하면서 디자인이 예뻐서 엄마들에게 인기가 높다. 베이직한 이너웨어도 유명하다.

세일 가격으로 공략하는 글로벌 브랜드

스페인의 대표 SPA 브랜드 망고 Mango
스페인을 대표하는 SPA 브랜드. 한국에도 입점해 있긴 하지만 세일 기간을 활용하면 절반 이하의 가격으로 구입할 수 있다. 세일기간에는 인기 있는 사이즈가 금방 빠지니 서두르자.

트랜디하고 합리적인 패션 브랜드 자라 ZARA
망고와 함께 전 세계적인 인기를 누리고 있는 스페인 SPA 브랜드. 최신 트렌드를 반영한 저렴한 가격대의 상품을 선보여 다양한 연령층의 고객으로부터 지지를 받고 있다.

저가 아이템이 가득한 보물 창고
팩토리 아울렛 스토어 F.O.S
랄프 로렌, 토미 힐피거, 캡 키즈 등 브랜드 이월상품들을 저렴하게 판매하는 아울렛 매장. 여러 개 골라잡아도 부담 없는 가격이 매력이다. 저렴한 아동복도 인기.

미국의 영캐주얼 브랜드 포에버21 Forever 21
미국의 한국계 이민자 부부가 창업한 SPA 브랜드. 미국에서의 성공을 바탕으로 전 세계에 매장을 내고 있다. 최신 유행을 반영하면서도 저렴하게 책정한 가격으로 승부한다.

\TIP/

폭탄급 세일, 말레이시아 쇼핑 페스티벌
진정한 쇼핑 마니아라면 전 세계 쇼퍼홀릭들이 모여드는 쇼핑 페스티벌을 놓치지 말자. 대형 쇼핑몰과 백화점을 비롯해 호텔과 레스토랑까지도 대대적으로 참여하기 때문에 거리가 온통 'SALE'이라는 단어로 물든다.

원 말레이시아 메가 세일 카니발 1 Malaysia Mega Sale Carnival
매해 여름을 뜨겁게 달구는 쇼핑 축제.
보통 6월 말~8월 말까지 대대적인 폭탄 세일

원 말레이시아 이어 엔드 세일 1Malaysia Year End Sale (YES)
연말 시즌을 장식하는 폭탄 세일.
11월 중순부터 다음해 1월 초까지 이어진다.

\TIP/

국가별 사이즈 비교표

여성 신발					
한국	유럽	미국	한국	유럽	미국
225	35.5	5.5	245	37.5	7.5
230	36	6	250	38	8
235	36.5	6.5	255	38.5	8.5
240	37	7	260	39	9

여성 의류		
한국	유럽	미국
44	34	2
55	36	4
66	38	5
77	40	6

※ 브랜드 및 상품에 따라 달라짐.

All about Shopping

슈퍼마켓 & 편의점 쇼핑

카트를 끌고 다니며 담아도 부담은 제로! 귀국 선물이 마땅치 않은 동료들에게 뿌리기에도, 현지 가격을 알 턱 없는 친구들에게 선물로 안기기에도 그만이다. 일년 치 쟁여서 올 욕심까지 부리다 보면 수하물 용량 초과에 걸리기 십상이다.

같은 상품이라도 매장에 따라 가격 차이가 있다

41

올드 타운 화이트 커피
40gX15개, RM15

알리 커피와 함께 말레이시아 인스턴트 믹스커피 대표 브랜드.

2

보 티 찻잎 50g, RM1.5

카메론 하일랜드에서 키우는 말레이시아 대표 홍차 브랜드.

3

보 티 골드 블랜드
20티백, RM5

찻잎의 종류와 블랜딩 방식에 따라 다양한 상품이 있다.

4

보 가든 티 부낏 치딩
No.53 125g, RM18

디자인이 예쁜 틴 캔에 담겨 있어서 선물용으로 제격이다.

5

망고 젤리
RM12

망고/딸기/포도 등 다양한 과일맛 젤리. 망고맛이 제일 인기 있다.

6

카야 잼(캔)
480g, RM5

캔에 든 종류는 위탁 수하물에 넣어도 파손될 위험이 없다.

7

카야 잼(병)
420g, RM6

코코넛과 달걀으로 만든 달콤하고 부드러운 카야 잼. 판단잎이 들어간 것은 녹색이다.

8

사바 티 50티백, RM7

코타키나발루가 있는 사바 지역에서 키워낸 찻잎.

9

보 티 망고맛 아이스 티
20티백 RM12

시원한 얼음물에 타기만 하면 즉석에서 망고맛 아이스 티가 완성!

10

하리보 골든베어 200g
RM9

말레이시아 내수용은 돼지 젤라틴을 사용하지 않는다. 식감과 맛이 다른 대신 가격이 저렴하다.

11

두리안 초콜릿 140g
RM9

하나씩 낱개 포장이 되어 있어서 먹기 편하다.

12

히말라야 암염 소금 500g
RM5

우리나라에서는 구하기 힘든 암염 소금, 가격도 저렴하다.

킨더 초콜릿 120g, RM12
부드러운 우유맛이 강해서 아이들이 좋아한다. 대형 포장이 더 저렴.

캐드버리 데어리 밀크 초콜릿 160g RM8
호주 최고의 인기 초콜릿인 캐드버리. 우리나라의 반값 정도다.

칠리 소스 200g, RM4~
여러 종류가 있으며, 가장 대중적인 것은 매콤달콤한 스윗 칠리소스!

보르네오 코코넛 오일 30ml, RM10
보르네오 섬의 코코넛을 이용한 오일. 수분 보습에 효과가 좋다.

페낭 호키엔 프라운 누들 1팩, RM9
페낭의 명물 국수 프라운 미를 라면으로 만들었다. 같은 브랜드의 커리 미 라면은 세계 10대 라면 중 하나.

윈2 포테이토 크리스프 120g, RM3.4
한 번 열면 멈출 수 없는 중독성 있는 맛의 감자칩. 야채, BBQ 등 맛도 다양하다.

밀크티 25스틱, RM13
'떼 따릭'의 나라인 만큼 밀크티 제품도 맛이 있다. 은은한 차 향이 살아있으면서 달달한 맛이 좋다.

말린 망고 210g, RM30
말린 열대 과일은 동남아 국가를 여행할 때 꼭 사게 되는 아이템이다. 진공포장이라 편하게 가져오기 편하다.

달리 치약 225g, RM9
동남아 여행의 필수 쇼핑 품목으로 인기 있는 미백치약. 여러 가지 타입이 있으며, 할인 행사를 많이 한다.

인기 선물 No.1, 알리카페
통갓 알리 추출물을 넣은 인스턴트 커피믹스가 인기다. 통갓 알리는 우리나라에는 정식 통관이 안 되는 식품 원료로, 혈액순환개선이나 남성갱년기 치료 용도로 쓰던 민간 약재이다. 국내에서 구입 가능한 건 통갓 알리 추출물이 없는 제품들이고, 현지에서 파는 제품들은 성분과 구성이 좀 다르다.

All about Shopping

뷰티 & 드럭 스토어

특별히 살 게 없어도 자꾸만 둘러보게 되는 드럭 스토어. 화려한 명품 매장에선 차마 열지 못했던 지갑이지만, 여기에서만큼은 부담 없이 이것저것 집어들 수 있으니 소소한 쇼핑의 즐거움이 있다. 나라마다 공급가가 다르기 때문에 저렴한 가격으로 득템할 수 있다는 건 팁!

주목해야 할 코스메틱 브랜드

1

명품 화장품 멀티숍
세포라 Sephora

다양한 브랜드의 명품 화장품들을 한 자리에서 둘러볼 수 있는 멀티 숍. 특히 메이크업 제품이나 네일 제품을 한 번에 비교해보고 구입할 때 편리하다. 세포라 자체 브랜드도 보유하고 있다.

2

인도 출신의 코스메틱 브랜드
히말라야 Hymalaya

허브를 사용한 화장품이라는 콘셉트로 인기를 끌고 있다. 저렴한 여행 선물로 좋은 데이 크림, 아이크림, 풋크림, 모발강화 샴푸 등이 인기다. 할인 프로모션을 노리면 가격이 더욱 저렴해진다.

3

합리적인 가격대의 기능성 화장품
유세린 Eucerin

독일을 대표하는 화장품 브랜드. 하이알루론 크림 등 품질 좋은 기능성 제품을 구입할 수 있다. 드럭 스토어의 프로모션 상품을 잘 활용하면 유럽에서 사는 가격보다도 저렴하게 구입 가능하다.

4

부담 없는 선물로 굿!
로레알 멘 엑스퍼트
Loreal Men Expert

피부에 관심이 많은 남동생에게 줄 만한 여행 선물을 찾는다면 로레알의 남성용 라인에 주목해보자. 끈적임 없이 가볍게 흡수되는 제형이라 더운 아열대 국가에서 인기가 높다. 기능성도 완비.

5

프랑스 국민 화장품,
가르니에 Garnier

만만하게 쓰기 좋은 프랑스 국민 화장품. 말레이시아의 드럭 스토어에도 아주 저렴한 가격대로 입점해 있다. 마이딘 같은 할인 마트의 프로모션 상품을 고르면 단돈 몇 링깃짜리 트래블 키트도 구입 가능하다.

6

저렴한 기능성 화장품
올레이 Olay

한국의 판매가격에 비해 저렴한 가격으로 구입할 수 있다. 부드럽게 발라지면서도 여러 복합 기능을 가지고 있는 '올레이 토탈 이펙트 Olay total effect'가 한국인들에게 인기다.

말레이시아의 뷰티&드럭 스토어 체인점

1

왓슨 Watsons

간단한 의약품 화장품, 생활용품 음료수 등을 판매하는 멀티 드럭 스토어. PB 상품도 저렴하다.

2

케어링 파마시 Caring Pharmacy

왓슨에 비해 약품류나 건강기능식품의 비중이 높은 편이다. 유럽의 약국 화장품 종류도 많다.

3

가디언 Guardian

화장품, 건강기능식품, 생활용품, 음료 등을 판매한다. 로컬 브랜드부터 해외 브랜드까지 다양하다.

냉장고 속, 시원한 음료수

이온+청량음료
100플러스 100PLUS
스포츠 이온 음료에 탄산을 넣은 음료. 갈증을 빠르게 해소하면서 청량감까지 준다.

두유
여스 소이 Yeo's Soy
우리나라 두유보다 연해서 음료로 마시기 편하다.

청량음료
에프앤엠 F&N
싱가포르에 본사를 둔 말레이시아 최대의 음료 회사. 일반적인 청량음료 맛 외에도 아이스크림 소다맛, 사르시 Sarsi 등 독특한 맛이 있다.

아이스 티
테 아이스 F&N teh ais
F&N의 아이스 티, 그린티, 레몬, 복숭아, 사과맛이 있다.

커피 음료
알리카페 Alicafe
통갓 알리가 들어간 커피 음료.

주스
라임 주스 Lime Juice
상큼한 라임 주스도 캔으로 마실 수 있다.

열매 주스
리베나 Ribena
블랙커런트 열매로 만든 주스. 크랜베리와 딸기를 섞은 맛도 있다.

요구르트
비타젠 Vitagen
컬러풀한 색상에 달콤한 맛. 5개들이 팩도 저렴하다.

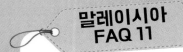

말레이시아 FAQ 11

1. 말레이시아는 언제 가는 게 제일 좋나요?

■ 건기와 우기부터 확인

1년 내내 더운 여름 날씨지만 계절풍의 영향으로 건기와 우기가 생긴다. 길다란 말레이 반도와 보르네오 섬으로 나뉘어져 있어서, 지역에 따라 건기와 우기가 조금씩 다르니 확인할 것. 우기라도 해도 하루 종일 비가 오는 날보다는 한 차례씩 쏟아졌다가 그치는 경우가 많다. 건기에도 종종 소나기가 내린다.

쿠알라룸푸르	카메론 하일랜드	말라카
☀ 5~9월	☀ 4~7월	☀ 11~3월
☂ 11월~2월	☂ 11~3월	☂ 5~10월

랑카위	페낭	코타키나발루
☀ 12~3월	☀ 12~2월	☀ 4~9월
☂ 6~10월	☂ 5~10월	☂ 11~3월

■ 우기라면 비수기 혜택을 즐기자

하늘이 맑고 날씨가 좋은 건기에는 사람들도 몰린다. 그만큼 숙소 가격도 올라가고 예약 경쟁도 치열하다. 우기에는 습도가 올라가는 대신 비 오는 동안에는 시원한 것이 장점. 비수기의 숙소 가격인하를 누리며 한적한 여행을 즐기는 것도 방법이다.

■ 여행 일정을 잡을 때는 헤이즈 상황을 체크하자

말레이 반도의 아래 쪽, 싱가포르와 가까운 지역들은 종종 헤이즈(연무)의 영향을 받는다. 인도네시아에서 숲을 태우며 나는 연기가 날씨와 기류에 따라 말레이 반도 쪽으로 밀려들기 때문. 상황에 따라 달라지지만 보통 건기에 나타날 확률이 높다. 헤이즈가 나타날 때는 쿠알라룸푸르의 북쪽에 있는 랑카위나 페낭 등을 여행하는 걸로 일정을 조정하는 것도 방법이다.

2. 예산은 얼마나 잡아야 하나요?

■ **전체 예산**
= 하루 예산(숙박비 + 식비 + 입장료 + 시내 교통비)X여행 일수 + 항공 요금 + 도시 간 교통비 + 투어비 + 쇼핑 + 비상금

① 항공 요금 항공권의 가격은 성수기와 비수기에 따라서 달라진다. 특히 우리나라는 여름 휴가철과 방학 기간, 연말연시를 전후로 해서 요금이 상승. 일반적인 할인 항공권은 30~50만 원 수준. 저가항공은 특가할인을 노리면 왕복 20~30만 원 정도로 구입할 수 있다. 단, 저가항공은 기내수화물과 기내식 등의 추가 비용이나 날짜 변경 수수료 등도 따져본다.

② 숙박비 배낭여행자들이 묵는 호스텔의 도미토리는 보통 1인당 1만 원~1만 5천 원 정도. 창문이 없거나 공용 욕실을 쓰는 중저가 호텔은 더블룸 기준 하루 2~4만 원, 4~6만 원 정도면 깨끗하고 시설 좋은 더블룸을 구할 수 있다. 가족여행자들이 즐겨 찾는 4성급 리조트는 하루 100~200달러 사이, 특급 리조트는 200~400달러 사이이다. 1박당 약 3천 원의 관광세가 추가된다.

③ 식비 현지인들처럼 호커센터나 노점에서 판매하는 요리를 먹는다면 음료를 포함하여 2천~3천 원 내로 한 끼 해결이 가능하다. 맥도날드 같은 패스트푸드점에 가면 세트 메뉴가 3천~5천 원 정도, 대형 쇼핑몰에 있는 깔끔한 푸드코트나 레스토랑에서 식사를 할 경우, 음료와 메인 요리를 포함해 1인 5천 원~1만 2천 원 정도로 예산을 잡으면 된다.

④ 시외 교통비 도시간 이동은 저가항공을 이용하는 것이 시간과 비용면에서 가장 효율적이다. 프로모션 티켓의 경우 편도 2~3만 원 정도에 구입할 수 있다. 다른 내륙도시까지 버스로 이동하면 1만~1만5천 원 정도, 고속페리로 페낭과 랑카위 사이를 이동하는 건 1만 8천 원 정도든다.

⑤ 시내 교통비 쿠알라룸푸르와 코타키나발루를 비롯한 대도시에서는 차량 공유 서비스인 '그랩 Grab'이 편리하다. 단거리의 경우 한화 기준 1,500원에서 3,000원 정도로 이용 가능하다. 쿠알라룸푸르에서는 메트로나 모노레일 같은 대중교통수단이 잘 발달해 있다. 1회 약 5~6백 원 정도.

⑥ 입장료 국가에서 운영하는 박물관은 무료이거나 1천~2천 원 정도. 대부분의 사원과 해변에 무료로 입장할 수 있다. 랑카위 케이블카나 페낭 힐 푸니쿨라 이용 금액이 1만~1만 2천 원 정도. 말레이시아의 볼거리 입장권 중에서는 가장 비싼 편에 속하는 페트로나스 트윈 타워 전망대가 약 2만 5천 원 정도다.

⑦ 투어비 반딧불이 투어나 북보르네오 증기기관차 투어, 스노클링 투어, 호핑 투어 등 각 지역별로 특화된 투어 상품들이 많다. 원하는 투어들을 골라 미리 예상 금액을 책정해 놓는다.

⑧ 비상금 병원을 간다거나 예상 못한 지출이 생기는 경우, 또 도난을 당했을 경우에 대비해 비상금을 따로 챙겨두거나 신용카드를 준비한다.

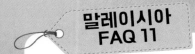

3. 저렴한 항공권은 어떻게 구하나요?

① 어떻게 살까?

저가항공사의 홈페이지나 애플리케이션부터 검색한다. 프로모션 기간에는 국내선 가격 수준의 초특가 항공권도 구할 수 있다. 일반 항공사의 할인 항공권은 인터넷 여행사의 홈페이지를 통해 구입하는 것이 제일 저렴하다. 해외 항공권 요금 비교사이트를 통해 최저가 항공권을 검색할 수도 있다.

- **저가항공사**
  에어아시아 www.airasia.com
  이스타항공 www.eastarjet.com
  진에어 www.jinair.com
  에어서울 flyairseoul.com
  제주항공 www.jejuair.net
  에어부산 www.airbusan.com

- **해외 항공권 요금 비교 사이트**
  스카이스캐너 www.skyscanner.co.kr
  카약 www.kayak.com

저가항공 이용 시 주의점

체크인 수하물의 수량과 무게에 따라 별도의 요금이 부과된다. 저가항공사마다 수하물 관련 규정이 모두 다르니 예약 전에 확인할 것. 저가항공사가 출발하는 공항에서는 기내 반입 수하물의 크기와 무게, 수량에 대해 철저하게 확인하는 편이다. 기내식을 무료로 제공하지 않는 항공사라면 예약 시점이나 온라인 체크인 시 기내식을 미리 구입할 수 있다.

② 어떤 표를 살까?

[쿠알라룸푸르행] 현재 대한항공과 말레이시아항공에서 인천-쿠알라룸푸르 직항을 운행하고 있다. 저가항공사의 직항노선으로는 인천과 부산, 제주에서 출발하는 에어아시아가 있다. 경유노선은 환승 대기시간이 긴 대신 저렴하다. 베트남항공, 중국국제항공, 중국남방항공, 케세이패시픽, 중국동방항공, 타이항공, 싱가포르항공 등이 경유편을 운항한다.

[코타키나발루행] 저가항공사인 에어서울, 이스타항공, 진에어, 제주항공, 에어부산에서 인천이나 부산, 대구에서 출발하는 코타키나발루행 직항 노선을 운행한다. 항공사들의 경쟁이 심한 노선이라 저렴한 항공권을 쉽게 구할 수 있다.

[페낭 또는 랑카위행] 정기적으로 운항하는 직항편은 없다. 쿠알라룸푸르로 입국한 다음 국내선을 이용하는 것이 일반적이다. 말레이시아 항공과 에어아시아를 포함해 다수의 항공사들이 해당 노선을 운항한다.

말레이시아로 가는 직항 스케줄

※ 각 항공사의 비행기 운항시간은 변동이 잦은 편이다. 본 시간표는 참고용으로만 사용하며, 정확한 시간은 항공권 예매 당시 각 항공사 홈페이지를 참고하자.

● 인천→쿠알라룸푸르 직항 스케줄 (6시간 30분 소요)

항공사	출발지	운항일	출발 시각→도착 시각
대한항공	인천	매일	16:35→21:55
	쿠알라룸푸르	매일	23:20→06:50
말레이시아항공	인천	매일	11:00→16:45, 00:10→05:45
	쿠알라룸푸르	매일	23:30→07:10
에어아시아	인천	매일	09:45→15:15, 16:45→21:55, 23:25→04:44
	쿠알라룸푸르	매일	07:40→15:20, 14:40→22:20, 00:55→08:35

● 부산→쿠알라룸푸르 직항 스케줄 (6시간 20분 소요)

항공사	출발지	운항일	출발 시각→도착 시각
에어아시아	김해	일 · 월 · 수 · 목 · 금 · 토	22:40→16:00
		월 · 화 · 토	15:15→20:15
		목	18:05→23:05
	쿠알라룸푸르	월 · 수 · 목 · 금	01:35→09:00
		일 · 토	02:00→09:25
		월 · 화 · 토	06:50→14:00
		목	21:20→16:40

● 제주→쿠알라룸푸르 직항 스케줄 (6시간 소요)

항공사	출발지	운항일	출발 시각→도착 시각
에어아시아	제주	월 · 화 · 토	15:15→20:15
		목	18:05→23:05
	쿠알라룸푸르	월 · 화 · 토	18:50→14:00
		목	21:20→16:30

● 인천→코타키나발루 직항 스케줄 (5시간 10분 소요)

항공사	출발지	운항일	출발 시각→도착 시각
진에어	인천	매일	17:15→21:35, 19:05→11:15
	코타키나발루	매일	00:30→06:40
제주항공	인천	월 · 화 · 수 · 목 · 금 · 토	19:10→11:20
		일	21:20→01:20
	코타키나발루	일 · 화 · 수 · 목 · 금 · 토	00:20→06:25
		월	02:20→08:25
이스타항공	인천	매일	19:30→11:35
	코타키나발루	매일	00:45→07:10
에어서울	인천	매일	19:50→00:10
	코나키나발루	매일	01:10→07:20

● 부산→코타키나발루 직항 스케줄 (5시간 30분 소요)

항공사	출발지	운항일	출발 시각→도착 시각
이스타항공	김해	매일	18:40→10:55
	코타키나발루	매일	00:20→06:10
에어부산	김해	매일	19:00→11:50
	코타키나발루	매일	00:50→06:30

● 대구→코타키나발루 직항 스케줄 (약 5시간 20분 소요)

항공사	출발지	운항일	출발 시각→도착 시각
에어부산	대구	일 · 월 · 수 · 금 · 토	19:30→23:50
	코타키나발루	일 · 월 · 수 · 금 · 토	00:50→07:00

4. 환전, 어떻게 할까요?

① 말레이시아에서 한화를 링깃으로 바꾼다

쿠알라룸푸르나 코타키나발루를 중심으로 여행한다면 한화를 그대로 들고 가서 링깃으로 바꿀 수 있다. 시내 중심가에 있는 한화 환율이 좋은 환전소를 이용하면, 달러로 이중환전을 하는 것보다 이익이다. 단, 페낭이나 랑카위 등의 지역이나 공항, 터미널 등에서는 한화의 환율이 좋지 않다.

② 달러로 가져가서 링깃으로 바꾼다

쿠알라룸푸르나 코타키나발루 외 다른 도시를 주로 여행한다면 달러화로 여행경비를 준비한다. 주거래 은행에서 환전 수수료를 우대받거나 시중에 배포되는 환율 우대 쿠폰을 사용하면 좀 더 저렴하게 달러화를 살 수 있다.

③ 한국에서 한화를 링깃으로 바꿔 간다

한국에서의 링깃 환율이 그다지 좋지는 않지만 가장 편리한 방법이다. 며칠 동안 쓸 용돈 정도라면 환차손으로 인한 손해액이 그리 크지 않다.

현금 환전은 고액권으로!
화폐의 액면가에 따라 적용되는 환율이 달라진다. 한화를 가져간다면 5만 원 권일수록, 달러화를 가져간다면 100달러 짜리일수록 좋은 환율이 적용된다.

■ 현금 환전을 대신하는 방법
① 국제현금카드를 사용한다

공항과 시내의 ATM에서 통장에 있는 현금을 현지 화폐로 바로 인출할 수 있다. 해외에서 사용할 수 있는 Plus, Cirrus, EXK 등의 마크가 찍힌 국제현금카드를 준비한다. 인출금액 1~2%의 수수료가 붙지만 송금 보낼 때의 환율이 적용된다.

주의! 마그네틱 손상이나 비밀번호 입력 오류로 정지될 수도 있으니 2장 이상의 카드를 분산 보관한다. ATM 기계에 따라 출금 오류가 생기기도 하니, 다른 대체카드를 마련해 둘 것.

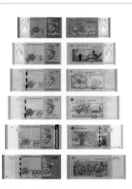

■ 말레이시아 환율
1링깃(RM)=한화 288원(2020년 1월 기준)

② 신용카드를 사용한다

상점에서 물건을 사는 것뿐만 아니라 비상 시에는 ATM에서 현금서비스도 받을 수 있다. 해외에서 사용할 수 있는 카드(VISA, MASTER, AMEX 등)로 준비한다.

주의! 해외에서 카드 결제 시에는 원화로 결제하지 않는다. 실제 금액보다 3~8% 가량 더 높게 원화결제서비스 수수료(DCC)가 발생한다.

인출수수료가 저렴한 체크카드
우리 ONE 체크카드를 'EXK' 마크가 붙은 ATM에서 사용하면, 네트워크 수수료가 면제되고 국내은행 수수료도 저렴하다. 말레이시아에서는 'Hong Leong Bank', 'CIMB', 'RHB' 은행의 ATM에서 사용할 수 있다. 하나은행의 비바+/비바G/비바2 체크카드도 이용 금액의 1%만 인출수수료로 내기 때문에 여행자들에게 인기가 있다.

우리 ONE 체크카드

하나 비바2 체크카드

5. 숙소 예약은 어떻게 하나요?

① 인터넷으로 편리하게 예약하자

원하는 호스텔이나 호텔의 위치, 요금, 리뷰, 조건 등을 자세히 살펴본 뒤 신용카드로 예약한다. 호텔 정책에 따라 전체 요금을 미리 계산하는 경우도 있다. 민박 형 숙소나 아파트먼트가 호텔처럼 등록된 경우도 많으니 체크인 시간과 리셉션 여부 등을 꼼꼼히 따져볼 것. 4, 5성급 호텔은 홈페이지의 프로모션을 이용하는 것도 좋다.

■ 호텔 예약 사이트 & 애플리케이션
부킹닷컴 www.booking.com
아고다 www.agoda.com
호텔스닷컴 www.hotels.com
익스피디아 www.expedia.com

② 숙소 예약 시 주의사항

1) 예약 사이트의 환불 조건 확인
저렴한 특가의 숙소는 환불 불가의 조건으로 나오는 경우가 많다. 이런 경우 날짜 변경이나 취소, 환불이 되지 않으니 유의해야 한다.

2) 예약 사이트의 선 결제 여부 확인
일부 호텔들은 체크인을 하기도 전에 전체 요금을 신용카드로 결제해가는 경우가 있다. 특히 환불 불가의 조건으로 예약한 경우 이런 선결제가 자주 이루어지는 편. 신용카드 결재 내역을 미리 확인해서 체크인 시 이중으로 지불하지 않도록 주의한다.

3) 예약 사이트와 호텔 홈페이지 가격 비교
호텔 홈페이지와 예약대행 사이트의 가격은 반드시 비교해본다. 특급 호텔과 리조트일수록 다양한 패키지상품과 프로모션 요금을 선보인다. 요금이 조금 더 비싸더라도 부대시설 이용 등 포함 조건이 더 좋은 경우가 있다.

4) 숙소 시설 확인
객실 형태, 발코니 유무, 창문 유무, 전망, 무료 인터넷 여부, 조식 포함 여부, 엘리베이터 유무

등의 조건도 확인한다. 중저가 호텔들은 내부 창문 있거나 아예 창문이 없는 조건의 객실이 많다. 전통가옥을 개조한 숙소들은 무거운 짐을 들고 계단을 오르내려야 하는 경우도 있다.

5) 교통 여건 확인
시내나 인근 관광명소까지 가는 대중교통이 편리한지 살펴본다. 밤늦은 시간에 도착한다면 공항이나 터미널에서 이동이 편한 숙소가 유리하다. 쿠알라룸푸르에서는 가까운 전철역이 어디인지 꼭 확인할 것.

체크아웃 시 관광세만큼 현지 화폐를 남겨두자
말레이시아 연방정부는 외국 여권 소지자에게 객실 하나당 1박에 10링깃씩 '관광세 Tourism Tax'를 부과한다. 이 금액은 체크인 또는 체크아웃 시 호텔이 대신 징수한다. 단, 각 지방자치정부마다 시행 여부에는 다소 차이가 있을 수 있다.

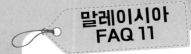
6. 어떤 옷을 준비해야 할까요?

① 여름철 휴가 복장으로 준비한다.

우리나라의 여름철 날씨를 기준으로 입을 만한 얇은 옷들을 준비한다. 햇빛을 가릴 수 있는 디자인이라면 금상첨화. 휴가 기분을 제대로 내고 싶다면 해변에서 입을 옷과 고급 레스토랑에 갈 때 입을 옷, 리조트에서 입을 옷과 트레킹을 할 때 입을 옷 등 상황에 맞는 옷을 따로 챙겨놓자.

② 갑작스러운 기온 변화에 대비한다

대중교통수단이나 쇼핑몰 등의 냉방 온도가 낮다. 시외버스나 기차, 비행기를 탈 때 걸칠 수 있는 겉옷을 준비한다. 기온이 낮은 고지대에 가거나 비가 와서 온도가 떨어질 때도 유용하다. 지하철이나 버스에서 차가운 에어컨 바람을 피하고 싶다면 스카프나 얇은 카디건을 보조가방에 넣어 다니자.

③ 이슬람 문화권임을 존중할 것

일반 관광지역에서 외국인 여행자들에 대한 복장 제한은 없다. 하지만 이슬람 사원이나 성지에 들어갈 때는 복장 규정을 따라야 한다. 짧은 바지나 치마, 민소매 복장으로는 출입금지. 여자들은 머리를 가리는 스카프도 착용해야 한다. 관광객이 많이 찾는 사원에서는 가운과 스카프를 대여할 수 있다.

④ 특급 호텔의 드레스코드, 스마트 캐주얼

고급 호텔이나 리조트에 묵는다면 드레스 코드에도 신경을 쓸 것. 특히 호텔 부설 레스토랑을 이용할 때는 '스마트 캐주얼'이 기본 드레스 코드다. 운동복에 슬리퍼가 아니라 면바지에 앞이 막힌 신발을, 글자가 박힌 티셔츠보다는 타이를 메지 않은 셔츠나 폴로 셔츠를, 여기에 캐주얼 재킷이나 세련된 니트를 매치한다. 절대 투숙객에게 강요하지는 않지만 직원들의 대우가 달라진다.

7. 챙겨야 할 여행 준비물은?

- 여권 : 사진이 있는 부분의 복사본을 2~3장 따로 보관해두고, 여권용 사진도 몇 장 챙긴다.
- 항공권 : 전자티켓을 미리 출력해둔다. 웹 체크인했다면 보딩 패스도 출력한다.
- 여행경비 : 현금, 신용카드, 현금카드 등을 빠짐없이 준비하자.
- 각종 증명서 : 국제 운전면허증&국내 운전면허증, 국제학생증. 여행자보험 등.

- 여행가방 : 선호하는 스타일에 따라서 캐리어와 배낭 중 선택한다.
- 보조가방 : 가볍게 들고 다닐 수 있는 보조가방을 준비하면 편리하다.
- 자물쇠 : 가방 크기와 종류에 맞춰서 자물쇠를 준비한다. 서로 묶어둘 수 있는 와이어도 유용하다.

- 옷&신발 : 말레이시아의 더운 기후에 맞춰 옷과 신발을 매칭한다.
- 속옷&양말 : 더우니까 속옷은 넉넉히. 여행 일정에 맞춘 분량을 준비한다.
- 전대(복대) : 여권과 현금 보관용으로 준비한다.
- 의류팩&워시팩 : 트렁크 속의 옷과 세면도구들을 깔끔하게 정리할 수 있다.
- 수영복 : 해변이나 리조트에서 수영할 예정이라면 필수품.
- 수건 : 호스텔에 묵을 예정이라면 스포츠 타월 형태로 준비한다.
- 세면도구&용품 : 좋은 호텔에서 묵으면 샴푸, 샤워젤, 비누는 걱정 없다. 그 외에는 칫솔 치약과 함께 준비한다.
- 화장품 : 꼭 필요한 만큼만 작은 용기에 담아

서 가져갈 것.
- 모자 : 햇빛을 막는데 유용하다.
- 자외선 차단제 : 햇빛이 매우 강렬하다. 귀찮다고 건너뛰면 나중에 후회한다.
- 선글라스 : 패션 아이템이자 한낮의 강한 햇빛으로부터 눈을 보호한다.
- 우산 : 3단으로 접는 가벼운 형태로 준비한다. 양산 대용으로도 사용할 수 있다.
- 가방용 커버 : 가방도 보호하고, 패션 아이템도 된다. 특히 우기에 여행할 때 유용하다.

- 스마트폰 : 손에서 떨어지지 않게 고리를 달면 좋다.
- 카메라 : 메모리카드와 배터리 충전기가 잘 작동하는지 출발 전 확인한다.
- 멀티 어댑터 : 우리나라와 콘센트 모양이 다르다. 멀티형이면 안심. 요즘에는 USB 충전형으로도 나와 편리하다.

■ 가져가면 편리한 여행 준비물
- 생리용품 : 평소 자신이 사용하던 것을 발견하기가 쉽지 않으니 챙길 것.
- 비상약품 : 현지에서 살 수도 있지만 자신의 몸에 잘 맞는 감기약, 소화제, 진통제, 지사제 등을 준비하자.
- 물티슈 : 작은 것으로 준비하면 급할 때 쓸 일이 생긴다.
- 손톱깎이 : 일주일 이상 여행한다면 요긴하게 쓸 수 있다.

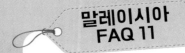

8. 스마트폰은 로밍해야 할까요?

인천공항 통신사 로밍센터

쿠알라룸푸르 국제공항 맥시스 심카드 부스

셀콤 대리점

① 현지에서 심카드를 구입할 수 있다

말레이시아 현지 통신사의 선불형 심카드를 구입하면 데이터 로밍보다 저렴하게 데이터를 사용할 수 있다. 말레이시아 3대 통신 회사인 맥시스/셀콤/디지의 서비스를 이용하면 무난하다. 기본 통화와 데이터 용량에 따라 다양한 조합의 상품들이 있으니 옵션을 잘 살펴볼 것. 각 통신사 대리점에서 구입할 수 있으며 여권을 요구하는 경우가 있다.

② 절약하려면 Wi-Fi 존에서만 사용

데이터 로밍을 차단하고 무료 와이파이만 이용하는 것이 가장 저렴한 방법이다. 대부분의 숙소와 식당, 공항 등지에서 무료 와이파이를 사용할 수 있다. 현지에 도착하기 전에 스마트폰 설정 화면에서 데이터 로밍을 비활성화 시킨다.

③ 제일 편리한 데이터 로밍

한국과 긴밀하게 연락을 주고받아야 한다면 데이터 로밍을 신청한다. 무료 와이파이를 찾아 다닐 필요 없이 언제 어디에서나 편안하게 인터넷을 사용할 수 있다. 하루 1만 원 정도로 데이터를 무제한으로 이용할 수 있는 국내 통신사의 데이터 로밍 요금제를 이용한다.

심카드를 교체하면 한국에서 사용하던 번호가 아닌 새로운 현지 번호로 등록이 된다. 단, 카카오톡 등 인터넷 메신저는 로그인하면 그대로 사용할 수 있다. 집이나 비상 연락처에는 바뀐 번호를 따로 알려준다.

■ 말레이시아 통신 회사
맥시스 Maxis www.maxis.com.my
디지 Digi www.digi.com.my
셀콤 Celcom www.celcom.com.my

9. 말레이시아는 안전한가요?

① 혼자 다녀도 괜찮을 치안 상태

전반적으로 안정된 치안 상태는 여성 여행자나 가족 여행자들이 말레이시아 여행을 선호하는 이유 중 하나다. 일반적인 대도시의 주의사항과 마찬가지로, 밤늦은 시간에 으슥한 골목을 다니지 말고 낯선 이가 건네는 음식을 먹거나 섣불리 따라가지 않는 기본 행동지침은 지키자.

② 붐비는 곳에서는 소매치기 주의

역이나 버스 터미널, 지하철과 시장 등 인파가 많은 곳에서는 가방 관리에 신경을 쓴다. 테이블에 앉을 때는 귀중품이 든 가방을 무릎 위에 올려 둘 것. 빈 의자에 올려두거나 의자 뒤쪽에 걸어두지 않는다.

③ 오토바이 날치기 조심

어깨 한쪽에 가볍게 걸치고 다니는 핸드백은 오토바이 날치기의 타깃이 되기 쉽다. 오토바이를 타고 채갈 수 없도록 크로스형 가방을 앞쪽으로 매거나 배낭 스타일의 가방을 양쪽으로 단단하게 맨다. 가능한 길 안쪽으로 걷는다.

④ 사건 사고 대처 방법

여권을 잃어버리면

❶ 여권 분실을 대비해 여권 복사본과 여권용 사진을 가지고 간다.

❷ 여권을 분실한 경우 가까운 경찰서를 찾아가 경찰신고서를 작성한다.

❸ 경찰신고서와 여권용 사진, 귀국 항공권을 가지고 한국 대사관을 방문한다.

❹ 전자여권 재발급을 신청(2주 소요)하거나 여행 증명서 또는 단수 여권을 발급(당일 처리)받

는다. 여행 증명서는 한국에서 온 여행자임을 증명하는 일종의 임시여권. 한국으로의 귀국만 가능하다.

❺ 여권 또는 여행 증명서를 발급받은 후에는 말레이시아 이민국에 가서 입국스탬프 또는 비자를 받아야 출국할 수 있다.

말레이시아 주재 한국 대사관

ADD No.9&11, Jalan Nipah Off Jalan Ampang 55000, KL **TEL** 영사과 03-4251-4904, 대사관 03-4251-2336, 긴급 연락 사건사고 017-623-8343, 영사 민원 016-381-9940/014-388-1599/016-262-1377 **OPEN** 월~금, 08:30~17:00 (12:00~13:30 점심) **WEB** www.mys.mofa.go.kr

신용카드를 잃어버리면

즉시 카드를 정지시켜야 한다. 신용카드 회사의 분실신고용 핫라인 번호를 메모해 갈 것.

소지품을 잃어버리면

부주의로 인한 분실은 여행자 보험으로 보상받을 수 없다. 소지품을 도난 당했다면 경찰서에 방문해 도난 증명서를 작성한 후 보험사에 보상을 신청한다. 가능한 증명서에는 도난 당한 물건의 모델명까지 상세하게 기입하는 것이 좋다. 현금 역시 보상 대상에서 제외된다.

병원을 이용할 경우

여행을 떠나기 전 여행자보험에 가입한다. 현지에서 병원을 이용해야 할 경우를 대비해 의료비 보상 범위를 따져볼 것. 병원 진단서와 처방전, 병원비 및 약품 구입비 영수증 등을 꼼꼼하게 첨부해 보험사에 제출한다.

반창고, 소화제, 두통약 등 간단한 구급약은 거리에서 흔하게 보이는 드럭 스토어(왓슨, 가디언, 케어링 등)에서 구입할 수 있다.

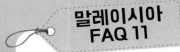
말레이시아
FAQ 11

10. 영어는 잘 통하나요?

① 관광지나 식당에서는 영어 사용이 일반적

말레이어를 공용어로 사용하지만 여러 민족들마다 고유의 언어도 사용한다. 이런 다문화적인 배경 덕분에 영어 사용 또한 모두들 익숙하다. 작은 규모의 식당이라도 간단한 메뉴 주문이나 계산 정도로 영어로 소통 가능. 서로 능숙하지는 않더라도 단어 몇 개만 알고 있으면 충분히 의사 전달을 할 수 있다.

② 메뉴는 말레이어로 된 것이 많다

영어를 병기하는 곳도 있지만 말레이 단어로 된 음식 이름을 사용하는 경우가 더 많다. 몇 가지 대표 단어들만 알아두면 길게 영어로 해석해 놓은 것보다 더 쉽게 이해된다.

③ 중국어 읽기는 제각각

유독 맛집들이 많은 중국계 식당은 식당 이름부터 메뉴까지 한자를 사용하는 곳이 많다. 중국어를 독음한 로마자 표기 역시 제각각, 읽는 법도 주인장의 출신 지역에 따라 달라진다. 대표적인 중국식 볶음국수 '차 콰이 테우 Char Kway teow'만 해도 차오 궈탸오, 차 쿼 티아우 등 열 가지 이상의 표기법이 통용된다.

메뉴판에서 배우는 말레이어

- 재 료　Nasi(나시, 쌀), Mie(미, 면), Babi(바비, 돼지고기), Ayam(아얌, 닭), Sapi(사삐, 쇠고기), Ikan(이깐, 생선) Sotong(소통, 오징어), Bebek(베벡, 오리) Udang(우당, 새우)
- 양 념　Sambal(삼발, 양념), Saos(싸오스, 소스), Manis(마니스, 달콤한), Pedas(쁘다스, 매운), Terasi(뜨라시, 멸치액젓), Belacan(블라찬, 새우 페이스트)
- 요리법　Goreng(고랭, 튀기기) Bakar(바까르, 굽기) Rebus(르부스, 삶기) Sop(솝, 수프)

11. 알아두면 좋은 말레이시아어 회화는?

■ 말레이어 간단 회화

1 satu	사뚜	2 dua	두아
3 tiga	띠가	4 empat	음빳
5 lima	리마	6 enam	언남
7 tujuh	뚜주	8 delapan	들라빤
9 sembilan	슴빌란		
10 sepuluh	스뿔루		
100 seratus	스라뚜스		
1,000 seribu	스리부		
10,000 sepuluh ribu	스뿔루 리부		
100,000 seratus ribu	스라뚜스 리부		
1,000,000 sejuta	스주따		

안녕하세요.
(아침)Selamat pagi 슬라맛 빠기
(점심)Selamat siang 슬라맛 시앙
(오후)Selamat sore 슬라맛 소레
(저녁)Selamat malam 슬라맛 말람
(잘 때) Selamat tidur 슬라맛 띠두르

어서 오세요.
Selamat datang 슬라맛 다땅
안녕히 가세요.
Selamat jalan 슬라맛 잘란
안녕히 계세요.
Selamat tinggal 슬라맛 띵갈
안녕(건강)하시죠?
Apa Kabar ? 아빠 까바르?
안녕(건강)합니다.
Baik-baik saja 바익 바익 사자
감사합니다.
Terima Kasih 뜨리마 까시
천만에요. Sama sama 사마사마
실례합니다. Permisi 쁘르미시
죄송합니다. Maaf 마아프
괜찮습니다.
Tidak apa-apa 띠닥 아빠아빠

예 Ya 야 / 아니오 Tidak 띠닥
있다. Ada 아다
없다. Tidak ada 띠닥 아다
좋다. Baik 바익
좋지 않다. Tidak baik 띠다 바익

이름이 뭔가요?
Siapa nama anda? 시아빠 나마 안다?
제 이름은 ~
Nama saya ~ 나마 사야 ~
저는 한국인입니다.
Saya orang Korea 사야 오랑 꼬레아
저는 한국에서 왔습니다.
Saya dari Korea 사야 다리 꼬레아

(이것은)얼마예요?
Berapa (ini)? 브라빠 (이니)?
이것(저것)은 무엇인가요?
Apa ini(itu)? 아빠 이니(이뚜)?
비싸요(싸요).
Mahal(Murah) 마할(무라)
가격을 깎을 수 있나요?
Boleh kurangi haraganya?
볼레 꾸랑이 하르가냐?
깎아 주세요. Minta kurangi 민따 꾸랑이
영수증 주세요. Minta bon 민따 본
정말 맛있어요 Enak sekali 에낙 스깔리

서바이벌 식당 영어

2명 예약하고 싶습니다.
I would like to make a reservation for two person.
메뉴판 주세요. Please bring me the menu.
추천 음식이 뭔가요? What dish do you recommend?
이것은 제가 주문한 거 아니에요.
This is not what I ordered.
계산서 주세요. Check, Please

Kuala Lumpur

쿠알라룸푸르 시내를 걷는 일은 마치 타임머신을 타고 여러 시대를 오가는 것처럼 한 블록 한 블록 새롭다. 드높은 빌딩숲 사이를 걸으며 미래 도시의 분위기를 만끽하다가, 빌딩 사이에 숨어 있는 오래된 식당에서 백 년 전 음식을 맛보기도 하고, 현대적인 쇼핑몰로 돌아가 최신 유행 아이템을 쇼핑할 수 있는 도시이니 말이다. 히잡을 쓰고 미소를 건네는 말레이 아가씨들과 인사하고 돌아서면 어느새 중국인 아주머니가 힘차게 냄비를 휘젓고 있고, 떠들썩하게 난을 구워대는 인도 레스토랑을 나서자마자 금발의 서양인이 카페에 앉아 신문을 보고 있다. 어떤 문화를 가진 이들이라도 각자 자신의 모습을 지키며 살아가는, 실용적인 코스모폴리탄 정신으로 똘똘 뭉친 아시아 최고의 국제도시다.

아시아의 코스모폴리탄이 모여드는 곳

쿠알라룸푸르

Kuala Lumpur

쿠알라룸푸르의 매력 포인트는?
01 인천과 부산, 제주에서 출발하는 저가항공사의 허브
02 초대형 쇼핑몰이 밀집해 있는 쇼핑의 천국
03 중국과 인도, 말레이의 음식 문화를 한자리에서!
04 영국 식민지 시대 건축물과 최첨단 빌딩의 오묘한 조화
05 밤늦은 시간까지 왁자지껄하게 즐길 수 있는 야시장
06 대를 잇는 전통 맛집 강호들이 숨어 있는 뒷골목
07 공짜나 다름없는 미술관&박물관의 메카
08 다른 나라보다 저렴하게 예약할 수 있는 4, 5성급 호텔

기본 정보

➥ 여행안내소

❶ 말레이시아 관광 센터

Malaysia Tourism Centre(MaTiC)

쿠알라룸푸르에서 가장 큰 여행안내소. 다른 안내소들보다 체계적이고 전문적인 답변을 받을 수 있고 준비된 자료도 많다. 에어컨이 있는 넓은 라운지에서 편히 쉬어 갈 수도 있다. 공연장에서는 **말레이시아 전통무용 공연(월~토요일 15:00)이** 무료로 열린다. 페트로나스 트윈 타워 정문에서 도보 10분 **ADD** 109, Jalan Ampang **TEL** +60 3-9235-4848 **OPEN** 월~금 07:30~17:30, 여행안내소 08:00~22:00, 전통 공연 월~토 15:00~16:00 **COST** 무료 **ACCESS** 모노레일 부낏나나스 Bukit Nanas 역 하차, 암팡 거리 Jalan Ampang를 따라 도보 5분 **WEB** www.matic.gov.my **MAP** p.82-B

❷ 쿠알라룸푸르 국제공항 여행안내소

KLIA와 KLIA2 두 개의 터미널에 각각 여행안내소가 있다. 두 곳 모두 입국심사를 마친 후 나오는 길에 있다. 시내로 들어가는 방법 등 필요한 정보가 있다면 입국장을 나가기 전에 물어보는 것이 좋다.

❸ KL 센트랄 여행안내소

공항철도와 공항 셔틀버스가 도착하는 KL 센트랄에도 여행안내소가 있다. 1층 중앙 통로에서는 잘 보이지 않는다. 맥도날드 옆의 작은 통로로 들어가면 왼편에 있다.

ADD Lot 21, Tingkat 2, Balai Ketibaan, Kuala Lumpur City Air Terminal, Stesen KL Sentral **TEL** +60 3-2272-5823 **OPEN** 09:00~18:00 **WEB** www.tourismmalaysia.com.my

➥ 환전소

쿠알라룸푸르는 한화를 바로 바꿀 수 있는 환전소가 많고 환율도 좋은 편이다. 부낏 빈땅 등 한화의 환율이 좋은 환전소를 찾아가면, 우리나라에서 링깃화를 환전해 가는 것보다 더 이익이다. 각 은행들이 환전 업무를 하며 쇼핑몰이나 주요 거리마다 사설 환전소가 많아서 환전에 큰 어려움은 없다. 단, 환전소마다 환율이 조금씩 다르니 여행 동선 안에서 몇 군데 확인해보고 바꾸는 것이 좋다. 각 지역별로 추천하는 환전소는 다음과 같다.

❶ KL 센트랄

교통 중심지인 KL 센트랄 건물에도 환전 업무를 겸하는 은행이 많다. 하지만 환율이 좋지 않은 편. 근처에서 환전을 해야 한다면 KL 센트랄 옆 **'누 센트랄** Nu Sentral **쇼핑몰' LG층에 있는 환전소**의 환율이 제일 좋다. KL 센트랄 2층의 연결 다리를 통해서 쇼핑몰로 건너갈 수 있으며, 10:00~22:00까지 문을 연다.

누 센트랄 쇼핑몰의 환전소

❷ 부낏 빈땅

대형 쇼핑몰이 밀집한 번화가인 만큼 수많은 환전소가 있다. 특히 모노레일 부낏 빈땅 Bukit Bintang 역 근처에 있는 환전소들은 타 지역의 환전소에 비해 환율이 좋은 편이며 원화 거래도 활발하다. 그중에서도 교민들이 추천하는 환율 좋은 환전소는 **파빌리온 쇼핑몰 지하에 있는 환전소**이다.

파빌리온 쇼핑몰 지하의 환전소

❸ 차이나타운

차이나타운의 거리에는 중국계나 인도계 이민자들이 운영하는 환전소가 많다. 부낏 빈땅이나 누 센트랄 쇼핑몰에 비해서는 환율이 좋지 않지만, 목돈이 아니라면 환전해도 크게 부담 없는 정도다. 단, 관광객이 많은 센트럴 마켓 안쪽의 환전소는 국제공항만큼이나 환율이 매우 좋지 않다.

❹ KLCC

페트로나스 트윈 타워와 함께 있는 쇼핑몰 수리아 KLCC 지하층에 환전소가 있다. 이용하기는 편리하지만 누 센트랄 쇼핑몰이나 파빌리온 쇼핑몰의 환전소보다는 환율이 좋지 않다.

❺ 쿠알라룸푸르 국제공항의 환전소

입국장을 나와서 시내로 가는 교통편을 이용하기 전까지의 이동경로에 환전소들이 많다. 환율은 쿠알라룸푸르 시내에서 가장 좋지 않다. 공항에서 반드시 환전을 해야 한다면, 조금 더 환율이 좋은 출국장의 환전소를 이용한다.

➡ 은행&ATM

쇼핑몰과 거리 곳곳에서 은행과 ATM들을 매우 쉽게 발견할 수 있다. 'VISA, MasterCard, Cirrus, Plus, EXK' 등의 마크가 붙어있는 ATM에서 국제현금카드를 사용할 수 있다. 국제현금카드를 사용할 수 없는 자국 은행 전용 ATM도 일부 있으니, 자신의 국제현금카드 뒤편에 표시된 마크와 동일한지 확인할 것!

➡ 편의점

생수, 음료수, 술, 과자, 컵라면 등을 구입할 때는 24시간 운영하는 편의점이 유용하다. 쿠알라룸푸르의 시내에서 24시간 편의점이 곳곳에 있으며, 세븐일레븐 Seven Eleven 과 마이뉴스닷컴 myNEWS.com을 가장 쉽게 발견할 수 있다.

화장품, 의약품이 필요할 때

화장품이나 비상용 의약품을 살 때는 왓슨 Watson, 가디언 Guardian, 케어링 Caring 등의 약국형 매장을 이용하면 편리하다. 특히 프로모션 상품을 잘 고르면 아주 저렴한 가격으로 쇼핑할 수 있다.

화장품과 의약품 전문점, 왓슨 Watson

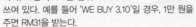

환전소의 환율 보는 법

환전소들은 전광판으로 그날의 환율을 보여준다. 태극기 옆에 표시된 숫자 중에서 'WE BUY'의 숫자를 확인하자. 보통 1,000원 단위로 쓰여 있다. 예를 들어 'WE BUY 3.10'일 경우, 1만 원을 주면 RM31을 받는다.

쿠알라룸푸르 들어가기

쿠알라룸푸르 공항은 동남아시아를 대표하는 허브 공항이다. 또한 에어아시아와 같은 저가항공사들이 매우 발달해 있어서 예약 시기에 따라서는 버스나 기차보다도 저렴한 가격으로 말레이시아의 국내 도시를 오가는 항공권을 구입할 수 있다.

비행기

대한항공, 말레이시아 항공, 에어아시아 X 등의 항공사가 인천에서 쿠알라룸푸르로 바로 가는 직항편을 매일 운항한다. 운항 소요 시간은 6시간 30분 정도. 또한 제주에서도 일주일에 4편, 에어아시아 X의 직항 노선이 있다. 에어아시아 X는 김해공항에서 출발하는 직항 노선도 일주일에 6편 운항한다.

KLIA

에어아시아를 비롯한 저가 항공사가 주로 이용하는 KLIA2이다. 두 개 터미널 사이는 공항철도로 연결되어 있으며, 도보로는 이동할 수 없다.

CHECK 현지인들은 KLIA 국제공항을 '클리아'가 아닌 '케이엘아이에이'로 부른다.

KLIA(Kuala Lumpur International Airport)
ADD Kuala Lumpur International Airport, Sepang, Selangor TEL +60 3-8777-8888 ACCESS 공항철도 KLIA 익스프레스를 타고 KLIA 역 하차

KLIA의 도착 로비는 3층이다. 국제선이 도착하는 출구 왼편에 공항안내소가 있으며 차례로 ATM과 환전소가 나온다. 말레이시아에서 사용할 스마트폰 유심칩은 DIGI와 MAXIS 등의 카운터에서 구입할 수 있다. 공항 안에서는 무료로 와이파이를 사용할 수 있다.

※대한민국-쿠알라룸푸르 직항 노선

항공사	출발 시각	도착 시각
대한항공*	매일 16:35	21:55
말레이시아 항공	매일 11:00	16:35
	매일 00:10	05:45
에어아시아 X (인천)	매일 09:45	15:15
	매일 16:00	21:55
	월·수·금·토 23:25	04:55+1
에어아시아 X(김해)	월·수~일 10:40	16:00
에어아시아 X (제주)	월·화·토 15:15	22:15
	목 18:05	23:05

*대한항공은 인천공항 제2 여객터미널 이용.

❶ KLIA

쿠알라룸푸르 국제공항에는 두 개의 터미널이 있다. 말레이시아의 국영 항공사인 말레이시아 항공을 비롯해 대형 항공사들이 주로 이용하는 KLIA와

스마트폰 유심을 실 수 있는 카운터

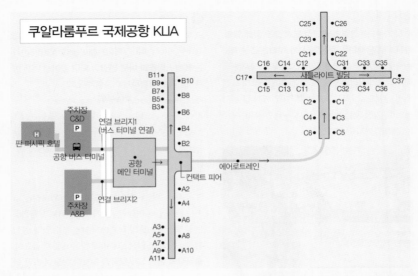

쿠알라룸푸르 국제공항 KLIA

❷ KLIA에서 시내로 들어가기

KLIA는 쿠알라룸푸르 시내에서 남쪽으로 50km 정도 떨어져 있다. 시내까지 들어가는 방법엔 공항철도와 공항 셔틀버스, 택시 등이 있다. 저렴하게 이동하고 싶으면 공항 셔틀버스를, 숙소 앞까지 편안하게 이동하고 싶으면 택시나 그랩을 이용한다. 공항철도와 공항 셔틀버스는 쿠알라룸푸르의 교통 허브인 KL 센트랄 KL Sentral로 간다.

공항철도

쿠알라룸푸르 시내까지 가장 빠르고 쾌적하게 이동하는 방법이다. 쿠알라룸푸르의 시내 중심에 있는 KL 센트랄이 공항철도의 종점. **직행인 KLIA 익스프레스** KLIA Ekspres**와 완행인 KLIA 트랜짓** KLIA Transit이 있으며 요금은 직행과 완행 모두 RM55으로 동일하다.

도착 로비에서 엘리베이터를 타고 1층으로 내려가면 공항철도 플랫폼이 나온다. 승차권은 자판기나 매표소에서 구입하면 되며, 자동판매기를 이용할 경우 10% 할인된다. 열차 안에서는 무료 와이파이를 사용할 수 있다.

KLIA 익스프레스 **OPEN** KLIA 출발 05:00~01:00, KL 센트랄 출발 05:00~00:40, 15~30분 간격, 약 30분 소요 **COST** 편도 RM55, 왕복 RM100 **WEB** www.kliaekspres.com

KL 센트랄까지 바로 가는 KLIA 익스프레스

공항 셔틀버스

공항철도에 비해 시간은 오래 걸리지만 비용은 훨씬 저렴하다. 공항철도처럼 **KL 센트랄이 종점인 버스가 제일 많고, 그 외 차이나타운과 가까운 푸두라야 버스 터미널과 부낏 빈땅, KLCC로 가는 버스도 있다.**

버스를 타려면 공항 메인 건물 2층에서 연결된 브리지를 통해 버스 터미널 건물로 건너간다. 두 개의 브리지 가운데 1개만 버스 터미널 건물과 연결되어 있다. 터미널 건물 1층에 매표소가 있다.

OPEN KLIA 출발 05:30~00:30, KL 센트랄 출발 04:30~23:00, 20~30분 간격, 약 1시간 10분 소요 **COST** KL 센트랄 RM12, KLCC RM18

택시

택시 카운터는 3층의 국내선 도착 출구 앞에 있다. 쿠폰제로 운행하는 쿠폰 택시와 미터기로 운행하는 미터 택시 두 가지 종류가 있다. 쿠폰 택시는 목적지까지의 거리와 인원수, 짐 개수에 따라 미리 정해진 금액으로 쿠폰을 발행한다. 4인까지 탑승 가능하며, 가장 저렴한 버짓 택시 Budget Taxi 기준으로 KL 센트랄까지 RM110 정도.

국내선 도착 출구 앞의 택시 카운터

그랩

그랩 Grab은 말레이시아의 주요 도시에서 사용 가능한 차량 공유 서비스다. 공항 근처에도 항상 대기하고 있는 기사들이 있어서 편리하게 이용할 수 있다. **공항에서 시내까지 가는 요금이 약 RM65(톨게이트비 RM12 별도)** 정도로 택시에 비해 저렴하다. 휴대폰으로 차량을 호출한 다음 공항의 도착 로비 바깥에서 만나게 된다.

공항에서 바로 말라카/페낭 가기

공항의 버스 터미널에서 국내 주요 도시로 가는 시외버스를 탈 수 있다. 남부의 말라카, 북부의 페낭 등이 주요 목적지. 운행 편수가 많지는 않지만 쿠알라룸푸르 시내의 버스 터미널까지 이동할 필요가 없어서 편리하다. KLIA와 KLIA2의 버스 터미널 두 곳 모두에서 출발 가능하다.

※KLIA 공항에서 출발하는 시외 버스

목적지	운행시간	소요시간	요금
말라카	06:45~21:00, 1~2시간 간격	약 2시간	RM 25~30
페낭	07:00~01:00, 2~3시간 간격	약 5시간 30분	RM 55~60

❸ KLIA 2

KLIA2는 에어아시아를 비롯한 저가항공사들이 이용하는 터미널이다. **게이트웨이@KLIA2(p.64)라는 복합쇼핑몰과 바로 연결**이 되어 있어서 언제 방문하더라도 쾌적하게 이용할 수 있다.

KLIA2(Kuala Lumpur International Airport)
ADD Terminal klia2, KL International Airport Jalan klia 2/1, Sepang, Selangor TEL +603-8778-5000 ACCESS 공항철도 KLIA 익스프레스를 타고 KLIA2 역 하차 WEB www.klia2.info

도착 후 수하물을 찾아서 나오다 보면 입국장을 나가는 출구 옆에 여행안내소가 있다. ATM과 환전소는 공항과 쇼핑몰의 각 층에서 발견할 수 있다. 공항 환전소는 시내 환전소에 비해 환율이 좋지 않으며, **출국장의 환전소가 입국장 쪽보다 환율이 조금 더 좋다.**

여행안내소, 수하물 찾는 곳과 입국장의 출구 사이에 위치 / 공항 내 환전소

❹ KLIA2에서 시내로 들어가기
공항철도

공항철도인 KLIA 익스프레스는 KLIA2를 출발해 KLIA를 지난 다음 쿠알라룸푸르 시내 중심에 있는 KL 센트랄 KL Sentral로 간다. 입국장에서 세관을 통과한 후 **분홍색의 공항철도 표지판**을 따라 게이트웨이@KLIA2 쇼핑몰 L2층의 복도를 따라 직진하면 공항철도 매표소가 나온다.

OPEN KLIA2 출발 04:55~00:55, KL 센트랄 출발 05:00~00:40, 15~30분 간격, 약 35분 소요 COST 편도 RM55, 왕복 RM100 WEB www.kliaekspres.com

공항 셔틀버스

시내까지 가장 저렴하게 이동하는 방법이다. KL 센트럴 외에도 차이나타운과 가까운 푸두라야(푸두 센트럴) 버스 터미널에서 내릴 수 있다.

입국장의 세관을 통과한 후 쇼핑몰 건물의 L1층(교통 허브층)으로 내려가면 중앙에 버스 매표소가 있다. 버스 회사는 여러 개지만 모든 매표소에서 통합해서 티켓을 판매한다. 목적지를 말하고 모니터에서 시간을 확인한 후 티켓을 구입한다. 버스는 건물 정문 밖에서 대기. 말라카와 페낭 등 시외버스도 탈 수 있다.

OPEN 05:15~02:00, 15~45분 간격, 약 1시간 10분 소요
COST KL 센트럴 RM12

게이트웨이@KLIA2 쇼핑몰 L1층의 버스 매표소

택시

쇼핑몰 건물의 L1층, 버스 매표소 옆에 택시 카운터가 붙어 있다. 택시 종류는 쿠폰제로 운행하는 쿠폰 택시와 미터기를 사용하는 미터 택시 두 가지가 있다. 바가지 걱정이 없는 쿠폰 택시는 KL 센트럴까지 RM110 정도. 파란색 카운터에서 쿠폰을 구입하면 된다.

파란색 카운터는 쿠폰 택시, 주황색 카운터는 미터 택시

게이트웨이@KLIA2 쇼핑몰 L2층의 공항철도 매표소

그랩

KLIA와 마찬가지로 차량공유 서비스인 그랩을 이용해 시내로 갈 수 있다. 해당 애플리케이션에 목적지를 넣고 호출하면 요금을 미리 알 수 있는 것이 제일 큰 장점이다.

COST 시내 약 RM65(톨게이트비 RM12 별도)

TIP

공항에서 그랩을 사용할 때 주의할 점

차량 호출 시 애플리케이션에 출발지를 표시하면 호출된 차량 번호가 표시되는데, 기사들이 위치 파악을 위해 전화나 메시지를 하는 경우가 많다. 메시지 기능을 통해 자신이 있는 곳을 정확하게 알리거나 통화를 하려면, 말레이시아 유심칩을 장착한 후 호출하는 것이 좋다. 또한 4인 기준이라고는 하지만 대부분 소형 차량을 사용하기 때문에, 캐리어를 포함하면 3인이 최대 인원이라고 보는 것이 좋다.

TIP

KLIA와 KLIA2 사이 이동하기

공항철도를 타고 두 터미널 사이를 이동할 수 있다. 공항철도를 이용하려면 공항철도 플랫폼에서 '클리아 트랜짓 KLIA Transit'을 탄다(요금 RM2).

분홍색은 KLIA 익스프레스 플랫폼, 파란색은 KLIA 트랜짓 플랫폼

에어아시아의 허브

게이트웨이@KLIA2

Gateway@KLIA2

게이트웨이@KLIA2는 KLIA2 터미널에 바로 붙어 있는 복합 쇼핑몰이다. 쇼핑을 위한 매장 외에도 각종 편의시설과 교통시설이 모두 이곳에 모여 있어서, KLIA2를 이용하는 승객들은 반드시 이곳을 거쳐야 한다.

1 L1층(교통 허브 층 Transportation Hub)

쿠알라룸푸르 시내로 가는 공항셔틀버스와 다른 도시로 가는 시외버스, 택시 등을 탈 수 있다. 캡슐 호텔도 있어서 새벽 일찍 출발하거나 밤늦게 도착할 경우 이용하기 편리하다.

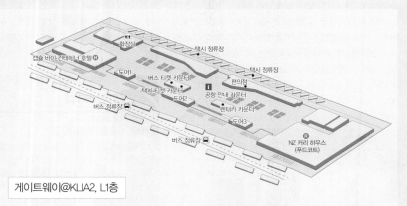

게이트웨이@KLIA2, L1층

● 캡슐 바이 컨테이너 호텔

Capsule by Container Hotel

컨테이너형으로 설계한 도미토리 호텔이다. 6~12시간 단위로 숙박비를 계산하기 때문에 잠깐 잠을 자거나 쉬어가기에 좋다. 커튼이 달린 컨테이너 내부에는 편안한 매트리스와 함께 충전용 콘센트와 귀중품 보관함이 있다. 개인 라커와 공용 샤워실도 완비. 방음은 잘 되지 않는다.

COST 1인용 도미토리 6시간 RM80, 9시간 RM100 **WEB** www.capsulecontainer.com

2 L2층(도착층 Arrivals)

공항 터미널의 도착 로비와 연결되어 있는 층. L2층의 정중앙에 공항철도의 플랫폼이 있다. 공항철도의 플랫폼 주위에는 시내의 쇼핑몰 못지않은 다양한 브랜드 매장(Vincci, F.O.S 등)이 입점해 있다. 식당과 환전소, ATM 등도 전체 공항 건물에서 가장 많은 층이다.

국내선 도착 출구
국제선 도착 출구

KFC
화장실 ♨♨
토이스루스
Maxis (유심)
화장실 ♨♨
유니클로
공항 안내소 ℹ
KLIA 익스프레스 KLIA Ekspres
KLIA 트랜짓 KLIA Transit
환전소 $ ATM
F.O.S
Voir Gallery
자야 그로서 (슈퍼마켓)
차량 픽업
$ 환전소

게이트웨이@KLIA2, L2층

● 맥시스 Maxis

말레이시아에서 사용할 수 있는 스마트폰 유심을 살 수 있다. 바로 옆에 있는 CELCOM, DIGI 매장에서도 역시 유심을 구입할 수 있다. 세관을 통과한 후 출구를 나오면 바로 정면에 모여 있다.

COST 4G 데이터 8GB+통화 60분 RM36(15일 사용 가능)

3 L2M층(휴식 공간 Relaxation Zone)

도착층과 출발층의 중간에 있다. 버거킹을 비롯한 다양한 식당과 카페가 들어서 있다. 간단한 마사지를 받을 수 있는 매장도 있다.

● 자야 그로서 Jaya Grocer

파인애플 타르트나 두리안 초콜릿과 같은 말레이시아 특산품들이 있는 대형 슈퍼마켓이다. 시내에서 미처 구입하지 못했다면 출국 직전에 간편하게 구입할 수 있다. 자물쇠를 비롯한 간단한 여행용품들과 비상약품도 살 수 있다.

4 L3층(출발층 Departures)

공항 터미널 건물의 출발 로비와 연결되어 있다. 맥도날드, 스타벅스, 서브웨이 등 프랜차이즈 레스토랑과 카페들이 들어서 있다. 패밀리마트에서는 삼각김밥도 판매한다.

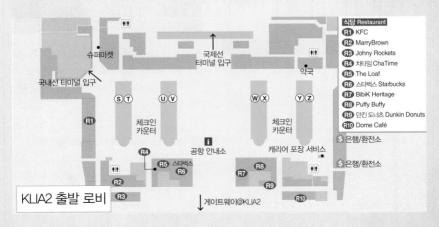

슈퍼마켓
국제선 터미널 입구
약국
국내선 터미널 입구
S T
U V
W X
Y Z
R1
체크인 카운터
체크인 카운터
R4
공항 안내소 ℹ
캐리어 포장 서비스
R5 스타벅스
R6
R7
R8
R2
R9
KLIA2 출발 로비
R3
게이트웨이@KLIA2
R10

식당 Restaurant	
R1	KFC
R2	MarryBrown
R3	Johny Rockets
R4	차타임 ChaTime
R5	The Loaf
R6	스타벅스 Starbucks
R7	BibiK Heritage
R8	Puffy Buffy
R9	던킨 도너츠 Dunkin Donuts
R10	Dome Café
$	은행/환전소
$	은행/환전소

버스

말레이 반도에 있는 대부분의 도시에서 버스를 타고 이동할 수 있다. 운행 편수가 많고 요금도 저렴한 것이 장점이다. 출발/도착할 터미널의 위치를 정확하게 알아둘 것.

시외버스 예약하기

시외버스의 운행 시각과 요금을 조회할 수 있는 홈페이지가 있다. 예약도 가능. 애플과 안드로이드 웹스토어에서는 애플리케이션도 다운로드할 수 있다. 홈페이지나 모바일 애플리케이션으로 예약한 후 창구에 예약 번호를 보여주면 티켓을 받을 수 있다. 단, 이때 터미널에 따라 티켓 출력 비용(약 RM1 내외)을 청구하기도 한다.

말레이시아 버스 예약 애플리케이션 화면

이지북 Easybook www.easybook.com,
캐치댓버스 CatchThatBus www.catchthatbus.com
버스 온라인 티켓닷컴 BusOnlineTicekt.com www.busonlineticket.com

❶ TBS(Terminal Bersepadu Selatan) 버스 터미널
쿠알라룸푸르를 대표하는 대형 버스 터미널로, 쿠알라룸푸르 시내 중심에서 남쪽으로 10km 정도 떨어진 외곽 지역에 위치한다.

ADD L3-11, Jalan Lingkaran Tengah li, Bandar Tasik Selatan **TEL** +60 3-9057-5804 **WEB** www.tbsbts.my **ACCESS** LRT 암팡 노선, KLIA 트랜짓, KTM 커뮤터의

※TBS로 가는 버스 노선

출발지	운영시간, 간격	소요시간	요금
말라카	05:30~20:00, 20~30분	약 2시간	RM 10~14
페낭*	06:30~01:30, 15~30분	약 6시간	RM 30~60
카메론 하일랜드	08:00~17:30, 30분~1시간	약 3시간 30분	RM 35~40
싱가포르	06:00~24:00, 15~30분	약 5시간	SGD (싱가포르달러) 16~50

*페낭에는 여러 개의 터미널이 있다.
출발 터미널에 따라 시간과 요금이 달라질 수 있다.

반다르 타식 슬라탄 Bandar Tasik Selatan 역에서 하차. 연결 통로를 따라 도보 5분

티켓 카운터가 있는 L3층

LRT 역과 다리로 연결되는 L3층에 티켓 카운터가 있다. 버스 회사를 모두 통합해서 승차권을 판매하니 아무 카운터에 줄을 서면 된다. 직접 모니터를 보면서 출발 시각과 좌석을 선택할 수 있다. 단, Bus Boarding Pass 라고 쓰인 A~H 카운터는 온라인으로 예매한 티켓을 받을 수 있는 전용 창구이다.
버스가 출발하는 플랫폼은 L2층에 있다. 버스 티켓을 가진 사람만 L2층으로 내려갈 수 있으며, 계단 입구에서 승차권을 검사한다. L4층에는 푸드코트가 있다.

L2층의 플랫폼, 해당 게이트 앞에서 대기한다.

주의! 같은 회사의 버스들이 다른 목적지로 동시에 출발하는 경우가 많다. 버스 회사의 이름 외에도 목적지와 게이트 번호를 전광판에서 반드시 확인하자.

❷ TBS 버스 터미널에서 시내로 들어가기
TBS 터미널에 도착한 버스는 터미널 L2층의 도착 플랫폼 또는 터미널 건물의 길 건너편에 있는 반다르 타식 슬라탄 Bandar Tasik Selatan 역 앞에 승객들을 내려준다. 터미널 L3층의 연결 다리를 통과하면 KLIA

TBS 터미널에서 KLIA 트랜짓과 LRT로 연결되는 L3층 다리

푸두 센트랄 버스 터미널

트랜짓이나 LRT를 타는 플랫폼으로 갈 수 있다. 쿠알라룸푸르의 교통 중심지인 KL 센트랄로 가려면 공항철도인 KLIA 트랜짓을 타는 것이 가장 빠르고 편리하다(06:20~01:30, 20~30분 간격, 7분 소요 요금 RM6.5).

터미널 앞에는 시내로 가는 손님을 태우기 위해 그랩 기사가 항상 대기 중이다. 시내까지 약 RM15~20 정도가 나온다.

※TBS에서 시내로 가는 대중교통수단

목적지	교통수단	도착역
KL 센트랄	KLIA 트랜짓, KTM 커뮤터	KL Sentral
차이나타운	KL 센트랄에서 LRT로 환승(Gombak 방면)	LRT Pasar Seni
KLCC	KL 센트랄에서 LRT로 환승(Gombak 방면)	LRT KLCC
부낏 빈땅	항 투아 역에서 모노레일로 환승 (Titiwangsa 방면)	모노레일 Bukit Bintang

TBS 버스 터미널에서 쿠알라룸푸르 공항(KLIA) 가는 방법

TBS 버스 터미널에서 바로 쿠알라룸푸르 공항으로 가려면 제트 버스 Jet bus에서 운영하는 공항버스를 탄다. 50분가량 소요된다. 좀 더 빨리 가고 싶다면 KLIA 트랜짓 KLIA Transit을 이용하자. 요금은 비싸지만 운행 간격이 버스보다 짧고 소요 시간도 30분 정도로 짧다.
제트 버스 OPEN 03:00~23:00, 1시간 간격, 약 50분 소요
KLIA 트랜짓 OPEN 04:40~00:10, 20~30분 간격, 약 30분 소요 COST RM38.4

❸ 푸두 센트랄 버스 터미널

Pudu Sentral Bus Terminal(Hentian Puduraya)

쿠알라룸푸르 시내의 차이나타운과 가까운 버스 터미널이다. 일명 **푸두라야** Puduraya 또는 푸두 버스 터미널이라고도 부른다. 단, 버스 회사들이 시 외곽의 TBS 버스 터미널로 옮기면서 운행 편수가 줄어들어 현재 시외버스는 거의 운행하지 않는다. 대신 쿠알라룸푸르 국제공항에서 푸두 센트랄 버스 터미널로 오는 버스가 있다. 차이나타운에 숙소를 예약한 경우 이용하면 편리하다.

ADD 12, Jalan Pudu ACCESS LRT 암팡 노선, 플라자 라크얏 Plaza Rakyat 역에서 도보 5분 소요 MAP p.80-G, p.100-D

❹ 푸두 센트랄 버스 터미널에서 시내로 들어가기

푸드 센트랄 버스 터미널은 차이나타운과 연결된 푸두 거리 Jalan Pudu에 있다. 터미널 정문을 나와서 왼쪽 방향으로 대로를 따라가면 차이나타운의 입구인 프탈링 거리 Jalan Petaling가 나온다. 도보 5분 소요.

주의! 공항 셔틀버스는 푸두 센트랄 버스터미널 안으로 들어가지 않고 건물 밖 도로의 정류장에 내려준다. 공항으로 갈 때도 같은 정류장을 이용한다. 고가도로 아래에 'UTC Kuala Lumpur'라고 쓰인 건물이 푸두 센트랄 버스 터미널이다. 터미널 건물을 바라보고 오른쪽 방향으로 큰 길을 따라가면 차이나타운이 나온다.

푸두 센트랄 버스 터미널 건물 외부 정류장

기차

쿠알라룸푸르 시내에는 2개의 기차역이 있다. KL 센트랄 2층에 있는 KL 센트랄 역 Sentral Kuala Lumpur 이나 국립 모스크 근처에 있는 쿠알라룸푸르 역 Kuala Lumpur 중에서 편리한 곳을 이용한다. 차이나타운으로 이동한다면 쿠알라룸푸르 역이 좀 더 가깝고, 대중교통을 이용해야 한다면 메트로와 모노레일, 공항철도 등이 모두 연결된 KL 센트랄 역이 좀 더 편리하다.

같은 노선이라도 출발 시간대에 따라서 소요시간과 이용 요금이 조금씩 달라진다. 홈페이지(intranet.ktmb.com.my/e-ticket)에서 회원가입 후 예약을 할 수 있다.

※쿠알라룸푸르행 철도 노선

출발지	운영시간	소요시간	요금
페낭 (버터워스)	하루 5편	4시간 5분~4시간 20분	RM59~79
이포	하루 20편	2시간 20분~2시간 30분	RM35

❶ 쿠알라룸푸르 기차역
Kuala Lumpur Railway Station

쿠알라룸푸르를 대표하는 기차역으로 1910년에 지어진 근사한 외관이 특징이다. 플랫폼 역시 철제 프레임으로 지붕을 올린 옛날 그대로의 모습을 유지 중. 현재 KL 센트랄 역에 대부분의 기능을 넘겨주면서 이용 승객이 많지는 않지만, 이곳에서도 기차표를 사고 기차를 탈 수 있다.

ADD Jalan Sultan Hishamuddin **OPEN** 매표소 월~일 06:45~21:30, 공휴일 휴무 **WEB** www.ktmb.com.my

쿠알라룸푸르 역의 플랫폼

❷ 쿠알라룸푸르 기차역에서 시내로 들어가기

쿠알라룸푸르 기차역은 KL 센트랄과 차이나타운의 중간에 있다. 기차역과 연결된 **외부 다리를 따라 걸어가면 차이나타운에 있는 LRT 파사르 세니** Pasar Seni **역으로 갈 수 있다.** 플랫폼에 내려서 건물 밖으로 나가지 말고 표지판을 따라 에스컬레이터를 탄다. KL 센트랄로 가려면 쿠알라룸푸르 역을 지나가는 교외철도 KTM 커뮤터 노선으로 갈아타야 한다.

쿠알라룸푸르 역과 LRT 파사르 세니 역 사이의 연결 다리

❸ KL 센트랄 역

쿠알라룸푸르의 교통 허브인 KL 센트랄 안에 있는 기차역이다. 시내의 모든 교통수단이 이곳을 지나가기 때문에 이용객이 많고 항상 복잡하다. 열차 매표소는 KL 센트랄 2층의 북쪽 정문 왼편에 있다.

❹ KL 센트랄 역에서 시내로 들어가기

KL 센트랄 1층으로 가면 쿠알라룸푸르의 메트로인 LRT, 교외철도인 KTM 커뮤터, 공항철도인 KLIA 익스프레스와 트랜짓을 모두 탈 수 있다. 부낏 빈땅으로 가려면 2층의 남쪽 다리와 연결된 '누 센트랄 쇼핑몰'을 통해 모노레일 역으로 가야한다. 2층의 매표소 옆에는 택시 카운터가 있다. 흥정할 필요 없이 거리에 따라 정해진 요금으로 택시를 탈 수 있다.

Focus

쿠알라룸푸르 교통의 중심지

KL 센트랄
KL Sentral

쿠알라룸푸르와 다른 도시들을 연결하는 동시에, 쿠알라룸푸르 시내 구석구석을 연결하는 교통의 허브. 기차역과 공항철도, 공항버스의 터미널이 있을 뿐만 아니라, LRT와 모노레일, KTM 커뮤터 등 다양한 대중교통수단으로 갈아탈 수 있다. 대형 쇼핑몰까지 연결되어 있어서 언제나 오가는 사람들이 많고 복잡하다.

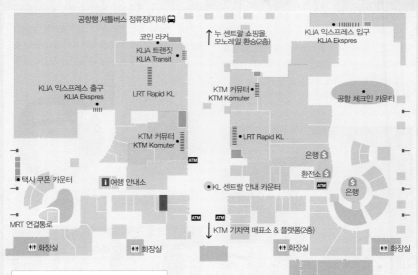

공항행 셔틀버스 정류장(지하)

코인 라커

KLIA 트랜짓
KLIA Transit

누 센트랄 쇼핑몰,
모노레일 환승(2층)

KLIA 익스프레스 입구
KLIA Ekspres

KLIA 익스프레스 출구
KLIA Ekspres

LRT Rapid KL

KTM 커뮤터
KTM Komuter

공항 체크인 카운터

KTM 커뮤터
KTM Komuter

LRT Rapid KL

은행 $

ATM

환전소 $

택시 쿠폰 카운터

여행 안내소

KL 센트랄 안내 카운터

ATM

은행 $

MRT 연결통로

ATM   ATM

KTM 기차역 매표소 & 플랫폼(2층)

화장실

화장실

화장실

화장실

KL 센트랄 KL Sentral 1층

TOURIST INFORMATION CENTRE

1 여행안내소

KL 센트랄 중앙에서 맥도날드 옆으로 이어지는 통로를 들어가면 보인다. 쿠알라룸푸르의 여행정보와 지도, 교통정보 등을 얻을 수 있다.

OPEN 09:00~18:00

2 공항 셔틀버스

KLIA 트랜짓 매표소 뒤편의 계단으로 내려가면 지하에 공항 셔틀버스 정류장이 있다. KLIA와 KLIA2로 가는 셔틀버스가 05:00~23:00까지 수시로 출발한다. 공항에서 KL 센트랄로 오는 셔틀버스 역시 이곳에 도착한다. 쿠알라룸푸르 근교의 카지노 단지 '겐팅 하일랜드 Genting Highlands'로 가는 버스도 있다.

겐팅 하일랜드행 버스 매표소

쿠알라룸푸르 다니기

다양한 메트로 노선들이 쿠알라룸푸르 시내를 관통하고 있다. LRT, KL 모노레일, MRT 도시철도, KTM 커뮤터, 공항철도 등을 이용해 시내와 근교의 볼거리를 편리하게 오갈 수 있다. 여행자들이 주로 방문하는 차이나타운과 KLCC, 부낏 빈땅 지역을 순환하는 무료 셔틀버스가 있어서 더욱 편리하다.

LRT(경전철) Light Rail Trasit System

'경전철'이라는 의미의 LRT는 여행자들이 가장 자주 이용하는 대중교통수단이다. 현재 클라나 자야 노선 Kelana Jaya Line과 암팡 노선 Ampang Line, 스리 프 탈링 노선 Sri Petaling Line 등 3개 노선을 운행. 특히 클라나 자야 노선은 KL 센트랄을 지나 차이나타운과 KLCC를 연결하는 가장 주요한 노선이다.

OPEN 06:00~24:00, 3~15분 간격 **COST** 거리에 따라 RM1.4~7.10 **WEB** www.myrapid.com.my

LRT 내부

※여행자에게 유용한 LRT 역(클라나 자야 노선)

역 명	한글명	주요 볼거리 및 환승
KL Sentral	KL 센트랄	공항철도, 모노레일, KTM 커뮤터 환승
Pasar Seni	파사르 세니	차이나타운, 센트럴 마켓
Masjid Jamek	마스짓 자멕	마스짓 자멕 모스크, 메르데카 광장
KLCC	케이엘씨씨	페트로나스 트윈 타워

❶ LRT 승차권 구입&이용 방법

역마다 설치되어 있는 자동판매기에서 토큰을 구입한다. 요금은 출발하는 역을 기준으로 목적지 역까지의 거리에 따라 달라진다. 플랫폼으로 들어갈 때는 개찰구 상단에 토큰을 접촉하며 통과하면 된다. 도착역에서 밖으로 나올 때 토큰을 개찰구에 넣어서 회수한다.

LRT 승차권은 접촉 방식으로 사용하는 토큰   역에서 나갈 때 토큰을 회수한다

토큰 자동판매기

❷ LRT 역 이용 방법

양방향 종착역의 이름으로 플랫폼의 방향을 표시한다. 따라서 자신의 목적지 역의 이름뿐만 아니라 **가는 방향의 종착역 이름도 함께 알아둔다.** 특히 암팡 노선과 스리 프탈링 노선은 찬 소우 린 Chan Sow Lin 역에서 양방향으로 갈라지니 주의한다.

3 암팡 노선 Ampang Line
Sentul Timur ↔ Chan Sow Lin ↔ Ampamg
4 스리 프탈링 노선 Sri Petaling Line
Sentul Timur ↔ Chan Sow Lin ↔ Sri Petaling
5 클라나 자야 노선 Kelana Jaya Line
Kelana Jaya ↔ Gombak

KL 모노레일 KL Monorail

KL 모노레일은 자동차 도로 위 고가에 설치된 모노레일 전용 선로를 달린다. 시내 중심가를 관통하는 노선이기 때문에 모노레일에서 바라보는 도심 전망도 좋다. 특히 여행자들에게는 KL 센트랄에서 부낏 빈땅 지역 사이를 이동할 때 유용하다. 단, 차량의 크기가 LRT에 비해 작아서 출퇴근 시간이면 매우 혼잡하다. 승차권 구입 및 역의 이용 방법은 LRT와 동일하다.

OPEN 06:00~23:50, 5~12분 간격 **COST** 거리에 따라 RM0.90~RM4.10

LRT로 환승 가능한 모노레일 역
3 **4** LRT 암팡/스리 프탈링 노선 : 항 투아 Hang Tuah 역, 티티왕사 Titiwangsa 역
5 LRT 클라나 자야 노선 : 부낏 나나스 Bukit Nanas 역(단, LRT 당 왕이 Dang Wagi 역까지 3분가량 걸어가야 함), KL 센트랄 역(단, 쇼핑몰을 관통해서 5분가량 걸어가야 함)

MRT 도시철도 Mass Rapid Transit

2017년 7월부터 운행하기 시작한 지하철 노선으로, 역마다 설치한 스크린 도어를 비롯해 우리나라의 지하철과 가장 닮은 꼴을 하고 있다. 여행자에게 유용한 노선은 시내 중심부를 관통하는 9호선(짙은 녹색)이며 국립박물관, KL 센트랄, 차이나타운, 부낏 빈땅을 지나간다. 탑승 방법은 LRT와 모노레일과 동일하게 토큰을 이용한다.

OPEN 06:00~11:30 **COST** RM1.2~3.5 **WEB** www.mymrt.com.my

주의! LRT, 모노레일, MRT 노선은 노선도에 표시된 역 안에서 연결 통로를 통해 환승할 수 있다. 단, 노선도에서 점선으로 연결된 역들은 역 개찰구 밖으로 나가서 역 사이를 이동한 후 갈아타야 한다.

KTM 커뮤터 KTM Komuter

쿠알라룸푸르 시내와 외곽 지역을 연결하는 열차다. 국영철도회사가 운영하며 두 개의 노선을 운행한다. 그중 여행자들은 쿠알라룸푸르 외곽의 주요 볼거리인 **바투 동굴로 가는 노선을 주로 이용**한다. LRT/모노레일과 연결되는 KL 센트랄 역을 이용하는 것이 가장 편리하며, 승차권은 각 역의 판매 창구에서 구입하면 된다.

KL 센트랄의 KTM 커뮤터 창구

OPEN 05:30~24:30, 15~30분 간격 **COST** RM1.50~7.70 **WEB** www.ktmb.com.my/ktmb

편리한 메트로 애플리케이션

스마트폰 애플리케이션을 사용하면 복잡한 쿠알라룸푸르 메트로 노선도를 편리하게 검색할 수 있다.
몇 개의 애플리케이션이 있지만 편의성은 우리나라 지하철 애플리케이션에 비해 다소 떨어진다.

LRT&모노레일
토큰 자동판매기 이용법

❶ 자판기 상단
LED 창에서 지폐 사용 가능
여부 확인

❷ 화면 좌측 상단 녹색 버튼,
ENGLISH 선택

❸ 교통 수단 선택, LRT 3/4번 노선은
첫 번째, LRT 5번 노선은 두 번째,
모노레일은 세 번째 화면을 누른다.

❹ 화면 노선도에서
목적지 역 선택

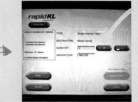

❺ 화면 우측 청색 버튼, 플러스(+)를
눌러 매수 선택

❻ 화면 우측 하단 녹색 버튼,
지불 방법으로
현금 CASH을 선택

❼ 목적지, 매수와 요금,
사용가능한 동전과 지폐 확인

❽ 해당 금액만큼 동전
혹은 지폐 투입

❾ 자판기 아래에서 토큰과
잔돈 꺼내기

상단 LED창

역안의 안내 창구

자동판매기에서는 고액권 지폐를 사용
할 수 없다. 기계에 따라서는 지폐를 사
용할 수 없고 동전만 사용 가능한 경우
상단 LED창에 Coin Only라고 표시된다.
이럴 때는 역마다 있는 안내 창구를 이
용하면 된다.

쿠알라룸푸르 메트로 노선도

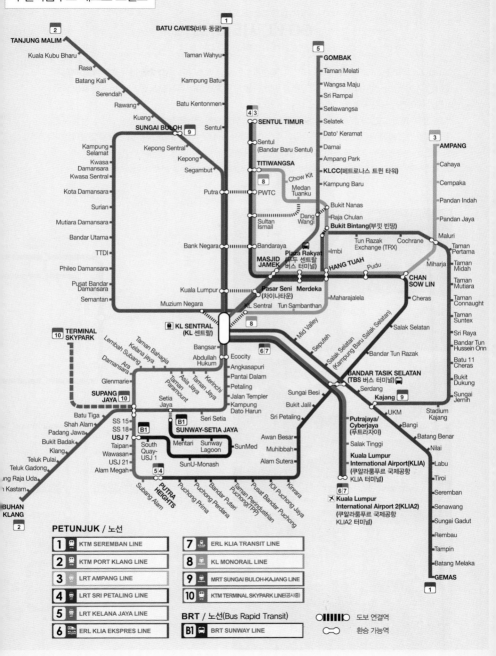

쿠알라룸푸르를 무료로 다니자!

GO KL 시티버스

GO KL 시티버스는 쿠알라룸푸르 시내 중심지를 순환하는 무료 버스이다. 버스 요금이 무료인 데다, 여행자들이 즐겨 방문하는 차이나타운, KLCC, 부낏 빈땅 등을 모두 포함하는 유용한 노선이다. 버스를 타는 동안 시원한 에어컨은 물론 무료 와이파이도 즐길 수 있다.

레드, 블루, 퍼플, 그린의 총 4개 노선을 운행하지만 버스색은 모두 연보라색으로 통일되어 있다. 운행 노선은 버스앞 전광판에 글자로 표시. 여행자들이 주로 이용하는 노선은 차이나타운과 부낏 빈땅을 연결하는 퍼플 라인 Pupple Line과 부낏 빈땅과 KLCC를 연결하는 그린 라인 Green Line이다.

OPEN 월~금 06:00~23:00, 토·일·공휴일 07:00~23:00, 5~10분 간격 **COST** 무료 **WEB** www.gokl.com.my

그린 라인이 출발하는
KLCC 정류장

퍼플 라인이 출발하는
파사르 세니 역 앞 정류장

GO KL 버스 내부,
에어컨과 와이파이 제공

노선명	정류장 수, 총 소요 시간	정류장 노선
퍼플 라인	15개 정류장, 약 60분 소요	파사르 세니(차이나타운, LRT 파사르 세니 역) → KL타워 → 파빌리온 쇼핑몰 → 스타힐 갤러리 → 부낏 빈땅(모노레일 부낏 빈땅 역) → 파사르 세니
그린 라인	14개 정류장, 약 45분 소요	KLCC(페트로나스 트윈타워, LRT KLCC 역) → 마틱(말레이시아 관광센터) → 파빌리온 쇼핑몰 → 스타힐 갤러리 → 부낏 빈땅(모노레일 부낏 빈땅 역) → 그랜드 하얏트 호텔 → KLCC

교통이 복잡한 시내 구간을 오가기 때문에 출퇴근 시간이나 주말에는 시간이 더 오래 걸릴 수 있다.
여행자뿐만 아니라 일반 시민들도 이용하고 있어 버스 안은 매우 혼잡한 편. 정류장에 시간 안내 시스템은 없다.

GO KL 시티버스 정류장.
시간 안내 시스템은 없다.

GO KL 시티버스 노선도

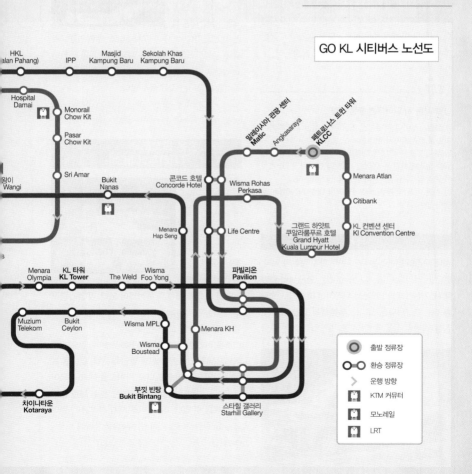

그랩

우리나라에서는 차량 공유 서비스를 사용할 수 없지만 말레이시아에서는 그랩 Grab 같은 차량 공유 서비스를 이용할 수 있다. 거리에 따라서 요금이 미리 결정되기 때문에 바가지를 쓸 염려가 없고, 택시에 비하면 요금이 저렴한 것이 장점이다.

사용 방법은 우리나라의 카카오택시와 거의 동일하다. 휴대폰에 해당 애플리케이션을 설치한 후 구글 계정이나 전화번호로 가입을 한다. 지도 위에 출발지와 목적지를 입력한 후 기사를 호출한다. 기사가 호출되면 운전사의 얼굴과 차량 번호가 표시된다. 비용은 미리 등록한 신용카드로 내거나 도착한 후 현금으로 내며, 영수증이 이메일로 발송된다.

⟍TIP⟋

그랩 사용 시 알아두면 좋은 것들
1) 점심시간이나 저녁시간, 도로가 막히는 시간대에는 차량을 배치받기가 어려울 수도 있다.
2) 차량 호출은 휴대폰 애플리케이션을 이용하지만 전화통화나 메시지 등 영어를 써야 할 경우가 많다. 기사와 소통할 기본적인 영어 문장을 생각해둔다.
3) 기본 호출의 경우 최대 4인까지 탑승 가능하다. 큰 짐이 없는 경우 기준.

택시

시내 구간을 운행하는 택시는 두 가지 종류가 있다. 하나는 거리 어디에서나 볼 수 있는 **붉은색의 일반 택시**. 기본 요금 RM3에서 시작하며 미터기로 요금을 받는다. 또 다른 하나는 **푸른색의 고급 택시**다. 짐을 넉넉히 실을 수 있는 밴 스타일로 기본 요금

RM6으로 시작한다.

● **일반 택시 Budget Taxi COST** 기본 요금(1km 또는 3분 동안) RM3, 115m 또는 21초당 RM0.10 추가(24:00~06:00 50% 할증)

● **고급 택시 Executive Taxi COST** 기본 요금(1km 또는 3분 동안) RM6, 100m 또는 21초당 RM0.20 추가(24:00~06:00 50% 할증)

시내버스

쿠알라룸푸르의 시내버스는 운영 주체에 따라 다양한 종류로 나뉜다. 그중 가장 대중적인 것이 래피드 KL Rapid KL 시내버스. 쿠알라룸푸르 시내 구석구석을 연결하는 다양한 노선을 운행하고 있다. 다만 여행자가 필요한 버스 노선과 정류장 위치를 파악하는 것은 쉽지 않다.

Rapid KL **OPEN** 월~토 06:00~23:00, 일 06:00~24:00 **COST** RM1.00~RM5.00 **WEB** www.myrapid.com.my

KL 홉온 홉오프 KL Hop-on Hop-off (시티투어 버스)

관광객들을 위한 유료 시티투어 버스. 2층짜리 버스가 정차하는 23개 정류장은 여행자들이 관심 많은 볼거리와 쇼핑몰 위주로 구성되어 있다. 쿠알라룸푸르의 핵심 지역을 빠르게 한 바퀴 둘러보고 싶은 여행자에게 적합한 교통수단이다.

티켓은 버스 안과 지정 판매소에서 살 수 있으며 온라인으로 구입하면 RM5을 할인해 준다. 영어를 포함해 다양한 언어로 오디오 가이드를 제공(한국어는 없음). 티켓의 유효시간 내에는 횟수 제한 없이 타고 내릴 수 있다. 다만, 버스 배차 간격이 긴 편이고 주요 관광지에는 기다리는 사람들이 많다.

OPEN 09:00~20:00, 약 30분 간격 **COST** 24시간 성인 RM50, 어린이 RM25 **WEB** www.myhoponhopoff.com/kl

쿠알라룸푸르 추천 코스

쇼핑을 좋아하는 이들에게도 역사와 문화를 탐구하는 이들에게도 뒷골목 탐방을 즐기는 이들에게도 만족스러운 도시. 시장만 둘러봐도, 박물관만 둘러봐도, 쇼핑몰만 둘러봐도 하루가 훌쩍 가버릴 테니 최소한 3일 정도로 일정을 잡아두는 것이 좋다. 주변의 외곽으로 가는 교통편도 편리하니, 하루쯤은 근교 여행을 하면서 여유를 즐겨보자.

Course 1

1일차
세계 최고의 쇼핑 도시, 신시가지 코스

중심 지역 KLCC & 부낏 빈땅
소요시간 7~8시간

페트로나스 트윈 타워 p.81

↓ 도보 3분 ⸱⸱⸱⸱⸱⸱⸱⸱⸱⸱⸱⸱

KLCC 공원 p.82

↓ 도보 10분

말레이시아 관광 센터 p.85

↓ 도보 5분+LRT 5분

부낏 빈땅의 쇼핑몰 순례 p.140

↓ 도보 5분

잘란 알로 야시장 p.90

↓ 도보 3분

잘란 창캇 부낏 빈땅 *OPTION!* p.96

Tip 트윈 타워의 전망대 입장권은 미리 예약해둘 것. KLCC와 부낏 빈땅 사이를 연결하는 고가통로(워크웨이)도 알아두면 편리하다.
Option 전망대 마니아들은 KL 타워를 일정에 추가한다. 아이들과 함께 여행한다면 과학테마파트인 페트로사인스나 KLCC 아쿠아리아 방문도 추천.

Course 2

2일차
말레이시아의 전통, 구시가지 코스

중심 지역 메르데카 광장&차이나타운
소요시간 6~7시간

메르데카 광장 p.101

↓ 도보 5분

쿠알라룸푸르 시티 갤러리 p.102

↓ 도보 5분

메르데카 광장 주위의 역사 건물 구경 p.105

↓ 도보 10분

리틀 인디아 *OPTION!* p.106

↓ 도보 15분

차이나타운(잘란 프탈링) p.111

↓ 도보 5분

스리 마하 마리암만 사원 p.115

↓ 도보 1분

관디 템플 p.115

Tip 박물관 마니아들에게는 메르데카 광장 주위에 있는 무료 박물관들을 추천한다. 악기 박물관이나 국립 섬유 박물관 등 볼거리가 풍성하다.
Option 토요일 오후라면 리틀 인디아를 추가하자. 저렴한 간식거리가 많은 토요 시장이 서는 날이다.

Course 3

3일차
빌딩 대신 녹색 풍경, 시내 외곽 코스

중심 지역 KL 센트럴+외곽 지역
소요시간 9~10시간

국립 박물관 p.122

↓ 도보 5분

레이크 가든 p.123

↓ 도보 5분

새 공원 p.124

↓ 도보 10분

이슬람 예술 박물관 p.124

↓ 도보 5분

국립 모스크 p.125

↓ 도보 5분+KTM 커뮤터 30분

바투 동굴 또는 로열 슬랑오르 비지터 센터 *OPTION!*
p.129, p.132

Tip 반딧불이 투어/겐팅 투어를 신청하는 경우 시내 주요명소까지 함께 둘러보게 된다. 반복 일정이 되지 않도록 이동 경로를 미리 확인한다.
Option 푸트라자야, 겐팅 하일랜드, 반딧불이 투어 등 근교여행을 할 수 있는 옵션이 많다. 한인 여행사에서 진행하는 다양한 투어들을 이용해도 좋다.

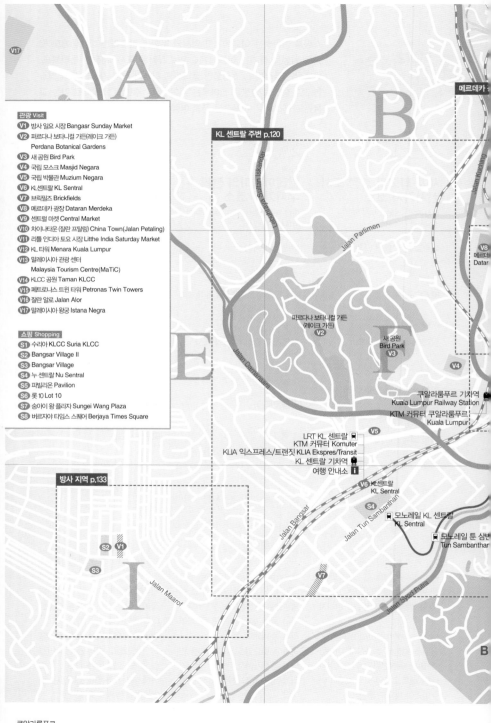

관광 Visit
- V1 방사 일요 시장 Bangasr Sunday Market
- V2 퍼르다나 보타니컬 가든(레이크 가든) Perdana Botanical Gardens
- V3 새 공원 Bird Park
- V4 국립 모스크 Masjid Negara
- V5 국립 박물관 Muzium Negara
- V6 KL센트랄 KL Sentral
- V7 브릭필즈 Brickfields
- V8 메르데카 광장 Dataran Merdeka
- V9 센트럴 마켓 Central Market
- V10 차이나타운 (잘란 프탈링) China Town(Jalan Petaling)
- V11 리틀 인디아 토요 시장 Litthe India Saturday Market
- V12 KL 타워 Menara Kuala Lumpur
- V13 말레이시아 관광 센터 Malaysia Tourism Centre(MaTiC)
- V14 KLCC 공원 Taman KLCC
- V15 페트로나스 트윈 타워 Petronas Twin Towers
- V16 잘란 알로 Jalan Alor
- V17 말레이시아 왕궁 Istana Negra

쇼핑 Shopping
- S1 수리아 KLCC Suria KLCC
- S2 Bangsar Village II
- S3 Bangsar Village
- S4 누 센트랄 Nu Sentral
- S5 파빌리온 Pavilion
- S6 롯 10 Lot 10
- S7 숭아이 왕 플라자 Sungei Wang Plaza
- S8 버르자야 타임스 스퀘어 Berjaya Times Square

KL 센트랄 주변 p.120

방사 지역 p.133

퍼르다나 보타니컬 가든 (레이크 가든) V2

새 공원 Bird Park V3

V4

쿠알라룸푸르 기차역 Kuala Lumpur Railway Station
KTM 커뮤터 쿠알라룸푸르 Kuala Lumpur

LRT KL 센트랄
KTM 커뮤터 Komuter
KLIA 익스프레스/트랜짓 KLIA Ekspres/Transit
KL 센트랄 기차역
여행 안내소

V6 KL센트랄 KL Sentral

S4

모노레일 KL 센트랄 KL Sentral

모노레일 툰 삼반 Tun Sambanthan

V7

메르데카

V8 메르데 Datar

V17

쿠알라룸푸르

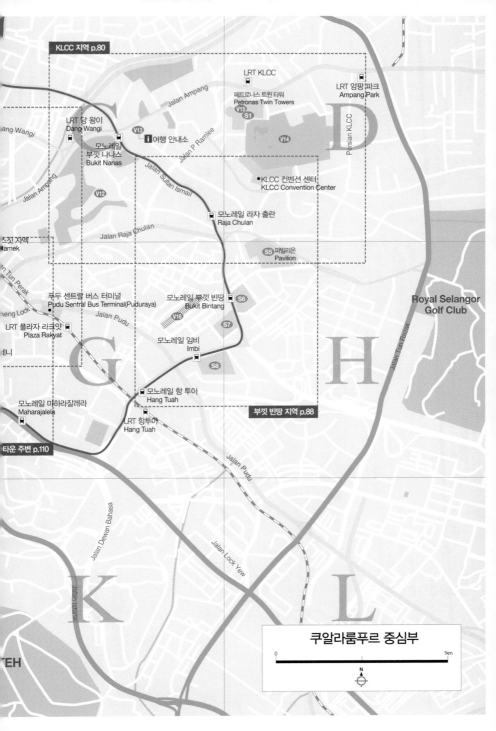

KLCC 지역 p.80

LRT KLCC

페트로나스 트윈 타워
Petronas Twin Towers

Jalan Ampang

LRT 암팡 파크
Ampang Park

V15 S1

LRT 당 왕이
Dang Wangi

ng Wangi

V13 i 여행 안내소

모노레일
부낏 나나스
Bukit Nanas

Jalan P Ramlee

Persian KLCC

V14

Jalan Ampang

V12

Jalan Sultan Ismail

KLCC 컨벤션 센터
KLCC Convention Center

스찟 지역
Mamek

Jalan Raja Chulan

모노레일 라자 출란
Raja Chulan

S5 파빌리온
Pavilion

n Tun Perak

푸두 센트랄 버스 터미널
Pudu Sentral Bus Terminal(Puduraya)

eng Lock

모노레일 부낏 빈땅
Bukit Bintang

S6

Royal Selangor
Golf Club

Jalan Pudu

V16

S7

LRT 플라자 라크얏
Plaza Rakyat

에니

모노레일 임비
Imbi

H

Jalan Tun Razak

S8

모노레일 마하라잘레라
Maharajalela

모노레일 항 투아
Hang Tuah

부낏 빈땅 지역 p.88

LRT 항투아
Hang Tuah

타운 주변 p.110

Jalan Pudu

Jalan Dewan Bahasa

Jalan Lock Yew

Jalan Istana

K

L

TEH

쿠알라룸푸르 중심부

0 ——————————— 1km

N

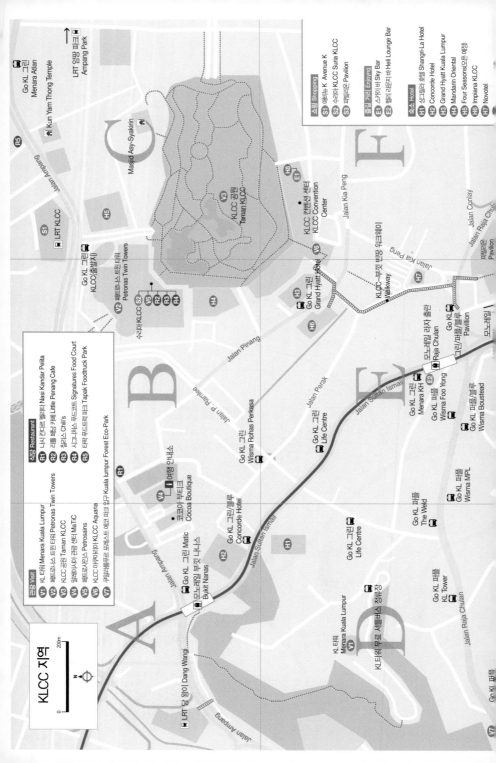

01

눈부시게 반짝이는 쿠알라룸푸르의 상징

페트로나스 트윈 타워

Petronas Twin Towers

뉴욕에 엠파이어스테이트 빌딩이 있다면 쿠알라룸푸르에는 페트로나스 트윈 타워가 있다. 우리에게는 '쌍둥이 빌딩'이라는 애칭으로 더 잘 알려진 은색 옥수수 모양의 빌딩. 말레이시아 국영 석유회사 페트로나스의 사옥으로 1998년 완공 되었을 때도 세계 최고의 높이를 자랑하던 건물이다. 88층짜리 타워 2개를 우리나라와 일본의 건설 회사들이 하나씩 맡아서 지었으며, 속도 경쟁을 벌인 것으로도 유명하다.

이곳을 배경으로 사진을 남기지 않는 여행자가 없을 만큼 쿠알라룸푸르의 대표적인 관광 명소로 등극한 지는 이미 오래. 3만3,000개의 스테인리스스틸 구조물과 5만5,000개의 유리창으로 뒤덮인 외관은 상상 이상으로 압도적이다. 햇빛을 반사하는 낮과 조명을 받는 밤의 모습이 완전히 다른 분위기이니, 기왕이면 밤낮으로 두 번 방문할 것을 추천한다. 건물 아래에서 외관을 바라보는 건 언제라도 공짜! 두 타워를 연결하는 스카이브리지(41~42층)와 전망대(86층)에서 쿠알라룸푸르를 전경을 내려다보는 특별한 경험도 할 수 있다.

ADD Kuala Lumpur City Centre **TEL** +60 3-2331-8080 **OPEN** 화~일 09:00~21:00(금 13:00~14:30 휴무). 월 휴무 **COST** 스카이브리지+전망대 성인 RM80, 3~12세 RM33, 61세 이상 RM42 **ACCESS** LRT 노선 KLCC 역과 바로 연결된다. 매표소는 두 타워 사이에 있는 1층 로비에서 지하로 내려갈 것. **WEB** www.petronastwintowers.com.my **MAP** p.79-C, p.80-B

1 쿠알라룸푸르의 상징, 페트로나스 트윈 타워
2 트윈 타워 전망대 풍경

스카이브리지

TIP

아찔한 산책, 스카이브리지 입장권 예매하기

늦어도 하루 전까지는 홈페이지나 지하층 Concourse Level의 매표소를 통해 입장권을 예매하는 것이 좋다. 지정된 시간에 대기하고 있으면 소지품 검사대를 거친 후 가이드 투어로 입장한다.

170m 높이에 떠 있는 다리, 스카이브리지

스카이브리지에서 10분, 전망대에서 20분가량 머물 수 있으며, 큰 짐은 물품 보관함에 맡겨야 한다.

도심 속 푸른 쉼터
KLCC 공원
Taman KLCC

높은 빌딩으로 둘러싸인 KLCC 지역에 숨통을 틔워주는 녹색 지대다. 도심
속 정글이라고 해도 과언이 아닐 만큼 울창하게 자란 나무들은 물론 인공
호수를 둘러싼 잔디밭과 조형물들이 매력적인 장소. 아침저녁으로 조깅을
나오는 시민들이나 주말 나들이를 나온 가족들과 함께 여유로운 시간을 만
끽할 수 있다. 어린 꼬마들이 물놀이를 할 수 있도록 만들어 놓은 공원 서쪽
의 인공 풀 주위에서는 어른들도 신발을 벗고 간단하게 발을 담글 수 있다.

ADD Jalan Ampang, Kuala
Lumpur City Centre **OPEN** 24
시간 **COST** 무료 **ACCESS** LRT
KLCC 역에서 도보 5분 **MAP**
p.79–D, p.80–C

특히 페트로나스 트윈 타워를 배경으로 근사한 증명사진을 남기려면, 타워 바로 아래쪽보다는 타워에서 살
짝 떨어진 공원 언덕 쪽이 더 좋은 포인트가 된다. 수리아 KLCC 쇼핑몰에서 KLCC 공원 쪽 출입구로 나온
다음, 인공 연못을 따라 직진하면 호수를 가로지르는 다리가 있다. 트윈 타워의 위아래를 자르지 않고도 인
물과 배경을 한 번에 담을 수 있는 포토 포인트이다.

1 호수의 다리 위는 페트로나스 트윈 타워의 사진을 찍기 좋은 포토 포인트
2 수심 낮은 인공 풀에서 신발 벗고 더위 식히기!

 TIP

한여름 밤의 분수 쇼
해가 지고 나면 수리아 KLCC 입구 쪽에 있는 인공 연못에서 분
수 쇼가 열린다. 음악에 맞춰 움직이는 물줄기가 촤르륵 떨어지
는 소리를 듣고 있으면, 한여름의 더위가 금세 가라앉는다. 알
록달록한 조명의 분수와 어둠 속에 빛나는 페트로나스 트윈 타
워를 바라보며 로맨틱한 데이트를 즐길 수 있다.

쌍둥이 빌딩과 아주 가까운 수족관
KLCC 아쿠아리아
KLCC Aquaria

아이들에게 인기가
높은 물고기 체험 코너

아이와 함께 여행하는 가족들이라면 뜨거운 한낮의 더위도 식힐 겸 들러보면 좋다. 서식지에 따라 수조의 관람 동선을 배치하고 물고기를 직접 만져볼 수 있는 체험 코너도 있어 연령이 낮은 아이들일수록 만족도가 높다.

ADD Suite No. 1-16, 1st Floor, Wisma UOA II, No. 21 Jalan Pinang **TEL** +60 3-2333-1888 **OPEN** 10:30~20:00 **COST** 성인 RM69, 3~12세 RM59, 3세 미만 무료 **ACCESS** LRT KLCC 역에서 도보 7분, 컨벤션 센터 지하에 있다. **WEB** www.aquariaklcc.com **MAP** p.80-F

5,000여 마리의 해양 생물 중에서도 커다란 가오리나 상어가 노니는 수조가 이곳의 하이라이트! 푸른 바닷물로 가득한 수조 터널을 따라 걸으면 실제로 바닷속을 걷는 듯한 기분이 든다. 우리나라의 초대형 아쿠아리움에 비하면 평범한 시설이지만, 1박 2일 동안 수족관 체험을 하는 어린이용 교육 프로그램 Sleep with Shark이나 상어 수조에서 다이빙을 하는 스쿠버 다이버용 프로그램 Dive with Shark 등을 운영하고 있어 흥미롭다.

ADD Level 4, Suria KLCC, PETRONAS Twin Towers **TEL** +60 3-2331-8181 **OPEN** 화~금 09:30~17:30, 토 · 일 09:30~18:30, 월 휴무 **COST** 성인 RM30, 3~12세 RM18 **ACCESS** 수리아 KLCC 4층 **WEB** www.petrosains.com.my **MAP** p.80-B

페트로나스 트윈 타워의 전망대 입장 시간을 기다리기가 지루한 가족 여행자라면 '페트로사인스' 과학관 방문을 추천한다. F1서킷 시뮬레이터나 태풍 체험, 타임 터널, 공룡의 숲 등 아이들뿐만 아니라 어른들도 흥미진진해 할 만한 전시물이 많아서 1~2시간 정도는 금방 지나간다. 특히 실물 크기로 만든 바다 위 유조 플랫폼의 모형은 실내에 있다는 것이 믿기지 않을 만한 규모다. 물리역학이나 화학 실험에 호기심이 많은 과학 꿈나무들이라면 일부러라도 한 번쯤 들러볼 만한 곳이다.

어린이를 위한 과학 테마파크
페트로사인스
Petrosains

F1 서킷 시뮬레이터는 언제나 인기 만점!

풍착 거리 입구에서 출발하는 무료 셔틀버스

05

또 하나의 쿠알라룸푸르 랜드 마크

KL 타워

Menara Kuala Lumpur

서울의 중심에 우뚝 선 남산타워처럼 쿠알라룸푸르를 상징하는 또 하나의 랜드마크. 평지가 대부분인 쿠알라룸푸르 시내에서 높은 지대에 속하는 부낏 나나스 언덕에 세워진 통신탑 겸 전망대이다. 높은 곳에 올라가면 나무가 아닌 숲 전체를 볼 수 있는 것처럼, 타워에서는 하늘을 찌를 듯이 솟아있는 빌딩들과 그 사이사이를 채우고 있는 푸른 녹지대를 한눈에 조망할 수 있다.

세계에서 6번째로 높은 421m짜리 통신탑이라는 장점을 최대한 살려, 안테나 시설 아래의 일부 층에는 전망대와 회전식 레스토랑 등 관광객들을 위한 시설을 함께 갖추어 놓았다. 초고속 엘리베이터를 타고 올라가면 360도 전망이 펼쳐지는 276m 높이의 전망대로 연결된다. 타워 1층은 아쿠아리움과 동물원, 3D 극장 등 미니 테마파크로 꾸며 놓았다.

ADD No. 2 Jalan Punchak Off Jalan P.Ramlee TEL +60 3-2020-5444 OPEN 09:00~22:00 COST 실내 전망대 성인 RM49, 어린이 RM29, 야외 전망대 RM99, 어린이 RM55 ACCESS 모노레일 라출란 Lachulan 역 혹은 Go KL 퍼플 라인의 KL 타워 정류장에서 하차. 푼착 거리 Jalan Punchak의 입구에서 언덕 위까지 셔틀버스를 운행한다. WEB www.menarakl.com.my MAP p.80-D

TIP

전망대 선택하기

실내 전망대 Observation Deck와 야외 전망대 Open Deck의 가격 차이가 크다. 실내 전망대는 유리창 너머로, 야외 전망대는 테라스로 나가 바람을 맞으며 전망을 볼 수 있는 차이. 야외 전망대는 13세 이상만 이용 가능하며 입장 전 안전 서약서를 작성한다. 각종 놀이시설을 추가한 티켓도 있는데, 어린이를 동반하지 않은 한 전망대만 볼 것을 추천한다.

06

캐노피 워크에서 바라보는 KL
쿠알라룸푸르
포레스트 에코 파크
Kuala lumpur Forest Eco-Park

쿠알라룸푸르 도심 한가운데에 위치한 열대우림 공원으로, 빌딩으로 가득한 도시로만 생각했던 쿠알라룸푸르에서 상상하지 못했던 경험을 할 수 있다. 울창하고 높은 열대의 나무숲 사이로 캐노피 워크가 설치되어 있는데, 코타키나발루나 다른 지역에서는 비용을 지불하고 관람해야 하는 반면 여기에서는 무려 공짜다. 강철 줄을 이어 만든 흔들다리 위에 서면 파란 하늘과 녹색의 숲, 그리고 KL 타워를 비롯한 회색 빌딩들이 한눈에 들어온다. 생각보다 캐노피 워크가 길고 중간중간에 멋진 풍경을 볼 수 있는 곳도 많아서 SNS용 사진을 남기는 여행자들이 많이 있다.

ADD Lot 240, Jalan Raja Chulan **TEL** +60 3-2020 1606 **OPEN** 07:00~19:00 **COST** 무료 **ACCESS** LRT 마스짓 자멕 Masjid Jamek 역에서 도보 12분 **WEB** forestry. gov.my **MAP** p.80-D

공원으로 들어가는 입구가 여러 군데 있다. 잘란 라자 출란 Jalan Raja Chulan 거리 쪽 입구로 올라가서 KL 타워로 연결되는 코스를 추천한다. 천천히 이동하면 20분 정도 소요된다. 공원 내에는 매점이 없으므로 음료수를 챙겨가는 것이 좋다.

캐노피 워크 입구

07

말레이시아 전통 댄스를 보러 가자!
말레이시아 관광 센터
Malaysia Tourism Centre (MaTiC)

월요일에서부터 토요일까지 매일 15:00마다 이곳에서 열리는 '말레이시아 전통 무용 Malaysia Cultural Dance' 공연은 꼭 한번 관람해 볼 것을 권한다. 전문 무용수들이 보여 주는 말레이시아 민속춤을 구경해 볼 수 있는 흔치 않은 기회이기 때문. 그것도 입장료 없이 누구나 공짜로 볼 수 있어서 더욱 반갑다. 인근에 있는 페트로나스 트윈 타워나 수리아 KLCC 방문과 함께 일정을 잡으면 좋다.
1935년에 지어진 역사 깊은 건물을 그대로 사용하고 있어서 영국 식민지 시대에 유행하던 건축물의 모습도 살펴 볼 수 있다. 원래의 기능은 '말레이시아 관광 센터'라는 이름 그대로 여행자에게 필요한 정보를 제공하는 공공기관이다.

말레이시아 전통 공연

ADD 109, Jalan Ampang **TEL** +60 3-9235-4848 **OPEN** 월~금 07:30~17:30, 여행안내소 08:00~22:00, 전통 공연 월~토 15:00~16:00(공휴일&일 휴무) **COST** 무료 **ACCESS** 모노레일 부낏 나나스 Bukit Nanas 역 하차, 암팡 거리 Jalan Ampang를 따라 도보 10분 **WEB** www.matic.gov.my **MAP** p.80-B

Eating in KLCC
KLCC지역의 식당

01

인도계 서민 음식의 대표주자

나시 칸다르 펠리타
Nasi Kandar Pelita

탄두리 치킨

골라 담은 반찬만큼 계산하는,
나시 칸다르

말레이시아에서 제일 유명한 나시 칸다르 체인점
이다. **인도계 이민자들이 즐겨 먹는 반찬들을 입맛대로
골라 담는 '나시 칸다르 Nasi Kandar'**는 말레이 노동자들이 즐기는 대
표적인 서민 음식. 나시 칸다르의 발상지인 페낭의 공업단지에서 작
은 음식가판대로 시작해 20여 년 만에 수십 군데 분점을 낼 만큼 성공
을 거둔 식당이다.

시내 여러 곳의 지점 중에서도 말레이시아 관광 센터 바로 옆이라 전
통 공연을 보러 간 김에 들르기 좋은 지점이다. 나시 칸다르는 카운터
에 놓인 반찬들을 직접 보고 고르면 된다. 치킨 탄두리와 난 등 다양한
인도 음식들도 주문 가능. 단, 라씨 종류는 맛이 없다.

ADD 140~142, Jalan Ampang **OPEN** 24시간 **COST** 나시 르막 RM3.5~4 미고랭
RM5.3 나시 칸다르는 고르는 종류에 따라서 RM2~ **ACCESS** 말레이시아 관광
센터 바로 옆 **WEB** www.pelita.com.my **MAP** p.80-B

02

페낭 전통의 맛을 쿠알라룸푸르에서!

리틀 페낭 카페
Little Penang Cafe

페낭 호키엔
프라운 미,
RM15

페낭의 특산물
두리안을 얹은,
두리안 첸돌
RM9.9

ADD Lot 409~411, 4th Floor, KLCC
TEL +60 3-2163-0215 **OPEN**
11:30~21:15 **COST** 국수 요리 RM15~
ACCESS 수리아 KLCC 4층 **MAP**
p.80-B

'말레이시아의 남도'라고 불리는
페낭 음식을 맛볼 수 있는 식당이
다. 수리아 KLCC에 있어 위치
도 편리하고 깔끔한 내부 시
설에 적당한 가격대까지 삼
박자를 고루 갖췄다. 식사 시간
에는 대기 줄이 길어지니 조금 서둘러야
한다. **감칠맛이 끝내주는 페낭의 국수 요
리 한 그릇**에 말레이식 빙수인 아이스 까
장 Ice Kajang이나 첸돌 Cendol을 곁들이는 것
이 이 집의 주문 공식.

페낭 음식이 처음이라면 시큼한 아삼 락사 Asam
Laksa보다는 해산물로 육수를 낸 '호키엔 미 Hokkien Mee'나 달콤 짭짤한
볶음 쌀국수 '차 콰이 테우 Char Koay Teow'를 추천한다. 두리안 마니아라
면 특유의 향기가 코를 찌르는 두리안 첸돌에 도전해 보자.

03

말레이시아도 푸드 트럭이 대세!

타팍 푸드
트럭 파크
Tapak Foodtruck Park

KLCC 근처 주차장 공터에 푸드 트럭들이 한데 모였다. 말레이시아 최초의 푸드 트럭 파크로, 말레이 요리는 물론 멕시코 음식, 햄버거, 아시안 푸드까지 다양한 음식들을 모아 놓고 먹는 재미가 있다.

테이블마다 자리하고 있는 최고 인기 메뉴는 망고를 진하게 갈아 넣은 밀크 셰이크인 밀키 망고 Milky Mango. 새콤달콤한 망고를 토핑으로 올려 준다. 현지인들이 즐겨 먹는 우당 고랭 쿠닛 Udang Goreng Kunyit은 강황으로 양념한 새우튀김을 밥과 함께 준다. 매콤하면서도 고소한 맛의 새우튀김을 달콤한 망고셰이크와 함께 먹으면 더욱 맛있다. 우리나라 돈으로 3천 원도 안 하는 새우튀김이나 멕시코 타코도 인기몰이 중이다. 기왕이면 여럿이 함께 와서 다양한 메뉴를 즐겨 볼 것을 권한다.

우당 고랭 쿠닛
Udang Goreng Kunyit
RM8.50

진한 망고셰이크,
밀키 망고 Milky Mango

ADD 2A, Persiaran Hampshire, Hampshire Park **TEL** +60 16-554 7670 **OPEN** 18:00~24:00 **COST** 망고셰이크 RM7, 새우튀김 RM9, 소프트셀 크랩 버거 RM18 **ACCESS** LRT KLCC역에서 도보 3분 **WEB** www.ilovetapak.com **MAP** p.80-C

04

한국에는 없는 패밀리 레스토랑

칠리스
Chili's

사우스 웨스턴
그릴 램, RM37.95

말레이시아 음식에 영 적응이 되지 않거나 입이 짧은 사람들에게 추천할 만한 식당이다. 전 세계에 매장이 있는 패밀리 레스토랑이지만 우리나라에서는 찾아볼 수 없는 곳이라 여행의 재미도 느낄 수 있는 곳. 수리아 KLCC에 있어서 주말 나들이 나온 가족들이 즐겨 찾는데, 특히 KLCC 공원의 분수쇼를 편안하게 내려다볼 수 있는 창가 자리가 인기가 높다. 멕시코 음식과 그릴 종류가 이 집의 대표 메뉴. 그중에서도 현지인들은 두툼한 양고기 스테이크 South Western Grill Lamb를 제일 많이 주문한다. 스테이크 중에서는 가장 저렴하면서 양도 푸짐하기 때문. 치킨이나 윙이나 부리토 등에서 세 가지를 고를 수 있는 트리플 디퍼 Triple Dipper나 버거 종류도 인기 있다.

ADD Suria KLCC, 405, Persiaran Petronas **TEL** +60 3-2164-1400 **OPEN** 10:00~22:00 **COST** 버거 RM24~37, 스테이크 RM35~61, Tax+S/C 16% 별도 **ACCESS** 수리아 KLCC 내 위치 **WEB** www.go-chilis.com **MAP** p.80-B

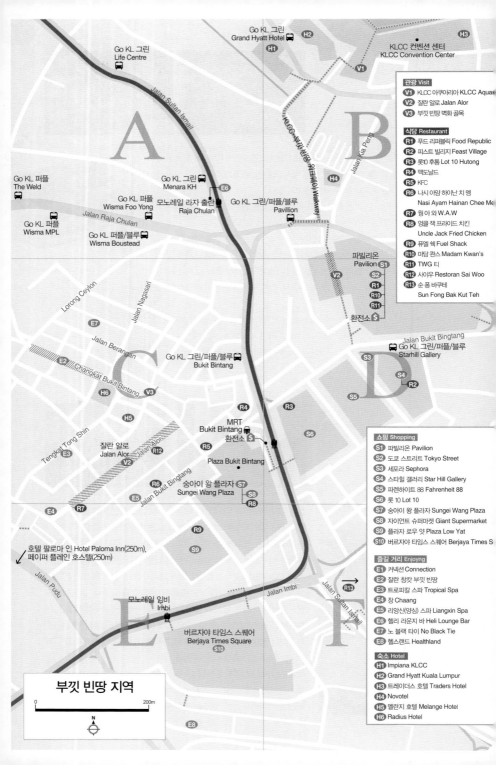

Sightseeing in Bukit Bintang

01

쿠알라룸푸르 패션 1번지

부낏 빈땅
Bukit Bintang

ADD Jalan Bukit Bintang COST 무
료 ACCESS 모노레일 부낏 빈땅 Bukit
Bintang 역, 수리아 KLCC에서 스카이워
크로 도보 10분 MAP p.88

TIP

KLCC와 부낏 빈땅 사이는 워크웨이로!

KLCC 역과 부낏 빈땅 역 사이는 가까운 거리임에도 LRT와 모노레일을 갈 아타야 하는 불편함이 있다. 이 경우 **보행자 전용의 고가 통로인 워크웨이** Walkway (06:00~23:00 개방)로 걸어 가는 것을 추천한다. KLCC컨벤션 센터와 파빌리온 쇼핑몰 사이를 연결하는 통로로, 시원하게 에어컨이 가동되며 15분 정도 소요된다.

뉴욕, 도쿄, 런던과 함께 세계에서 가장 쇼핑하기 좋은 도시로 손 꼽히는 쿠알라룸푸르의 명성을 확인하고 싶다면 가장 먼저 달려 가야 할 지역이다. 대형 광고판들이 건물 전면을 차지하고 쇼핑백 을 양손에 든 사람들이 물결치듯 거리를 메우는 곳. 말레이시아 패 션 위크를 비롯해 대형 국제행사들이 해마다 열리는 패션의 본고 장이기도 하다. 머리 위로 끊임없이 지나다니는 모노레일도 현대 적인 분위기에 한몫을 한다. 모노레일 부낏 빈땅 역과 임비 역을 중심으로 사방을 둘러싸고 있는 쇼핑몰만 7개. 큰 길은 휘황찬란 하게 불을 밝힌 브랜드 매장들이 차지하지만, 뒷골목으로 들어가 면 방콕을 방불케 하는 야시장과 술집, 클럽들이 펼쳐지는 반전 매 력도 있다.

모노레일

Travel Plus +

부낏 빈땅 벽화 골목

근사한 SNS용 사진을 남기고 싶어 하는 관광객들의 눈길을 끄는 곳이 있다. 잘란 알로 야시장 주변의 좁은 골목을 알록달록 칠해 놓은 벽화 골목이 바로 그곳. 지금은 볼 수 없는 옛 알로 거리의 시냇물이 흐르던 자리에 강물, 나무, 구름과 숲속 생물의 모습을 빌딩의 벽에 원색으로 그려 놓았다. 다소 음침한 분위기였던 부낏 빈땅의 뒷골목 풍경을 바꾸고 있는데, 벽화의 색상이 조금 바랜 상태라 예쁜 사진을 얻으려면 필터의 도움이 필요하다.

OPEN 24시간 ACCESS 모노레일 부낏 빈땅 Bukit Bintang 역에서 도보
5분 MAP p.88-C

쿠알라룸푸르의 밤을 책임지는 먹자 골목

잘란 알로
Jalan Alor

여행자들에게 쿠알라룸푸르에서 저녁시간에 가야 할 곳을 추천하라면, 현지인이든 관광객이든 두말할 것도 없이 잘란 알로! 거대한 쇼핑몰들이 장악하고 있는 부낏 빈땅 거리에서 살짝 뒷골목으로 들어가면, 노란 등불 아래 **야외 식당과 노점상들이 빽빽이 모여 있는 별천지**가 나타난다. 밤이 깊어질수록 테이블이 도로까지 장악하며 먹자골목의 시끌벅적함은 그 절정을 이루는데, 이게 바로 우리가 생각하던 동남아의 밤이다.

ADD Jalan Alor OPEN 17:00~04:00 ACCESS 모노레일 부낏 빈땅 Bukit Bintang 역에서 도보 5분 MAP p.88-C

외국인들이 즐겨 찾는 필수 관광코스가 된 지 이미 오래라 대부분의 식당들이 영어 메뉴판을 가지고 호객을 한다. 말레이시아 대표 음식들은 다 여기에 모여 있다고 해도 과언이 아닐 만큼 메뉴가 다양하다. 중국식 볶음국수나 굴 오믈렛, 말레이식 사테나 국물 요리, 굽거나 튀기거나 볶은 해산물까지 안줏거리가 무궁무진하다. 덕분에 커다란 맥주병을 앞에 두고 흥이 오른 사람들로 가득한 자유로운 분위기이다. 노점에서 열대과일이나 육포 같은 간식거리를 사기에도 좋다.

사람들로 가득한 잘란 알로의 밤

TALK

잘란 알로 야시장의 대표 메뉴

쿠알라룸푸르에 첫발을 디딘 초보 여행자들에게 추천할 만한 야시장의 대표 메뉴들을 소개한다.

즉석에서 구워낸 육포
100g RM10~

스팀포트 꼬치 1개
RM3~

먹기 좋게 잘라 파는 열대
과일, 1봉지 RM2~

스위트 포테이토 볼 6개
RM5

Eating in Bukit Bintang

부낏 빈땅 지역의 식당

로스티드 포크 누들 RM14

01

바비큐 치킨 윙의 지존

윙 아 와

W.A.W(Wong Ah Wah)

바비큐 치킨 윙
1개 RM3.3, 최소
주문은 2조각부터.

사테 1개 RM1.
최소 주문은 10꼬치부터.

수많은 음식들이 유혹하는 잘란 알로에서도 딱 한 가지만 꼽으라면 이 집의 바비큐 치킨 윙 BBQ chicken wing이다. 무수한 호객의 손길을 뜷고 나서야도 착할 수 있는 제일 끝 집이다. 밀려드는 주문 탓에 예전보다 맛이 떨어지긴 했지만, 쿠알라룸푸르에서 제일 맛있는 치킨 윙으로 워낙 소문이 난 가게라 테이블마다 치킨 윙 한 접시는 기본 세팅이다. 달짝지근한 소스를 발라가며 구운 닭 날개는 전채 삼아 하나씩 먹어 보고, 감칠맛 나는 양념으로 볶아낸 중국식 요리들로 본격적인 식사를 하면 좋다. 특히 매콤 달콤한 캄홍 Kam Hiong 소스로 볶은 요리들(조개, 게, 새우, 돼지고기)과 칠리소스로 볶은 꼬막 Kerang Chili은 밥을 절로 부르는 맛이다. 닭/양/소고기 꼬치구이인 사테 Satay도 인기 메뉴다. 물 티슈는 개당 RM0.6.

ADD 1, Jalan Alor **TEL** +60 3-2144-2463 **OPEN** 17:00~04:00 **COST** 치킨 윙 1개 RM3.3, 캄홍 포크 RM15~, 로스티드 포크 누들 RM14~ **ACCESS** 모노레일 부낏 빈땅 Bukit Bintang 역에서 도보 8분, 잘란 알로의 남쪽 끝 부분 **MAP** p.88-E

02

시골벅적 분위기가 반찬

사이우

Restoran Sai Woo

칠리 크랩 스몰 RM75

사테 콤보 RM15

잘란 알로의 한복판에 위치한 이 식당은 한국인 여행자들에게 특히 사랑받는 곳이다. 비싼 칠리 크랩에서 비교적 저렴한 사테와 볶음밥까지 어느 요리를 시켜도 무난한 맛을 보장한다. 무엇보다도 가격이 메뉴판에 정확하게 적혀 있는 것이 장점이다. 게 요리는 소스의 종류가 매우 다양하며 스몰은 1인분에 해당한다. 가장 많이 먹는 칠리 크랩은 소스가 짜지 않고 매콤 달콤해서 밥에 비벼 먹기에 좋다. 싱가포르의 칠리 크랩에 비하면 맛은 떨어지지만 1/4밖에 되지 않는 가격이 모든 걸 용서한다. 사테는 아주 달게 양념이 되어 있으며 살짝 매운맛도 나서 맥주 안주로 제격이다.

ADD 55, Jalan Alor **TEL** +60 16-335 0703 **OPEN** 08:00~23:00 **COST** 칠리크랩 RM 75~110, 사테 RM15, 볶음밥 RM10 **ACCESS** 모노레일 부낏 빈땅 Bukit Bintang 역에서 도보 5분 **MAP** p.88-C

03

고품격으로 즐기는 말레이 음식
마담 콴스
Madam Kwan's

마담 콴 할머니

차 콰이 테오
RM 22.9

나시 르막, RM21.9

한 번을 먹어도 제대로 된 말레이 전통 음식을 먹고 싶다면 추천할 만한 곳이다. 현지 물가를 생각하면 다소 가격대가 높은 편이지만, 그만큼 좋은 재료를 사용해 제대로 만든 요리를 맛볼 수 있다. 이 집의 대표 메뉴는 **말레이시아의 국민 음식인 나시 르막** Nasi Lemak. 코코넛으로 지은 밥에 매운 삼발(양념장)과 튀긴 멸치, 달걀 등을 곁들여 먹는 음식인데, 이곳은 치킨 커리를 더해 맛을 살렸다. 꼭 먹어봐야 할 음식은 닭고기, 새우, 달걀을 함께 넣고 볶은 쌀국수 요리 차 콰이 테오 Char Kway Teow다. 면발은 쫄깃하면서도 달콤하고 고소한 맛이 나고, 쫀득한 면과 함께 아삭한 식감의 숙주가 함께 어우러져 맛있다. 깔끔한 인테리어라 길거리 음식이 부담스러운 가족 여행자에게 좋다.

ADD Lot 1.16.00, Level 1,Pavilion Kuala Lumpur,Jalan Bukit Bintang **TEL** +03 2026 2297 **OPEN** 10:00~22:00 **COST** 나시 르막 RM22~, 국수류 RM19~ **ACCESS** 파빌리온 지하층 또는 수리아 KLCC 4층 **WEB** www.madamkwans. com.my **MAP** p.88-D

04

뜨끈한 국물 한 그릇
순 퐁 바쿠테
Sun Fong Bak Kut Teh

오리지널 바쿠테
1인분

ADD 35/37/39 Medan Imbi **TEL** +60 3-2141-4064 **OPEN** 07:00~24:00 **COST** 오리지널 바쿠테 1인분 RM17.5 **ACCESS** 모노레일 부킷 빈땅 Bukit Bintang 역에서 도보 7분 **MAP** p.88-F

중국계 말레이시아인의 전통 요리인 바쿠테를 먹을 수 있는 곳. 바쿠테는 한약재를 넣은 맑은 돼지고기 탕으로, 구수한 국물에 은은한 약재 향이 나는 것이 매력이다. 쿠알라룸푸르의 바쿠테 전문점 중에서도 부킷 빈땅 지역에 있는 가게라 찾기 쉽고, 24시간 영업을 해서 아무 때나 들르기도 좋다.

이 집의 오리지널 바쿠테 Original Bak Kut Teh는 한약재의 향이 너무 강하지 않아서 바쿠테 초보자도 맛있게 먹을 수 있는 것이 장점이다. 달콤하면서도 고소한 국물에 삼겹살, 갈비, 다리 등 다양한 고기 부위들이 들어가는데, 야채가 들어간 것과 안 들어간 것 2가지 버전으로 선택할 수 있다. 국물에서 건져 낸 고기는 달고 진한 간장소스에 찍어 먹고 국물은 밥을 따로 주문해서 함께 먹으면 좋다. 모둠 형식인 오리지널 바쿠테 대신 원하는 부위만 주문할 수도 있다.

05

간편하게 즐기는 치킨 라이스
나시 아얌 하이난 치 멩
Nasi Ayam Hainan Chee Meng

나시 고랭 블라찬

아얌 고랭

아얌 르부스

부킷 빈땅에서 제일 유명한 치킨 라이스 가게다. '하이난식 치킨라이스'를 말레이식으로 해석한 것이 가게 이름인 '나시 아얌 하이난'. 튀긴 닭을 곁들이는 건 **나시 아얌 고랭** Nasi Ayam Goreng, 촉촉하게 삶은 닭을 곁들이는 건 **나시 아얌 르부스** Nasi Ayam Rebus라고 주문한다. 가슴살과 다리, 날개 등 부위 선택이 가능하고 치킨만 주문할 수도 있다. 새콤하고 짭짤한 간장 소스를 기본으로 뿌려서 나오는데, 현지인들처럼 고추 소스를 듬뿍 얹어 먹으면 산뜻하게 매운 맛이 더해진다. 멸치튀김과 새우를 넣어 매콤하게 볶은 밥 **나시 고랭 블라찬** Nasi Goreng Belachan도 인기 메뉴. 새우 발효장인 블라찬 특유의 꼬리꼬리한 냄새가 진동을 한다.

ADD 50, Jalan Bukit Bintang **TEL** +60 3-7982-1348 **OPEN** 11:00~22:30 **COST** 나시 아얌 RM13 **ACCESS** 모노레일 부낏 빈땅 Bukit Bintang 역에서 도보 3분 **WEB** www.cheemeng.com.my **MAP** p.88-C

06

우아한 애프터눈 티 타임
TWG 티
TWG Tea

하이 티 세트, RM79

차를 이용한 아이스크림

홍차의 명가 TWG에서 즐기는 애프터눈 티타임(14:00~18:00)이다. 두 명이 방문해 한껏 기분을 내고 싶다면 삼단 트레이에 담겨 나오는 2인용 **하이 티 세트** High Tea Set를 주문하자. 마카롱과 케이크, 타르트 같은 달콤한 디저트는 물론, 간단한 요리 종류까지 곁들여져 식사 대용으로도 먹을 수 있다. 하이 티 세트에는 차 두 주전자가 포함되어 있어서, 2명이 각각 원하는 종류로 차를 선택할 수 있다. 혼자라면 티 페이스트리나 핑거 샌드위치를 몇 가지 고를 수 있는 1인용 **티타임 세트 메뉴** Tea Time Set Menu 중에서 주문하면 좋다. 은은한 차향이 느껴지는 아이스크림도 인기 메뉴.

ADD Pavilion Kuala Lumpur, Level 2, Lot P2,16.00 & 2,34.01, 168, Jalan Bukit Bintang **TEL** +60 3 2142 9922 **OPEN** 10:00~22:00 **COST** 1인용 티 타임 세트 RM30~58, 2인용 세트 RM111 **ACCESS** 파밀리온 L2층 **WEB** www.twgtea.com **MAP** p.88-D

Special Page

도시인들의 다이닝 라이프, 푸드코트 베스트 3

바쁜 현대인들의 꿀맛 같은 점심시간을 해결해주는 든든한 친구. 번화가의 쇼핑몰마다 입점해 있는 푸드 코트는 인근 직장인들의 빠르고 편리한 식사 장소로 사랑 받고 있다. 소문난 맛집들이 경쟁적으로 입점하면서 맛까지 업그레이드되었다. 그 치열한 격전지로 함께 떠나보자.

유명 맛집들을 모두 한 곳에!
롯10 후통 Lot 10 Hutong

말레이시아의 대표 음식과 맛집 강호들을 한 자리에서 만날 수 있는 푸드코트다. 오래된 맛집들이 대부분 거리 한 편에 차린 가판대에서 시작한 만큼, 노점으로 가득한 100여 년 전의 시장 골목을 재현한 것이 이곳의 콘셉트다. 롯10 쇼핑몰의 지하를 차지한 전체 매장의 크기는 그리 넓지 않다. 한 바퀴 둘러보고 원하는 음식을 골라서 주문한 다음 아무 곳에나 앉아서 먹으면 된다.

ADD Lot 10 Shopping Centre, Food Court, Lower Fround Floor, Jalan Bukit Bintang **TEL** +60 3-2782-3500 **OPEN** 10:00~22:00 **ACCESS** 롯10 지하층 **MAP** p.88-D

/ 롯10 후통의 추천 식당 /

1 킴 리안 키 Kim Lian Kee 걸쭉한 소스를 기름에 달달 볶아서 만드는 '쿠알라룸푸르 스타일 호키엔 미'를 만들어 낸 가게. **2 콩 타이 1970** Kong Tai 싱가포르 스타일의 호키엔 프라운 미 전문점. 추천 메뉴는 굴 오믈렛. **3 숭 키 비프 누들** Sung Kee Beef Noodle 비프 누들로 유명한 전통 맛집. **4 페낭 차 콰이 테우** Penang Char Kway Teow 페낭의 명물 요리인 차 콰이 테우 **5 효 오리엔탈 디저트** 기름진 국수 요리를 먹은 다음에는 달콤하고 시원한 빙수가 안성맞춤.

첨단 유행의 외식산업 격전지
푸드 리퍼블릭@파빌리온 Food Republic

지금 쿠알라룸푸르 사람들에게 유행하는 음식이 궁금하다면 파빌리온 쇼핑몰 지하의 푸드 리퍼블릭으로 가보자. 화려하고 현대적인 인테리어만큼이나 새롭고 핫한 메뉴들을 가장 먼저 선보이는 곳으로, 타이 음식과 한식, 홍콩식 딤섬과 에그 타르트, 일본식 라면과 도시락까지, 아시아와 서양을 총망라하는 대표 음식들이 모두 모여 있다. 가격 대비 성능비가 제일 높은 메뉴들은 주변 직장인들을 잡기 위해 선보이는 점심 세트 메뉴! 평일 점심시간이라면 다양한 프로모션부터 확인해보자.

ADD Lot 1,41,00 – 1,51,00, Jalan Bukit Bintang **TEL** +60 3-2142-8006 **OPEN** 10:00~22:00 **ACCESS** 파빌리온 지하층 **WEB** www.foodrepublic.com.my **MAP** p.88-D

/ 푸드 리퍼블릭의 추천 식당 /

1 테판 야키 Tepan Yaki 가족 단위 손님들에게 인기 만점인 일본식 철판구이 전문점. 뜨거운 철판 위에서 바로바로 구워주는 신선한 구이의 맛이 일품이다. 바로 볶아서 내주는 볶음밥과 국수도 인기. **2 페퍼 런치 익스프레스** Pepper Lunch Express 젊은 사람들에게 인기를 끌고 있는 스테이크 체인점. 뜨겁게 달군 철판에 지글지글 고기를 익혀 먹는 재미가 있다. 간장과 후추로 간한 볶음밥과 국물이 함께 나오며, 달걀까지 추가하면 더 맛있다.

점심시간의 인기 메뉴, 치킨 라이스 RM7~14

카페 밀라노의 저렴이 형 스파게티, RM9

근사한 전망이 최고의 장점
시그니처스 푸드코트 @수리아 KLCC KLCC Signatures Food Court

그 어떤 곳보다 근사한 전망을 볼 수 있는 푸드코트다. 페트로나스 트윈 타워 아래에 있다는 것도 장점. 시원한 KLCC 공원의 풍경을 바라보며 식사할 수 있는 최고의 입지 조건을 자랑한다. 대신 다른 푸드코트에 비해서는 이렇다 할 만한 **대표 매장**이 없고 무난한 맛이다. 퓨엘 쉘이나 부스트 같은 검증된 체인점을 이용할 것을 추천한다.

ADD Suria Klcc, Suria KLCC, Jalan Ampang **TEL** +60 3-2382 2828 **OPEN** 10:00~22:00 **ACCESS** 수리아 KLCC 2층 **MAP** p.80-B

부낏 빈땅은 쇼핑과 야시장 구경 뿐만 아니라 밤늦게까지 다양한 나이트라이프를 즐기기에도 적합한 곳이다.

부낏 빈땅의 핫 플레이스

01 커넥션
Connection

ADD Level 3, Pavilion KL, 168 Jalan Bukit Bintang **OPEN** 10:00~22:00, 일부 ~04:00 **ACCESS** 파빌리온 쇼핑몰 남쪽의 정문을 바라보고 왼쪽 L3 & L4층 **MAP** p.88-D

전 세계를 무대로 살아가는 쿠알라룸푸르의 코스모폴리탄이 모이는 곳이다. 파빌리온 쇼핑몰에서 수리아 KLCC로 이어지는 워크웨이의 앞쪽에 마치 뉴욕 한복판처럼 세련된 분위기의 레스토랑과 바들이 즐비한 비스트로 거리가 있다.

아르헨티나 스테이크와 멕시코 타코, 스페인 타파스 같은 세계 음식을 간판 메뉴로 내세우고, 주말이면 사람들이 모여 살사나 탱고를 추는 국제적인 분위기. 시시때때로 라이브 연주가 울려 퍼지는 자유로운 정취가 매력적인 곳이라 서양인 장기 체류자들이 즐겨 찾는다. 동남아의 어느 낙후된 도시 이미지로 쿠알라룸푸르를 떠올렸다면 그 생각을 바꾸게 될 장소. 쇼핑몰의 한 부분이라 일부 식당들이 22:00까지만 운영하는 게 못내 아쉽다.

------ *Check!* ------

나이트라이프 중심지, 잘란 창캇 부낏 빈땅

방콕에 카오산 로드가 있다면 쿠알라룸푸르에는 잘란 창캇 부낏 빈땅 Jalan Changkat Bukit Bintang이 있다. 일명 '바 스트리트'라고 불릴 만큼 세련된 바와 펍, 클럽들이 끝없이 이어지는 거리. 16:00~21:00 사이에는 칵테일이나 생맥주를 할인해서 판매하는 해피 아워를 자주 진행하니 참고하자. **MAP** p.88-C

헬기 착륙장의 변신

02 헬리 라운지 바
Heli Lounge bar

리치 마티니

ADD 34 Menara KH, Jalan Sultan Ismail **TEL** +60 3-2110 5034 **OPEN** 일~목 17:00~24:00, 금 · 토 17:00~02:00 **COST** 칵테일 RM30~ **ACCESS** 모노레일 라자 출란 Raja Chulan 역 앞에 위치 **MAP** p.88-A

고층빌딩 옥상의 헬리콥터 이착륙장(헬리패드)이 저녁이 되면 멋진 스카이라운지로 변신한다. 야외에서 360도로 탁 트인 쿠알라룸푸르의 전망을 보면서 술과 음악을 즐길 수 있는 곳이다. 엘리베이터를 타고 34층으로 올라가면 옥상 아래 실내 라운지가 나오고, 계단을 통해서 옥상의 헬리패드로 올라간다. 한쪽에는 KL 타워가, 다른 한쪽에는 페트로나스 트윈 타워가 보이는데, 이곳에서 바라보는 전망은 맛있는 칵테일과 다소 어수선한 분위기를 모두 용서하게 만든다. 특히 완전히 어두운 밤보다는 노을이 시작되는 저녁 무렵에 방문하는 것을 추천한다.

`CHECK` 옥상 헬리패드는 18:00 이후에 문을 연다. 비가 오면 안전상의 이유로 옥상으로 올라갈 수 없다.

재즈, 재즈

03 노 블랙 타이
No Black Tie

쿠알라룸푸르 최고의 라이브 재즈 클럽으로 불리는 곳. 말레이시아 전역의 내로라하는 뮤지션들이 모여들기 때문에 전체적으로 공연 수준이 높다. 밖에서 보면 작은 단독주택처럼 생겼는데, 1층의 현관문을 열고 들어가면 바와 테이블이 있고, 바 뒤편 계단 옆의 통로로 들어가면 무대와 관람용 테이블이 나타난다. 무대가 작은 편이라 음악을 집중력 있게 감상할 수 있다.

`CHECK` 21년간 운영되었던 노 블랙 타이는 2020년 1월부터 안식년을 보내기 위해 잠시 문을 닫는다. 향후 오픈 일정은 홈페이지를 참고할 것.

ADD 17, Jalan Mesui, off, Jalan Nagasari **TEL** +60 3-2142 3737 **OPEN** 18:00~01:00 **COST** 공연 입장료 RM30~120 음료 RM15~ **ACCESS** 모노레일 부킷 빈땅 Bukit Bintang 역에서 도보 8분 소요 **WEB** www.noblacktie.com.my/ **MAP** p.88-C

스파&마사지

잘란 알로의 뒷길, 일명 '마사지 골목'이라고 불리는 잘란 뚱캇 통 신 Jalan Tengkat Tong Shin에 저가형 마사지 숍들이 모여 있다. 부 낏 빈땅에서 밤늦게까지 쇼핑하고 야시장 구경도 한 다음 피로를 풀기에 딱 적당한 곳.

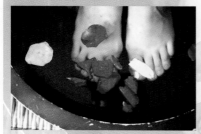

\TIP/ 어떤 마사지를 받을까?

No.1 풋 리플렉소로지 Foot Reflexology
간편하게 받을 수 있는 발 마사지. 발바닥에 분포되 어 있는 신경을 꾹꾹 누르며 자극한다. 보통 발가락 에서 무릎 위 정도까지 마사지하며, 간단한 어깨와 등 마사지로 마무리를 해준다.

No.2 말레이 우룻 마사지 Malay Urut Massage
말레이시아의 전통 마사지 기법. 엄지손가락과 팔꿈 치, 손바닥을 이용해 몸 전체의 지압점을 자극하고 근육의 긴장을 풀어준다.

No.3 타이 마사지 Thai Massage
일명 '타이 요가 마사지'라고도 불릴 만큼 몸 전체의 스트레칭이 중심이 되는 태국 전통의 마사지 기법이 다. 근육을 시원하게 풀어주기 때문에 강한 마사지를 좋아하는 사람들이 선호한다.

No.4 발리니즈 마사지 Balinese Masage
아로마 오일을 바르고 문지르거나 누르는 스타일. 오 일 마사지 또는 아로마 마사지라고 부른다. 압력이 약한 편이라 부드러운 마사지를 좋아하는 사람들에 게 적합하다.

No.5 스크럽 Scrup
곱게 간 곡물 가루에 각종 허브와 오일을 첨가한 스 크럽 재료를 사용해서 피부 각질을 제거한다. 고가일 수록 좋은 재료를 사용하며, 저가는 공장제 스크럽제 를 사용한다.

No.6 배쓰 Bath
따뜻한 물이 담긴 욕조에 입욕제를 넣고 몸을 담근 다. 보통은 스크럽이나 보디 팩의 마무리 단계로 사 용. 꽃잎이나 다양한 허브를 넣어서 디톡스를 즐긴다.

강하고 시원한 발 마사지

01 트로피칼 스파
Tropical Spa

ADD 29-31, Jalan Tengkat Tong Shin TEL +60 3-2148 2666 OPEN 10:00~02:00 COST 발 마사지 45분 RM40, S/C 6% 별 도 ACCESS 모노레일 부낏 빈 땅 Bukit Bintang 역에서 도보 8분 WEB www.thetropicalspa.com. my MAP p.88-C

한국인 여행자들 사이에서 가장 유명하고 대중적인 마사지 가게다. 잘란 알 로를 걷다가 다리가 아플 때 빠르고 시원하게 피로를 풀 수 있는 곳. 발이나 간단한 어깨 마사지는 1층의 의자에서 하고, 전신 마사지는 2층을 사용한다. 가격 대비 만족도로는 발 마사지와 어깨, 등 마사지를 모두 포함한 1시간 30 분짜리 코스를 추천한다. 발 마사지는 더운 물에 담근 후 오일을 발라 강하게 자극하는 방식. 인근 가게들에 비해 강도가 센 편이라 확실하게 근육을 풀어 줄 수 있다.

02 리앙신(양심) 스파

실력 좋은 중국식 보디 마사지

Liangxin Spa

부낏 빈땅에서 실력 좋은 마사지 가게로 정평이 난 곳이다. 주인과 마사지사 모두 중국계라 중국식 경락 마사지가 특기. 제일 인기 있는 프로그램은 45분짜리 보디 마사지로, 좀 더 여유 있게 제대로 받고 싶다면 2세션 90분짜리를 신청하면 된다. 밀폐된 개별 룸은 없지만 합리적인 가격대에 비하면 깔끔하고 아늑한 시설이 장점이다. 커플도 함께 마사지를 받을 수 있고, 마사지를 마치고 나면 과일과 함께 허브 음료를 내주기 때문에 편안하게 쉴 수 있다. 건물 밖에서는 간판이 잘 보이지 않는다. 1층 환전소 옆에 있는 엘리베이터를 타고 2층(L1층)으로 올라갈 것.

ADD Lots 1-01 & 1-02, Level 1, Wisma Bukit Bintang, 28 Jalan Bukit Bintang **TEL** +60 3-2145-2663 **OPEN** 11:00~03:00 **COST** 보디 마사지 45분 RM65 **ACCESS** 모노레일 부낏 빈땅 Bukit Bintang 역에서 도보 5분 **WEB** www.liangxin.com.my **MAP** p.88-E

03 창

체계적인 타이식 마사지

Chaang

시원한 자극을 좋아하는 한국인들이 즐겨 찾는 타이 마사지 전문점이다. 스트레칭과 꺾기가 중심이 되는 타이 마사지는 오일을 사용하는 부드러운 보디 마사지보다 한국인들의 취향에 잘 맞는 편. 마사지사들의 복장이나 태도, 기술 등이 전반적으로 잘 교육되어 있다. 의자가 늘어서 있는 발 마사지 전용 공간은 밝고 청결한 분위기다. 타이 마사지를 받는 공간은 커튼으로 가려져 있어 조금 어둡다. 모든 마사지를 45분을 기본으로 하며, 월~목 10:00부터 15:00 사이에는 할인 가격이 적용된다.

ADD 13, Jalan Tong Shin, Bukit Bintang **TEL** +60 3-2145-1139 **OPEN** 10:00~01:00 **COST** (45분 기준) 발 마사지 RM42~56, 타이 마사지 RM50~68 **ACCESS** 모노레일 부낏 빈땅 Bukit Bintang 역에서 도보 9분 **MAP** p.88-E

마사지에 대한 궁금증

01 말레이시아는 마사지로 유명하다?
No. 전통이 깊은 타이 마사지나 지압으로 유명한 중국, 저렴함으로 승부하는 필리핀에 비하면 말레이시아의 마사지는 가격에서나 기술에서나 그리 인상적이지 않다. 주로 저렴한 인건비를 즐기려는 외국인용 관광상품이다.

02 비싼 스파일수록 마사지가 뛰어나다?
No. 어떤 마사지사가 배정될지는 복불복이다. 마사지사와 고객 사이의 궁합도 중요한 부분. 대신 비싼 스파인 경우 자체 훈련 내용이 좀 더 세밀해서 확률적으로 좋은 마사지를 받을 순 있다.

03 비싼 스파일수록 시설이 좋다?
Yes. 가격에 따라 철저하게 달라지는 부분. 고급스러운 분위기를 만끽하고 싶다면 특급호텔 부설스파를, 싼 맛에 쉬어가는 용이라면 저가형 가게를 이용하도록 한다.

04 비싼 스파일수록 서비스가 좋다?
Yes. 비싼 스파가 가장 돈값을 하는 부분이다. 특히 고급 호텔에서 훈련받은 직원들은 서비스 정신이 남다르다. 음료와 과일의 세팅도 가격에 따라 격이 달라진다.

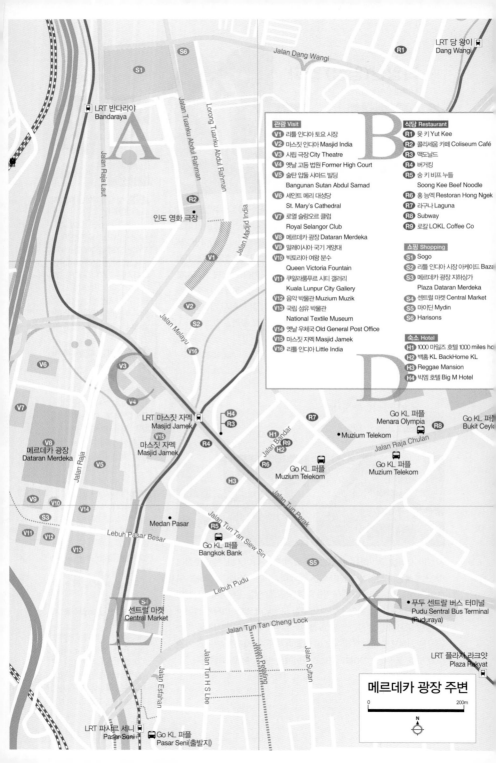

관광 Visit

- **V1** 리틀 인디아 토요 시장
- **V2** 마스짓 인디아 Masjid India
- **V3** 시립 극장 City Theatre
- **V4** 옛날 고등 법원 Former High Court
- **V5** 술탄 압둘 사마드 빌딩
  Bangunan Sutan Abdul Samad
- **V6** 세인트 메리 대성당
  St. Mary's Cathedral
- **V7** 로열 슬랑오르 클럽
  Royal Selangor Club
- **V8** 메르데카 광장 Dataran Merdeka
- **V9** 말레이시아 국기 게양대
- **V10** 빅토리아 여왕 분수
  Queen Victoria Fountain
- **V11** 쿠알라룸푸르 시티 갤러리
  Kuala Lunpur City Gallery
- **V12** 음악 박물관 Muzium Muzik
- **V13** 국립 섬유 박물관
  National Textile Museum
- **V14** 옛날 우체국 Old General Post Office
- **V15** 마스짓 자멕 Masjid Jamek
- **V16** 리틀 인디아 Little India

식당 Restaurant

- **R1** 웃 키 Yut Kee
- **R2** 콜리세움 카페 Coliseum Café
- **R3** 맥도날드
- **R4** 버거킹
- **R5** 숭 키 비프 누들
  Soong Kee Beef Noodle
- **R6** 홍 능엑 Restoran Hong Ngek
- **R7** 라구나 Laguna
- **R8** Subway
- **R9** 로칼 LOKL Coffee Co

쇼핑 Shopping

- **S1** Sogo
- **S2** 리틀 인디아 시장 아케이드 Bazar
- **S3** 메르데카 광장 지하상가
  Plaza Dataran Merdeka
- **S4** 센트럴 마켓 Central Market
- **S5** 마이딘 Mydin
- **S6** Harisons

숙소 Hotel

- **H1** 1000 마일즈 호텔 1000 miles ho
- **H2** 백홈 KL BackHome KL
- **H3** Reggae Mansion
- **H4** 빅엠 호텔 Big M Hotel

메르데카 광장 주변

0   200m

N

01

말레이시아 독립의 상징

메르데카 광장

Dataran Merdeka

서울의 시청광장처럼 한 시대의 역사적인 순간마다 등장하는 장소. 쿠알라 룸푸르 사람들이 기념하고 축하할 일이 생기면 모여드는 장소가 바로 메르 데카 광장이다. 영국 식민지 시절에는 말레이 반도를 통치하기 위해 설립된 각종 행정기관들이 모여 있던 곳이기도 하다. 그 식민시대가 끝나고 영국의 유니언 잭이 내려지던 날. 그리고 새롭게 독립한 말라야 연방의 국기가 올 려지던 1957년 8월 31일을 기억하기 위해, 광장은 '독립 Merdeka'이라는 이름 이 붙여졌다. 지금도 그 깃발은 잔디광장 남쪽 끝에 있는 95m 높이의 게양대에서 펄럭인다.

ADD Jalan Raja OPEN 24시간 COST 무료 ACCESS LRT 클라 나 자야 노선, 마스짓 자멕 Masjid Jamek 역에서 도보 7분 MAP p.79—G, p.100—C

광장 동쪽 편을 차지하고 있는 베이지색 벽돌 건물은 현재 행정부처로 사용하는 술탄 압둘 사마드 빌딩이 다. 1897년 영국 식민시대에 지어진 건축물 중 하나로, 40m가 넘는 시계탑 덕분에 **'쿠알라룸푸르의 빅 벤'** 이라고도 불린다. 타지마할 묘당을 지은 북인도 무굴 제국의 건축 양식에 푹 빠져 있던 건축가의 작품인지 라, 말발굽 모양의 아치와 구리로 만든 둥근 돔이 눈길을 끈다.

1 광장의 랜드마크, 술탄 압둘 사마드 빌딩
2 1897년에 만들어진 빅토리아 여왕 분수 Queen Victoria Fountain

쿠알라룸푸르 최고의 야경 포인트

낮이든 밤이든 기념 촬영을 하기 좋은 포인트. 특히 해가 지고 난 후 은은한 조명이 비치는 메 르데카 광장은 낮과는 또 다른 분위기다. 말굽 모양 아치마다 불을 밝힌 술탄 압둘 사마드 빌딩 을 비롯해 광장 주변 건물에는 우아한 조명이 비 친다. 늦은 시간까지 산책을 하는 시민들이 많아 서 안전하게 야경을 즐길 수 있다.

술탄 압둘 사마드 빌딩의 밤 풍경

도시의 과거와 현재, 미래를 한눈에

쿠알라룸푸르 시티 갤러리
Kuala Lunpur City Gallery

갤러리라는 이름 때문에 흔하디 흔한 시립 미술관 정도로 생각했다면 큰 오산이다. 메르데카 광장 남쪽에 있는 시티 갤러리는 쿠알라룸푸르라는 도시가 어떻게 탄생하고 발전해 왔는지 그 역사를 한눈에 보여주는 조금은 특별한 전시관이다. 쿠알라룸푸르의 옛 모습을 보여 주는 사진과 지도를 전시하고 쿠알라룸푸르 구석구석을 안내하는 투어도 진행하고 있으니, 쿠알라룸푸르라는 도시 자체가 이 갤러리의 주요 주제이자 전시물인 셈이다.

ADD No. 27, Jalan Raja, Dataran Merdeka TEL +60 3-2698-3333 OPEN 09:00~18:30 COST RM5 ACCESS 메르데카 광장의 분수대 쪽 방향 WEB www.klcitygallery.com MAP p.100-E

아시아에서 제일 큰 모형 제작 회사인 ARCH 그룹이 만든 갤러리인 만큼, 드높은 빌딩으로 가득한 쿠알라룸푸르 시내 풍경을 보여주는 '디오라마'가 인상적인데, 화면과 소리, 빛을 이용해 도시를 소개하는 시티 갤러리의 하이라이트이다. 입장권의 금액만큼 갤러리 내 카페나 기념품 가게에서 사용할 수도 있다. 쇼핑 충동을 불러일으키는 다양한 도시 기념품들이 많다. 메르데카 광장 주위의 역사 건물들을 둘러보는 무료 시티투어(월·수·토 09:00~11:30, 갤러리 내 여행안내소에서 신청)도 추천!

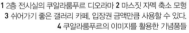

1 2층 전시실의 쿠알라룸푸르 디오라마 2 마스짓 자멕 축소 모형
3 쉬어가기 좋은 갤러리 카페, 입장권 금액만큼 사용할 수 있다.
4 쿠알라룸푸르의 이미지를 활용한 기념품들

I Love 쿠알라룸푸르!

시티 갤러리 앞에 세워져 있는 'I ♡ KL' 대형 마크는 쿠알라룸푸르 방문 인증샷을 남기고 싶은 이들에게 인기 있는 포인트다. 'Love'라는 글자 대신 선명한 빨간색 하트가 들어가 있어서 사진 결과물에 대한 만족도가 높다.

03

말레이시아 음악의 모든 것
음악 박물관
Muzium Muzik

ADD 29, Jalan Raja TEL +60 3-2604-0176 OPEN 09:00~17:00, 공휴일 휴무 COST 무료 ACCESS LRT 마스짓 자멕 Masjid Jamek 역에서 도보 10분. 시티 갤러리 바로 옆 건물 WEB www.jmm.gov.my/ms/muzium-muzik MAP p.100-E

쿠알라룸푸르 시티 갤러리 옆에 있는 연노란색 건물은 새롭게 단장한 음악 박물관이다. 인종마다 즐기는 축제가 다르고 종교마다 기념하는 의식도 완전히 다른 것이 말레이시아라는 나라의 특징. 그런 축제나 의식에서 빠지지 않는 전통음악만큼 말레이시아의 다문화적인 특성이 드러나는 것도 없다. 누구나 무료로 입장할 수 있다.

박물관 안에는 말레이 족과 중국계 이민자들, 사바 지역의 원주민 등 **말레이시아의 민족들이 사용해 온 악기**들이 전시되어 있다. 코타키나발루가 있는 사바 지역은 정글이나 바다에서 나온 재료를 주로 사용하는 등 각 지역의 특성에 따라 악기 재료가 달라지는 것도 흥미롭다. 박물관 한쪽에는 말레이시아의 유명 감독이자 가수, 작곡가 겸 재즈 연주자인 람리 P. Ramlee의 동상도 서 있다.

말레이시아의 유명한 재즈음악가 Dr. P. Ramlee

말레이 민족의 전통악기, 가믈란

ADD 26, Jalan Sultan Hishamuddin TEL +60 3-2694-3457 OPEN 09:00~18:00 COST 무료 ACCESS 음악 박물관 건너편 WEB www.jmm.gov.my MAP p.100-E

04

말레이 전통의상의 세계
국립 섬유 박물관
National Textile Museum

길 하나 건너편에 있는 국립 섬유 박물관은 전통 복장을 통해 말레이시아의 다양성을 보여준다. 인간의 삶을 구성하는 의/식/주 중에서도, 하루 종일 걸치고 다니는 '옷'만큼 자신의 정체성을 표현하는 건 없기 때문이다. 무료 입장도 최고의 장점.

열대풍의 화려한 문양을 새겨 넣은 스카프를 시장에서 유심히 본 사람이라면, 말레이와 인도네시아 특유의 염색기법인 '바틱 Batik' 전시관이 흥미로울 것이다.

인도계 전통의상과 오랑 아슬리 족의 복장

/ TIP /

바틱을 만드는 모습

밀랍으로 그린 그림, 바틱 Batik
면이나 실크에 뜨거운 밀랍으로 모티프를 그린 다음 염색을 하는 방식. 밀랍이 발린 부분에는 염료가 물들지 않는 원리를 이용한다.

05 ....

영국 국교인 성공회의 중심지

세인트
메리 대성당
St. Mary's Cathedral

ADD Jalan Raja **TEL** +60 3-2692-
8672 **OPEN** 일요일 영어 미사 07:00 ·
08:30 · 10:30 · 18:00 **COST** 무료
ACCESS LRT 마스짓 자멕 Masjid
Jamek 역에서 도보 10분 **WEB** www.
stmaryscathedral.org.my **MAP** p.100-C

메르데카 광장 북쪽에 있는 나지막한 교회 건물은 1894년부터 사용
되어 온 성공회 예배당이다. 지금도 일요일마다 말레이시아에 사는
성공회 신자들이 미사를 드리는 장소로, 여행자들에게는 떠들썩한
광장에서 잠시 벗어나 조용하게 쉬어갈 수 있는 공간이다.
영국의 국교가 성공회였던 만큼 식민시대에는 꽤나 번성했던 교회
다. 신도가 늘어나 지금의 자리로 옮기면서 건축 설계를 공모했었는
데, 마땅한 당선작이 없어 결국 정부 소속 건축가인 노먼이 설계를
맡았다.
**런던 로열 앨버트 홀의 오르간 제작자인 헨리 윌리스가 만든 파이프
오르간**도 이곳의 명물. 원래의 주문자가 갑작스러운 심장마비로 죽
은 후 교회가 중고품으로 입수했지만, 소유권 문제가 해결될 때까지
20년 넘게 사용하지 못했다는 일화가 있다.

소박한 교회 내부

06 ....

영국인이 지은 이슬람 사원

마스짓 자멕
Masjid Jamek

모스크 방문 시 복장

남녀 모두 다리가 드러나는 짧은 바
지나 치마를 입을 수 없으며, 여자들
은 머리와 목 부위를 가릴 수 있는 스
카프를 착용해
야 한다. 방문자
를 위해 무료로
스카프와 가운을
대여해준다. 이슬
람 신자들이 기
도를 하기 위해
몰리는 금요일은
피하자.

두 개의 높은 첨탑이 눈길을 끄는 강가
옆 건물은 1907년에 지어진 마스짓 자멕
이다. 우리가 흔히 아는 모스크(이슬람
사원)를 말레이어로 '마스짓 Masjid'이라
하는데, 무슬림이 많은 말레이시아 곳곳
에서 '마스짓'이란 단어를 볼 수 있다.
이슬람 신자들의 예배 장소인 모스크를
영국 식민정부 소속의 건축가 아서 베니
슨 후백이 지었다는 것도 이색적이다. 당
시 영국령 식민지에서 유행하던 인도-
사라센 양식에 영향을 받은 건축가답게,
정통 이슬람 모스크라기보다는 힌두와
이슬람, 빅토리아 시대 건축까지 혼합된
'서양인 시각의 이국적인 취향'이다. 말레이시아에서는 벽돌로 지어
진 최초의 모스크로, 빨간색 벽돌과 흰색 석고로 줄무늬를 만들었다.

모스크의 상징인
첨탑(미나렛)

ADD Jalan Tun Perak **TEL** +60 3-9235-4848 **OPEN** 토~목 09:00~12:30,
14:30~16:00, 금요일은 방문을 피할 것 **COST** 무료 **ACCESS** LRT 마스짓 자멕
Masjid Jamek 역에서 도보 2분 **MAP** p.100-C

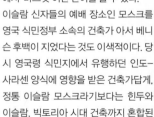

영국 식민시대의 분위기가 물씬,
메르데카 광장의 옛 건물들

영국 식민지 시절 정부 부처가 모여 있던 메르데카 광장 주변에는 당시 지어진 오래된 건축물들이 그대로 남아 있다. 지금은 일부 건물을 개조해서 박물관이나 갤러리로 이용 중이다. 느린 걸음으로 광장 주변을 따라 걸으며 건축 투어를 하기에 좋다.

TALK

콜로니얼 건축물의 특징

영국령 인도에서 유행하던 인도-사라센 양식을 말레이 반도에서 만날 수 있는 이유는 대영제국의 식민지라는 공통의 역사적 배경 때문이다. **영국 동인도 회사가 활동하던 무굴 제국의 영향으로 만들어진 인도-사라센 양식은** 힌두와 이슬람이 섞인 무굴 양식에 빅토리아 시대의 서구 스타일까지 더해져 이국적인 느낌이 난다. 특히 쿠알라 룸푸르에서는 1890년에서 1910년대 사이에 유행했다.

❶ 쿠알라룸푸르 시티 갤러리(p.102)
1899년 완공(AC Norman 作). 정부 책자와 기차표를 찍어내던 인쇄소로, 대형 인쇄 기계를 넣기 위해 내부 공간을 넓게 만들었다.

❷ 음악 박물관(p.103)
1919년 완공. 영국의 동양 무역 관련 금융을 담당하던 차타드 은행의 옛 건물. 1926년 홍수로 지하가 잠기면서 수백만 달러어치의 지폐와 금고의 귀중품을 광장에 내놓고 말린 일화가 유명하다.

❸ 국립 섬유 박물관(p.103)
1905년 완공(AB Hubback 作). 양파 모양의 돔을 올리고 붉은 벽돌과 석고로 줄무늬를 만들었다. 인도-사라센 건축 양식.

❹ 옛날 우체국 Old General Post Office
1896년 완공(AB Hubback 作). 바로 옆에 있는 술탄 압둘 사마드 빌딩과 유사한 스타일이다. 우체국은 1984년 새 건물로 이전했다.

❺ 술탄 압둘 사마드 빌딩(p.101)
1897년 완공(AC Norman 作). 전형적인 인도-사라센 양식 건축물로 노면의 대표작이다. 건물명은 슬랑오르 주의 술탄 이름을 딴 것.

❻ 옛날 고등 법원 Former High Court
1897년 완공(AC Norman 作). 고등 법원으로 지어진 인도-사라센 양식의 건축물. 현재는 정부 행정 부처의 건물로 사용 중이다.

❽ 세인트 메리 대성당(p.104)
1894년 완공(AC Norman 作). 말레이시아에 세워진 최초의 벽돌 교회. 19세기에 유행하던 영국 고딕 스타일이다.

❼ 시립 극장 City Theatre
1896년 완공(AB Hubback 作). 옛 시청 건물을 시립 극장으로 사용했다. 검은 돔이 올려진 붉은 벽돌 건물이 인상적이다.

❾ 로열 슬랑오르 클럽 Royal Selangor Club
1884년 완공. 메르데카 광장에서 크리켓을 치던 영국 식민시대 상류층의 사교클럽. 15세기 튜더 왕조에서 시작해 19~20세기 영국 서민주택에 즐겨 차용됐던 목튜더 Mock Tudor 양식의 건물이다.

TIP!

메르데카 광장에서 햇빛 피하기

기나긴 광장 주위에는 뜨거운 햇살을 피할 곳이 마땅치 않다. 건축물 구경을 하다가 지칠 때면 지하에 있는 주차장 겸 지하 상가로 내려가 보자. 입점한 상점이 많진 않지만 시원하게 에어컨을 가동 중이니 말이다. 편의점이나 화장실도 이용할 수 있다.

1 인도 영화를 상영하는 극장
2 리틀 인디아의 랜드마크, 마스짓 인디아 Masjid India

----- 07 -----

잠시 인도로 떠나는 도보 여행

리틀 인디아
Little India

쿠알라룸푸르 여행을 왔지만 덤으로 인도까지 느끼고 갈 수 있는 방법. 히잡을 쓴 사람들로 가득한 마스짓 자멕에서 도로 하나를 건넜을 뿐인데, 지나가는 사람도 풍기는 냄새도 달라진다. 화려한 색깔의 사리를 걸어놓은 상점에서부터 분주하게 로띠 차나이를 구워내는 식당, 뭄바이에서 개봉한 인도 영화를 절찬리 상영 중인 영화관까지. 쿠알라룸푸르에 정착한 인도계 이민자들의 중심지이자, 그중에서도 남인도 타밀나두 주 출신들의 주요 활동 무대가 바로 '리틀 인디아'다.

리틀 인디아는 전통적으로 상업이 발달한 시장 지역이기도 하다. 인도계 이민자들이 많이 진출한 환전소와 금은방을 비롯해 인도 의상이나 직물을 취급하는 가게, 인도 음식을 전문으로 하는 서민 식당들이 많고, 더 북쪽으로 올라가면 현지인들이 즐겨 찾는 쇼핑몰들이 나온다. 가판대가 늘어선 시장 아케이드는 인도계 무슬림들의 모스크인 마스짓 인디아 Masjid India 근처. LRT 역 근처의 암팡 거리 Lebuh Ampang에 남아 있는 오래된 숍하우스들도 구경해보자.

ADD Jalan TAR & Jalan Dang Wangi, Jalan Melayu & Jalan Masjid India OPEN 24시간 COST 무료 ACCESS LRT 마스짓 자멕 Masjid Jamek 역에서 도보 2분 MAP p.100—C

Travel Plus +

길거리 음식의 메카, 리틀 인디아 토요 시장

토요일 오후라면 우선 일정으로 잡아야 할 곳! 자동차가 다니는 대로(Jalan TAR)에서 한 블록만 들어가면 골목(Lorong TAR)을 따라 토요 시장이 이어진다. 다양한 노점들이 골목 양편을 가득 채우고 있어서 주말 나들이 나온 현지인들이 많다. 특히 저렴한 간식 노점이 많아서 여행자들에게도 추천한다. MAP p.100—A

01 ....

90년간 지켜 온 전통의 맛

웃 키
Yut Kee

ADD 1, Jalan Kamunting, Chow Kit
TEL +60 3-2698-8108 **OPEN** 화
~일 07:30~16:30 **COST** 치킨 찹
RM11.9, 로띠 바비 RM11 **ACCESS**
LRT 당 왕이 Dang Wangi 역에서 도
보 6분 **MAP** p.100-B

돼지고기와 양파로 속을 채워서 튀긴
로띠 바비 Roti Babi, RM11

카야 토스트
RM3.2

90년 전 코피 티암의
정취를 재현한 인테리어

건물주에게 쫓겨나 가게 문을
닫는다는 소식이 한동안 쿠알라
룸푸르의 핫이슈가 되고, 가까
운 곳으로 옮겨 다시 문을 연다
는 소식에 사람들이 우르르 몰
려와 환호할 만큼, 이곳 사람들이 특별한 애정을 가지고 있는 식당이
다. 그러니 주말이면 끝도 없이 몰려드는 손님들과 테이블을 나눠 쓰
는 것 정도는 당연한 일. 같은 테이블 사람들과 한두 마디 나누다 보면
'어렸을 때부터 단골'이라는 소개를 자주 듣게 된다.

90여 년의 세월 동안 아버지에서 아들로 대를 이어가고 있는 이 집의
대표 메뉴는 **하이난식 치킨 찹** Chicken Chop과 **폭 찹** Pork Chop이다. 고소
하게 튀긴 치킨/포크커틀릿에 달짝지근한 소스를 뿌려 먹는 하이난
스타일 음식의 대명사. 진한 풍미가 느껴지면서도 국물처럼 묽은 소스
가 스며든 커틀릿을 부드러운 감자와 함께 먹어보면, 1등 외식 장소로
등극한 이유를 금세 이해할 수 있다. 아침에 방문했는데, 시간적으로
여유가 된다면 커피와 함께 카야 토스트와 반숙 계란으로 가장 말레이
시아다운 아침식사를 해보자.

주말 한정 메뉴

두툼한 돼지고기를 둘둘 말아 통
째로 구워낸 로스티드 포크 Roasted
Pork는 금~일요일에만 선보이는
한정 메뉴다. 커다란 덩어리에서
저며낸 2조각이 1인분(RM17). 워낙
인기 있는 메뉴라 금세 동이 난다.

흥건하게 소스를
뿌린 치킨 찹.
RM11.9

아이스커피,
코피 펭
Kopi Peng,
RM2

스테이크에 부어주는 소스는
4가지 중 선택 가능

02

식민시대로 떠나는 시간 여행
콜리세움 카페
Coliseum Café

ADD 98, Jalan Tuanku Abdul
Rahman **TEL** +60 3-2692-6270
OPEN 10:00~22:00 **COST** 소프
트 드링크 RM4.5, 시즐링 스테이크
RM62.9, Tax+S/C 16% 별도
ACCSS LRT 마스짓 자멕 Masjid
Jamek 역에서 도보 8분 **WEB** www.
coliseum1921.com **MAP** p.100-A

시즐링 스테이크,
RM62.9

리틀 인디아 한쪽에는 〈달과 6펜스〉를 쓴 영국의 소설가 '서머셋 모
옴'이 자주 들르던 호텔과 바가 그대로 남아 있다. 1921년에 생긴 이
래 박제라도 한 듯 옛날과 변함없는 분위기이다. 영
국에서 온 상류층과 총독부의 관료, 광산업자들이
술잔을 기울이던 묵직한 바에서 음료나 칵테일을
주문할 수 있다. 음료의 맛 자체가 특별한 것이 아
니라, 이미 지나간 것들에게서 느껴지는 아련함이
이곳에서 보내는 시간을 특별하게 만든다.

바 옆쪽은 시즐링 스테이크로 유명한 호텔 레스토랑
이다. 뜨겁게 달군 플레이트에 올린 스테이크 위로 소스
를 주르륵 얹으면, 순간 허연 김이 뿌옇게 피어오르면서
근사한 냄새가 레스토랑에 퍼진다. 맛있는 감자
튀김과 양배추 샐러드, 브로콜리 포함. 수프나
빵은 별도 가격을 받는다.

옛날 스타일로
만든 칵테일

03

여행+브런치=행복
로칼
LOKL Coffee Co

ADD 30 Jalan Tun H.S. Lee **TEL**
+6018 968 5515 **OPEN** 수~월
08:00~17:00, 화 08:00~15:00
COST 브런치 RM21~29, 음료
RM7~14, 디저트 RM9~10 **ACCESS**
LRT 마스짓 자멕 Masjid Jamek 역
에서 도보 3분 소요 **WEB** loklcoffee.
com **MAP** p.100-D

LRT 마스짓 자멕 Masjid Jamek 역 근처의 유명한 게스트 하우스와
한 건물을 이용하는 이 카페는 항상 여행자들로 붐빈다. 또한 점심시
간이면 맛있는 한 끼를 위해 근처의 직장인들까지 모여든다. 다소 이
질적인 이 손님들은 대부분 눈으로 보기에도 좋고 맛도 좋은 아메리칸
스타일의 브런치 메뉴들을 주문한다. 매장은 좁고 긴 형태를 하고 있
는데, 벽에는 모던한 분위기의 그림 액자들이 걸려 있어서 배경으로
사진 찍기에 좋다.

추천 메뉴는 치킨 와플. 치킨은 뼈가 없는 프라이드로 우리나라 치킨
에 견주어도 될 만큼 잘 튀겼다. 소스는 새콤달콤하면서 그레이비 소
스의 농후한 맛이 있어서 와플이나 치킨에 모두 어울린다. 비트로 색
깔을 낸 면을 이용하는 핑크 파스타는 채식 메뉴인데 잣, 해바라기씨
등 견과류로 고소한 맛을 내고 후추와 치즈로 향을 더한다. 워터멜론
민트 주스를 함께 시키면 SNS에 딱 어울리는 비주얼이 된다.

치킨 와플

핑크 파스타

쿠알라룸푸르

04

오랜 세월 소문난 국수 가게
숭 키 비프 누들
Soong Kee Beef Noodle

비프 누들 Beef Noodle

닭죽과 찐 닭, RM6

뜨끈한 국물에 익은 부드러운 살코기, 짭조름한 소스와 고소한 면발의 조합, 중국계 말레이인들이 즐겨 먹는 서민 음식의 대표 아이콘인 '비프 누들'로 이름난 집이다. 비빔용 국수를 따로 내주는 '비프 누들 Beef Noodle'과 전부 국물에 말아주는 '비프 누들 수프 Beef Noodle Soup' 중에 고를 수 있는데, 기왕이면 특제 비빔 소스의 맛과 구수한 국물 맛을 모두 볼 수 있는 '비프 누들'을 추천한다.

저녁에는 담백하게 찐 닭과 닭죽을 함께 판다. 찐 닭에 뿌려진 새콤짭짤한 간장 소스의 맛이 예술! 닭고기 육수로 만든 구수한 죽은 아주 살짝 간이 되어 있다. 저녁에 방문했다면 비프 누들과 찐 닭, 닭죽을 골고루 주문해서 맛볼 것을 추천한다.

ADD 86, Jalan Tun H.S.Lee **TEL** +60 3-2078-1484 **OPEN** 11:00~24:00 **COST** 비프누들 소 RM7, 대 RM8, 찐 닭+닭죽 세트 RM6 **ACCESS** LRT 마스짓 자멕 Masjid Jamek 역에서 도보 5분 **MAP** p.100-C

05

바비큐 포크 립의 명가
홍 능엑
Restoran Hong Ngek

브레이즈드 포크 립
라이스 Braised Pork
Rib Rice RM8.5

BBQ 포크 립,
RM25

크랩 미트 볼
4개, RM10

아는 사람만 찾아올 수 있는 위치, 하지만 한 번 먹어보면 반드시 다시 생각나는 그 맛에 단골들이 줄을 잇는 호키엔 스타일 식당이다. 벽면을 가득 채운 요리들 중에서도 빼놓지 말고 주문해야 할 건 우선 **BBQ 포크 립**이다. 두툼한 살집이 붙은 돼지갈비를 촉촉하게 구워내는 솜씨부터 달콤한 특제 소스로 범벅이 된 그 진한 풍미까지, 누구라도 손가락을 쭉쭉 빨아먹으며 한 접시를 뚝딱 비우게 되는 맛이다. 게살을 섞어서 만든 크랩 미트볼 Crab Meat Ball 역시 전채로 즐기기에 최고. 아삭하게 튀겨진 얇은 껍질 안에 짭조름한 미트볼이 들어 있다. 간단하게 먹으려면 저렴한 라이스 종류를 주문할 것!

ADD 50, Jalan Tun HS Lee **TEL** +60 3-2078-7852 **OPEN** 월~금 10:30~19:00, 토 10:30~17:00, 일 휴무 **COST** 브레이즈드 포크 립 라이스 RM8.5, BBQ 포크 립 RM25~ **ACCESS** LRT 마스짓 자멕 Masjid Jamek 역에서 도보 3분 **MAP** p.100-D

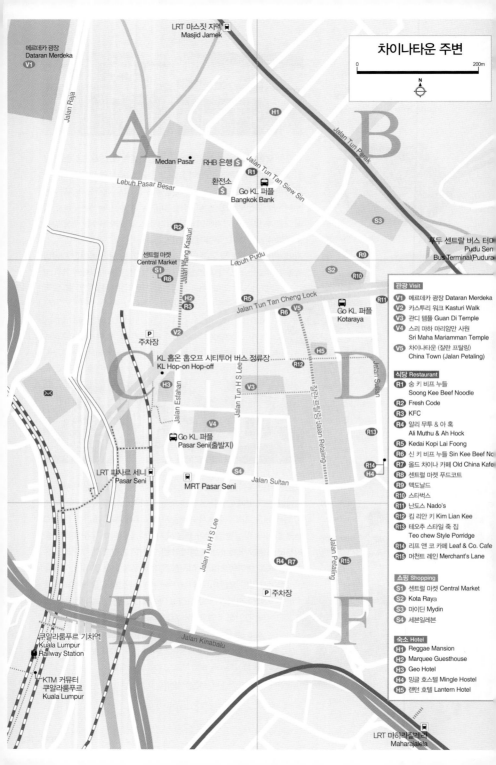

차이나타운 주변

0 _____ 200m

N

관광 Visit
- V1 메르데카 광장 Dataran Merdeka
- V2 카스투리 워크 Kasturi Walk
- V3 관디 템플 Guan Di Temple
- V4 스리 마하 마리암만 사원 Sri Maha Mariamman Temple
- V5 차이나타운 (잘란 프탈링) China Town (Jalan Petaling)

식당 Restaurant
- R1 숭 키 비프 누들 Soong Kee Beef Noodle
- R2 Fresh Code
- R3 KFC
- R4 알리 무투 & 아 혹 Ali Muthu & Ah Hock
- R5 Kedai Kopi Lai Foong
- R6 신 키 비프 누들 Sin Kee Beef No…
- R7 올드 차이나 카페 Old China Kafe…
- R8 센트럴 마켓 푸드코트
- R9 맥도날드
- R10 스타벅스
- R11 난도스 Nado's
- R12 킴 리안 키 Kim Lian Kee
- R13 테오추 스타일 죽 집 Teo chew Style Porridge
- R14 리프 앤 코 카페 Leaf & Co. Cafe
- R15 머천트 레인 Merchant's Lane

쇼핑 Shopping
- S1 센트럴 마켓 Central Market
- S2 Kota Raya
- S3 마이딘 Mydin
- S4 세븐일레븐

숙소 Hotel
- H1 Reggae Mansion
- H2 Marquee Guesthouse
- H3 Geo Hotel
- H4 밍글 호스텔 Mingle Hostel
- H5 랜턴 호텔 Lantern Hotel

LRT 마스짓 자멕 Masjid Jamek

메르데카 광장 Dataran Merdeka V1

Jalan Raja

H1

Medan Pasar

RHB 은행 R1

Jalan Tun Tan Siew Sin

Lebuh Pasar Besar

환전소 Go KL 퍼플 Bangkok Bank

S3

푸두 센트랄 버스 터미 Pudu Sen Bus Terminal(Pudura

Jalan Tun Perak

A

B

R2

센트럴 마켓 Central Market S1

R8

Jalan Hang Kasturi

Leboh Pudu

R9

S2 R10

H2

R3

Jalan Tun Tan Cheng Lock

R5

R6 V5

Go KL 퍼플 Kotaraya

주차장 P

V2

KL 홉온 홉오프 시티투어 버스 정류장 KL Hop-on Hop-off

H3

Jalan Estahan

R12

H5

V3

Jalan Tun H S Lee

C

D

Jalan Sultan

Go KL 퍼플 Pasar Seni(출발지)

V4

R13

LRT 파사르 세니 Pasar Seni

MRT Pasar Seni

S4

Jalan Sultan

R14 H4

Jalan Petaling

R4 R7

R15

Jalan Tun H S Lee

E

F

P 주차장

쿠알라룸푸르 기차역 Kuala Lumpur Railway Station

Jalan Kinabalu

KTM 커뮤터 쿠알라룸푸르 Kuala Lumpur

LRT 마하라질레라 Maharajalela

01

흥정하는 재미, 구경하는 재미

차이나타운(잘란 프탈링)

China Town(Jalan Petaling)

사람 사는 재미가 가득한 시장 구경을 하고 싶다면 차이나타운의 프탈링 거리 부터 찾아가 보자. 우리나라를 방문하는 외국인들이 1순위로 찾는 명소가 남 대문 시장인 것처럼 차이나타운도 그러한 명소다. 세계에서 장사로 둘째가라 면 서러울 중국 사람들이 터를 잡은 차이나타운, 그중에서도 온갖 가게와 노점 들이 모여 있는 프탈링 거리는 하루 종일 시끄러운 흥정 소리로 가득하다.

ADD Jalan Petaling **COST** 무료 **ACCESS** LRT 파사르 세니 Pasar Seni 역에서 도보 5분 **MAP** p.79-G, p.110-D

넓은 시장 지역의 한가운데를 가르며 남북으로 뻗어있는 프탈링 거리의 입구에는 전 세계 차이나타운의 상 징인 패루가 세워져 있다. 그 길을 따라 중국식 홍등이 잔뜩 걸려 있는 이국적인 풍경이 펼쳐진다. 프탈링 거 리와 교차하는 거리마다 가방과 신발·시계 등 브랜드 '짝퉁' 제품을 파는 가게들이 빼곡하게 들어차 있고, 골목골목 어귀마다 거리 음식을 파는 노점들도 서 있다. 정신을 쏙 빼놓는 호객 소리를 들으며 발 디딜 틈 없 이 붐비는 인파를 뚫고 다녀야 하니 소지품 관리에 신경 쓸 것.

TIP

아침과 저녁이 다른 차이나타운
방문 시간에 따라 볼 수 있는 가게도 달 라진다. 낮에는 다소 한산했던 프탈링 거 리에 저녁이면 노점들이 빼곡하게 들어 선다.

프탈링 거리 풍경

저렴한 모조품을 흥정해서 사는 재미가 있다.

TALK

쿠알라룸푸르의 개척자, 중국인
오랜 교류의 역사를 가진 말라카나 무역항의 주역이었던 페낭과는 달리, 쿠알라룸푸르의 중국인 이민자들은 1800년대 중반 주석광산 붐을 타고 유입되었다. 주석을 발견한 강의 합류 지점에 세운 캠프명 인 '쿠알라룸푸르(흙탕물의 합류점이란 뜻)'가 이 도시의 이름이 되 었으니, 중국계 탐광자들과 광부들이 이 도시의 시작을 이룬 셈. 이 후 밀수, 매춘, 암살 등의 범죄활동을 하는 중국계 비밀조직 역시 이 곳을 무대로 활동한다.

먹어도 먹어도 끝이 없는, 차이나타운 맛집 지도

차이나타운 시장 구경의 하이라이트는 뭐니뭐니해도 길거리 음식이다. 간단히 들고 다닐 수 있는 간식거리에서부터 수백 년의 전통을 자랑하는 시장 뒷골목 식당까지. 쿠알라룸푸르에서 가장 저렴하면서도 맛있게 한 끼를 해결할 수 있는 곳이 차이나타운이다.

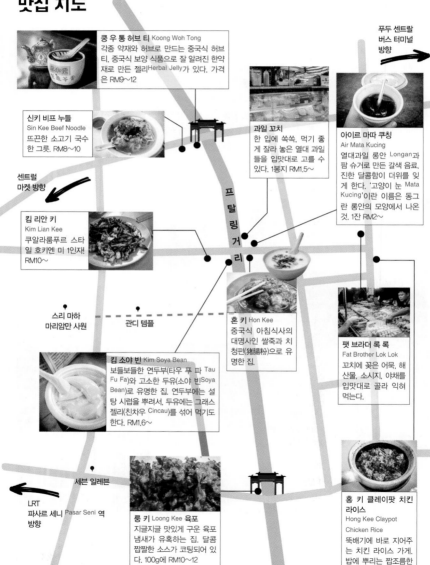

쿵 우 통 허브 티 Koong Woh Tong
각종 약재와 허브로 만드는 중국식 허브 티, 중국식 보양 식품으로 잘 알려진 한약재로 만든 젤리Herbal Jelly가 있다. 가격은 RM9~12

신키 비프 누들
Sin Kee Beef Noodle
뜨끈한 소고기 국수 한 그릇. RM8~10

푸두 센트랄 버스 터미널 방향

과일 꼬치
한 입에 쏙쏙, 먹기 좋게 잘라 놓은 열대 과일들을 입맛대로 고를 수 있다. 1봉지 RM1,5~

아이르 마따 쿠칭
Air Mata Kucing
열대과일 롱안 Longan과 팜 슈거로 만든 갈색 음료. 진한 달콤함이 더위를 잊게 한다. '고양이 눈 Mata Kucing'이란 이름은 동그란 롱안의 모양에서 나온 것. 1잔 RM2~

센트럴 마켓 방향

킴 리안 키
Kim Lian Kee
쿠알라룸푸르 스타일 호키엔 미 1인자. RM10~

스리 마하 마리암만 사원
관디 템플

혼 키 Hon Kee
중국식 아침식사의 대명사인 쌀죽과 치청편(猪腸粉)으로 유명한 집.

팻 브라더 록 록
Fat Brother Lok Lok
꼬치에 꽂은 어묵, 해산물, 소시지, 야채를 입맛대로 골라 익혀 먹는다.

킴 소야 빈 Kim Soya Bean
보들보들한 연두부(타우 푸 파 Tau Fu Fa)와 고소한 두유(소야 빈Soya Bean)로 유명한 집. 연두부에는 설탕 시럽을 뿌려서, 두유에는 그래스 젤리(친차우 Cincau)를 섞어 먹기도 한다. RM1,6~

세븐 일레븐

LRT
파사르 세니 Pasar Seni 역 방향

룽 키 Loong Kee 육포
지글지글 맛있게 구운 육포 냄새가 유혹하는 집. 달콤 짭짤한 소스가 코팅되어 있다. 100g에 RM10~12

홍 키 클레이팟 치킨 라이스
Hong Kee Claypot Chicken Rice
뚝배기에 바로 지어주는 치킨 라이스 가게. 밥에 뿌리는 짭조름한 소스가 일품.

전통 시장의 새로운 변신

센트럴 마켓
Central Market

하늘색과 흰색으로 말끔하게 단장한 건물을 보고 이곳이 오래된 재래시장
이었다고 상상할 이는 드물것이다. 1888년 주석을 찾아 몰려온 쿠알라룸푸
르의 광부들이 하루의 일상을 해결하기 위해 이용하던 재래시장. 거친 중국
인 광부들뿐만 아니라 섬뜩한 비밀조직까지 장악했던 중국인 지도자 얍 아
로이 Yap Ah Loy가 건설한 유래 깊은 시장이다. 1986년 건물을 복원하면서 전
통 공예품과 기념품을 판매하는 관광객용 시장으로 변신했다.
공예품과 기념품을 판매하는 1층은 말레이/중국/인도 골목 등으로 이름을
붙여서 관련 상점들을 모아 놓았다. 2층에서는 바틱이나 송켓 같은 말레이시아 전통 직물과 의류를 주로 판
매한다. 날씨가 좋지 않은 날에도 쾌적하고 편안하게 쇼핑할 수 있다는 것이 장점. 주말이면 관광객들을 위
해 전통 무용을 공연한다. 차이나타운을 구경 간 김에 들러보면 좋다.
주의! 센트럴 마켓의 환전소는 환율이 매우 좋지 않다. 가급적 차이나타운 거리에 있는 환전소나 부낏 빈땅
등 다른 지역의 환전소를 이용하자.

ADD Jalan Hang Kasturi TEL
+60 3-2274-6542 OPEN
10:00~22:00 COST 무료 AC
CESS LRT 파사르 세니 Pasar
Seni 역에서 도보 5분 WEB
www.centralmarket.com.my
MAP p.78-F, p.110-C

공짜로 즐기는 전통 공연

관광객들이 선호하는 기념품 가게

말레이 현지음식을
판매하는 2층 푸드코트

- TALK -

쿠알라룸푸르의 큰 손, 얍 아 로이

17세 나이로 일자리를 찾아 건너온 지 15년 만에 중
국계 사회의 지도자 '카피탄 치나'로 등극한 입지전
적인 인물. 당시 악명 높던 중국계 비밀조직까지 장
악한 덕분에, 단 6명의 경찰관만으로 중국계 사회의
평화를 지켜낸 일화가 유명하다. 주석과 아편무역,
매춘 등으로 엄청난 부를 쌓았는데, 그가 죽을 당시
쿠알라룸푸르의 건물 1/4이 그의 소유였다고 한다.

Travel Plus +

구경하기 좋은 쇼핑 아케이드, 카스투리 워크

센트럴 마켓 바로 옆길도 걷기 편한 쇼핑 아케이드로
깔끔하게 단장했다. 원래 거리 이름을 딴 '카스투리 워
크 Kasturi Walk'는 간단한
지붕만 덮여 있는 오픈형 아
케이드다. 액세서리나 기념
품은 물론 열대과일이나 튀
김 같은 간식거리를 판다.

03

인도계 타밀 사람들의 믿음
스리 마하 마리암만 사원
Sri Maha Mariamman Temple

힌두신들의 조각상으로 화려하게 장식한 입구가 눈길을 끄는, 쿠알라룸푸르에서 제일 오래된 힌두교 사원이다. '고푸람 Gopuram'이라고 불리는 입구의 탑은 멀리서도 힌두 사원임을 알아볼 수 있는 상징물. 이 입구의 탑을 기준으로 인간의 세상과 신의 세상이 나누어진다.

신의 세상인 사원에는 힌두교도가 아닌 사람들도 입장할 수 있는데, 대신 모두 신발을 벗어야 한다. 정문 바깥쪽에 신발 보관소가 있다. 몸에 쇠꼬챙이와 갈고리를 꿰는 고행으로 유명한 타이푸삼 축제 기간에는 바투 동굴까지 신상을 옮기며 퍼레이드를 펼친다. 신상에 바치는 꽃과 향료, 라임줄기 등을 파는 행상들이 언제나 사원 앞에서 대기 중이다.

ADD 64, Jalan Tun H S Lee TEL +60 3-2078-3467 OPEN 06:00~20:30 COST 무료, 신발 보관료 RM0.2 ACCESS LRT 파사르 세니 Pasar Seni 역에서 도보 3분 MAP p.110-C

사원에 모셔진 신상들

TALK
남인도 사람들이 숭배하는 여신

싱가포르에서도, 페낭에서도, 쿠알라룸푸르에서도, 제일 오래된 힌두교 사원은 모두 마리암만을 모시는 사원이다. 말레이 반도에 먼저 정착한 인도인들이 남인도 출신의 타밀 족이었기 때문. 질병과 비, 보호의 여신인 마리암만은 남인도의 농촌 지역에서 주로 숭배하며, 4개의 팔을 가지고 삼지창(트리슐라)을 들고 있는 것으로 표현된다.

04

차이나타운의 중국식 사원
관디 템플
Guan Di Temple

ADD Jalan Tun H S Lee TEL +60 3-2072-6669 OPEN 07:00~19:00 COST 무료 ACCESS 스리 마하 마리암만 사원 건너편 MAP p.110-C

1 삼국지의 설명 그대로인 관우상
2 복을 기원하며 매달아 놓은 향들

차이나타운에 온 김에 중국식 사원도 한 곳 보고 싶다면, 제일 찾기 쉽고 분위기도 이국적인 관디 템플을 추천한다. 우리에게도 익숙한 〈삼국지〉의 등장인물 관우를 전쟁의 신이자 재물의 신으로 모시는 도교 사원이다. 붉은 얼굴에 2척이나 되는 길고 아름다운 수염을 가졌다고 묘사된 그 모습 그대로, '관우상'이 사원 중앙에 모셔져 있다. 손에 들고 있는 82근짜리 청룡언월도青龍偃月刀나 그가 즐겨 타던 적토마赤兎馬 같은 소품들을 보며 삼국지를 읽은 기억을 떠올리는 재미가 쏠쏠하다. 천장에 매달려 있는 돌돌 말린 향들이 끝도 없이 타 들어가는 모습이나 복을 기원하며 바친 가짜 돈과 종이옷도 구경하고, 중국계 이민자들이 염원하는 바람도 짐작해볼 수 있다.

01

차이나타운 최고의 뇨냐 음식

올드 차이나 카페
Old China Kafe

ADD 11, Jalan Balai Polis **TEL** +60 03-2072-5915 **OPEN** 11:30~22:30, 마지막 주문 21:30 **COST** 뇨냐 볶음밥 RM10.9, 삼발 프타이 소통 RM18.8, 비프 른당 RM22.8, Tax+S/C 16% 별도 **ACCESS** LRT 파사르 세니 Pasar Seni 역에서 도보 5분. 프탈링 거리의 남쪽 패루에서 한 블록 더 내려가다가 오른쪽으로. **WEB** www.oldchina. com.my **MAP** p.110-F

이국적인 분위기에서 색다른 음식을 먹고 싶은 커플 여행자들에게 추천할 만한 뇨냐 음식 전문식당이다. 어두운 백열 조명 아래에서 반짝거리는 예스러운 고가구들, 전축에서 흘러나오는 듯한 옛 노래를 들으며 고풍스러운 사진들을 둘러보고 있으면, 100여 년 전 주석 광산 붐이 불던 호시절로 순간 이동하는 듯하다. 차이나타운에서는 찾아보기 힘들 만큼 깔끔한 분위기와 격식 있는 서비스도 장점이다.

꼼꼼하고 감칠맛이 강한 말레이 전통 발효장을 풍부하게 사용하는 뇨냐 음식은 발효 음식을 선호하는 한국인에게는 참 익숙한 맛이다. 야들야들한 오징어와 큼직한 프타이 콩을 매콤한 삼발 소스로 볶아내는 **삼발 프타이 소통** Samal Petai Sotong은 흰쌀밥 생각이 절로 날 만큼 입에 착착 감기는 맛. 은은하게 매운맛이 감돌게 잘 볶아낸 뇨냐 스타일 볶음밥 Nyonya Fried Rice도 추천한다. 짭짤하게 양념해서 튀겨낸 닭고기도 서너 점 올려져서 든든한 한 끼가 된다.

TALK

**말레이 재료+중국식 기법=
뇨냐 음식**

중국계 이주민들과 결혼한 말레이 현지 여인들의 후손을 '바바 뇨냐'(남자는 바바 Baba, 여자는 뇨냐 Nyonya), 이들이 만들어 먹던 음식을 '뇨냐 음식'라고 한다. 일반적인 중국 음식에서는 볼 수 없는 말레이식 양념이나 향신료, 허브와 견과류 등을 많이 사용하는 것이 특징. 말레이식 음식 재료들과 중국식 요리 기법의 결합으로 탄생한 말라카와 페낭 특유의 음식 문화다.

짭짤한 닭튀김이 곁들여진 뇨냐 스타일 볶음밥. RM10.9

삼발 프타이 소통. RM18.8

02

쿠알라룸푸르 스타일 호키엔 미

킴 리안 키
Kim Lian Kee

호키엔 미(S),
RM10

본점? or 지점?

사거리에 있는 번듯한 건물은 새로 확장한 메인 지점이다. 1920년대 시장 한쪽에서 가판으로 시작한 본점은 길 건너편(아이르 마따 꾸칭 맞은편)에 있다. 허름한 길거리 식당이라도 옛날식으로 먹고 싶다면 본점(OPEN 17:00~05:00)으로, 깔끔한 매장에서 먹고 싶다면 메인 지점으로 가자.

ADD 49, Jalan Petaling **TEL** +60 3-2032 4984 **OPEN** 11:00~23:00, 수 휴무 **COST** 호키엔 미 RM10~ **ACCESS** LRT 파사르 세니 Pasar Seni 역에서 도보 5분, 프탈링 거리 중간의 사거리에 있다. **MAP** p.110-D

쿠알라룸푸르에서 제일 맛있는 '호키엔 미'로 현지인들이 첫손에 꼽는 집. 호키엔 미는 지역에 따라 모양새가 완전히 다른 것이 특징인데, 페낭이나 싱가포르에서는 해산물로 육수를 낸 국수를, 쿠알라룸푸르에서는 걸쭉한 소스를 기름에 달여 볶아서 만든 국수를 호키엔 미라고 한다. 이곳이 바로 새우와 주꾸미 같은 해산물을 곁들인 기름진 볶음국수, 쿠알라룸푸르 스타일의 '블랙 호키엔 미 Black Hokkien Mee'를 만들어 낸 식당이다. 진한 소이 소스를 돼지비계와 함께 튀겨내 불 맛을 내는 방식이라, 짜장을 즐기는 우리에게는 왠지 모르게 익숙한 맛이다. 조금 덜 느끼하고 구수한 볶음국수를 먹고 싶다면 날달걀을 얹어 클레이폿에 담아 내는 로 슈 판 Loh Shu Fan도 좋다.

클레이폿 스타일의 로 슈 판

03

KL 최고의 비프 누들

신 키 비프 누들
Shin Kee Beef Noodles

프레시 비프 누들 수프 Fresh Beef Noodle Soup

Yummy

미트볼을 얹은 비프 볼 누들 수프 Beef Ball Noodle Soup

숭 키 비프 누들(p.108)과 함께 쿠알라룸푸르에서 가장 맛있는 비프 누들 가게의 양대 산맥을 이루는 곳이다. 메뉴를 고를 때는 선택해야 할 몇 가지 단계가 있다. 일단 국수 고명을 살코기 Fresh Beef만 할 건지, 미트볼 Beef Ball로 할 건지, 소 위를 포함해 다 섞을 건지 Beef Mix부터 선택. 면발은 가는 쌀국수, 노란 에그누들, 넓적한 쌀국수 중에서 고를 수 있다. 마지막으로 "드라이? 수프?"라는 질문은 비빔 소스를 얹은 국수와 국물을 따로 줄지 Dry, 모두 육수에 말아서 줄지 Soup 결정하는 것. 우리 입맛에는 짭조름한 비빔 소스를 국물에 풀어먹는 '프레시 비프 누들 수프'를 추천한다.

ADD 7A, Jalan Tun Tan Cheng Lock **TEL** +60 12-673-7318 **OPEN** 목~화 10:30~20:30, 수 휴무 **COST** 비프 누들 小 RM8, 大 RM10 **ACCESS** LRT 파사르 세니 Pasar Seni 역에서 도보 3분, 센트럴 마켓 길 건너편에 있다. **MAP** p.110-D

드라이 타입으로 주문한 프레시 비프 누들 Fresh Beef Noodle Dry

나시 르막의 새로운 강자
알리 무투 & 아 혹
Ali Muthu & Ah Hock

ADD 13, Jalan Balai Polis **TEL** +60 3-7832 3138 **OPEN** 08:00~17:00 **COST** 나시 르막 아얌 RM12.1, 프라운 누들 RM9.9, 코피 아이스 RM3.3 떼 따릭 아이스 RM3.85 **ACCESS** 프탈링 거리의 남쪽 패루에서 한 블록 더 내려가다가 우회전한다. **MAP** p.110-F

나시 르막 아얌
RM12.1

말레이시아의 국민 음식인 나시 르막 Nasi Lemak의 새로운 강자가 차이나타운에 등장했다. 코코넛 밀크로 지은 밥에 멸치튀김, 땅콩, 달걀, 오이, 매운 삼발 소스를 함께 내는 나시르막은 간편하면서도 저렴하게 한 끼를 해결하는 방법이다. 여기에 **바삭하게 튀긴 닭 다리까지 곁들인 나시 르막 아얌** Nasi lemak Ayam은 이 집의 최고 인기 메뉴다. 갖은 양념에 잘 재운 닭튀김은 옛날식 시장 통닭처럼 입에 착착 감긴다.

프라운 누들 RM9.9

잘게 찢은 닭 가슴살과 새우를 얹어 주는 프라운 누들 Prown Noddle도 구수하고 감칠맛 나는 국물이 매력적이다. 옛날 건물을 깔끔하게 개조해 시원한 에어컨 바람이 솔솔 불어오는 매장도 장점. 덕분에 점심시간이면 인근 대학생들과 직장인들로 붐빈다.

차이나타운 뒷골목의 오랜 전통
테오추 스타일 죽 집
Teo chew Style Porridge

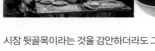

반찬을 담아주는 할아버지

시장 뒷골목이라는 것을 감안하더라도 그리 쾌적한 환경은 아니지만, **옛날식 쌀죽**을 찾는 마니아들은 성지 순례하듯 들르는 곳이다. 매일 만들어 온 20여 가지 반찬이 다 떨어지면 그날 영업도 끝. 허름한 노점이라 간판도 이름도 없다. 어두컴컴한 골목의 간이 테이블에서 먹어야 하는 하드코어지만, 할아버지와 할머니의 오래된 손맛이 괜스레 정겹다. 따끈한 쌀죽이나 쌀밥 한 그릇에 원하는 반찬을 고르면 각각 색깔이 다른 접시에 담아주는데, 다 먹은 후 접시의 색깔과 개수에 따라 계산한다. 잘게 채 썬 양파가 향긋한 **계란부침**과 구수한 콩나물 볶음, 매콤 짭짤한 **포크 립 볶음**을 추천한다.

ADD Jalan Sultan **OPEN** 월~금 16:30~20:30 **COST** 흰 접시 RM2 오렌지 접시 RM3 핑크 접시 RM6, 밥/죽 RM1 **ACCESS** 잘란 술탄 Jalan Sultan 과 차이나타운 시장을 연결하는 좁은 골목 입구에 가판대가 있다. **MAP** p.110-D

⟍ T I P ⟋

하나의 노점을 시간대별로 여럿이 나누어 쓴다. 아침부터 점심까지는 대나무 바구니에 찐 딤섬을 팔고, 오후부터 저녁까지는 쌀죽을 판다. 차이나타운 시장의 독특한 전통을 엿볼 수 있는 풍경!

그레이프프루트 모히또
(Grapefruit Mojito)

06

옛 동네에 불어 온 새로운 바람
리프 앤 코 카페
Leaf & Co. Cafe

시그니처 치킨
찹 RM21

레몬&패션프루트
레모네이드 RM10

유서 깊은 역사 건물을 개조해 새로운 가게를 여는 열풍은 차이나타운에도 번지고 있다. 차이나타운 시장의 옆 골목, 길쭉한 전통가옥을 통째로 개조해서 위쪽은 호스텔로 1층은 레스토랑 겸 카페로 사용하고 있다.

출출한 사람이라면 이 집의 시그니처 메뉴인 치킨 찹 Signature Chicken Chop부터 먹어 볼 것을 추천한다. 인테리어만 신경 쓴 카페라고 생각했다면 살짝 놀랄 만큼 잘 재운 닭고기를 튀긴 솜씨가 훌륭하다. 샐러드에 뿌린 특제 소스도 일품. 더운 날씨에 지쳤다면 상큼한 그레이프프루트 모히또 Grapefruit Mojito를 추천한다. 꽝꽝 얼려 나온 하드를 녹여 가며 먹는 색다른 재미가 있다.

ADD 53, Jalan Sultan **TEL** +60 12-358-7051 **OPEN** 11:30~21:30 **COST** 시그니처 치킨 찹 RM21, 그레이프프루트 모히또 RM15, Tax+S/C 16% 별도 **ACCESS** LRT 파사르 세니 Pasar Seni 역에서 도보 5분 **MAP** p.110-D

사우스
차이나 시
RM24

07

장미 향이 솔솔
머천트 레인
Merchant's Lane

\ TIP /

입구 찾기

건물 2층에 자리 잡은 곳이라 1층의 입구를 찾기가 조금 어렵다. 프탈링 거리의 남쪽 패루 앞에서 길을 건너서 계속 직진, 왼쪽 도로를 따라 걷다 보면 작은 상점 옆에 입구가 있다. 간판을 잘 확인할 것.

나이 지긋한 어르신들이 가득한 차이나타운에도 젊은이들이 모여드는 아지트가 있다. 높은 지붕과 천장에서 밝은 햇빛이 쏟아져 내려오는 화사한 분위기의 머천트 레인이 그곳. 데이트 명소로 유명한 곳이라 브런치 세트나 커피 종류가 인기다. 인스타그램 용으로 제일 유명한 메뉴는 따끈한 스팀밀크에 장미 꽃잎을 띄운 '로즈 허니 밀크티'. 뽀얀 우유 위에 수놓듯 뿌린 꽃잎에서 장미향이 풍겨 온다. 식사로는 담백한 연어구이 위에 잘게 다진 망고와 파인애플, 피망을 얹은 '사우스 차이나 시 South China Sea'를 추천한다.

로즈 허니
밀크, RM12

ADD 150, Level 1, Jalan Petaling **TEL** +603 2022 1736 **OPEN** 목~화 11:30~22:00(금·토 09:30~), 수 휴무 **COST** 로즈 허니 밀크티 RM13, 사우스 차이나 시 RM24, Tax 6% 별도 **ACCESS** LRT 파사르 세니 Pasar Seni 역에서 도보 7분 **MAP** p.110-F

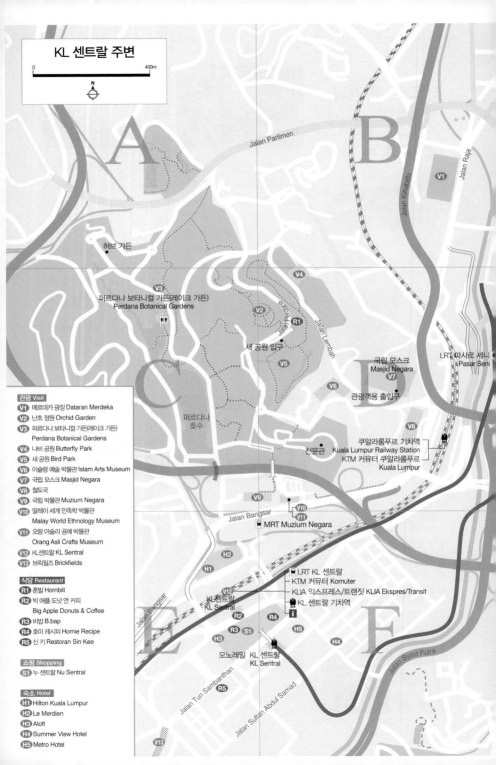

KL 센트랄 주변

0   400m

N

Jalan Parlimen

Jalan Kinabalu

Jalan Raja

V1

허브 가든

V3

퍼르다나 보타니컬 가든(레이크 가든)
Perdana Botanical Gardens

V2

V4

R1

Jalan Lembah

새 공원 입구

V5

LRT 파사르 세니
Pasar Seni

국립 모스크
Masjid Negara

V6

V7

관광객용 출입구

V8

천문관

쿠알라룸푸르 기차역
Kuala Lumpur Railway Station
KTM 커뮤터 쿠알라룸푸르
Kuala Lumpur

퍼르다나
호수

관광 Visit
- **V1** 메르데카 광장 Dataran Merdeka
- **V2** 난초 정원 Orchid Garden
- **V3** 퍼르다나 보타니컬 가든(레이크 가든)
Perdana Botanical Gardens
- **V4** 나비 공원 Butterfly Park
- **V5** 새 공원 Bird Park
- **V6** 이슬람 예술 박물관 Islam Arts Museum
- **V7** 국립 모스크 Masjid Negara
- **V8** 철도국
- **V9** 국립 박물관 Muzium Negara
- **V10** 말레이 세계 민족학 박물관
Malay World Ethnology Museum
- **V11** 오랑 아슬리 공예 박물관
Orang Asli Crafts Museum
- **V12** K센트랄 KL Sentral
- **V13** 브릭필즈 Brickfields

식당 Restaurant
- **R1** 혼빌 Hornbill
- **R2** 빅 애플 도넛 앤 커피
Big Apple Donuts & Coffee
- **R3** 비밥 B.bap
- **R4** 호미 레시피 Homie Recipe
- **R5** 신 키 Restoran Sin Kee

쇼핑 Shopping
- **S1** 누 센트랄 Nu Sentral

숙소 Hotel
- **H1** Hilton Kuala Lumpur
- **H2** Le Merdien
- **H3** Aloft
- **H4** Summer View Hotel
- **H5** Metro Hotel

V9

V10
V11

Jalan Bangsar

MRT Muzium Negara

H2

H1

Jalan Bangsar

V12
KL 센트랄
KL Sentral

LRT KL 센트랄
KTM 커뮤터 Komuter
KLIA 익스프레스/트랜짓 KLIA Ekspres/Transit
KL 센트랄 기차역

R2

R4

H5

R3 S1

H3

H4

Jalan Syed Putra

모노레일 KL 센트랄
KL Sentral

R5

Jalan Tun Sambanthan

Jalan Sultan Abdul Samad

V13

01

쿠알라룸프르 교통의 중심지

KL 센트랄

KL Sentral

ADD Jalan Stesen Sentral 5 **TEL** +60 3-2786-8080 **OPEN** 24시간 **COST** 무료 **ACCESS** LRT/모노레일/KTM 커뮤터/공항철도 KL 센트랄 KL sentral 역 하차 **WEB** www.klsentral.com.my **MAP** p.78-J, p.120-E

쿠알라룸푸르에 놀러 온 여행자라면 하루에도 몇 번씩 들르게 되는 곳이다. 공항버스를 타거나 페낭행 기차를 탈 때도 이곳으로 와야 하고, 바투 동굴이나 겐팅 하일랜드에 놀러 갈 때도 이곳을 거쳐 가야 하기 때문. LRT와 모노레일, KTM 커뮤터 같은 시내교통 수단도 모두 모여드는 곳으로, 어디에서 왔든, 어디로 가든 바로 이곳이 출발점이다.

근처 명소를 구경하는 여행자에게는 잠깐의 쉼터로서 유용하다. 바로 옆 레이크 가든이나 박물관들을 둘러볼 때면 식사할 곳이 마땅치 않은데, 그럴 때 적당히 이용할 만한 푸드코트나 패스트푸드점이 많다. 누 센트랄 Nu Sentral 쇼핑몰도 바로 연결되어 있어 더위에 지친 사람들은 아이쇼핑 겸 쉬어가기에도 좋다.

02

쿠알라룸푸르 최초의 인도인 정착지

브릭필즈

Brickfields

번듯한 빌딩숲으로 재개발된 KL 센트랄 아래 쪽에는 인도계 이민자들의 삶이 시작된 브릭필즈 지구가 있다. 벽돌 공장이라는 뜻의 동네 이름에서 알 수 있듯이 그 고단한 노동의 역사가 고스란히 묻어나는 곳이다. 19세기 후반의 대홍수와 대형 화재 이후 영국 식민정부는 목재 대신 벽돌로 건물을 지으라는 법령을 만든다. 그 도시 재건에 필요한 벽돌을 찍어내던 장소가 바로 이곳 브릭필즈. 이후 말레이시아 철도 차량기지(현재의 KL 센트랄)에서 일하기 위해 온 인도/스리랑카 출신들이 모여 살면서 인도 분위기가 물씬 풍기는 동네가 된다.
마스짓 자멕 쪽의 '리틀 인디아'를 이곳으로 옮기는 관 주도의 프로젝트를 진행하면서, 인도풍의 조형물과 가로등, 분수대를 중심가에 세웠다. 인도 상품을 파는 잡화점이나 인도 레스토랑 등을 둘러볼 수 있다.

ADD Jalan Tun Sanbantham & Jalan Rozario **OPEN** 24시간 **COST** 무료 **ACCESS** KL 센트랄에서 도보로 10분 **MAP** p.78-J, p.120-E

페낭 힐을 오르내리던 최초의 푸니쿨라

주석을 실어 나르던 증기 기관차

03

말레이시아의 역사를 한눈에

국립 박물관
Muzium Negara

말레이시아라는 국가가 지금의 모습을 갖추기까지 거쳐 온 시간들이 궁금해질 때, 국립 박물관에 한번 들려보는 것처럼 이해가 빠르고 손쉬운 방법은 없다. 영어로 설명해 주는 무료 가이드 투어도 월~토요일 10:00부터(일/공휴일 제외) 1시간 동안 진행된다. 역사라는 것이 기록되기도 전부터 이 땅에 살던 이들의 모습을 상상해 볼 수 있는 선사 전시관(갤러리 A), 말레이 반도와 보르네오 섬에 세워진 여러 왕국의 흥망사를 보여주는 말레이 왕국 전시관(갤러리 B), 1511년 말라카가 포르투갈의 지배

ADD Jalan Damansara TEL +60
3-2282-6255 OPEN 09:00~18:00
COST 성인 RM5, 6~12세 RM2
ACCESS KL 센트럴에서 도보 5분
WEB www.muziumnegara.gov.my
MAP p.120-D

를 받게 된 후 네덜란드, 영국, 일본의 식민지로 살았던 시대상을 보여주는 콜로니얼 전시관(갤러리 C), 독립운동으로 현대 국가 말레이시아가 탄생한 과정을 담은 현대 전시관(갤러리 D)으로 구성 되어 있다.

Travel Plus +

박물관 마니아를 위한 추천

국립박물관 옆에 있는 말레이 전통가옥 모양의 건물에도 흥미로운 박물관 두 곳이 자리 잡고 있다. 1층이 오랑 아슬리 공예 박물관, 2층은 말레이 세계 민족학 박물관. 두 곳의 입장권 모두 국립박물관의 매표소에서 판매한다.

말레이 세계 민족학 박물관
Malay World Ethnology Museum

말레이 민족이 사용하는 무기와 직물, 생활도구와 악기 등 말레이 특유의 생활 문화를 유추할 수 있는 다양한 컬렉션을 소장하고 있다. 말레이시아뿐만 아니라 인도네시아, 태국, 필리핀, 베트남, 폴리네시아 등 말레이 민족이 퍼져나간 주변 국가에서 전시품을 모아왔다. ADD Jabatan Muzium Malaysia, Jalan Damansara TEL +60 03-2267-1000 OPEN 09:00~18:00 COST 성인 RM5, 6~12세 RM2 ACCESS 국립 박물관 바로 옆 WEB www. jmm.gov.my/en/museum/museum-malay-world-ethnology MAP p.120-D

오랑 아슬리 공예 박물관
Orang Asli Crafts Museum

말레이어로 '오랑 Orang'은 사람, '아슬리 Asli'는 오리지널이라는 뜻. 말레이 토착 원주민을 뜻하는 '오랑 아슬리'가 만든 공예품을 전시하는 박물관으로, 원시적인 색채가 가득한 토속 공예품들을 볼 수 있다. ADD Jabatan Muzium Malaysia, Jalan Damansara TEL +60 3-2282-6255 OPEN 09:00~18:00 COST 성인 RM5, 6~12세 RM2 ACCESS 국립 박물관 바로 옆 WEB www.jmm.gov.my/en/museum/orang-asli-crafts-museum MAP p.120-D

시민의 품으로 돌아온 호수 공원
퍼르다나 보타니컬 가든(레이크 가든)
Perdana Botanical Gardens

빌딩으로 가득한 쿠알라룸푸르 시내에 숨통을 튀어주는 녹색 공간이다.
흔히 '레이크 가든 Lake Gardens'이라 불릴 만큼 아주 넓은 인공호수를 중심
으로 조성된 공원. 꼼꼼히 다 돌아보려면 별도의 지도가 있어야 할 정도
로 다양한 식물원과 정원, 놀이시설이 들어서 있다.

처음 정원이 만들어진 건 영국 식민시대인 19세기 후반이었다. 번잡스러
운 시내를 잠시 떠나 쉴 수 있는 공간으로 슬랑오르 주의 재무부 출납 국
장(A.R.Venning)이 아이디어를 낸 것. 호수 옆에 지어진 사교클럽(현재

ADD Jalan Kebun Bunga, Tasik
Perdana TEL +60 3-2617-6404
OPEN 07:00~20:00 COST 무료
ACCESS KL 센트랄에서 도보 10분
WEB www.klbotanicalgarden.gov.
my MAP p.120-C

의 로열 레이크 클럽)은 유럽인 상류층만 이용할 수 있었고, 말레이시아 독립 전까지 50여 년간 역사의 중요
장면들의 배경이 되었다. 독립 이후인 1975년, 누구나 이용할 수 있는 공원으로 재단장했다.

숲을 형상화한 거대한 조형물

공원 가는 길 찾기

호수가 크고 공원 자체도 워
낙 넓기 때문에 접근하기가
쉽지 않다. 가장 쉽게 가는 길
은 국립박물관 뒤편에 큰길
아래로 나 있는 터널을 통과
하는 것. 터널만 지나면 그림
같은 호수 풍경이 펼쳐진다.

국립 박물관에서 정원으로
가는 도로 아래 터널

Travel Plus +

난초 정원
Orchid Garden(MAP p.120-D)

각양각색의 난초들을 구경할 수 있는 정원이다. 꽃
중에서도 화려한 색깔과 다채로운 모양을 뽐내는
것이 난초인 만큼 구경 나온 사람이나 사진 찍으
러 온 사람이 많은 명소. 새 공원의 길 건너편에 있으며, 언덕을 약간 올라가
야 해서 전망도 좋다.

나비 공원
Butterfly Park(MAP p.120-D)

열대 우림 정원 안을 수천 마리의 나비들이 날아
다닌다. 규모가 크지는 않지만 꽃과 나무들로 아
자기하게 잘 꾸며 놓은 공원. 입장료는 조금 비싼
편이지만 방문객들에게 내려앉는 나비가 무섭지 않다면 들어가 볼 것. 기념
품 가게에서 다양한 종류의 나비 박제도 판매한다.

온갖 새들과 함께 산책

새 공원
Bird Park

아이들이 좋아하는 체험 코너

아이들과 함께 여행한다면 하루 2번 새 공연 Bird Show 시간(매일 12:30 · 15:30)에 맞추어 방문할 것을 추천한다. 공연이 아니더라도 직접 모이를 줄 수 있는 체험 코너가 있으며, 모이 자판기도 군데군데 있다.

앵무새에게 모이를 주는 체험 코너 / 다양한 새 모양의 기념품들

동물을 만지며 교감하기를 좋아하는 사람이라면 꼭 한 번 들러봐야 할 쿠알라룸푸르의 명소다. 우리에 갇힌 새들을 밖에서 바라봐야 하는 일반적인 동물원과는 완전히 다른 스타일. 나무가 가득한 넓은 공원에 새들을 풀어 놓고는 철창 대신 하늘 높이 설치한 망사로만 가려 놓은 곳이라, **새가 주인으로 살고 있는 '새들의 마을'**에 잠시 인간들이 놀러 온 기분이다.

이곳의 마스코트인 코뿔새(혼빌 Hornbill)를 비롯해 플라밍고, 공작, 황새, 앵무새 등 200여 종의 새들을 만날 수 있는데, 이렇게 사람이 직접 들어갈 수 있는 형태로는 세계에서 가장 큰 새 공원이다. 전체를 둘러보려면 1시간 정도는 걸리니 중간중간 에어컨이 있는 갤러리나 카페에서 쉬어가자.

ADD 920 Jalan Cenderawasih, Taman Tasik Perdana **TEL** +60 3-2272-1010 **OPEN** 09:00~18:00 **COST** 성인 RM67, 3~11세 RM45 **ACCESS** 국립 모스크에서 도보 15분 **WEB** www.klbirdpark.com **MAP** p.78-F, p.120-D

우리에겐 낯선 이슬람 문화의 향기

이슬람 예술 박물관
Islam Arts Museum

ADD Jalan Lembah Perdana **TEL** +60 3-2274-2020 **OPEN** 10:00~18:00 **COST** 성인 RM14.84, 학생 RM7.42, 6세 이하 무료 **ACCESS** 국립 모스크에서 도보 3분 **WEB** www. iamm.org.my **MAP** p.120-D

현대적인 대도시로 성장한 쿠알라룸푸르에 이국적인 풍경을 더하는 이슬람 건축물들. 그 특유의 문양과 장식, 건축 양식에 대해서 좀 더 알고 있다면 가장 먼저 추천할 만한 박물관이다. 우선 이슬람 문화의 핵심이라고 할 수 있는 모스크의 축소 모형들이 이곳의 하이라이트. 메카와 예루살렘, 테헤란과 다마스쿠스 등 이슬람 역사에서도 중요한 의미를 지니는 도시들의 모스크를 전시하고 있다.

화려하고 정교한 서체를 감상할 수 있는 코란, 이슬람의 성소인 카바를 덮었던 패널, 모로코의 베두인들이 만든 보석, 중앙아시아의 독특한 직물, 오스만 제국에서 사용하던 이즈닉 타일 등 세계 곳곳의 이슬람 문화권에서 수집한 예술품들이 끝도 없다.

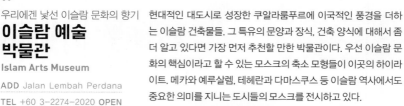

이슬람 문양을 활용한 예쁜 기념품들이 많다.

독립 말레이시아의 상징
국립 모스크
Masjid Negara

우리나라에서는 보지 못할 이국적인 풍경을 보고 독특한 체험을 하는 것이 여행의 백미라고 한다면, 말레이시아의 국립 모스크는 여행 중 한 번은 방문해야 할 곳이다. 금요일이면 1만 5,000여 명의 무슬림들이 모여들어 예배를 보는 진풍경이 펼쳐지는 곳. 시리아나 터키에서 유래한 전통 모스크 양식과는 달리 현대적인 철근 콘크리트 건축물로 지어졌다는 점도 특이하다.

영국 식민시대에는 교회가 있었던 자리에 말레이시아 독립 직후 모스크가 세워졌다는 사실도 흥미롭다. 역사의 흐름에 따라 신전이 있던 자리에 교회가 지어지고, 성공회 예배당이 있던 자리에 모스크가 지어지는 것처럼, 시대에 따라 표출되는 믿음과 열망도 달라지는 것. 1965년 당시 일 천만 링깃에 달하는 건설비 가운데 절반 이상을 애국심에 호소한 모금으로 만들어 냈다는 사실 역시, 이곳이 단순한 종교 시설이 아니라 말레이시아의 독립과 통합을 상징하는 건축물이었음을 시사한다.

ADD Jalan Perdana TEL +60 3-2693-7784 OPEN 토~목 10:00~12:00, 15:00~16:00, 17:30~18:30 COST 무료 ACCESS 쿠알라룸푸르 기차역에서 도보 5분. 역 정문 옆의 지하보도를 따라 올라가면, 철도국 오른편에 모스크로 들어가는 도로가 있다. WEB www.masjidnegara.gov.my MAP p.78-F, p.120-D

모스크 방문하기

방문객들이 워낙 많은 곳이라 여행자들도 편안하게 이슬람 문화를 체험할 수 있다. 모스크 입장용으로 준비된 가운과 스카프를 빌려 주기 때문에 별도의 준비 없이도 방문할 수 있다. 관광객용 출입구가 따로 있으며, 가운데 홀에는 신자들만 들어갈 수 있다.

Travel Plus +

국립 모스크 가는 길에 건축물 구경, 쿠알라룸푸르 기차역&철도국

영국령 인도에서 유행하던 인도-사라센 양식을 만나게 될 수 있는 대표적인 건축물이 쿠알라룸푸르 기차역(MAP p.79-F, p.120-D)이다. 모스크로 가는 도중 만나게 되는 철도국(MAP p.120-D) 역시 같은 건축가의 작품. 힌두와 이슬람이 섞인 무굴 양식에 빅토리아 시대의 서구 스타일까지 더해진 이국적인 건축물들을 구경해 보자.

01

새 공원을 바라보며 쉬어가자!

혼빌
Hornbill

새 공원을 바라볼 수 있는 야외 테라스

알리오 올리오 시푸드 Alio Olio Seafood

ADD 920, Jalan Cenderawasih
TEL +60 3-2693-0086 **OPEN**
09:00~20:00 **COST** 파스타 RM24,
Tax+S/C 16% 별도 **ACCESS** 새 공
원의 정문을 바라보고 왼편에 있
는 말레이 전통 건물 **WEB** www.
klbirdpark.com/attractions.cfm
MAP p.120-D

넓디넓은 레이크 가든을 구경하다 지친 이들에게 추천
할 만한 레스토랑이다. 시원한 새 공원의 나무숲을 바
라보며 쉴 수 있는 조용하고 평화로운 분위기. 관광객
들이 주요 고객인 만큼 외국인들에게 익숙하고 음
식 수준도 나쁘지 않다. 사테나 나시 르막 같은 말레
이 음식도 판매하지만 현지 물가를 생각해 보면 서양
식 메뉴의 만족도가 더 높은 편. 야들야들한 오징
어와 새우로 맛을 낸 해산물 알리오 올리
오 등 파스타 메뉴나 샐러드 종류를 추천한
다. 새콤달콤한 칼라만시 주스나 신선한 코
코넛 워터를 마시며 야외 테라스의 분위기
를 즐겨도 좋다.

말레이 전통음료인 칼라만시 주스

프레시 코코넛

02

깔끔한 한국음식 체인점

비밥
B.bap

과일 빙수, RM11

ADD Lot GF08, Nu Sentral, No 201
OPEN 10:00~22:00 **COST** 비빔
밥 RM21, 과일 빙수 RM11 **ACCESS**
KL 센트랄 1층에서 누 센트랄쪽 출
구로 간다. 에스컬레이터로 올라가
지 말고 바로 1층 출구로 나가서 길
건너편에 있다. **MAP** p.120-E

KL 센트랄 근처에서 밥 먹을 곳을 찾고 있다면 반가울 식당. 아시아에
부는 한류 바람을 타고 만들어진 말레이시아의 한식 체인점으로, 우
리나라 김밥 체인점의 업그레이드 버전이라고 할 수 있다. 가게 이름
에서 알 수 있듯이 한국식 비빔밥이 이 집의 대표 음식. 다양한 고기 종
류를 고명으로 선택할 수 있고, 비빔장도 고추장이 들어간 매운 소스
나 참기름 간장 소스 중에 고를 수 있다.

과일을 듬뿍 얹은 빙수도 인기
메뉴. 가장 저렴한 김밥은 양
이 적은 편이고 육개장 외
에 다른 찌개 종류는 우리
나라 사람들 입맛에는 조
금 심심하게 느껴진다.

소고기 비빔밥, RM21

03 ⋯⋯⋯⋯⋯

브릭필즈 지역의 맛집 강호
신 키
Sin Kee

신 키 스팀드
라이스,
RM9.5

치킨 찹,
RM13.5

\TIP/ ─────────

가게 앞에 내놓은 야외 테이블보
다는 실내가 깔끔하다. 1~2인 손
님은 야외 테이블에 배정해줄 때
가 많은데, 야외에 앉을 경우 소지
품 관리에 주의하도록 한다.

브릭필즈에 왔다면 놓치기 아까운 맛집이다. 식사 시간만 되면 현지
인들이 바글바글, 문 여는 시간도 길지 않으니 방문 시기를 잘 맞추어
야 한다. 이 집을 유명하게 해 준 일등공신은 **하이난 스타일의 치킨 찹**
Hainanese Chiken Chop. 일반적인 치킨 커틀릿이 아니라 적당하게 다진 닭
고기를 두툼하게 뭉쳐서 튀겨내는 것이 특징이다. 팬에서 구운 감자
에 커다란 프타이 콩을 넣은 고소한 소스까지 더해지면, 든든하면서
도 부드럽게 넘어가는 한 접시가 완성된다. 돼지고기와 소시지, 오징
어, 어묵 등을 넣고 짭짤하게 양념해서 짓는 신 키 스팀드 라이스 Sin Kee
Steamed Rice도 또 다른 인기 메뉴. 조금 기름진 편이니 함께 내주는 고추
와 마늘을 간장 소스에 듬뿍 넣어서 먹을 것!

ADD 194, Jalan Tun Sambathan, Brickfields **TEL** +60 3-2274-1842 **OPEN** 화
~일 12:00~14:30 & 18:00~21:30, 월 휴무 **COST** 치킨 찹 RM13.5, Tax 6% 별도
ACCESS 모노레일 KL 센트랄 KL Sentral 역에서 도보 3분 **MAP** p.120-E

04 ⋯⋯⋯⋯⋯

매콤하게 비벼 먹는 판 미
호미 레시피
Homie Recipe

어묵 튀김에
곁들이는 매운
고추 소스

삼발 쉬림프 앤
에그 판 미, RM11.5

어묵 튀김 1/2인분
Deep Fried Fish
Cake

쇼핑몰에 입점한 가게라고 맛의 깊이까지 얕을 거라 생각했다면 큰 오
산. 쿠알라룸푸르에서 가장 맛있는 판 미를 먹을 수 있는 가게로 이곳
을 추천한다. 우리나라의 칼국수처럼 굵고 납작한 면을 뜨거운 국물에
말아 먹는 것이 오리지널 판 미 Pan Mee. 이 집에서는 특유의 메뉴인 '**삼
발 칠리 쉬림프 판 미** Sambal Chilli Shrimp Pan Mee'의 인기가 드높다.
물기 없이 건져낸 면에 매운 양념장과 보슬보슬하게 말린 생선살을 올
린 다음 달걀 프라이까지 하나 얹으면 끝. 입안이 매워질 땐 함께 내준
구수한 어묵 국물을 마셔보자. 왠지 익숙하게 끌리는 조합이다. 사이
드 메뉴로는 어묵 튀김을 추천한다. 바삭한 껍질로 감싼 쫄깃한 어묵
을 고추 소스에 찍어 먹는다.

ADD LG18, Nu Sentral **TEL** +60 3-2276-3700 **OPEN** 10:00~22:00 **COST** 판
미 10.5~ **ACCESS** 모노레일 KL 센트랄 KL Sentral 역에서 도보 3분, 누 센트랄
Nu Sentral 쇼핑몰 1층 **MAP** p.120-F

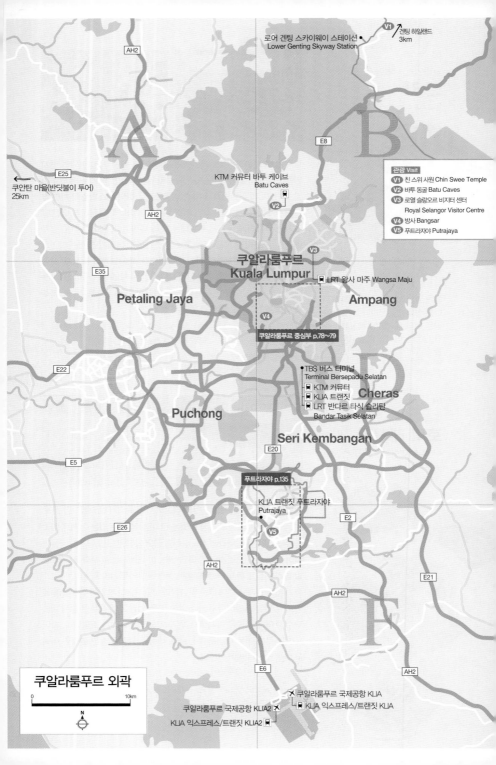

무루간의
상징

템플 케이브 Temple Cave의 내부

짧은 하의를 입은 사람은 입구에서 사롱을 대여해야 한다.

천혜의 지형에 지어진 사원

------ 01 ------

동굴 안에 지어진 힌두교 성지

바투 동굴
Batu Caves

여러 종교가 각자의 믿음대로 살아가는 말레이 특유의 다양성을 실감할 수 있는, 말레이시아 최대 규모의 힌두교 성지다. 입구에 세워진 거대한 황금상의 주인공은 힌두교에서 전쟁과 승리의 신인 무루간이다. 인도 타밀족 사이에서 가장 널리 숭배되는 신인 만큼 타밀족의 영향력이 강한 지역마다 그의 신전이 세워졌는데, 타밀족이 주요 이민자인 말레이시아 역시 빼놓을 수 없는 일. 누가 봐도 신비로운 석회암 동굴이 1878년 발견된 후, 동굴 입구가 무루간이 사용하는 창 Vel 모양이라는 것에 영감을 받은 타밀족 거상이 동굴 안에 힌두 사원을 지었다.

종교에 상관없이 4억 년이 넘은 석회암 동굴을 구경하는 것만으로도 흥미진진하다. 빗물이 석회암을 녹여 만든 여러 개의 동굴 가운데 가장 큰 동굴이 향 냄새로 가득한 대표 신전이다. 하늘을 향해 뚫린 100m 높이의 구멍에서 햇빛이 쏟아져 내려오는데, 영험하고 압도적인 분위기다. 시내에서 13km 정도 떨어져 있지만 KTM 커뮤터만 타면 한 번에 갈 수 있어서 간편한 근교 여행지로 추천한다.

ADD Batu Caves, Sri Subramaniam Temple TEL +60 3-2287-9422 OPEN 06:00~ 21:00 COST 무료 ACCESS KTM 커뮤터 바투 케이브 Batu Caves 역에서 하차 MAP p.128-B

TIP

원숭이 조심

원숭이 형상을 하고 있는 하누만 신은 힌두교에서 대중적인 사랑을 받고 있는 존재. 덕분에 힌두교 사원 근처에서는 언제나 원숭이들이 활개를 친다. 손에 들고 있는 음식물이나 물건을 채 가는 일이 자주 발생하니 주의할 것.

TALK

바투 동굴로 들어서려면 272개의 계단을 올라야 한다. 인간이 지을 수 있는 원죄의 숫자만큼 계단을 오르며 죄를 씻는다는 의미로, 세 갈래로 나뉜 계단은 과거, 현재, 미래를 뜻한다. 이런 힌두교식 속죄는 바늘과 갈고리로 몸을 찌르는 고행으로 유명한 타이푸삼 Thaipusam 축제에서 절정을 이룬다. 100만 명이 넘는 순례자들이 맨발로 속죄의 계단을 오르는 장관을 볼 수 있다.

나무 가득 별처럼 내려앉은 반딧불이

반딧불이 투어
Firefly tour

빌딩의 숲으로 가득한 쿠알라룸푸르에서도 별빛처럼 내려앉는 반딧불이의 불빛을 만날 수 있다. 맹그로브 숲에 사는 반딧불이를 구경하러 가는 반딧불이 투어는 말레이시아를 찾은 여행자라면 빼놓을 수 없는 필수 코스. 우리나라에서는 보기 힘든 반딧불이를 구경하는 것도 신기하고, 유유자적 강물을 떠다니며 적막한 시간을 보내는 것도 매력적이다. 반딧불이 투어가 도착하는 장소는 쿠알라룸푸르 시내에서 약 1시간 정도 떨어진 쿠안탄 마을 Kampung Kuantan. 사공이 노를 젓는 작은 배를 타고 강물 위를 떠 가다 보면 나뭇잎 가득히 앉아 **크리스마스트리처럼 반짝이는 반딧불이**를 볼 수 있다. 노 젓는 소리만 들려오는 어둠 속에 간간이 터지는 감탄 소리, 한여름의 크리스마스다.
주의! 반딧불이를 잡아가면 벌금 RM1,000이 부과된다.

OPEN 투어에 따라 8시간~8시간 반 소요(14:00/15:00 출발 ~22:30 도착) COST 투어 성인 RM200, 7세 이하 RM170(왕복 픽업, 저녁식사 포함) ACCESS 현지여행사, 한인여행사, 한인민박을 통해 신청한다.

투어가 출발하는 선착장

구명조끼를 입고 작은 배에 탄다.

✎ 반딧불이 투어 이용 백서 ✎

14:00 Pick up

국립모스크에서
이슬람 문화 체험

힌두교의 성지,
바투 동굴

원숭이로 가득한 몽키 힐

시내의 야경 감상
(메르데카 광장/KLCC)

돌아오는 길에 왕궁의
야경도 구경

투어의 하이라이트,
반딧불이 공원

카지노 입구. 드레스 코드 준수!

03

구름 위의 카지노

겐팅 하일랜드
Genting Highlands

시원한 고지대에서 즐기는 짜릿한 카지노 게임! '고원의 라스베이거스'라는 별명을 가지고 있는 말레이시아 유일의 카지노, '리조트 월드 겐팅 Resort World Genting'이 내세우는 즐거움이다. 1970년에 처음 문을 연 후 주말이면 10만 명에 가까운 여행자들이 찾고 있는 말레이 최대 규모의 오락단지. 카지노뿐만 아니라 골프장과 쇼핑몰, 테마 파크와 호텔 등 아예 작은 도시 하나가 들어와 있다고 할 만큼 큰 규모를 자랑한다.

카지노에 특별한 관심이 없는 사람도 한 번쯤은 들려야 하는 이유는 **동남아에서 제일 길다는 케이블카**(겐팅 스카이웨이 Genting Skyway, 07:30~24:00, 편도 RM8) 때문. 끝도 없이 길고 높게 이어지는 케이블카를 타고 발아래로 깔리는 구름과 열대 우림을 바라보는 재미가 겐팅 하일랜드 여행의 핵심이다. 단, 유지 보수를 위해 종종 운행을 중지하니 출발 전에 홈페이지를 확인할 것. **주의!** 카지노에서 게임을 즐기려면 여권을 지참하고 드레스코드도 지켜야 한다. 저지대에 비해 기온이 10도가량 떨어지니 걸쳐 입을 옷도 준비하자.

ACCESS KL 센트랄/푸두 센트랄 등에서 겐팅행 익스프레스 버스를 탄다(로어 겐팅 스카이웨이 스테이션까지 가는 버스+스카이웨이 RM12,3(KL 센트랄 출발 기준, 08:00~20:00), 돌아오는 버스는 '로어 겐팅 스카이웨이 스테이션 Lower Genting Skyway Station(B4)'에서 출발한다. 도착 즉시 돌아오는 버스표를 구입해 둘 것, **WEB** www.rwgenting.com **MAP** p.128-B

끝없이 이어지는 케이블카

**겐팅 하일랜드와
반딧불이 투어를 한 번에!**

외곽의 명소들을 한인 여행사의 투어를 이용해 한 번에 둘러볼 수도 있다. 오전에 겐팅 하일랜드를 둘러 본 다음 오후에 시작하는 반딧불이 투어 일정을 더하는 방식. 단, 카지노를 제대로 즐길 시간은 충분하지 않다.

Travel Plus +

친 스위 사원 Chin Swee Temple

탁월한 사업 수완으로 겐팅 하일랜드를 건설한 중국계 사업가 림고통 Lim Goh Tong이 지은 사원. 사원 뒤편 언덕의 산책로에는 도교와 불교에서 생각하는 지옥의 모습을 조각상으로 만들어 놓았

다. 사원 전망대에서 내려다보는 풍경도 굿!

ACCESS 퍼스트 월드 터미널에서 친 스위 동굴 사원행 셔틀버스 탑승. 또는 아와나 스테이션에서 스카이웨이를 타고 친 스위 스테이션 하차 **MAP** p.128-B

흥미진진한 주석 공장 구경

로열 슬랑오르 비지터 센터
Royal Selangor Visitor Centre

오늘날의 거대 도시 쿠알라룸푸르가 존재할 수 있도록 해 준 힘, 주석 산업에 대한 호기심을 풀 수 있는 체험공간이다. 말레이시아를 대표하는 주석 제품 브랜드인 '로열 슬랑오르 Royal Selangor'에서 운영하는 방문자 센터. 누구나 무료로 구경할 수 있을 뿐만 아니라 충실한 영어 가이드 투어까지 진행하고 있어서 여행 중 재미있는 경험을 할 수 있다. 창립 100주년 기념으로 만든 **세계 최대 크기의 주석잔**이 입구 쪽에 있으니 기념 촬영 포인트로 활용해 보자.

ADD 4, Jalan Usahawan 6, Setapak Jaya TEL +60 3-4145-6005 OPEN 09:00~17:00 COST 무료 ACCESS LRT 왕사 마주 Wangsa Maju 역에서 하차 후 택시로 5분 WEB www.visitcentre.royalselangor.com MAP p.128-B

1800년대 중반 중국계 탐광자들이 주석 광산을 발견한 역사에서부터 1885년 최초로 설립된 로열 슬랑오르 공장의 제품이 세계적인 명품 브랜드로 발전하는 과정까지, 웬만한 박물관은 훌쩍 능가하는 수준으로 전시물을 구성해 놓았다. 특히 주석과 납의 합금으로 백랍을 만드는 과정이나 백랍을 두드리고 가공해 근사한 공예품으로 만드는 과정을 실제 시연으로 볼 수 있다는 것이 장점. 제일 마지막에 들르게 되는 주석 제품 전시장에서도 구매 압박 없이 멋진 제품들을 구경할 수 있다.

기네스북에 등재된 세계 최대 주석 맥주잔

마무리는 제품 전시장 구경으로

주석 공예품을 만드는 과정을 시연하고 있다.

주석잔으로 만든 페트로나스 트윈 타워 모형

로얄 슬랑오르의 카페

로열 슬랑오르 비지터 센터 안에는 푸른 정원을 바라보며 잠시 쉴 수 있는 카페 The Café가 있다. 그리 비싸지 않은 가격대로 차 한 잔에 곁들일 만한 케이크나 타르트 종류를 다양하게 준비하고 있다. 파스타나 샐러드로 간단하게 요기도 가능하다.

방사 거리

...... 05 ......

쿠알라룸푸르의 두 가지 얼굴

방사 일요 시장
Bangsar Sunday Market

요즘 제일 핫한 레스토랑을 물어보면 언제나 여기, 방사 지역에서 시작한 식당이다. 우리나라의 이태원처럼 외국인들이 선호하는 카페와 레스토랑이 앞다투어 들어서는 지역. 세련된 브런치 카페와 프랑스식 크루아상을 구워내는 베이커리, 근사한 재즈 바에서 베이징 덕 맛집까지, 방사 빌리지 쇼핑몰 주위를 걸으면 또 다른 도시에 온 기분이다.

ADD Jalan Telawi 1 & Jalan Telawi 2 OPEN 일요 시장 17:30~21:00 ACCESS LRT 방사 Bangsar 역에서 하차 후 택시로 3분 MAP p.133-A

그러나 일요일 오후만 되면 거리 분위기는 돌변한다. 주차장 주위에 노점상들의 천막이 쳐지고 음식 가판대까지 잔뜩 들어서면 히잡을 쓴 현지인들이 바글거리는 장터로 변한다. 사테와 볶음국수, 열대과일 등을 저렴하게 맛볼 수 있는 서민형 시장이다. 최첨단을 달리는 시크한 말레이와 소박하고 웃음 많은 말레이까지, 쿠알라룸푸르의 두 얼굴을 동시에 만날 수 있는 곳이다.

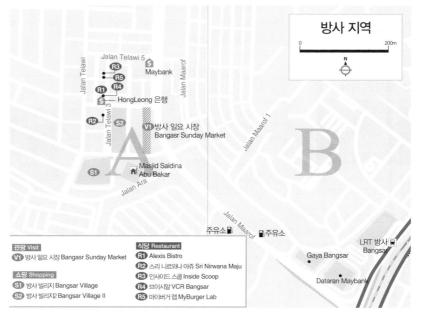

관광 Visit
V1 방사 일요 시장 Bangasr Sunday Market

쇼핑 Shopping
S1 방사 빌리지 Bangsar Village
S2 방사 빌리지2 Bangsar Village II

식당 Restaurant
R1 Alexis Bistro
R2 스리 니르와나 마쥬 Sri Nirwana Maju
R3 인사이드 스쿱 Inside Scoop
R4 브이시잘 VCR Bangsar
R5 마이버거 랩 MyBurger Lab

말레이시아의 행정 수도

푸트라자야
Putrajaya

푸트라
모스크

처음부터 끝까지 철저한 기획으로 만들어진, 말레이시아의 새로운 행정 수도다. 호수를 둘러싼 녹지에 넓은 길과 근사한 건물들을 도시 건설 게임이라도 하듯이 반듯하게 배치한 계획 도시. 덕분에 '현대 이슬람 건축의 전시장'이라고 해도 과언이 아닐 만큼 멋진 건축물들이 많다. 막대한 행정자본과 이슬람의 신념, 초현대적인 건축 기술이 만났을 때 어떤 결과물이 나올지 궁금한 건축학도라면 꼭 한 번 들러보도록 하자. 고전적인 이슬람 건축의 형식미에 유럽 건축양식의 화려함과 현대적인 실용성을 가미한 독특한 건물들을 구경할 수 있다.

● 푸트라자야 가기

KLIA 트랜짓의 내부

공항철도인 KLIA 트랜짓 KLIA Trasit을 타고 푸트라자야 Putrajaya 역에 내린다. KL 센트럴에서 출발하는 또 다른 공항 열차인 KLIA 익스프레스는 푸트라자야 역에 정차하지 않으니 주의할 것.

● 푸트라자야 다니기

아주 넓은 부지에 들어선 신도시라 걸어서 구경하는 것은 현실적으로 불가능하다. 또한 관공서 위주의 대형 건물과 넓은 공원만 있는 도시라, 중간에 쉬어갈 만한 편의시설도 거의 없다. 렌터카를 가지고 가거나 푸트라자야 Putrajaya 역에서 택시를 대절(2시간 RM75~)해서 구경해야 한다.

 TIP

푸트라자야 투어

개별 교통수단이 없는 이들은 투어를 이용하는 것이 최선이다. 우리나라 여행자들이 제일 선호하는 방법은 **한인 여행사에 푸트라자야 투어와 푸트라자야 방문을 포함한 반딧불이 투어를 신청**하는 것이다. KL 센트럴이나 KLIA에서 공항철도인 KLIA 트랜짓을 타고 가는 푸트라자야 투어도 있다. 푸트라자야 역에서 내린 후 투어버스로 갈아타고 3시간 동안 관광한다. 티켓은 각 공항철도 매표소에서 판매한다.

KLIA 익스프레스 푸트라자야 투어

OPEN KL 센트럴 역 10:03/10:33 출발(투어버스 11:00), 14:03/14:33 출발(투어버스 15:00), KLIA 역 09:48/10:18 출발(투어버스 11:00), 13:48/14:18 출발(투어버스 15:00) COST KL 센트럴 출발 RM47, KLIA 출발 RM37,8(공항철도 왕복 티켓+투어버스+입장료 포함)

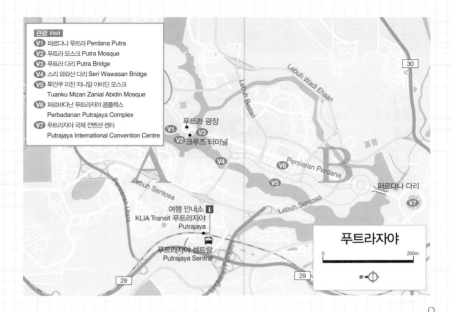

관광 Visit
- **V1** 퍼르다나 푸트라 Perdana Putra
- **V2** 푸트라 모스크 Putra Mosque
- **V3** 푸트라 다리 Putra Bridge
- **V4** 스리 와와산 다리 Seri Wawasan Bridge
- **V5** 투안쿠 미잔 자니알 아비딘 모스크
  Tuanku Mizan Zanial Abidin Mosque
- **V6** 퍼르바다난 푸트라자야 콤플렉스
  Perbadanan Putrajaya Complex
- **V7** 푸트라자야 국제 컨벤션 센터
  Putrajaya International Convention Centre

푸트라자야

🌿 푸트라자야 투어 이용 백서 🌿

1 푸트라자야 센트랄
Putrajaya Sentral

푸트라자야의 버스 터미널로 버스투어가 출발하는 장소다. KLIA 트랜짓역과 연결되어 있다.

2 스리 와와산 다리
Seri Wawasan Bridge

푸트라자야를 대표하는 다리로 범선을 형상화했다. 기념촬영 하기에 좋은 포인트.

3 푸트라 다리
Putra Bridge

호수의 큰 섬과 푸트라 광장을 잇는 다리이다. 다리 옆에 유람선과 수상 스포츠를 위한 선착장이 있다.

4 푸트라 모스크
Putra Mosque

분홍색 돔과 기하학적인 이슬람 문양이 눈길을 끄는 모스크. 가운과 스카프를 빌려 입어야 한다.

5 퍼르다나 푸트라
Perdana Putra

푸트라 광장 북쪽 언덕에 있는 총리 집무실. 옥색의 돔이 인상적이다.

6 푸트라자야 국제 컨벤션 센터
Putrajaya International Convention Centre

퍼르다나 푸트라와 정면으로 마주 보는 언덕 위에 있다. 최고의 뷰 포인트!

7 퍼르바다난 푸트라자야 콤플렉스
Perbadanan Putrajaya Complex

행정부처들이 모여 있는 콤플렉스이다. 거리의 랜드마크와도 같은 건물.

8 투안쿠 미잔 자니알 아비딘 모스크
Tuanku Mizan Zanial Abidin Mosque

푸트라자야 제2의 모스크. 전체의 70%가 철재라 일명 '철의 모스크'라고 불린다. 가운과 스카프를 빌려 입어야 한다.

01

바나나 잎에 차린 인도식 백반

스리 니르와나 마쥬

Sri Nirwana Maju

치킨 마살라
Chicken Masala,
RM5

\TIP/

소스 선택은?

'베지터블 밀 Vegetable Meal'의 밥에 뿌려주는 소스는 치킨커리/피시커리/달 중에서 선택할 수 있다. 1인 1메뉴 주문은 기본. 고기 반찬이 필요하면 닭튀김이나 치킨 마살라 등을 추가로 주문할 수 있다.

레몬
아이스티,
RM3

맛집 많기로 유명한 방사에서도 가장 긴 줄을 서는 집, 제일 저렴하면서도 만족스럽게 한 끼를 해결할 수 있는 남인도식 식당이다. 바나나 잎을 접시 삼아 그 위에 밥과 커리, 반찬을 얹어주는 남인도 지방의 대표 음식 밀즈 Meals로 명성이 자자한 곳이다. 자리에 앉자마자 종업원이 와 바나나 잎을 척척 깔고 그 위에 밥을 덜어주고 소스를 주르륵 얹는다. 거기에 야채로 만든 반찬 세 가지와 말린 고추, 인도식 튀김 빵인 파파담까지 순식간에 푸짐한 한 상을 만들어 준다. 빨간색 여주 튀김은 중독적일 만큼 입맛이 도는 맛. 이 집을 인기 맛집으로 등극시킨 일등 공신이다.

ADD 43 Jalan Telawi 3, Bangsar Baru **TEL** +60 3-2287-8445 **OPEN** 10:00~다음 날 01:30 **COST** 베지터블 밀 RM8.5, Tax 6% 별도 **ACCESS** 방사 지역의 쇼핑몰인 '방사 빌리지 2'의 건너편 **MAP** p.133-A

베지터블 밀

다양하게
준비해 놓은
소스들

02

육즙 가득한 햄버거의 세계

마이버거 랩

MyBurger Lab

쥬시 쥬시 The Juicy Juicy

ADD 19, Jalan Telawi 3, Bangsar **TEL** 없음 **OPEN** 11:00~22:15, 매월 첫 번째 월요일 휴무 **COST** 버거 RM19~22, 버거 세트 +RM8 **ACCESS** 방사 빌리지 쇼핑몰에서 도보 2분 **WEB** myburgerlab.com **MAP** p.133-A

지금까지 맛보지 못한 독특한 맛의 햄버거를 찾는다면 꼭 한 번 들러봐야 할 곳. 2012년에 문을 연 이후 쿠알라룸푸르의 젊은 세대들에게 폭발적인 인기를 끌고 있는 버거 전문점으로 최근 방사 지역에 문을 열었다. 식용 숯을 넣어서 검은색을 낸 빵부터 SNS를 장악할 만한 비주얼을 자랑하며, 다른 버거 전문점에서는 먹어보지 못할 독특한 버거 메뉴가 많다. 하와이어로 '친구'라는 뜻의 '오하나 버거'는 소고기 패티와 함께 구운 파인애플과 볶은 버섯, 치즈를 듬뿍 넣은 버거다. '쥬시 쥬시'는 스위트 어니언 잼과 피클, 허니 머스터드가 들어가 패티의 육즙 맛을 살려 준다. 세트 메뉴의 음료는 무한 리필 가능. 할랄 음식점이기 때문에 베이컨은 소고기 베이컨이 들어간다.

03

달콤한 케이크에 커피 한 잔
브이시알
VCR Bangsar

네이키드 킹 & 아이스 블랙 커피

ADD 31, Jalan Telawi 3, Bangsar
Baru **TEL** +60 3-2201 0011
OPEN 07:30~23:00(브런치 메뉴
09:00~17:00) **COST** 커피 RM10~15,
조각 케이크 RM12~15, 브런치 메뉴
RM15~36 **ACCESS** 방사 빌리지 쇼
핑몰에서 도보 2분 **WEB** www.vcr.my
MAP p.133-A

쿠알라룸푸르에서 맛있는 커피와 케이크로 이름을 알린 카페다. 본점
은 부낏 빈땅 지역에 있는데, 외식 산업의 격전지라 할 수 있는 방사 지
역에도 문을 열고 본격적인 경쟁에 뛰어들었다. 식당 문을 열고 들어
서면 온몸을 감싸는 커피의 향을 만끽할 수 있으며, 솜씨 좋은 바리스
타들이 뽑아 주는 커피를 마실 수 있다. 커피와 곁들일 케이크로는 이
름에서부터 주인장의 자신감이 느껴지는 '더 네이키드 킹 The Naked
King'을 추천한다. 초콜릿과 바나나를 넣은 촉촉한 바나나 케이크에
진한 피넛버터크림을 바른 후 고소한 땅콩 가루까지 뿌린 고칼로리의
결정체. 그 달콤한 유혹 앞에서는 제아무리 굳센 다이어트 결심도 무
너질 수밖에 없다.

04

후식은 역시 아이스크림!
인사이드 스쿱
Inside Scoop

망고 소르벳

코코넛 애쉬

★
\TIP/

점심시간대에는 사람들로 붐빈다.
시원한 물과 탄산수를 1링깃에 직
접 컵에 따라 마실 수 있다. 특히 탄
산수로 입안을 헹구며 아이스크림
을 먹어볼 것.

방사 최고의 아이스크림집으로 손꼽히는 곳. 하얗고 노란색의 밝은 분
위기의 인테리어에 청결 상태도 좋은 실내가 인상적인 곳이다. 진열된
아이스크림은 종류가 그리 많지 않은 편이며 몇 가지 맛은 기본 가격
보다 몇 링깃 더 지불해야 하지만 충분히 그럴만한 가치가 있다. 전반
적으로 맛이 부드러우며 향과 색이 자극적이지 않다. 달콤함도 딱 적
당해서 다 먹은 뒤에 입안에서 산뜻한 단맛이 남아 있다. 망고 소르벳
은 단맛을 은은하게 억제하고 살짝 새콤한 맛까지 살려서 고급스러운
망고의 느낌을 준다. 피스타치오는 견과류 껍질의 살짝 씁쓸한 맛을
더해서 고급스러운 느낌이 난다. 검은색이 나는 코코넛 애쉬와 럼앤
레진도 추천. 방문 시기에 따라서 아이스크림 종류가 교체되며, 모든
맛은 미리 시식해 보고 고를 수 있다.

ADD No. 9, Jalan Telawi 3, Bangsar **TEL** +60 3-2202 0235 **OPEN** 월~목
13:00~23:00, 금·토 12:30~24:00 **COST** 싱글 RM8.3 더블 RM14.6, 콘 +RM2.1,
프리미엄 맛 +RM1.9 **ACCESS** 방사 빌리지 쇼핑몰에서 도보 3분 **WEB** www.
insidescoop.com.my/ **MAP** p.133-A

골든 트라이 앵글의 중심

01 수리아 KLCC
Suria KLCC

쿠알라룸푸르의 '골든 트라이 앵글'이라 불리는 시티센터 중심에 자리하고 있는 쇼핑몰이다. 말레이시아를 상징하는 페트로나스 트윈 타워와 함께 둘러볼 수 있다는 것이 최고의 장점. 쇼핑몰 문을 나서면 KLCC 공원과 아쿠아리움 등 명소들로 바로 연결되기 때문에, 언제나 분주하게 전 세계 여행자들이 오간다. 쇼핑 사이사이 잠시 밖으로 나와 공원에서 한가한 시간을 보내거나 트윈 타워에 올라 도심을 내려다보는 재미도 느껴 볼 수 있다. KLCC 지역을 대표하는 복합 쇼핑센터인 만큼 다양한 매장과 백화점, 명품관, 영화관, 테마파크, 레스토랑 등을 한 번에 둘러볼 수 있다 합리적인 가격

ADD Lot No. 241, Level 2, Suria KLCC, Kuala Lumpur City Centre TEL +60 3-2382-2828 OPEN 10:00~22:00 ACCESS LRT KLCC 역에서 도보 2분 WEB www.suriaklcc.com.my MAP p.79-D, p.80-B

으로 사랑받는 로컬 브랜드와 샤넬·구찌·프라다 같은 명품 브랜드가 모두 있어서 구경하는 재미가 쏠쏠한 곳. 각종 할인 행사와 이벤트가 자주 열리기 때문에 가족 단위로 방문하는 현지인들도 많다.

쇼핑몰에서 만나는 유럽의 오후

수리아 KLCC G층에서 KLCC 공원 쪽 출구로 나가면 노천카페들이 즐비하다. 유럽으로 방금 날아간 듯한 여유로운 풍경. 세련된 바와 레스토랑뿐만 아니라 글로벌 커피 체인점도 들어서 있어서 취향대로 고를 수 있다.

[각 층의 주요 매장]

층	매장
4층	전문 식당가, **마담 콴스, 리틀 페낭 까페,** 고려원(한식), 허유산
3층	전자매장&스포츠 의류, 아디다스, 나이키, 리바이스, **칠리스,** 영화관
2층	**시그니처스 푸드코트, 부스트, 퓨엘 쉡,** 마시모두띠, **코튼 온 키즈, 바타**
1층	**로얄 슬랑오르,** 아르마니 익스체인지, **조 말론,** 보스, 던힐, 몽블랑, 디올, **고디바**
G층	[KLCC 공원 연결] 페라가모, 막스마라, 팬디, 프라다, 샤넬, 토리버치, 구찌, **지미 추,** 마크 제이콥스, 돌체앤가바나
C층	[LRT KLCC 역 연결], [파빌리온 연결 통로], [환전소], 콜드스토리지, 라 센자, 맥나스, **히말라야, 빈치, 탑샵,** 막스앤스펜서, 유니클로, **망고, 자라**

투어리스트 프리빌리지 카드

제대로 쇼핑할 예정이라면 '투어리스트 프리빌리지 카드 Tourist Privilege Card'를 발급받을 것. 일부 매장에서의 할인 및 누적 금액에 따라 사은품도 받을 수 있다. 여권을 가지고 G층(우리나라의 1층)과 C층(우리나라의 지하 1층)의 안내데스크에서 신청한다.

수리아 KLCC의 대표 브랜드

1 천연 허브의 힘, 히말라야 Hymalaya **(C층)**
허브를 사용한 다양한 화장품으로 인기를 끌고 있는 인도 출신의 코스메틱 브랜드. 저렴한 여행 선물로 좋은 수분크림이나 아이크림, 가격 대비 품질이 좋은 풋 크림과 모발 강화 샴푸 등이 인기다. 할인 프로모션도 자주 진행한다.

2 젊은 여성들에게 인기 있는, 탑샵 Topshop **(C층)**
아직 우리나라엔 들어오지 않은 브랜드. 젊은 층이 선호하는 트렌디한 제품과 함께 다양하게 매치할 수 있는 소품들도 갖추고 있다. 탑 샵만의 스타일을 좋아하는 마니아들은 꼭 한 번 들러볼 것. 남성용 '탑 맨 Top Man'도 있다.

3 여름 신발 구입은 여기에서, 빈치 Vincci **(C층)**
합리적인 가격과 트렌디한 디자인으로 여자들의 마음을 사로잡은 말레이시아 토종 브랜드. 특히 여름에 신을 만한 샌들과 슬리퍼 종류는 한 번 보면 사지 않을 수 없는 가격, 세일 기간에 이곳을 방문한다면 몇 개씩 사재기해가는 손님들을 흔히 볼 수 있다.

4 만족도 높은 란제리, 라 센자 La Senza **(C층)**
란제리 마니아들 사이에서는 입 소문이 자자한 브랜드다. 미국에 빅토리아 시크릿이 있다면 캐나다에는 라 센자가 있다고 할 만큼, 다양하고 예쁜 디자인과 편안한 착용감으로 유명하다.

5 저렴한 가격으로 득템 가능, 망고 Mango **(C층)**
스페인을 대표하는 SPA 브랜드. 우리나라에도 입점해 있긴 하지만 쿠알라룸푸르의 세일 기간을 활용하면 50% 이상 할인된 가격으로 구입할 수 있다. 세일 기간에는 인기 있는 사이즈가 금방 빠지니 서두를 것.

6 고디바 Godiva **(1층)**
벨기에에서 탄생한 프리미엄 초콜릿 브랜드. 한 입 사이즈의 초콜릿 제품을 골라도 만만치 않은 가격이지만 고디바만의 고급스러운 품질을 사랑하는 마니아들이 많다.

7 콜드 스토리지 Cold Storage **(C층)**
수리아 KLCC의 C층에 있는 고급 슈퍼마켓. 가격이 조금 비싼 대신 일반적인 할인마트에 비해서 품질 좋은 제품들을 구입할 수 있다. 식재료나 특산품 쇼핑을 즐기고 싶다면 들러서 구경해보자.

Travel Plus +

KLCC 역과 바로 연결된, 애비뉴 K Avenue K
LRT 역에 내리면 수리아 KLCC보다도 먼저 연결되는 쇼핑몰이다. 수리아 KLCC 보다 규모는 작지만, 저렴하고 다양한 식당가가 있다는 것이 장점. 특히 각종 이벤트와 행사가 자주 열리는 루프톱 테라스가 좋다. MAP p.80-C

루프톱 테라스

부낏 빈땅 최고의 쇼핑몰

파빌리온
Pavilion

쿠알라룸푸르에서 단 한 곳의 쇼핑몰만 가야 한다면 부낏 빈땅 쇼핑의 아이콘이자 랜드마크인 파빌리온을 추천한다. 쇼핑몰의 격전지 부낏 빈땅에서도 일인자로 손꼽히는 쇼핑몰로, 규모로 보나 시설로 보나 가장 압도적이다. 명품부터 중저가 브랜드까지 아우르는 450여 개의 매장이 파빌리온을 가득 채우고 있고, 팍슨 Parkson 백화점과 탕스 Tangs 백화점까지 4개 층에 걸쳐 연결되어 있어서 하루 종일 둘러봐도 지루할 틈이 없다.

ADD 168 Jalan Bukit Bintang TEL +60 3-2118-8833 OPEN 10:00~22:00 ACCESS 모노레일 부낏 빈땅 Bukit Bintang 역에서 도보 5분 WEB www.pavilion-kl. com MAP p.79-H, p.88-D

레스토랑과 카페도 알차게 입점해 있어서 쇼핑과 식도락을 논스톱으로 즐길 수 있다는 것도 장점이다. 특히 지하 1층에 있는 '푸드 리퍼블릭(p.95)'은 쇼핑 중 지친 체력을 보충하기에 최적의 장소. 한식, 홍콩식, 대만식, 일본식 등 다양한 음식 중에 골라 먹는 재미가 있다. 어둠이 깔리고 나면 시원한 생맥주를 마시며 시간을 보낼 수 있는 '커넥션(p.96)'도 필수 코스. 입구에 있는 대형 분수는 기념사진을 찍는 여행자들로 늘 인산인해를 이룬다.

부낏 빈땅과 KLCC를 잇는 워크웨이

쇼핑몰이 가득한 부낏 빈땅 지역에서 페트로나스 트윈타워가 있는 KLCC 지역으로 갈 때는 보행자 전용의 고가 통로인 워크웨이(Walkway, 06:00~23:00, L3층)를 이용하자. 쿠알라룸푸르의 양대 쇼핑몰이라고 할 수 있는 파빌리온과 수리아 KLCC를 연결하는 통로라는 것만으로도 왠지 설레는 기분. 무더위를 피할 수 있는 실내형 고가 통로다.

[각 층의 주요 매장]

L6층	**도쿄 스트리트**, 딘타이펑, 다이소, Ben's, TGIF, **허유산**, 다온(한식당), 영화관
L5층	**바타**, 무지, 캡 키즈, 게스 키즈, 팀버랜드, Van's
L4층	**찰스앤키스**, 노즈, **탑샵**, 탑맨, **포에버 21, 코튼 온**, 타이포, **파디니**, 애스프리
L3층	**[워크웨이 연결], [정문 연결]**, 맥, 디올, **조 말론**, 딥티크, 슈에무라, **망고, 로얄 슬랑오르, 커넥션**
L2층	마시모두띠, **브리티시 인디아**, 빅토리아 시크릿, 아이그너, 막스마라, 페라가모, **TWG**
L1층	**[파렌하이트 연결 통로], [환전소]**, 푸드 리퍼블릭, **마담 콴스**, 스시테이, 브레드토크, 사사, 왓슨스

파빌리온의 대표 브랜드

1 말레이시아 출신 디자이너, 지미 추 Jimmy Choo (L2층)

여자라면 한 번쯤은 신어보고 싶어하는 명품 구두 브랜드. 20여 년의 짧은 역사지만 〈섹스 앤 더 시티〉와 〈악마는 프라다를 입는다〉 등 영화와 드라마에 등장하면서 패션의 상징이 되었다. 페낭의 구두 공방에서 수련하던 말레이시아 출신 구두 디자이너 지미 추가 창업주.

2 여유로운 티 타임, TWG (L2층)

'홍차계의 샤넬'이라고도 불리는 싱가포르 출신의 고급 홍차 브랜드. 직접 향을 맡아보며 800여 가지 차 종류 중 자신에게 맞는 차를 고를 수 있다. 틴 케이스가 예뻐서 선물용으로 인기. 하이 티 세트를 주문해 오후의 티타임도 즐길 수 있다.

3 인기 만점의 란제리, 빅토리아 시크릿 Victoria's Secret (L2층)

미란다 커 등 세계적인 톱 모델들이 광고 모델로 활동하는 미국 최대의 란제리 브랜드. 매년 펼쳐지는 화려한 패션쇼는 언제나 세간의 화젯거리다. 속옷 외에도 화장품과 보디 제품 등 토털 뷰티 용품을 살 수 있다.

4 미국의 영캐주얼 브랜드, Forever 21 (L4층)

미국의 한국계 이민자 부부가 창업한 세계적인 SPA 브랜드. 미국에서의 성공을 바탕으로 전 세계에 매장을 내고 있다. 최신 유행을 반영하면서도 저렴하게 책정한 가격으로 승부한다.

5 도쿄 스트리트 Tokyo Street (L6층)

도쿄의 시부야 거리를 재현하는 콘셉트 스토어. 아기자기한 일본 공예품이나 액세서리를 구입할 수 있다. 무엇보다 다양한 일본 음식점이 한 곳에 모여 있다는 것이 장점. 일본풍의 간식을 먹으며 구경하기에 좋다.

6 영국 상류층의 취향, 조 말론 Jo Malone (L3층)

다이애나 왕세자비가 사용한 것으로 유명한 영국의 럭셔리 향수 브랜드. 런던에서도 고급 주택가에만 입점할 정도로 영국의 상류층이 애용하는 브랜드. 여러 향수를 레이어드해 자신만의 향기를 만들 수 있다는 것이 장점.

7 호주의 국민 브랜드, 코튼 온 Cotton On (L4층)

면과 데님 소재의 심플한 디자인으로 인기를 끄는 호주 SPA 브랜드. 세일 기간에는 1+1 프로모션 상품도 심심찮게 만날 수 있다. 특히 잠옷, 팬티, 브래지어, 양말 등 베이직한 디자인의 이너웨어가 유명하다.

8 주석 명품 브랜드, 로열 슬랑오르 Royal Selangor (L3층)

말레이시아 토종이지만 세계적으로도 유명한 주석 제품 브랜드. 작은 장식품이나 맥주잔에서부터 화려한 고가의 장식품까지 다양한 제품들을 준비하고 있다. 말레이 특산품인 주석 제품을 사고 싶다면 가장 믿고 구입할 수 있는 곳.

TIP

파빌리온 L2층과 L3층에 있는 컨시어지 데스크에 여권을 가지고 가면 관광객들을 위한 **할인카드** 'Tourist Reward Card'를 만들 수 있다. 일정 금액 이상 구입 시 할인 혜택이 주어지며, 무료 음료나 디저트를 주는 레스토랑도 있다. 카드와 함께 주는 안내책자에서 할인 정보를 확인하자.

03 럭셔리 쇼핑몰의 대표 주자
스타힐 갤러리
Star Hill Gallery

식당가도 명품 스타일

쇼핑몰 지하에 있는 '피스트 빌리지 Feast Village' 역시 푸드코트라고는 믿기 어려울 만큼 세련된 인테리어를 자랑한다. 꼭 음식을 먹지 않더라도 한 번쯤 들러서 구경해 볼 만한 분위기다. 피셔맨스 코브 Fisherman's Cove를 포함해 수준 높은 레스토랑과 티 살롱 등이 모여 있고, 한식당인 고려원도 있다.

기하학적인 모양의 건물 외관부터 눈길을 사로잡는 쿠알라룸푸르의 대표 명품관이다. 고가의 명품 브랜드만 모아둔 매장 구성에다 한국에는 입고되지 않은 디자인도 많아서 명품 쇼핑을 즐기는 이들에게는 안성맞춤.

모든 여행자들이 부담 없이 쇼핑할 만한 곳이 아닌 만큼 다른 쇼핑몰에 비해 조용하고 여유로운 분위기라는 것이 장점이다. 라이브로 연주하는 클래식 음악을 들으며 중동이나 중국에서 온 큰손들이 쇼핑하는 모습을 자주 볼 수 있다.

ADD 181, Jalan Bukit Bintang **TEL** +60 3-2782-3800 **OPEN** 10:00~22:00 **ACCESS** 모노레일 부낏 빈땅 Bukit Bintang 역에서 도보 2분 **WEB** www.starhillgallery.com **MAP** p.88-D

04 젊은 층을 공략하는 중저가 브랜드
파렌하이트 88
Fahrenheit 88

ADD 181, Jalan Bukit Bintang **TEL** +60 3-2782-3800 **OPEN** 10:00~22:00 **ACCESS** 모노레일 부낏 빈땅 Bukit Bintang 역에서 도보 2분 **WEB** www.starhillgallery.com **MAP** p.88-D

쿠알라룸푸르 쇼핑몰 순례 일정

보통 오전에는 페트로나스 트윈 타워가 있는 수리아 KLCC 근처에서 시간을 보내고 오후에는 부낏 빈땅의 쇼핑몰로 이동하는 일정을 추천한다. 쇼핑 후에는 잘란 알로의 야시장을 즐기면 된다. 트윈 타워의 야경이 보고 싶다면 역순도 가능.

건물 한 면을 가득 채운 유니클로 광고판이 눈에 띄는 쇼핑몰이다. 길 건너편 파빌리온과는 비교도 되지 않을 만큼 작은 규모의 매장이라 아담하게 느껴질 정도. 대신 주머니 얇은 배낭 여행자들도 부담 없이 쇼핑할 수 있는 중저가 브랜드가 많다는 것이 이곳의 장점이다. 특히 한국인들이 즐겨 찾는 빈치와 찰스앤키스 매장은 입구가 도로에서 바로 연결되기 때문에 손쉽게 드나들 수 있다. 저렴한 의류 구매를 원하는 사람이라면 지하에 있는 아웃렛 매장도 들러 보도록 하자.

☑ 체크할 만한 매장

찰스 앤 키스 Charles&Keith

말레이시아의 대표 구두 브랜드인 빈치 Vincci 매장과 함께 한국인 여행자들에게 인기를 끌고 있는 매장이다. 싱가포르 출신 브랜드이긴 하지만 한국보다 저렴한 가격으로 신발 쇼핑을 할 수 있다. 가방 종류도 인기가 높다.

05

부낏 빈땅의 랜드마크
롯10
Lot10

롯10 후통 푸드코트

ADD 50, Jalan Bukit Bintang TEL +60 3-2143-6092 OPEN 10:00~ 22:00 ACCESS 모노레일 부낏 빈땅 Bukit Bintang 역 바로 앞 WEB www. lot10.com.my MAP p.79-H, p.88-D

모노레일 부낏 빈땅 Bukit Bintang 역을 빠져나오면서 대형 H&M 광고로 뒤덮인 녹색 건물이 눈에 들어왔다면, 바로 롯10 쇼핑몰을 보고 있는 것이다. 이렇게 눈에 잘 띄는 위치 덕분에 부낏 빈땅의 랜드마크이자 만남의 장소가 된 지는 이미 오래. 주위에 새로 생긴 대형 몰들 때문에 쇼핑몰로서의 가치는 크지 않지만, 쿠알라룸푸르 최초로 입점했던 H&M 매장이나 자라 Zara 매장 앞은 언제나 사람들로 붐빈다. 지금은 말레이시아의 역사 깊은 맛집들만 모아놓은 롯10 후통 푸드코트가 이곳의 명성을 이어주고 있다.

06

현지인들이 즐겨 찾는
숭아이 왕
플라자
Sungei Wang Plaza

ADD 9, Jalan Bukit Bintang TEL +60 3-2144-9988 OPEN 10:00~22:00 ACCESS 모노레일 부낏 빈땅 Bukit Bintang 역 앞 WEB www.sungei wang.com MAP p.79-G, p.88-C

지은 지 40년이 다 되어 가는 쇼핑몰이라 길 건너편의 최신 쇼핑몰과 비교하면 확실히 서민적인 분위기다. 다른 몰들이 고급 백화점이라면 이곳은 소형 상점들이 모여 있는 시장 분위기. 그럼에도 불구하고 여전히 부낏 빈땅 한복판에서 살아남는 이유는 한 가지, 가격! 저렴한 가격대의 로컬 브랜드가 많이 모여 있을 뿐만 아니라, 같은 브랜드의 같은 상품을 비교해도 이곳이 더 저렴한 경우가 많다. 각종 의류와 액세서리에서부터 가전과 장난감까지 제품군도 다양하다.

☑ 체크할 만한 매장

자이언트 슈퍼마켓(LB층) Giant Supermarket
부낏 빈땅 지역에서 알리 커피나 망고 젤리 같은 슈퍼마켓 쇼핑을 하고 싶거나 급하게 먹을 한국 라면을 찾을 때는 이곳이 정답. 파빌리온 쇼핑몰의 슈퍼마켓과 비교해보면, 알리 커피 기준으로 RM2 정도 더 싸다.

엉클 잭 프라이드 치킨(LB층) Uncle Jack Fried Chicken
저렴한 가격으로 유혹하는 말레이시아판 KFC. 치킨 1개에 밥과 음료를 포함한 세트가 RM4.5, 치킨 2개 세트는 RM6.5이다. 함께 내주는 른당 Redang 소스도 맛있고 무료 와이파이도 사용 가능하다.

엉클 잭 프라이드 치킨

즐길 거리가 많은 쇼핑몰

07 버르자야 타임스 스퀘어
Berjaya Times Square

ADD 1, Jalan Imbi TEL +60 3-2117-3111 OPEN 10:00~22:00 ACCESS 모노레일 임비 Imbi 역 앞 WEB www.berjayatimessquarekl.com MAP p.79-G, p.88-E

보니타 Bonita 매장

부낏 빈땅 Bukit Bintang 역에서 한 정거장 떨어진 임비 Imbi 역 바로 앞에 자리한 쇼핑몰. 쇼핑몰 위로 높이 솟은 2개의 건물이 인상적인데, 버르자야 타임스 스퀘어 호텔과 크라운 프린세스 호텔 등 레지던스 호텔들이 주로 사용하고 있다. 건물 안에 대학교도 있어서 다른 쇼핑몰보다 젊은 현지인 고객들이 유독 많은 곳. 그만큼 젊은 층의 취향에 맞춘 의류와 액세서리 종류가 많다. 브랜드는 생소하지만 동대문 패션 상가 같은 활기를 느낄 수 있다.

☑ 체크할 만한 매장
버르자야 타임스 스퀘어 테마파크(5층&7층)
말레이시아에서 제일 큰 실내 테마파크다. 건물 안이라 야외처럼 대규모는 아니지만, 놀이시설 대부분이 어린아이의 키 높이에 맞춰져 있어서 아기자기한 재미가 있다. 실내를 가로지르는 청룡열차도 있다.
WEB www.berjayatimessquarethemeparkkl.com

타이니 타이베이(K-03층) Tiny Taipei
타이베이 스타일의 거리 음식을 파는 상점과 의류, 액세서리 가게들이 들어서 있다. 입구의 문부터 아기자기한 중국풍이다.
WEB www.berjayatimessquarekl.com/tiny-taipei

전자제품 구경하러 가자!

08 플라자 로우 얏
Plaza Low Yat

ADD 7, Jalan Bintang, Bukit Bintang TEL +60 3-2148-3651 OPEN 10:00~22:00 ACCESS 모노레일 부낏 빈땅 Bukit Bintang 역에서 도보 5분. 숭아이 왕 플라자 뒤편 WEB www.plazalowyat.at MAP p.88-E

카메라나 휴대폰 같은 전자제품을 구입하기 좋은 쇼핑몰. 가장 싼 곳은 아니지만 가장 다양한 제품들을 둘러볼 수 있는 곳이다. 우리나라의 용산전자상가와 비슷한 구조인데 조금 더 밝은 분위기. 우리나라에는 수입되지 않는 태블릿이나 휴대폰 종류들을 구경할 수 있고, 부낏 빈땅 지역에 있어서 여행자들이 찾아가기도 쉽다.
주의! 스마트폰에서 사용할 심 카드는 이곳에서 구입하지 않는 것이 좋다. 꼭 필요하다면 저렴한 단기 옵션으로 구입할 것.

KL 센트랄에서 누 센트랄 지나 모노레일 KL 센트랄 역까지!

❶ KL 센트랄 1층에서 누 센트랄 방향 2층으로 올라가는 에스컬레이터를 탄다.

❷ 두 건물의 연결 통로를 지나면 누 센트랄 쇼핑몰의 CC층

CC층 고디바 Godiva 매장

❸ 정면 왼쪽에 보이는 고디바 매장을 지난 후 에스컬레이터를 타고 한 층 아래(GF층)로 내려간다.

❹ 에스컬레이터에서 내려 오른쪽의 모노레일 표지판을 따라 문을 나간다.

누 센트랄과 모노레일 역 사이의 연결 통로

❺ 도로 위 연결통로를 건너면 모노레일 KL 센트랄 역이다.

쿠알라룸푸르 쇼핑의 새로운 중심지

09 누 센트랄
Nu Sentral

쿠알라룸푸르의 교통 중심지인 KL 센트랄과 바로 연결되어 있는 대형 쇼핑몰이다. 지하철(LRT)과 모노레일은 물론 공항철도와 공항버스, 기차역까지 모두 연결되는 곳이니 쿠알라룸푸르에서 가장 찾아가기 쉬운 쇼핑몰이라고 해도 과언이 아닐 터. 덕분에 이곳 일대에서는 두 손 가득 쇼핑백을 든 여행자들이 항상 넘쳐난다.

대대적인 리노베이션을 마친 덕분에 쇼핑 환경은 예전보다 훨씬 쾌적해졌다. 각종 명품 브랜드 매장부터 중저가 로컬 브랜드까지 각자 지갑 사정에 맞는 쇼핑을 즐길 수 있다. 특히 출국하기 직전 마지막 쇼핑을 즐기기 좋은 곳이니 알차게 이용해 볼 것. 공항버스나 공항철도를 타기 전 애매하게 시간이 남는다면 공항 프리미엄이 붙은 가격이 아닌 일반 시내 가격으로 쇼핑할 수 있는 기회다.

ADD Jalan Stesen Sentral 5, Brickfields TEL +60 3-2773-5611 OPEN 10:00~22:00 ACCESS KL 센트랄과 바로 연결된다. WEB www.nusentral.com MAP p.78-J, p.120-F

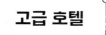

고급 호텔

세계적인 체인호텔들이 앞다투어 새 호텔을 짓고 있는 도시. 그만큼 서로간의 경쟁이 치열한 편이라, 같은 등급이라도 다른 나라에 비해 저렴한 가격으로 예약할 수 있다. 고급 호텔에 묵으며 편안한 휴양도 겸하고 싶은 사람들에게는 놓칠 수 없는 기회다.

01

복잡한 도심 속에서 누리는 온전한 휴식

샹그릴라 호텔
Shangri-La Hotel

클래식한 갈색 톤의 편안한 인테리어

클럽 룸 전용 라운지의 조식 뷔페

미로 같은 정원

중후하고 우아한 분위기를 선호하는 기업 임원이나 간부급 비즈니스맨들이 즐겨 찾는 5성급 호텔이다. 웅장한 로비에서부터 오랜 시간의 품격이 흐르는 분위기. 전 세계에서 쌓아 온 샹그릴라 호텔의 명성에 걸맞게, 다양한 부대시설과 친절한 서비스로 투숙객들의 만족도를 높이고 있다. KL 타워가 바라 보이는 야외수영장이나 비밀의 화원 같은 샹그릴라 가든, 넓은 헬스클럽과 사우나까지, 호텔 안에서 충분히 휴식할 수 있도록 디자인했다.

600개가 넘는 객실은 가장 기본형인 디럭스부터 최상급인 스위트까지 등급이 다양하다. 당연히 등급이 올라갈수록 도시 전경이 파노라마처럼 펼쳐지는 멋진 전망을 볼 수 있다. 특급 호텔의 즐거움을 만끽하고 싶다면 전용 라운지를 이용할 수 있는 클럽 룸 이상 등급을 예약하자. 전용 조식은 물론 카나페와 함께 이브닝 칵테일도 즐길 수 있다.

ADD 11, Jalan Sultan Ismail **TEL** +60 3-2032-2388 **COST** 디럭스 RM504~, 이그제큐티브 RM522~, 호라이즌 클럽 이그제큐티브 RM714~ **ACCESS** 모노레일 부킷 나나스 Bukit Nanas 역에서 도보 8분 **WEB** www.shangri-la.com/kualalumpur/shangrila **MAP** p.80-D

만족도 높은 조식 뷔페

메인 레스토랑에 차려지는 조식 뷔페에 대한 평이 좋다. 호텔 예약 대행 사이트를 이용하는 경우라도 가능한 조식 포함 옵션을 선택하자.

Travel Plus +

투숙객이라면 놓치지 말아야 할 혜택, 헬스클럽

쿠알라룸푸르의 상류층들이 멤버십으로 이용한다는 헬스클럽은 특급 호텔에 묵는 보람을 느끼게 해주는 장소다. 다양한 피트니스 기구뿐만 아니라 야외 수영장과 선 베드, 자쿠지, 건식/습식 사우나를 이용할 수 있다.

OPEN 05:30~24:00, 야외 수영장은 06:00~22:00

창 밖으로 펼쳐지는 시내 전망

최고의 위치를 자랑하는 4성급 호텔

트레이더스 호텔
Traders Hotel

KLCC의 중심에 자리 잡은 편리한 위치 덕분에 한국인 여행자들이 즐겨 찾는 4성급 호텔이다. 객실에 따라서는 페트로나스 트윈 타워가 한눈에 들어오는 근사한 전망이 펼쳐지는데, 굳이 야경을 보러 나갈 필요도 없을 만큼 만족도가 높다.

가장 기본형인 디럭스 룸이든 전용 라운지를 사용할 수 있는 클럽 룸이든 모두 모던하고 깔끔한 인테리어. 같은 크기의 객실이라도 전망에 따라서 가격 차이가 난다. 그냥 시내를 바라보는 객실, KLCC 공원을 바라보는 객실, 트윈 타워가 보이는 객실 순으로 가격이 높아진다. 조금 비싸더라도 멋진 전망을 보고 싶다면 양쪽 유리창으로 시내 풍경이 펼쳐지는 이그제큐티브 트윈 타워 뷰를 추천! 특히 새해맞이 불꽃놀이가 펼쳐지는 날이면 최고의 순간을 맞이할 수 있다.

ADD Kuala Lumpur City Centre **TEL** +60 3-2332-9888 **COST** 디럭스RM404~, 디럭스(트윈 타워 전망) RM472~. 클럽 룸(트윈 타워 전망) RM633~, 이그제큐티브 트윈 타워 뷰 RM497~, 클럽 룸 RM565 **ACCESS** LRT KLCC 역에서 도보 15분 **WEB** www.shangri-la.com/kualalumpur/traders **MAP** p.80-F, p.88-B

\TIP/
버기 카 타고
트윈 타워 가기

호텔에서부터 트윈 타워까지 버기 카 서비스를 제공한다. 투숙객이라면 누구나 무료로 탑승 가능하다. 그리 멀지 않은 거리지만 무더운 쿠알라룸푸르의 날씨에서는 큰 도움이 된다.

비즈니스 라운지

Travel Plus +

칵테일 한 잔에 최고의 야경, 스카이 바 Sky Bar

커다란 트윈 타워가 눈앞에 딱! 트레이더스 호텔 33층에 있는 스카이 바는 쿠알라룸푸르 최고의 전망을 자랑하는 핫 플레이스다. 바 가운데에 수영장이 있는 독특한 구조로, 낮이면 수영복 차림으로 데이 베드에 누워서 칵테일을 홀짝이는 나른한 분위기가 연출된다. 유리로 마감한 벽과 천장을 통해 화려한 도시의 불빛이 쏟아지는 밤이 되면, 한껏 멋을 낸 사람들이 몰려든다. 창가 쪽 카바나에 앉고 싶다면 예약할 것.

중저가 호텔

호텔 등급보다는 여행 자체를 즐기는 것이 중요한 실속파 여행자들에게는 합리적인 가격대의 중저가 호텔을 추천한다. 깔끔하고 현대적인 욕실은 기본. 여행을 편리하게 해줄 위치도 중요하다.

01

잘란 알로 야시장 바로 옆
멜란지 호텔
Melange Hotel

각 층마다 인테리어와 분위기가 다르다.

정성스럽게 나오는 아침식사

잘란 알로 야시장과 가까운 중급 호텔이다. 호텔 문만 나서면 바로 마사지 가게와 야시장이 이어지고 부낏 빈땅의 쇼핑몰들도 멀지 않은 최고의 위치. 밤늦게까지 야시장과 쇼핑을 즐기다가 편하게 귀가할 수 있는 호텔을 찾는 이에게 추천한다. 단, 호텔 입구가 뒷골목에 있어서 처음 찾아갈 때는 살짝 헤멜 수 있다. 각 층마다 다른 테마를 가지고 인테리어를 했는데, 욕실 벽이 유리로 되어 있어서 객실에서 들여다 보인다는 것은 참고하자. 제일 좋은 평가를 받는 부분은 루프 탑 레스토랑에서 먹는 아침식사다. 예쁜 식기에 담아 나온 아침식사를 받고 나면 지난 밤의 사소한 불만은 눈 감을 수 있다.

ADD No. 14, Jalan Rembia(Off Jalan Tengkat Tong Shin, Bukit Bintang) **TEL** +60 3-2141-8828 **COST** 싱글 RM90~, 더블 RM140~ **ACCESS** 모노레일 부낏 빈땅 Bukit Bintang 역에서 도보 6분 **MAP** p.88-C

깔끔하고 편리한 중급 호텔
02 빅엠 호텔
Big M Hotel

이코노미 더블룸

옥상층 라운지

LRT 마스짓 자멕 Masjid Jamek 역 앞에 새로 생긴 중급 호텔이다. 깔끔한 인테리어에 교통이 편리한 위치에 있어 추천할 만하다. 건물 1층엔 맥도날드, 길 건너편엔 KFC, 버거킹, 스타벅스, 로손 등 편의시설이 자리하고 있다. 차이나타운도 걸어서 5분 거리에 있다.

저렴한 객실의 경우 창문이 없는데, 대신 공간이 넉넉한 편이라 크게 답답하지 않다. 커피포트와 식수를 제공하며 미니 금고도 설치되어 있다. 옥상 7층에 있는 카페 분위기의 라운지도 매력적이다. 실내 라운지에는 전자레인지와 정수기, 싱크대가 있어 무료로 이용할 수 있고, 야외 테라스에서는 마스짓 자멕과 시내가 한눈에 내려다보이니 해가 질 무렵에는 꼭 감상해 볼 것. 아침식사는 제공하지 않는다.

ADD No.38 Jalan Tun Perak **TEL** +60 3-2022-2286 **COST** 이코노미 더블룸(창문 없음) RM90, 더블룸 RM110~ **ACCESS** LRT 마스짓 자멕 Masjid Jamek 역에서 도보 1분 **WEB** www.bigmhotel.my **MAP** p.100-C

가격 대비 성능비가 좋은 호텔

03 1000 마일즈 호텔
1000 Miles Hotel

메르데카 광장에서 가까운 중저가 호텔이다. LRT 마스짓 자멕 Masjid Jamek 역에서 도보 3분밖에 걸리지 않는 편리한 위치가 장점이다. 2015년부터 영업을 시작한 최신식 호텔로, 조금은 촌스러워 보이는 건물 외관과는 달리 호텔 내부는 현대적이다.

화려한 객실 인테리어는 아니지만 편안하고 아늑한 공간. 두툼한 침대 매트리스도 편안하다. 욕실 공간이 넓은 편이며 청결 유지 관리에도 신경을 쓴다. 에어컨과 TV, 책상은 있지만 물을 끓일 수 있는 전기포트나 냉장고는 없으니 참고할 것.

ADD 19, Jalan Tun H S Lee **TEL** +60 3-2022-3333 **COST** 더블 룸 (창문 없음) RM110~120, '더블 룸(창문 있음) RM120~130,' 조식 불포함 **ACCESS** LRT 마스짓 자멕 Masjid Jamek 역에서 도보 3분 **WEB** www.1000mileskl.com **MAP** p.100-D

TIP

조식은 1층 라운지에서 제공한다. 24시간 차와 커피를 무료로 마실 수 있으니 활용하자.

부낏 빈땅 뒷골목의 조용한 호텔

04 호텔 팔로마 인
Hotel Paloma Inn

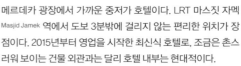

부낏 빈땅 지역에서 믿고 묵을 수 있는 깨끗한 호텔. 모노레일 임비 Imbi 역에서 걸어서 10분 이상 걸리지만, 큰길 하나만 건너면 밤마다 야시장이 열리는 잘란 알로가 나온다. 주변이 주택가라 조용한 것도 장점이다. 객실에 깔아 놓은 나무 바닥에서부터 가구와 매트리스까지 깨끗하고 깔끔하다. 화장실 역시 청결하며 전기 온수기를 사용. 숙박비에는 조식이 포함되어 있는데, 풍성한 뷔페 스타일은 아니지만 신경 써서 차려준다.

ADD 12 & 14 Jalan Sin Chew Kee, Off Jalan Pudu **TEL** +60 3-2110 6677 **COST** (공용 욕실) 도미토리 RM40, (개인 욕실) 더블 룸 RM115~125, 조식 포함 **ACCESS** 모노레일 임비 Imbi 역에서 도보 10분 **WEB** www.hotelpalomainn.com.my **MAP** p.88-E

정갈한 조식

TIP

창문이 없는 방이 저렴!

말레이시아의 중저가 호텔에는 창문이 없는 객실이 많다. 외부와 연결된 창은 없는 대신 복도를 향한 창문이 있는 경우도 있고 아예 창문 자체를 안 만들기도 한다. 어둡고 갑갑하게 느껴지는 대신 제일 저렴한 가격으로 묵을 수 있으니 참고하자.

호스텔

전 세계 배낭여행자들이 모여드는 도시답게 저렴하고 깔끔한 호스텔들은 항상 인기가 높다. 도미토리의 침대 한 칸이라도 즐거운 곳. 배낭여행자라면 대중교통을 이용하기에 편리한 위치부터 확인하자.

최고의 시설
01 더 베드 KLCC
The Bed KLCC

쿠알라룸푸르에서 시설 좋기로 유명한 호스텔로. KLCC 한복판의 레지던스형 건물 1,2층을 사용한다. 2개의 모노레일 역 사이에 위치해 교통도 편리하다. 원통형으로 생긴 건물 형태가 독특한데 침대 배치도 뒤에서 들어가는 것과 옆으로 들어가는 것 2가지 중에서 선택할 수 있다. 침대는 층고가 높아서 편하게 앉아 있을 수 있다. 2개의 등과 콘센트, 거울과 옷걸이가 있고 침대 아래에는 개인 짐을 넣어 둘 수 있는 라커가 있다. 남녀 욕실과 화장실이 분리되어 있는데 아주 깨끗하고 시설도 좋아서 감탄이 나올 정도다. 라운지와 공용 부엌 역시 분위기가 좋다.

ADD VORTEX KLCC, 12, Jalan Sultan Ismail **TEL** +60 3-2715 2413
COST 도미토리 RM55~65 싱글 RM100 더블 RM130, 조식 포함
ACCESS 모노레일 부낏 나나스 Bukit Nanas 역에서 도보 7분 소요
MAP p.80-E

깨끗하고 편안한 도미토리
02 페이퍼 플레인 호스텔
Paper Plane Hostel

깔끔한 호스텔을 찾기 힘든 부낏 빈땅 지역에서는 가뭄의 단비와도 같은 숙소다. 조용한 주택가에 자리 잡은 콜로니얼 하우스를 말끔하게 개조한 호스텔이라, 분위기와 시설 모두 만족스럽다. 큰 길만 건너면 잘란 알로 야시장이 바로 이어지고 쇼핑몰 밀집 지역도 그리 멀지 않다. 도미토리에도 두툼하고 편안한 매트리스를 사용하고 독서등과 콘센트 같은 편의시설도 잘 갖추어 놓았다. 하얀색 침구에서부터 공용 욕실까지 두루두루 깨끗하게 관리하며, 호스텔 안에는 신발을 벗고 들어간다. 방음이 잘 안 되는 것은 단점.

ADD No.15 Jalan Sin Chew Kee **TEL** +60 3-2110 1676 **COST** (공용 욕실) 도미토리 RM70, 벙크베드 2인실 RM140, 퀸베드 2인실 RM160, 조식 불포함 **ACCESS** 모노레일 임비 Imbi 역에서 도보 10분 **WEB** www.paperplanehostel.com **MAP** p.88-E

깨끗한 공용 욕실

불편함이 없는 최고급 도미토리

03 백홈 KL
BackHome KL

'5성급 호스텔'이라는 별명으로 불릴 만큼 깨끗하고 현대적인 인테리어를 자랑하는 곳이다. 객실 시설이 아주 좋아서 더블 룸은 중급 호텔이 부럽지 않을 정도. 객실과 라운지를 포함해 전체 공간이 넓고 여유 공간도 많다.
도미토리의 침대가 편안하고 공용 욕실이 많아서 쾌적하게 이용할 수 있다는 것도 장점이다. 큰 짐이 들어갈 정도로 큼지막한 라커에 개인 독서등과 충전 콘센트도 딸려 있다. 조식에는 기본적인 빵과 잼 외에도 과일 종류가 함께 나온다.
ADD 30, Jalan Tun H S Lee TEL +60 3-2022-0788 COST (공용 욕실) 4~8인실 도미토리 RM50~70, 더블 룸 RM140, 트리플 룸 RM192, 조식 포함 ACCESS LRT 마스짓 자멕 Masjid Jamek 역에서 도보 3분 WEB www.backhome.com.my MAP p.100-D

★
\ TIP /

예약은 필수

인기 좋은 호스텔일수록 예약을 서둘러야 한다. 비수기라고 안심하다가는 이미 꽉 차버린 객실만 만나는 일이 비일비재. 특히 주말이면 호스텔의 예약률도 오르고 가격도 함께 오른다.

전통가옥의 독특한 매력

04 밍글 호스텔
Mingle Hostel

차이나타운 시장과 아주 가까운 호스텔이다. 유서 깊은 역사 건물을 통째로 리노베이션 한 곳이라 예스러우면서도 현대적인 묘한 매력이 있다. 각각의 침대마다 개별 공간을 가지는 캡슐 형 도미토리를 운영하고 있어서 배낭여행자들에게 인기가 높다. 옥상에 있는 루프톱 바에서 시간을 보내기도 좋다. 공용 욕실을 사용하는 로프트 트윈/더블 룸은 옛날 건물의 천장 구조나 벽체가 그대로 드러난다. 대부분의 객실이 공용 욕실을 사용하지만 샤워실과 화장실 개수가 넉넉한 편이라 크게 붐비지 않는다.
ADD 53, Jalan Sultan TEL +60 3-2022-2078 COST 도미토리 4인실 RM45~, 로프트 트윈/더블 RM 108~118, 더블 디럭스 RM150, 조식 포함 ACCESS LRT 파사르 세니 Pasar Seni 역에서 도보 5분 WEB www.minglekl.com MAP p.110-D

공용 욕실 트윈 룸

Melaka

15세기에 지은 중국 사원과 16세기에 만든 포르투갈의 요새, 18세기에 세운 네덜란드 교회와 19세기에 만든 영국의 시계탑까지. 물 흐르는 소리마저 고요한 운하를 따라 오랜 세월 켜켜이 쌓인 기묘한 공기가 흐른다. 사람들의 발길을 느릿하게 만드는 몽클한 공기. 두어 시간이면 다 돌아볼 작은 도시지만, 집 하나 사원 하나마다 얽힌 사연까지 들어보자면 며칠이 훌쩍 가 버린다. 오랜 세월 말라카가 품어온 이야깃거리가 이미 한 보따리. 여기에 오늘을 살고 있는 말레이 사람들의 일상까지 더해지니, 이 조그만 도시를 걷는 일 자체가 박물관 구경이다.

말레이 왕국의 시작,
그 아련한 장밋빛 기억

말라카
Melaka

말라카의 매력 포인트는?
01 동서양이 융합된 독특한 풍경의 관광도시
02 네덜란드 + 포르투갈 + 영국 + 중국 + 말레이 + 인도 = 말라카의 다문화
03 수백 년의 역사가 고스란히 남은 중국풍 숍하우스 골목
04 구시가를 따라 흐르는 운하와 주말마다 열리는 야시장
05 2008년 7월 유네스코 세계문화유산으로 지정

기본 정보

⇢ 여행안내소 Tourism Melaka

네덜란드 광장에서 대각선으로 길 건너편. 차이나 타운으로 넘어가는 다리 초입에 위치한다. 지도를 나눠주는 기본 업무 외에도 시원한 에어컨 바람을 맞으며 쉬어갈 수 있다.

ADD Jalan Kota TEL +60 6-281-4803 OPEN 09:00~13:00, 14:00~17:30 WEB www.melaka.gov.my

2층 건물 가운데 여행안내소는 아래층에 있다.

대형 쇼핑몰 안에 있는 환전소   쇼핑몰 안의 은행 ATM

⇢ 환전소

원화를 바꿔야 한다면 쿠알라룸푸르에서 환전해 올 것. 말라카에서는 원화의 환율이 그리 좋지 않다. 환전 금액이 클 경우 존커 거리 등에 있는 길거리 환전소보다는 대형 쇼핑몰에 있는 환전소가 안전하다. 환전 후 쇼핑몰의 화장실에서 현금 갈무리를 잘 한 다음 움직이도록 하자. 관광객의 핸드백을 노리는 오토바이 소매치기 사건도 종종 보고된다.

⇢ ATM

조지타운 안에서는 ATM을 찾아보기가 힘들다. 리틀 인디아 지역에 ATM과 은행들이 주로 모여 있다. 다타란 파라완 쇼핑몰과 마코타 퍼레이드 쇼핑몰 안에도 다양한 은행의 ATM들이 있으니 쇼핑을 겸해서 한 번에 해결하는 것이 편리하다.

⇢ 인터넷

대부분의 숙소에서 무료로 와이파이를 사용할 수 있으며 관광 도중 인터넷이 급하게 필요할 때는 카페에서 잠시 쉬어가면서 무료 와이파이를 이용하면 좋다.

⇢ 슈퍼마켓

자이언트 Giant 슈퍼마켓

말라카의 관광지역은 유네스코 세계문화유산으로 지정된 곳이라 조그만 마트를 제외하고 편의점이나 대형 슈퍼마켓을 쉽게 찾아보기 힘들다. 편안하게 이용할 만한 대형 슈퍼마켓은 마코타 퍼레이드 Mahkota Parade 쇼핑몰 지하 1층에 있는 자이언트 슈퍼마켓.

ADD Mahkota Parade, LG1 OPEN 10:00~22:00

리틀 인디아 지역의 슈퍼마켓

간단한 음료나 간식거리를 사고 싶다면 리틀 인디아 초입부에 몰려있는 소규모 슈퍼마켓들을 이용하자. 정확한 가격표를 붙여놓은 곳이 많다.

자이언트 슈퍼마켓   저렴한 커피나 차, 망고젤리, 컵라면 등을 살 수 있다.

말라카 들어가기

쿠알라룸푸르에서 남쪽으로 114km 떨어진 말라카는 인근 대도시에 거주하는 사람들이 즐겨 찾는 주말 여행지다. 우리나라 여행자들에게는 쿠알라룸푸르에서 다녀오는 당일치기 여행 장소로 인기가 높다.

버스

쿠알라룸푸르와 페낭, 싱가포르 등 주요 도시의 버스 터미널에서 말라카행 시외버스를 탈 수 있다. 그 중에서도 여행자들은 2시간 정도 소요되는 쿠알라룸푸르에서 출발하는 노선을 가장 많이 이용한다.

※말라카 ↔ 주요 도시 간 버스 운행 정보

출발도시	편도요금	소요시간
쿠알라룸푸르	RM10~12	2시간
페낭	RM35~40	8시간
싱가포르	RM35~40	4시간 반

❶ 쿠알라룸푸르에서 말라카로 가기

쿠알라룸푸르의 **TBS 버스 터미널**에서 아침부터 저녁까지 수시로 말라카행 버스가 출발한다. 버스표는 성수기가 아니라면 대부분 당일 구매가 가능하다. 하지만 주말에 당일치기로 다녀오려고 한다면 **이지북이나 캣치댓버스 같은 온라**

◁ 예약한 버스 티켓

인 예약 서비스(애플리케이션)를 사용해서 예매하는 것이 좋다. TBS 버스 터미널과 버스 예매에 대한 자세한 내용은 p.66를 참고할 것.

CHECK 온라인으로 예매한 버스 티켓은 터미널의 현장 창구에서 예매번호를 확인하고 출력해야 한다. 이때 버스 터미널에 따라서 약 RM1 내외의 출력 수수료를 받을 수 있다.

❷ 말라카 센트랄 버스 터미널

말라카행 시외버스들은 모두 구시가에서 북쪽으로 3km 정도 떨어져 있는 말라카 센트랄 Melaka Sentral 버스 터미널로 도착한다. 버스 회사 사무실과 안내소, 식당, ATM 등의 편의 시설이 있다.

말라카 센트랄 버스 터미널 ADD Melaka Sentral, R1, Jalan Tun Razak, Plaza Melaka Sentral TEL +60 6-288-1321

말라카 센트랄 버스 터미널

말라카 센트랄 버스 터미널 내부

❸ 말라카 센트랄 버스 터미널에서 시내로 가기

시내버스 구시가의 중심인 네덜란드 광장 쪽으로 가는 **17번 시내버스가 1시간 간격으로 출발**한다. 시외버스 플랫폼 반대쪽에 있는 시내버스 플랫폼에서 탑승하며, 버스 요금은 기사에게 직접 내면 된다. 빠른 계산을 위해 소액권을 미리 준비할 것. 주말처럼 사람이 몰릴 때는 큰 짐을 가지고 타기가 불편할 수 있다. 네덜란드 광장까지는 15~20분 소요.

네덜란드 광장행 17번 시내버스 OPEN 07:30~20:30, 30분 간격 COST RM2

구시가행(Ujong Pasir) 17번 버스

터미널에서 대기 중인 택시

\TIP/

17번 시내버스 이용 방법

네덜란드 광장으로 가려면 왼편에 붉은색 건물들과 시계탑이 보일 때 하차한다. 17번 버스는 순환형 노선이

네덜란드 광장 앞의 17번 버스 정류장

기 때문에 버스 터미널로 돌아 갈 때도 내린 장소에서 다시 타면 된다.

그랩 그랩 Grab은 말레이시아의 주요 도시에서 사용할 수 있는 차량 공유 서비스로, 말라카 시내에서도 편리하게 이용할 수 있다. 휴대폰에 설치한 어플을 통해 목적지를 지정하면, 터미널 근처에서 대기하고 있던 기사가 배정이 된다. 시내까지 가는 요금이 택시에 비해 거의 절반밖에 되지 않는 것이 제일 큰 장점이다. 네덜란드 광장까지 약 RM10~13 정도.

택시 짐이 있다면 숙소 앞까지 편리하게 갈 수 있는 택시를 이용하는 것이 좋다. 터미널 남쪽 출입구 바깥에 있는 택시 카운터에서 티켓을 구입하며, 목적지에 따라 정액으로 이동한다. 네덜란드 광장 기준 10분 정도 소요되며, 요금은 RM20~.

택시 카운터

비행기

쿠알라룸푸르 국제공항(KLIA)이 쿠알라룸푸르와 말라카 사이에 위치하기 때문에, **공항에서 쿠알라룸푸르로 가지 않고 곧장 말라카로 갈 수 있다.** KLIA와 KLIA 2의 청사 1층에 있는 말라카행 버스회사 매표소에서 버스표를 구입하면 된다. 버스는 청사 밖 플랫폼에서 출발한다. 말라카 센트럴 Melaka Sentral 버스 터미널까지 1~2시간 간격으로 운행되며 2시간가량 소요된다. 요금은 편도 RM25~30.

KLIA 2 1층의 말라카행 버스 매표소

KLIA / KLIA 2 → 말라카 센트랄행 버스
OPEN 06:45~21:00, 1~2시간 간격, 2시간 소요 COST RM 25~30

TALK

말라카를 첫 번째와 마지막 도시로 여행하기

말라카에서 하룻밤 묵을 예정이라면, 말레이시아 입국 후 쿠알라룸푸르를 들르지 않고 바로 말라카로 가는 일정을 잡는 것이 좋다. 쿠알라룸푸르와 말라카 사이를 왕복할 필요가 없어서 전체 동선이 효율적이기 때문. 마찬가지로 말라카를 여행 일정의 마지막 도시로 잡으면 번잡한 쿠알라룸푸르 시내를 거치지 않고 바로 국제공항으로 이동할 수 있어서 편리하다.

말라카행 버스가 도착하는

말라카 센트랄
Melaka Sentral

터미널 건물 안으로 들어가면, 출발 · 도착 플랫폼과 안내소, 시내버스 플랫폼이 있다. 모든 버스표는 자동판매기에서 살 수 있으며, 표를 산 사람만 플랫폼으로 들어갈 수 있다.

말라카 센트랄 내부도

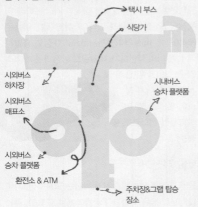

- 택시 부스
- 식당가
- 시외버스 하차장
- 시외버스 매표소
- 시내버스 승차 플랫폼
- 시외버스 승차 플랫폼
- 환전소 & ATM
- 주차장&그랩 탑승장소

1 버스 매표소
버스 터미널의 서쪽 부분에 버스표 자동판매기가 모여 있다. 표를 구입한 후 개찰구에 표의 QR코드를 대면 플랫폼으로 나갈 수 있다.

버스 티켓 자동판매기

승차 플랫폼 개찰구

CHECK 거의 비슷한 시간에 출발하는 버스가 많기 때문에 자신이 출발하는 버스의 플랫폼 번호를 반드시 확인한다.

버스 플랫폼 번호를 확인하자

2 ATM & 환전소
터미널 중앙에서 시외버스 매표소 쪽으로 들어가는 길에 환전소와 ATM이 있다. 말라카의 구도심인 차이나타운에서는 은행이나 환전소를 발견하기가 힘들고, 쇼핑몰까지 찾아가야 ATM이 있으니 미리 필요한 돈을 찾아두면 좋다.

시외버스 매표소 앞쪽에 ATM이 있다.

3 식당
시외버스 하차 장소에서 말라카 센트랄 건물 가운데로 이어지는 중앙 통로에 맥도날드, 서브웨이를 비롯한 식당들이 모여 있다.

4 짐 보관소
시내 구경만 잠시하고 바로 다른 도시로 이동하려는 사람에게 유용하다. 시내버스 승차 플랫폼 쪽으로 가는 통로에 짐 보관소가 있다. 짐 1개당 RM4 정도이며 운영 시간은 10:00~22:00이다.

5 화장실
유료로 운영하며, 요금은 RM0.30이다.

말라카 다니기

말라카 시내의 명소들은 대부분 도보 이동이 가능한 거리 안에 있다. 시내에서 떨어져 있는 버스 터미널을 오갈 때를 제외하고는 모두 걸어 다니며 구경하는 여행자들이 대부분. 다만, 말라카의 뜨거운 기후를 견디려면 때에 따라 적절한 교통수단을 이용하는 것이 좋다.

시내버스

버스 터미널에서 말라카 시내로 이동할 때는 17번 시내버스를 이용한다. 기사에게 현금으로 버스 요금(RM2)을 지불하고 승차하면 된다. 버스 터미널 안에 있는 ATM에서 현금을 인출할 수 있으며 가능하면 잔돈으로 준비해놓도록 하자.

차이나타운으로 가려면 네덜란드 광장 앞의 버스 정류장에서 하차한다. 버스 터미널로 다시 돌아갈 때는 네덜란드 광장 앞의 버스 정류장이나 존커 거리 서쪽 끝에 있는 버스 정류장에서(MAP P.174-B) 다시 17번을 타면 된다.

트라이쇼 Trishaw

말라카의 관광 명물로 등극한 삼륜자전거. 다른 지역에 비해 유난히 화려하고 유치한 장식이 특징이다. 말라카 강 동쪽의 콜로니얼 지역과 말라카 강 서쪽의 헤리티지 지역 등을 돌아보며 나름의 재미를 느낄 수 있다. 타기 전에 운행 코스와 시간 등을 확인하자.

COST 2인 기준 1시간 약 RM40

택시

미터기를 사용하지 않으며 대략의 거리에 따라 암묵적인 요금이 정해져 있다. 가까운 시내 이동은 RM10~15, 버스 터미널까지는 RM20 정도. 출발하기 전에 미리 확인하자. 네덜란드 광장과 존커 거리 입구, 쇼핑몰 앞 등이 택시의 주요 대기 장소이며, 숙소에 이야기하면 전화로도 불러준다.

자전거

중국계 여행자들이 즐겨 이용하는 교통수단. 차이나타운의 골목 구석구석을 돌아볼 수도 있고, 말라카 강변의 작은 둑을 따라 달려 볼 수도 있다. 단, 작은 골목이라도 자동차 통행이 많은 편이니 안전에 유의할 것. 뜨거운 한낮보다는 아침이나 저녁 무렵이 좋다. 하루 6시간 기준 RM10~.

관광객들에게 대여하는 자전거

헬로 키티와 꽃으로 치장한 트라이쇼

말라카 추천 코스

박물관 내부 입장을 생략한다면 네덜란드 광장과 존커 거리 주변을 모두 합해 서너 시간 정도에 둘러볼 수도 있다. 금~일요일 저녁 시간에는 존커 워크 야시장 구경이 주요 일정이 된다. 해 질 무렵부터 밤 시간의 분위기를 즐기고 싶다면 한 시간 정도 소요되는 말라카 리버 크루즈를 추천한다. 평일에 방문했다면 한적한 강변 산책을 즐기는 것도 로맨틱하다.

Course 1

식민지 시대의 유산들을 돌아보는
콜로니얼 코스
중심 지역 네덜란드 광장 주변
소요시간 3~4시간

네덜란드 광장   p.162
⤵ 도보 1분
스타더이스   p.164
⤵ 도보 7분
성 바울 교회   p.165
⤵ 도보 5분
산티아고 성문   p.166
⤵ 도보 5분
술탄 왕궁   p.167
⤵ 도보 3분
박물관들   p.168~169
⤵ 도보 3분
타밍 사리 전망대   p.170
⤵ 그랩, 택시 10분
말라카 해협 모스크 \OPTION!/   p.171

Tip 한낮에는 마냥 걷기가 힘들다. 박물관에서 쉬어가는 일정을 짜도록 하자.
Option 말라카 해협 모스크에서 멋진 사진을 남기고 싶다면 일몰 시간에 맞춰서 갈 것.

Course 2

말라카의 옛 모습을 그려보는
올드 말라카 코스
중심 지역 존커 거리 주변
소요시간 3~4시간

존커 거리   p.175
⤵ 도보 2분
히렌 거리   p.177
⤵ 도보 1분
바바뇨냐
헤리티지 박물관   p.178
⤵ 도보 5분
잘란 토콩의 사원들   p.179
⤵ 도보 2분
존커 워크 야시장   p.176

Tip 바바뇨냐 박물관의 가이드투어 시간을 미리 확인한 다음, 남는 시간 동안 근처를 둘러보면 효율적이다.
Option 주말에 방문했다면 존커 워크 야시장(17:00~23:00)을 꼭 들러보자. 단, 여유 있게 야시장 구경을 하고 싶다면 숙소 예약부터 완료할 것.

Course 3

말라카 강변을 오가는
말라카 리버 코스
중심 지역 말라카 강 주변
소요시간 1~3시간

리버 크루즈 매표소   p.172
⤵ 도보 1분
리버 크루즈 선착장   p.172
⤵ 배 30분
깜풍 모르텐 근처
유턴 지점   p.173
⤵ 배 30분
리버 크루즈 선착장   p.173
⤵ 도보 5분
말라카 강변 산책 \OPTION!/   p.196

Tip 저녁이면 강가에 자리 잡은 카페들이 말라카 강변에 야외 테이블을 내 놓는다. 맥주 한잔 하기 좋은 분위기다.
Option 하드 록 카페 아래쪽으로 내려가면 산책하기 좋은 말라카 강의 서쪽 둑길이 이어진다. 중간중간 작은 다리가 강의 서쪽과 동쪽을 연결한다.

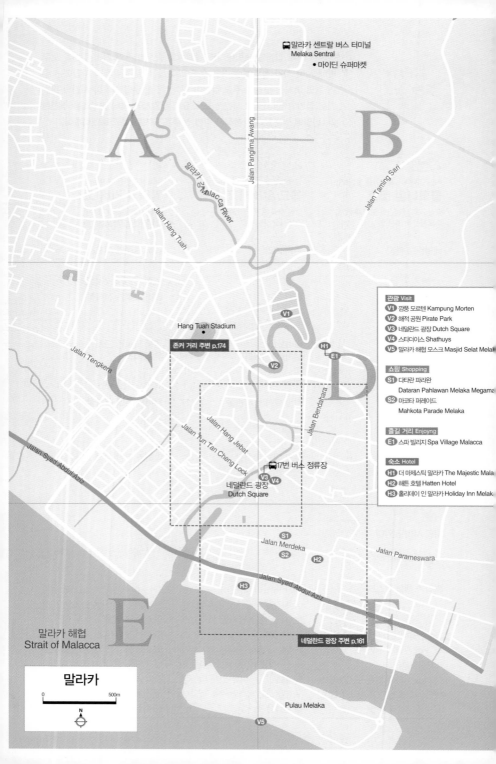

🚌 말라카 센트랄 버스 터미널
Melaka Sentral

• 마이딘 슈퍼마켓

Jalan Panglima Awang

말라카 강 Malacca River

Jalan Hang Tuah

Jalan Taming Sari

Hang Tuah Stadium

존커 거리 주변 p.174

Jalan Tengkera

Jalan Hang Jebat

Jalan Tun Tan Cheng Lock

Jalan Syed Abdul Aziz

Jalan Bendahara

17번 버스 정류장

네덜란드 광장
Dutch Square

Jalan Merdeka

Jalan Parameswara

Jalan Syed Abdul Aziz

네덜란드 광장 주변 p.161

말라카 해협
Strait of Malacca

Pulau Melaka

말라카

0 ────── 500m

N

A   B   C   D   E   F

관광 Visit
- V1 깜뿡 모르텐 Kampung Morten
- V2 해적 공원 Pirate Park
- V3 네덜란드 광장 Dutch Square
- V4 스타다이스 Shathuys
- V5 말라카 해협 모스크 Masjid Selat Mela

쇼핑 Shopping
- S1 다타란 파라완
  Dataran Pahlawan Melaka Megama
- S2 마코타 퍼레이드
  Mahkota Parade Melaka

즐길 거리 Enjoyng
- E1 스파 빌리지 Spa Village Malacca

숙소 Hotel
- H1 더 마제스틱 말라카 The Majestic Mala
- H2 해튼 호텔 Hatten Hotel
- H3 홀리데이 인 말라카 Holiday Inn Melak

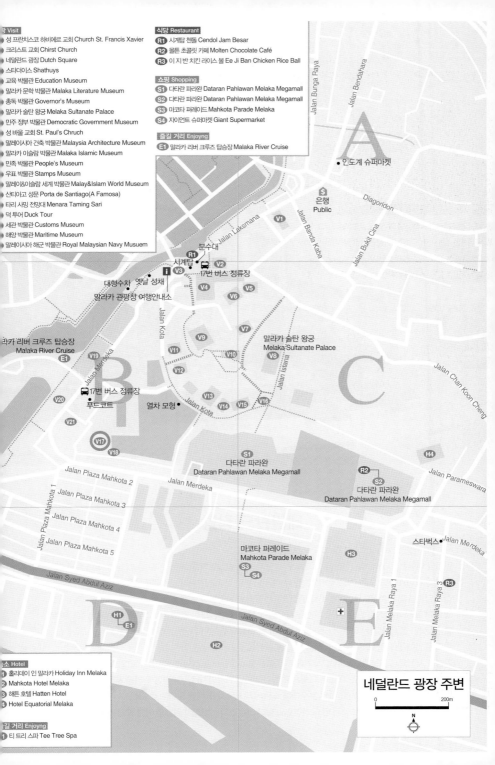

네덜란드 광장 주변

0 ____ 200m

N

인도계 슈퍼마켓

은행 Public

말라카 술탄 왕궁
Melaka Sultanate Palace

말라카 리버 크루즈 탑승장
Malaka River Cruise

17번 버스 정류장
푸드코트

다타란 파라완
Dataran Pahlawan Melaka Megamall

다타란 파라완
Dataran Pahlawan Melaka Megamall

마코타 퍼레이드
Mahkota Parade Melaka

스타벅스

분수대
시계탑
17번 버스 정류장

대형수차 옛달 성채
말라카 관광청 여행안내소

열차 모형

Sightseeing in Dutch Square

네덜라드 광장 주변의 관광

지역A 네덜란드 광장 주변

＼TIP／ ★

네덜란드 광장의 포토 포인트
광장 한편에 설치된 'I LOVE
MELAKA' 조형물이 기념 촬영
장소로 인기를 끌고 있다.

01

말라카 여행의 시작이자 끝

네덜란드 광장
Dutch Square

말라카 여행은 이곳에서 시작된다. 지도를 든 여행자들도, 반짝반짝 불을
밝힌 트라이쇼들도 모두 이곳에서 출발한다. 1641년부터 150년간 이어
진 네덜란드의 통치 역시 이곳에서 시작되었다. 네덜란드 사람들이 예배
를 보던 교회와 행정을 보던 관청, 물건을 사고팔던 시장이 모두 모여 있
던 곳. 식민 통치를 위한 명령이 곳곳에 전달되도록 사방으로 뻗어 나간
길의 중앙에 광장이 자리 잡았다. 지금은 광장 한편을 관광객들을 위한
기념품 시장으로 활용하고 있다. 17세기에 지은 붉은색 건물들로 둘러싸인 광장은 유럽의 어느 작은 마을에
와 있는 느낌이다. 평일에는 더없이 느릿하고 한가로운 분위기이지만 주말이면 투어를 시작하는 단체관광
객들로 바글거린다. 해가 지고 나면 분수대에 조명이 비치면서 또 다른 모습으로 변신하니 낮과 밤 모두 들
러보면 좋다. 알록달록한 조명을 단 트라이쇼와 함께 어우러지는 **말라카 최고의 야경 촬영 스폿**이다.

ADD Jalan Gereja OPEN 24시간
COST 무료 ACCESS 말라카 센트
럴(버스 터미널)에서 시내버스 17번
탑승. 15~20분 정도 걸린다. MAP
p.160-D, p.161-B

광장 북쪽의 크리스트 교회
Christ Church

네덜란드 광장 북쪽에 자리 잡은 교회는 1741년에 건설된 크리스트 교회다. 네덜란드 통치 시기에 지어진 만큼 15m 길이의 긴 천장 서까래라든가 지붕에 올려진 기와, 손으로 조각한 나무 의자와 창문 등 18세기 네덜란드 건축의 특징이 고스란히 남아 있다. 교회 관람(09:00~17:00)은 비교적 자유로운 편이니 한번 들어가 보도록 하자.

ACCESS 네덜란드 광장의 바로 북쪽

성 프란치스코 하비에르 교회 Church of Francis Xavier

광장에서 북쪽으로 250m 정도 더 올라가면, 가톨릭 수도회 '예수회Society of Jesus'를 창설한 성 프란치스코 하비에르(1506~1552)의 교회가 있다. '동양의 사도'라고 불릴 만큼 아시아 선교를 위해 헌신한 그의 자취는 지금도 일본과 마카오, 말라카 등지에 남아 있다. 1800년대 후반에 네오고딕 양식으로 지어진 교회는 프랑스 몽펠리에의 성 베드로 성당의 옛 모습이 모델이다.

ACCESS 네덜란드 광장에서 북쪽으로 도보 4분

TALK

말레이시아에 왜 네덜란드 광장이 있을까?

유럽 열강들이 향신료 교역을 두고 치열한 경쟁을 벌이던 17세기 당시, 말라카는 포르투갈의 지배를 받는 무역항이었다. 1641년 네덜란드는 포르투갈에 밀려 '조호르'로 피신해 있던 말라카 왕국의 술탄과 동맹을 맺고는 포르투갈 군대를 완전히 몰아내는 데 성공한다. 이후 150년간 이곳을 지배한 네덜란드의 무역 거점은 점차 인도네시아 바타비아(오늘날의 자카르타)로 옮겨졌고, 말라카에는 공공건물과 교회 등 아시아에서 가장 오래된 유럽 건축물들이 남겨졌다.

네덜란드풍으로 보이는 광장의 시계탑 Tan Beng Swee Clock Tower은 영국 통치 시절인 1886년에 말라카 출신인 중국계 거상이 그의 아버지 탄 벵 스웨 Tan Beng Swee를 위해 지은 것이다.

네덜란드 광장의 랜드마크인 빅토리아 분수 Queen Victoria's Fountain. 역시 영국 통치 시절인 1901년 빅토리아 여왕의 64년간의 재위(1937~1901)를 기리며 만들어졌다.

아시아에서 제일 오래된 네덜란드 건축물

스타더이스
Stadthuys

머나먼 네덜란드의 정취를 후덥지근한 말라카 공기 속에서 느끼게 해주는 유럽풍 건물. 네덜란드 광장을 바라보는 언덕 쪽에 자리 잡은 붉은색 건물 '스타더이스'는 포르투갈 요새의 잔해 위에 지어진 네덜란드 식민통치의 상징으로, 현재 아시아에 남아 있는 가장 오래된 네덜란드 건축물이다. 1641년에서 1656년 사이에 지어졌을 당시부터 붉은색으로 칠해진 것은 아니고, 원래 흰색 건물이었던 것을 영국 통치 시절인 1911년에 유지 보수를 하면서 현재의 색깔로 바꾸었다고 한다. 주변의 건물들과 시계탑 역시 같은 색으로 칠해져 있다.

ADD Jalan Gereja TEL +60 6-282-6526 OPEN 09:00~17:30(마지막 입장은 17:00) COST 스타더이스 통합 입장권(5개 박물관+1개 갤러리 입장 포함) 성인 RM10 어린이 RM4 ACCESS 네덜란드 광장의 동쪽 편. 언덕으로 올라가는 계단 몇 개만 오르면 된다. MAP p.161-B, p.160-D

사실 스타더이스 Stadthuys라는 말 자체가 네덜란드어로 '시청'이라는 뜻이다. 네덜란드 후른 Hoorn에 있는 시청(1420년 건설)을 그대로 재현한 것이라는데, 후른의 시청 건물은 1796년에 소실되었으니 이제 그 원형을 말라카에서만 볼 수 있는 셈이다. 현재는 말라카의 식민 역사와 생활상을 알 수 있는 '역사&민족학 박물관 History & Ethnography Museum'으로 사용하고 있다.

큰직한 쇠 장식이 박혀있는 육중한 문과 나무창살이 달린 창문은 전형적인 네덜란드 건축양식이다.

제2차 세계대전 당시 사용하던 트랙터와 소방차가 건물 앞에 전시되어 있다.

TALK

스타더이스 박물관 콤플렉스
스타더이스 통합 입장권 하나만 구입하면 스타더이스 건물의 역사&민족학 박물관과 청호 갤러리를 비롯해서, 스타더이스와 성 바울 교회 주변에 있는 4개의 박물관(말라카 문학 박물관, 교육 박물관, 총독 박물관, 민주 정부 박물관)을 모두 관람할 수 있다.

1 지붕이 없는 교회 내부
2,3 교회 주변에는 악사, 화가,
상인들이 대기 중이다.

03

말라카를 한눈에 내려다보는
성 바울 교회
St. Paul's Church

높은 곳에서 아래를 내려다보고 싶은 사람의 마음이란. 가까이서는 알 수 없었던 도시의 진실, 멀리서는 한눈에 들어오는 복잡한 구조. 어느 도시를 가든 전망 포인트부터 찾는 여행자라면 이곳이 정답이다. 계단 몇십 개면 오를 수 있는 나지막한 언덕이지만 평지에서 보는 것과는 또 다른 풍경을 선사한다. 한결 작아진 세상 풍경에 여행자들은 잠시나마 마음을 비울 수 있다.

교회가 이곳에 자리 잡은 이유도 이와 비슷했다. 1521년 포르투갈은 동아시아 지역의 가톨릭 포교를 위해 이곳에 최초의 예배당을 세웠다. 당시 포르투갈 왕실의 지원으로 선교에 나선 예수회는 아시아 지역에서 많은

ADD Jalan Kota OPEN 09:00~ 17:00 COST 무료 ACCESS 산티아고 성문 뒤쪽으로 있는 계단으로 5분 정도 올라간다. 건축박물관 바로 옆에 있는 계단 길로 올라갈 수도 있고, 스타더이스에서 언덕 위쪽의 길을 따라가는 방법도 있다. MAP p.161-B

고초를 겪었고, 이슬람을 믿는 현지인들에게도, 개신교를 믿는 네덜란드에게도, 성공회를 믿는 영국에게도 그다지 환영받지 못했다.

포르투갈인 선장이 바다에서 목숨을 구해준 성모에게 감사하며 봉헌한 '수태고지 성당 Nossa Senhorada Annunciada'이 원래 이름이지만, 네덜란드가 지배한 이후 성 바울 교회로 이름이 바뀌어 112년 동안 사용되었다. 이후 폐허로 남아있던 교회 주변을 엘리자베스 2세와 에든버러 공작의 방문(1972년)을 기해 새롭게 단장했으며, 현재 보는 계단과 나무들이 그 흔적이다.

TALK

기적의 성자가 남긴 흔적

가톨릭 포교 당시 말라카에 머물며(1545~1552년) '기적'을 보여주었다는 성 프란치스코 하비에르 St. Francisco Xavier의 유해는 9개월간 이곳에 안치되었다가 인도 고아로 보내졌다. 70여 년 후 성자 칭호 부여를 위해 로마의 교황에게 보낼 오른쪽 팔뚝을 자르자 상처에서 붉은 피가 떨어졌으며, 성자의 조각상을 봉헌하는 날 아침에는 난데없이 커다란 나무가 떨어져 오른쪽 팔이 잘려나갔다는 이야기도 전해진다. 교회 앞의 작은 조각상이 그 주인공이다.

04

500년 세월을 이겨낸 성문

산티아고 성문

Porta de Santiago (A Famosa)

벽도 없이 달랑 하나 남은 성문에서 500년 요새의 역사를 상상해보자. 1512년 포르투갈이 처음 건설한 후 130년 동안 요새의 주요 출입문이었던 산티아고 성문은 네덜란드 지배 당시 성 바울 언덕의 감시탑과 통하는 비밀 지하터널이 있었다고 알려진 곳이다. 영국이 말라카를 차지한 후, 언덕을 둘러싼 성벽들을 모조리 화약으로 파괴하였는데, 싱가포르의 건설자인 래플스 경 Sir Stamford Raffles의 개입으로 이 작은 성문이 겨우 살아남을 수 있었다고 전해진다.

거대한 성벽 앞에 설 때마다 '이거 쌓느라 고생했을 노예들'을 떠올린 사람이라면, 이곳에서는 그 상상이 맞다. 130년의 포르투갈 지배 이후, 1641년에 이곳을 차지한 네덜란드는 말라카를 요새 도시로 만들기 위해 꽤 많은 공을 들였다. 두께 2m가 넘는 성벽을 6m 높이로 쌓아 올리고 대포와 감시탑을 동원해 침입자로부터 항구를 보호한 것. 그 건설과정에서 강제 동원된 노예들이 열사병과 굶주림으로 숨졌다는데, 유난히 뜨거운 말라카의 한낮을 경험해봤다면 수긍이 되는 일이다.

ADD Jalan Kota TEL +60 6-231-4343 OPEN 24시간 COST 무료 ACCESS 스타더이스 아래 쪽에 있는 잘란 코타 Jalan Kota를 따라 5분 정도 걸어간다. 트라이쇼가 모여 있는 공터에 작은 성문이 보인다. MAP p.161-C

'VOC'라는 네덜란드 동인도회사의 로고(네덜란드어로 Verenigde Oostindische Compagnie). 성문 위의 오른쪽 군인이 들고 있는 방패에도 로고가 있다.

TALK

말라카와 싱가포르가 라이벌?

말라카는 페낭, 싱가포르와 함께 영국의 대표적인 해협 식민지였다. 네덜란드의 무역 독점에 반감을 품은 영국은 1807년 말라카 요새를 무너뜨리고 말라카의 네덜란드인들을 페낭으로 강제 이주시켰다. 싱가포르를 세운 토머스 스탬퍼드 래플스 경 역시 말라카를 통해 입성했으며, 1824년에는 말라카의 주권이 영구적으로 영국에 양도된 역사도 있다. 하지만 이후 영국의 식민무역이 싱가포르로 집중되면서 말라카 무역항은 역사의 뒤안길로 사라졌다.

말라카 왕국 시절의 궁전

말라카 술탄 왕궁
Melaka Sultanate Palace

말라카에는 줄줄이 이어진 서구 열강의 통치 역사만 남아 있는 것이 아니다. 말라카 술탄 왕궁은 한때 말라카 왕국의 전성기를 이끌었던 술탄의 흔적을 찾아볼 수 있는 왕궁이라는 점에서 그 의미가 깊다. 이 지역을 1456년부터 1477년까지 통치한 술탄 만수르 시아 Sultan Mansur Syah의 이스타나 궁전을 재현한 건물로, 1986년부터는 문화박물관으로 사용되고 있다. 500년 전 왕궁의 건축방식을 상세하게 묘사해둔 작품인 〈말레이 연대기 Sejarah Melayu〉 덕분에 이런 복원이 가능했다고 한다.

ADD Kota, Complex Warisan, 75000 TEL +60 6-282-6526 OPEN 화~일 09:00~18:00 COST 성인 RM2, 어린이 RM1 ACCESS 산티아고 성문 오른쪽에 술탄왕국으로 들어가는 출입구와 매표소가 있다. MAP p.161-C

단 하나의 못도 사용하지 않고 나무 말뚝만으로 목조 건물을 유지한다는 점도 매우 흥미롭다. 3개의 층으로 된 목조 건물 안은 8개의 방과 3개의 갤러리로 나뉜다. 술탄의 접견실로 사용했던 발라이롱 스리 Balairong Seri와 왕의 침실로 사용하던 발라이 브라두 Balai Beradu 등 그대로 복원해 놓았다. 왕실악단의 악기와 군대가 사용하던 무기, 공예품 등도 함께 전시하고 있다. 항 투아와 항 저밧의 전투 장면을 재현하는 마네킹과 당대의 법률을 묘사한 그림들도 있다.

1 술탄을 알현하는 무역상의 모습을 밀랍인형으로 재현.
2 당시의 법률을 표현한 그림: 간음하는 자는 구덩이에 묻고 돌로 쳐 죽였다.
3 왕궁 정면에는 아기자기한 정원을 꾸며 놓았다.

TALK

이스타나 궁전에 얽힌 뒷이야기

원래 이스타나 궁전이 있던 자리는 현재 성 바울 교회가 있는 언덕 위였다. 궁전의 바깥 벽은 중국에서 들여온 거울로 장식하였고, 90m 길이의 다층 지붕을 덮는 붉은색 지붕널은 멀리에서도 햇빛을 받아 반짝거리는 것이 보였다고 한다. 하지만 자신에게 반란을 일으킨 항 저밧이 궁전 가까운 곳에서 죽은 후, 술탄은 원래의 궁전에서 살기를 거부하며 이스타나 궁전을 부숴버리고 새로운 궁전을 지을 것을 명령했다고 한다.

입장료까지 저렴한

박물관의 도시 말라카

우리나라의 경주와도 비슷한 '역사 고도 말라카'는 말레이시아 중고등학생들이 수학여행으로 즐겨 찾는 곳으로, 말레이시아의 역사가 시작된 장소이자 다양한 문화유적이 풍성한 도시다. 스타더이스 박물관 콤플렉스를 비롯해 잘란 메르데카와 잘란 코타에 줄지어 있는 다양한 주제의 박물관들을 방문해 보자.

말라카의 더위는 박물관에서 식히자

말라카 요새를 짓던 노예들을 죽음으로 몰고 갈 만큼 말라카의 햇볕은 뜨겁다. 더운 한낮에는 박물관에서 쉬엄쉬엄 보내는 것이 현명한 여행법이다. 무료 입장이거나 아주 저렴한 곳이 대부분이다.

잘란 메르데카의 박물관

★★★
1 해양 박물관
Maritime Museum

말라카 왕국의 보물을 훔쳐가다가 바다에 침몰한 포르투갈 범선 플로라 데 라 마르 호를 복원한 박물관. 멀리서도 보이는 **말라카 강변의 랜드마크**이자 아주 흥미진진한 해양 박물관이다. 범선 내부를 오르내리면서 말라카 항의 발전사, 항해와 무역의 역사, 유럽 열강의 침략과정에 대한 전시물을 볼 수 있다. 배의 후미에는 그럴듯한 선장실도 복원되어 있고, 배 위로 올라가면 말라카 강의 풍경도 내려다볼 수 있다. 범선 입구에서 오디오 투어도 신청 가능하다. 범선 뒤편 건물에는 말레이시아 전통 어선들과 근·현대 어

로 기구들을 전시하는데, 전시 수준이 살짝 떨어지는 편이다.

ADD Jalan Merdeka OPEN 월~목 09 : 00~17:00, 금~일 09:00~20:30 COST 성인 RM6(해군 박물관과 통합 입장권), 어린이 RM2, 오디오 투어 RM3 MAP p.161-B

★★☆
2 세관 박물관
Customs Museum

말라카 항의 옛 세관이 있던 자리. 세관에서 압수한 물건들과 세관원들이 사용하는 도구들을 전시한다. 총기나 마약 등 적발된 밀수품들이 박물관 전시실에 가득하다. 여자의 나체 조각상이나 포르노 비디오·잡지 등 압수된 수입금지 품목들을 보는 재미가 쏠쏠하다. 방명록만 쓰

면 무료로 관람할 수 있다.

ADD Jalan Merdeka OPEN 월~금 09:30~17:30, 토·일 09:00~18:00 COST 무료 MAP p.161-B

★★☆
3 말레이시아 해군 박물관
Royal Malaysian Navy Museum

해양 박물관 길 건너편에 있는 하얀 건물. 겉에서는 평범해 보이지만 박물관 안으로 들어가면 실제 헬기와 함선 미니어처, 해군 복장의 전시물이 눈길을 끈다. 박물관 마당에는 실제 함선과 무기들을 전시하는데 함선의 조종실 안에 들어가 볼 수 있어서 흥미롭다.

ADD Jalan Merdeka OPEN 09:00~17:30 COST 해양 박물관과 통합 입장권으로 운영 MAP p.161-B

★☆☆
1 말레이시아 건축 박물관
Malaysia Architecture Museum

말레이시아의 각 지방을 대표하는 건축물(모스크, 전통가옥)들을 축소 모형으로 만들어서 전시한다. 목조 건축물에 관심이 있거나 말레이시아 이곳저곳을 여행할 예정이라면 더욱 흥미로운 곳이다.

ADD Jalan Kota OPEN 09:00~17:00 COST 무료 MAP p.161-B

★★★
2 민족 박물관
People's Museum

학교처럼 생긴 평범한 건물이지만 전시물은 생각보다 재미있다. 1층은 세계 각국의 다양한 인종들과 전통 복장, 풍습 등을 소개하는 전시관. 2층은 연+전통놀이 박물관으로 사용한다. 말레이시아의 전통연을 포함해 세계 각국의 연들과 연 만드는 모습 등을 볼 수 있다. 3층은 인종마다 다른 미적 기준에 대한 전시실이다. 중국의 전족이나 원시 부족의 피어싱 등 다양하게 표현되는 미적 양식을 통해 문화상대주의를 배울 수 있다.

ADD Jalan Kota OPEN 월~일 09:00 ~17:00 COST 성인 RM3, 학생 RM1 WEB www.perzim.gov.my MAP p.161-B

★☆☆
3 말라카 이슬람 박물관
Malaka Islamic Museum

인근 박물관들 중에서는 가장 멋지고 큰 건물을 사용한다. 말레이시아에 전파된 이슬람 역사와 문화 등을 설명하는 전시물이 있다. 모스크의 모형과 이슬람교 경전인 코란 등도 볼 수 있다.

ADD Jalan Kota OPEN 화~일 09:00 ~17:00, 월 휴무 COST 성인 RM3, 학생 RM1 MAP p.161-B

★☆☆
4 우표 박물관
Stamps Museum

말레이시아 우편서비스의 역사를 알 수 있는 관련 전시물들과 말레이시아에서 발행한 우표들을 전시하는 박물관. 식민지 시절에서부터 독립에 이르기까지 우표 도안 안에 담긴 말레이시아 역사를 만날 수 있다. 다만 건물이 매우 낡고 전시 상태도 좋지 않은 편. 우표 수집에 취미가 있는 사람은 1층의 기념품 가게에서 말레이시아 우표를 구입할 수도 있다.

ADD Jalan Kota OPEN 화~일 09:00 ~17:30, 월 휴무 COST 성인 RM2, 학생 RM1 MAP p.161-B

★☆☆
5 말레이시아와 이슬람 세계 박물관
Malay & Islam World Museum

1층은 말레이시아와 관련한 기획전시실로 사용하고, 2~3층은 다른 이슬람 국가의 역사와 전통을 알아보는 전시실로 사용한다. 전통의복과 장신구, 생활용품 등을 통해 무슬림들의 생활상 등을 알 수 있다.

ADD Jalan Kota OPEN 월~일 09:00~ 17:30 COST 성인 RM2, 학생 RM1 MAP p.161-C

06

80m 상공에서 바라보는 말라카 풍경

타밍 사리 전망대

Menara Taming Sari

전망대가 빙빙 돌며 말라카 전경을 볼 수 있다.

드높은 상공에서 바라보는 말라카의 풍경을 체험해보자. 대부분의 전망대는 탑의 위쪽에 고정된 관람시설을 만들어 놓지만, 이곳은 전망대 자체가 놀이기구처럼 **위아래로 오르내리며 360도 회전**하는 방식이다. 유리로 된 작은 공간 안에 66명까지 탑승할 수 있고 7분 동안 80m 높이까지 천천히 올라갔다가 내려오면서 서너 바퀴 회전한다. 바닥이 서서히 부양하는 기분은 고정된 전망대로 들어가는 것과는 또 다른 느낌. 2008년 4월 말레이시아 최초의 회전 전망 타워로 개장했는데, 건설비만 약 74억원이 든 대형 프로젝트로, 스위스의 기술력을 동원해 리히터 규모 10의 지진에도 견딜 수 있도록 지어졌다. 편안하게 앉아서 성 바울 언덕과 말라카 구시가지, 저 멀리 세인트 존 요새와 포르투갈 광장까지 한눈에 볼 수 있다.

ADD Jalan Merdeka Bandar Hilir TEL +60 6-288-1100 / 281-3366 OPEN 10:00~22:00 COST 성인 RM23, 어린이 RM15 ACCESS 다타란 파라완 메가몰이나 마코타 퍼레이드 쇼핑몰에서 도보 3분 WEB www.menaratamingsari.com MAP p.161-B

--- TALK ---

말라카 왕국의 전설의 검, 타밍 사리

타밍 사리 전망대의 이름과 모양은 말라카 왕국의 전설에서 유래되었다. **말레이시아의 국민 영웅인 항 투아가 사용하던 무기 이름**이 바로 타밍 사리 크리스. 주인을 천하무적 불사신으로 만들어준다는 신비의 검이다. 원래 주인은 마자빠힛 왕국의 영웅인 '타밍 사리'였지만, 항 투아와 벌인 무술시합에서 패한 후 자신의 검을 물려줬다고 한다.

탑의 꼭대기를 검의 손잡이 모양으로 만들었다.

★ TIP

덕 투어는 한 대에 38명밖에 탈 수 없고 한 번 출발하면 한 시간 정도가 소요되기 때문에 성수기 주말에는 대기하는 사람들이 많다.

07

바다와 육지를 오가는 신나는 모험

덕 투어

Duck Tour

'유치할수록 재미있다'는 여행의 진리가 새삼 떠오르는 액티비티. 오리 모양의 수륙 양용 차량을 타고 말라카 시내를 일주하는 투어 프로그램으로, 현지인 가족여행객들에게 유난히 인기가 높다. 별것 아니라며 시큰둥하다가도 육지와 바다를 오가는 순간이면 어린아이처럼 흥분하게 되는 게 매력이다. 육지에서는 산티아고 성문과 술탄 궁전, 다타란 파라완 쇼핑몰 등 말라카 명소를 둘러보고, 바다에서는 말라카 섬 Pulau Melaka과 말라카 강 Sungai Melaka 주위를 항해하는 코스로 이뤄져 있다. 무엇보다도 **'물 위의 사원'으로 유명한 마스짓 슬랏 느게리** Masjid Selat Negeri를 바다에서 바라볼 수 있다는 것이 이 투어의 가장 큰 장점이자 핵심이다. 해 질 무렵의 풍경이 제일 아름답다는 것을 알아두자.

ADD Jalan Merdeka TEL +60 6-292-5595/ 06-281-8382 OPEN 09:00~18:00 COST 성인 RM48, 어린이 RM30 ACCESS 타밍 사리 전망대 앞 공터에 매표소가 있다. WEB www.melakaduck tours.com.my MAP p.161-B

말라카 최고의 인증샷 스팟

말라카 해협 모스크

Masjid Selat Melaka (Malacca Straits Mosque)

'물에 뜬 모스크 Floating Mosque'라는 별명으로 더 유명한 이슬람 사원이다. 평상시에는 건물 아래의 기둥이 살짝 드러나지만, 만조가 되면 정말로 바다에 떠 있는 것처럼 보인다. 사우디 아라비아의 제다 항구에 있는 해상모스크에서 아이디어를 얻어 2006년에 지은 사원으로, 부두처럼 바닷물 속에 기둥을 박고 그 위로 건물을 올렸다. 정기적으로 예배를 올리는 종교시설이지만 전 세계 관광객이 즐겨 찾는 명소로 등극한 지는 이미 오래! 모스크 주변도 해안 공원처럼 편안하게 꾸며 놓았다.

예배 시간이 아니라면 관광객들도 사원 안을 둘러볼 수 있다. 가장 먼저 눈에 띄는 첨탑(미나렛)은 이슬람 교에서 신도에게 예배시간을 알리는 소리인 '아잔'이 울려 퍼지는 장소. 여기에서는 등대 역할도 겸하고 있다. 아랍과 말레이의 건축 양식을 혼합해서 지은 사원은 현대적이면서도 구조적인 미학이 있다. 겉에서 보는 것보다 사원 내부는 소박하고 단순하다. 대신 사원의 창 밖으로도 넓은 바다가 펼쳐 진다. 특히 사원의 테라스는 바다로 떨어지는 아름다운 석양 사진을 찍기에 최고의 장소! 사원의 전체 모양을 한 번에 담으려면 정문 입구를 바라보고 좌측 방파제 쪽으로 가는 것이 제일 좋다.

ADD Jalan Pulau Melaka 8 TEL 없음 OPEN 07:00~19:00 COST 무료 ACCESS 시내에서 택시 편도 약 RM15~, 그랩 약 RM5~8 MAP p.160-F

\ T I P /

걷기에는 먼 위치

네덜란드 광장에서 약 4km 정도 떨어진 인공 섬 안에 있다. 섬으로 들어가는 다리를 건넌 후에도 한참 더 안쪽으로 가야 한다. 도보보다는 택시나 그랩을 이용할 것을 추천.

1 등대 역할도 겸하는 30미터 높이의 첨탑
2 기도를 드리는 사원 내부는 소박한 분위기다.

사원 방문 에티켓

사원에 들어갈 때는 적절한 복장을 갖추고 신발을 벗어야 한다. 다리나 어깨가 노출된 옷이라면 반드시 몸을 가려야만 한다. 무슬림이 아닌 관광객을 위한 복장도 따로 준비되어 있다. 사원 건물 입구를 바라보고 좌우에 각각 남녀 화장실 건물이 있는데, 그 안에서 가운을 무료 대여할 수 있다.

실내에는 신발을 벗고 들어간다.

팔다리가 노출되지 않도록 가운을 입는다.

강물 따라 흘러가는 낭만

말라카 리버 크루즈
Melaka River Cruise

말라카에 온 여행자라면 빼놓을 수 없는 재미가 리버 크루즈다. 시내 한 가운데를 흐르는 말라카 강 Sungai Melaka을 따라 1시간 정도 유람하는데, 강변에 복원된 역사 건물들을 편안하게 둘러볼 수 있고 아기자기한 카페와 공원들을 구경하는 재미도 있다. 평소에는 30분에 1대꼴로 운항되지만 주말에 사람이 몰리면 운항 횟수를 늘리는 편. 앞쪽 자리는 다소 물이 튀기도 하니 중간 뒤쪽으로 자리를 잡자.

말라카 강은 작은 운하처럼 강폭이 좁지만 말라카 무역항의 역사가 시작된 유서 깊은 장소다. 1824년 영국 지배 후 교역 중심이 싱가포르와 페낭으로 옮겨가고 하류에 퇴적물까지 쌓이면서 무역항의 기능을 잃긴 했지만, 말라카 항의 전성기 시절에는 몬순 시기 풍랑을 피해 온 배들이 가득 정박했었다고 한다. 강줄기를 거슬러 올라가다 보면 그 옛날 이 강을 따라 항해하던 무역상들의 모습이 아련하게 떠오른다.

ADD Jalan Laksamana TEL +60 6-281-4322 OPEN 09:00~23:30 COST 외국인 일반 RM30, 어린이(2~12세) RM25 ACCESS 네덜란드 광장에서 강변을 따라 남쪽으로 5분 정도 내려가면 오른쪽에 매표소가 보인다. WEB www.melakarivercruise.com MAP p.161-B

TIP

크루즈 타기 제일 좋은 시간

리버 크루즈 매표소

뜨거운 대낮보다는 해 질 무렵이 시원하고 분위기도 좋다. 주변 풍경을 보지 않아도 괜찮다면 어두워지고 난 뒤 타는 **야간 크루즈도 낭만적**이다. 강변 주위의 건물들에 은은한 조명이 비춰진다.

TALK

국제무역항의 대명사, 말라카

말라카 항의 빼어난 입지를 처음 간파한 인물은 해협을 종횡무진한 해적이자 뛰어난 항해가였던 파라메스와라 Parameswara. 스리비자야의 힌두교 왕국 왕자였던 그가 1401년 이곳을 차지한 후, 작은 어촌에 불과했던 말라카는 인도와 중국을 연결하는 무역 거점으로 성장했다. 후추와 직물을 가져온 인도 무역선과 도자기와 비단을 가져온 중국 무역선, 주석과 향신료를 취급하는 이 지역 상인들의 교역 장소가 되면서 막대한 자금들도 모여들었다. 이후 이슬람교를 받아들인 '말라카 왕국'은 말레이 역사상 가장 위대한 해상무역국가가 되었다.

강물을 따라 펼쳐지는 풍경

깜풍 모르텐 Kampung Morten
말레이 전통가옥이 남아있는 마을

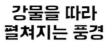

해적 공원 Pirate Park
회전관람차가 있는 작은 유원지

강변 벽화
크루즈 루트를 따라서 알록달록한 색깔로 벽면을 칠한 건물과 말레이시아 전통 이미지를 그린 벽화를 감상할 수 있다.

캐세이 다리 Cathay Bridge
지금은 사라진 캐세이 극장 Cathay Cinema과 툰 알리 버스 스테이션 Tun Ali Bus Station을 연결하던 다리

깜풍 자바 다리
Jambatan Kampung Jawa
말라카 사람들은 '유령다리 Ghostbridge'라고 부르는 곳

파사르 다리 Jambatan Pasar
다리 근처의 강변 식당에서 배우 숀 코네리와 캐서린 제타 존스가 출연한 영화 〈엔트랩먼트 Entrapment〉가 촬영되었다.

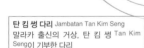

찬 쿤 쳉 다리 Jambatan
Chan Koon Cheng
옆에 보이는 네오고딕 양식의 건물은 성 프란치스코 하비에르 교회다.

탄 킴 썽 다리 Jambatan Tan Kim Seng
말라카 출신의 거상, 탄 킴 썽 Tan Kim Seng이 기부한 다리

스타더이스 Stadthuys
네덜란드 식민지 시절의 관청 건물

말라카 리버 크루즈 탑승장

대형 수차 Water Wheel

해양 박물관
Maritime Museum
바다에 침몰한 포르투갈 범선을 복원하여 박물관으로 이용 중이다.

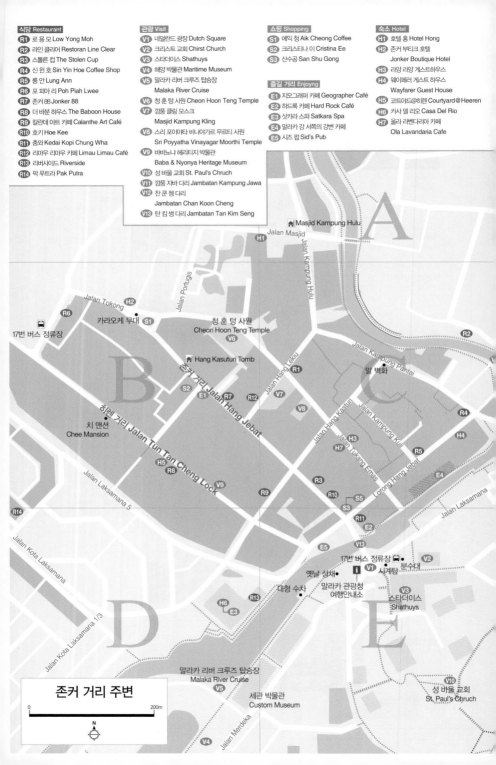

식당 Restaurant
- R1 로 용 모 Low Yong Moh
- R2 라인 클리어 Restoran Line Clear
- R3 스톨른 컵 The Stolen Cup
- R4 신 윈 호 Sin Yin Hoe Coffee Shop
- R5 룽 안 Lung Ann
- R6 포 피아 리 Poh Piah Lwee
- R7 존커 88 Jonker 88
- R8 더 바분 하우스 The Baboon House
- R9 칼란데 아트 카페 Calanthe Art Café
- R10 호키 Hoe Kee
- R11 충와 Kedai Kopi Chung Wha
- R12 리마우 리마우 카페 Limau Limau Café
- R13 리버사이드 Riverside
- R14 팍 푸트라 Pak Putra

관광 Visit
- V1 네덜란드 광장 Dutch Square
- V2 크리스트 교회 Chirst Church
- V3 스타더이스 Shathuys
- V4 해양 박물관 Maritime Museum
- V5 말라카 리버 크루즈 탑승장
  Malaka River Cruise
- V6 청 훈 텅 사원 Cheon Hoon Teng Temple
- V7 깜풍 클링 모스크
  Masjid Kampung Kling
- V8 스리 포이야타 비나야가르 무르티 사원
  Sri Poyyatha Vinayagar Moorthi Temple
- V9 바바뇨냐 헤리티지 박물관
  Baba & Nyonya Heritage Museum
- V10 성 바울 교회 St. Paul's Chruch
- V11 깜풍 자바 다리 Jambatan Kampung Jawa
- V12 찬쿤쳉 다리
  Jambatan Chan Koon Cheng
- V13 탄 킴 셍 다리 Jambatan Tan Kim Seng

쇼핑 Shopping
- S1 에익 청 카페 Aik Cheong Coffee
- S2 크리스티나 이 Cristina Ee
- S3 산수공 San Shu Gong

즐길 거리 Enjoyng
- E1 지오그래퍼 카페 Geographer Café
- E2 하드록 카페 Hard Rock Café
- E3 삿카라 스파 Satkara Spa
- E4 말라카 강 서쪽의 강변 카페
- E5 시즈 펍 Sid's Pub

숙소 Hotel
- H1 호텔 홍 Hotel Hong
- H2 존커 부티크 호텔
  Jonker Boutique Hotel
- H3 랴양 랴양 게스트하우스
- H4 웨이패러 게스트 하우스
  Wayfarer Guest House
- H5 코트야드@히렌 Courtyard@Heeren
- H6 카사 델 리오 Casa Del Rio
- H7 올라 라벤다리아 카페
  Ola Lavandaria Cafe

존커 거리 주변

0   200m

N

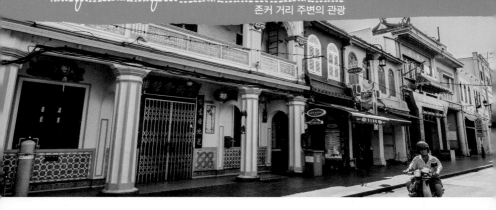

------ 01 ------

유네스코 세계문화유산의 핵심 거리

존커 거리
Jonker Street(Jonker Walk)

이 500m의 거리를 걷지 않고서는 말라카 여행이 완성될 수 없다. **아래층은 가게로, 위층은 주거공간으로 사용하는 중국식 숍하우스들**이 옛 모습을 간직한 채 보존된 거리. 예로부터 골동품 수집상들 사이에서는 오래된 진품을 발견하기 좋은 골동품 거리로 알려져 왔다. 지금도 수백 년 된 건물을 그대로 이용하는 가게들이 성업 중인데, 대신 나막신이나 비즈신발, 대장간과 골동품점 일색이던 업종이 갤러리와 음식점, 기념품 가게 등으로 다양해졌다.

평일 낮의 거리는 더없이 한가로운 분위기. 주말 저녁에 방문한다면 야시장 노점들이 축제처럼 가게 앞자리를 가득 메우는 화려한 변신을 볼 수 있다. 바로 옆 히렌 거리가 부유층들이 살던 저택들이 즐비한 골목이라면, 존커 거리는 히렌 거리의 부잣집 사람들을 위해 일하던 사람들이 주로 거주하는 곳이었다. 항 저밧 거리 Jalan Hang Jebat라는 공식 명칭을 가지고 있긴 하지만 대부분 존커 거리 또는 존커 워크라고 부른다.

ADD Jalan Hang Jebat 75200
ACCESS 네덜란드 광장에서 탄 킴 썽 다리를 건넌 후 사거리에서 직진하면 존커 거리로 들어선다. MAP p.174

1 존커 거리 입구
2 존커 거리에 있는 중국식 숍하우스의 1층

------ TALK ------

항 저밧 거리의 주인공

어린 시절부터 죽마고우였던 항 저밧과 항 투아는 말라카 왕국에서 최고로 꼽히는 무사였다. 신하들의 농간에 넘어간 술탄이 근위대장 항 투아에게 사형을 선고하지만, 그를 아끼던 수상은 몰래 항 투아를 숨기고 죽였다는 거짓 보고를 올린다. 항 저밧은 이 사실을 모른 채 친구의 억울한 죽음에 분노하며 반란을 일으킨다. 수세에 몰린 술탄은 항 투아가 살아있다는 사실을 알게 되자, 항 투아를 사면하고는 항 저밧을 없애라는 명을 내린다. 결국 항 투아는 자신을 위해 목숨을 걸고 반란을 일으킨 친구를 자신의 손으로 죽이게 된다.

맛있는 길거리 음식을 찾아라
존커 거리 야시장 맛집 지도

누구에게나 열려 있는 시장이지만 아무 때나 즐길 수 있는 건 아니다. 주말 저녁에만 나타났다가 날이 밝으면 사라지는 밤도깨비 같은 곳. 사람들이 도시로 돌아가는 일요일보다는 토요일 밤이 더 흥청거린다. 듣도 보도 못한 길거리 음식 탐방은 야시장의 가장 큰 재미. 잘 익은 만두에서부터 징그러운 벌레 튀김까지, 참 별의별 것들이 다 있다. 노점마다 가격표가 붙어 있어 흥정 걱정이 없다는 것도 매력이다.

존커 거리

해산물을 즉석에서 요리해 주는 노점이 밀집한 지역

야시장에서 먹는 초밥의 맛 RM6~20

제일 잘 팔리는 생과일 주스 RM4

달콤하고 시원한 사탕수수즙 1잔 RM1.5~2

포피아

초콜릿으로 코팅한, 과일꼬치 1개 RM3

한국에서 먹던 그 맛, 야채튀김 1개 RM2.5

오징어구이

타이완 소시지

모양은 달라도 맛은 비슷한, 딤섬 5개 RM3

5 = RM 1

달콤한 슈크림이 가득, 미니 붕어빵 15개 RM10

원하는 토핑을 넣어주는 대만식 달걀빵(타이완 버거) 1개 RM3

네덜란드 광장

겉은 바삭하고 안은 촉촉한 통 오징어 튀김 1개 RM10

⭐
TIP

토요일 방문 예정이라면 우선 숙소 예약부터 서둘러야 한다. 토요일 숙박은 2일 이상 예약만 받아주는 곳도 있다.

-------- 02 --------

말라카의 명문가가 모여 살던 곳

히렌 거리
Heeren Street

관광객으로 붐비는 존커 거리가 오늘날의 중심 거리라면, 한적하고 우아한 히렌 거리는 옛 시절의 중심 거리다. 포르투갈과 네덜란드의 지배층이 살던 장소였을 뿐만 아니라 '백만장자들의 골목'이라는 별명이 붙을 정도로 말라카에서 성공한 중국계 상류층들이 모여 살던 곳이다. 당시 경제를 좌지우지할 만큼 거금을 모은 상인들은 서로 화려한 저택을 짓기 위해 경쟁했다는데, 이들 중 옛 시절의 영광을 복원한 몇몇 저택들이 호텔 등으로 사용되고 있다.

이 거리의 공식 명칭인 '잘란 툰 탄 쳉 록 Jalan Tun Tan Cheng Lock'은 이곳 출신의 성공한 정치인 이름이다. 말레이시아 최초의 수상인 툰쿠 압둘 라만 Tunku Abdul Rahman 역시 히렌 거리 111번지가 본가. 특히 바바뇨냐 5대째에 막대한 재산을 모은 백만장자들이 속속 등장하는데, 말레이시아 최초의 고무공장을 설립한 탄 차이 앤 Tan Chay Yan을 비롯해 산업화를 이끌어간 걸출한 리더들이 이곳 출신이다. 우리나라로 치면 삼성이나 현대의 창업자들이 탄생한 거리인 셈이다.

ADD Jalan Tun Tan Cheng Lock
ACCESS 네덜란드 광장에서 탄 킴 쎙 다리를 건너자마자 첫 번째 사거리에서 왼쪽 길로, 다시 삼거리에서 오른쪽으로 돌면 히렌 거리가 시작된다. 광장에서 거리 초입까지 도보 3분 MAP p.174-B

-------- TALK --------

히렌 거리에 살던 부자들 히렌이라는 이름은 상류층 사람들의 거리라는 뜻의 네덜란드어 'Heren straat'에서 유래했다. 재력만큼이나 화려한 건축양식을 사용한 건물들이 많다.

118번지(Hotel Puri) 중국계 거상이었던 탄 킴 쎙 Tan Kim Seng은 싱가포르 강의 다리를 지어준 싱가포르 개발의 선구자. 말라카 강의 다리 건설자금도 기부했다. 그의 손자는 네덜란드 광장의 시계탑을 기부했다.

117번지(현재 푸리 호텔 건너편의 치 맨션 Chee Mansion) 해외 중국 은행 연합회(OCBC)의 초대 회장인 치 스위 쳉 Chee Swee Cheng이 남긴 건물. 금색 돔이 올려진 흰색 건물은 그의 아버지를 위해 지은 것으로, 현재 가족묘당으로 사용되고 있다.

100년 전 중국계 거상의 살림살이

바바뇨냐 헤리티지 박물관
Baba & Nyonya Heritage Museum

무역업으로 큰 부를 쌓은 바바 찬 가문의 저택을 1896년의 모습으로 복원한 사설 박물관이다. 대문 밖에서 보는 걸로는 짐작할 수도 없을 만큼 넓은 저택이 길쭉하게 뻗어 있는데, 이 집 구석구석에 얽힌 이야기를 들려주는 영어가이드 투어를 운영하고 있다. 불운을 가져온다며 못을 사용하지 않고 만든 계단과 손님 얼굴을 2층 침실에서 확인할 수 있는 구멍, 도둑이 들어오지 못하도록 입구를 막아놓는 뚜껑 등 재미있는 이야기거리가 많다.

이뿐만 아니라 중국계 이민자 가족이 가지고 있던 동양적인 정서에 부유층만이 누릴 수 있었던 서구 취향이 묘하게 결합한 바바뇨냐의 생활문화도 엿볼 수 있다. 당대 부자들 사이에서 유행하던 유럽적인 요소가 집안 곳곳에 반영되어 있는데, 빅토리아 시대의 샹들리에와 로마 스타일의 기둥과 중국풍 공예품이 모두 한 집 안에 있다. 이탈리아와 영국, 네덜란드에서 들여온 골동품 가구에서부터 그 가구를 가득 채운 식기들까지, 돈으로 살 수 있는 것들은 모두 다 사들였던 바바뇨냐의 재력을 엿볼 수 있다. 옛날식 아이스크림 제조기가 있는 부엌살림 구경도 놓치지 말자.

ADD No.50 Jalan Tun Tan Cheng Lock TEL +60 6-283-1273 OPEN 10:00~13:00(마지막 투어 11:45), 14:00~17:00(마지막 투어 16:00) COST 성인 RM16, 어린이 RM11, 사진촬영 금지 ACCESS 강변에서 히렌 거리로 들어서서 사거리를 지나 계속 걸으면 오른편에 박물관 입구가 보인다. 네덜란드 광장에서 도보 5분 WEB www.babanyonyamuseum.com MAP p.174-B

페라나칸 스타일의 도자기

중정이 있는 히렌 거리의 가옥

TALK

밖에서는 알 수 없는 페라나칸 가옥 구조

부유층이 살던 거리치고는 집들이 작고 좁게 느껴진다. 하지만 이건 바깥에서 보았을 때의 모습일 뿐, 기와를 덮은 높은 지붕 안으로 들어가면 긴 직육면체 모양으로 그 규모가 상당하다. 이는 **거리와 닿는 폭으로 세금이 부과되었기 때문**이라는데, 덕분에 거리 한 블록을 다 차지할 만큼 길쭉한 집들이 많다.

출입구가 있는 건물 정면을 화려하게 장식하는 것도 페라나칸 문화의 특징. 두툼한 티크목으로 만든 정문에는 가문의 이름이나 금언을 금색 글씨로 새겨 넣는다. 입구의 응접실을 지나면 통풍과 채광을 위해 천장을 뚫은 중정 中庭이 있는데, 햇빛과 빗물이 고스란히 떨어지는 이곳에는 보통 연못이나 우물이 있다.

같은 길 다른 종교

잘란 토콩의 사원들

잘란 토콩Jalan Tokong은 각양각색의 사원들이 모여 있어서 '**사원 거리** Temple Street'라고도 불린다. 명나라 때부터 말라카로 옮겨온 중국계 이주민들이 사원을 짓기 시작했는데, 풍수지리에 따라 가장 적합한 자리를 찾은 것이 이 거리였다고 한다. 좋은 자리는 여러 종교가 동시에 알아보는 법인지, 300m 정도 거리에 다양한 종교의 사원들이 나란히 줄지어 있다.

ADD Jalan Tokong ACCESS 네덜란드 광장에서 탄 킹 썽 다리를 건너자마자 첫 번째 사거리에서 오른쪽 길로, 바로 다음 사거리에서 왼쪽 골목(Jalan Tukang Besi)으로 들어가 계속 직진한다. MAP p.174-B

1 청 훈 텅 사원 青雲亭 Cheon Hoon Teng Temple

1645년 중국의 푸젠 성과 광둥 성에서 범선으로 자재를 실어다가 만든 중국식 사원. 유교와 도교, 불교의 3가지 교리를 따르는 신자들의 발길이 이어진다. 바다의 재난으로부터 선원들을 지켜주기를 기도하는 이들이 많았던 사원이라, 제단 중앙에는 뱃사람들이 수호신으로 여기는 관음보살상이 모셔져 있다. 예전에는 단순한 종교시설이 아니라 중국인 공동체의 수장이 이끄는 행정부와 법원 역할까지 하던 장소였다. 2003년에는 탁월한 건축 복원으로 유네스코 상을 받기도 했다.

ADD 25, Jalan Tokong 5 TEL +60 6-282-9343 OPEN 09:00~19:00 COST 무료 ACCESS 네덜란드 광장에서 탄 킹 썽 다리를 건넌 후 오른쪽 길로, 다음 사거리에서 왼쪽 골목(Jalan Tukang Besi)으로 들어가 계속 직진한다. 광장에서 도보 8분 WEB www.chenghoonteng.org.my MAP p.174-B

2 깜풍 클링 모스크 Masjid Kampung Kling

1748년 인도계 무슬림 상인이 세운 이슬람 사원. 전통적인 무어 양식의 돔이 아니라 삼각형 모양의 지붕을 올렸다는 점이 특이하다. 미나렛(첨탑)도 6층으로 지은 중국풍 석탑이 대신하고 있다. 사원 안은 유럽에서 가져온 유리타일과 이오니아식 기둥으로 장식되어 있는데, 건물 안으로 들어갈 때는 머리카락과 몸의 노출이 없는 복장을 갖추어야 한다. 복장이 적절치 않다면 정원 정도만 둘러보자.

ADD 17, Jalan Tukang Emas TEL +60 6-282-6526 OPEN 09:00~18:00 COST 무료 ACCESS 네덜란드 광장에서 탄 킹 썽 다리를 건너자마자 첫 번째 사거리에서 오른쪽 길로, 바로 다음 사거리에서 왼쪽 골목(Jalan Tukang Besi)으로 들어가 계속 직진한다. 2번째 사거리 왼쪽 코너에 모스크로 들어가는 입구가 보인다. 광장에서 도보 6분 MAP p.174-C

예배 전에 손과 발 등을 씻는 장소. 종교의식의 일부라서 이슬람 신자들만 사용한다.

3 스리 포이야타 비나야가르 무르티 사원
Sri Poyyatha Vinayagar Moorthi Temple

1781년에 세워진 말라카에서 가장 오래된 힌두 사원이다. 말레이시아에 정착한 인도계 상인들의 수장이었던 카피탄 타이바나야감 치티 Kapitan Thaivanayagam Chitty의 기부로 지어졌다. 오늘날 말라카의 힌두 공동체의 구심점 역할을 하는 사원이다. 지혜와 행운의 신인 비나야가르(가네샤)에게 바쳐진 사원이라 코끼리 머리에 사람 몸을 하고 4개의 손을 가진 비나야가르의 모습을 볼 수 있다. 사원 건물의 입구와 벽, 기둥과 지붕의 마감 방식에 네덜란드 건축 양식의 흔적이 남아 있다.

ADD 5-11, Jalan Tukang Emas TEL +60 6-281-0693 OPEN 09:00~18:00 COST 무료 ACCESS 깜풍 클링 모스크 옆 MAP p.174-C

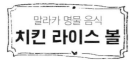

말라카 명물 음식
치킨 라이스 볼

닭 육수로 지은 밥에 뽀얗게 삶은 닭고기를 얹은 치킨 라이스는 중국계 이민자들에게는 소울푸드와도 같은 음식이다. 말라카 지역에서는 이 치킨 라이스를 주먹밥 형태로 만들어 먹는 것이 특징. 저마다 최고임을 자랑하는 말라카의 치킨 라이스 볼, 낱낱이 파헤쳐보자.

TALK

하이난 대표 음식 치킨 라이스

중국 하이난 섬에서 말레이 반도로 이주해온 하이난 족 가운데는 부유한 중국 상인이나 수산업자들을 상대하는 요리사가 많았다고 한다. 그들이 만든 음식의 대명사가 바로 하이난 치킨 라이스. 현재는 싱가포르를 비롯해 아시아 전역에 치킨 라이스가 퍼져 있다.

01

야들야들한 가슴살이 일품
호키
Hoe Kee

★
TIP

기름진 치킨 라이스를 먹을 때 곁들이면 좋은 하이난식 야채볶음 Vegetable도 함께 주문하자. 짭짤하면서도 아삭하게 씹히는 맛이 느끼함을 달래준다.

말라카 현지인들에게 물어보면 첫손에 꼽히는 치킨 라이스 볼. 넓은 고택을 단정하게 잘 꾸며서 식당으로 쓰고 있다. 부드럽고 야들야들하게 잘 삶은 닭고기가 이 집의 최고 장점. 밥알이 완전히 뭉개지지 않게 적당한 질감으로 뭉친 라이스볼도 우리 입맛에 잘 맞는 편이다. 닭고기를 찍어 먹는 고추소스가 살짝 약한 편이라 달큰한 간장소스를 함께 뿌리면 좋다. 주말이면 줄을 서긴 하지만 공간이 넓은 편이라 그리 오래 기다리지는 않는다.

CHECK 1인분으로 라이스볼은 5개, 닭은 1/4 마리가 기본이다. 가격표가 식당 안에는 따로 없고 입구에 붙어 있다. 보통 15:00에서 16:00 사이에 닭이 떨어지면 문을 닫는다.

ADD 468, Jalan Hang Jebat TEL +60 6-283-4751 OPEN 월~일 09:00~17:00, 매월 마지막 수 휴무 COST 닭 1/4(1인분) RM15, 닭 1/2(2인분) RM22.5, Tax 6% 별도 ACCESS 네덜란드 광장에서 탄 킴 썽 다리를 건넌 후 첫 번째 사거리를 지나 존커 거리의 초입 오른쪽에 있다. MAP p.174-C

02

알싸한 소스 맛이 중독적인

충와

Kedai Kopi Chung Wah

\TIP/

비교적 한산한 아침시간을 노리자. 줄이 너무 길어지는 주말 점심시간에는 뜨거운 햇빛 아래에서 줄을 서는 것도 괴로운 일이다.

유난히 긴 줄로 일단 시선을 끄는 식당. 허름하고 좁은 식당 안과 밖이 관광객들로 만원을 이룬다. 이 집의 최고 매력은 매콤하면서도 상쾌한 단맛이 느껴지는 소스. 살짝 질기게 삶아진 닭고기와 밥알이 많이 뭉개진 라이스볼도 이 소스만 찍으면 맛있게 느껴진다. 맛있게 매운 이 중독적인 소스 덕분에 손님들이 줄을 서는지도 모르겠다.

CHECK 불친절한 서비스와 무신경한 위생 상태, 불투명한 가격 등 유명한 맛집의 안 좋은 버릇들이 이곳에서도 자주 드러난다. 닭고기 손질 과정에서 남은 잔뼈가 씹힐 수도 있으니 주의하자.

ADD 18, Lorong Hang Jebat **TEL** +60 6-284-9660 **OPEN** 08:30~15:00(재료가 떨어지면 문 닫음) **COST** 닭 1/2(2인분) RM22.3 **ACCESS** 네덜란드 광장에서 탄 킴 썽 다리를 건넌 후 하드락 카페를 지나자마자 오른편 코너에 식당 입구가 있다. **MAP** p.174-E

03

현지인에게 인기 있는

이 지 반
치킨 라이스볼

Ee Ji Ban Chicken Rice Ball

ADD 275, Jalan Melaka Raya 3 **TEL** +60 16 216 5220 **OPEN** 10:30~21:30 **COST** 치킨 1인분 RM5, 라이스볼 1개 RM0.4, 치킨 라이스 RM7 **ACCESS** 다타란 파라완 쇼핑몰 앞 메르데카 대로를 동쪽으로 따라가다가 스타벅스를 코너에 두고 우회전하면 왼쪽에 식당이 있다. **MAP** p.161-E

말라카에서 인기 있는 3대 치킨 라이스 가게 중 하나. 다른 곳과는 달리 무슬림도 먹을 수 있는 할랄 음식으로 판매하기 때문에 중국계 관광객보다는 말레이시아 현지 단골들이 많이 찾는다. 닭고기 양이 살짝 적은 점은 아쉽지만 대신 가격대가 저렴하다. 삶은 닭고기와 바비큐 치킨을 반반으로 섞어서 주문도 가능하다. 라이스 볼 역시 세트가 아닌 개당으로 원하는 만큼 주문할 수 있다. 1인 기준, 반반 섞은 치킨 한 접시에 라이스 볼 5개 정도면 적당. 동그랗게 뭉친 라이스 볼 대신 닭고기 육수로 지은 밥에 치킨을 얹은 치킨 라이스도 인기 있다.

CHECK 주말 점심시간에는 대기 줄이 있으며, 대기하는 곳에 에어컨이 없어서 더우니 가능하면 이 시간을 피해서 방문한다.

치킨 라이스 세트, RM7

반반 치킨, RM5

뇨냐 음식

뇨냐 음식을 맛보는 것은 말라카에서 만들어진 페라나칸 문화를 머리가 아닌 몸으로 느낄 수 있는 최고의 방법이다. 향신료 냄새 가득한 그들의 주방에서 나온 음식들을 먹으며 중국인 이민자들과 말레이 현지인들이 결혼한 15세기 후반으로 돌아가 보자.

TALK

국제결혼의 산물, 뇨냐 음식

바바뇨냐들이 만들어 먹던 음식들은 지금까지도 대를 이어오며 전해지고 있는데, 이것들을 '뇨냐 음식'이라고 한다. 간단히 말하자면, 말레이식 음식 재료들과 중국식 요리 기법의 결합으로 탄생한 음식들이다. 일반적인 중국음식에서는 볼 수 없는 말레이식 양념이나 향신료, 허브와 견과류 등을 많이 사용한다.

1 두툼하게 말아서 큼직하게 썬 포피아
2 스키잔투스 꽃잎으로 물들인 파란색 밥알이 특징
3 포피아의 핵심 재료인 히카마 조림

01

산뜻한 포피아 한 접시

포 피 아 리
Poh Piah Lwee

간단한 식사 대용으로도 좋고 든든한 간식으로도 좋은 **말라카식 스프링롤 포피아** Pohpiah를 소개한다. 서양인들에게 널리 알려진 '스프링롤'이 기름에 튀긴 전채라면, 말라카에서 먹는 포피아는 얇은 밀전병 위에 조린 야채들을 올려서 돌돌 만 것이다.

타피오카 분말을 섞은 밀가루 반죽으로 보드라우면서도 쫄깃한 포피아 피를 구운 다음, 히카마(멕시코 감자)로 달짝지근하면서도 감칠맛 나는 소를 만드는 것이 핵심이다. 이 소의 맛이 가게마다 모두 다르다. 이제 포피아 피 위에 해선장이나 케첩 마니스를 펴 바르고, 상추와 숙주, 튀긴 두부와 조린 히카마를 얹어서 돌돌 말면 끝. "스파이시?"라는 질문에 "예스"라고 답하면 약간의 칠리소스도 추가된다. **뇨냐 스타일 주먹밥인 '뇨냐 창** Nyonya Chang'역시 말라카의 명물이다. 댓잎으로 싸서 찐 주먹밥에는 설탕에 조린 동과와 양념한 돼지고기가 들어 있다.

ADD 14, Jalan Kubu 75300 Melaka **TEL** +60 6-282-7175 **OPEN** 수~일 09:30~17:30, 월 · 화 휴무 **COST** 포피아 RM4, 덤플링 RM5 **ACCESS** 존커 거리의 북서쪽 끝에서 왼쪽으로 꺾는다. 왼쪽 도로변에 가게가 있다. **MAP** p.174-B

TIP

바바뇨냐와 페라나칸

15세기부터 말레이시아로 이주해 온 중국인들은 현지 여인들과 결혼해 정착한다. 초기 이주민들은 대부분 통상무역과 관련한 일을 하는 상인이었고, 이들의 후손을 바바뇨냐(남자는 바바 Baba, 여자는 뇨냐 Nyonya)라고 부른다. 중국에서 믿던 종교는 그대로 유지하는 대신 말레이의 언어와 문화를 받아들이는데, 이렇게 **중국과 말레이가 혼성된 독특한 전통이 페라나칸** Pelanakan **문화**다.

1 달짝지근한 닭찜 같은
치킨 폰테
2 시큼하면서도 구수한
독특한 맛. 아삼 피시
3 메인 요리 1가지에
밥과 아이스티가 포함된
런치세트

1 4단으로 구성된 티핀
2 예쁜 조각 케이크도
주문할 수 있다.
3 수프 + 샐러드 +
고기요리 + 야채 요리 +
후식으로 구성되는
런치 세트

02

저렴한 런치세트로 뇨냐 음식 맛보기
코칙 키친
Kocik Kitchen

음료까지 포함한 저렴한 런치 메뉴가 있어서 뇨냐
음식이 어떤 건지 간단하게 맛보기 좋은 식당. 관광
객들을 위해 순화된 맛을 선보이기보다는 바바뇨
냐의 원래 입맛에 충실한 뇨냐 음식 전문점이다. 돼
지고기를 사용하지 않고 할랄을 따르는 집이라 현
지인 무슬림들이 선호한다.

향신료 사용에 익숙한 현지인들이 꼽는 대표 메뉴
는 다진 생선살을 쪄내는 오탁오탁 Otak-otak과 시큼
한 생선 스튜인 아삼 피시 Assam fish. 향신료가 낯선
우리 입맛에는 버섯과 감자를 넣어서 달큼하게 끓
인 치킨 폰테 Chicken Ponteh가 부담 없이 먹기 좋다. 코
코넛 밀크의 농후한 맛을 좋아한다면 파인애플 새
우 커리 Lemak Nenas Prawn도 시도해볼 만하다. 그리고
무엇을 먹든, 마무리는 첸돌이라는 것을 잊지 말자.
ADD 100, Jalan Tun Tan Cheng Loke **TEL** +60 16-929-
6605 **OPEN** 월·화·목 11:00~18:30, 금·토 11:00~
17:00, 18:00~21:00, 일 10:00~19:30, 수 휴무 **COST** 런치
세트 RM9.9~12,9(12:00~14:00), 첸돌 RM4.5 **ACCESS** 네
덜란드 광장에서 도보 8분 **MAP** p.174-B

03

강변의 특급호텔에서 즐기는 티핀 런치
리버사이드
Riverside

음식 하나에도 멋과 분위기를 따지는 사람이라면
말라카 최고의 호텔 카사 델 리오 Casa del rio에서의
점심시간은 비워두자. **영국 통치 시절에 즐겨 사용
하던 전통 도시락 티핀**에 담긴 뇨냐 음식들을 즐길
수 있다. 4단짜리 도시락 안에는 요일마다 바뀌는
샐러드와 메인 요리, 야채 요리와 후식 등이 차곡차
곡 쌓여 있는데, 40여 년의 경력을 가진 유명 쉐프
가 자기 집안의 레시피를 가져다가 만들었다.

영국의 식민지였던 인도에서 유래한 티핀 Tiffin은 원
래 '오후의 식사'를 뜻하는 말. 말레이시아의 부유
한 바바뇨냐 사이에서도 유행했던 티핀에는 그들
의 취향대로 화려한 중국풍 꽃무늬가 그려져 있다.
흐르는 강물을 바라보며 말라카에서 가장 우아한
방식으로 티핀 런치를 즐겨보자.
ADD Casa del Rio, 88, Jalan Kota Laksamana **TEL** +60
6-289-6888 **OPEN** 티핀 런치 12:00~16:00 **COST** 1인
RM38, TAX+S/C 별도 **ACCESS** 카사 델 리오 호텔의 1층,
리버사이드 카페 **MAP** p.174-D

서민형 맛집

말레이시아를 여행하면 이곳에 살고 있는 다양한 민족의 음식을 모두 맛볼 수 있어서 좋다. 한 그릇 또는 한 접시 음식으로 한 끼를 해결하는 말레이시아 사람들의 입맛을 탐험할 기회. 말라카 스타일이라 더욱 사랑받는 서민형 맛집들을 소개한다.

01

포슬포슬하게 구운 토스트

룽 안 Lung Ann

카야 토스트에 진한 커피 한 잔, 그리고 반숙으로 삶은 달걀. 이 3가지 콤비네이션으로 말레이 스타일 아침 식사를 해보자. 아무런 장식도 없는 오픈형 공간에 몇 개의 가판대들이 놓여 있는데 그중에서 토스트 담당은 커피를 파는 주인장 할아버지이다. 얇게 눌러서 구운 토스트에 달콤한 카야 잼을 바르고 버터 조각을 올렸을 뿐인데 자꾸 끌리는 맛. 토스트를 한 입 깨물었을 때 느껴지는 포슬포슬함의 비밀은 덩어리 식빵을 직접 빵칼로 잘라내 거친 표면을 만드는 것이다. 진한 커피에다 적당량의 연유로 달콤함을 더하면 토스트와 금상첨화. 여기에 반숙 달걀까지 곁들이면 간단하지만 든든한 아침 식사가 완성된다.

ADD 93/807, Lorong Hang Jebat **OPEN** 08:00~16:00, 목휴무 **COST** 코피 RM1.4, 코피 펭 RM1.8, 카야 토스트 RM1.2 **ACCESS** 네덜란드 광장에서 탄 킴 썽 다리를 건넌 후 첫 번째 사거리에서 오른쪽 길로 들어간다. 두 번째 삼거리 코너에 있다. 광장에서 도보 4분 **MAP** p.174-C

기본형 아침 식사인
토스트 + 커피 + 반숙 달걀

TIP

달걀 받침 없이 반숙 달걀 먹는 법

1 수저로 톡톡 두드려 달걀을 깬다.
2 같이 나온 접시에 달걀을 옮겨 담는다.
3 잘 나오지 않는 부분은 수저로 긁어낸다.
4 입맛대로 간장소스를 뿌려 먹는다.
5 토스트를 달걀에 푹 찍어서 먹는다.

Travel Plus +

오후에만 문을 여는 사테 가게

룽안을 점심 이후에 방문했다면 14:00부터 17:00까지만 영업하는 사테 가판대를 이용해보자. 고소하고 달콤한 땅콩소스가 이 집의 인기 비결이다. 우리 입맛에 잘 맞는 것은 닭고기나 돼지고기를 사용한 사테 (10개 RM8). 내장이나 간을 사용하는 사테는 조금 하드코어하다.

02

무슬림 스타일의 사테 한 접시

라인 클리어

Restoran Line Clear
Kg. Jawa Melaka

밝은 빛깔의 닭고기
사테가 우리 입맛에
익숙하다.

차이나타운에서 내내 중국풍 음식만 먹다가도, 다리 하나만 건너면 무슬림 음식을 먹을 수 있는 게 말라카의 매력이다. **말라카에서 가장 저렴하면서도 맛있는 사테**Satay로 손꼽히는 집. 이슬람 계율에 따라 돼지고기는 먹지 않는 대신 닭Ayam, 소 Sapi, 염소 Kaping 등으로 사테를 만든다. 야자 잎이나 바나나 잎을 엮은 주머니에 쌀을 넣어서 찌는 쌀 떡인 론통lontong과 함께 먹으면 더욱 든든하다.

연기가 자욱할 정도로 사테를 구워내지만 포장 손님이 워낙 많아서 주문 후 대기시간이 길다. 인도계 무슬림들의 국민 음료인 떼 따릭Teh Tarik이라도 마시며 말라카 강을 오가는 배들을 구경해 보자.

ADD Kampung Jawa **OPEN** 11:00~17:00, 일 휴무 **COST** 사테 10개 RM8~ **ACCESS** 리틀 인디아로 들어가는 사거리에서 강 위를 가로지르는 큰 다리를 건넌 다음 직진하다가 오른쪽의 작은 골목(Lorong Jambatan)으로 들어가면 작은 다리로 이어진다. 다리를 건너자마자 왼쪽 공터에 가게가 있다. **MAP** p.174-C

더운 날씨에 당분을
보충해주는 떼 따릭

03

고소한 굴 오믈렛 한 접시

신 윈 호

Sin Yin Hoe Coffee Shop

껍질이 얇아 통째로 먹는 소프트셀 크랩 튀김 Deep Fried Soft-Shell Crab도 이 집의 명물. 가게의 주방에서 직접 만드는 요리다. 바삭하게 튀겨 고소한 껍질까지 씹어먹기 때문에 맥주 안주로는 최고.

소프트셀 크랩 튀김

늦은 밤 야식이 생각날 때, 그것도 맥주 한잔과 잘 어울리는 안주가 생각날 때 추천할 만한 가게. 여럿이 돌아가며 사용하는 음식 가판이 딸린 오래된 식당인데, 그중 굴 오믈렛을 만드는 가판대가 늦은 오후부터 밤늦은 시간까지 영업한다.

굴 오믈렛Oyster Omelette은 달걀 반죽에 타피오카 분말과 쌀가루를 넣기 때문에 진득한 식감이 특징. 달걀 반죽을 거의 다 익을 만큼 달달 볶은 다음 굴을 재빨리 볶아서 섞고 간장과 청주로 간을 맞춘다. 굴의 씨알이 조금 작긴 하지만 고소하게 잘 구운 오믈렛은 함께 내주는 매콤달콤한 칠리소스에 찍어 먹으면 된다. 이국의 낡은 가게에서 마시는 한 잔의 기억이야말로 여행의 별미다.

ADD 135, Lorong Hang Jebat **OPEN** 수~월 16:00~23:00, 화 휴무 **COST** 굴 오믈렛(오친) RM8~15 **ACCESS** 리틀 인디아로 들어가는 사거리에서 강 위를 가로지르는 큰 다리를 건넌다. 사거리 왼쪽 코너에 가게가 있다. **MAP** p.174-C

주야장천 문을 여는 우리나라와는 달리, 말라카의 식당은 딱 주인이 열고 싶을 때만 연다. 자신들 대표 음식의 특성에 맞춰서 말이다. 그러니 식당 시간을 잘 모르면 밥 먹기가 어려운 곳이 말라카다. 말라카에 언제 머무느냐에 따라 가볼만한 맛집들을 소개한다.

01 ······ **아침**
말라카에서 제일 오래된 딤섬집
로 용 모
Low Yong Moh

달콤짭짤한 고기찐빵, 차시우바오

＼TIP／ ★

딤섬 주문하는 방법

1 빈 테이블에 자리를 잡고 앉는다.
2 원하는 차 종류를 주문한다. 보통 인원수에 따라 기본적인 중국차(주전자 단위)가 자동으로 주문된다.
3 찜기로 가거나 테이블로 들고 온 쟁반에서 딤섬을 고른다.
4 테이블의 주문서에 딤섬 종류와 가격이 표시된다.
5 주문서를 들고 가 계산한다.

대나무 바구니에 뜨거운 김을 잔뜩 올려 쪄내는 딤섬 한 접시로 말라카의 아침은 시작된다. 1936년에 가게를 시작해 3대째 이어가고 있는 유서 깊은 가게. 이른 아침부터 딤섬 몇 접시와 차 한 주전자로 요기하며 신문을 읽는 할아버지 단골들이 많다. 주말이면 아침부터 줄을 설 정도로 관광객들에게도 인기가 있다.

이 집을 유명하게 만든 딤섬은 부드럽고 폭신하게 쪄낸 찐빵(바오) 종류들. 그중에서도 달짝지근하게 양념한 차슈(차시우)를 넣어 큼직하게 빚은 타이 바오 Tai Bao 가 제일 유명하다. 타이 바오는 차시우바오를 크게 만들었다는 뜻. 달콤한 육즙이 달콤짭짤한 살코기와 잘 어우러지는 차시우바오는 우리 입맛에 잘 맞는 딤섬의 대표 주자다.

ADD 32, Jalan Tukang Emas **TEL** +60 6-282-1235 **OPEN** 05:30~12:30(딤섬이 떨어지면 문닫음), 화 휴무 **COST** 딤섬 1접시 RM3~5 **ACCESS** 깜풍 클링 모스크 건너편 **MAP** p.174-C

02 ······ **점심**
말라카에서 가장 트렌디한 점심 식사
더 바분 하우스
The Baboon House

그릭 버거

말라카에서 가장 유서 깊은 골목의 고건물을 가장 최신의 감각으로 꾸민 식당. 메뉴 역시 말라카 전통과는 거리가 먼 서양음식들이다. 사람들이 즐겨 찾는 이 집의 시그니처 메뉴는 큼직한 양고기 패티와 야채를 쌓아 올린 그릭 버거 Greek Berger와 푸짐한 샐러드 종류들. 다진 고수와 고춧가루로 양념하는 스타일이라 지중해 지역의 독특한 향신료에 익숙한 사람들에게 추천한다.

ADD No.86, Jalan Heeren(Jalan Tun Tan Cheng Lock) **OPEN** 평일 09:30~17:00, 주말 09:30~19:00, 화 휴무 **COST** 그릭버거 RM22.8 **ACCESS** 네덜란드 광장에서 탄 킴 썽 다리를 건넌 후 첫 번째 사거리에서 왼쪽 길로 꺾는다. 바로 다음 오른쪽 길로 들어서 직진한다. 도보 6분 **MAP** p.174-B

03 ········· **저녁**

해 질 무렵 굽기 시작하는 탄두리 치킨
팍 푸트라
Pak Putra

········ TALK ········

말라카의 북인도 요리

인도계는 말레이시아와 싱가포르 전체 인구의 8%를 차지한다. 남인도 요
리가 쌀·채소·
렌틸콩을 주재
료로 사용하고
커리 같은 향신료
를 많이 활용한다면,
북인도 요리는 탄두
리 요리와 난을 중
심으로 한다.

해가 지는 저녁이면 화덕에 불이 오르고 가게 앞 공터에 수십 개의 테이블이 펴진다. 말라카에서는 북인도 요리 전문점으로 첫손으로 꼽히는 집. 커다란 화덕에서 구워내는 치킨 탄두리 Chicken Tandoori 와 부드럽게 잘 부풀어 오른 난 Roti Naan 이 대표 메뉴다.

캐슈넛과 아몬드를 포함해 12가지 허브와 향신료를 섞은 요구르트에 잘 재운 덕분에 화덕에서 구워낸 후에도 촉촉하고 부드러운 살코기를 유지하는 것이 비법. 탄두리 치킨과 함께 나오는 민트 소스 역시 10가지 향신료를 포함하는 이 집의 비밀 레시피로 만들어진다. 곁들일 난은 치즈 난이나 갈릭 난 등 입맛대로 골라보자.

사람들 모두 실내보다는 야외 테이블을 선호하는데, 어두워질수록 하나 둘 늘어나는 테이블마다 바로바로 손님들로 채워진다.

ADD Jalan Laksamana 4 **TEL** +60 12-601-5876 **OPEN** 18:00~다음날 01:00, 격주로 월 휴무 **COST** 난 RM3~7, 치킨 탄두리 RM9 **ACCESS** 카사 델 리오 정문을 바라보고 오른쪽으로 이어지는 길(Jalan Kota Laksamana)을 따라 걷는다. 정문에서 도보 6분 **MAP** p.174-B

말라카 전통 디저트

뜨거운 태양에 적응하며 살아온 말라카 사람들은 시원하고 달콤한 얼음 디저트로 한낮의 더위를 달랜다. 새콤달콤 고소한 파인애플 타르트는 말라카 거리를 걷다보면 가장 많이 보게 되는 명물 디저트이다. 존커 거리 근처에서 유명한 디저트 가게, 3곳을 소개한다.

\TIP/

말라카식 첸돌

동남아시아에서 사랑받는 얼음 간식인 '첸돌 Cendol'은 차가운 코코넛 밀크와 가늘고 길게 뽑은 초록색 첸돌(쌀가루 젤리)이 기본 재료다. 영국인들이 냉장기술을 들여온 이후에는 얼음도 추가되었다. 그중에서도 **말라카식 첸돌은 '굴라 말라카(종려당)'** 시럽을 듬뿍 사용한다는 것이 특징이다.

존커 88의 바바 첸돌

아이스 까장

\TIP/

안쪽의 주방에서 계산하고 직접 음식을 받아오는 셀프서비스 방식. 앉을 자리는 알아서 찾아야 한다. 음식이 나온 상태에서 자리를 찾아 헤매는 것은 매우 불편하니, 테이블 확보부터 신경을 쓰자.

01 ....

진하디진한 종려당 소스가 듬뿍

존커 88

Jonker 88

생애 첫 번째 첸돌과의 만남을 괜찮은 기억으로 만들어줄 가게. 팥빙수를 생각하고 먹으면 살짝 당황스러운 것이 첸돌의 맛인지라, 코코넛밀크나 판단젤리의 맛이 크게 거슬리지 않는 존커 88의 첸돌이 초보자들에게 좋다.

이 집의 대표 메뉴인 **바바 첸돌** Baba Cendol은 곱게 간 얼음 위에 진득한 굴라 말라카 소스를 잔뜩 뿌려서 나오는데, 진하고 스모키한 종려당 특유의 단맛을 느낄 수 있다. 기름지고 농후한 코코넛 밀크의 향이 거슬리는 사람은 과일을 올린 아이스 까장 Ice Kacang이 대안이 된다. 옛날 말라카 전통가옥을 그대로 되살린 가게 안 모습도 그 자체로 박물관 같은 볼거리다.

ADD 88, Jalan Hang Jebat (Jonker Street) **TEL** +60 6-286-8786 **OPEN** 10:00~ 18:00(토 ~22:00) **COST** 바바 첸돌 RM4, 뇨냐 아삼 락사 RM8, Tax+S/C 별도 **ACCESS** 네덜란드 광장에서 탄 킴 씽 다리를 건너서 존커 거리를 따라 계속 직진한다. 광장에서 도보 6분 **MAP** p.174-B

TALK

첸돌의 짝꿍은 락사 Laksa

밥 따로, 디저트 따로 먹는 것이 익숙한 우리지만, 말레이시아 사람들은 첸돌과 락사를 함께 먹는다. 고등어나 정어리를 푹 고아서 만드는 락사는 시큼하면서도 매콤한 맛이 독특한 생선국수다. 뜨끈한 락사 국물을 마시다가 달콤하고 시원한 첸돌을 먹는 맛은 맛보지 않고서는 상상할 수 없는 묘미. 우리나라 사람들 입맛에 잘 맞는 락사로는 코코넛 밀크나 고수의 사용을 최소화한 '존커 88'의 '뇨냐 아삼 락사 Nyonya Asam Laska'를 추천한다.

뇨냐 아삼 락사

02

네덜란드 광장 바로 건너편
시계탑 첸돌
Cendol Jam Besar

초록색 수박 껍질에
그대로 담아 주는 수박 주스, RM10~

시계탑 길 건너편에는 현지인들에게 유명한 첸돌 가게가 있다. 예상보다 뜨거운 말라카의 뙤약볕에 지친 사람들이라면 잠시 쉬어가기 좋은 포인트다. 원래는 딱히 이렇다 할 이름도 없이 길바닥에서 장사하던 노점으로, 허름하지만 긴 세월 같은 자리를 지켜온 터라 단골들이 많다. 시계탑 앞에 있다고 해서 사람들이 '시계탑 첸톨 Cendol Jam Besar'이라고 불렀다는데, 이게 유명해지면서 정식 이름이 되었다. 현지인들은 이 집의 코코넛 밀크와 팜 슈가, 팥과 젤리의 조합이 그렇게 오묘하다는데, 첸돌 맛이 낯선 외국인이 감별하기는 좀 어렵다. 작은 수박 1통을 통째로 갈아주는 수박주스도 인기다.

ADD Jalan Laksmana **OPEN** 10:00~21:00 **COST** 첸돌 RM2.5, ABC RM3.5 **ACCESS** 네덜란드 광장 건너편, 강변 쪽 공터 **MAP** p.161-B

03

파인애플 토핑이 맛있는
크리스티나 이
Christina Ee Jonker Nyonya
Products

달콤하게 조린 파인애플 토핑을 올린 파인애플 타르트 Pineapple Tart는 바바뇨냐의 주방에서 만들어지는 말라카의 대표 간식이다. 파인애플의 새콤한 맛을 좋아한다면 이 집의 타르트가 제격이다. 버터 향이 가득한 크러스트가 살짝 딱딱하고 얇은 편이지만, 파인애플 토핑만큼은 말라카 최고의 맛이라고 해도 크게 이의가 없을 정도다. 그만큼 신선하면서도 상큼한 파인애플 특유의 맛을 가장 잘 살린 가게다. 파인애플 타르트 외에도 다양한 뇨냐 음식 재료들을 함께 판매하고 있다. 한국으로 돌아가서 말레이 음식을 만들어 보고 싶다면, 필요한 양념이나 재료들을 둘러보기에 좋다.

ADD Jalan Hang Lekir **TEL** +60 6-281 2023 **OPEN** 월~목 10:00~18:00, 금~일 10:00~ 22:00 **COST** 원형 1박스 RM10 **ACCESS** 존커 거리의 지오그래퍼 카페 건너편에 파인애플 타르트 모형이 달린 집. 작은 입간판은 눈에 잘 띄지 않는다. **MAP** p.174-B

카페

한낮의 온도가 40도 가까이 치솟는 말라카에서는 쉬어갈 장소가 꼭 필요하다. 달콤하고 시원한 커피와 주스 한잔이면 땀이 주르륵 흐르는 무더위도 이겨낼 힘이 생긴다.

01

굴라 말라카와 커피의 만남
스톨른 컵
The Stolen Cup

시그니처 굴라 말라카 라테, RM13

주스 '헐크', RM12

존커 거리 초입에 있어서 항상 사람들로 붐비는 이 카페는 굴라 말라카로 단맛을 낸 커피를 맛볼 수 있는 곳이다. 굴라 물라카는 야자나무의 수액을 졸여서 만든 당으로 마치 흑설탕처럼 진한 갈색을 띠며, 엿과 비슷한 독특한 단맛을 느낄 수 있다. 커피에 넣으면 커피의 맛을 더 풍부하게 살려준다. 밖에서 보기엔 입구가 오픈되어 있고 선풍기가 돌아가서 더워 보이지만 한 걸음만 안으로 들어가면 시원한 에어컨 바람을 느낄 수 있다. 설탕과 물을 넣지 않은 콜드프레스 주스도 있는데, 구아바와 그린애플, 라임으로 만든 '헐크'는 시원하고 산뜻한 과일의 단맛에 눈이 번쩍 떠진다.

ADD 12, Jalan Hang Jebat **TEL** +60 12-300 9130 **OPEN** 09:00~23:00 **COST** 커피 RM8~13, 주스&스무디 RM12~16 **ACCESS** 네덜란드 광장에서 콘커 거리로 들어서자마자 오른편에 있다. **MAP** p.174-C

02

말레이시아 13개 주
커피를 맛보자
칼란데 아트 카페
Calanthe Art Café

13개 주 커피 중
말라카 커피, RM13

칼란데 락사

말레이시아의 커피 맛이 궁금한 커피 마니아라면 한 번쯤 들러봐야 할 곳. 말레이시아 13개 주의 커피를 한자리에서 맛볼 수 있다는 것만으로도 호기심을 자극한다. 페인트로 덧칠한 벽에 그림까지 더해진 다소 히피스러운 분위기. 말레이시아 13개 주의 원두 중에서 골라 마셔도 되고, 다른 곳에서는 보기 힘든 기묘한 조합의 음료를 선택할 수도 있다. 최고의 품질은 아니지만 다양한 토종 커피들을 체험하며 경험치를 쌓을 수 있다. 음식 메뉴도 제법 다양하게 준비하고 있다.

ADD 11, Jalan Hang Kasturi **TEL** +60 6-292-2960 **OPEN** 금~수 12:00~24:00, 목 휴무 **COST** 커피 RM4.8~, 락사 RM12.8 **ACCESS** 존커 거리를 따라 직진하다가 왼쪽의 길(Jalan Hang Kasturi)로 들어가면 오른쪽에 가게 간판이 보인다. **MAP** p.174-C

03

달콤한 과일 밀크셰이크
리마우 리마우
카페
Limau Limau Café

치킨&에그 치아바타 샌드위치
썸머 세트(딸기&망고)
망고 밀크셰이크

말라카에서 제일 맛있는 밀크셰이크가 존커 거리 뒷골목에 있다. 짙은 색 목제 가구 위에 샹들리에가 드리워진 가게는 유럽 뒷골목의 작은 카페테리아 같은 풍경을 자랑한다. 가격이 조금 비싼 대신 신선한 재료를 아끼지 않고 사용해 머리가 띵할 정도로 걸쭉한 밀크셰이크를 만들어 낸다. 서양 스타일의 브런치를 즐기고 싶다면 09:00~11:00에 방문할 것을 추천한다. 가게에서 구운 **치아바타** Ciabatta**로 만든 튼실한 샌드위치**에 오렌지주스나 커피 한 잔이 포함되는 아침세트 메뉴가 인기다. 샌드위치 역시 좋은 재료를 푸짐하게 사용하면 맛있다는 단순한 진리를 고수한다.

ADD No 9, Jalan Hang Lekiu, 75200 Melaka TEL +60 12-698-4917 OPEN 목~월 09:00~19:00, 화 · 수 휴무 COST 밀크셰이크 RM10~12, 아침 세트 메뉴 RM17.9~24.9 ACCESS 캄풍 클링 모스크에서 존커 거리 쪽으로 가는 작은 골목 (Jalan Hang Lekiu)에 위치 MAP p.174-B

04

초콜릿으로 원기충전!
몰튼 초콜릿 카페
Molten Chocolate Café

몰튼 플래닛
RM18.5
몰튼 초콜릿
크레프+아이스크림, RM20.5

ADD Lot FG-18, Dataran Pahlawan Melaka Megamall, Jalan Merdeka TEL +60 11 2342 5370 OPEN 월~목 10:00~22:00, 금~일 10:00~24:00 COST 크레페 RM18~, 핫초콜릿&초콜라테 RM14~ ACCESS 다타란 파라완 쇼핑몰 1층 동쪽 정문 옆에 위치 WEB www.moltenchocolatecafe. com MAP p.161-C

지치고 피곤할 때는 달콤한 초콜릿만큼 좋은 것도 없다. 몰튼 초콜릿 카페는 현지의 젊은 여성들에게 폭발적인 인기를 끌고 있는 디저트 카페로, 고급스러운 인테리어만큼이나 품질 좋고 비싼 벨기에 초콜릿을 사용해 소문이 자자하다. 말레이시아 물가에 비하면 가격대가 높은 편이지만 달콤한 초콜릿을 맛보며 행복해하는 사람들로 가득하다.
꼭 마셔봐야 할 시그니처 음료는 달콤한 초콜릿 조각이 씹히는 몰튼 플래닛 Molten Planet이다. 아이스 초코 라테와 밀크 셰이크의 중간 형태라, 한 모금만 마셔도 눈이 번쩍 떠질 만큼 진하고 부드러우면서도 달콤하다. 초콜릿 마니아라면 화이트/브라운/다크 초콜릿으로 촘촘하게 무늬를 그려 넣은 크레이프도 시도해 보자. 부드러운 크레이프와 진득한 초콜릿 소스의 환상적인 만남이 매력적이다. 곁들여 먹을 시원한 아이스크림도 추가로 주문할 수 있다.

말라카 특산품

말라카 사람들이 오랫동안 즐겨 온 특유의 맛을 한국까지 가져가
보자. 파인애플 타르트와 잘 어울리는 커피에서부터 열대 과일의
왕이라 불리는 두리안과 야자나무수액으로 만든 전통 설탕까지, 부
담스럽지 않은 가격으로 독특한 여행 선물을 살 수 있다.

두리안으로 만들 수 있는 모든 것

01 산수공
San Shu Gong

동결건조 두리안

쌀가루에 코코넛밀크와
종려당을 섞어서 만든 도돌

TALK

두리안을 먹을 때 피해야 할 음식

두리안을 처음 먹는 사람들에게 현
지인들이 전하는 주의점 No.1은 '맥
주와 함께 먹지 말 것'. 두리안과 맥
주를 같이 먹으면 몸 안에서 안 좋
은 성분들이 생긴다고 하는데, 심한
경우 배탈이 나거나 심장마비를 일
으킬 수도 있다고 하니 조심하자.
몸에 열이 오르게 만드는 두리안의
특성상 술 종류와 함께 먹는 건 피
하는 게 좋다.

1층의 카페에서는
두리안 첸돌을
판매한다.

두리안을 좋아하는 사람이라면 이 집에서 구입한 물건들을 채울 수 있
게 캐리어부터 비워두자. 두리안 마니아들이 제일 반가워할 선물은 두
리안 과육을 동결 건조한 제품 Freeze-dried Durian. 입안에 넣으면 뻥튀기처
럼 녹아들면서 생 두리안과 흡사한 맛이 느껴진다. 동결 건조식품 특유
의 단맛 덕분에 냄새가 심하지 않고 질퍽거리던 식감도 스낵처럼 변해
서 두리안 초보들도 훨씬 먹기 편하다.
양갱보다는 쫀득하고 엿보다는 말랑한 두리안 도돌 Dodol Durian은 달콤
한 간식거리로 딱이다. 먹기 편하게 개별 포장된 것도 있고 큰 덩어리를
잘라 먹는 타입도 있다. 포장이 예쁜 두리안 잼도 부담 없는 선물로 좋
다. 무엇보다 큰 장점은 마음 편하게 시식할 제품들이 많다는 것. 워낙
관광객들이 몰려드는 곳이라 시식만 하고 나와도 심리적 압박감이 적다.

TIP

쿠알라룸푸르 국제공항의 기념품
가게에도 산수공의 제품 몇 가지
가 입점해 있다. 들고 다닐 무게를
생각한다면 공항에서 사는 것도
방법. 하지만 말라카에 있는 산수
공 본점보다는 가격이 비싸고 종
류도 한정되어 있다.

ADD 33, Jalan Hang Jebat TEL +60 6-282-8381 OPEN 월~목 09:00~18:00, 금~일 09:00~22:00 COST 동결 건조 두
리안 100g RM30, 두리안 도돌 200g 2개 RM10, 두리안 잼 400g RM12 ACCESS 네덜란드 광장에서 다리를 건너 존커 거리
의 동쪽 초입에 있는 4층짜리 붉은 건물이 산수공 매장이다. MAP p.174-C

파인애플 타르트에 곁들이는 커피 한 잔

02 에익 청
Aik Cheong Coffee Roaster Sdn. Bhd

말라카 전통 스타일의 원두커피 제품을 구입할 수 있는 곳. 한국인 여행자들 사이에서 유명한 '알리 커피'는 인스턴트 커피파우더를 사용하는 믹스커피지만, 말라카 사람들이 즐겨 마시는 '코피 오 Kopi O'는 설탕을 넣은 원두커피. 1957년 문을 연 에익 청의 커피 로스팅 가게는 좋은 품질의 원두로 큰 인기를 끌었는데 지금도 말라카 대부분 커피숍에서 에익 청의 제품을 사용한다.

말라카식 로스팅의 비밀은 커피원두 70에 야자오일로 만든 마가린과 소금·설탕을 30의 비율로 섞어서 로스팅하는 것. 에익 청의 대표 제품인 '코피 오'는 잘 로스팅한 원두를 곱게 간 다음, 더운물에만 담그면 바로 마실 수 있도록 한 잔 분량씩 개별 포장해 놓았다. 현재 로스팅 공장은 시내 외곽으로 옮겨졌고 옛 시절에 사용하던 작은 가게는 판매점으로 운영 중이다. 인스턴트 커피파우더에 설탕과 크림을 넣은 화이트커피 믹스제품도 판매한다.

ADD 95, Jalan tokong TEL +60 6-336-8838 OPEN 월~목 11:00~18:00, 금~일 11:00~22:00 COST 코피 오 20개들이 RM6 ACCESS 네덜란드 광장에서 다리를 건너 존커 거리를 따라 직진한다. 주말 야시장에서 노래 부르는 무대 뒤편의 골목에 매장이 있다. 도보 10분 WEB www.aikcheong.com.my MAP p.174-B

Travel Plus +

건강하고 진한 단맛, 굴라 말라카 Gula Melaka 사기

뇨냐 음식의 단맛을 내는 데 필수 품인 굴라 말라카는 야자나무 수액을 달여서 만든 팜 슈거(종려당)의 일종이다. 사탕수수나 사탕무의 즙으로 만드는 일반 설탕에 비해 더 깊고 진한 맛이 특징. 걸쭉한 수액 상태나 혹은 지름 5cm 정도의 원기둥 모양으로 딱딱하게 굳혀서 판매한다. 존커 거리의 식료품가게나 뇨냐 음식 전문 식당에서 구입 가능. 주말마다 열리는 야시장에서도 판매한다.

TALK

말레이시아의 커피 주문법

설탕을 넣은 커피를 코피 오 KOPI-O, 여기에 얼음을 넣어서 차갑게 한 아이스커피를 코피 오 펭 KOPI-O PENG이라고 한다. 설탕을 뺀 뜨거운 블랙커피는 코피 오 코송 KOPI-O KOSONG, 아이스블랙커피는 코피 오 코송 펭 KOPI-O KOSONG PENG이라고 주문하면 된다.

쇼핑몰

엄청난 인파로 북적대는 쿠알라룸푸르의 쇼핑몰보다 한적하고 편안하게 쇼핑을 즐길 수 있는 장소. 산티아고 성문의 남동쪽에 커다란 쇼핑몰들이 모여 있어서 모두 도보로 편리하게 둘러볼 수 있다.

편리하고 쾌적한 쇼핑

01 다타란 파라완
Dataran Pahlawan Melaka Megamall

체크할 만한 매장

작은 도시지만 여자들이 좋아하는 **빅토리아 시크릿** Victoria Secret 매장이 입점해 있다. 신발 쇼핑을 원한다면 **찰스&키스** Charles & Keith와 파디니 숍 안에 있는 **빈치** Vinci 매장부터 확인할 것. 약국화장품을 모아서 파는 **왓슨스** Watson's나 코스메틱 편집숍인 **사사** Sasa도 있어서 소소한 화장품 쇼핑은 한자리에서 할 수 있다. FOS 같은 브랜드 아웃렛 매장도 입점해 있다.

말레이 음식에 적응하기 힘들었던 사람들은 맥도날드, 서브웨이, 버거킹 같은 패스트푸드점과 **스타벅스** Starbucks 같은 커피 전문점이 반갑다.

말라카에서 현대적인 쇼핑몰을 즐기고 싶을 때 가장 먼저 추천할 만한 곳이다. 쇼핑몰의 뒷문만 나서면 바로 산티아고 성문이 이어지는 편리한 위치로, 타밍 사리 전망대 쪽을 구경하다가 들르기도 좋다. 에어컨 바람이 시원하고 매장도 널찍하게 배치되어 있어서 잠시 더위를 식히며 편안한 아이쇼핑을 즐길 수 있다.

길쭉하고 넓게 펴져 있는 3층짜리 쇼핑몰과 일반 백화점 같은 5층짜리 건물이 운동장을 사이에 두고 서로 연결되어 있다. 그 연결통로에 입점한 매장들은 우리나라의 지하상가 같은 분위기다. 동쪽의 5층짜리 건물에는 보세매장과 중소형 브랜드들이 주로 입점해 있고, 멀티플렉스 영화관과 푸드코트도 들어서 있지만 다소 썰렁한 분위기다. 우리나라 여행자들이 선호할 만한 해외 유명 브랜드나 말레이시아에서 인기 있는 로컬 브랜드는 대부분 서쪽에 있는 3층짜리 쇼핑몰에 있다.

ADD Jalan Merdeka Banda Hilir **TEL** +60 6-283-2828 **OPEN** 10:00~22:00 **ACCESS** 네덜란드 광장에서 산티아고 성문으로 내려오면 길 건너편에 쇼핑몰의 북문이 보인다. 박물관이 있는 거리를 따라 걷다가 민족 박물관 앞으로 난 길을 따라가면 쇼핑몰의 서문으로 들어갈 수 있다. 네덜란드 광장에서 도보 6~10분 **WEB** www.dataranpahlawan.com **MAP** p.160-F, p.161-C

대형 슈퍼마켓이 있어서 편리한

02 마코타 퍼레이드
Mahkota Parade Melaka

체크할 만한 매장

여행자들에게는 믹스커피나 망고젤리 같은 저렴한 기념품을 사기 편리한 **대형 슈퍼마켓** Giant Hypermarket이 있다는 것이 가장 큰 장점이다. 알리 커피나 올드 타운 화이트커피 등 다양한 인스턴트 커피믹스들이 있다. 우리나라의 할인마트처럼 자체 제작한 PB 상품들도 저렴한 것들이 많다.

화장품이나 생필품 쇼핑을 하려면 **왓슨스** Watson's나 **케어링** Caring pharmacy 같은 약국형 매장을 체크해보자. 피자헛 KFC 등 우리에게 익숙한 패스트푸드점도 있다.

마코타 퍼레이드의 대형 슈퍼마켓, 자이언트

다타란 파라완 바로 길 건너편에 있는 쇼핑몰. 1994년에 처음 지어진 말라카 최초의 대형 쇼핑몰로, 주위에 여러 경쟁자가 생기긴 했지만 지금까지 꾸준하게 찾는 단골들이 많다. 특히 주말이나 공휴일이면 놀이 삼아 쇼핑을 나온 가족 단위 고객들이 많은 것이 특징. 그에 걸맞게 이벤트도 자주 열린다. 입점한 매장들은 다타란 파라완 쇼핑몰과 비슷하지만 해외 유명 브랜드보다는 말레이시아 현지인들이 선호하는 편집숍이나 로컬 매장들이 좀 더 많은 편이다. 건물 동쪽 끝에는 팍슨 Parkson 백화점이 함께 들어와 있어서 브랜드별 쇼핑을 즐기기에도 편리하다.

ADD Jalan Merdeka TEL +60 6-282-6151 OPEN 10:00~22:00 ACCESS 다타란 파라완 쇼핑몰의 남문으로 나와 큰길을 건너면 마코타 퍼레이드의 북문이 보인다. 네덜란드 광장에서 도보 12분 WEB www.mahkotaparade.com.my MAP p.160-F, p.161-E

Travel Plus +

H&M 마니아들을 위한 팁

쿠알라룸푸르에 있는 H&M 매장은 연일 사람들로 붐비지만 말라카의 해튼 스퀘어 Hatten Square나 존커 거리 입구에 있는 H&M 매장은 비교적 한산한 편이다. 카테고리별 매장도 넓은 편이라 물건 구색이 빠지지는 않는다. 쿠알라룸푸르보다 여유 있게 둘러보고 탈의실도 편하게 이용하고 싶다면 말라카의 H&M 매장을 가보자.

[Hatten Square Suites and Shoppes] ADD Jalan Merdeka, Bandar Hilir TEL +60 6-282-1828 OPEN 10:00~22:00 ACCESS 마코타 퍼레이드 말라카에서 동쪽으로 도보 2분 WEB www.hattensquare.com.my

존커 거리 입구의 H&M 건물

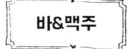

밤이 되면 여행자들이 모여드는 바들이 골목 구석구석에 숨어 있다. 당일치기 관광객들이 떠나가고 한적해진 말라카의 밤을 즐기는 최고의 방법. 특히 해가 지고 나면 불빛만 반짝이는 강변의 카페를 강력 추천한다.

제일 비싸고 제일 맛있는 생맥주

01 하드록 카페
Hard Rock Cafe

말라카에서 가장 비싸지만, 가장 맛있는 생맥주가 하드록 카페에 있다. 세계 어디에나 있는 하드록 카페 마니아들은 간판만 봐도 반가운 곳. 하드록 카페만의 신나는 공연을 보면서 휴가다운 밤을 보낼 수 있다. 공연하지 않는 낮에는 말라카의 뜨거운 태양을 피하는 쉼터로 자주 애용되는데, 쾌적하게 쉴 공간을 찾는 아이를 동반한 가족 여행자들에게 특히 인기가 있다.

이곳 물가를 생각해보면 상당히 고가에 속하는 식당이지만, 친절하기 그지없는 종업원들의 환대가 닫힌 지갑도 열게 한다. 다만 전반적으로 수준이 낮은 말레이시아의 칵테일 제조기술을 고려해 본다면, 제대로 잘 뽑은 생맥주 한잔이 현명한 선택이다. 특히 상쾌한 시트러스 향과 독특한 플로럴 향이 특징인 크로넨버그 1664 블랑 Kronenbourg 1664 BLANC을 생맥주로 즐길 수 있다.

치킨 윙과 어니언링, 포테이토 스킨과 스프링롤로 구성된 콤보 메뉴. 여러 명이 함께 먹을 맥주 안주로 무난하다.

말라카에서 가장 깨끗한 화장실이 있는 곳. 화장실 때문에 스트레스를 받는 여성 여행자라면 참고하자. 에어컨이 나오지 않는 야외 테라스는 생각보다 전망이 좋은 포인트는 아니다. 석양이 내려앉는 강물을 바라보기에는 말라카 강 서쪽 둑길에 자리한 카페들이 더 좋다.

ADD No.28 Lorong Hang Jebat **TEL** +60 6-292-5188 **OPEN** 일~목 11:30~01:00, 금·토 11:30~02:00 **COST** 칼스버그 RM20~, 크로넨버그 RM25~ **ACCESS** 네덜란드 광장에서 다리를 건너 오른편에 하드록 카페가 보인다. 도보 2분 **WEB** www.hardrock.com/cafes/melaka **MAP** p.174-E

02 **시즈 펍**
Sid's Pub

\TIP/

말라카의 로맨틱한 밤은 강변 카페에서 완성된다. 해 질 무렵부터 말라카 강 서쪽 편 둑길을 따라 야외 테이블이 하나 둘 펴지기 시작한다. 맥주 한 병만 시키고 앉아도 부담 없는 분위기이니, 은은한 불빛이 흐르는 강변 풍경을 감상해보자.

말라카 강변을 바라보면서 시원한 맥주 한잔하기에 좋은 곳이다. 네덜란드 광장에서 다리를 건넌 후 H&M 매장의 바로 옆쪽 건물. 강변을 바라보는 커다란 창문이 테라스처럼 활짝 열려 있고, 그 앞쪽에 테이블들이 놓여 있다. 기네스나 타이거 등 다양한 생맥주를 판매하는데 하루 종일 다양한 프로모션을 진행하니 참고하자. 인테리어나 메뉴 구성은 전형적인 아이리시 펍 스타일이지만, 외국인뿐만 아니라 무슬림 현지인도 많이 찾는 분위기라 맥주 대신 음료를 주문해도 괜찮다. 창가 쪽 자리에 앉으면 한쪽에서는 강바람이 솔솔 불어오고, 안쪽에서 에어컨과 선풍기 바람이 더해져 쾌적하다.

ADD No 2&4 Lorong Hang Jebat **TEL** +60 6 283 7437 **OPEN** 10:00~24:00 **COST** 타이거 생맥주 글래스 RM12, 파인트 RM20 **ACCESS** 네덜란드 광장 앞 다리 왼편에 서면 강 건너편에 건물이 보인다. **WEB** www.sidspubs.com **MAP** p.174-E

03 **지오그래퍼 카페**
Geographér Café

서양인 여행자들의 아지트

오래된 역사 도시의 조용하고 한적한 밤, 다른 여행자들은 다 어디에서 놀고 있는 걸까? 이 질문에 답을 찾고 싶으면 지오그래퍼 카페를 방문해 보자. 맥주 한 병을 앞에 놓고 긴긴 밤을 보내는 서양인 여행자들의 아지트. 간단하지만 깔끔하게 플레이팅한 음식도 먹고, 익숙한 칵테일을 마시며 친구도 사귀고, 재즈 공연을 보거나 감미로운 음악을 들으면서 시간도 보내는 등 이 동네 외국인들은 다 모여 있는 것 같다. 대단한 맛집은 아니지만 여행자들이 밤 시간의 여유를 찾기에는 참 좋은 분위기. 아시아 지역을 다녀본 여행자라면 망고 타이 치킨Mango Thai Chiken이나 나시 고랭Nasi Goreng처럼 이미 친숙해진 메뉴들도 장점이다. 파스타나 애플파이 같은 서양음식도 있다.

ADD 83, Jalan Hang Jebat **TEL** +60 6-281-6813 **OPEN** 월~토 10:00~다음 날 01:00, 일 08:00~01:00 **COST** 아시아 요리 RM15~18, 맥주 RM13.5~, 칵테일 RM20~35 **ACCESS** 네덜란드 광장 앞의 다리를 건너 존커 거리를 따라 직진한다. 왼편으로 세 번째 골목 코너에 있다. 광장에서 도보 7분 **WEB** www.geographer.com.my **MAP** p.174-B

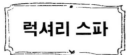

럭셔리 스파

동남아 여행을 결심하게 하는 이유이자 여자라면 한 번쯤은 누려보고 싶은 호사. 말라카의 특급 호텔에서 즐기는 럭셔리 스파는 일상에 지친 나에게 선물하는 여왕의 시간이다. 가격이 비싼 만큼 우아한 시설과 각별한 서비스를 만끽해보자.

이보다 더 우아할 순 없다

01 스파 빌리지 (더 마제스틱 말라카 호텔)
Spa Village Malacca

이곳에 들어가는 것만으로도 영화 속 여주인공이 된 듯한 기분이다. YTL 계열 호텔마다 입점한 '스파 빌리지'는 클래식하면서도 럭셔리한 서비스로 유명한 스파. 그중에서도 이곳은 페라나칸식 치료법에 기초를 둔 독특한 테라피 방식을 선보이고 있다. 자신의 몸 상태와 체질에 따라서 따뜻한(Warm) 계열과 시원한(Cool) 계열의 트리트먼트를 선택할 수 있다.

가격이 만만치는 않지만 기왕 스파를 받는다면 3시간짜리 패키지인 '페라나칸 시그니처 익스피어리언스'를 추천한다. 체질에 따라 팜 슈거나 구아바 잎으로 스크럽을 하고 넛맥이나 달걀을 사용해 전신 마사지를 한 다음, 판단 잎과 코코넛 또는 라임과 요거트로 헤어 마스크를 한다. 제비집 팩으로 페이셜 마스크를 하면서 마무리한다.

ADD The Majestic Malacca, 188 Jalan Bunga Raya TEL +60 6 289 8000 OPEN 09:00~20:00 COST 페라나칸 시그니처 익스피어리언스 3시간 RM700, 디럭스 마사지 50분 RM235, 라피스-라피스 허벌 래핑 50분 RM235 ACCESS 네덜란드 광장에서 북쪽으로 리틀 인디아의 붕가 라야 거리 Jalan Bunga Raya 를 따라 걷는다. 도보로 15분 정도 걸으면 왼쪽으로 수로가 나오고 건너편 오른쪽에 마제스틱 말라카 호텔 입구가 보인다. WEB www.spavillage.com MAP p.160-D

Travel Plus +

저렴하게 피로를 풀 수 있는 발 마사지 가게

간단한 발 마사지는 존커 거리에서도 받을 수 있다. 하지만 발바닥의 혈을 지압하는 중국식 마사지가 대부분으로, 다른 동남아 국가와 비교하면 크게 저렴하지 않다. 프로모션 메뉴를 밖에 내걸고 있으니 가격확인부터 해 볼 것. 발마사지 전용의자 외에 다른 시설은 허름한 편이라 전신 마사지나 보디 스크럽 같은 스파 메뉴는 추천하기 힘들다.

COST 발 마사지 1시간 RM38~ ACCESS 존커 거리 주위에 다수 포진. 존커 부티크 호텔 근처 또는 지오그래퍼 카페 근처에 모여있다.

TIP

평소 몸이 차갑다면 레몬그라스나 생강으로 디톡스하며 부기를 빼주는 라피스-라피스 허벌 래핑이 추천 메뉴. 근육을 풀어주는 마사지와 함께하면 더 효과적이다.

02 삿카라 스파 (카사 델 리오 호텔)

스파에서 즐기는 5성급 서비스

Satkara Spa

TIP

특별한 날을 맞은 커플이라면 '커넥트 Connect' 패키지를 참고하다. 프라이빗 스위트에서 3시간 30분 동안 스파를 즐긴 후 샴페인을 마시며 쉬어갈 수 있다.

ADD 88, Jalan Kota Laksamana TEL +60 6-289-6821 OPEN 10:00~19:00(금~일 ~21:00) COST 말레이 마사지 1시간 RM180, 딥티슈 마사지 1시간 RM203, 리추얼 패키지 2시간 30분~2시간 45분 RM361~468, 커넥트 패키지 3시간 30분 RM1400, Tax 6% 별도 ACCESS 카사 델 리오 호텔 3층 WEB www.casadelrio-melaka.com MAP p.174-D

카사 델 리오에서 운영하는 럭셔리 스파. 깨끗하게 잘 관리된 스파 룸에서 품격 있는 5성급 서비스를 받을 수 있다. 탈의를 해야 하고 신체 접촉이 많은 전신 마사지와 스크럽은 아무래도 호텔 스파를 이용하는 것이 만족도가 높다. 제대로 기분을 내고 싶다면 스크럽과 마사지, 배스가 포함된 '리추얼 Ritual' 패키지를 추천한다. 그중 보디 브러싱으로 시작해 생강 스크럽과 딥티슈 마사지, 그린티-솔트 배스로 마무리하는 리뉴 Renew 프로그램은 가격도 합리적이다. 말라카에서만 할 수 있는 테라피를 체험하고 싶다면 페라나칸식의 전신 래핑과 말레이 마사지, 말레이 허벌 배스가 포함된 트래디션즈 Tranditions 프로그램도 좋다. 바바뇨냐 스타일의 얼굴 관리까지 포함된다.

03 티 트리 스파 (홀리데이 인 호텔)

호텔에서 즐기는 발리식 마사지

Tee Tree Spa

깔끔한 호텔 스파를 합리적인 가격으로 이용하고 싶다면 홀리데이 인 호텔의 스파를 추천한다. 네모 반듯한 호텔 건물만 보면 스파도 무미건조할 것 같지만, 생각보다 근사한 분위기로 스파 시설을 만들어놓았다. 말레이 마사지가 기본인 다른 스파와는 달리 이곳은 오일을 바르고 부드럽게 문지르는 발리식 마사지가 대표 프로그램이다.

발리 전통의 허브 스크럽인 발리니즈 보레 Boreh도 체험할 수 있다. 곱게 간 쌀가루에 백단향·정향·생강·계피·고수씨 등을 섞은 스크럽제를 펴 바른 다음 살살 문지르며 벗겨내는데, 살짝 피부에 열이 나면서 근육의 긴장이 풀린다. 투숙객은 가격 할인을 받을 수 있으니 체크해보자.

ADD Jalan Syed Abdul Aziz TEL +6 06-285-9000 OPEN 10:00~22:00 COST 마사지 1시간 RM150~ ACCESS 다타란 파라완 쇼핑몰에서 마코타 퍼레이드 쪽으로 길을 건넌다. 고가도로 앞쪽에 홀리데이 인 건물이 보인다. WEB www.holidayinnmelaka.com MAP p.161-D

특급 호텔

말라카에서 특별한 하룻밤을 보내고 싶은 사람들에게 추천. 말라카 강변을 바라보는 최고의 위치에 최고의 서비스 정신으로 무장한 특급 호텔들이 여행자들의 선택을 기다리고 있다.

01

영국 식민지 시대를 재현하는 고급호텔

더 마제스틱 말라카
The Majestic Malacca

저명한 실업가의 개인 맨션으로 지어진 100년짜리 역사 건물의 화려한 변신이다. 1953년부터 2000 년까지 호텔로 사용하다 폐쇄된 건물을 2006년 럭셔리 호텔로 리노베이션했다. 식민지 시대의 복장을 한 벨보이에서부터 영국 귀족의 집사처럼 훈련된 컨시어지까지, 호텔에 들어서는 순간 영국 식민지 시대로 돌아가는 시간 여행을 떠나는 기분이 든다. 옛 시절의 향수가 느껴지는 바나 라이브러리에서 시간을 보내기에도 좋다.

객실 안은 고풍스럽고 묵직한 티크목과 가죽을 사용한 가구들로 채워졌다. 다리가 달린 욕조에서부터 수도꼭지 하나까지 모두 식민지 시대를 떠올리게 하는 빈티지 스타일. 나무로 된 문을 접으면 침실과 바로 통하는 욕실 구조나 대리석 바닥 위에 놓인 예쁜 욕조는 여자들이 특히 좋아하는 부분이다.

ADD 188 Jalan Bunga Raya **TEL** +60 6 289 8000 **COST** 디럭스 더블룸 RM392~ **ACCESS** 네덜란드 광장에서 북쪽으로 출발, Jalan Buaga Raya Pantai를 따라서 도보 15분 **WEB** www.majesticmalacca.com **MAP** p.160-D

디럭스 트윈 룸

거품목욕이라도 해야 할 듯한 로맨틱한 욕조

Travel Plus +

럭셔리 스파의 대명사,
스파 빌리지 Spa Village

오래된 역사 건물이라 호텔 내 수영장이 작다는 건 아쉬운 부분이다. 대신 말라카에서 제일 근사한 스파 시설을 즐기며 시간을 보낼 수 있다. 홈페이지에서 직접 예약하는 경우 투숙하는 요일에 따라 주어지는 무료 마사지 혜택을 꼼꼼하게 누려보자.

TIP

공식 홈페이지를 통해 예약하는 조건과 인터넷 예약 사이트의 조건을 미리 비교해보도록 한다. 직접 예약하는 경우 투숙하는 요일에 따라 무료 조식과 마사지, 디너 세트 등을 제공하는 프로모션을 진행하기도 한다.

옛날 모습을 그대로 간직한 고풍스러운 로비

1 옥상의 인피니티 풀. 말라카 강을 바라보며 선탠할 수 있다.
2 자체 제작한 욕실 어메니티. 호텔 기념품 숍에서도 판매한다.

-------- 02 --------

말라카 강을 바라보는 최고의 명당

카사 델 리오

Casa del Rio

말라카 강을 바라보며 쉬고 싶은 사람에게 추천하는 5성급 호텔. 강변 바로 앞이라는 최고의 입지 조건뿐 아
니라 근사한 부대시설과 친절한 서비스까지 두루두루 갖췄다. 존커 거리와 딱 붙어있진 않지만 그리 멀지도
않은 편리한 위치. 시끄러운 거리를 구경하다가 들어서면 나른하면서도 평화로운 분위기에 저절로 휴식이
된다. 옥상의 인피니티 풀에서 선탠을 즐기는 것도 좋고, 잔잔한 분수 소리가 들리는 스페인 · 모로코풍의
라고(장식용 연못)에서 쉴 수도 있다.

짙은 색 가구를 사용한 객실 인테리어는 우아하면서 고풍스러운 분위기. 깨끗하게 관리한 나무 바닥과 흠잡
을 데 없는 침구 상태, 고급스러운 대리석 소재의 욕실도 장점이다. 가장 기본 등급인 디럭스 룸부터 호텔 정
원을 바라보는 라고 뷰와 말라카 강을 바라보는 리버 뷰까지 다양한 가격대가 있다. 야외 다이닝 공간과 자
쿠지가 딸린 말라카 스위트 Melaka Suite 같은 투 베드룸 스위트 등급은 장기 체류하는 유럽인들이 선호한다.

ADD 88, Jalan Kota Laksamana TEL +60 6-289-6888 COST 디럭스 더블룸(라고 뷰) RM366~, 디럭스 더블룸(리버 뷰)
RM466~ ACCESS 네덜란드 광장 앞의 다리를 건넌 후 첫 번째 사거리에서 왼쪽 길을 따라 걷는다. 강변 옆으로 호텔 건물이
보인다. 도보 5분 WEB www.casadelrio-melaka.com MAP p.174-D

데이베드가 있는 스튜디오 킹   시원한 분수 소리가 들리는 중정

객실 안에 데이 베드가 있는 스튜디오 킹 Studio King 등
급은 어린아이들과 함께 여행하는 가족여행자에게 추
천한다. 턴다운 서비스 시 데이 베드를 편안한 침대로
풀세팅해 준다.

Travel Plus +

강변 최고의 전망 식당

호텔 1층에 있는
리버사이드 카페
Riverside Café는 말라
카 강을 바라보며
여유를 즐길 수 있
는 전망 포인트다.
티핀 런치 세트 같은 음식 메뉴는 물론 맛있는 조각
케이크와 커피 같은 디저트 종류도 있다.

도시형 대형 호텔

유네스코 세계문화유산으로 지정된 역사지구의 경계선 너머에는 모던한 4성급 호텔들이 들어서 있다. 전통가옥을 개조한 호텔보다는 세련되고 쾌적한 대형시설을 선호하는 이들에게 추천한다.

모던한 인테리어의 4성급 호텔
01 해튼 호텔
Hatten Hotel Melaka

깔끔하고 현대적인 대형호텔을 선호한다면 해튼 호텔부터 체크해보자. 객실 개수도 넉넉하고 위치도 좋은 4성급 호텔로, 모던한 인테리어를 좋아하는 한국인들이 선호한다. 호텔에서 구시가지까지는 천천히 걸어서 갈 수 있을 만한 거리이며, 산티아고 성문 근처를 둘러보기에도 좋은 위치. 근처 쇼핑몰의 식당가를 이용하기에도 편리하다.

대부분의 객실은 침실과 거실이 분리된 스위트 형으로, 가장 저렴한 주니어 스위트 Junior Suite에도 유리로 구분한 작은 거실에 소파를 놓아두었다. 바다가 멀리 보이는 편이라 오션 뷰의 이점이 크지는 않으니 예약 시 참고하자.

ADD Hatten Square, Jalan Merdeka, Bandar Hilir **TEL** +60 6-286-9696 **COST** 주니어 스위트룸 RM249~, 프리미어 주니어 스위트룸 RM324~ **ACCESS** 네덜란드 광장에서 도보 15분, 다타란 파라완 쇼핑몰의 맥도날드에서 잘란 메르데카 Jalan Merdeka를 따라서 도보 6분 **WEB** www.hattenhotel.com **MAP** p.160-F, p.161-E

12층의 야외수영장

주니어 스위트 룸

깔끔한 호텔 시설에서 즐기는 휴가
02 홀리데이 인 말라카
Holiday Inn Melaka

말라카 해협을 바라보는 워터프런트에 자리 잡은 4성급 호텔이다. 부대시설을 잘 갖추고 있어서 여기저기 돌아다니지 않고 하루쯤 쉬고 싶을 때 추천할 만한 곳. 바다가 보이는 인피니티 풀과 사우나, 근사한 스파와 짐까지 모두 이용해보자.

객실은 시티 뷰와 시 뷰로 나뉘는데 시 뷰라도 바다가 바로 앞에 있지는 않다. 전용라운지와 애프터눈티, 이브닝칵테일 등의 혜택을 누릴 수 있는 클럽 룸도 운영한다.

ADD Jalan Syed Abdul Aziz **TEL** +60 6-285-9000 **COST** 디럭스룸 더블/트윈 RM230~ **ACCESS** 네덜란드 광장에서 도보 12분 **WEB** www.holidayinnmelaka.com **MAP** p.160-E, p.161-D

인피니티 풀

가장 기본형인 디럭스 룸

Travel Plus +

화덕피자로 유명한 이탈리안 레스토랑

호텔 안의 이탈리안 식당(Sirocco Italian Restaurant, 18:00~23:00)은 투숙객이 아니더라도 찾아오는 현지인 손님들이 많다. 나무 화덕에서 구워낸 피자가 제일 유명한데 가격대도 합리적인 편이다.

중급 호텔

깔끔한 욕실은 숙소의 기본이라고 생각하는 사람들에게는 중급 호텔을 추천한다. 합리적인 가격으로 깨끗한 개인 욕실을 사용할 수 있는 곳이라 여성 여행자들이 선호한다.

전통과 모던의 만남
01 코트야드@히렌
Courtyard @ Heeren

주니어 스위트 룸

전통이
물씬 풍기는 로비

히렌 거리에 있는 전통가옥을 현대적으로 리노베이션한 럭셔리 부티크 호텔. 입구는 작아 보이지만 꽤 규모가 있는 저택을 개조한 곳이라 내부 공간이 넓다. 실내는 아름다운 옛 가옥의 분위기는 고스란히 살리면서도 객실은 불편함이 없도록 모던한 디자인으로 꾸며져 있다.

슈피리어 룸에서 시작하는 14개 객실은 저마다 다른 디자인이다. 커다란 평상 침대나 나무로 조각한 문 등 전통적인 요소들을 가미한 디럭스 룸이 언제나 인기 만점. 복층형 구조인 패밀리 스위트에는 최대 8명까지 묵을 수 있다.

ADD 91, Jalan Tun Tan Cheng Lock TEL +60 6-281-0088 COST 슈피리어 RM200~260 디럭스 RM250~320 주니어스위트 RM 300~360 슈피리어/디럭스 패밀리룸 RM 300~380 ACCESS 네덜란드 광장에서 다리를 건넌 후 첫 번째 사거리에서 왼쪽 길로 꺾는다. 바로 다음 오른쪽 길로 들어서 직진한다. WEB www.courtyardatheeren.com MAP p.174-B

청결하게 관리하는 중급 숙소
02 호텔 홍
Hotel Hong

트윈룸

청결함으로는 둘째가라면 서러울 만큼 깨끗하게 관리하는 중급 숙소. 욕실에서부터 침구들까지 조금 강박적이라고 느낄 만큼 깔끔하게 관리하고 있어서 한국인들의 높은 청결 기준에도 부합한다. 아주 작은 크기인 객실에는 잠자고 쉬는 데 필요한 것들만 딱 갖추어 놓았다. 여행자들끼리 어울릴 만한 공용 공간이나 특별한 전망 같은 것은 없고 숙소 기능에만 충실한 소규모 숙소. 차이나타운 바깥쪽에 위치하고 있어서 서양인 여행자들은 거의 찾지 않으며 싱가포르 등에서 온 중국계 여행자들이 즐겨 찾는다. 네덜란드 광장에서는 조금 떨어져 있지만 존커 거리는 가깝다.

ADD No 7-B, Jalan Masjid, Kampung Hulu TEL +60 6-286-3322 COST 더블/트윈룸 RM68~, 트리플룸 RM98~, 조식 불포함 ACCESS 청 훈 텡 사원을 지나 삼거리에서 오른쪽 길(Jalan Portugis)로 들어선 후, 다시 오른쪽 길(Jalan Masjid)로 간다. 사원에서 도보 5분. 네덜란드 광장에서 도보 12분 WEB www.facebook.com/pages/Hotel-Hong-Malacca/214045438677103 MAP p.174-A

03 존커 부티크 호텔

존커 거리 한복판
Jonker Boutique Hotel

디럭스 룸

화장실

존커 거리 한복판에 있는 호텔. 이름은 '부티크'지만 전체 규모나 시설은 중급 호텔 수준이다. 로비나 복도에 비하면 객실의 시설은 나쁘지 않다.

다만 객실이 전반적으로 어두운 편이고 홈페이지의 설명처럼 '럭셔리 부티크'라고 하기에는 인테리어가 조금 촌스러운 느낌이다. 객실 수는 많은 편으로 5가지 등급으로 나누어져 있다. 가격이 비싸질수록 공간도 넓어지는데 디럭스 이상을 예약하는 것이 쾌적하다.

ADD 82 −86A&B, Jalan Tokong **TEL** +60 6−282−5151 **COST** 슈피리어 RM200~, 디럭스 RM230~ **ACCESS** 네덜란드 광장 앞의 다리를 건너서 계속 직진, 조그만 삼각형 광장의 오른편에 숙소 건물이 보인다. **WEB** www.jonkerboutiquehotel.com **MAP** p.174−B

/T I P/

주말에는 호텔 바로 앞에 있는 무대에서 밤늦은 시간까지 동네주민들의 노래 자랑이 열린다. 주말 밤에는 존커 거리 반대 방향으로 객실을 잡는 것이 좋다.

04 웨이페러 게스트 하우스

로맨틱하고 낭만적인 강변의 하룻밤
Wayfarer Guest House

1 1층 공용 공간의 중정
2 오서 스위트

1

2

말라카 강둑을 따라 줄지어 선 전통가옥을 리노베이션한 숙소. 문만 열고 나가면 바로 눈앞에 강물이 펼쳐져 말라카 강을 앞마당처럼 즐길 수 있는 곳이다. 역사 깊은 전통가옥의 모습을 고스란히 살린 것도 매력. 1층 전체를 공용 공간으로 사용하고 있는데 길쭉한 건물 중간에는 천장까지 뚫린 중정이 그대로 남아 있다.

객실이 9개뿐인 소규모 호텔로 윤기 나는 나무 바닥에 고급스러운 목제 가구들을 사용해 흰색과 갈색 톤으로 우아하게 꾸며놓았다. 그중에서도 강변 쪽 테라스가 딸려 있는 오서 스위트 Author Suite와 아티스트 스위트 Artist Suite를 추천한다.

ADD 104 Lorong Hang Jebat, 75200 **TEL** +60 6−281−9469 **COST** 슈피리어 RM130~170, 오서 스위트 RM160~210, 조식 불포함 **ACCESS** 네덜란드 광장 앞의 다리를 건넌 후 하드록 카페를 지나 첫 번째 사거리에서 오른쪽 길로 걷는다. 3분 정도 걸으면 오른편에 숙소 입구가 보인다. **WEB** www.wayfarermelaka.com **MAP** p.174−C

게스트하우스

저렴한 가격을 최우선으로 고려하는 배낭여행자들에게는 게스트하우스가 정답이다. 유네스코 세계문화유산으로 지정된 옛 시가지의 전통가옥들을 개조한 게스트하우스들이 즐비하다.

전통가옥의 정취 그대로
01 라양 라양 게스트하우스
Layang Layang Guesthouse

말라카 차이나타운의 중심에 있는 저가형 게스트하우스다. 오래된 전통가옥을 개조한 곳이라 풍취가 남다르다는 것이 이 집의 최고 매력이다. 존커 거리와 말라카 강변이 바로 코앞이고 주위에 오래된 맛집들도 많아서 편안하게 말라카 여행을 즐길 수 있다.

입구의 로비는 아기자기하게 꾸며 놓았지만, 객실은 딱 침대와 에어컨 정도만 있는 단출한 인테리어다. 대신 저렴한 가격대에 비하면 객실이 넓고 침대 매트리스도 편안하다. 객실과 복도는 모두 나무 바닥으로 되어 있으며 신발을 벗고 들어간다. 몇 개 안 되는 공용 욕실을 함께 사용하기 때문에 손님이 많은 주말에는 욕실 이용이 조금 불편하다. 공용 욕실의 청결 상태가 그다지 좋지 않다는 것도 단점이다.
ADD 26, Jalan Tukang Besi TEL +60 6-292 2722 COST 공용 욕실 더블 RM76~93 ACCESS 네덜란드 광장에서 탄 킴 썽 다리를 건너자마자 첫 번째 사거리에서 오른쪽으로, 바로 다음 사거리에서 왼쪽 골목으로 들어간다. WEB www.layanglayangmelaka.com MAP p.174-C

작고 아늑한 도미토리
02 올라 라벤다리아 카페
Ola Lavandaria Cafe

1 매트리스가 푹신한 도미토리
2 공용 욕실

존커 거리 뒷골목에 있는 작은 카페에서 운영하는 숙소. 도미토리의 크기는 작지만 편의시설만큼은 일류 호스텔에 뒤지지 않는다. 철재 프레임을 벽에 고정해서 만든 형태의 침대는 흔들리지 않고, 침대마다 커튼이 달려 있어서 프라이버시가 보장되는 것이 제일 큰 장점이다. 어댑터가 필요 없는 멀티 콘센트와 함께 개별 조명이 설치되어 있으며, 샴푸와 생수도 제공한다. 욕실 개수는 적지만 깨끗하게 관리하며 수건도 매일 갈아준다. 투숙객에게는 카페에서 커피나 음료수를 무료로 한 잔씩 제공한다. 단, 야간에는 리셉션을 운영하지 않으니 참고한다.
ADD 25, Jalan Tukang Besi TEL +60 12-612 6665 COST 도미토리 RM38 ACCESS 네덜란드 광장에서 탄 킴 썽 다리를 건너자마자 첫 번째 사거리에서 오른쪽으로, 바로 다음 사거리에서 왼쪽 골목으로 들어간다(라양 라양 게스트하우스 건너편). MAP p.174-C

Cameron Hig

무더운 열대야의 밤이 텁텁하게 느껴질 때 숨통을 트여줄 수 있는 고원의 휴양지다. 1,400m가 넘는 고지대의 선선한 기후를 이용해 갖가지 고원 채소와 과일들을 재배하는 농장으로 19세기 후반 영국 식민지 시대부터 개발된 곳이다. 특히 말레이시아를 대표하는 홍차 산업 역시 이곳에서 시작되었다. 안개가 자욱하게 낀 차 밭을 스쳐오는 시원한 바람 한 줄기, 푸른 융단처럼 펼쳐진 차 밭을 바라보며 즐기는 향긋한 차 한 잔. 주말이면 인근 대도시 사람들이 구름처럼 밀려드는 이유다.

TALK

이곳이 전 세계적인 유명세를 탄 건 1967년에 일어난 한 사람의 실종사건 때문이었다. 제2차 세계대전 이후 태국에서 실크 사업을 하던 미국인 사업가 '짐 톰슨'이 휴양차 이곳에 왔다가 홀연히 사라진 것. 산책 다녀오겠다는 말 한마디만 남기고는 흔적도 없이 사라져 버린 미스터리의 현장은 여행자들의 호기심을 자극했다. 마을 밖으로 조금만 나가도 금세 깊어지는 첩첩산중의 정글 트레킹을 해보면, 그의 유해조차 발견되지 않았다는 사실이 조금은 이해가 된다.

고원을 뒤덮은 차 밭의 물결

카메론
하일랜드
Cameron Highlands

lands

카메론 하일랜드 들어가기

카메론 하일랜드는 말레이시아 반도 중부의 내륙 산간 지역에 있다. 그중 여행자들이 베이스캠프로 삼는 곳은 타나 라타 Tanah Rata 마을. 비행기나 기차가 다니지 않는 작은 마을이기 때문에 버스를 이용해야 한다. 쿠알라룸푸르에서는 시내 남쪽에 있는 TBS 버스 터미널을 이용한다. 그 외 페낭에서도 출발하는 버스가 있다.

주의! 구불구불한 산길을 따라 올라가니, 멀미가 심한 사람들은 미리 대비하도록 한다.

※카메론 하일랜드로 가는 버스 노선

출발지	1일 운행 횟수	소요시간	요금
쿠알라룸푸르 (TBS) 출발	하루 4~8회	약 3시간 40분	RM35
페낭(페낭 센트럴) 출발	하루 2~3회	약 4시간 30분	RM32

❶ 시내로 가는 방법

타나 라타 Tanah Rata에 도착한 시외버스는 마을의 여행안내소 건물 앞에 여행자들을 내려준다. 여행자를 위한 숙소와 식당들이 모여 있는 **타나 라타 마을은 카메론 하일랜드 지역을 여행하는 베이스 캠프**. 마을을 관통하는 메인 도로변에 여행안내소 건물이 있고, 여행안내소 주변 200m 안에 대부분의 숙소와 식당이 모여 있다.

타나 라타의 여행안내소 건물

타나 라타의 버스 터미널

타나 라타에서 다른 도시로 갈 때는 타나 라타 버스 터미널에서 버스를 탄다. 버스 티켓은 터미널 플랫폼에 있는 버스 회사 사무실에서 구입한다. 버스 요금은 다소 비싸지만 쿠알라룸푸르 국제공항으로 바로 가는 버스도 있다(1일 1회 17:30, RM100). 근처 마을로 가는 근교행 버스 역시 버스 터미널에서 출발한다.

타나 라타의 버스 터미널

버스 터미널 내부

터미널 안의 버스 회사 사무실

카메론 하일랜드 다니기

택시 정류장

타나 라타는 중심부의 거리가 500m도 채 되지 않는 작은 마을이다. 옆 마을인 브린창 Brinchang으로 가려면 택시가 편리하다. 요금은 RM10~15. 차 밭이나 보 티 센터로 가려면 여행사 투어를 이용하거나 택시를 대절해야 한다. 택시는 1시간당 RM25, 최소 3시간부터 대절할 수 있다. 버스 터미널 옆의 주차장에서 항상 택시가 대기 중이다. 타나 라타에서 근처 마을로 다니는 버스가 있긴 하지만, 버스 간격이 길고 말이 잘 통하지 않기 때문에 추천하진 않는다.

TIP

저지대의 대도시에 비해 기온이 많이 떨어진다. 특히 아침, 저녁으로는 쌀쌀하게 느껴질 정도이니, 따뜻하게 걸칠 수 있는 겉옷을 준비하도록 한다.

추천 코스

서양인 배낭여행자에게는 며칠씩 쉬었다 가는 고원 휴양지가 된 필수 코스. 우리나라 여행자들은 쿠알라룸푸르에서 출발하는 당일치기 투어를 이용해 잠시 다녀가는 경우가 더 많다. 선선한 기후를 즐기며 여유 있게 여행하고 싶은 사람이라면 대중교통을 이용하는 1박 2일 이상의 코스를 잡아 보자.

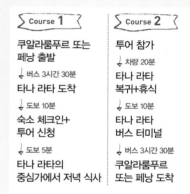

Course 1

쿠알라룸푸르 또는 페낭 출발
↓ 버스 3시간 30분
타나 라타 도착
↓ 도보 10분
숙소 체크인+ 투어 신청
↓ 도보 5분
타나 라타의 중심가에서 저녁 식사

Course 2

투어 참가
↓ 차량 20분
타나 라타 복귀+휴식
↓ 도보 10분
타나 라타 버스 터미널
↓ 버스 3시간 30분
쿠알라룸푸르 또는 페낭 도착

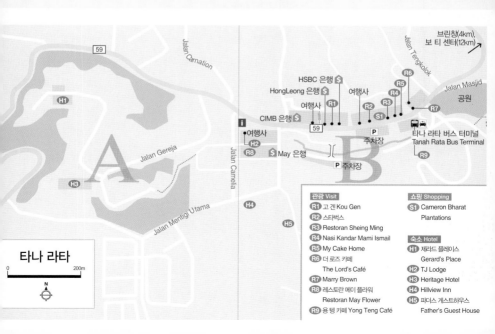

타나 라타

0   200m

N

브린창(4km), 보 티 센터(12km)

HSBC 은행 S
HongLeong 은행 S
여행사
CIMB 은행 S
여행사
여행사
Jalan Tengkolok
Jalan Masjid
공원
R1 R2 R3 R4 R5 R6 R7
타나 라타 버스 터미널 Tanah Rata Bus Terminal
주차장
P 주차장
H2 R8 S May 은행
R9
Jalan Carnation
Jalan Gereja
Jalan Camelia
Jalan Mentigi Utama
H1
H3
H4
H5
59

관광 Visit
R1 고 겐 Kou Gen
R2 스타벅스
R3 Restoran Sheing Ming
R4 Nasi Kandar Mami Ismail
R5 My Cake Home
R6 더 로즈 카페 The Lord's Café
R7 Marry Brown
R8 레스토란 메이 플라워 Restoran May Flower
R9 용 텡 카페 Yong Teng Café

쇼핑 Shopping
S1 Cameron Bharat Plantations

숙소 Hotel
H1 제라드 플레이스 Gerard's Place
H2 TJ Lodge
H3 Heritage Hotel
H4 Hillview Inn
H5 파더스 게스트하우스 Father's Guest House

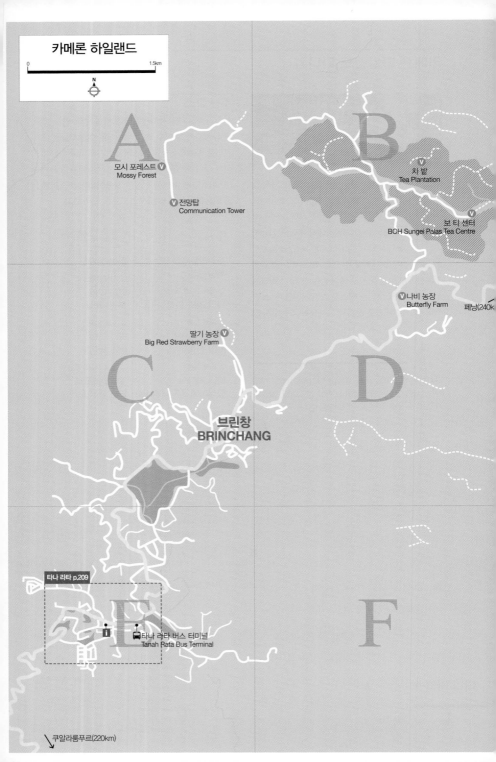

01

지프를 타고 둘러보는

카메론 하일랜드 투어
Cameron Highlands Tour

1 투어 차량. 사륜구동 지프라 승차감은 안 좋다. 2 차나무와 밀림의 식물들에 대해 설명해 주는 가이드 3 투어 도중 만나는 동식물들을 설명해준다.

여행자들이 모이는 타나 라타 마을에는 근교 투어를 판매하는 여행사들이 많다(숙소에서도 예약 가능). 목적지와 시간에 따라 다양한 종류가 있는데, 우리나라 여행자들에게 만족도가 높은 투어는 차 밭과 보 티 센터, 모시 포레스트를 둘러보는 반일짜리 투어다. 세 곳 모두 개별적으로 가려면 택시를 대절해야 하기 때문에 경제적으로도 이득이다. 투어에는 영어 가이드도 포함되어 있다.

ADD 모시 포레스트 반일 투어 OPEN 하루 2번 출발(08:45, 13:45, 여행사에 따라 다름) COST 1인당 RM50~

추천 투어 코스
차 밭을 바라보는 전망 포인트 → 짧은 정글 트레킹(모시 포레스트) → 보 티 센터 → 나비 농장 → 딸기 농장

02

녹색 융단이 굽이굽이

차 밭
Tea Plantation

COST 무료 ACCESS 타나 라타 마을에서 차량으로 약 20분 소요 MAP p.210-B

드넓은 차 밭을 감상할 수 있는 언덕 중간의 뷰 포인트는 투어의 첫 번째 방문 장소다. 특별한 전망대 시설이 있는 게 아니라 브린창 언덕을 올라가던 투어 차량이 잠시 서는 포인트지만, 길가에 있는 찻잎들도 가까이에서 구경하고 차나무 사이로 들어가 기념 사진을 남기기에도 좋은 장소다. 언덕 아래로 펼쳐지는 시원한 차 밭의 풍경은 빌딩으로 둘러싸인 대도시에 지쳐 있던 사람들에게는 근사한 휴식이 된다. 자욱하게 낀 안개가 서서히 걷혀가면서 조금씩 드러나는 녹색 풍경이 이곳의 감상 포인트이니, 기왕이면 반일 투어 중에서도 아침 일찍 출발하는 투어를 선택할 것을 추천한다.

차 밭 구경 / 반짝이는 찻 잎

03

이끼로 뒤덮인 정글 산책

모시 포레스트
Mossy Forest

\TIP/

나무로 만든 전망대

투어에서는 모시 포레스트에 들어가기 전에 브린창 언덕의 정상 부근에 지은 간이식 전망탑에도 올라간다. 전망탑에 올라서면 주변의 차 밭과 정글, 각종 플랜테이션 농장들이 한눈에 들어온다.

1 축축하고 미끄러운 바닥 **2** 이끼로 뒤덮인 나뭇가지 **3** 식충 식물

나뭇가지와 줄기, 바닥까지 온통 이끼 식물들로 덮여 있는 기묘한 풍경. 열대 산지에서도 비가 많이 오고 습도가 높은 지역에서만 이런 특이한 모습의 산림이 형성되는데, **영어로는 모시 포레스트, 우리말로는 선태림**이라고 부른다. 투어에서 둘러보는 반경은 그리 넓지 않지만, 폭신폭신하게 밟히는 숲 속을 걷다 보면 마치 영화 〈아바타〉의 한 장면 속으로 들어가는 듯한 기분이 든다. 우리나라에서는 볼 수 없는 독특한 풍경이니 한 번쯤 구경해 볼 것을 추천한다. 중간중간 벌레를 잡아먹는 식충식물이나 약용 허브 등을 가이드가 설명해 준다. 물기가 가득한 숲 속 바닥이 미끄러운 편이니 걸을 때 주의하자.

COST 무료 **ACCESS** 타나 라타 마을에서 차량으로 약 30분, 차 밭에서 약 10분 소요 **COST** RM30 **MAP** p.210-A

04

온실 안 나비 구경

나비 농장
Butterfly Farm

카메론 하일랜드에 놀러 온 가족 여행자들을 겨냥한 관광 상품 중 하나다. 어른들이라면 시시하게 느껴질 수 있지만, 어린아이들은 소소한 구경거리가 많아서 재미있어 한다. 입장료가 그리 비싸지 않으니 투어 중 들렀다면 한 번쯤 들어가 봐도 좋다. 그물망을 쳐 놓은 온실 안에서 날아다니는 나비들을 구경하는 것이 포인트. 나비들 외에서도 도마뱀이나 뱀 같은 파충류, 타란툴라 거미와 사마귀, 딱정벌레 같은 곤충류도 볼 수 있다.

ADD Butterfly Farm, Kea Farm, Brinchang **OPEN** 월~금 09:00~18:00, 토 · 일 08:30~19:00 **COST** RM7 **ACCESS** 타나 라타 마을에서 차량으로 약 10분 소요 **MAP** p.210-D

1 웨딩 촬영 단골 장소.
2,3 다양한 제품들을 전시 판매 중이다.

05

최고의 전망 포인트

보 티 센터

BOH Sungei Palas Tea Centre

카메론 하일랜드를 소개하는 엽서나 관광 책자에 가장 자주 등장하는 장소. 언덕 가득 펼쳐진 푸른 차 밭과 그 위에 매달린 전망대가 절묘하게 어우러진 풍경 덕분에, 누구나 근사한 사진을 찍을 수 있는 포인트로 유명하다. 말레이시아를 대표하는 차 브랜드인 '보 BOH'의 전시 공간 겸 공장이 있는 '보 티 센터'는 카메론 하일랜드 투어의 하이라이트라고 할 수 있다.

카메론 하일랜드에서 시작한 차 재배 산업이 말레이시아의 대표 특산물이 되기까지 그 과정을 보여주는 갤러리, 각양각색의 포장 용기에 담긴 채 손님을 기다리는 차 제품들로 가득한 전시·판매장, 이곳에서 재배한 찻잎이 찌고 말리고 자르는 과정을 거쳐 제품으로 탄생되는 공장 등 누구나 무료로 입장할 수 있는 볼거리가 많다. 산지에서 맛보면 왠지 기분이 남다른 차 한 잔을 근사한 풍경과 함께 즐겨보자.

ADD 39100 Brinchang TEL +60 5-496-2096 OPEN 화~일 09:00~16:30, 월 휴무 COST 무료 ACCESS 타나 라타 마을에서 차량으로 약 20분 소요 WEB www.boh. com.my MAP p.210-B

\TIP/ ★

산지에서 맛 보는 차 한 잔

이곳에서 만든 다양한 차 종류를 전망 카페에서 맛보자. 차와 어울릴 만한 케이크와 빵 종류도 함께 판매해 투어 중 출출함을 달래기 좋은 장소다. 차 밭 위에 매달린 야외 전망대 쪽에 앉으면 최고의 풍경을 감상하며 쉬어갈 수 있다.

티 팟에 담아주는 보 티

딸기 케이크

TALK

찻잎은 찌고 말리고 발효하는 과정을 거쳐 아주 다양한 종류의 차 제품이 된다. 솜털 덮인 어린 싹을 따서 그대로 건조시킨 백차, 무쇠 솥에 넣고 덖어낸 녹차, 발효 과정을 거친 우롱차나 홍차 등이 대표적이다. 카모마일이나 페퍼민트 등 향을 가미한 종류도 인기가 있다.

말레이시아의 딸기 맛 보기

딸기 농장
Big Red Strawberry Farm

녹색 잎 사이로 얼굴을 내미는 새빨간 딸기, 그 새콤달콤한 향기만으로도
군침이 돌게 만드는 딸기가 카메론 하일랜드의 또 다른 특산품이다. 필리
핀이든 태국이든 열대 국가에서는 기온이 낮은 고지대에서 딸기를 키우
는 경우가 많은데, 이곳 역시 마찬가지. 우리나라에서는 열대 과일이 비
싼 것처럼, 말레이시아에서는 25도 이하의 선선한 기후에서만 재배되는
딸기가 고급 과일이다.

ADD Brinchang, Cameron
Highlands TEL +60 5-491-3327
OPEN 09:00~18:00 ACCESS 타
나 라타 마을에서 차량으로 5분 소
요 WEB www.bigredstrawberry
farm.com MAP p.210-C

카메론 하일랜드의 여러 언덕 곳곳에 딸기 농장들이 있는데 투어에서 들
르는 곳은 대부분 비슷비슷한 모양새를 갖추고 있다. 일정 요금을 내면 온실에서 수경재배로 키우는 딸기를
따는 체험을 한 다음, 직접 딴 딸기를 가지고 갈 수 있다. 투어로 들르는 사람들은 대부분 딸기 따기 체험보다
는 미리 따 놓은 딸기를 사서 몇 개 맛보거나 딸기로 만든 제품들을 구입하는 편. 우리나라의 계량종보다는
당도가 덜할 때가 많아서 크림이나 꿀, 잼에 찍어서 먹는 경우가 많다. 딸기 초콜릿 퐁뒤나 딸기 주스, 딸기
케이크 등 농장마다 다양한 디저트 메뉴를 선보인다.

딸기를 넣은 초콜릿

딸기를 찍어 먹는 초콜릿 퐁뒤

크림을 얹은 딸기

와플

카메론 하일랜드

타나 라타의 관광객용 식당은 버스 터미널 앞 큰길에 모여 있다. 낮 시간 동안 투어를 갔던 여행자들이 저녁마다 모여드는 곳이기도 하다. 전통적인 맛집은 아니지만 전 세계 여행자들과 함께 어울려 여유로운 분위기를 즐길 수 있다.

01

뜨끈한 국물 맛, 스팀보트
레스토란
메이 플라워
Restoran May Flower

육수에 익혀 먹는
다양한 재료

서늘한 고원 지대로 오면 왠지 모르게 생각나는 뜨끈한 국물. 이곳에 사는 사람도, 놀러 온 여행자들도 모두들 같은 마음인지, 저녁마다 사람들이 몰리는 식당이다. 냄비 안의 육수는 3가지 종류 중 선택할 수 있다. 누구에게나 무난한 맛이라 외국인들이 주로 시키는 치킨 수프 Chicken Soup, 향신료를 듬뿍 넣어서 중국계 여행자들이나 현지인들이 주로 시키는 똠얌 수프 Tomyam Soup, 그리고 이 두 가지 국물을 반반씩 섞은 치킨 똠얌 수프. 육수 종류에 따라 1인당 가격을 내면 익혀 먹을 야채와 고기들을 내주는데 소고기, 닭고기, 새우, 해파리, 오징어, 맛살, 채소, 두부 등 종류가 다양하다. 고기들을 건져먹고 나면 국수를 넣어서 먹는 것까지, 딱 한국 스타일이다.

ADD Persiaranm Camellia 4, Tanah Rata **TEL** +60 5-491-4793 **OPEN** 08:30~22:00 **COST** 2인 RM50 **ACCESS** 여행안내소에서 도보 2분 **MAP** p.209-A

02

버스 타기 전 간단한 한 끼
용 텅 카페
Yong Teng Café

커피+밀크

볶음국수

ADD Stall No 4, Majlis Daerah Stalls, Tanah Rata **OPEN** 08:00~17:00 **COST** 나시 르막 RM3, 바나나 팬케이크 RM5, 토스트 세트 RM5 **ACCESS** 여행안내소에서 도보 4분 소요 **MAP** p.209-B

버스 터미널의 플랫폼 옆에 자리 잡은 작은 식당이다. 버스를 타기 전 남는 시간에 또는 버스에서 막 내려서 배가 고플 때, 간편하고 저렴하게 한 끼 해결할 수 있는 가게. 토스트에 소시지와 달걀 프라이, 베이크드 빈스까지 곁들여도 한화로 2,000원이 채 안 되는 가격이다. 간단한 볶음국수 Fried Mee 종류도 저렴하게 판매한다. 아침식사로 팬케이크를 즐기는 서양인들은 이 집에서 만드는 간이식 팬케이크를 마을 최고로 손꼽기도 한다. 밀가루 반죽에 딸기나, 바나나, 파인애플 등을 툭툭 썰어 올린 초간단 스타일. 사실 맛보다는 귀가 들리지 않는 장애인 노부부가 열심히 일하는 모습에 감동을 받는 경우가 많다.

03

반가운 한식과 일식

고 겐
Kou Gen

김치 포크 Kimchi Pork

달짝지근한 소스,
버거 스테이크 스파게티

한국을 떠난 지 며칠 된 여행자라면 우선 반가운 마음부터 들 레스토랑이다. 우리나라에서 먹던 맛을 기대한다면 조금 실망하겠지만, 고원 지대의 외딴 마을에서 일식과 한식을 먹을 수 있다는 것 자체가 신기한 일이다. 시골 마을의 저가형 식당인 만큼 날 생선을 먹는 종류보다는 볶음이나 튀김 종류를 주문하는 것이 낫다.

카레와 함께 나오는 돈가스나 치킨가스는 세계 어느 곳의 일식당을 가나 제일 무난한 선택이다. 테판야끼 치킨 등을 얹은 일본식 덮밥 종류나 볶음우동, 교자도 주문할 수 있다. 김치 포크 볶음밥 Kimchi Pork Fried Rice이나 김치 미소 스튜 Kimchi Miso Stew처럼 우리에게 반가운 재료인 '김치'를 사용한 음식들도 눈에 띈다. 주방의 손놀림이 빠르지 않아서 주문이 밀리는 건 단점이다.

ADD 35 Main Road, Tanah Rata **TEL** +60 12-377 0387 **OPEN** 12:00~21:00, 수 휴무 **COST** 치킨가스 RM15.9, 김치포크 볶음밥 RM15.9, 볶음우동 RM17.9, 돈가스/치킨가스+야채커리 RM18.9 **ACCESS** 여행안내소에서 도보 3분 **MAP** p.209-B

04

딸기 넣어 구운 스콘

더 로즈 카페
The Lord's Café

딸기를 넣어서
구운 스콘

오후가 되면 차 한 잔에 달콤한 간식을 먹고 싶어 하는 서양인 여행자들이 즐겨 찾는 곳이다. 참신한 최신식 메뉴도 없고 인테리어도 몇십 년 전 스타일이지만, 세월이 멈춘 듯한 예스러운 분위기가 편안하게 느껴진다.

이 집의 대표 메뉴는 카메론 하일랜드의 특산품인 **홍차 한 잔에 스콘**을 곁들이는 것. 특히 카메론 하일랜드의 또 다른 특산품인 딸기를 넣어서 구운 딸기 스콘 Strawberry Fruity Scorn이 유명하다. 집에서 할머니가 구운 듯한 소박한 스콘에 평범한 잼과 크림이지만, 촌스러운 그 느낌이 되레 정겹다.

ADD Tanah Rata **TEL** +60 19-572-2883 **OPEN** 10:00~18:00, 일 휴무 **COST** 스트로베리 스콘 RM2.8~, 홍차 RM22~ **ACCESS** 여행안내소에서 도보 4분 **MAP** p.209-B

01

타나 라타의 대표 호스텔
파더스
게스트하우스
Father's Guest House

주말과 공휴일, 성수기와 방학 기간에는 1인당 RM10이 추가된다.

10인실 도미토리

배낭여행자들이 모여드는 타나 라타 마을에서도 가장 인기 있는 호스텔이다. 유창한 영어로 손님을 맞이하는 스태프가 있어서 정보를 구하기 쉽고, 혼자 여행하는 사람도 저렴하게 묵을 수 있는 도미토리가 있다는 것이 장점. 덕분에 배낭을 둘러멘 젊은 여행자들은 대부분 여기 묵는다고 해도 과언이 아닐 만큼 예약률이 높다.

ADD No 4, Jalan Mentigi, Tanah Rata, Cameron Highlands Pahang Darul Makmur TEL +60 16 -566-1111 COST (공용 욕실)10인실 도미토리 RM30, 더블 RM74.2~84.8, (개인 욕실)더블 RM95.4~106 ACCESS 여행안내소에서 도보 3분 WEB www.fathers.cameronhighlands.com MAP p.209-A

프라이빗 룸은 욕실이 딸린 방과 공용 욕실을 사용하는 방으로 나뉜다. 기본적인 스타일이지만 깔끔하고 쾌적한 인테리어. 1개 욕실을 2개 방이 쓰는 방식이라 공용 욕실이라도 크게 불편하지 않다.

02

언덕 위 아늑한 B&B
제라드 플레이스
Gerard's Place

언덕 위에 있는 콘도미니엄이라 처음 찾아가기는 조금 힘들 수 있다. 예약할 때 픽업 가능 여부를 문의!

ADD C9, C10 & C17 Block Carnation, Greenhill Resort TEL +60 12-588 5454 COST (공용 욕실)싱글 RM70, 더블 RM80, (개인 욕실)싱글 RM95 더블 RM105 ACCESS 여행안내소에서 도보 10분 WEB www.fathers.cameronhighlands.com/gerards MAP p.209-A

호스텔보다는 조금 더 아늑한 공간을 찾는다면 추천할 만한 곳이다. 언덕 위에 있는 고급 콘도미니엄을 개조한 B&B 스타일이라 장기 체류하는 서양인들에게 인기 있는 숙소. 아늑한 거실과 잘 갖추어진 부엌, 한가로이 시간을 보내기 좋은 테라스 등 내 집에 온 것처럼 편안하게 머물 수 있다.

8개 객실 중 2개는 개인 욕실이 딸려 있고 나머지 6개는 공용 욕실을 사용한다. 가구와 매트리스 모두 말끔해서 언제나 기분 좋은 숙소. 특히 투숙객들끼리 서로 교류하는 것을 좋아하는 여행자라면 더 즐겁게 머물 수 있다.

Penang

고색창연한 역사와 현대적인 젊음을 동시에 만끽할 수 있는 말레이시아 최고의 여행지다. 영국 식민지 시대의 유산에 이슬람 상인들이 독특한 색깔을 더하고, 중국 무역상들이 성공을 과시하며 지은 저택과 땅도 없이 물 위에 집을 지어야 했던 이민 노동자들의 수상가옥이 동시대에 공존하던 도시. 수백 년 된 전통가옥들을 감각적인 벽화로 되살려낸 이곳에서는 삐걱거리는 마룻바닥과 모던한 가구들마저 오묘한 조화를 이룬다.

저마다 대를 이어 온 비장의 비법을 선보이는 음식 노점상들도 페낭의 특별한 즐거움이다. 수십 년째 같은 자리에서 팬을 놀리며 맛있는 냄새를 피워내는 할아버지, 무심한 표정으로 툭툭 썰어낸 고명을 얹어 뚝딱 말아주는 뜨끈한 국수. 대를 이어가며 찾아오는 단골들에게 건네는 한 그릇 속에서 페낭의 역사는 오늘도 현재진행형이다.

\TIP/
─────────────────────────

현지에서는 주로 '피낭'이라고 발음한다. 일반적으로 말레이 반도 북서 해안에 있는 페낭 섬만을 '페낭'이라고 지칭하지만, 버터워스 등 내륙의 일부 지역도 행정구역상 페낭 주에 속한다.

동양의 진주라 불리는
말레이 최고의 미식 도시

페낭

Penang

페낭의 매력 포인트는?
01 '말레이시아의 남도'라도 불릴 만큼 다양한 음식 문화
02 구시가지 거리 전체가 유네스코 세계문화유산
03 단돈 RM6으로 최고의 국수 요리를!
04 특별한 기념사진을 남길 수 있는 빈티지 벽화 골목
05 기독교와 이슬람, 힌두교와 중국 사원이 하나의 거리에!
06 공짜로 누릴 수 있는 다양한 예술행사
07 전통가옥을 개조한 부티크 호텔&호스텔의 격전지

기본 정보

여행안내소

판타이 거리 지점 여행안내소

말레이시아의 다른 도시들에 비하면 재미있고 수준 높은 여행 자료들이 많다. 다양한 지도뿐만 아니라 페낭의 전통 음식과 역사 건축물, 축제에 관련된 유용한 영문 브로셔로도 구할 수 있다.

[여행안내소 Penang Global Tourism Sdn Bhd] ADD 8B, First Floor, The Whiteaways Arcade, Lebuh Pantai, George Town TEL +60 4-264-3456 OPEN 월~금 08:30~17:30 MAP p.242-F

은행&ATM

배낭여행의 중심지인 출리아 거리와 교차하는 페낭 거리 Jalan Penang와 판타이 거리 Lebuh Pantai에 은행과 ATM이 많다. 꼼따 Kotmar 주위에 있는 쇼핑몰 안에도 다양한 은행들의 ATM이 있으니 쇼핑을 겸해서 한 번에 해결하면 편리하다.

환전소

출리아 거리를 따라 리틀 인디아 지역으로 가다 보면 환전소들이 다수 있다. 이는 인도 출신 이민자들이 주로 하던 대금업의 전통이 남아 있기 때문인데, 특히 리틀 인디아 주변은 환전소 간 경쟁이 심해서 쿠알라룸푸르만큼 달러 환율이 좋은 편이다. 환전

소 앞에 주요 화폐의 환율을 표시해 두었으니 비교해 보자.

꼼따 주위의 대형 쇼핑몰에 있는 환전소들은 거래하기가 안전한 대신 환율이 좋지는 않다. 특히 페낭 국제공항의 환전소는 환율이 나쁘니 꼭 필요한 금액만 환전할 것.

TIP

원화를 바꿔야 한다면 가능하면 쿠알라룸푸르에서 환전해 가도록 한다. 말레이시아에서 원화의 환율은 쿠알라룸푸르의 부낏 빈땅 지역이나 코타키나발루의 쇼핑몰 등 일부 지역을 제외하고는 좋지 않다.

인터넷

대부분의 숙소가 체크인 시 무료로 사용할 수 있는 와이파이 비밀번호를 알려준다. 카페나 식당에서도 비교적 빠른 속도의 무료 와이파이를 사용할 수 있는 곳이 많다.

편의점

생수, 음료수, 술, 과자, 컵라면 등을 구입할 때는 24시간 운영하는 편의점이 유용하다. 페낭의 구시가, 조지 타운에서 편의점을 쉽게 찾을 수 있으며, 세븐일레븐 Seven Eleven과 해피마트 Happy Mart가 가장 많다.

페낭 들어가기

페낭은 쿠알라룸푸르에서 북쪽으로 350km 정도 떨어져 있다. 우리나라에서 출발하는 직항편은 없으며 말레이시아의 여러 도시에서 출발하는 국내선을 이용하는 것이 가장 빠르고 편리하다. 말레이반도와 페낭 섬은 다리로 연결되어 있으므로 버스를 타고 이동할 수도 있다. 랑카위 섬에서 갈 때는 쾌속선과 비행기를 이용할 수 있다.

비행기

쿠알라룸푸르와 코타키나발루, 랑카위 등 말레이시아의 주요 도시에서 페낭행 항공편을 운항한다. 여행자들은 말레이시아 항공의 국내선 연결 구간이나 말레이시아의 대표 저가항공사인 에어아시아를 주로 이용한다.

그 외 저가항공으로는 말린도 에어나 파이어플라이가 있다. 중국남방항공, 케세이퍼시픽 등의 경유편을 이용하면 쿠알라룸푸르에서 국내선을 갈아탈 필요 없이 페낭 국제공항으로 바로 갈 수 있다.

❶ 페낭 국제공항(공항코드 PEN)

Penang International Airport

국제공항이지만 규모는 그리 크지 않다. 인근 동남아 지역 국가들을 연결하는 몇 개의 국제노선을 제외하고는 국내노선의 저가항공사를 중심으로 운영된다.

페낭 국제공항

수하물을 찾아서 세관을 통과한 후 에스컬레이터를 따라서 1층으로 내려오면 **ATM, 렌터카 사무실, 유심 판매소, 여행안내소**가 차례로 있다.

ADD 11900 Bayan Lepas, Penang TEL +60 4-252-0252

MAP p.231-E

페낭 국제공항의 도착 로비   도착 로비에 있는 여행안내소

※페낭으로 가는 항공 노선

출발지		이용 항공	소요시간
쿠알라룸푸르 출발	KLIA 1	말레이시아 항공 (1일 약 7회)	50분~ 1시간 소요
	KLIA 2	에어아시아 (1일 약 15회)	55분 소요
	SZB 수방공항	말린도 에어 (1일 약 5회)	1시간 소요
		파이어플라이 (1일 약 12회)	1시간 소요
랑카위 출발		에어아시아 (1일 3회 10:10, 17:15)	35분 소요
		파이어플라이 (1일 1회)	35분 소요
코타키나발루 출발		에어아시아 (하루 1~2회)	2시간 40분 소요

TIP

페낭 국제공항의 도착 로비에는 환전소가 없다. 환전이 꼭 필요한 사람들은 도착 로비 한 층 위에 있는 출발 로비의 환전소를 이용하자.

페낭 국제공항의 출발 로비에 있는 CIMB 은행 환전소

❷ 공항에서 시내로 들어가기

페낭 국제공항은 페낭 섬의 남쪽에 있다. 여행자들의 주요 목적지인 구도심 조지타운 George Town은 섬의 북동쪽 끝에 있으며, 공항에서 17km 정도 떨어져 있다.

그랩 그랩 Grab은 말레이시아의 주요 도시에서 사용할 수 있는 차량 공유 서비스로, 페낭에서도 편리하게 이용할 수 있다. 시내까지 가는 비용이 택시에 비해 거의 절반밖에 되지 않는 것이 가장 큰 장점. 휴대폰에 설치한 애플리케이션을 통해 시내의 목적지를 지정하면, 보통 공항 근처에서 대기하고 있던 기사들이 배정된다. 기사와는 도착 로비의 출구 앞에서 만나는 것이 편리하다.

COST 조지타운 약 RM22~25

택시 도착 로비에 오자마자 어플리케이션으로 호출할 필요 없이 시내로 바로 이동 가능하다. 도착 로비의 중앙 입구 안쪽과 바깥쪽에 각각 공항택시 카운터가 있으며 두 카운터의 가격은 동일하다. 요금은 **거리 구간에 따라 미리 정해진 요금으로 운행**되며, 이용 인원에 따라 4인승과 10인승 두 종류가 있다. 자정부터 06:00까지는 심야 할증 요금이 적용된다.

COST (4인승 기준) 조지타운 주간 RM44.7, 심야 RM67, 바투 페링기 주간 RM74, 심야 RM111

공항 도착 로비 바깥에 있는 택시 카운터

공항 택시는 흰색이다.

시내버스 페낭 전역을 운행하는 시내버스(Rapid Penang)를 타고 조지타운으로 이동할 수 있다. 도착 로비가 있는 건물 바깥으로 나오면 길 건너편에 시내버스 정류장이 있다. 페낭의 구시가인 **조지타운** George Town **중심에 있는 꼼따** Komtar **버스 터미널로 가는 시내버스는 401E번과 102번.** 401E번은 꼼따 버스 터미널을 거친 후 페리 선착장이 있는 웰드키 Weld Quay 버스 터미널로 가며, 102번은 바투 페링기 Batu Ferringhi 지역으로 간다. 단, 공항에서 꼼따 버스 터미널까지 시간이 오래 걸린다(약 1시간 소요).

401E번 시내버스

운행 경로 공항 → 꼼따 버스 터미널 → 웰드 키 버스 터미널(페리 선착장) OPEN 06:00~23:00(60~80분 간격) COST RM2.7

102번 시내버스

운행 경로 공항 → 꼼따 버스 터미널 → 바투 페링기 OPEN 05:40~23:00(25~35분 간격) COST RM3.4

공항에서 시내로 가는 시내버스

TIP

페낭 국제공항의 식당들

공항의 출발 로비에는 맥도날드, KFC 같은 패스트푸드점과 시크릿 레시피, 올드타운 화이트 커피 같은 카페 겸 레스토랑이 있다. 짐 검색을 마친 후 탑승 게이트가 있는 안쪽으로 들어가면 스타벅스 매장이 있다. 도착 로비에는 식당이 따로 없으니 출발 로비의 식당을 이용하도록 한다.

공항 출발 로비에 있는 KFC 매장

버스

페낭 섬은 반경 20km가 넘은 커다란 섬이지만 페낭 섬과 말레이 반도 사이는 불과 3km 정도 떨어져 있다. 페낭 섬과 말레이 반도 본토를 연결하는 다리가 2개 있기 때문에 말레이시아의 주요 도시에서 페낭행 버스가 운행된다.

주의! 페낭은 페낭 섬과 내륙 지역으로 이루어져 있으며 **총 3개의 버스 터미널**이 있다. (내륙 지역인 버터워스에 있는 페낭 센트랄 Penang Sentral, 페낭 섬 안에 있는 숭아이 니봉 Sungai Nibong과 꼼따 Komtar) 그 중에서 조지타운과 도보 거리에 있는 꼼따 터미널과 페리만 타면 조지타운으로 갈 수 있는 페낭 센트랄 터미널로 가는 것이 편리하다.

※페낭으로 가는 버스 노선

출발지	운행 횟수	요금	소요시간
쿠알라룸푸르(TBS) 출발	페낭 센트럴행 1일 30회 이상	RM35 ~ 50	4시간 30분 ~ 6시간 30분 소요
	꼼따 버스 터미널행 1일 30회 이상	RM38	4시간 50분 소요
말라카 (말라카 센트랄) 출발	페낭 센트랄행 1일 10~11회 (첫차 08:30, 막차 22:30)	RM45 ~ 55	7시간 소요

❶ 페낭 센트랄 버스 터미널
Penang Sentral Bus Terminal
페낭 센트랄 버스 터미널은 페낭 지역으로 들어오는 가장 큰 버스 터미널로, 페낭 섬 건너편의 내륙 지역에 있다. 페낭 섬 안에 있는 버스 터미널보다 장거리 노선이 다양하고 운행 편수가 많은 것이 장점.

페낭 센트랄

2018년 11월 새로 지은 건물에 오픈했으며, 내부에 식당가가 잘 갖춰져 있다.

ADD Jalan Bagan Dalam, Penang, 12100 Butterworth
TEL +60 4-331-3400 **WEB** www.penangsentral.com.my
MAP p.231-D

버스 티켓 카운터

❷ 페낭 센트랄에서 시내로 가는 방법
페낭 섬으로 들어가는 페리를 타는 것이 가장 편리하다. 버스 터미널 건물의 L2 층에서 페리 선착장까지 연결통로가 있다. 페리를 타고 20분 정도 가면 맞은편 페낭 섬에 있는 페리 터미널에 도착. 요금은 RM1.2로 섬으로 들어갈 때만 내면 된다. 페낭 섬의 페리 터미널에서 조지타운의 중심지까지는 걸어가도 10~15분 정도 걸린다. 페리 터미널과 가까운 숙소를 예약했다면 더 편리하다. 터미널 L1 층에서 시내버스를 타도 된다. 101 · 201 · 202 · 203 · 204 번 시내버스를 타면조지타운의 중심인 출리아 거리 Lebuh Chulia로 간다. 시내버스 요금은 RM1.4.

페낭 센트랄과 페리 선착장의 연결 통로

❸ 꼼따 버스 터미널
Komtar Bus Terminal

페낭의 주요 볼거리가 모여 있는 구시가이자 세계
문화유산으로 지정된 조지타운에서 가장 가까운
터미널이다. 구시가 중심지까지 도보 10분 정도면
이동할 수 있어서 편리하다. 페낭의 랜드마크인 꼼
따 Komtar 빌딩 바로 옆이라 '꼼따 버스 터미널'이
라고 부르지만, 주위에 버스 회사 사무실이 모여 있
을 뿐 별도의 터미널 건물은 없다.

❹ 꼼따 버스 터미널에서 시내로 가는 방법

꼼따 빌딩에서 북쪽으로 이어지는 길을 따라 7분
정도 걸으면 조지타운의 중심인 출리아 거리 Leb-
uh Chulia에 다다른다. 짐이 무거운 사람은 시내버
스를 이용할 수도 있다. 쇼핑몰들이 모여 있는 블록
의 안쪽(잘란 리아 Jalan Ria와 르부 텍순 Lebuh
Tek Soon의 교차점)에 시내버스들이 정차하는 꼼
따 시내버스 터미널이 있다. 이곳에서 웰드 키 시내
버스 터미널 방면으로 101 · 104 · 201 · 202 · 203
번 버스를 타면 조지타운의 중심 거리인 출리아 거
리를 지나간다. 요금은 RM1.4.

버스 정류장이 따로 없이 사무실 앞에서 타고 내린다.

❺ 숭아이 니봉 버스 터미널
Sungai Nibong Bus Terminal

페낭 섬 남동쪽 지역에 있는 버스 터미널이다. 장거
리 버스는 내륙 지역의 버터워스 버스 터미널을 거
친 다음 다리를 건너 페낭 섬 안으로 들어가는데,
이때 숭아이 니봉 버스 터미널을 거쳐서 꼼따 버스
터미널로 가는 것이 일반적이다. 꼼따 버스 터미널
보다 운행하는 고속버스 수는 더 많지만 조지타운
중심지까지 이동하는 시간이 오래 걸려서 불편하
다(시내버스로 약 40~50분 소요). 시내버스 102,
401E, 303번을 타면 꼼따 버스 터미널까지 간다.
요금은 RM2.0.

ADD Jalan Sultan Azlan Shah, Kampung Dua Bukit,
Penang **TEL** +60 4-659-2099 **MAP** p.231-D

숭아이 니봉 버스 터미널

페리

랑카위 섬에서 오는 경우는 페낭행 쾌속선을 이용하는 것이 가장 편리하다. 랑카위 쿠아 타운에 있는 페리 터미널(쿠아 제티)에서 페낭으로 가는 쾌속선이 상시 운항된다.

※랑카위-페낭 간 페리 노선

출발지	운행 횟수	요금	소요시간
랑카위 출발	1일 2회 (10:30, 15:00)	편도 RM70	2시간 45분 소요
페낭 출발	1일 2회 (08:30, 14:00)	편도 RM70	2시간 45분 소요

랑카위-페낭 쾌속선

❶ 스웨튼햄 부두(크루즈 터미널)
Swettenham Pier (Cruise Terminal)

랑카위에서 출발한 쾌속선은 랑카위 섬의 북동쪽에 있는 스웨튼햄 부두에 도착한다. 대형 크루즈의 정박을 위해 만들어진 크루즈 터미널로 메단에서 출발한 페리 역시 이곳을 이용한다.

페낭에서 출발하는 랑카위행 쾌속선 역시 이곳에서 출발한다. 버터워스로 가는 통근 페리가 출발·도착하는 페리 터미널에서 북쪽으로 600m 정도

유람선이 정박한 스웨튼햄 부두

떨어져 있다.

ADD No. 1A, King Edward Place, Pengkalan Weld TEL +60 4-263-3211 ACCESS CAT 버스의 1번 정류장, 시내버스 101/201/202/203/204번 이용 MAP p.231-D, p.233-H, p.242-F

❷ 스웨튼햄 부두에서 시내로 가는 방법

스웨튼햄 부두는 조지타운의 북동쪽 코너에 있다. 페낭의 구시가인 조지타운이 부두 앞쪽으로 이어지며, 조지타운의 중심지인 출리아 거리 Lebuh Chulia 까지 걸어서 10~15분 정도면 갈 수 있다. 시내버스를 이용할 경우, 부두의 출구로 나와서 시계탑 좌측 길로 5분 정도 걸으면 시내버스를 탈 수 있는 정류장이 나온다. 101 · 201 · 202 · 203 · 204번 버스(요금 RM1.4)를 타면 조지타운의 중심지인 출리아 거리로 갈 수 있다.

쾌속선 도착 시각이면, 택시 기사들도 호객을 하기 위해 몰려든다. 조지타운 시내까지 RM20~25, 바투 페링기 지역까지 RM55 정도로 미리 요금이 정해져 있으니 필요한 사람들은 이용해보자.

스웨튼햄 부두 앞의 퀸 빅토리아 시계탑

쾌속선보다 저렴하게 페낭 가기

랑카위와 페낭 사이를 연결하는 쾌속선 요금은 조금 비싼 편이다. 페낭행 쾌속선 대신 쿠알라 펄리스행 Kuala Pelis행 페리+시외버스의 조합으로 페낭까지 갈 수도 있다. 랑카위의 쿠아 제티에서 쿠알라 펄리스 제티까지 페리를 타고 간 다음, 도보 5분 거리에 있는 쿠알라 펄리스 버스 터미널에서 버터워스나 페낭(꼼따 버스 터미널)행 버스를 타면 된다. 쿠알라 펄리스 제티와 버스 터미널에 대한 자세한 내용은 p.294 참고.

기차

쿠알라룸푸르에서 출발하는 열차를 이용하는 여행자들도 있다. 쿠알라룸푸르 시내의 KL 센트랄 역 Sentral Kuala Lumpur이나 쿠알라룸푸르 역 Kuala Lumpur에서 출발하며, 페낭의 내륙 지역인 버터워스 역 Butterworth까지 갈 수 있다. 출발 시간대에 따라서 소요시간과 이용 요금이 달라지며, 홈페이지(intranet.ktmb.com.my/e-ticket)에서 회원가입 후 예약할 수도 있다.

※페낭으로 가는 기차 노선

출발지	운행 횟수	요금	소요시간
쿠알라룸푸르	하루 5회	성인 RM59~79, 어린이 RM34~44	4시간~ 4시간 14분

❶ 버터워스 기차역
KTM Butterworth Train Station

페낭의 기차역은 페낭 섬이 아닌 섬 건너편 내륙 지역 버터워스 Butterworth에 있다. 버터워스 기차역에 내린 후 페리 선착장으로 이동해 페낭 섬으로 들어가는 페리를 타야 한다. 버터워스 기차역에서 나오면 페낭 센트럴 버스터미널과 페리 선착장으로 이어지는 연결 통로가 있다.

OPEN 매표소 05:00~22:30 (휴식시간 08:15~10:15, 18:00~20:15) TEL +60 4-331-2796 MAP p.231-D

❷ 버터워스 기차역에서 시내로 가는 방법

버터워스 기차역에서 연결 통로를 따라 페리 선착장으로 이동한 다음 페낭행 페리를 탄다. 페리를 타고 20분 정도 가면 맞은편 페낭 섬에 있는 페리 터미널에 도착한다. 페리 요금은 RM1.2.

페낭 섬의 페리 터미널에서 조지타운의 중심지까지는 걸어서 10~15분 정도 거리다. 선착장을 나오면 시내버스들이 모두 모이는 웰드 키 Weld Quay 시내버스 터미널이 바로 앞에 있다. 그곳에서 101·201·202·203·204번 시내버스를 타면 조지타운의 중심인 출리아 거리 Lebuh Chulia로 간다. 시내버스 요금은 RM1.4.

버터워스 기차역 입구

페낭 섬의 통근 페리 선착장으로 올라가는 입구 1층에도 기차 매표소가 있다. 페낭 섬 안에서 기차표를 구할 경우 버터워스에 있는 기차역까지 갈 필요가 없다.

통근 페리 선착장 입구에 있는 기차 매표소

OPEN 10:00~17:00(휴식시간 토~목 14:00~15:00 금 13:00~15:00)

버터워스 기차역

페낭 다니기

주요 볼거리가 모여 있는 조지타운의 규모는 그리 크지 않다. 하지만 한낮에는 매우 덥기 때문에 대중교통을 적절히 활용하는 것이 좋다. 시내버스 노선이 잘 정비되어 있어서 여행자들도 쉽게 이용할 수 있다. 특히 조지타운의 주요 볼거리를 거쳐 가는 무료 셔틀버스를 활용하면 편리하다.

❶ 시내버스

Rapid Penang

시내버스 노선이 페낭 구석구석을 연결한다. 특히 섬의 북동쪽에 있는 조지타운을 중심으로 버스 노선이 연결되기 때문에 여행자들이 이용하기에도 편리하다. 에어컨 시설이 구비되어 있어 시원하다. 버스 요금은 운행 거리에 따라 달라지며, **버스 기사에게 목적지를 말하면 해당 거리의 버스 티켓을 발권해 준다. 미리 잔돈을 준비하는 것이 좋다.**

OPEN 노선에 따라서 05:30~23:30 COST 0~7km RM1.4, 7.1~14km RM2, 14.1~21km RM2.7

시내버스 / 시내버스 티켓

※유용한 시내버스 노선

목적지	버스 번호	운행 간격	요금
거니 드라이브	101, 103, 104번	10~20분	RM1.4
페낭 힐	204번	25~40분	RM2.0
켁록시 사원	201, 203, 204번	15~30분	RM2.0
페낭 보타닉 가든	10번	45~60분	RM2.0
바투 페링기	101, 104번	10~20분	RM2.7

구글로 시내버스 정보 찾기

페낭의 시내버스 노선과 운행 정보는 구글 지도 Google MAP와 연동되어 있다. 구글 지도에서 버스 모양의 정류장 표시를 누르면 해당 정류장에 서는 시내버스 번호와 대기 시간을 알 수 있다.

1 웰드 키 Weld Quay 시내버스 터미널

조지타운의 동쪽 해안가에 있는 시내버스 터미널이다. 페낭 섬과 내륙을 연결하는 통근 페리 선착장 바로 앞에 있다. 페낭 섬에서 가장 큰 규모의 시내버스 터미널로, 페낭의 모든 시내버스가 이곳에서 대기 후 출발한다.

ACCESS CAT 버스의 1번 정류장, 시내버스 101 · 201 · 202 · 203 · 204번 이용. 페리 터미널을 나오면 바로 왼편에 있는 공터다. MAP p.233-H, p.250-F

2 꼼따 Komtar 시내버스 터미널

조지타운의 남쪽, **페낭의 랜드마크인 꼼따** Komtar 빌딩이 있는 블록의 시내버스 터미널이다. 웰드 키 시내버스 터미널에서 출발한 시내버스들이 구시가를 거친 다음 이곳으로 다시 모인다. 건물 아래쪽이 그늘이고 앉을 의자도 있어서 시내버스를 기다렸다 타기에 편리하다. 주위에 대형 쇼핑몰이 모여 있어서 환전이나 출금, 생필품 구입도 한번에 처리할 수 있다.

ACCESS CAT 버스의 9번 정류장. 대부분 시내버스가 이곳을 거쳐 간다. MAP p.232-F

출리아 거리에서 시내버스 타기

101, 201, 204번 등 주요 시내버스들이 출리아 거리 Lebuh Chulia를 지나기 때문에, 인근에 숙소를 잡은 여행자에게 유용하다. 단, 정류장 표시가 명확하지 않으니, 버스를 타기 위해 모여 있는 사람들 주위에서 대기한다. **대표 정류장은 출리아 거리 중앙에 있는 세븐일레븐** Seven-Eleven **편의점 건너편(거니 드라이브 · 페낭 힐 · 켁록시 사원 방향)이다.**

출리아 거리의 세븐일레븐

버터워스 페리 터미널

페리 티켓 카운터

❷ 페리

페낭 섬과 말레이 반도 내륙의 버터워스 지역을 연결하는 통근 페리다. 여행자들은 버터워스 기차역이나 버터워스 버스 터미널에 갈 때 주로 이용한다. 첫 배부터 22:00까지는 20~30분 간격으로, 그 이후에는 40분 간격으로 운항한다. 시간은 약 20분 소요. 페리 요금은 버터워스에서 페낭 섬으로 들어올 때만 내며, 페낭 섬에서 버터워스로 나가는 경우는 무료다. 버터워스 페리 터미널에서 내야 하는 1인 요금은 RM1.2. 티켓 카운터에서 구입 후 종이티켓의 QR코드를 개찰구에서 인식시킨다.

버터워스 페리 터미널 OPEN 05:40~01:00, 페낭 섬 페리 터미널 OPEN 05:20~12:40

❸ 그랩

그랩 Grab은 말레이시아 주요 도시에서 사용할 수 있는 차량 공유 서비스로, 페낭에서도 이용할 수 있다. 시내 어디에서나 휴대폰에 설치한 애플리케이션을 통해 차량을 호출할 수 있고, 택시에 비해 절반정도로 요금이 저렴해 여행자들에게 매우 편리하다. 구시가를 구경할 때 보다는 거니 드라이브나 보타닉 가든, 바투 페링기 해변 등을 다녀오거나 공항으로 이동할 때 유용하다.

❹ 자전거

조지타운의 볼거리들을 색다르게 즐기기 위해 자전거를 타고 둘러 보는 여행자들도 많다. 특히 조지

조지타운 일대는 대부분 평지라 자전거를 타는 것이 특별히 어렵지는 않다. 단, 별도의 자전거도로가 없으니 빠른 속도로 오가는 자동차들을 주의하자. 한낮에는 뜨거운 햇볕이 내리쬐기 때문에 오전이나 늦은 오후에 이용하면 더욱 쾌적하다.

타운 거리 구석구석에 있는 벽화들을 둘러보고 싶을 때 유용하다. 여행자 거리에 있는 자전거 대여점이나 숙소에서 자전거를 대여할 수 있으며, 대여료는 하루 기준으로 RM12~15이다.

❺ 트라이쇼

조지타운의 좁은 골목길을 누비는 트라이쇼는 페낭의 또 다른 대표 얼굴이다. 알록달록하게 전등불을 밝히는 말라카의 트라이쇼와는 달리 옛 모습 그대로 소박하고 수수한 모습이라 더 매력적이다. 세월의 흔적을 고스란히 간직한 페낭의 골목길과 사람의 힘만으로 여행자를 태워 나르는 트라이쇼는 참 잘 어울리는 한 쌍이다.

거리 곳곳에서 트라이쇼 기사를 발견할 수 있지만, 가장 많은 트라이쇼가 대기하고 있는 대표 정류장은 페낭 거리 Jalan Penang 의 시타델 호텔 Citadel Hotel 근처다. 요금은 보통 1시간에 RM25~30 정도로, 최종 요금은 기사와의 흥정에 달려 있다. 얼마에 흥정하든 마지막에 내릴 때는 기사에게 약간의 팁을 주는 게 좋다.

페낭 거리를 누비는 트라이쇼

Focus

무료 셔틀 CAT 버스 타고 조지타운 구경하기

무료 셔틀인 CAT 버스의
정류장 표시

페낭 조지타운의 핵심 지점을 순환하는 무료 셔틀 버스. 'Central Area Transit'의 줄임 말인 'CAT 버스'라고 부른다. 웰드 키 시내버스 터미널에서 출발해 조지타운의 주요 거리를 한 바퀴 도는 노선. 겉모양은 일반 시내버스와 차이가 없지만, 버스 전광판에 'CAT FREE HOP ON BUS'라고 표시된다. **주의! 일반 시내버스와는 정류장이 다르다.** 사진에 있는 정류장 표시를 보고 확인해 두도록 한다. 특히 꼼따 시내버스 터미널에서 탈 때는 플랫폼이 줄지어 있는 건물 안쪽이 아니라, 꼼따 시내버스 터미널의 서쪽 편 바깥 도로에 정류장이 있다.

OPEN 06:00~24:00 COST 무료

Travel Plus +

통근 페리로 즐기는 저렴이 크루즈
버터워스 버스 터미널이나 기차역으로 가는 경우가 아니더라도 한 번쯤은 통근 페리를 타 볼 것을 추천한다. 왕복 RM1,2라는 저렴한 비용으로, 페낭 섬의 풍경을 바라보며 시원한 바닷바람을 즐길 수 있다. 페리에는 간단한 간식이나 음료를 구입할 수 있는 간이매점도 있다.

페낭 추천 코스

유네스코 세계문화유산으로 지정된 조지타운에서부터 영국 식민지 시대에 개발된 고지대 휴양지까지, 핵심 지역만 둘러 보아도 최소 3일은 필요하다. 특히 어느 곳에 가더라도 놓치지 말아야 할 유명 식당들이 구석구석 포진해 있어서, 맛 기행만으로도 일주일이 금세 지나간다.

Course 1

세계문화유산과 함께하는
거리 벽화 코스
중심 지역 아르메니안 거리&리틀 인디아
소요시간 6~7시간

아르메니안 거리&아체 거리
p.235

↓ 도보 3분 ┈┈┈┈┈

아르메니안 거리 벽화 & 사원 구경 p.236~237, p.239

↓ 도보 5분 ┈┈┈┈┈

클랜 제티 p.240

↓ 도보 5분 ┈┈┈┈┈

판타이 거리 p.253

↓ 도보 5분 ┈┈┈┈┈

페낭 페라나칸 맨션 p.252

↓ 도보 5분 ┈┈┈┈┈

리틀 인디아 p.251

Tip 무료로 개방하는 사원이 즐비하다. 모스크에 들어갈 때는 노출이 심한 복장을 피한다.
Option 조지타운의 역사에 관심 있는 사람은 세계문화유산 본부에서 운영하는 투어를, 중국 근대사에 관심 있는 사람은 쑨원 페낭 베이스 방문을 추가한다.

Course 2

식민지 시대의 역사가 고스란히
콜로니얼 코스
중심 지역 페낭 시티 홀&차이나타운
소요시간 6~7시간

페낭 시티 홀&타운 홀 p.243

↓ 도보 1분 ┈┈┈┈┈

에스플래나드 공원 p.243

↓ 도보 3분 ┈┈┈┈┈

콘월리스 요새 p.244

↓ 도보 5분 ┈┈┈┈┈

성 조지 교회 p.245

↓ 도보 2분 ┈┈┈┈┈

페낭 박물관 p.245

↓ 도보 5분 ┈┈┈┈┈

차이나타운 거리 산책 p.246

↓ 도보 5분 ┈┈┈┈┈

청 팟 쯔 맨션 p.247

Tip E&O 호텔 안의 전용 선착장에서 조지타운 서쪽의 '스트레이츠 키'로 가는 보트를 탈 수 있다. 페낭 섬 북쪽 연안의 풍경을 바다에서 즐길 기회!
Option 역사적인 명소인 E&O 호텔 내부도 구경해보자.

Course 3

영국 상류층들의 휴식처
페낭 힐 코스
중심 지역 페낭 힐&거니 드라이브
소요시간 8~9시간

꼼따 시내버스 터미널 p.227

↓ 버스 40분 ┈┈┈┈┈

켁록시 사원 p.257

↓ 버스 10분 + 푸니쿨라 10분 ┈┈

페낭 힐 p.258

↓ 버스 45분 ┈┈┈┈┈

꼼따 시내버스 터미널 p.227

↓ 버스 45분 ┈┈┈┈┈

OPTION!
보타닉 가든 p.260

↓ 택시 15분 ┈┈┈┈┈

거니 드라이브 p.261

↓ 버스 30분 ┈┈┈┈┈

꼼따 시내버스 터미널 p.227

Tip 외곽은 버스 운행 간격이 긴 편이다. 택시를 이용하면 좀 더 편하게 다닐 수 있다. 특히 보타닉 가든은 이동 시간이 오래 걸린다.
Option 꼼따에서 시내버스를 타고 40분 정도 가면 페낭에서 가장 인기 있는 바닷가 휴양지인 바투 페링기를 방문할 수 있다.

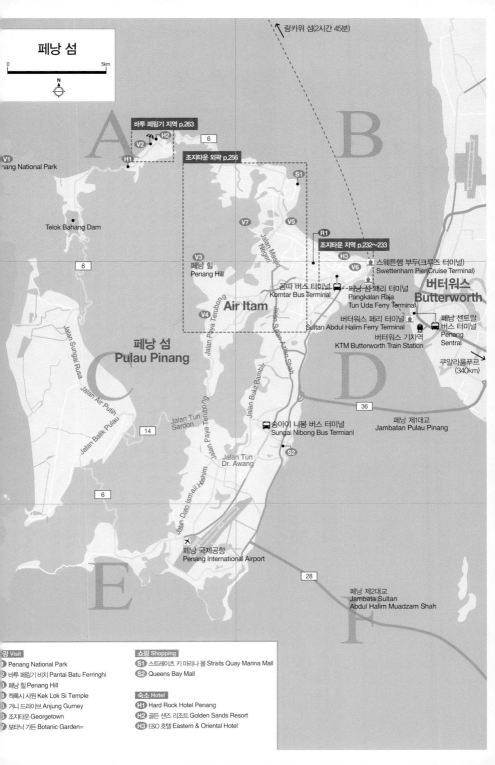

페낭 섬

0 _____ 5km

N

랑카위 섬(2시간 45분)

바투 페링기 지역 p.263

V2 H2
C

H1

조지타운 외곽 p.256

6

S1

A

B

Penang National Park

V1

Telok Bahang Dam

6

V7

V5

Jalan Masjid Negeri

조지타운 지역 p.232~233

R1

H3 V6

스웨튼햄 부두(크루즈 터미널)
Swettenham Pier(Cruise Terminal)

곰따 버스 터미널
Komtar Bus Terminal

페낭-삼 페리 터미널
Pangkalan Raja
Tun Uda Ferry Terminal

버터워스
Butterworth

V3
페낭 힐
Penang Hill

Air Itam

술탄 압둘 할림 페리 터미널
Sultan Abdul Halim Ferry Terminal

페낭 센트랄
버스 터미널
Penang
Sentral

V4

버터워스 기차역
KTM Butterworth Train Station

Jalan Paya Terubong

페낭 섬
Pulau Pinang

Jalan Sungai Rusa

Jalan Air Putih

Jalan Balik Pulau

Jalan Tun
Sardon

Jalan Paya Terubong

Jalan Bukit Bambir

Jalan Sultan Azlan Shah

쿠알라룸푸르
(340km)

36

페낭 제1대교
Jambatan Pulau Pinang

14

숭아이 니봉 버스 터미널
Sungai Nibong Bus Termianl

S2

Jalan Tun
Dr. Awang

6

Jalan Dato Ismail Hashim

페낭 국제공항
Penang International Airport

28

페낭 제2대교
Jambata Sultan
Abdul Halim Muadzam Shah

C

D

E

F

관광 Visit
1 Penang National Park
2 바투 페링기 비치 Pantai Batu Ferringhi
3 페낭 힐 Penang Hill
4 켁록시 사원 Kek Lok Si Temple
5 거니 드라이브 Anjung Gurney
6 조지타운 Georgetown
7 보타닉 가든 Botanic Garden=

쇼핑 Shopping
S1 스트레이츠 키 마리나 몰 Straits Quay Marina Mall
S2 Queens Bay Mall

숙소 Hotel
H1 Hard Rock Hotel Penang
H2 골든 샌즈 리조트 Golden Sands Resort
H3 E&O 호텔 Eastern & Oriental Hotel

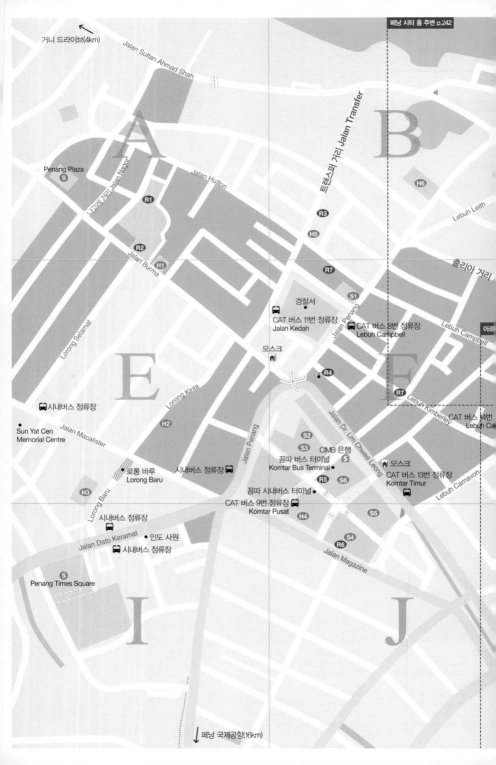

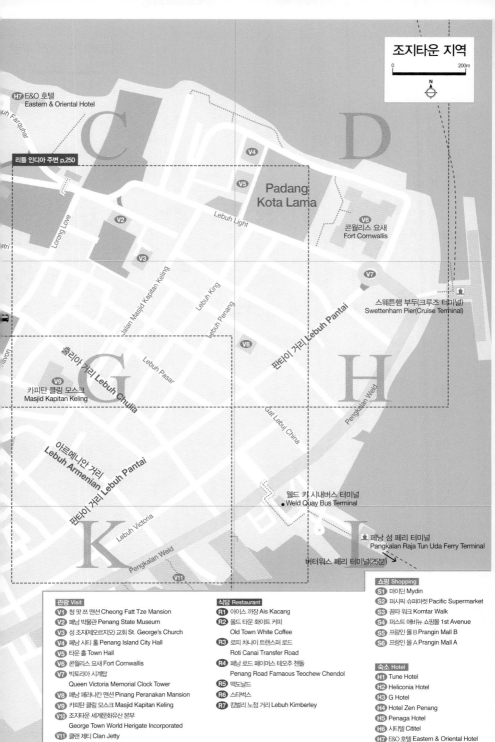

조지타운 지역

0 ─── 200m
N

H7 E&O 호텔
Eastern & Oriental Hotel

리틀 인디아 주변 p.250

Padang
Kota Lama

Lebuh Farquhar

Lorong Love

Lebuh Light

Jalan Masjid Kapitan Keling

Lebuh King

Lebuh Penang

V2

V3

V4

V5

V6 콘월리스 요새
Fort Cornwallis

V7

스웨트햄 부두(크루즈 터미널)
Swettenham Pier(Cruise Terminal)

훌리아 거리 Lebuh Chulia

카피탄 클링 모스크
Masjid Kapitan Keling

V9

Lebuh Pasar

V8

판타이 거리 Lebuh Pantai

Gat Lebuh China

Pengkalan Weld

이르메니안 거리
Lebuh Armenian

판타이 거리 Lebuh Pantai

Lebuh Victoria

Pengkalan Weld

웰드 키 시내버스 터미널
Weld Quay Bus Terminal

페낭 섬 페리 터미널
Pangkalan Raja Tun Uda Ferry Terminal

버터워스 페리 터미널(25분)

V11

관광 Visit
V1 청 팟 쯔 맨션 Cheong Fatt Tze Mansion
V2 페낭 박물관 Penang State Museum
V3 성 조지(제오르지오) 교회 St. George's Church
V4 페낭 시티 홀 Penang Island City Hall
V5 타운 홀 Town Hall
V6 콘월리스 요새 Fort Cornwallis
V7 빅토리아 시계탑
　 Queen Victoria Memorial Clock Tower
V8 페낭 페라나칸 맨션 Pinang Peranakan Mansion
V9 카피탄 클링 모스크 Masjid Kapitan Keling
V10 조지타운 세계문화유산 본부
　 George Town World Herigate Incorporated
V11 클랜 제티 Clan Jetty

식당 Restaurant
R1 아이스 까장 Ais Kacang
R2 올드 타운 화이트 커피
　 Old Town White Coffee
R3 로띠 차나이 트랜스퍼 로드
　 Roti Canai Transfer Road
R4 페낭 로드 페이머스 테오추 첸돌
　 Penang Road Famous Teochew Chendol
R5 맥도날드
R6 스타벅스
R7 캄벌리 노점 거리 Lebuh Kimberley

쇼핑 Shopping
S1 마이딘 Mydin
S2 퍼시픽 슈퍼마켓 Pacific Supermarket
S3 꼼따 워크 Komtar Walk
S4 퍼스트 애비뉴 쇼핑몰 1st Avenue
S5 프랑인 몰 B Prangin Mall B
S6 프랑인 몰 A Prangin Mall A

숙소 Hotel
H1 튠 호텔 Tune Hotel
H2 Heliconia Hotel
H3 G Hotel
H4 Hotel Zen Penang
H5 Penaga Hotel
H6 시테켈 Cititel
H7 E&O 호텔 Eastern & Oriental Hotel

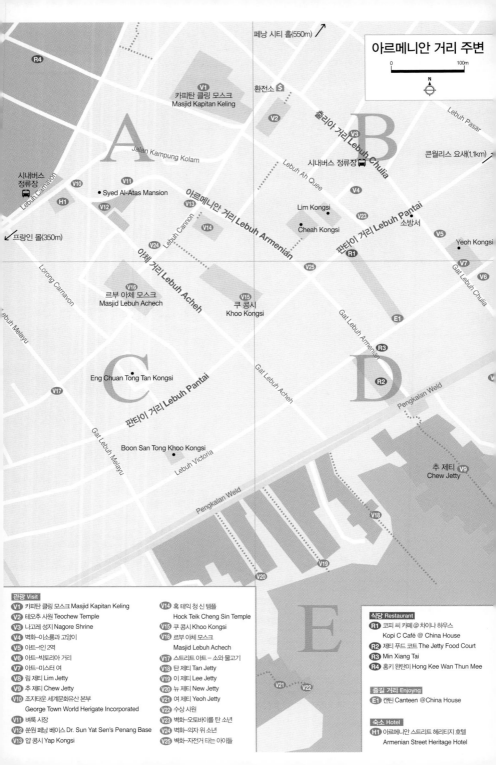

아르메니안 거리 주변

0 ——— 100m

페낭 시티 홀(550m)

환전소 $

카피탄 클링 모스크
Masjid Kapitan Keling

훌리아 거리 Lebuh Chulia

콘월리스 요새(1.1km)

Lebuh Pasar

Jalan Kampung Kolam

Lebuh Ah Quee

시내버스 정류장

시내버스 정류장

Syed Al-Atas Mansion

아르메니안 거리 Lebuh Armenian

프랑인 몰(350m)

Lim Kongsi

Cheah Kongsi

판타이 거리 Lebuh Pantai

소방서

Yeoh Kongsi

이체 거리 Lebuh Acheh

Lorong Carnavon

루부 아체 모스크
Masjid Lebuh Achech

쿠 콩시
Khoo Kongsi

Gat Lebuh Chulia

Lebuh Melayu

Gat Lebuh Armenian

Eng Chuan Tong Tan Kongsi

판타이 거리 Lebuh Pantai

Gat Lebuh Acheh

Pengkalan Weld

Gat Lebuh Melayu

Boon San Tong Khoo Kongsi

Lebuh Victoria

추 제티
Chew Jetty

Pengkalan Weld

Pengkalan Weld

관광 Visit

V1 카피탄 클링 모스크 Masjid Kapitan Keling
V2 테오추 사원 Teochew Temple
V3 나고레 성지 Nagore Shrine
V4 벽화-이소룡과 고양이
V5 아트-1인 2역
V6 아트-빅토리아 거리
V7 아트-미스터 여
V8 림 제티 Lim Jetty
V9 추 제티 Chew Jetty
V10 조지타운 세계문화유산 본부
George Town World Herigate Incorporated
V11 벼룩 시장
V12 쑨원 페낭 베이스 Dr. Sun Yat Sen's Penang Base
V13 얍 콩시 Yap Kongsi

V14 혹 테익 청 신 템플
Hock Teik Cheng Sin Temple
V15 쿠 콩시 Khoo Kongsi
V16 루부 아체 모스크
Masjid Lebuh Achech
V17 스트리트 아트 – 소와 물고기
V18 탄 제티 Tan Jetty
V19 이 제티 Lee Jetty
V20 뉴 제티 New Jetty
V21 여 제티 Yeoh Jetty
V22 수상 사원
V23 벽화-오토바이를 탄 소년
V24 벽화-의자 위 소년
V25 벽화-자전거 타는 아이들

식당 Restaurant

R1 코피 씨 카페@차이나 하우스
Kopi C Café @ China House
R2 제티 푸드 코트 The Jetty Food Court
R3 Min Xiang Tai
R4 홍키 완탄미 Hong Kee Wan Thun Mee

즐길 거리 Enjoyng

E1 캔틴 Canteen @China House

숙소 Hotel

H1 아르메니안 스트리트 헤리티지 호텔
Armenian Street Heritage Hotel

----- 01 -----

유네스코 세계문화유산의 핵심 지역

아르메니안 거리 & 아체 거리

Lebuh Armenian & Lebuh Acheh

조지타운이 유네스코 세계문화유산으로 선정된 이유를 알고 싶다면, 100여 년 전의 시가지가 고스란히 남아 있는 이 거리를 걸어보자. 프란시스 라이트 선장이 페낭 섬을 개발하기 시작한 18세기 말부터 아편무역의 중심지가 된 19세기 중반까지, 자유무역항에서 넘쳐나는 기회를 찾아 몰려든 사람들이 삶의 터전을 꾸린 장소다. 당시 이 거리에는 패를 갈라 세력 싸움을 하던 중국 비밀조직의 행동대원들이 어슬렁거렸고, 아편 연기로 가득한 사창가와 도박판에서 검은돈이 오가는 영화에서나 볼 법한 암투들이 벌어졌다.

페낭 자유무역항의 몰락으로 슬럼가처럼 남아 있던 당시의 건물들은 세계 문화유산 지정 이후 상당 부분 복원되었다. 좁은 거리를 따라 일렬로 늘어선 중국식 숍하우스와 타운하우스들은 지어진 시기에 따라 다양한 모습이다. 같은 2층이라도 건물의 높이나 창문의 모양, 건물을 장식하는 방법들이 각기 다른데, 시대별로 유행을 타던 해협 식민지 특유의 건축 양식을 한자리에서 볼 수 있다.

ADD Lebuh Armenian & Lebuh Acheh, George Town **OPEN** 24시간 **COST** 무료 **ACCESS** CAT 버스의 14번 정류장에 내려서 카르나본 거리 Lebuh Carnavon를 건넌다. 조지타운 세계문화유산 본부 뒤쪽으로 이어진다. **MAP** p.234–A · C · D

----- *TALK* -----

이 거리에 살던 사람들

아르메니안 거리는 19세기 초반 인도를 거쳐 옮겨 온 아르메니아인들이 거주하던 곳이었다. 이후 중국계 무역상들이 이 지역을 중심으로 정착하면서 중국풍 건물이 지어졌다. 아체 거리는 수마트라 섬 아체 지역을 허브로 활동하던 무슬림 무역상들이 18세기 후반에 대거 옮겨 온 장소다. 프란시스 라이트 선장은 관세 없는 자유무역과 치외법권을 약속하며 아체 상인의 페낭 정착을 장려했다.

아르메니안 거리 축제
Armenian Street Fair

매주 토요일 18:00~21:00에는 아르메니아 거리의 양 끝을 막고 거리 축제를 연다. 수공예품이나 간식거리를 파는 가판대들이 들어서 독특한 기념품을 구입할 수 있다. 전통 무술이나 가면극 등 페낭 시민들이 직접 참여하는 거리 공연도 볼 수 있다.

골목골목 숨은 그림 찾기

아르메니안 거리 벽화 지도

아르메니안 거리 주변을 걷다 보면 자전거나 오토바이 같은 설치물과 함께 그려진 독특하고 기발한 벽화들을 만날 수 있다. 세월의 흔적으로 군데군데 얼룩진 벽이지만 오랜 역사를 지닌 건물의 특징을 살린 벽화들이 이색적이다. 골목 구석구석을 누비며 벽화를 찾아다니는 관광객들로 북새통을 이룰 만큼, 조지타운을 방문했다면 반드시 들러서 인증사진을 찍는 명소가 되었다.

대표적인 거리 벽화

아르메니안 거리 주변

❷ 마술 Magic

❶ 의자 위의 소년
Boy on Chair

❹ 전통의상을 입은 소녀들 Cultural Girls

❺ 담배꽁초
Burning Cigarettes

❸ 사자탈춤 Lion
Dance

❼ 이소룡과 고양이
Bruce Lee

❻ 자전거 탄 아이들 Kids
on Bicycle

❿ 복고양이 Love
me Like Your
Fortune Cat

⓬ 그네타는 아이들
Children on Swing

❽ 오토바이를 탄 소년
Old Motorcycle

❾ 고양이 스키피 Skippy

⓫ 농구하는 아이들
Children Playing
Basketball

조지타운의 스트리트 아트

아르메니안 거리 주위의 벽화들과 차이나타운, 리틀 인디아 곳곳에 설치된 철제 구조물들은 '조지타운 페스티벌' (2012년)의 거리예술 프로젝트로 시작된 공공미술이다. 매년 새로운 그림들이 추가로 그려지며, 재개발이나 건물 공사로 사라지는 그림도 있다.

골목의 유래를 표현한 설치 작품

Ⓐ 과거와 현재 Then & Now
놋쇠와 구리를 다루는 '대장장이들의 거리'인 아르메니안 거리

Ⓑ 대포구멍 Cannon Hole
중국계 조직 간의 세력 다툼으로 일어난 페낭 폭동 (1867년)의 흔적. 거리 이름 역시 캐논 거리 Lebuh Cannon이다.

Ⓒ 행렬 Procession
불운을 쫓고 부귀영화를 기원하는 중국 사원의 종교 의식. 특히 음력 1월 14일 밤이면 대대적인 행사가 열렸다.

Ⓓ 너무 좁은 골목 Too Narrow
페낭의 초기 개발 시절에 주로 사용하던 교통수단인 '인력거'

Ⓔ 아 퀴? Ah Quee?
원활한 교통 흐름을 위해 자기 집을 기부한 중국계 수장의 이름을 딴 거리. 중국어 발음은 지금도 다양하게 표기된다.

Ⓕ 1인 2역 Double Role
조지타운의 경찰관들은 1909년까지 소방수 역할도 함께 했다.

Ⓖ 중심가 Main Street
프란시스 라이트 선장이 만든 중심 도로, 출리아 거리. 지금은 배낭여행자들의 중심가다.

Ⓗ 여 온리 'Yeoh' Only
여 콩시는 여씨족 이민자들을 돌보기 위해 1836년에 세워졌다.

조지타운 다민족 문화의 심장
조지타운 세계문화유산 본부
George Town World Heritage Incorporated(GTWHI)

아체 거리가 시작하는 코너에 자리해 눈길을 사로잡는 하얀색 건물은 현재 조지타운 세계문화유산 본부로 사용하고 있는 역사적인 건물이다. 1930년대 조지타운에서 가장 저명한 의사이자 사회활동가였던 닥터 옹 헉 체 Dr. Ong Huck Chye의 병원으로 지어졌으며, 이후 이발관 등 다양한 용도로 활용되다가 2003년 원래의 모습으로 재건되었다.

조지타운이 유네스코 세계문화유산으로 지정된 배경에 대해 호기심이 생긴 여행자라면 어느 곳보다도 정확한 답변과 자료를 얻을 수 있는 곳이다. 조지타운이 가진 문화적 다양성을 보존하고 역사적인 건물을 복원하기 위해 다양한 프로젝트를 추진하고 있으며, 여행자들이 흥미를 느낄 만한 주제별로 브로셔를 만들어 무료로 배포하고 있다.

ADD 116&118 Lebuh Acheh TEL +60 4-261-6606 OPEN 월~금 08:00~13:00&14:00~17:00, 토·일·공휴일 휴무 COST 무료 ACCESS CAT 버스의 14번 정류장 하차. 카르나본 거리 Lebuh Carnavon를 건너면 흰색 건물이 보인다. WEB www.gtwhi.com.my MAP p.234-A

03 ········

중국 혁명의 지도자 쑨원의 활동 무대
쑨원 페낭 베이스
Dr. Sun Yat Sen's Penang Base

ADD 120, Lebuh Armenian TEL +60 4-262-0123 OPEN 09:00~17:00 COST RM5, 학생 RM3 ACCESS 조지타운 세계문화유산 본부의 뒤쪽, 아르메니안 거리로 들어서면 바로 왼쪽에 건물 입구가 있다. WEB www.sunyatsenpenang.com MAP p.234-A

중정에 앉아서 차를 마실 수 있다.

'중국 건국의 아버지'라고 불리는 '쑨원 孫文'이 활동하던 무대 역시 아르메니안 거리였다. 청나라 황실을 전복하고 공화제를 도입하는 혁명의 과정에서 가장 많은 활동자금을 댄 이들이 화교들이었기에, 중국계 거상들이 밀집해 있는 페낭만큼 적합한 베이스캠프도 없었다. 특히 아르메니안 거리 120번지에 있는 중국식 타운하우스는 1910년 혁명 조직의 동남아시아 본부를 페낭으로 옮기면서 쑨원이 가족과 함께 정착한 장소다. 쑨원의 정치적 사상을 배우는 독서클럽이나 연설회가 이곳에서 열리고 중국어 신문도 발간되었다. 역사적 의미뿐만 아니라 해협에 정착한 상인들의 일상을 엿볼 수 있다. 2010년 복원 작업을 통해 1880년에 지어진 저택 모습을 원형 그대로 살려 놓았다.

Focus

다민족 문화의 상징
아르메니안 거리의 사원들

인종의 용광로라고 불릴 만큼 다양한 민족들이 얽히고설키며 살아가던 곳이다. 거리 하나를 사이에 두고 중국 이민자들의 가문 사당과 무슬림들을 위한 모스크가 나란히 지어졌던 장소. 중국 비밀조직 사이의 파란만장한 반목의 역사도 고스란히 남아 있다.

TALK

콩시 Kongsi란?

같은 성씨를 가진 중국인 이민자들이 모이는 씨족 회관이자 가문 사당. 페낭 항 개발 초기부터 중국에서 건너온 이민자들의 정신적 공동체이자 경제 활동의 집합체 역할을 했다. 먼저 온 이들이 새로 도착한 이들의 편의를 봐주며 시작된 종가 간의 경쟁은 1867년 페낭 폭동 Penang Riots 당시 서로를 향해 대포를 쏘는 격렬한 싸움으로 번지기도 했다.

1 얍 콩시 Yap kongsi

아르메니안 거리의 중심에 있는 중국식 사원. 페낭 항 개발 초기부터 정착한 얍씨 가문의 두 개 조직이 병합되면서 1924년에 처음 지어졌고, 조상들을 모시는 가문 사당은 1954년에 추가되었다. 페낭과 말라카 등 해협에 정착한 중국 이민자들이 만들어 낸 '해협 건축 양식'의 변천사를 살펴볼 수 있다.

ADD 171, Lebuh Armenian COST 무료 MAP p.234-A

2 혹 테익 청 신 템플 Hock Teik Cheng Sin Temple

1867년에는 '페낭 폭동'의 한 축인 중국인 비밀조직이 본부로 사용하던 곳. 페낭 폭동 이후 중국인 비밀 조직은 강제 해산되었고 이곳은 호키엔족의 콩시로 탈바꿈했다. 이후에도 이곳을 집합소로 사용한 비밀 조직원들을 위해, 아르메니안 거리의 가게나 쿠 콩시로 이어지는 비밀통로가 있다.

ADD 57, Lebuh Armenian COST 무료 MAP p.234-A

3 쿠 콩시 Khoo Kongsi

페낭의 수많은 콩시 중에서도 딱 하나만 봐야 한다면 이곳을 추천한다. 다른 곳과는 달리 유료로 입장해야 하지만, 그만큼 화려하고 세밀한 지붕 장식과 벽기둥의 조각들을 볼 수 있다. 사당 안으로 들어가 쿠씨 가문의 역사가 담긴 자료들과 오래된 골동품들, 사당에 모셔진 위패들을 구경해보자.

ADD 18, Cannon Square COST RM10 MAP p.234-C

4 르부 아체 모스크 Masjid Lebuh Aceh

아체 지역의 무슬림 무역상들이 페낭으로 옮겨 오면서 1808년에 지은 모스크. 인도계 무슬림이 지은 카피탄 클링 모스크와는 달리 아체식 지붕을 얹은 아랍 스타일의 첨탑이 특징이다. 지금은 한적한 분위기지만, 1950~1960년대에는 이슬람 신자라면 일생에 한 번은 해야 하는 성지순례 여행의 중심지였다.

ADD Lebuh Aceh COST 무료 MAP p.234-C

1 최고의 포토 제닉, 탄 제티의 부두 끝
2 림 제티, 석양을 구경하기에도 좋은 포인트
3 여 제티 끝에 있는 수상 사원
4 뉴 제티의 전통 가옥들

---------- 04 ----------

물 위의 집

클랜 제티
Clan Jetty

나무판자를 덧대어 만든 간이식 부두를 따라 나무로 만든 수상 가옥들이 늘어선, 페낭에서 가장 이색적인 주거공간이다. 19세기 초반부터 중국인 이민자들의 일터이자 주거지로 만들어진 클랜 제티는 주석과 고무 산업이 붐을 이룬 1910~1920년대까지 계속 확장되었다. 같은 성씨나 고향을 중심으로 똘똘 뭉쳐서 일자리를 구해주고 잠자리를 제공하며 서로의 정착을 도왔는데, 이런 중국인 공동체의 고유한 문화가 고스란히 남아 있다.

ADD Weld Quay, George Town OPEN 24시간, 일몰 후에는 출입을 제한한다. COST 무료 ACCESS 출리아 거리의 세븐 일레븐에서 도보 11분 MAP p.233-K

원래는 성씨나 출신지에 따라 구분된 8개의 클랜 제티가 있었지만, 현재 뚜렷하게 형태가 남은 건 6곳이다. 그중 가장 크고 방문객도 많은 추 제티 Chew Jetty에는 기념품 가게 등 약간의 편의시설이 들어서 있다. 걸어가기가 무서울 정도로 좁고 긴 부두가 바다 위로 이어지는 탄 제티 Tan Jetty는 사진을 좋아하는 사람이라면 꼭 방문해야 할 촬영 포인트다. 그 외에도 평화로운 분위기가 매력적인 림 제티 Lim Jetty나 부두 끝에 수상 사원이 있는 여 제티 Yeoh Jetty 등 각기 다른 매력을 지닌 부두들을 방문해 보자.

TALK

유네스코가 바꾼 운명

땅을 살 돈이 없어서 물 위에 집을 지은 클랜 제티의 사람들은 큰 배의 물건을 실어 나르거나 석탄을 연료로 공급하는 등 페낭 항을 기반으로 생계를 꾸려 나갔다. 영국 식민지 당시 얻은 허가가 말레이시아 독립과 함께 무효화 되면서, 이곳의 사람들은 임시취업 허가증밖에 발급받지 못했고 매년 거주 계약도 갱신해야 했다. 재개발 움직임 속에 철거 위협에도 시달렸지만, 2008년 조지타운 세계문화유산의 핵심 지역으로 선정되면서 현재는 어엿하게 보호받는 문화유산이 되었다.

페낭 사람들과 함께 하는 문화 이벤트

마지막 금·토·일
Last Fri, Sat, Sun of the Month

'마지막 금 · 토 · 일'이라는 이름 그대로 매달 마지막 주말마다 열리는 다양한 문화 이벤트다. 방문 시기가 겹치는 사람이라면 홈페이지에 들어가 프로그램부터 확인해 보자. 특히 토요일은 매주 열리는 '아르메니안 거리 축제 Armenian Street Fair'에 쿠 콩시에서 열리는 문화 행사까지 겹치면서 아르메니안 거리 일대가 축제 분위기로 휩싸인다.

\TIP/ ————————

투어 프로그램 예약 방법

사전 등록이 필요한 투어 프로그램은 해당 담당자의 이메일이나 전화로 미리 접수해야 한다. 간단한 영문 메일로 원하는 프로그램과 날짜, 참여 인원 등을 써 보내면 확인 메일을 받을 수 있다. 매달 업데이트 되는 프로그램은 페이스북(www.facebook.com/LFSSPenang)에서 확인할 수 있다.

● 추천 프로그램

1 쿠 콩시 빛의 밤
An Evening of Lights@Khoo Kongsi

쿠 콩시의 안뜰에 마련된 무대에서 다양한 중국 전통 예술 공연이 펼쳐진다. 기예와 마술 쇼, 춤과 노래 등 다채로운 공연이 펼쳐지는데 그 중에서도 하이라이트는 사자탈을 쓰고 벌이는 전통기예 공연이다. 한 달에 단 한 번 불빛으로 빛나는 쿠 콩시의 야간 개장 모습을 볼 수 있는 최고의 기회. 평소에는 입장료를 내야 하는 쿠 콩시를 무료로 관람할 수 있어서 더욱 보람차다.

TEL +60 4-263-1166 OPEN 매달 마지막 주 토요일 18:30~22:00 COST 무료(사전 등록 필요 없음) ACCESS 쿠 콩시 사원 앞마당

2 뮤직 인 더 가든
Music In the Gardens

보타닉 가든의 푸른 잔디밭에서 펼쳐지는 미니 콘서트 프로그램이다. 말레이시아 전통 음악에서부터 오케스트라 연주까지 다양한 프로그램들이 매달 업데이트 되니 홈페이지를 확인할 것.

1시간짜리 미니 음악회이긴 하지만 평화로운 식물원의 정취가 더해져 특별한 분위기를 느낄 수 있다.

TEL +60 4-263-1166 OPEN 자체 행사에 따라 유동적 COST 무료(사전 등록 필요 없음) ACCESS 페낭 보타닉 가든의 야외 공연장(Bandstand)

3 디스커버리 워크
Discovery Walk

아르메니안 거리와 아체 거리를 중심으로 진행되는 워킹 투어. 아르메니아 지역에서 살아온 다민족 이민자들의 문화적인 배경과 역사 깊은 건물에 얽혀 있는 뒷이야기 등을 현지 자원봉사자들에게 직접 전해 들을 수 있다. 중국 사원과 모스크 등 역사 유적에 관심이 많고 영어 듣기 실력이 좋은 사람에게 추천한다.

TEL +60 4-261-6606 OPEN 매달 마지막 주 토요일 09:30~11:00 COST 무료(사전 등록 필요) ACCESS 조지타운 세계문화유산 본부 1층에서 집합

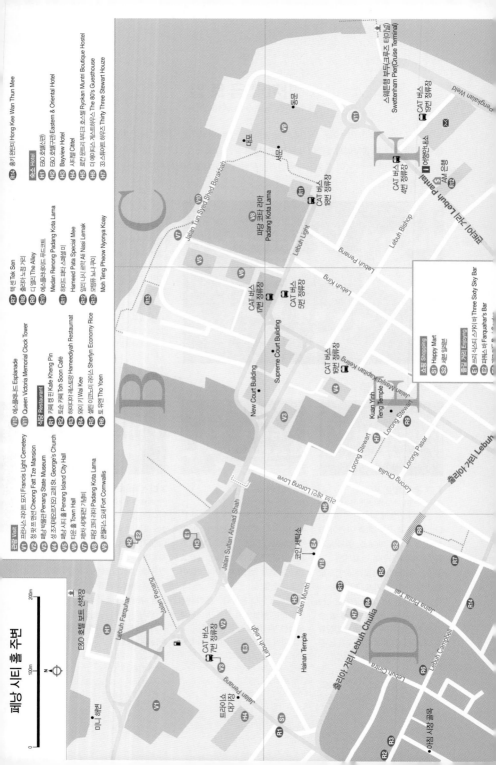

페낭 시티 홀 주변

볼거리 Visit
V1 프란시스 라이트 묘지 Francis Light Cemetery
V2 청 팟 쯔 맨션 Cheong Fatt Tze Mansion
V3 페낭 박물관 Penang State Museum
V4 성 조지(제오르지아) 교회 St. George's Church
V5 페낭 시티 홀 Penang Island City Hall
V6 타운 홀 Town Hall
V7 세계유산 기념비
V8 파당 코타 라마 Padang Kota Lama
V9 콘월리스 요새 Fort Cornwallis
V10 에스플러네이드 Esplanade
V11 Queen Victoria Memorial Clock Tower

식당 Restaurant
R1 카페 킨 핀 Kafe Kheng Pin
R2 툰슨 카페 Toh Soon Café
R3 와이 키 Wai Kee
R4 하미드야 레스토랑 Hameediyah Restaurnat
R5 셜린 이코노미 라이스 Sherlyn Economy Rice
R6 토 옌 Tho Yoen
R7 텍 센 Tek Sen
R8 홀리아 노점 거리
R9 디 앨리 The Alley
R10 에스플러네이드 푸드코트 Medan Renong Padang Kota Lama
R11 하미드 파타 스페셜 미 Hameed Pata Special Mee
R12 알리 나시 르막 Ali Nasi Lemak
R13 모텡뗑 뇨냐 꾸이 Moh Teng Phieow Nyonya Koay
R14 홍기 완툰미 Hong Kee Wan Thun Mee

숙소 Hotel
H1 E&O 호텔(신관)
H2 E&O 호텔(구관) Eastern & Oriental Hotel
H3 Bayview Hotel
H4 시텔 Cititel
H5 료칸 문트리 호스텔 Ryokan Muntri Boutique Hostel
H6 더 에이티스 게스트하우스 The 80's Guesthouse
H7 33 스튜어트 하우즈 Thirty Three Stewart Houze

쇼핑 Shopping
S1 Happy Mart
S2 세븐 일레븐

즐길 거리 Enjoy
E1 쓰리 식스티 스카이 바 Three Sixty Sky Bar
E2 파쿠스 바 Farquahar's Bar

---- 01 ----

영국 식민지 시대의 역사 건물

페낭 시티 홀 & 타운 홀
Penang City Hall & Town Hall

150년이 넘는 기간 동안 페낭 섬을 차지했던 영국의 흔적이 고스란히 남아 있는 역사 건물이다. 한때 인도의 봄베이(현재의 뭄바이)와 맞먹을 만큼 중요한 해협 식민지의 수도였기에 원활한 식민 통치를 위한 조직들이 갖추어졌는데, 그 행정부와 의회가 사용하던 건물이다. 넓은 잔디 광장(Padang Kota Rama)을 바라보며 나란히 서 있는 두 개의 건물 가운데, **바다와 가까운 건물이 시티 홀, 그 왼쪽에 있는 건물이 타운 홀**이다. 두 건물 모두 당시 영국에

ADD Jalan Padang Kota Lama, George Town TEL +60 4-262-0202 ACCESS 출리아 거리의 세븐일레븐에서 도보 12분 MAP p.233-C · D, p.242-B · C

서 유행하던 건축 양식을 고스란히 반영했다는 점이 흥미롭다. 1903년에 지은 시티 홀은 당시 영국 국왕이었던 에드워드 7세 시대에 바로크 양식에 대한 그리움으로 부활한 '네오 바로크 양식'이다. 당시 조지타운에서는 전등과 선풍기가 갖추어진 최초의 건물이었으며 현재는 페낭 섬의 시의회가 사용하고 있다. 반면 20년 정도 앞서 지어진 타운 홀은 빅토리아 여왕의 재위 기간 동안 유행하던 빅토리아 양식이다. 산업혁명이 절정에 이르러 건축 자재 역시 대량생산된 덕분에 화려하고 정교한 외부 장식이 많은 것이 특징이다. 조지타운 상류층의 사교 장소로 지어졌다.

시티 홀

타운 홀 / 시티 홀 북쪽에 있는 해변 산책로

TALK

페낭 시티홀과 타운홀에 남은 영국 황실의 역사

18세에 왕위에 올라 무려 64년간 영국을 통치하며 '해가 지지 않는 제국'을 이끌었던 빅토리아 여왕. 다이아몬드 주빌리(재위 60주년)를 경험할 정도로 장수한 군주였기에, 그의 맏아들인 에드워드 7세는 60세가 되어서야 왕위를 이어받을 수 있었다. 이런 영국황실의 왕위계승 상황이 식민지 공공건물의 건축양식에도 고스란히 반영되어 있다.

Travel Plus +

해변의 산책로, 에스플라나드

시티 홀의 북쪽으로 길을 건너면 페낭 시민들이 즐겨 찾는 해변 산책로 '에스플라나드 Esplanade'로 이어진다. 바닷바람을 맞으며 시간을 보내기 좋은 장소다. 시티 홀 바로 북쪽에 있는 기념비는 제1차 세계대전 당시 독일의 공격으로 희생된 이들을 기리고자 영국이 세운 것이다

제1차 세계대전 기념비

ACCESS 시티 홀의 길 건너편 MAP p.242-C

페낭 무역항을 지키던 요새
콘월리스 요새
Fort Cornwallis

말레이시아의 영국 식민 통치 역사를 연 프란시스 라이트 선장이 최초로
상륙한 장소. 지도에서 보면 조지타운에서 북동쪽으로 불쑥 튀어나온 곳
부분으로, 영국군의 정착지와 무역항을 보호하기 위해 건설한 요새다. 처
음엔 가시가 돋아 있는 니봉 야자수로 만든 방어벽이 전부였지만, 1800
년대 초반 벽돌과 돌로 제대로 된 요새 형태를 만들었다. 요새의 이름은
1786년 인도 총독으로 부임한 콘월리스 장군에게서 따온 것인데, 별 모
양으로 만들어진 요새 모양 역시 인도에 있는 다른 영국 요새들과 유사하
다. 말레이시아에서는 가장 크고 온전하게 남아 있는 요새 유적이다.

ADD Padang Kota Rama **TEL** +60
4-263-9855 **OPEN** 09:00~19:00
COST 성인 RM20, 어린이 RM10
ACCESS 출리아 거리의 세븐일레
븐에서 도보 15분 **MAP** p.233-D,
p.242-F

성벽 주위에 깊고 넓게 만들었던 해자는 1920년대에 말라리아가 창궐하면서 메워져 지금은 얕은 흔적만 남
았다. 요새 안으로 들어가 **포신에 꽃을 넣고 기도하면 아기가 생긴다는 속설로 유명한 전설의 대포**, '스리 람
바이 Seri Rambai'도 찾아보자. 네덜란드가 조호르 술탄에게 보낸 선물이었지만 포르투갈의 손에 넘어가 자바
로 옮겨졌다가 1795년부터는 수마트라의 이슬람 세력인 아체가 사용하던 것을 1871년 영국이 빼앗아 페낭
으로 가져온, 유랑의 긴 역사를 지니고 있다.

1 15세기 초반에 만들어진 전설의 대포, 스리 람바이. 네덜란드 동인도회사의 마크가 새겨져 있다.
2 말레이시아에서 두 번째로 오래된 철제 등대(1882년)

TALK
영국 식민 통치의 시작
1771년 당시 시암(현재의 타이) 왕국에게 위협받던 끄다 Kedah 주의 술탄은 전쟁 시 군사적 지원을
받는다는 조건으로 영국 동인도회사에게 무역권을 넘긴다. 15년 후 페낭 섬에 상륙한 프란시스 라
이트 선장은 동인도회사를 대표해 페낭 섬을 공식적으로 차지한다. 특히 당시 정글로 무성했던 섬
을 빨리 개발하기 위해 대포로 은화를 뿌렸다는 일화가 유명하다.

03

식민지 시대의 유행을 보여 주는
성 조지 (제오르지오) 교회
St. George's Church

1 정원에 있는 프란시스 라이트 선장의 기념물
2 교회 내부

푸른 잔디밭 위에 우두커니 서 있는 흰색 건물이 사람들의 시선을 사로잡는 곳. 말레이시아에서 가장 오래된 성공회 교회로 식민지 통치의 초창기인 1819년 처음 지어져 2011년에 복원했다. 영국의 국교가 성공회인 만큼 식민 총독이 공식적으로 예배를 드리던 장소이며, 교회 이름 또한 에드워드 3세 때부터 영국의 수호성인이 된 성 조지(제오르지오)에서 딴 것이다.

제일 눈길을 끄는 것은 고대 그리스 신전처럼 세워진 교회 앞쪽의 기둥들. 이는 조지 왕조 시대(1714~1830)에 유행하던 팔라디오 양식의 영향을 받은 것인데, 고전의 원형을 유지하면서도 합리적인 것을 추구하던 성향이 간결하고 절제된 교회 모습 곳곳에서 드러난다.

ADD Lebuh Farquhar TEL +60 4-261-2739 OPEN 월~목 10:00~12:00 14:30~16:30, 금 14:30~16:30, 토 10:00~12:00 COST 무료 ACCESS 출리아 거리의 세븐일레븐에서 도보 7분 MAP p.233-G, p.242-E

ADD Lebuh Farquhar TEL +60 4-226-1461 OPEN 토~목 09:00~17:00, 금 휴무 COST RM1 ACCESS 출리아 거리의 세븐일레븐에서 도보 6분 WEB www.penangmuseum.gov.my MAP p.242-E

성공회 교회와 가톨릭 교회, 중국식 사원과 힌두 사원, 이슬람 사원까지 모두 하나의 거리에 늘어서 있는 이 복잡하고 다문화적인 페낭을 이해하기 위해선, 박물관 방문처럼 빠른 속성 과외도 없다. 페낭의 인구를 구성하고 있는 중국계와 인도계, 말레이계 사람들의 생활방식은 물론, 그들이 일상에서 사용하는 물건들과 전통 의상의 특징까지 한 번에 이해할 수 있도록 전시물을 구성해 놓았다.

조금 전 거닐었던 거리의 옛 모습이 담긴 흑백 사진이라든가, 지금도 곳곳에서 보이는 코피티암과 나시 칸다르의 유래를 알 수 있는 전시물 등, 페낭의 역사와 문화에 관심이 있는 사람들에게 흥미진진한 전시물이 가득하다.

04

페낭 사람들의 일상사
페낭 박물관
Penang State Museum

페낭 페라나칸 가옥의 생활 모습

옛날 거리 사진들

유네스코 세계문화유산의 핵심

차이나타운 거리 산책

차이나타운의 옛 거리에는 오래된 전통가옥들이 고스란히 보존되어 있다. 부유한 상인들이 살던 저택에서부터 중국식 숍하우스까지, 벽화와 설치 작품으로 표현된 골목의 유래까지 알고 보면 더 재미있는 거리 곳곳을 소개한다.

지미 추
Jimmy Choo
세계적인 구두 디자이너 지미 추가 도제 생활을 했던 곳.

광동 출신 식모
One Leg Kicks All
집안일을 도맡아 하던 중국계 이민자들.

스튜어트 골목
lorong Stewart
옛날 가옥들의 풍경이 그대로 남아 있는 골목. TV나 영화 촬영 장소로 자주 애용된다.

문트리 거리
Jalan Muntri
부유한 중국계 상인들의 저택들이 가장 잘 보존된 거리. 전통가옥을 개조한 숙소들이 많다.

쿵후 소녀 Kungfu Girl

페낭에서 제일 좁은 아케이드 Narrowest Five-Foot-Way
중국식 숍하우스 특유의 개방통로 공간.

윈윈 Win Win
중국 상인과 이슬람 상인의 활발한 거래가 있었던 거리.

문트리 거리 Jalan Muntri

출리아 거리 Lebuh Chuliah

러브 레인 Love Lane

스튜어트 골목 Lorong Stewart

출리아 거리 Lebuh Chuliah
중국식 숍하우스들이 가득한 거리. 페낭을 찾은 배낭여행자들이 전부 모이는 중심지다.

저가 숙소 Budget Hotel
숍하우스를 개조해 배낭여행자용 저가 숙소로 사용 중이다.

러브 레인 Love Lane
문트리 거리에 사는 부자 상인들의 첩들이 주로 살던 거리. 사랑의 골목이라는 이름의 유래다.

베카 Beca
트라이쇼라는 뜻의 현지어. 가이드까지 겸하는 트라이쇼가 자주 보인다.

템플 데이
Temple Day
관음사에 바칠 향과 초, 꽃들을 파는 가게가 밀집한 곳.

바람난 남편
Cheating Husband
바람피우다 걸린 남편이 속옷 바람으로 도망간다.

TIP

말레이어로 르부 Lebuh는 넓은 대로(애비뉴), 잘란 Jalan은 거리(스트리트), 로롱 Lorong은 골목(앨리)이라는 뜻이다. 옛날 기준으로 정해진 이름이라 현재의 넓이와는 무관한 곳도 있다.

05

동남아시아 최대 갑부가 살던 저택

청 팟 쯔 맨션
Cheong Fatt Tze Mansion

'동양의 록펠러'라고 불릴 만큼 어마어마한 부를 모은 말레이시아 최고의 갑부 '청 팟 쯔'의 저택이다. 그가 가장 사랑한 7번째 부인이 살던 집으로 '막내아들이 죽기 전에는 팔지 말라'는 유언을 남길 만큼 애착을 가졌던 곳. 눈이 아릴 정도로 선명한 파란색으로 칠한 외관이 워낙 눈길을 끌어서 '블루 맨션'이라는 애칭으로도 불리는데, 군데군데 바랜 파란색 건물 앞에 서면 웬만한 스튜디오보다도 멋진 사진을 찍을 수 있다. 38개의 방을 가득 채웠던 화려한 가구와 장식들은 청 팟 쯔의 사후에 대부분 사라졌

ADD 14 Leith Street TEL +60 4-262-0006 OPEN 가이드 투어 11:00 · 14:00 · 15:30(현지 사정에 따라 변경 가능) COST RM17 ACCESS 출리아 거리의 세븐일레븐에서 도보 8분 MAP p.242-A

지만, 유럽풍의 스테인드글라스와 바닥 타일, 중국풍의 조각과 중국식 블라인드 창문이 묘하게 어우러진 프라나칸 특유의 건축 스타일은 고스란히 복원했다.

가이드 투어를 통해 중국계 이민자들이 중요시한 풍수지리에 대한 설명도 들을 수 있다. 저택 앞을 가로막히지 않기 위해 길 건너편 저택까지 산 사연이라든가, '돈'을 의미하는 물이 빨리 들어와 천천히 빠져나가도록 설계한 배수 구조라든가, 복을 상징하는 박쥐와 글자를 집안 곳곳에 새겨 놓은 것까지. 옛날이야기를 좋아하는 이들에게는 흥미로운 투어가 된다.

가이드 투어 안내

현재 호텔로 사용하는 부분을 제외한 나머지 저택 내부를 가이드 투어(45분 소요)로 공개하고 있다. 청 팟 쯔에 대한 다양한 비화와 중국식 가옥 구조에 대한 설명을 들을 수 있다. 단, 영어가 원활치 않은 어린이나 노년층은 지루할 수 있다.

TALK

영화 〈인도차이나〉 촬영지

폐허로 버려져 있다가 1990년대에 복원한 저택은 영화 〈인도차이나〉의 촬영지로도 사용됐다. 유럽과 아시아가 혼재된 이국적인 분위기의 세트장으로 안성맞춤이었기 때문. 1993년 오스카 외국어 영화상을 받으며 전 세계적으로 유명세를 치렀다.

06

호텔의 역사가 곧 페낭의 역사

E&O 호텔
Eastern & Oriental Hotel

1885년에 처음 지어진 이후 페낭을 방문한 유명 인사들은 모두 이곳에서 머문 말레이시아 최고의 고급 호텔이다. 헤르만 헤세가 이곳에 머물며 만족했던 경험을 그의 여행기 〈인도기행〉에서 언급했을 만큼, 20세기 초반 영국 상류층 사회의 사교 중심지가 되었던 곳이다. 이 호텔에 얽힌 비화만으로도 두꺼운 책 한 권이 나올 만큼 페낭의 역사가 고스란히 담긴 곳이라, 호텔에 묵지 않더라도 한 번쯤 들러서 구경해 볼 만한 가치가 있다.

ADD 10, Lebuh Farquhar TEL +60 4-222-2000 ACCESS 출리아 거리의 세븐일레븐에서 도보 8분 WEB www.eohotels.com MAP p.233-C, p.242-A

옛 모습을 그대로 간직한 새하얀 고전풍 건물에서부터 영국 식민지 시대의 복장을 한 벨보이까지, 호텔 정문을 들어서는 순간부터 씁쓸하지만 우아한 식민지 시대 특유의 매력을 만끽할 수가 있다. 〈달과 6펜스〉를 쓴 영국의 **소설가 서머셋 모옴** William Somerset Maugham **이 머물던 방**을 지금도 그대로 사용하고 있는데 일반인들에게는 공개하지 않는다. 투숙객이 아니라면 호텔 부대시설인 레스토랑이나 베이커리, 바 등을 이용하면서 자연스럽게 로비와 복도 등을 구경할 수 있다.

1 우아한 로비 **2** 길게 이어지는 복도 **3** 이곳을 방문한 유명인사들 사진 **4** 영국 식민지 시대의 복장을 한 벨보이 **5,6** 옛날 방식으로 작동하는 엘리베이터

영국 귀족처럼 우아하게
<1885>의 잉글리시 애프터눈 티

영국식 애프터눈 티를 좋아하는 이라면 꼭 한 번 들러보고 싶어 할 E&O 호텔의 명소다. 하얀 테이블보가 드리워진 식탁 위에 차려지는 우아한 은식기들, 영국풍 다기세트에 내오는 향기로운 홍차에 집사처럼 시중을 들어주는 스태프들까지. 영국 식민지 시대에 이곳을 방문한 상류층의 기분을 상상하며 느긋한 오후 한때를 보낼 수 있다. 클로티드 크림이 곁들여진 따끈한 스콘은 기본이고 여러 종류의 샌드위치와 페이스트리에 달콤한 푸딩과 미니 케이크까지. 느지막한 점심이나 이른 저녁을 한 번에 해결해도 될 만큼 양이 넉넉하다.

ADD 10, Lebuh Farquhar TEL +60 4-222-2000(교환번호 3170) OPEN 애프터눈 티14:00~17:00, 일반 식사 14:00~22:30 COST 애프터눈 티 1인 RM65.3 ACCESS E&O 호텔 헤리티지 윙의 1층 WEB www.eohotels.com MAP p.242-A

옛날 영국식 바의 정취
<파쿼스 바 Farquhar's Bar>의 해피아워

이스턴 오리엔탈 호텔의 원래 건물인 헤리티지 윙 1층에 있는 영국식 전통 바에서 기분을 내보는 것도 좋다. 소설가 서머싯 모옴이 기대고 서 있었을 것만 같은 묵직한 나무 바 뒤로 품질 좋은 위스키와 칵테일 재료들이 줄줄이 늘어서 있다. 특히 해 질 무렵의 해피아워 때 즐기면 가격도 분위기도 더욱 만족스럽다. 고풍스러운 분위기가 물씬 나는 실내공간에서 마셔도 좋고 작은 문을 열고 정원 쪽으로 나가 수영장과 바다를 바라보면서 마실 수도 있다. 잔 단위로 판매하는 위스키와 리큐어 종류는 물론 하우스와인과 생맥주, 칵테일까지 다양한 주종을 준비하고 있다.

ADD 10, Lebuh Farquhar TEL +60 4-222-2000(교환번호 3177) OPEN 11:00~24:00 (해피 아워 일~수 17:00~20:00) COST 칵테일 RM23~50 ACCESS E&O 호텔 헤리티지 윙의 1층 WEB www.eohotels.com MAP p.242-A

--- TALK ---

스트레이츠 키로, 근사한 보트 여행

수많은 명사들이 오가던 이스턴 오리엔탈 호텔 앞바다를 즐기는 최고의 방법. E&O 호텔과 스트레이츠 키 Straits Quay 사이를 보트를 타고 오갈 수 있다. 호텔 안의 전용 선착장을 출발해 조지타운 북쪽 연안을 따라 20분 정도 가면 쇼핑몰과 카페, 레스토랑이 밀집해 있는 스트레이츠 키에 도착한다. 요트들이 늘어서 있는 근사한 풍경이라 데이트 장소로도 인기가 있다.

OPEN E&O 호텔▶스트레이츠 키 13:00 · 15:30 · 18:30 , 스트레이츠 키▶ E&O 호텔 12:30 · 15:00 · 18:00, 화~일요일 COST RM10, E&O 호텔 투숙객은 <Bombay Shop>에서 무료 티켓 제공, 스트레이츠 키의 단일 매장에서 RM50 이상 사용한 영수증이 있으면 무료 티켓 2장 제공, RM100 이상 사용한 영수증이 있으면 무료 티켓 5장 제공, 단 특설매장은 제외 티켓 판매소 E&O 호텔 Bombay Shop, 스트레이츠 키 쇼핑몰 Information Center

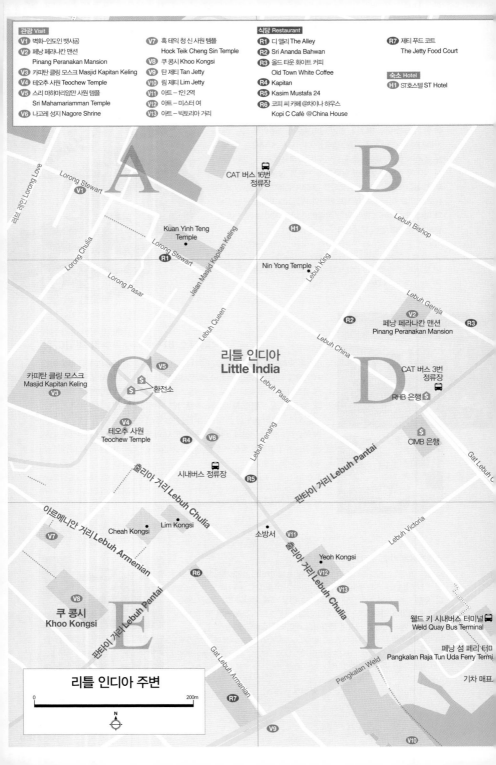

관광 Visit

- V1 벽화—인도인 뱃사공
- V2 페낭 페라나칸 맨션
  Pinang Peranakan Mansion
- V3 카피탄 클링 모스크 Masjid Kapitan Keling
- V4 테오추 사원 Teochew Temple
- V5 스리 마하마리암만 사원 템플
  Sri Mahamariamman Temple
- V6 나고레 성지 Nagore Shrine
- V7 혹 테익 청 신 사원 템플
  Hock Teik Cheng Sin Temple
- V8 쿠 콩시 Khoo Kongsi
- V9 탄 제티 Tan Jetty
- V10 림 제티 Lim Jetty
- V11 아트 – 1인 2역
- V12 아트 – 미스터 여
- V13 아트 – 빅토리아 거리

식당 Restaurant

- R1 디 앨리 The Alley
- R2 Sri Ananda Bahwan
- R3 올드 타운 화이트 커피
  Old Town White Coffee
- R4 Kapitan
- R5 Kasim Mustafa 24
- R6 코피 씨 카페 @차이나 하우스
  Kopi C Café @China House
- R7 제티 푸드 코트
  The Jetty Food Court

숙소 Hotel

- H1 ST호스텔 ST Hotel

A   B

Lorong Stewart

Lorong Love 러롱 러브

CAT 버스 16번
정류장

V1

Lebuh Bishop

Lorong Chulia

Lorong Stewart

Kuan Yinh Teng
Temple

H1

Lorong Pasar

R1

Nin Yong Temple

Lebuh King

Lebuh Gereja

Lebuh Queen

R2

V2 페낭 페라나칸 맨션
Pinang Peranakan Mansion

R3

Jalan Masjid Kapitan Keling

리틀 인디아
Little India

Lebuh China

C   V5

카피탄 클링 모스크
Masjid Kapitan Keling

V3

$ 환전소
$

Lebuh Pasar

D

CAT 버스 3번
정류장

RHB 은행 $

V4 테오추 사원
Teochew Temple

R4 V6

Lebuh Penang

$
CIMB 은행

판타이 거리 Lebuh Pantai

시내버스 정류장

R5

Gat Lebuh C

출리아 거리 Lebuh Chulia

아르메니안 거리 Lebuh Armenian

Cheah Kongsi

Lim Kongsi

소방서 V11

Lebuh Victoria

V7

Yeoh Kongsi

V12

출리아 거리 Lebuh Chulia

R6

V13

V8 쿠 콩시
Khoo Kongsi

E

판타이 거리 Lebuh Pantai

웰드 키 시내버스 터미널
Weld Quay Bus Terminal

F

페낭 섬 페리 터미
Pangkalan Raja Tun Uda Ferry Termi

Gat Lebuh Armenian

Pengkalan Weld

기차 매표

R7

V9

리틀 인디아 주변

0   200m

N

V10

Sightseeing in Little India

리틀 인디아 주변의 관광

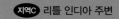
·········· 01 ··········

페낭에서 만나는 인도

리틀 인디아
Little India

도로 하나를 건넜을 뿐인데 공기에 떠도는 냄새와 소리가 확연히 달라진다. 화려한 색깔의 사리를 걸어놓은 상점에서는 시끌시끌한 인도 음악이 흘러 나오고, 주렁주렁 매달려 있는 알록달록한 꽃들과 가게 앞에 쌓여 있는 향 신료들은 이색적이고 이국적인 풍경을 만든다. '발리우드'라 불리는 인도

ADD 24시간 COST 무료
ACCESS 출리아 거리의 세븐일
레븐에서 도보 4분 MAP p.250

상업영화에서처럼 흥겨운 음악에 맞춰 춤을 추는 배우들이 어디선가 불쑥 튀어나올 것만 같은 분위기. 페낭 에 정착한 인도계 이민자들이 물건과 정신을 교류하는 장소, 페낭 속의 작은 인도 '리틀 인디아'다. 리틀 인디아는 전통적으로 상업이 발달한 시장 지역이기도 하다. 옛날처럼 거리별로 업종이 나 뉘어 있진 않지만, 곳곳에서 전통 가업을 잇고 있는 가게들을 발견할 수 있다. 킹 거리 Lebuh King 의 모자 가게와 퀸 거리 Lebuh Queen의 나시 칸다르 가게, 페낭 거리 Lebuh Penang의 약제상과 파사 르 거리 Lebuh Pasar의 향신료와 힌두 종교용품 가게, 인쇄소까지, 옛날 사진 속에 등장할 법한 장 면들이 불쑥불쑥 나타난다.

페낭 거리 Lebuh Penang

Travel Plus +

스리 마하마리암만 템플
Sri Mahamariamman Temple

페낭에서 제일 오래된 힌두 사원. 힌두교 신들의 조각상으로 화려하게 장식한 고푸람(입구의 타워)이 눈길을 끄는데, 이 탑을 기준으로 인간의 세상과 신의 세상이 나누어진다. 사원의 이름이기도 한 '마리암만' 여신을 모시는 사원으로, 남인도 지역 타밀족 이민자들의 뿌리 깊은 믿음을 확인할 수 있다.

MAP p.250—C

나고레 성지
Nagore Shrine

영국이 페낭에 자유무역항을 건설하자마자 상업과 대금업으로 정착한 남인도 출신 무슬림들이 지은 사원. 나고레 Nagore 지역에서 추앙받는 이슬람 성자 셰드 샤훌 하미드 Syed Shahul Hamid에게 바쳐진 것으로, 페낭과 싱가포르 등 동남아시아 곳곳에 유사한 건물이 지어졌다.

MAP p.250—C

19세기 부유층의 화려한 살림살이

페낭 페라나칸 맨션
Pinang Peranakan Mansion

차이나타운에 있는 청 팟 쯔 맨션과 쌍벽을 이룰 만큼 페낭 페라나칸 대저택의 진면목을 보여 주는 사설 박물관이다. 페낭의 명문가인 하이 키 찬 가문의 저택을 19세기 말의 모습으로 복원했다. 정작 집주인은 중국-말레이 혼혈인 '바바 Baba'가 아니었지만, 저택만큼은 전형적이라고 할 만큼 '바바 스타일'로 지어서 더욱 눈길을 끈다. 중국식 나무 패널로 장식한 벽에 영국에서 수입해 온 바닥 타일을 깔고 스코틀랜드풍의 철 세공으로 장식한 집. 이렇게 동서양을 가리지 않고 귀하고 좋은 것이라면 무엇이든 사들일 수 있는 재력과 무엇이든 다 내 것처럼 받아들일 수 있는 절충적인 삶의 태도가 집에서도 여실히 드러난다. 비취색으로 칠한 2층 건물의 가운데에는 통풍과 채광을 위해 천장을 뚫은 중정 中庭이 있는데, 이 역시 페라나칸 저택의 대표적인 특징이다. 화려한 1층 거실과 다이닝 룸, 골동품으로 가득한 2층 침실과 살림살이가 고스란히 남은 1층 별관의 부엌과 약국까지, 중국과 유럽에서 수입한 그릇과 장신구, 의상 등 전시실을 가득 채운 1,000여 점의 골동품을 구경하는 것만으로도 시간이 훌쩍 지나간다.

ADD 29, Lebuh Church TEL +60 4-264-2929 OPEN 09:30~17:00 COST RM20, 6세 미만 무료 ACCESS 출리아 거리의 세븐일레븐에서 도보 9분 WEB www.pinangperanakanmansion.com.my MAP p.250-D

───── TALK ─────

바바뇨냐와 페라나칸

말레이로 이주한 중국인이 현지 여인과 결혼해 낳은 후손을 **바바뇨냐**(남자는 바바 Baba, 여자는 뇨냐 Nyonya)라고 한다. 통상무역과 관련한 일을 하며 큰 부를 축적하고, 말레이시아 페낭과 말라카 그리고 싱가포르 등 해협 항구 도시에서 중국계 이민자 사회를 이끌어간 계층이다. 현지 말레이의 언어와 음식, 영국 식민지의 제도와 관습에 적응하면서도 중국의 정신과 종교는 유지하는, 다국적 혼성의 독특한 전통을 **페라나칸** Pelanakan **문화**라고 한다.

페낭의 은행들이 생겨난 곳

판타이 거리
Lebuh Pantai

유네스코 세계문화유산으로 지정된 조지타운에서도 핵심 지역으로, 그 핵심 지역에서도 가장 중심적인 역할을 하는 남북 방향의 대로다. 그중에서도 리틀 인디아의 동쪽과 바로 닿아 있는 부분은 금융기관들이 줄줄이 늘어서 있는 상업지구로, **페낭 최초의 은행들이 생겨난 역사적인 장소**이기도 하다.

ADD Lebuh Pantai OPEN 24시간 COST 무료 ACCESS 출리아 거리의 세븐일레븐에서 판타이 거리 초입까지 도보 6분 MAP p.250−D

영국이 무역항을 건설한 이후 남인도 출신 이민자들은 주로 상인과 고리대금업자로 정착했는데, 그들의 주요 활동무대가 리틀 인디아 지역이었던 만큼 은행과 세관 역시 항구와 리틀 인디아 사이에 생겨났다. 지금도 퀸 빅토리아 시계탑에서부터 남쪽으로 판타이 거리를 따라 걸으면 1800년대 후반부터 1900년대 초반에 지어진 역사 건물들을 볼 수 있다. 세상의 돈들이 모이는 금융기관인 만큼 꽤 근사한 유럽풍 건축물이 많다.

비치 스트리트 채우기

르부 Lebuh가 거리, 판타이 Pantai는 해변이라는 뜻으로, 영어로는 이곳을 비치 스트리트 Beach Street라고 부른다. 페낭의 시민 단체가 주최하는 '비치 스트리트 채우기 Occupy Beach Street' 축제 역시 이곳에서 열리는 문화행사. 일주일에 한 번 일요일 아침 (07:00~13:00)이면 번화한 거리가 차들 대신 사람으로 채워진다.

Travel Plus +

퀸 빅토리아 시계탑
Queen Victoria Memorial Clock Tower

판타이 거리의 북쪽 끝 로터리에 서 있는 시계탑은 빅토리아 여왕의 즉위 60주년 Diamond Jubilee을 기념하며 1902년에 세워졌다. 영국의 통치 시절이었던 만큼, 말레이시아와 싱가포르 곳곳에 빅토리아 여왕 기념물을 많이 세웠는데, 이곳의 건설 비용은 페낭의 백만장자인 치 첸 억 Cheah Chen Eok이 댔다고 한다.

---------- 04 ----------

유네스코도 인정한 중국식 사원

테오추 사원
Teochew temple

수많은 중국식 사원이 조지타운에 있지만 그중에서도 가장 고즈넉하고
절제된 미학이 있는 사원이다. 작게 열린 문을 넘어서면 길쭉한 정원 끝
에 아늑하고 우아한 사원이 기다리고 있다. 중국 푸젠 성 남부 지역에서
이주해 온 테오추족의 조상을 모시는 사원으로 1870년에 처음 지어졌다.
이후 사원의 기능을 잃고 학교로 사용되는 동안 많은 변형이 있었지만,
2002년부터 2005년까지 중국에서 장인들을 불러와 복원 작업을 진행하면서 원래의 아름다운 모습을 되
찾았다. 아시아·태평양 지역에서 가장 잘 복원된 유네스코 문화유산으로 선정될 만큼 조지타운의 수많은
복원작업 중에서도 손꼽히는 성공사례다. 사원 안에는 지역민들이 성금을 모아 공들여 진행한 복원과정과
사원 내부 구조에 대한 자세한 설명이 전시되어 있다.

ADD 127, Lebuh Chulia OPEN
09:00~18:00 COST 무료 ACCESS
출리아 거리의 세븐일레븐에서 도
보 4분 MAP p.250-C

두 건물 사이에 길쭉한 정원이 있다.

나무 조각이 올려진 처마

사원의 내부

> Travel Plus +

테오추 스타일의 죽집

테오추족은 중국계 이주민 중에 세 번째로 비율이 높은 민족으로, 특히 말레이시아의 죽집 중에는 '테오추 스타
일'이라고 써놓은 곳이 많다. 조지타운의 차이나타운에서 제일 유명한 죽집인 '타이 봔 Tai Buan Porridge' 역시 테오
추 스타일. 달콤한 간장소스에 조린 삼겹살이나 오리알, 하카마 조림을 넣은 달걀 부침 등을 반찬 삼아 뜨끈한 흰
죽 한 그릇을 먹어보자.

ADD 173, Jalan Muntri OPEN 월~금 11:45~17:00
COST 삼겹살/오리알 조림 RM6, 달걀 부침 RM4,
죽 RM1 ACCESS 출리아 거리의 세븐일레븐에서
도보 5분 MAP p.242-D

페낭의 대표 무슬림 사원

카피탄 클링 모스크
Masjid Kapitan Keling

차이나타운과 리틀 인디아, 아르메니안 지역을 나누는 대로변에 있어서 어디로 움직이든 몇 번씩 마주치게 되는 모스크다. 어디선가 본 듯한 익숙한 모습은 **인도의 타지마할로 널리 알려진 무굴 제국의 건축 양식을** 따라 지었기 때문이다. 인도계 무슬림 상인들이 처음 건설한 19세기 초반 이후 여러 번의 개조를 거쳤지만, 작은 돔을 씌운 첨탑(미나렛)의 모양에서 그 흔적을 찾아볼 수 있다.

ADD jalan Masjid Kapitan Keling TEL +60 4-264-4609 OPEN 토~목 11:30~13:00, 14:00~18:00, 금 14:30~18:00 COST 무료 ACCESS 출리아 거리의 세븐일레븐에서 도보 4분 MAP p.250-C

모스크의 이름은 영국 식민시절 인도계 무슬림 공동체를 이끌어 가던 첫 번째 수장인 '카피탄 클링 Kapitan Keling'에서 따온 것이다. 중국인 공동체의 수장인 '카피탄 치나 Kapitan Cina'와 함께 지방세 비율과 세금징수방법을 결정하는 등 페낭 이민자 사회의 밑그림을 그려갔다.

1 이슬람식 첨탑인 '미나렛'
2 예배를 마치고 나오는 인도계 무슬림들. 금요일이 가장 붐빈다.

— TALK —

모스크 방문 에티켓
예배시간이 아닐 때는 사원 입구에서 빌려주는 모자 달린 겉옷을 입고 사원 안으로 들어갈 수 있다. 사원 입구에서 신발을 벗어야 하며, 신자들이 기도하는 카펫 부분에는 들어갈 수 없다. 기도 공간에서 포즈를 잡고 사진을 찍거나 비디오 촬영을 하는 것은 금지돼 있다.

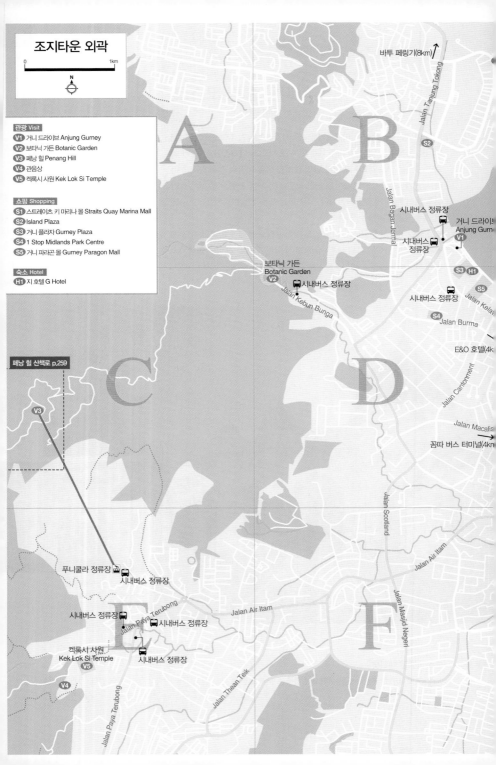

조지타운 외곽

0 ——— 1km

N

관광 Visit
V1 거니 드라이브 Anjung Gurney
V2 보타닉 가든 Botanic Garden
V3 페낭 힐 Penang Hill
V4 관음상
V5 켁록시 사원 Kek Lok Si Temple

쇼핑 Shopping
S1 스트레이츠 키 마리나 몰 Straits Quay Marina Mall
S2 Island Plaza
S3 거니 플라자 Gurney Plaza
S4 1 Stop Midlands Park Centre
S5 거니 파라곤 몰 Gurney Paragon Mall

숙소 Hotel
H1 지 호텔 G Hotel

A

B

바투 페링기(8km)

Jalan Tanjung Tokong

S2

C

D

시내버스 정류장

거니 드라이브
Anjung Gurn

V1

Jalan Bagan Jermal

시내버스
정류장

S3 H1

S5

보타닉 가든
Botanic Garden
V2

시내버스 정류장

시내버스 정류장

Jalan Kelaw

Jalan Kebun Bunga

S4

Jalan Burma

E&O 호텔(4k

페낭 힐 산책로 p.259

V3

Jalan Cantonment

Jalan Macalis

꼼따 버스 터미널(4km

Jalan Scotland

푸니쿨라 정류장

시내버스 정류장

Jalan Air Itam

Jalan Air Itam

E

시내버스 정류장

시내버스 정류장

Jalan Paya Terubong

Jalan Air Itam

F

Jalan Masjid Negeri

켁록시 사원
Kek Lok Si Temple
V5

시내버스 정류장

V4

Jalan Paya Terubong

Jalan Thean Teik

Sightseeing in Penang Hill
페낭 힐 주변의 관광

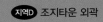

01

동남아에서 가장 크고 화려한 중국식 사원

켁록시 사원
Kek Lok Si Temple

중국계 이민자들이 가진 삶과 소망의 스펙트럼을 짐작해 볼 수 있는 사찰이다. 중국계 말레이인의 대표 종교인 관음 신앙의 성지로, 1893년부터 20여년에 걸쳐 지어졌으며 동남아시아에서 가장 큰 규모를 자랑한다. 어마어마한 높이로 지어 놓은 관음상과 부와 장수를 기리며 매단 수천 개의 등, 종이돈을 불에 태우고 촛불을 피우며 복을 비는 모습까지, '페낭 속의 중국'이라해도 과언이 아니다.

계단 길을 올라가다 제일 먼저 만나는 건 중국인들이 길하게 여기는 동물인 거북이로 가득한 연못. 더 올라가 본당으로 들어가면 소원을 비는 촛불과 불상이 가득하다. 거대한 관음상이 있는 제일 윗부분으로 올라가려면 별도의 요금을 내고 리프트를 타야 한다.

ADD Air Itam TEL +60 4-828-3317 OPEN 09:00~17:30 COST 무료 ACCESS 꼼따 버스 터미널에서 AIR ITAM행 201,203,204번 버스를 탄다. 약 40분 소요 MAP p.232-C, p.256-E

30m 높이의 관음상

관음상이 있는 언덕행 리프트

TALK

3개국 장인의 합작품, 7층 불탑

본당의 오른쪽 언덕에 있는 7층 불탑은 특이한 건축 양식으로 유명하다. 중국, 태국, 미얀마 3개국 출신의 장인들이 합작해 제일 아래는 중국, 가운데는 태국, 제일 위에는 미얀마식으로 지었다. 계단을 통해 탑 위로 올라가 볼 수도 있는데, 멀리 꼼따 건물까지 보이는 전망 포인트다.

TIP

조지타운에서 켁록시 사원 가기

꼼따 버스 터미널의 2번 플랫폼에서 201, 203, 204번 버스를 타고, 아이르 이탐 Air Itam 지역의 삼거리 공터 앞 정류장에서 내린다. 높은 탑이 있는 언덕 쪽을 바라보면 상점 옆으로 사원으로 향하는 계단 길 입구가 있다. 계단 좌우에는 기념품 가게들이 빼곡하게 들어서 있다.

계단 길 입구

영국 식민지 시대의 별장 지대

페낭 힐
Penang Hill

산악열차가 출발할 때는 훅훅 찌는 열대지만, 산악열차에서 내리는 순간 선선한 온대의 바람을 느낄 수 있는 페낭 최고의 관광 명소다. 해발 830m가 넘는 고지대 기후 덕분에 18세기 후반 영국이 페낭 섬을 개발할 때부터 고위층들의 별장 지대로 선호되던 장소다. 현재 언덕에 남아 있는 52채의 별장 중 상당수가 지어진 지 100년 이상 된 영국풍 고건물이다. 급경사를 꽤 빠른 속도로 올라가는 산악열차도 스릴 만점. 단, 주말에는 빠른 탑승 라인이 별도 가격에 판매될 정도로 사람들이 붐빈다.

ADD Perbadanan Bukit Bendera, Jalan Stesen Bukit Bendera, Air Itam TEL +60 4-828-8880 OPEN 06:30~23:00 COST 성인 RM30, 학생 RM15, 4~6세 RM5 ACCESS 꼼따 버스 터미널에서 204번 버스를 탄다. 약 45분 소요 WEB www.penanghill. gov.my MAP p.233-C, p.256-C

정상의 역 주변에 사랑의 전망대와 열대정원, 힌두 사원과 모스크 등이 모여 있고, 그 주위로 조용하게 걸을 수 있는 산책로가 여러 갈래로 이어진다. 숲 속으로 이어지는 산책로를 걷다 보면 오래된 별장이나 예쁘장한 카페도 나오고, 숨통이 탁 트이는 전망 포인트도 곳곳에 있다. 조지타운과 바다 건너 버터워스는 물론 말레이시아 본토와 연결하는 페낭 대교까지 보인다.

1 산악열차를 타는 곳
2 나무 사이로 이어지는 산책로
3 페낭 시내가 한눈에 보인다.

TALK

페낭 힐의 명물, 푸니쿨라

밧줄의 힘으로 궤도를 오르내리는 일종의 산악열차. 차체에는 엔진이 없는 것이 특징이다. 1897년부터 여러 번 시도되었다가 1923년에 스위스의 디자인을 도입하여 최초로 성공하였고, 이후 여러 번의 개조를 거쳐 현재의 모양이 되었다. 최초의 열차 칸은 정상에 전시되어 있다.

1923년부터 1977년까지 사용하던 열차 칸

TIP

켁록시 사원과 페낭 힐 한 번에 보기

켁록시 사원을 가기 위해 내렸던 삼거리 공터에서 절과 반대편 방향의 도로를 따라 조금 걸어간다. 편의점을 지나면 나타나는 버스 정류장에서 204번 버스를 타면 페낭 힐 입구로 간다. 둘 사이가 그리 멀지 않은 편이라 택시를 타면 RM15 정도 나온다.

걸어 다니기 참 좋은
페낭 힐 산책로

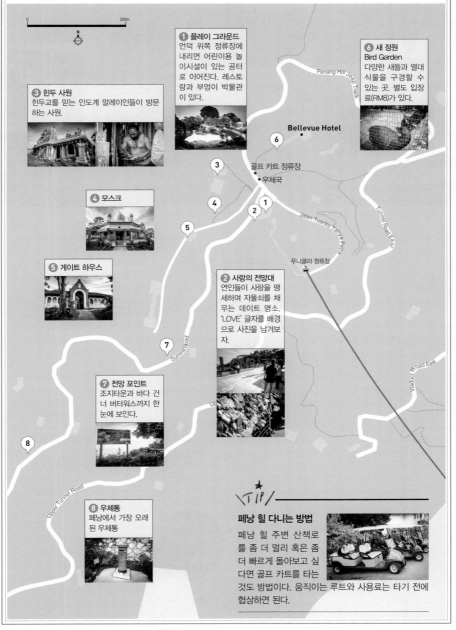

Penang's
Special Theme

① 플레이 그라운드
언덕 위쪽 정류장에 내리면 어린이용 놀이시설이 있는 공터로 이어진다. 레스토랑과 부엉이 박물관이 있다.

⑥ 새 정원
Bird Garden
다양한 새들과 열대 식물을 구경할 수 있는 곳. 별도 입장료(RM8)가 있다.

③ 힌두 사원
힌두교를 믿는 인도계 말레이인들이 방문하는 사원.

④ 모스크

⑤ 게이트 하우스

② 사랑의 전망대
연인들이 사랑을 맹세하며 자물쇠를 채우는 데이트 명소. 'LOVE' 글자를 배경으로 사진을 남겨보자.

⑦ 전망 포인트
조지타운과 바다 건너 버터워스까지 한눈에 보인다.

⑧ 우체통
페낭에서 가장 오래된 우체통

Penang Hill Jeep Track

Bellevue Hotel

골프 카트 정류장
• 우체국

Jalan Tuanku Yahya Petra

Tunnel Road East

푸니쿨라 정류장

Summit Road

Viaduct Road East

Upper Tunnel Road

★ TIP

페낭 힐 다니는 방법
페낭 힐 주변 산책로를 좀 더 멀리 혹은 좀 더 빠르게 돌아보고 싶다면 골프 카트를 타는 것도 방법이다. 움직이는 루트와 사용료는 타기 전에 협상하면 된다.

----- 03 -----

페낭 시민들과 함께하는 휴식시간

보타닉 가든
Botanic Garden

온갖 열대 나무들과 녹색 수풀, 꽃들이 무성한 페낭 시민들의 휴식처다. 누구나 무료로 입장할 수 있는 공공시설이라 나들이 나온 가족들과 데이트하는 연인들이 넓은 잔디밭 곳곳에서 휴식을 즐기는 한가로운 풍경이 펼쳐진다. 1884년에 개장해 무려 130년 동안 자라난 나무들은 여느 식물원이 부럽지 않을 만큼 다양하고 울창하다. 넓은 부지 안에 있는 열대 정글 트랙과 가든, 선인장이나 난을 키우는 온실, 폭포와 연못 등을 둘러보고 숲 사이에서 노닥거리는 원숭이를 구경하는 것만으로도 한나절이 후딱 간다. 단, 원숭이에게 먹이를 주거나 숲길에서 음식을 먹지 말 것.

ADD Jalan Kebun Bunga, Bukit Bendera TEL +60 4-227-0428 OPEN 05:00~20:00 COST 무료 ACCESS 꼼따 버스 터미널에서 10번 시내버스를 탄다. 약 45분 소요 WEB www.botanicalgardens.penang.gov.my MAP p.233-B, p.256-D

CHECK 조지타운으로 가는 시내버스의 운행 간격은 1~2시간 정도로 뜸한 편이다. 돌아오는 길에 그랩을 이용해 거니 드라이브에서 저녁 식사 겸 구경을 하는 일정을 짜면 좋다.

\TIP/

정문 근처에서 출발하는 코끼리 열차

코끼리 열차 이용하기
도보 이동이 힘들다면 정문에서 출발하는 코끼리 열차(요금 RM5)를 타고 일단 한 바퀴 돌아보자. 식물원 안의 도로를 따라 도는 동안 마음에 드는 곳을 찜 해 두었다가 다시 찾아가면 좋다. 한 바퀴에 10분 소요.

TALK

말레이 전통 음악 공연

정원의 음악회
야외 공연장에서 열리는 음악회까지 함께 할 수 있다면 식물원 방문이 더 근사해진다. 잔디밭 여기저기에 앉아서 음악을 즐기는 모습은 센트랄 파크만큼 한가롭다. 문화공연의 내용은 p.241를 참고한다.

길거리 음식의 천국
거니 드라이브
Anjung Gurney

'노점상의 천국'이라 불릴 만큼 다양한 노점 음식이 있는 페낭에서 가장 크고 유명한 호커 센터다. 해안을 따라 고층 빌딩과 대형 쇼핑몰이 밀집해 있는 거니 드라이브는 페낭에서도 부촌으로 꼽히는 지역인데, 저녁이 되면 그 빌딩 숲 사이의 해안가 공터에 100여 개가 넘는 노점들이 문을 연다. 저마다 번호를 달고 늘어선 한 칸짜리 노점들이 내세우는 음식들도 각양각색. 페낭에서 꼭 먹어야 할 모든 음식이 여기 한자리에 모여 있다고 해도 과언이 아니다. 눈앞에서 만들어지는 수십 가지 음식들을 골라 먹는 재미에, 페낭 사람들이 좋아하는 음식들을 맘껏 체험해 볼 수 있는 재미, 거기에 저렴한 가격까지. 덕분에 인근에 사는 사람들뿐만 아니라 페낭에 놀러 온 관광객이라면 꼭 들러야 할 필수 코스로 등극했다.

ADD Anjung Gurney, Persiaran Gurney **OPEN** 18:00~24:00 **ACCESS** 꼼따 버스 터미널에서 101,102,103,104번. 30분 소요 **MAP** p.233–B, p.256–B

\TIP/

쇼핑과 석양, 식사를 한 번에
거니 드라이브와 가까운 곳에 대형 쇼핑몰 거니 플라자 Gurney Plaza와 거니 파라곤 Gurney Paragon이 있다. 쇼핑몰 뒤쪽의 해안 산책로를 따라 조금만 걸으면 거니 드라이브로 이어진다. 쇼핑과 해안 산책로에서의 석양, 거니 드라이브에서 저녁 식사까지 한 번에 해결할 수 있다.

현지인들이 좋아하는, 거니 드라이브의 인기 노점

1 파셈부르
Pasembur
(9번, 17번 노점)
튀김에 채 썬 오이와 히카마 등을 얹고 매콤달콤한 소스를 뿌려 먹는다. 인도계 무슬림의 대표 음식으로 인도식 로작 Indian Rojak이라고도 한다. 튀김 종류에 따라 가격이 다르다. 담기 전에 확인할 것.

2 로작 Rojak **(39번, 77번 노점)**
구아바, 파인애플, 로즈 애플, 그린 망고, 오이 등을 썰어서 짙은 갈색의 드레싱을 뿌리는 말레이식 샐러드. 블라찬과 팜 슈거, 라임즙으로 만든 드레싱이 달콤짭짤하다. 가격은 RM5~.

3 차 콰이 테우 Char Koay Teow
(47번, 71번 노점)
중국식 냄비로 불맛을 입히는 볶음 쌀국수. 새조개와 새우, 달걀과 숙주를 넣고 칠리 페이스트와 소이 소스로 간을 맞춘다. 우리 입맛에도 잘 맞는 인기 품목이다. 대기 시간이 긴 편. 가격은 RM7~.

4 완탄 미 Wan Than Mee
(68번 노점)
바삭하게 튀긴 완탄과 얇게 저민 차슈가 달콤짭짤하게 양념한 면발과 찰떡궁합. 국물 없는 오리지널 드라이 타입 또는 국물이 있는 수프 타입으로 먹을 수 있다. 가격은 RM6~.

5 아삼 락사 Asam Laksa (73번, 79번 노점)
새콤함과 매콤함이 함께 느껴지는 페낭 스타일의 생선 국수. 한식엔 없는 맛이라 호불호가 갈리는데 선입견 없이 먹으면 통통한 면발과 구수한 생선 육수에서 색다른 매력을 느낄 수 있다. 가격은 RM6~.

6 아이스 까장 Ice Kacang (78번 노점)
곱게 간 얼음에 달콤한 시럽과 과일, 팥과 젤리를 얹어 먹는 말레이식 팥빙수. 가격은 RM5.

7 굴 오믈렛 Fried Oyster (84번 노점)
굴을 곁들인 달걀 부침으로 매콤달콤한 칠리소스에 찍어 먹는다. 타피오카 분말과 쌀가루를 섞은 반죽에 달걀을 섞어서 볶아내기 때문에 살짝 진득한 식감이 특징이다. 가격은 RM10~.

8 커리 미 Curry Mee (94번 노점)
코코넛 워터와 코코넛 밀크를 베이스로 만든 국수. 칠리와 블라찬 등 다양한 향신료를 볶아서 만든 칠리 페이스트를 입맛대로 국물에 풀어 먹는다. 가격은 RM6~.

9 사테 Satay (18번 노점)
양념에 재운 고기를 숯불에 구워내는 말레이식 꼬치구이. 매콤달콤한 땅콩소스에 찍어 먹는다. 누구나 즐길 수 있는 무난한 맛이라 외국인 여행자들에게 인기가 높다. 보통 10개 단위로 판매하며 가격은 RM8~.

TALK

거니 드라이브 이용 방법
인기 있는 노점들은 기다리는 줄도 길다. 특히 즉석에서 만들어야 하는 볶음이나 구이 종류는 줄이 줄어드는 속도가 느린 편. 일행이 여럿이라면 적당한 테이블에 자리를 잡은 다음, 각자 한 가지씩 음식을 담당해서 받아오는 것이 최선이다.
각 노점의 위치는 간판에 쓰여 있는 번호를 참고한다. 자릿값 개념인 음료는 앉은 테이블에서 주문한다.

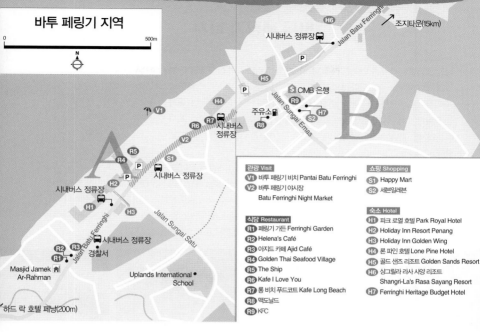

바투 페링기 지역

0   500m

N

→ 조지타운(15km)

H6 Jalan Batu Ferringhi

시내버스 정류장 🚌

P

H5

P $ CIMB 은행

H4   R9

R7 🚌   주유소   S2   H7

V1   R6   시내버스   R8

R5   V2   정류장

R4   S1

P   🚌 시내버스 정류장

시내버스 정류장   H2

H1   H3

Jalan Sungai Satu

R2   R3 🚌 시내버스 정류장

R1   경찰서

Masjid Jamek 🕌
Ar-Rahman

Uplands International ●
School

→하드 락 호텔 페낭(200m)

관광 Visit
- V1 바투 페링기 비치 Pantai Batu Ferringhi
- V2 바투 페링기 야시장
  Batu Ferringhi Night Market

식당 Restaurant
- R1 페링기 가든 Ferringhi Garden
- R2 Helena's Café
- R3 아지드 카페 Ajid Café
- R4 Golden Thai Seafood Village
- R5 The Ship
- R6 Kafe I Love You
- R7 롱 비치 푸드코트 Kafe Long Beach
- R8 맥도날드
- R9 KFC

쇼핑 Shopping
- S1 Happy Mart
- S2 세븐일레븐

숙소 Hotel
- H1 파크 로열 호텔 Park Royal Hotel
- H2 Holiday Inn Resort Penang
- H3 Holiday Inn Golden Wing
- H4 론 파인 호텔 Lone Pine Hotel
- H5 골드 샌즈 리조트 Golden Sands Resort
- H6 샹그릴라 라사 사양 리조트
  Shangri-La's Rasa Sayang Resort
- H7 Ferringhi Heritage Budget Hotel

---

01 ············

관광객들의 기념품 쇼핑장소
바투 페링기 야시장
Batu Ferringhi Night Market

✸ TIP

바투 페링기 야시장의 인기 노점

현지인들이 들르는 생필품 시장이 아니기 때문에, 말레이시아의 다른 시장에 비해 살짝 물가가 높다. 중간중간 있는 군것질 가판이나 캐리커처와 헤나를 그려주는 노점이 관광객들에게 인기 있다.

낮에는 아무것도 없던 거리에 해질 무렵부터 들어서는 노점들, 바투 페링기의 밤을 환한 조명으로 밝히는 야시장이다. 론파인 호텔에서부터 파크로열 호텔까지 외길로

ADD Batu Ferringhi OPEN
17:00~24:00 COST 무료
ACCESS 론파인 호텔 정문 앞
도로변 MAP p.263–A

이어지는 중심도로가 야시장이 서는 자리인데, 거리 양쪽으로 가판대를 세우고 천막을 둘러치고는 일사불란하게 형광등까지 매단다. 기다란 터널처럼 이어지는 가판대는 선글라스나 티셔츠, 싸구려 시계와 액세서리 등이 주요 품목. 특별히 인상적인 물건은 없어도, 바투 페링기에 묵는 관광객들이 저녁 마실 삼아 둘러보며 저렴한 기념품을 고르느라 여념이 없다. 단, 수공예품이나 야식거리 위주의 야시장이 아닌 매일같이 관광객을 상대하는 전문 꾼들의 좌판이라 소박한 동네시장의 분위기는 나지 않는다.

액세서리를 고르는 외국인 여행자

캐리커처를 그리는 사람들

페낭 섬의 대표 해변

바투 페링기 비치
Pantai Batu Ferringhi

하얀 모래밭에서 푸른 안다만 해를 바라보며 열대 바닷가의 정취를 느낄 수 있는 페낭의 대표 해변이다. 사실 세계 유수의 해변들과 비교한다면 빼어나게 아름다운 풍광은 아니지만, 말레이시아 제2의 도시로 성장한 페낭 섬에서는 유일하게 휴양지 느낌이 나는 곳이라 해도 과언이 아니다. 푹푹 찌는 조지타운에서만 지내는 게 답답해질 때, 하루쯤 시간을 내서 바람 쐬러 가기에도 좋다.

ADD Pantai Batu Ferringhi
OPEN 24시간 **COST** 무료
ACCESS 꼼따 버스 터미널에서 101, 103, 104번 버스를 탄다.
30~40분 소요 **MAP** p.233-A, p.263-A

유럽인들이 추운 겨울을 보내다 가는 휴양지로 오래전부터 개발된 곳이라, 해변의 멋진 부분은 대체로 리조트들이 차지하고 있다. 모두 공공 해변이라 누구라도 모래밭에서 놀 수 있지만, 아무래도 이곳에 묵지 않는 사람들은 리조트가 없는 서쪽 해변을 이용하는 것이 맘 편하다. 헬레나 카페 Helena Cafe의 옆길로 걸어 들어가면 리조트 쪽 해변보다 폭은 좁지만 전망은 크게 다를 바 없는 해변이 나타난다. 주위의 저가 숙소에서 묵는 배낭여행자들이 선탠용으로 주로 이용하는 장소다.

석양을 감상하기 좋은 포인트

물놀이하기 좋은 리조트 앞 해변

★
\TIP/

CAUTION
BEWARE OF
JELLYFISH
IN THE SEA

해파리 주의

시즌과 바닷물의 상태에 따라 해파리 주의보가 내려지기도 한다. 리조트 쪽 해변에서 '해파리 주의'라는 경고 표지판을 봤다면 가능한 한 바닷물 속으로는 들어가지 않는 것이 좋다.

Travel Plus +

해양스포츠 즐기기

제트스키나 패러 세일링, 바나나보트 같은 동력 스포츠를 즐길 수 있다. 해변 중간중간에 해양 스포츠를 신청할 수 있는 호객꾼들이 있다. 단, 탈의실이나 샤워장 같은 부대시설은 없기 때문에 인근 리조트 투숙객이 아니면 조금 불편할 수 있다.
COST 바나나보트 RM25~, 패러세일링 RM80~, 제트스키 30분 RM 200~

바투 페링기의 식당

바투 페링기는 시내에서 외따로 떨어져 있는 동네라 리조트 주위에 늘어선 관광객용 식당들을 이용해야 한다. 조지타운보다 물가는 살짝 비싸지만 동남아 해변 휴양지의 분위기가 물씬 나는 것이 장점이다.

1 램 찹 Lamb Chap
2 해산물 링귀니 Marianara Linguine

정원에서 즐기는 로맨틱 디너
페링기 가든 Ferringhi Garden

나른하고 느슨한 열대 휴양지의 밤 분위기를 그대로 느낄 수 있는 레스토랑이다. 아늑한 정원에 놓아둔 야외 테이블의 분위기가 좋아서 인근 리조트 투숙객들이 저녁 식사 장소로 가장 선호하는 곳이기도 하다. 그릴과 스테이크, 파스타 등 서양 음식들이 대표 메뉴인데, 현지의 재료와 양념들을 적극적으로 활용하고 있다. 아들야들한 양고기를 좋아한다면 얇게 자른 양고기를 적포도주와 양념에 재운 후 살짝 튀기듯 구워내는 램 찹 Lamb Chop을 추천한다. 토마토소스로 볶아내는 해산물 링귀니 Marianara Linguine도 함께 곁들이기에 좋다.
ADD 34 A, B & C, Jalan Batu Ferringhi **TEL** +60 4-881-1193 **OPEN** 16:00~24:00 **COST** 라이스/누들 RM16~, 칵테일 RM28,8~, 메인 요리 RM28,8~ **ACCESS** 골드 샌즈 리조트에서 도보 12분 **MAP** p.263-A

테판야키, 케밥, 피자 등
다국적 음식들이 총출동

왁자지껄한 동남아 여행의 묘미
롱 비치 푸드코트 Kafe Long Beach

지글지글 음식 볶아내는 냄새와 왁자지껄하게 손님을 부르는 소리로 가득한 동남아의 전형적인 푸드코트다. 간이식 테이블이 가득 놓인 넓은 공간을 각기 다른 음식 노점들이 둘러싸고 있는데, 입맛을 통일하기 어려운 가족 여행자들에게는 이만한 곳도 없다.
엄지를 척 꼽을 만큼 인상적이지는 않지만, 말레이/인도/중국/서양식 등 각자 원하는 대로 다양한 음식을 골라 먹을 수 있고 가격 또한 만만해서 현지인과 관광객 모두에게 사랑받고 있다. 저렴한 볶음 국수나 간이식 테판야키에 맥주 한 잔까지 곁들이면, 열대 해변의 밤이 한층 더 즐거워진다.

테판야키
살몬 세트

ADD Jalan Batu Ferringhi **OPEN** 18:30~24:00
COST 차 콰이 테우 RM5, 치킨 찹 RM12, 테판야끼 살몬 RM17
ACCESS 골드 샌즈 리조트에서 도보 3분 **MAP** p.263-A

페낭 스타일 아침식사

역사와 전통의 도시 페낭에서는 아침식사마저도 대를 이어가며 찾아가는 단골집이 있다. 더운 날씨 탓에 이른 아침부터 움직이는 페낭 사람들, 그들이 오랜 세월 먹어온 아침 식탁을 경험해보자.

01

숯불에 구운 카야 토스트

토순 카페
Toh Soon Café

말레이식 주먹밥, 나시 르막

자리를 잡는 것도 주문을 하는 것도 시간이 오래 걸린다. (아직 재고가 남아 있다면) 테이블에 놓인 나시 르막 Nasi lemak부터 먹어볼 것을 추천. 종이 포장을 풀면 코코넛밀크로 지은 밥에 달걀 반쪽과 튀긴 멸치, 땅콩이 올려져 있는데, 매운 소스의 맛이 기가 막힌다.

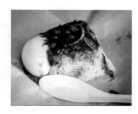

오래된 건물 사이의 좁은 골목, 마땅히 가게랄 것도 없이 길바닥에 테이블을 펼쳤을 뿐인데 하루 종일 사람들로 바글바글하다. 토순 카페는 **카야 토스트와 커피 한 잔으로 대표되는 말레이식 아침식사**를 전통 방식 그대로 즐길 수 있는 가게다. 두툼하게 썬 식빵을 겉은 바삭하게, 속은 부드럽게 구운 다음 달콤한 카야 잼을 바르면 이 집의 인기 메뉴인 카야 토스트가 완성된다. 여기에 진하고 달콤한 하이난식 커피를 차갑거나(Kopi-o-ais) 뜨겁게(Kopi-o) 곁들이면 최고의 궁합이다.

어찌 보면 참 단순한 구성인데 맛있는 비밀은 딱 하나, 주방 한편을 차지하고 있는 낡은 드럼통 화로다. 그 옛날처럼 숯을 넣어 불을 일으킨 화로 위에는 뜨거운 물이 펄펄 끓고 있고, 바로 아래에서는 식빵을 올린 석쇠가 연신 드나든다. 100년 전에는 최고의 효율이었겠지만 이제는 최고의 비효율이 되어버린 옛날 방식을 고수하는 것이 비법. 그 옛날처럼 덜덜 돌아가는 선풍기 바람을 맞으며 길에서 먹는 재미가 이 집이 가지고 있는 최고의 조미료인 셈이다.

ADD 184 Lebuh Campbell, George Town **TEL** +60 4-261-3754 **OPEN** 08:00~18:00, 일 휴무 **COST** 나시 르막 RM1.5, 토스트 RM2.4 **ACCESS** 페낭 거리와 캠벨 거리의 교차로에서 캠벨 거리 쪽으로 걷자마자 왼쪽 작은 골목 **MAP** p.242-D

02

부드럽고 쫄깃한 로띠 차나이

로띠 차나이 트랜스퍼 로드
Roti Canai Transfer Road

\TIP/

로띠 주문 방법

로띠 주문은 우리나라 탕수육과도 비슷하다. 커리나 소스를 부어서 나오는 '부먹' 방식은 반지르(Banjir; 홍수라는 뜻)라고 하고, 소스를 따로 주는 '찍먹' 방식은 장안 짬뿌르(Jangan Campur; 섞지 않음)라고 한다. 주문 시 취향에 따라 미리 이야기하자.

치킨 커리를
'부먹'으로 얹은
로띠 차나이

제대로 된 간판도, 이름도 없이 대충 거리 이름을 따서 부르는 가게지만, 조지타운에서는 제일 유명한 아침 식당이다. 이른 아침에 시작해 정오가 넘으면 흔적도 없이 사라져 버리는 간이식 노점 형태다. 페낭에 사는 인도계 무슬림들이 아침 식사로 즐겨 먹는 로띠 차나이 Roti Canai가 이 집의 대표 메뉴. 찰진 밀가루 반죽을 얇게 펴서 뜨겁게 달군 철판에 굽는 것이 제일 기본형인 로띠 차나이, 여기에 달걀을 추가하면 조금 더 고소한 로띠 뜰루 Roti Telur가 된다. 따끈따끈한 로띠를 찍어 먹을 수 있도록 렌틸콩으로 만든 달 Dhal 소스를 함께 내주는데, 치킨 커리나 양고기 커리 같은 요리를 곁들여 먹는 이들도 많다.

ADD 56, Jalan Transfer OPEN 06:30~13:00, 15:50~19:00 COST 로띠 차나이+달 소스 RM1.5, 로띠 뜰루+달 소스 RM2, 커리(양/소/닭) RM7 ACCESS 출리아 거리와 페낭 거리의 교차로에서 출리아 거리 반대편(Jalan Argyll)으로 걷는다. 트랜스퍼 거리로 좌회전하면 왼쪽에 노점이 있다. MAP p.232-B

03

중국식 딤섬으로 여는 아침

토 유엔
Tho Yuen

아침이면 식당 앞 통로까지
테이블이 늘어선다.

새우를 넣은 하까우

ADD 92, Lebuh Campbell, 10100 George Town TEL +60 4-261-4672 OPEN 수~월 06:00~17:00, 화 휴무 COST 딤섬 RM1.5~8 ACCESS 켐벨 거리의 켐벨 하우스 호텔 사거리 건너편 길에 있다. WEB www.facebook.com/ThoYuenRestaurant MAP p.242-D

대나무 바구니에 뜨거운 김을 올려 쪄내는 조지타운 최고의 딤섬을 맛보고 싶다면, 조금 서둘러야 한다. 이른 새벽부터 딤섬 몇 접시와 차 한 주전자를 놓고 하루를 시작하는 단골들이 줄을 잇기 때문이다. 가까운 거리에 몇 곳의 딤섬 가게가 더 있지만 이 집만큼 단맛과 짠맛, 기름진 맛과 담백한 맛 사이의 균형을 잘 잡는 집도 없다.

보통 한국인의 입맛이라면 투명하고 쫄깃한 찹쌀 피 안에 새우를 넣은 하까우, 달걀로 만든 만두피에 다진 새우와 돼지고기를 넣은 씨우마이, 달콤한 돼지고기 바비큐를 넣은 찐빵(차시우바오) 정도를 고르면 무난하다. 인기 있는 종류는 아침부터 하나 둘 매진되기 십상이니, 최대한 빨리 방문하는 것이 정답. 외국인을 위한 메뉴판은 따로 없다.

다진 새우와 돼지고기를
넣은 씨우마이

페낭 인구의 절반가량이 중국계, 그만큼 다양하고 화려한 중국음식들을 페낭에서 맛볼 수 있다. 입맛 까다롭고 먹는 거 좋아하는 중국인들이 줄을 서가며 찾아 먹는 중국식 맛집들을 소개한다.

01

달콤한 감칠맛이 특기
텍 센
Tek Sen

ADD 18 & 20, Lebuh Carnarvon, George Town **TEL** +60 12-981-5117 **OPEN** 수~월 12:00~14:30, 18:00~21:00, 화 휴무 **COST** 두부 요리 RM10~18, 닭 요리 RM18~28, 돼지 요리 RM14~28 **ACCESS** 출리아 거리의 세븐일레븐에서 대각선 정면에 있는 카르나본 거리로 들어간다. 오른편에 식당이 있다. **WEB** www.facebook.com/TekSenRestaurant **MAP** p.242-D

★
\TIP/

대기 시간 줄이기
문을 여는 시간이 짧고 대기 줄이 긴 편이니 가능한 한 개점시간에 맞춰 가도록 한다. 주말 저녁보다는 평일 점심시간이 여유 있으니 참고한다. 밖에서 보기보다는 매장이 넓고 테이블 회전이 빠르다.

기다리는 사람도 끝이 없고 추천할 만한 메뉴도 끝이 없는, 조지타운 최고의 중국 식당이다. 현지인, 관광객 가릴 것 없이 긴 줄을 서는 집이지만 서비스가 원활하고 안정적이라 변함없는 인기를 누리고 있다. 외국인을 위한 영어 메뉴도 있고 대/중/소로 크기 선택도 가능하다.

누구라도 주저 없이 추천하는 간판 메뉴는 이 집의 특제 칠리소스로 요리하는 **더블 로스티드 포크** Double roasted pork with chilli padi이다. 매콤달콤한 소스로 끈적하게 코팅된 삼겹살 구이는 비계까지도 고소하고 쫀득하다. 찹쌀 옷을 입힌 바삭한 닭 튀김에 새콤달콤한 소스를 뿌린 우메보시 소스 치킨도 추천한다. 감칠맛 나는 새우소스를 끼얹은 **홈메이드 두부 튀김** Deep-fried Homemade tofu이나 푸딩처럼 부드러운 중국식 달걀찜 Steamed Egg도 훌륭한 반찬이 된다.

마파두부
Mapo Tofu

홈메이드 두부 튀김
Deep-fried Homemade
Tofu

더블 로스티드 포크
Double roasted
pork with chilli padi

오리일과 달걀을
함께 사용한 중국식
달걀찜

우메보시 소스 치킨
Deep fried chicken w
Umeboshi Sauce

제면실

02

면과 완탄이 모두 수제

홍키 완탄미
Hong Kee Wan Thun Mee

시그니처
완탄미(수프)

하우스 스페셜티
쉬림프 로
완탄미(드라이)

ADD 37, Campbell Street **TEL**
+60 4-261 9875 **OPEN** 목~화
08:30~22:00, 수 휴무 **COST** 완탄미
RM6.2~8.2 **ACCESS** 출리아 거리의
세븐 일레븐에서 도보 4분 소요 **MAP**
p.234-A

조지타운 바깥의 유명한 완탄미 노점에서 시작해서 정식으로 식당을
열었다. 이 식당의 가장 큰 특징은 전통적인 방식으로 면을 반죽해서
뽑는다는 것. 시간이 맞으면 기다란 대나무에 사람이 올라타서 꾹꾹
눌러가며 반죽하는 모습을 볼 수 있다. 완탄 역시 손으로 직접 만들어
거리 노점의 완탄미와는 비교할 수 없다.

단골들이 즐겨 찾는 메뉴는 완탄과 차슈를 함께 넣은 수프 타입의 시그
너처 완탄미이다. 분명 속까지 다 익었는데도 쫀득하게 씹히는 이 집만
의 특제 면발이 매력. 국물 역시 너무 짜거나 조미료를 과하게 사용하
지 않고 적당히 심심하면서도 달큰하게 간을 해 면의 맛을 살려준다.
여기에 새우와 고기로 꽉 찬 탱글탱글한 완탄까지 함께 먹으면 저절로
감탄이 나온다. 곁들여 나오는 야채까지 어우러져 깊은 풍미를 자랑한
다. 너무 시지도 달지도 않은 고추피클을 반찬 삼아 먹으면 제격이다.
드라이 타입의 쉬림프 로 완탄미는 면 위에 조미가루와 파가 뿌려져
있고 면 아래에 조미 간장과 기름이 깔려있다. 잘 비벼서 먹으면 새우
특유의 감칠맛이 확 올라온다.

03

중국식 돼지구이 3종 세트

와이 키
Wai Kee

차슈 라이스

고기+국물+야채+밥으로
이뤄진 기본 세트

점심시간에만 잠깐 문을 열고, 그것도 준비한 재료가 떨어지면 끝. **오
랜 시간 공들여 구워내는 중국식 돼지 바비큐로** 이 일대를 평정한 작
은 노점의 이야기다. 달콤 짭짤한 소스가 캐러멜처럼 코팅된 차슈 Char
siew와 부드러운 삼겹살 부위를 맛볼 수 있는 슈육 Siew Yoke, 쫀득쫀득한
중국식 소시지인 랍청 Lap cheong이 이집의 대표 메뉴.

취향대로 골라서 툭툭 썰어낸 고기 한 접시에 국물 한 그릇, 굴 소스를
뿌린 야채(초이삼)와 흰 밥이 한 세트로 1인당 RM13. 돼지고기 반 닭고
기 반으로 주문하는 단골도 많다. 커피숍에 입점한 가판이라 음료를
주문하지 않으면 소정의 자릿세를 내야 한다.

ADD 348, Lebuh Chulia **OPEN** 월~토 11:00~14:00, 일 휴무, 재료가 떨어지면
문 닫음 **COST** 기본 세트(고기+채소+국물+밥) 1인 RM13~ **ACCESS** 출리아 거
리의 세븐일레븐에서 1분 거리, 'Tien (天) Hotel' 간판이 달린 건물 1층에 있다.
MAP p.242-D

말레이시아 도시 중에서도 유달리 맛집이 많은 페낭, 다른 도시에서도 흔하게 볼 수 있는 음식들이 페낭에서는 꼭 한번 먹어봐야 할 메뉴가 된다. 매콤, 달콤, 고소한 맛 때문에 꼭 한 번 먹어보라고 권하게 되는 식당들을 소개한다.

01

매콤한 오징어 국수와 달콤한 코코넛 셰이크
하미드 파타 스페셜 미
Hameed Pata Special Mee

★
\TIP/

시원하고 달콤한 얼음 간식

시원하고 달콤한 코코넛 셰이크도 오징어 국수만큼이나 유명하다. 바로 옆 카운터! 입안이 얼얼한 정도로 매운 국수를 먹다 보면 저절로 생각이 난다. 산처럼 쌓은 얼음가루를 시럽으로 물들이고, 달콤한 팥과 옥수수를 올려주는 말레이식 팥빙수 '아이스 까장 Ais Kanang'도 후식으로 좋다.

페낭의 인도계 식탁에서 제일 맛있는 음식을 딱 하나만 고르라면, 1초의 망설임도 없이 이 집에서 파는 '미 소통 Mee Sotong'를 떠올릴 것이다. 감칠맛 나는 아미노산 덩어리인 오징어를 듬뿍 사용한 국수 요리인 미 소통 르부스는 매콤달콤새콤한 국물이 자작하게 깔려있어 칼칼한 맛이 그리운 한국인 여행자들에게는 자꾸만 생각나는 맛이다.

타밀계 무슬림들이 즐겨 먹는 볶음 국수가 미 고랭 Mee Goreng이라면, 미 고랭에 국물을 더한 버전이 미 르부스 Mee Rebus다. 이 집만의 특제 메뉴인 '미 소통 르부스'는 매콤달콤하게 양념을 해서 볶은 오징어(소통; Sotong)를 면 위에 올리고, 보기만 해도 매워 보이는 새빨간 국물을 부어서 완성한다. 진득하게 양념이 달라붙어 있도록 잘 볶아낸 '미 소통 고랭 Mee Sotong Goreng'도 우리에게 익숙한 맛이다.

미 소통
고랭, RM5

미 소통
르부스(RM5)와
코코넛 셰이크(RM4)

ADD No. 6, Padang Kota Lama, George Town TEL +60 13-431-9384 OPEN 월~토 11:30~20:00, 일 휴무 COST 미 소통 소 RM5/ 대 RM7, 코코넛 셰이크 RM4 ACCESS 콘윌리스 요새 입구에서 공원 쪽 방향으로 가면 왼편에 푸드 코트가 있다. 건물 안쪽에 있는 가게 MAP p.242-F

02

튀김 하나로 유명인사가 된
할아버지

로 박 @
켕 핀 카페
Loh Bak @ Kheng Pin Cafe

------- TALK -------

페낭의 전통 커피숍, 코피티암

중국계 말레이인들이 애용하는
'코피티암 Kopitiam'은 커피나 음료
만 파는 장소가 아니라 여러 개의
음식 가판(푸드 스톨)에게 자리를
빌려주는 서민형 식당이다. 보통
코피티암 주인들은 음식 가판을
찾아 온 손님들에게 테이블을 제
공하며, 토스트나 음료를 추가로
판매해 수익을 챙긴다.

작은 코피티암을 붐비게 만든 일등
공신은 '로 박 Loh Bak'을 튀기는 할아버지
다. 로 박은 양념에 재운 돼지 안심을 두부피로 돌돌
말아 튀긴 중국식 고기튀김. 아삭할 정도로 노릇하게 튀겨진 두부피
껍질과 부드럽고 촉촉한 돼지고기가 한 입에 느껴진다. 돼지고기 외
에도 새우와 오징어, 타로와 유부, 피단 등 다양한 재료를 사용하는데,
새벽 네시부터 영업을 준비하며 수십 년째 튀김 솥을 잡아온 할아버지
의 감각이 어느새 예술의 경지에 올랐다. 소이 소스로 만든 디핑 소스
(로 Loh)나 칠리 소스에 찍어서 먹으면 금세 한 접시 뚝딱!

ADD 80, Lebuh Penang **OPEN** 07:00~15:00, 월 휴무 **COST** 로 박 RM10
ACCESS 출리아 거리와 페낭 거리의 교차로에서 출리아 거리를 등지고 길 건너
오른편 코너를 바라보면 카페가 있다. **MAP** p.242-D

03

깔끔하게 즐기는 인도식 팬케이크

하미디야
레스토랑
Hameediyah Restaurant

비프 무르타바
Beef Murtabak

페낭 뿐만 아니라 말레이시아에서 가장 오래된 나시 칸다르 식
당이다. 인도계 이민자들이 즐겨먹는 반찬을 미리 만들어 놓
고 골라먹는 것이 나시 칸다르 Nasi Kandar. 미리 준비해 둔 나
시 칸다르 외에도 인도식 팬케이크인 무르타바 Murtabak와 인
도식 커리 영양밥인 비리야니 Biryani가 대표 메뉴다.

특히 다진 고기와 야채로 두툼하게 속을 채워서 굽는 무르타바 는
기름에 지져 낸 고소한 맛이 일품. 커리 파우더와 가람 마살라 등 인도
의 향신료를 총동원해 속재료를 양념했지만, 양파와 달걀처럼 익숙한
재료들도 함께 넣어서 인도 음식 초보자들도 먹을 만하다.

ADD No 156 & 164A Lebuh Campbell **TEL** +60 4-261-1095 **OPEN** 11:00-
23:00 **COST** 치킨 탄두리 RM7.5, 무르타바 RM5.5~10, 비리야니 RM11~20
ACCESS 페낭 거리와 켐벨 거리의 교차로에서 켐벨 거리를 따라 걷는다. 왼편에
2개의 식당이 차례로 보인다. **MAP** p.242-D

건포도와 견과류가 들어간
치킨 비리야니(RM11),
매운 소스를 함께 내준다.

04

조지타운에서 제일 유명한
나시 르막

알리 나시 르막
Ali Nasi Lemak

말레이시아의 국민 음식인 나시 르막 Nasi Lemak을 맛있게 만들기로 이름난 노점이다. 코코넛밀크를 넣어 지은 밥에 매운 양념을 뿌려서 바나나 잎으로 싸는 나시 르막은 **주먹밥처럼 휴대할 수 있는 초간단 음식.** 제일 기본형 Nasi Lemak Ikan Bilis은 삶은 달걀 반쪽과 튀긴 멸치 몇 개를 올렸을 뿐인데, 매운 소스로 비비기만 하면 눈 깜짝할 사이에 해치우게 된다. 이 기가 막힌 매운 소스 맛이 이 집의 특제 비법! 아침부터 끝없이 만들어 내는 6가지 종류의 나시 르막이 순식간에 팔려 나간다.

ADD Sri Weld Food Court, Lebuh Pantai **TEL** +60 16-407-0717 **OPEN** 월~ 토 07:00~16:00, 일 휴무 **COST** 나시 르막 1개 RM1.8~ **ACCESS** 스리 웰드 푸드코트의 입구 쪽에 있다. **MAP** p.242-F

05

입맛대로 골라 담는 한 접시 밥

셜린 이코노미
라이스
Sherlyn Economy Rice

눈으로 직접 보고 골라 먹는 뷔페 스타일의 밥집이다. 치킨이나 생선, 튀김과 채소 볶음 등 30여 가지의 반찬이 있으며, 그중 원하는 반찬을 골라 각자 접시에 담은 만큼 계산한다. 야채든 고기든 중국식으로 볶거나 튀긴 요리들이 주요 반찬이다.

출리아 거리를 오가는 배낭여행자들을 주로 상대하는 곳인 만큼, 그들의 입맛을 반영해 달짝지근하게 간을 맞추는 편. 뒤쪽 테이블에 앉아서 먹을 수도 있고, 플라스틱 케이스에 포장도 가능하다. 음료는 별도로 주문해야 한다.

ADD 330, Lebuh Chulia, George Town **TEL** +60 12-482-9563 **OPEN** 토~목 09:30~16:00, 금 휴무 **COST** 한 접시에 RM4~10(반찬에 따라 달라짐) **ACCESS** 출리아 거리의 세븐 일레븐에서 페낭 거리 쪽으로 가다 보면 만나는 첫 번째 삼거리의 오른편에 있다. **MAP** p.242-D

페낭의 노점 거리

페낭에 왔으면 저녁 한 끼는 길거리 음식으로 먹어 보는 건 어떨까. 페낭 조지타운에는 이름난 식당들 못지않게 사람들이 많이 찾는 노점 거리가 있다. 저녁만 되면 왁자지껄해지는 페낭의 노점 거리를 소개한다.

외국인 여행자들이 가기 편한
출리아 거리 Lebuh Chulia

배낭여행자들의 중심지인 출리아 거리 근처에 숙소를 잡은 사람이라면 멀리 갈 필요도 없이 야시장의 즐거움을 맛볼 수 있다. 위치 덕분에 그 어떤 노점 거리보다도 외국인의 비율이 높고 햄버거 같은 서양 음식을 파는 노점도 있다. 주위에서 늦은 시간까지 일하는 현지인들도 즐겨 찾는 곳이라 완탄미와 돼지 국수 같은 현지 음식도 있다. 밤늦은 시간에 배를 채우고, 숙소까지 돌아갈 걱정을 할 필요가 없다는 것 또한 매력적이다.

ADD Lebuh Chulia OPEN 저녁~밤, 월요일에는 문을 여는 노점이 적다. ACCESS 출리아 거리의 세븐일레븐 건너편 MAP p.242-D

차이나타운의 중심
킴벌리 거리 Lebuh Kimberley

차이나타운에서는 가장 큰 규모로 열리는 노점 거리. 낮에 차들이 오가는 이면도로를 저녁부터는 각종 노점상이 차지한다. 워낙 오랫동안 영업해 온 노점들이 많기 때문에 주변의 식당들과 테이블도 공유하며 공생하는 시스템이다. 우리 입맛에는 잘 안 맞지만 오리와 돼지 선지로 만든 국수 Koay Chap나 연밥으로 만든 중국식 디저트 등 관광객들이 긴 줄을 서는 매장도 있다. 출리아 거리와 가까워서 구경 삼아 다녀오기에 딱 좋은 위치.

ADD Lebuh Kimberley OPEN 저녁~밤 ACCESS 출리아 거리의 세븐일레븐에서 도보 8분 MAP p.232-F

★ 대표 노점:
차 콰이 테우
Char Kway Teow

차 콰이 테우의 불맛을 잘 내기로 유명한 노점 중 하나. **해산물과 달걀, 숙주를 넣은 볶음 쌀국수인 차 콰이 테우**는 높은 온도로 기름을 달굴 때 생기는 불맛이 핵심. 그 명성을 보여주듯 노점 주위에는 뜨거운 냄비에서 뿜어져 나오는 연기가 자욱하다. 커피숍 'Sin Guat Keong'의 남서쪽 코너에 있는 집을 찾도록 한다.

후덥지근한 더위와 싸우며 오랜 시간 걷다 보면 나른한 휴식이 필요해진다. 이때 여행의 여유로움을 만끽할 수 있는 공간들을 찾아 나서게 된다. 여기 맛있는 커피와 케익이 있는 카페와 페낭에서 꼭 먹어봐야 할 디저트가 있는 곳을 소개한다.

01

페낭 트렌드세터의 아지트

코피 씨 카페 @ 차이나 하우스

Kopi C Café @China House

크러시 망고 앤 패션 프루트 소다. 크랜베리 라임 민트 소다

견과류와 당근이 씹히는 캐럿 케이크

정통 서양식 케이크를 맛보고 싶다면 가장 먼저 들러야 할 곳이다. 유행에 민감한 페낭의 젊은이라면 누구라도 아지트로 꼽는 차이나 하우스 안에 있는 카페. 섬세하고 가벼운 생크림이 전문인 일본식 케이크와는 완전히 다른, 진득하고 묵직한 질감의 서양식 케이크가 전문이다. 그래서인지 테이블 위에 올려진 케이크를 바라보며 군침을 흘리는 외국인 여행자들이 많다.

ADD 153, Lebuh Pantai **TEL** +60 4-263-7299 **OPEN** 09:00~01:00 **COST** 타르트&케이크 RM14~22 **ACCESS** 아르메니안 거리를 따라서 걷다 판타이 거리를 만나면 좌회전. **WEB** www.chinahouse.com.my **MAP** p.250-E

TIP

차이나 하우스는 '말레이시아에서 가장 긴 카페'로 유명하다. 건물 자체로도 꼭 한번 가봐야 할 곳으로 손꼽힌다. 카페 입구로 들어가서 반대편 바인 '캔틴(p.279)'으로 나가보자.

02

달콤한 추로스와 크로넛

디 앨리

The Alley

핑크 구아바 프라페, RM14

오래되고 낡은 골목에서 불어오는 새로운 바람. 향 냄새가 가득한 사원 옆 뒷골목에 자리한 중국식 상점을 개조해 페낭 젊은이들의 아지트로 만들었다. 카페 문을 열고 들어가는 순간 역사와 전통의 도시 페낭이 아니라 나른하고 자유로운 홍대 앞 뒷골목에 와 있는 듯하다. 크루와상을 도넛 모양으로 튀긴 '크로넛 Cronuts'이나 달콤한 스페인 간식 추로스 Churros처럼 대표 메뉴 역시 신세대답다.

ADD 5, Lorong Stewart **TEL** +60 4-261-3879 **OPEN** 12:00~24:00 **COST** 추로스 RM10, 크로넛 RM9, 핑크 구아바 프라페 RM14 **ACCESS** 러브 레인 Love Lane에서 오른쪽으로 연결되는 스튜어트 골목을 따라 직진. 관음사 건물 옆쪽에 있다. **WEB** www.facebook.com/thealleypenang **MAP** p.242-E

추로스와 크로넛(RM9)

03

페라나칸의 전통 디저트를 맛보자

모텡퓨 뇨냐 쿠이

Moh Teng Pheow Nyonya
Koay

ADD Lebuh Chulia, Jalan Masjid
TEL +60 4-261 5832 **OPEN** 화~일
10:30~17:00, 월 휴무 **COST** 뇨냐 쿠이
RM0.6~3.5 **ACCESS** 출리아 거리와
러브 레인의 교차로에서 도보 2분 소요
MAP p.242-D

가장 페낭다운, 그리고 말레이시아다운 이국적인 디저트를 원한다면 꼭 이곳에 가 볼 것. 과거 말레이 반도로 이주한 중국인과 토착 말레이계 여성의 혼혈 인종인 페라나칸들의 전통 디저트, '뇨냐 쿠이'를 파는 곳이다. 뇨냐 퀴이는 주로 쌀가루를 뭉쳐서 만들며, 우리나라의 떡과 젤리의 중간 정도의 질감을 하고 있다. 흰색, 주황, 보라, 녹색 등 알록달록 원색에 가까운 색깔을 하고 있는데 카야잼이나 코코넛 가루, 판단 가루 등을 넣어 달콤한 가운데 조금씩 맛이 다르다. 크기가 작은 만큼 가격도 저렴해서 여럿이 함께 왔다면 이것저것 함께 맛보면 좋다. 입구 쪽부터 뇨냐 쿠이를 만드는 공방을 볼 수 있으며 더 안쪽에는 디저트를 전시한 진열장이 있다. 공간 자체의 분위기가 마치 페라나칸의 집을 그대로 가게로 만들어 놓은 듯 하다.

04

페낭에서 제일 유명한 첸돌 가게

페낭 로드 페이머스 테오추 첸돌

Penang Road Famous
Teochew Chendol

ADD 27&29, Lebuh Keng Kwee
OPEN 월~금 10:30~19:00, 토·일
10:00~19:30 **COST** 첸돌 RM2.9~
ACCESS 페낭 거리 Jalan Penang를
따라 꼼따 쪽으로 내려가다 보면 왼쪽에 작은 골목이 보인다. **WEB** www.
chendul.my **MAP** p.232-F

조지타운에서 가장 사랑받는 '첸돌 Cendol' 가게로 그 유명세가 페낭뿐만 아니라 말레이 반도 전역에 퍼져 있다. 첸돌은 신선하고 차가운 코코넛밀크에 가늘게 뽑은 초록색 첸돌(쌀가루 젤리)과 팜 슈거, 삶은 팥을 넣어 먹는 말레이식 빙수. 하얀 코코넛밀크에서는 특유의 달콤한 맛뿐만 아니라 짭짤하고 고소한 맛도 느껴지기 때문에, 우리나라의 팥빙수 맛을 상상하고 먹으면 살짝 당황할 수 있다.
본점은 별도의 실내 매장도 없이 골목길 한쪽에 세워 둔 간이식 노점이 전부다. 그렇게 유명하다는 소문을 듣고 찾아온 관광객까지 더해져 온종일 끝도 없이 줄을 서는데, 최근에는 전국 쇼핑몰에 체인점까지 늘고 있다. 하지만 길거리에서 첸돌을 받아 후루룩 마시듯 먹는 것이 진정한 '페낭의 맛'으로 느껴지기도 한다.

01

거니 드라이브 바로 옆

거니 플라자&거니 파라곤 몰
Gurney Plaza&Gurney Paragon Mall

거니 드라이브가 있는 신시가지 해변에 자리 잡은 대형 쇼핑몰. 페낭 여행의 필수코스로 등극한 거니 드라이브를 방문할 때 함께 들르기에 딱 좋은 곳이다. 전통적인 야시장과 현대적인 쇼핑을 한 번에 즐길 수 있다는 것이 이곳의 가장 큰 장점. 해변을 따라 거니 플라자와 거니 파라곤 몰이 나란히 있어서 수백 개의 매장이 들어선 두 개의 대형 쇼핑몰을 한 번에 경험할 수 있다. 쇼핑몰뿐만 아니라 호텔이나 영화관 등을 겸하는 복합건물단지로 형성되어 있어서 주말이면 가족 나들이를 나온 현지인들로 붐빈다. 특히 두 개의 쇼핑

거니 플라자 ADD 170 Persiaran Gurney TEL +60 4-228-1111 OPEN 10:00~22:00 ACCESS 거니 드라이브에서 도보 5분. 꼼따 시내버스 터미널에서 102 · 103 · 304번 탑승 WEB www.gurneyplaza.com.my MAP p.256-D

거니 파라곤 ADD 163-D, Persiaran Gurney TEL +60 4-228-8266 OPEN 10:00~22:00 ACCESS 거니 플라자에서 G호텔을 사이에 두고 바로 옆에 위치 WEB www.gurneyparagon.com MAP p.256-D

몰에는 야외공간과 이어지는 아케이드를 따라 근사한 레스토랑들이 밀집해 있는데, 해가 지고 나면 이곳에서 맥주와 함께 식사를 즐기는 사람들이 많다. 해변을 따라 조금만 걸으면 거니 드라이브로 바로 이어진다.

거니 파라곤 쇼핑몰의 내부

거니 파라곤 몰의 쾌적한 식당 아케이드

커다란 나무와 어우러진 거니 플라자의 식당 아케이드

요트 항구와 어우러진 근사한 풍경

스트레이츠 키 마리나 몰
Straits Quay Marina Mall

조지타운 북쪽 연안의 마리나 항구를 중심으로 세워진 주상복합건물로, 쇼핑몰이라기보다는 관광명소라고 해도 좋을 만큼 멋진 풍경을 자랑한다. 피시&칩스로 유명한 블루 리프 ^{Blue Reef}를 비롯해 현지인들에게 널리 알려진 레스토랑과 카페들이 항구 쪽에 들어서 있어 데이트 장소로도 인기가 있다. 해안의 산책로를 따라 잠시 걸어도 좋고 요트 항구를 바라보며 칵테일을 마실 수도 있다. 식당들을 제외하고 2층짜리 소규모 쇼핑 아케이드에 입점해 있는 매장은 그리 많지 않다. 말레이시아 제일의 주석 제품으로 손꼽히는 로열 슬랑오르 ^{Royal Selangor} 매장을 방문하거나, 주말이면 늘어나는 가판대에서 아기자기한 기념품들을 구경해보자. 바투 페

ADD Jalan Seri Tanjung Pinang 10470 Tanjong Tokong TEL +60 4-891-8000 OPEN 09:00~24:00 ACCESS 꼼따 시내버스 터미널에서 101, 102, 103번 탑승. E&O 호텔 선착장에서는 워터 리무진, 바투 페링기 지역에서는 무료 셔틀버스를 탈 수 있다. WEB www.straitsquay.com MAP p.231-B, p.256-B

링기 지역의 주요 호텔들을 경유하는 무료 셔틀버스를 운행하며, 조지타운에서는 E&O 호텔과 스트레이츠 키를 오가는 보트를 탈 수도 있다. 보트 이용에 대한 자세한 내용은 p.249 참고.

1 블루 리프 레스토랑의 생선튀김
2 해안을 따라 이어지는 산책로의 풍경

Travel Plus +

꼼따 근처의 쇼핑몰

간단한 쇼핑이라면 멀리 갈 필요 없이 꼼따 근처의 쇼핑몰을 이용해도 좋다. 제일 먼저 추천할 만한 곳은 꼼따 바로 옆에 있는 퍼스트 애비뉴 쇼핑몰(**MAP** p.232-J). 다양한 프랜차이즈 레스토랑(스타벅스, 스시 킹, 돔 카페, 올드 타운 등)과 대형 슈퍼마켓이 함께 있다. 버스 회사들의 사무실이 모여있는 프랑인 몰(**MAP** p.232-F)은 중저가 브랜드를 중심으로 하는 서민적인 분위기다.

칵테일 바 & 스카이 바

여행의 낭만을 완성할 수 있는 칵테일 한 잔으로 조지타운의 아름다운 밤을 맞이해보자. 젊은 감각이 물씬 풍기는 칵테일 바에서부터 최고의 전망으로 손꼽히는 스카이 바까지, 조지타운의 베스트 바 3곳을 소개한다.

페낭에서 제일 맛있는 목테일 한 잔

01 미시 매시
Mish Mash

조지타운에서 가장 창의적인 목테일(무알코올 칵테일)을 마시고 싶다면 이곳을 추천한다. 칵테일을 좋아하는 사람이라면 누구나 꿈꾸는 재료로 가득한 찬장에, 정석대로 칵테일을 만드는 젊은 바텐더, 여기에 칵테일 맛을 좌우하는 고품질 향신료까지. 말레이시아의 어느 호텔보다도 제대로 된 칵테일을 만들어 내는 곳이다. **부드러운 탄산이 생강 향을 감싸는** '미시 매시 진저 소다 Mish Mash Ginger Soda'는 가게 이름을 내건 이 집의 대표 목테일이다. 직접 만든 진저 소다에 인도네시아 향신료와 바닐라 꽃잎, 벌꿀을 더해 독특한 풍미를 살렸다. 상큼한 과일의 맛을 즐기고 싶을 땐 '슈퍼 노바 Super Nova'를 추천한다. 향긋한 사과 주스에 달콤한 배 퓌레와 히비스커스 슈거, 타임 향신료를 넣은 다음 말린 파인애플로 장식한다. 비록 동네 카페처럼 보이는 평범한 외관이지만, 맛은 상상 그이상이다.

페어 앤 로즈마리 스매시 Pear & Rosemary Smash, RM16

슈퍼 노바

\TIP/

알코올이 들어간 칵테일 종류는 무알코올 음료인 '목테일' 보다 두 배 가량 비싸다. **지정 칵테일을 1+1으로 주는 프로모션**(매주 목요일, 변경 가능)을 이용하면 가격 부담을 줄일 수 있다.

ADD 24, Jalan Muntri, George Town **TEL** +60 17-536 5128 **OPEN** 화~일 17:00~24:00 **COST** 목테일 RM15~, 칵테일 RM32~, Tax 10% 별도 **ACCESS** 출리아 거리에서 한 블록 뒤쪽에 있는 문트리 거리 중간에 있다. **MAP** p.242-D

조지타운을 바라보는 페낭 최초의 스카이 바

02 쓰리 식스티 스카이 바
Three Sixty Sky Bar

\TIP/

근사한 전망과 분위기에 비하면 바에서 만들어주는 칵테일이나 목테일의 품질이 다소 떨어진다. 저렴한 병 맥주나 캔 음료를 주문하고 전망을 즐길 것을 추천한다.

여행자들이 즐겨 찾는 바에서 빼놓을 수 없는 요소인 전망. 그 한 가지로 승부를 거는 곳이다. 조지타운의 북쪽 연안에 자리 잡은 베이뷰 호텔의 루프톱 라운지로, 옥상 중앙에는 회전식 레스토랑이 있고, 레스토랑을 통해 야외로 나가면 스카이 바가 있다.

해 질 무렵이면 오렌지색으로 물드는 조지타운의 전경을 바라보면서 분위기를 내기에는 최고의 장소. 석양 질 무렵에 방문해 불빛이 반짝이는 야경까지 즐기고 올 것을 추천한다. 영국 식민지 시대의 오래된 건물들이 내려다보이는 조지타운 쪽 전망도 운치가 있고, 항구와 해협 쪽을 바라보는 풍경도 근사하다.

ADD A, 25, Lebuh Farquhar, George Town TEL +60 4-261 3540 OPEN 일~목 16:00~01:00, 금 · 토 16:00~02:00 COST 캔 음료 RM14~, 병맥주 RM19~, 칵테일 RM36~, Tax 6% 별도 ACCESS 조지타운 베이뷰 호텔의 옥상에 있다. 로비로 들어가 옥상행 엘리베이터를 탄다. WEB www.360rooftop.com.my MAP p.242-A

파파야 모히토

스위트 18
Sweet 18

젊은 음악, 젊은 칵테일

03 캔틴
Canteen @China House

ADD 183B, Lebuh Victoria TEL +60 4-263-7299 OPEN 18:00~24:00 COST 칵테일 RM25~ ACCESS 차이나하우스 안, 판타이 거리 Lebuh Pantai에서 들어가는 출입구와는 정반대쪽이다. WEB www.chinahouse.com.my MAP p.234-D

커피의 쓴맛과 신맛을 살린 에스프레소 마티니. 달지 않다.

페낭의 젊은 청춘들은 이곳에 다 모였다. 페낭의 트렌드 센터라면 1순위로 꼽는 아지트로, 차이나 하우스의 한쪽 코너에 밴드 무대와 함께 하는 칵테일 바다. 넥타이를 매고 격식 차리는 분위기가 아닌 가벼운 차림으로 친구들과 왁자지껄하게 즐기는 분위기. 주말 밤 공연 시간에 맞추어 가면 그 자유로운 분위기를 만끽할 수 있다. 페낭의 열기를 식혀 줄 칵테일로는 프로즌 스타일로 서브되는 마가리타 Margarita를 추천한다. 데킬라에 라임주스와 오렌지 리큐어를 섞은 다음 얼음과 함께 드르륵 갈아서 내주는 상큼한 칵테일이다. 잔 테두리에 묻은 소금을 함께 먹는 타입이라 나트륨 충전도 된다. 무난한 맛을 찾는다면 젊음의 상징처럼 여겨지는 쿠바식 칵테일, 모히토도 좋다.

시원한 프로즌 스타일 마가리타

관광객용
푸드코트

흥겨운 저녁 식사를 하고 싶은 관광객들이 저녁마다 몰려드는 곳이다. 저마다의 입맛대로 고를 수 있는 다양한 메뉴가 있다는 것이 최고의 장점. 술 종류를 판매하지 않는 일반 식당과는 달리 편안하고 자연스럽게 맥주를 즐길 수 있다.

⭐TIP

말레이식 푸드코트 주문법
말레이시아의 푸드코트는 야시장처럼 야외공간에 가건물 형태로 설치된 경우가 많다. 빈 테이블에 앉으면, 해당 테이블을 관리하는 가게에서 음료를 주문을 받으러 온다. 음식을 주문할 때는 미리 자리 잡은 테이블의 번호를 말할 것. 음료와 음식이 도착할 때마다 바로 계산한다.

흥겹게 맥주 마시기 좋은 관광객용 푸드코트
01 레드 가든
Red Garden Food Paradise

ADD No. 20, Lebuh Leith **TEL** +60 12-421-6767 **OPEN** 17:30~01:30 **COST** 맥주 1병 RM14.5~18.5, 과일주스 RM3~7 **ACCESS** 출리아 거리와 페낭 거리의 교차로에서 이어지는 레이스 거리 Lebuh Leith로 들어간다. 한 블록 지나면 왼편에 있다. **WEB** www.redgarden-food.com **MAP** p.242-A

페낭에 놀러 온 여행자들은 다 여기로 몰려왔나 싶을 만큼, 외국인 관광객들에게 인기를 끄는 곳이다. 동남아 휴양지 특유의 정취를 즐기려는 외국인들이 주요 손님인지라 재료의 진열 방식과 메뉴 구성이 조금 더 그럴듯하고, 영어를 쓰는 직원들의 호객도 적극적이다. 대신 일반 푸드코트보다 가격대는 살짝 비싼 편이다. 조지타운에서 가장 많은 양의 맥주가 소비되는 푸드코트인 만큼 조금은 흥청망청하는 분위기. 맥주가 가득 든 얼음 바스켓을 올려놓은 테이블들이 즐비하고 매일 밤 열리는 성인 취향의 라이브 공연이 사람들의 흥을 돋운다. 이곳에서 배불리 저녁도 먹고 맥주도 거하게 마신 다음, 근처의 디스코텍이나 나이트클럽으로 이동하는 것이 외국인들의 대표적인 유흥 코스다.

⭐TIP

사테와 닭날개 구이는 말레이시아를 방문한 여행자라면 동서양을 가리지 않고 좋아하는 맥주 안주다. 사테는 닭, 소, 양고기 중에서 고를 수 있으며 10꼬치에 RM11~15 닭날개는 2조각에 RM5.5

라이브 음악과 푸드코트의 만남

02 제티 푸드 코트
The Jetty Food Court

ADD 48-58 Gat Lebuh Armenian **OPEN** 11:00~01:00 **COST** 똠얌 국수 RM8 **ACCESS** 아르메니안 거리를 따라 바다 방향으로 걸으면 오른편에 보인다. 추 제티의 길 건너편 **MAP** p.234-D

쓰리 레이어 티

태국 스타일의 국수 요리 똠얌 국수(비훈)

아르메니안 지역의 벽화골목 투어를 나선 관광객들이 잠시 쉬었다 가기 좋은 푸드코트다. 수상가옥이 밀집해 있는 클랜 제티 바로 앞에 있어서 페낭에 놀러 온 현지인들도 자주 들른다. 낮부터 시끌벅적한 음악이 흐르다가, 저녁이면 라이브 공연이 펼쳐진다.

제일 인기 있는 메뉴는 시큼하고 매운 똠얌 국물에 국수를 넣고 생선튀김을 고명으로 올리는 똠얌 국수. 면 종류도 다양하게 선택할 수 있는데, 가는 쌀 국수인 비훈 Bihun과 달걀 국수인 미 Mee 등이 있다. 테이블에 앉아서 주문하는 음료로는 굴라 말라카(종려당)와 우유, 홍차를 차례로 넣어 3개 층을 만드는 쓰리 레이어 티 3 Layer Tea가 유명하다.

바다를 바라보며 먹는 맛

03 에스플러네이드 푸드코트
Medan Renong Padang Kota Lama

ADD Jalan Tun Syed Sheh Barakbah, George Town **OPEN** 월~목 18:00~24:00, 금 17:00~01:00, 토 15:00~01:00, 일 13:00~24:00 **COST** 파셈부르 튀김 개당 RM1~5, 코코넛 셰이크 RM4 **ACCESS** 시티 홀 건너편에 있는 해변 산책로의 북쪽 끝부분. 놀이터 옆쪽에 출입구가 있다. **MAP** p.242-B

파셈부르와 코코넛 셰이크

저렴하고 푸짐한 현지 음식을 바다를 코앞에 두고 먹는 재미. 조지타운 앞바다가 훤하게 펼쳐지는 해변 산책로에서도 제일 명당자리에 있어, 주말 나들이를 온 현지인들이 많다. 이곳의 특징은 **중국 식당 구역과 무슬림 식당 구역이 나누어져 있다는** 것. 맥주는 중국 식당 구역에서만 주문할 수 있다. 말레이 무슬림들은 술 대신 멋진 풍경을 바라보며 느긋하게 시간을 보낸다. 맛있는 식당은 무슬림 구역에 더 많은데, 특히 입맛대로 고른 튀김에 매콤달콤한 소스를 뿌려 먹는 파셈부르 Pasembur(29번 노점)와 시원하고 달콤한 코코넛 셰이크, 인도계 무슬림들이 즐겨 먹는 새우 국수 미 우당 Mee Udang 등이 인기다. 기왕이면 붉은 노을이 지는 해 질 무렵 방문을 추천한다. 단, 말레이시아에서는 극히 예외적일 만큼 호객 행위가 적극적이다.

술을 마시려면 오른쪽 중국 식당 구역으로 가자.

대형 리조트

페낭의 대형 리조트들은 대부분 바투 페링기 지역에 몰려 있다. 조지타운에선 볼 수 없는 푸른 바다와 넓은 모래밭이 펼쳐진다. 역사와 문화 중심인 조지타운 여행에 휴양을 더하고 싶다면, 해변에 늘어선 대형 리조트를 선택하자.

라사 프리미어 룸 Rasa Premier Room

----- 01 -----

우아하게 즐기는 고품격 휴양

샹그릴라 라사 사양 리조트
Shangri-La's Rasa Sayang Resort

페낭에서 럭셔리한 휴양을 꿈꾼다면 가장 먼저 확인해야 할 리조트다. 가족여행 분위기의 리조트가 대부분인 바투 페링기에서 독보적으로 고급스러운 호텔로, 푸른 나무 그늘이 드리워진 넓은 부지 전체가 차분하고 평화로운 분위기다. 네모 반듯한 수영장 대신 자연과 어우러진 유선형의 수영장이 휴가 기분을 물씬 느끼게 한다.

커플 여행이라면 가족여행자들이 주로 이용하는 가든 윙보다는 한 단계 고급 서비스를 제공하는 라사 윙이 좋다. 그중에서도 라사 프리미어 룸은 라사 스위트 룸보다 가격이 저렴하면서도 생활공간 느낌이 나지 않는 독특한 구조라 커플에게 추천한다. 넓은 테라스에는 둘이 함께 들어갈 수 있는 자쿠지도 있다. 아이를 동반한 가족여행객들은 키즈 풀과 부대시설이 가까운 가든 윙이 더 좋다.

ADD Batu Ferringhi Main Road, Kampung Tanjung Huma, 11100 Batu Feringgi, Pulau Pinang **TEL** +60 4-888-8888 **COST** 가든 윙 디럭스 RM688~, 라사 윙 프리미어 RM988~ **ACCESS** 꼼따에서 101, 102번 버스를 타고 바투 페링기 정류장에서 하차. 40분 소요 **WEB** www.shangri-la.com/penang/rasasayangresort **MAP** p.263-B

라사 윙과 가든 윙 스위트 이상은 록시땅 어메니티

라사 윙 라운지에서 무료로 제공하는 애프터눈 티 세트

★
TIP

라사 윙 투숙객을 위한 특별 서비스

15:00~16:00에는 애프터눈 티 세트가, 17:30~19:00에는 **카나페와 함께 이브닝 칵테일이 무한 제공**된다. 가든 윙 스위트 투숙객도 2인까지 이용 가능. 라사 윙 라운지(07:00~23:00)와 수영장(09:00~17:00)에서 무료로 음료를 제공하며, 객실의 미니 바도 투숙 기간 내 1회 무료로 제공한다.

리조트 이용 백서

09:00 신선한 음식으로 가득한 조식 뷔페

11:00 근사한 〈치 스파〉에서 휴가 기분 내기

13:00 〈스파이스 마켓〉에서 점심식사. 초밥 메뉴가 있어서 반갑다.

21:00 빈티지 와인을 곁들인 〈페링기 그릴〉의 로맨틱 디너

18:00 카나페와 함께하는 라사 윙 라운지의 이브닝 칵테일

15:00 라사 윙 전용 라운지에서 우아한 애프터눈 티

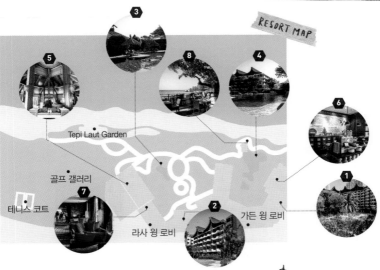

RESORT MAP

Tepi Laut Garden

골프 갤러리

테니스 코트

라사 윙 로비

가든 윙 로비

1 가든 윙 유선형 수영장을 둘러싸고 있는 가든 윙 건물.

2 라사 윙 전용 라운지와 수영장 등 특별한 서비스를 즐길 수 있는 상위 등급.

3 라사 윙 수영장 라사 윙 투숙객만 출입할 수 있는 라사 윙 전용 수영장. 한결 한적한 휴양을 만끽할 수 있다.

4 메인 수영장 수심이 낮은 키즈 풀과 성인용 풀이 함께 있다.

5 치 스파 Chi Spa 상그릴라 호텔의 시그니처 스파. 시설과 분위기가 근사하다.

6 스파이스 마켓 카페 Spice Market Café 조식 뷔페가 제공되는 장소. 점심에는 일품요리로, 저녁에는 뷔페식으로 운영한다.

7 페링기 그릴 Feringgi Grill 와인과 함께 그릴 요리를 즐길 수 있다. 라사 윙 전용의 조식 장소로 7세 이상만 출입 가능.

8 피낭 Pinang 바닷가에 있는 레스토랑 겸 바. 석양을 즐기기 좋은 장소로 선셋 해피아워가 있다.

가족여행자들을 위한 혜택

호텔 내 레스토랑 스파이스 마켓 카페와 피낭에서는 만 6세 이상~11세 이하의 어린이들은 식사하는 성인과 동반 시 뷔페 요금이 50% 할인해 준다. 알뜰한 가족여행자들은 한 번 더 체크하자.

바다가 보이는 디럭스 룸
Deluxe Sea-facing Room

수영장에 안전요원이 있다는 것도 장점!

02

가족 여행자들에게 안성맞춤

골든 샌즈 리조트
Golden Sands Resort

캐주얼하고 편안한 분위기로 오랫동안 인기를 누리고 있는 4성급 리조트. 가장 낮은 등급인 슈피리어를 제외하고는 디럭스와 이그제큐티브 등급 모두 안다만 해를 바라보고 있어. 층수가 올라갈수록 창밖으로 근사한 풍경이 펼쳐진다. 아이와 함께 여행 시, 반드시 체크하게 되는 수영장과 키즈 클럽도 숙소 가격을 감안하면 최고 수준. 슬라이드가 있는 수영장과 신나는 어드벤처 존 등 아이들이 놀기 좋은 요소들을 잘 갖추고 있다. 빨랫감이 많은 가족여행객을 배려해 코인 세탁기가 있고 간식 이벤트도 여는 등 가족 여행자들을 배려한 부분이 많아 인기가 많다.

ADD Batu Feringgi Beach, Pulau Pinang, 1110 TEL +60 4-886-1911 COST 슈피리어 RM500~, 디럭스 RM560~, 이그제큐티브 RM624~ ACCESS 꼼따에서 101, 102번 버스를 타고 바투 페링기 정류장에서 하차. 40분 소요 WEB www.shangri-la.com/penang/goldensandsresort MAP p.231-A, p.263-B

해변 안다만 해가 넘실거리는 모래밭이 바로 이어진다.

수영장 2개의 메인 수영장과 슬라이드가 있는 미니 수영장이 있다.

RESORT MAP

가든 카페 조식 뷔페 장소. 점심과 저녁에는 일품요리로 주문할 수 있다.

워터 스포츠 센터

어드벤처 존 어린아이들이 좋아하는 유료 키즈 클럽.

쿨 라운지
Cool Lounge
영화를 보거나 보드게임을 하며 쉴 수 있는 장소.

테니스 코트

시기스 바&그릴
Sigi's Bar and Grill
스테이크와 해산물 그릴이 대표 메뉴. 키즈 메뉴도 주문 가능하다.

커플에게 좋은 부티크 스타일 리조트

03 론 파인 호텔
Lone Pine Hotel

1 발코니에 야외 자쿠지가 있는 디럭스룸
2 1층 객실에 있는 데이 베드 공간

조용하고 로맨틱한 시간을 원하는 커플에게 추천하는 호텔이다. 나지막한 건물과 푸른 잔디가 깔린 정원, 스파 솔트가 들어간 수영장까지 전체적으로 한가로운 분위기라, 매년 대다수의 유럽인 단골들이 이곳을 찾는다. 왁자지껄한 휴가를 보내고픈 가족들보다는 한적한 휴식을 바라는 커플에게 추천한다.

90여 개의 객실은 이 호텔이 처음 지어진 1948년의 분위기를 담은 부티크 스타일로 되어 있다. 우아한 고전 양식과 편리한 모던풍이 적절하게 섞여 있어서 여자들에게 인기가 있다. 휴가 기분을 내려면 객실만큼이나 야외 공간도 중요한데, 가장 기본형인 디럭스 룸에도 야외 자쿠지가 있고 정원과 이어지는 1층 객실에는 별도의 데이 베드 공간도 만들어 두는 등 신경을 썼다.

ADD 97, Batu Ferringhi 11100, Penang, 1110 **TEL** +60 4-886-8686 **COST** 디럭스 RM459~, 슈퍼 디럭스 RM501~, 디럭스 스위트 RM642~ **ACCESS** 꼼따에서 101, 102번 버스를 타고 바투 페링기 정류장에서 하차. 40분 소요 **WEB** www.lonepinehotel.com **MAP** p.263-A

TIP

매일 객실 내 미니 바에 채워주는 음료는 모두 무료. 2~3개월 전에 미리 예약하면 일반 프로모션보다 저렴한 얼리 버드 프로모션 가격으로 숙박할 수 있다.

편안한 가족 여행 리조트

04 파크 로열 호텔
Park Royal Hotel

1 바다 전망이 좋은 그랜드 디럭스 시 뷰 룸
2 슬라이드가 있는 수영장 시설

푸른 바다를 한눈에 조망할 수 있는 리조트 건물과 야자수가 드리워진 정원, 밤늦은 시간까지 이용할 수 있는 넓은 수영장. 열대 휴양지 하면 떠오르는 이미지를 모두 갖추고 있다. 특히 길다란 슬라이드가 있는 유선형의 수영장과 아이들이 놀기 좋은 키즈 풀 덕분에 어린아이를 동반한 가족 여행자들에게 인기가 높다.

7층짜리 건물에 300개가 넘는 객실은 깔끔하고 편안한 느낌이다. 객실 크기는 조금 작은 편이고 등급에 따라 전망 차이가 크기 때문에, 가능하면 바다 전망이 전면으로 펼쳐지는 그랜드 디럭스 시 뷰 이상의 등급을 권한다.

ADD Batu Feringgi Beach, Pulau Pinang, 1110 **TEL** +60 4-881-1133 **COST** 슈피리어 RM550~, 그랜드 디럭스 오션룸 RM700~, 패밀리룸 RM920~ **ACCESS** 꼼따에서 101, 102번 버스를 타고 바투 페링기 정류장에서 하차. 40분 소요 **WEB** www.parkroyalhotels.com **MAP** p.263-A

1 빅토리 애넥스의
스튜디오 스위트
2 대리석으로 마감한
럭셔리한 욕실

130년의 전통을 자랑하는 페낭 최고의 호텔

E&O 호텔
Eastern & Oriental Hotel

조지타운의 중심과 가까운 고급 호텔을 찾는다면 130년 전통의 E&O 호텔에 숙박해 볼 것을 권한다. 1885년부터 이곳을 방문한 유명인들의 리스트가 끝이 없을 만큼 페낭의 대명사가 된 고급 호텔이다. 객실 내부는 당시 상류층의 취향을 몸소 느껴볼 수 있는 고전적인 가구들로 꾸며져 있다. 역사적인 의미를 중요시하는 사람이라면 옛 건물을 사용하는 헤리티지 윙 Heritage Wing을, 객실의 편의성이나 부대 서비스가 더 중요하다면 새로 지은 빅토리 애넥스 Victory Annexe를 예약하자.

ADD 10, Lebuh Farquhar TEL +60 4-222-2000 COST 헤리티지 윙 디럭스 스위트 RM616~, 빅토리 애넥스 스튜디오 스위트 RM540~ ACCESS 어퍼 페낭 스트리트의 끝에 위치 WEB www.eohotels.com MAP p.231-D, p.233-C

빅토리 애넥스 투숙객의 특권

클래식한 분위기의 〈플랜터스 라운지 Planters lounge〉를 하루 종일 이용할 수 있다. 아침에는 전용 조식 뷔페가, 저녁에는 이브닝 칵테일이 제공된다. 라운지와 바로 이어지는 건물 6층의 인피니티 풀 역시 매력적인 선셋 포인트다.

라운지와 이어지는 인피니티 풀

🌿 리조트 이용 백서 🌿

09:00 신선한 재료로 가득한 조식 뷔페

11:00 호텔 선착장에서 보트를 타고 스트레이츠 키 다녀오기

13:00 외부 손님도 많은 〈사키스 Sarkies〉의 런치 뷔페

15:00 제대로 차려지는 〈1885〉의 애프터눈 티

17:30 〈플랜터스 라운지 Planters lounge〉의 이브닝 칵테일 뷔페

20:00 영국식 바 〈파쿼스 바 farquhar's bar〉에서 술 한잔

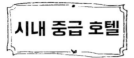
시내 중급 호텔

전통가옥을 개조한 헤리티지 호텔보다는 현대적이고 쾌적한 시설이 더 편안한 사람이라면 조지타운 시내에 있는 중급 호텔을 추천한다. 여행하기 편리한 위치와 깔끔한 욕실까지, 합리적인 가격으로 누릴 수 있다.

아르메니안 거리 바로 앞
01 아르메니안 스트리트 헤리티지 호텔
Armenian Street Heritage Hotel

1 넓고 쾌적한 로비
2 4명까지 이용할 수 있는 패밀리 룸

유네스코 세계문화유산의 핵심이라고 할 수 있는 아르메니안 거리 입구에 위치한 중급 호텔. 조지타운의 주요 볼거리들을 모두 걸어서 돌아볼 수 있는 최적의 위치. 콜로니얼풍의 6층짜리 건물은 구시가의 낡은 건물들보다 말끔하고 화사하다는 것이 장점. 합리적인 가격대에 비하면 객실공간이 넓은 편이고 깨끗하고 현대적인 욕실 시설도 갖췄다. 다소 방음이 안 되고 냉장고가 없다는 것이 단점. 주변 경치가 한눈에 들어오는 옥상 테라스에도 올라가 보자.
ADD No. 139, Lebuh Carnarvon TEL +60 4-262-3888 COST 스탠더드 더블 RM159~, 패밀리 RM239~ ACCESS 출리아 거리의 세븐 일레븐에서 도보 5분 WEB www.armeniansheritagehotel.com MAP p.234-A

\TIP/

저렴하고 맛있는 식당이 주변에 많다. 운영 시간이 짧아서 찾아가기 힘든 유명 노점들도 오며 가며 들르기 편한 위치다.

실내 수영장이 있는 대형 호텔
02 시티텔
Cititel

1 깔끔한 객실
2 객실의 커다란 창으로 시내 전망을 볼 수 있다.

잘란 페낭에 위치한 대형 호텔이다. 차이나타운 바로 옆이라 구시가지를 구경하기도 편리하고, 400개가 넘는 객실을 보유하고 있어서 예약도 여유롭게 할 수 있다. 조지타운에서는 제일 높은 건물 중 하나라 시원한 시내 전망이 펼쳐지는 것도 장점. 객실 공간이 그리 크지 않지만 욕조가 딸린 욕실 시설이 깔끔하고, 생수가 들어 있는 냉장고도 있다. 자쿠지 풀이 딸린 실내 수영장도 자유롭게 이용 가능하다. 단체관광이 많아서 담배 냄새가 배어 있는 것이 흠이다.
ADD No. 66 Jalan Penang TEL +60 4-291-1188 COST 스탠더드 더블 RM169~ ACCESS 출리아 거리의 세븐 일레븐에서 도보 7분 WEB www.cititelpenang.com MAP p.232-B, p.242-A

배낭여행용 호스텔

유네스코 세계문화유산으로 지정된 옛 시가지의 전통가옥을 개조한 호스텔이 골목골목마다 즐비하다. 다른 도시의 호스텔에 비해 시설과 서비스가 뛰어난 곳이 많아서 젊은 배낭여행자들에게는 최고의 도시로 손꼽힌다.

침대와 매트리스가 편안한 도미토리

01 료칸 문트리 부티크 호스텔
Ryokan Muntri Boutique Hostel

조지타운에서 묵을 만한 호스텔을 딱 하나만 꼽으라면 이곳부터 추천한다. 기다란 중국식 전통가옥을 개조한 숙소로, 가구와 인테리어 전반은 현대적인 분위기이다. 가격이 제일 저렴한 도미토리는 탄력 좋은 매트리스의 철제 침대를 사용하고 침대마다 등과 콘센트가 있어 환경이 쾌적하다. 1층과 2층에 마련된 공용 공간에서 시간을 보내기도 좋고, 함께 사용하는 공용 욕실도 넉넉한 편이다. 달걀과 소시지, 과일이 포함된 아침 식사도 다른 호스텔보다 푸짐하다.

1 아침 식사가 차려지는 1층 로비
2 튼튼한 침대와 매트리스가 편안하다.

ADD No. 62 Jalan Muntri **TEL** +60 4-250-0287 **COST** 도미토리 (공용 욕실) 6인실 RM30~35, 4인실 RM40~60, 더블 RM103~, 조식 포함 **ACCESS** 출리아 거리 세븐 일레븐에서 도보 4분 **WEB** www.ryokanmuntri.com **MAP** p.242-D

 TIP

4인실보다는 6인실 도미토리 공간이 넓은 편이다. 단, 도로 쪽으로 창문이 있는 6인실은 밝고 환한 대신 거리 소음이 들리니 참고하자.

저렴하게 묵을 수 있는 헤리티지 호스텔

02 ST 호스텔
ST Hostel

전통가옥을 복원한 호텔에 묵어보고는 싶지만 가격이 부담스러운 사람이라면 이곳의 공용 욕실 객실을 확인해본다. 리틀 인디아 지역의 역사 건물을 깔끔하게 복원한 호스텔로, 공용욕실을 사용하는 더블 룸을 부담 없는 가격으로 이용할 수 있다. 방음이 잘 안 되는 것이 단점이긴 해도 공용 욕실이 아주 깨끗해서 만족도가 높다. 저렴한 가격일수록 객실 크기는 조금 작은 편. 신발을 벗고 2층으로 올라가는 나무계단에서 느껴지는 독특한 분위기는 저렴한 가격 이상이다.

1 공용 욕실 더블 룸
2 공용 욕실과 화장실이 깨끗하다.

ADD 45, Lebuh Gereja **TEL** +60 16-482 1572 **COST** 더블(공용 욕실) RM94.4~, 더블(개인 욕실) RM118.4 **WEB** www.facebook.com/sthostel **MAP** p.250-B

03 더 에이티스 게스트하우스
The 80's Guesthouse

옛날 건물의 구조를 최대한 살려서 호스텔로 개조한 게스트하우스. 수백 년 전부터 사용하던 나무 들보와 벽체가 그대로 드러나 있지만, 여행자를 위한 편의시설은 빠짐없이 갖췄다. 특히 높은 천장이 있는 1층 공용 라운지와 옛 스타일이 남은 2층 공용 부엌이 운치가 있다.

도미토리는 모두 튼튼한 철제 침대를 사용하고 있으며 환경도 쾌적하다. 특히 두 사람이 함께 쓸 수 있도록 설계한 더블베드 도미토리는 커플 여행자들에게 인기가 높다. 공용 욕실을 사용하는 더블 룸도 가격대가 저렴하다. 무너질 듯 삐거덕거리는 나무 계단과 바닥 소리는 이곳만의 특별한 체험으로 생각하자.

1 공용 욕실을 사용하는 더블 룸
2 옛 건물의 중정을 그대로 살린 공용 라운지

ADD No. 46 Love Lane **TEL** +60 4-263 8806 **COST** 도미토리(공용 욕실) 6인실 RM33, 4인실 RM38, 더블 룸(공용 욕실) RM95, 조식 포함 **ACCESS** 출리아 거리와 수직으로 만나는 러브 레인 중간 부분에 있다. 출리아 거리의 세븐 일레븐에서 도보 2분 **WEB** www.the80sguesthouse.com **MAP** p.242-E

04 33 스튜어트 하우즈
Thirty Three Stewart Houze

조용한 뒷골목의 전통가옥을 개조해서 만든 게스트하우스. 일반적인 도미토리 침대와는 달리 칸막이가 있는 캡슐 형태로 도미토리를 만든 것이 특징. 윗사람의 움직임에 침대가 흔들리지 않고 커튼도 칠 수 있어서 프라이버시가 보장된다. 저렴한 가격의 더블 룸은 에어컨 외에는 딱히 인테리어라고 할 것도 없지만 편안한 매트리스와 침구가 장점이다.

간단한 아침 식사를 제공하며 1층 라운지의 정수기는 언제든지 사용 가능하다. 도미토리를 포함해 모든 객실이 공용 욕실을 사용해야 하는데, 테라스에 간이식으로 만든 공용 욕실은 그다지 시설이 좋지는 않고 개수도 충분하지 않다.

1 칸막이가 있는 캡슐형 도미토리
2 공용 욕실 겸 화장실

ADD No. 33 Lorong Stewart **TEL** +60 4-262-7582 **COST** 도미토리 6인실 RM35~, 더블베드 도미토리 RM50~, 더블 룸 RM67~, 모두 공용 욕실, 조식 포함 **ACCESS** 출리아 거리의 세븐 일레븐에서 러브 레인을 따라 들어가다가 스튜어트 거리로 우회전, 도보 4분 소요 **WEB** www.facebook.com/Thirty-Three-Stewart-Houze-770900929587910 **MAP** p.242-D

Langkawi

푸른 바다 위에 녹색 보석처럼 흩뿌려진 100여 개의 섬들이 세상 어디에도 없는 독특한 풍경을 만드는 곳. 말레이시아 사람이라면 누구나 첫손에 꼽는 최고의 휴양지다. 그 풍경을 앞마당처럼 사용하는 특급 리조트부터 배낭을 메고 온 여행자들이 몰려드는 저가형 숙소까지 다양한 여행 방식이 공존한다. 전 세계의 다양한 맥주들을 천원도 안 되는 가격에 쌓아놓고 여름밤의 낭만을 즐기는 젊은이들과 해변으로 지는 석양을 바라보며 칵테일을 홀짝이는 연인들, 이 모두를 행복하게 만드는 곳. 무엇을 마시든 최저가인 면세 특구 랑카위에서 즐기는 특별한 휴가다.

어른들을 위한
열대의 나른한 천국

랑카위

Langkawi

랑카위의 매력 포인트는?

01 쿠알라룸푸르에서 몇만 원이면 탈 수 있는 저렴한 국내선
02 말레이시아 최저가인 맥주와 와인, 초콜릿으로 가득한 면세 특구
03 누구나 렌터카로 편안하게 여행할 수 있는 쾌적한 도로 환경
04 열대 휴양지의 로망을 채워 줄 아름다운 바다와 다양한 투어
05 말레이시아에서 제일 저렴하고 근사한 비치 바&칵테일
06 세계 3대 요리인 태국 음식까지 한 번에 맛볼 수 있는 지리적 위치

기본 정보

➥ 여행안내소 Tourism Langkawi

국내선이 도착하는 랑카위 공항의 도착 로비와 랑카위행 페리들이 오가는 쿠아 제티에 여행안내소가 있다. 각종 브로셔와 지도가 다양하게 비치되어 있다. 렌터카를 이용할 계획이라면 차량 도로가 상세하게 나와 있는 대형 지도를 챙기도록 한다.

➥ 환전소

랑카위 공항과 페리 터미널, 체낭 비치에 있는 체낭몰 등에 환전소가 있다. 특히 체낭 비치를 가로 지르는 잘란 판타이 체낭 Jalan Pantai Cenang에 여행자용 환전소들이 많다.
다만, 랑카위 섬의 환율은 전반적으로 그리 좋은 편이 아니며 원화 환율도 낮기 때문에 가능하면 쿠알라룸푸르 같은 대도시에서 미리 환전을 해 오는 편이 좋다.

잘란 판타이 체낭의 환전소

➥ 은행&ATM

원화의 환율이 그다지 좋지 않은 랑카위에서는 국제현금카드를 이용해 ATM에서 출금하는 것도 좋은 방법이다. 공항과 페리 터미널, 쇼핑몰 등에 다수의 ATM이 있으며, 쿠아 타운이나 체낭 비치에서도 은행 지점과 ATM을 쉽게 찾아볼 수 있다.

➥ 인터넷

공항에 도착하면 말레이시아 현지 통신사의 선불형 심카드를 구입할 수 있다. 대부분의 숙소가 체크인 시 무료로 사용할 수 있는 와이파이 비밀번호를 알려준다. 체낭 비치에 있는 카페나 식당에서도 무료 와이파이를 사용할 수 있는 곳이 많다.

➥ 편의점&슈퍼마켓

체낭 비치의 메인 도로를 따라 슈퍼마켓과 편의점들이 늘어서 있다. 24시간 운영하는 곳들이 많다.

24시간 운영하는 체낭 비치의 슈퍼마켓

➥ 면세점

체낭 비치의 메인 도로와 쿠아 타운의 시내 중심가를 따라 줄지어 있는 면세점 안으로 들어가면 슈퍼마켓처럼 맥주나 음료, 과자 등을 판매하고 있다. 상온에 있는 대형 팩 외에도 냉장고 안에 차갑게 보관된 개별 맥주를 살 수 있다.

면세점 천국 랑카위

면세점의 냉장고 안에 있는 맥주

랑카위

랑카위 들어가기

말레이 반도의 북서쪽 해안에 자리 잡은 랑카위 섬은 비행기와 선박을 통해 들어갈 수 있다. 공항은 섬의 서쪽에, 항구는 섬의 동쪽에 위치하고 있으며 둘 사이는 15km 정도 떨어져 있다.

비행기

랑카위로 들어가는 가장 편리하고 빠른 교통수단이다. 우리나라에서 랑카위로 바로 가는 직항 노선은 아직 없기 때문에 먼저 쿠알라룸푸르로 간 후 국내선으로 갈아타야 한다. 쿠알라룸푸르에서 랑카위까지는 1시간 정도가 소요된다.

국내 저가항공 노선이 잘 발달하여 있어서 US$20 정도로도 항공권을 살 수 있다. 쿠알라룸푸르 외에도 남쪽으로 100km 정도 떨어진 페낭 섬과 싱가포르에서 1일 2~3회의 직항 노선을 운항한다.

※랑카위로 가는 항공 노선

출발지	출발 공항	노선 출발(시간)	소요 시간
쿠알라룸푸르 출발	KLIA 이용	말레이시아 항공 1일 6회	1시간
	KLIA 2 이용	에어아시아 1일 10회	1시간 5분
		말린도 에어 1일 2회	1시간 10분
	SZB 이용 (수방 공항)	말레이시아 항공 1일 2회	1시간 15분
		말린도 에어 1일 3회	1시간 15분
		파이어플라이 1일 1회	1시간 15분
페낭 출발		에어아시아 1일 3회	35분
		파이어플라이 1일 1회	35분

TIP

쿠알라룸푸르에서 출발하는 노선은 이용하는 항공사에 따라 탑승 공항이 다르니 주의한다. 특히 말레이시아 항공과 말린도 에어는 2개의 공항을 동시에 사용하기 때문에 티켓을 구입하기 전에 출발 공항을 반드시 확인하도록 한다.

❶ 랑카위 국제공항

랑카위 국제공항 터미널은 최근 리노베이션을 마쳐서 내부가 넓고 쾌적해졌다. 국제선보다는 국내선 위주로 운영된다. 건물 1층에 출발 로비와 도착 로비가 있으며, 식당과 숍들도 여기에 모여 있다.

비행기에서 내리면 공항 활주로에서 짐 찾는 곳까지 직접 걸어가야 한다. 짐 찾는 곳을 나오면 정면으로 이어지는 통로에 여행안내소, 은행, 환전소, ATM이 있다.

TIP

렌터카 부스들은 짐 찾는 곳 안쪽에 있다. 공항의 렌터카 부스가 가장 가격이 저렴하니, 입국장을 나오기 전에 처리하자.

1 체크인 카운터
2 은행&환전소

❷ 공항에서 시내로 들어가기

랑카위 국제공항은 섬의 서쪽 중심지인 체낭 비치에서 북쪽으로 5km 정도 떨어져 있다. 공항 셔틀버스가 따로 없기 때문에 택시나 그랩을 타고 숙소들이 모여 있는 체낭 비치나 쿠아 타운으로 이동한다.

택시

택시는 이동 거리와 인원수에 따라 정액제로 운행되며, 공항에 있는 택시 티켓 카운터에서 미리 티켓을 구입하면 된다. 택시 티켓 카운터는 짐 찾는 곳 안쪽과 공항 출구 2곳에 있다.

공항 택시 요금(4인 기준) 체낭 비치&뚱아 비치 RM25

택시 정류장은 4번 게이트 앞에 있다.

그랩

그랩 Grab은 말레이시아의 주요 도시에서 사용하는 차량 공유 서비스다. 랑카위에서도 그랩으로 편하게 이동할 수 있다. 휴대폰에 설치한 애플리케이션으로 차량을 호출할 수 있다. 택시에 비하면 비용이 저렴해서 좋다.

COST 체낭 비치&뚱아비치 RM약12~15

페리

랑카위는 말레이시아 본토에서 30km 정도 떨어져 있는 섬이다. 랑카위 남쪽에 있는 페낭 섬에서 쾌속선을 타고 곧바로 이동할 수 있다. 랑카위 섬을 오가는 페리는 홈페이지(www.langkawi-ferry.com)를 통해 예약할 수 있다.

랑카위-페낭 사이를 오가는 쾌속선

※랑카위로 가는 페리 노선

출발지	페리 노선	요금
페낭 출발	운항 1일 2회 (08:30, 14:00), 2시간 45분 소요	편도 성인 RM70
쿠알라 펄리스 출발	운항 1일 10회, 약 1시간 30분 간격 (첫 배 07:00, 마지막 배 19:00), 1시간 15분 소요	편도 성인 RM18, 어린이(3~12세) RM13

❶ 쿠아 제티 Kuah Jetty

랑카위 섬의 대표 항구인 쿠아 제티 Kuah Jetty는 섬의 동쪽 지역에서 가장 큰 도시인 쿠아 타운에 있다. 페낭으로 가는 정규 노선뿐만 아니라 코랄 투어로 유명한 파야르 섬으로 가는 쾌속선도 출발한다.

ADD 15, Kompleks Perniagaan Kelibang, Kuah **TEL** +604 966 7560 **OPEN** 10:00~22:00 **MAP** p.301-K, p.318-D

Travel Plus +

랑카위로 가는 관문, 쿠알라 펄리스

쿠알라 펄리스 제티

쿠알라 펄리스 버스 터미널

국내선 비행기 대신 시외버스+페리의 조합으로 랑카위를 오갈 수 있다. 이때 사용하는 항구가 쿠알라 펄리스 Kuala Pelis다. 쿠알라룸푸르에서 쿠알라 펄리스 제티행 버스를 타면 항구 바로 앞에서 내려주며, 8시간 30분 정도 걸린다. 야간버스도 있다.

쿠알라 펄리스 제티(Terminal Feri Kuala Perlis)
ADD Persiaran Putra Timur, Kuala Perlis
TEL +60 4-985-542

쿠알라 펄리스 버스 터미널
ADD Jalan Besar, Pekan Kuala Perlis **TEL** +60 4-985-5666 **ACCESS** 쿠알라 펄리스 제티 입구를 나와서 왼쪽 길을 따라 걷다가 삼거리가 나타나면 우회전한다. 제티에서 400m 정도 떨어져 있다.

랑카위행 페리가 도착하는
쿠아 제티
Kuah Jetty

1 쿠아 제티에서 시내까지 들어가기

택시는 랑카위 전 지역을 운행하며 거리와 인원수에 따라 정액제로 운영한다. 제티 건물의 출구로 나오면 정문 건너편에 택시 카운터가 있다. 택시는 일반 승용차와 승합차 형태 두 가지가 있다.

택시 요금(4인 이내) 쿠아 타운 RM8, 체낭 비치 RM30, 랑카위 공항 RM30

랑카위 제티의 택시 카운터

2 페리 티켓 판매소

페리 티켓을 파는 여행사 부스는 제티 건물의 정문 건너편에 있는 택시 카운터 뒤편에 모여 있다. 쿠알라 펄리스와 페낭행 페리 티켓 외에 호핑 투어와 코랄 투어 등 투어상품도 판매한다.

3 카페 & 식당

스타벅스 매장이 제티 건물 안에 있다. 간단하게 식사하며 시간을 보내기 좋은 KFC는 제티 건물의 정문을 나오면 바로 건너편에 있다.

4 ATM

제티 건물 안에 다수의 ATM이 있다. 스타벅스 매장 바로 옆에 위치한다.

5 렌터카 부스

렌터카 부스는 제티 건물의 정문 건너편에 있는 택시 카운터 뒤쪽에 있다. 체낭 비치보다는 공항이나 쿠아 제티의 렌트비가 더 저렴하다.

6 세관

섬 전체가 면세 지역인 랑카위는 술과 담배 가격이 말레이시아 다른 지역에 비해 매우 저렴하다. **랑카위 섬 밖으로 가지고 나갈 수 있는 양은 제한을 두고 무작위로 짐 검사를 한다.** 랑카위에 48시간 이상 체류한 사람에 한해 담배 1보루와 주류 1ℓ (US$400 미만)를 면세로 가지고 나갈 수 있다.

페낭행 고속 페리 타기

랑카위 페리 홈페이지나 여행사에서 예약한 티켓은 쿠아 제티에서 보딩 패스로 교환한다. 출발 시간 30분 전까지 제티 건물의 출발 홀로 들어가서 짐 검색대를 통과한 다음. 대합실에 나와 있는 페리 회사의 데스크에서 좌석 번호가 적힌 보딩 패스로 바꾼다.

페리 출발 홀에 있는 '수하물 서비스 Luggage Service' 데스크는 짐 하나당 돈을 받는 유료 부가 서비스다. **승객이 직접 자기 짐을 들고 탈 수 있다.**

랑카위 다니기

랑카위를 아주 작은 정도로 상상했다면 생각보다 큰 섬의 규모에 조금 당황할 수 있다. 제일 긴 동서의 길이가 30km 정도인 섬 전체를 한 바퀴 다 돌아보려면 반드시 별도의 교통수단이 있어야 한다. 택시, 렌터카, 스쿠터 중에서 자신의 여행 계획에 맞는 교통수단을 선택한다.

그랩

랑카위 섬 내의 지역 사이를 이동할 때도 그랩이 가장 편리하다. 섬 어디에 있던 자신이 있는 곳으로 호출이 가능하기 때문. 단체 낭 비치와 쿠아 타운에서 먼 지역일 수록 호출이 늦어지거나, 반복해서 호출해야할 수도 있다.

단, 그랩 요금이 대체로 택시보다 저렴한 편이지만 체낭 비치에서 쿠아 타운 사이를 이동하는 경우 비용 차이가 크지 않다.

COST 체낭 비치↔쿠아 타운 편도 RM 25~28

택시

랑카위의 택시는 출발지와 목적지에 따라 미리 정해진 가격으로 운행하기 때문에 흥정할 필요가 없다. 대신 정해진 요금은 살짝 비싼 편. 탑승 인원은 최대 4명 기준이며 그보다 많은 경우에는 가격이 올라간다. 제티가 있는 쿠아 타운과 랑카위 공항, 체낭 비치의 거리에서 대기 중인 택시를 쉽게 발견할 수 있다.

COST(4인 기준) 운행 거리에 따라 최소 RM6~. 체낭 비치↔쿠아 타운 편도 RM30

이동지역에 따른 정액 요금표가 있다.

체낭 비치의 거리에서 대기 중인 택시들

렌터카

랑카위는 도로가 단순하고 조금만 외곽으로 나가도 차량이 많지 않아서 운전하기에 그리 어렵지 않다. 또한 기름값과 렌터카 대여비도 저렴해서 렌터카를 이용하는 여행자들이 많다.

렌터카 부스가 밀집해 있는 공항이나 쿠아 제티의 렌터카 업체들은 손님을 잡기 위해 경쟁이 치열하기 때문에 가격이 시내에 비해 더 저렴하다. 시내에서 빌릴 경우 저렴한 차량이나 오토 차량부터 먼저 빠지므로 가능한 아침 일찍 찾아가는 것이 좋다.

COST (경차 기준) 공항/제티 RM60~, 시내 RM80~

체낭 비치에 있는 렌터카 사무실

스쿠터

자신의 숙소가 있는 지역 주변을 돌아다닐 계획이라면 스쿠터도 훌륭한 교통수단이다. 스쿠터 운전에 능숙하다면 섬 전체를 일주할 수도 있다. 단, 한낮의 햇볕이 매우 뜨겁다는 사실을 고려할 것. 랑카위의 도로는 대체로 평탄한 편이지만 북서부 지역의 외곽이나 섬 중앙의 높은 산 주변 도로는 커브가 심하고 포장 상태가 안 좋은 곳도 있으니 주의한다. 체낭 비치의 메인 도로에 스쿠터 대여업체가 있다.

COST 12시간 기준 RM21~

렌터카 여행의 천국,

랑카위 렌터카 이용 가이드

랑카위 섬을 구석구석 원하는 일정대로 둘러보려면 렌터카를 빌리는 것이 제일 좋은 방법이다. 푸른 숲이 우거진 랑카위의 신선한 공기를 마음껏 맡으며 신나는 드라이브를 즐겨보자.

1 렌터카 빌리기

저렴해서 인기 있는 비바

대여 기간은 시간 단위(2, 5, 12, 24시간 등)나 날짜 단위로 설정할 수 있고, 대여 기간이 길어질수록 가격이 저렴해진다. 차종에 따라 렌터카 비용이 달라지며, 비수기와 성수기에 따른 가격 차이도 있다. 인기 있는 렌터카 종류로는 비바 Viva(경차급)와 아반자 Avanza가 있다.

 TIP

렌터카 대여 시 준비물

여권과 함께 국제 면허증을 제시해야 하며, 대여 기간에 따라 보증금도 함께 지불한다. 렌터카를 빌릴 생각이라면 출국하기 전 국제면허증을 발급받도록 한다.

2 랑카위에서 주유하기

랑카위는 값이 매우 저렴하다. 경차 기준 1일 RM10~15이면 충분히 다닐 수 있다. 주유소가 우리나라만큼 많지는 않으니 주유소가 눈에 보이면 바로 주유를 해두는 것이 좋다.

주유소는 셀프 방식이다. 우리나라와 다른 점은 주유하기 전에 카운터로 가서 비용을 지불해야 한다는 것. 자신이 주차한 주유기 번호와 함께 주유할 금액이나 용량을 말하고 계산한다.

3 렌터카 대여 체크 리스트

- ☑ 보험 가입 여부를 반드시 확인한다.
- ☑ 보험비에 따라 보장 내용이 달라진다.
- ☑ 가장 보장 범위가 넓은 풀 커버 보험(1일 RM20)도 US$500 정도의 보상 상한선이 있다.
- ☑ 차량을 인도받을 때는 반드시 차량 안 밖의 상태를 서로 확인한다.
- ☑ 남은 기름의 양과 문제 될 만한 차량 상태는 계약서에 기재해둔다.

4 렌터카 운전 체크 리스트

- ☑ 우리나라와는 반대인 좌측 통행 방식이다. 특히 우회전 시 주의한다.
- ☑ 야간에는 어두워 도로가 잘 보이지 않는다. 간혹 소들이 도로에서 자고 있는 경우도 있다.
- ☑ 갑자기 튀어나오는 야생 동물에 주의한다.
- ☑ 국제운전면허증을 항상 지참한다.

주유 순서

① 비어 있는 주유기 앞에 차량을 주차한다.
② 자신이 주차한 주유기의 번호를 확인한다.
③ 카운터에 주유기 번호를 말하고 주유할 용량만큼 계산한다.
④ 차로 돌아와서 직접 차에 주유한다.

 TIP

알아두면 유용한 도로 번호

- **112번 도로** 서쪽으로는 랑카위 국제공항, 동쪽으로는 쿠아 타운, 북쪽으로는 딴중 루 비치를 연결하는 순환형 도로. 랑카위에서 가장 도로 상태가 좋다.
- **114번 도로** 랑카위 국제공항 근처에서 112번 도로와 연결되며, 북쪽으로 똘라가 항구 공원과 오리엔탈 빌리지까지 이어지는 도로.
- **115번 도로** 랑카위 국제공항에서 체낭 비치와 뚱아 비치를 연결하며 남북으로 이어지는 도로.

랑카위 추천 코스

제주도의 1/3 정도 크기인 랑카위 섬을 하루에 둘러보기란 힘들다. 랑카위 케이블카가 있는 랑카위 서쪽 지역과 호핑 투어나 코랄 투어를 하는 남쪽 지역, 딴중 루 비치가 있는 동쪽 지역 정도로 나누어서 하루씩 둘러보면 여유 있게 돌아볼 수 있다. 투어들은 보통 하루 전까지 시내의 현지여행사에서 신청 가능하다. 렌터카를 빌려서 섬 전체를 돌아보는 드라이브 여행도 좋다.

Course 1

두근두근 케이블카+ 로맨틱한 항구

중심 지역 랑카위 케이블카& 뜰라가 항구 주변
소요시간 4~5시간

공항 또는 제티 도착

↓ 차량 20분

호텔 체크인

↓ 차량 10분

랑카위 케이블카& 오리엔탈 빌리지   p.315

↓ 차량 5분

세븐 웰스 폭포 *OPTION!*   p.316

↓ 차량 5분

판타이 콕   p.316

↓ 차량 5분

뜰라가 항구 공원   p.317

Tip 뜰라가 항구 공원에는 분위기 좋은 식당이 많다. 특히 해 질 무렵이면 로맨틱한 분위기다.
Option 자연 속에서 즐기는 물놀이를 좋아한다면 세븐 웰스 폭포를 추가한다. 걷기라면 생략.

Course 2

랑카위 바다 구경+ 시끌벅적 야시장

중심 지역 랑카위 남쪽의 섬& 쿠아 타운
소요시간 8~9시간

호핑 투어 또는 코랄 아일랜드 투어   p.306~307

↓ 차량 30분

호텔 복귀 및 휴식

↓ 차량 30분

독수리 광장   p.319

↓ 도보 3분

전설 공원   p.319

↓ 차량 5분

쿠아 타운 야시장   p.320

Tip 쿠아 타운에서는 수요일과 토요일 저녁에, 체낭 비치에서는 목요일 저녁에 야시장이 열린다.
Option 어린이를 동반한 가족 여행이라면 언더 워터 월드를, 민속문화에 관심이 있으면 마수리 무덤을 추가한다.

Course 3

신비로운 생태 공원+ 해변의 정취

중심 지역 딴중 루 비치 주변& 체낭 비치
소요시간 7~8시간

랑카위 맹그로브 투어   p.325

↓ 차량 10분

딴중 루 비치   p.324

↓ 차량 10분

퍼르다나 갤러리   p.326

↓ 차량 10분

아이르 항갓 빌리지   p.327

↓ 차량 10분

크래프트 콤플렉스 *OPTION!*   p.327

↓ 차량 20분

체낭 비치에서 석양 보기   p.303

Tip 가장 멀리 움직이는 날이라 렌터카를 빌리면 편하다. 맹그로브 투어도 할 수 있다.

Cocktail Bar, Pantai Cenang

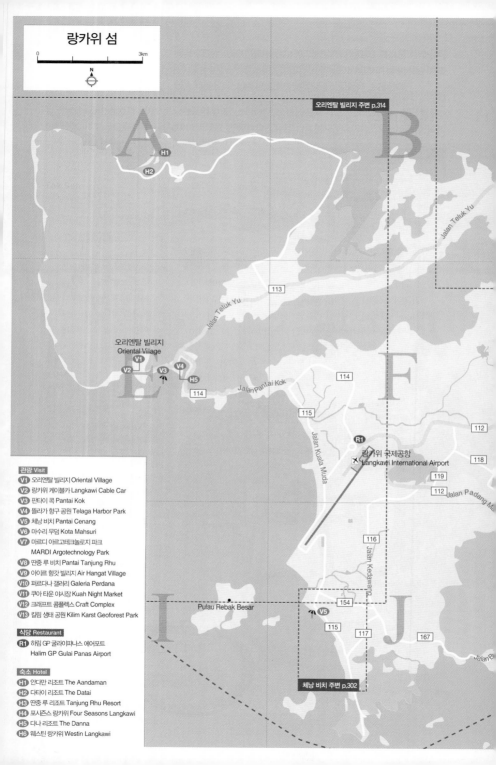

랑카위 섬

오리엔탈 빌리지 주변 p.314

0 ——————— 3km

N

오리엔탈 빌리지
Oriental Village

V1
V2 V3 V4
H5

113

Jalan Teluk Yu

Jalan Teluk Yu

Jalan Pantai Kok

114

114

115

112

118

119

112 Jalan Padang Ma

R1

랑카위 국제공항
Langkawi International Airport

Jalan Kuala Muda

Jalan Kedawang

116

Pulau Rebak Besar

154

V5

115

117

167

Jalan Ba

체낭 비치 주변 p.302

관광 Visit
- V1 오리엔탈 빌리지 Oriental Village
- V2 랑카위 케이블카 Langkawi Cable Car
- V3 판타이 콕 Pantai Kok
- V4 뜰라가 항구 공원 Telaga Harbor Park
- V5 체낭 비치 Pantai Cenang
- V6 마수리 무덤 Kota Mahsuri
- V7 마르디 아르고테크놀로지 파크
  MARDI Argotechnology Park
- V8 딴중 루 비치 Pantai Tanjung Rhu
- V9 아이르 항갓 빌리지 Air Hangat Village
- V10 퍼르다나 갤러리 Galeria Perdana
- V11 쿠아 타운 야시장 Kuah Night Market
- V12 크래프트 콤플렉스 Craft Complex
- V13 킬림 생태 공원 Kilim Karst Geoforest Park

식당 Restaurant
- R1 하림 GP 굴라이파나스 에어포트
  Halim GP Gulai Panas Airport

숙소 Hotel
- H1 안다만 리조트 The Aandaman
- H2 다타이 리조트 The Datai
- H3 딴중 루 리조트 Tanjung Rhu Resort
- H4 포시즌스 랑카위 Four Seasons Langkawi
- H5 다나 리조트 The Danna
- H6 웨스틴 랑카위 Westin Langkawi

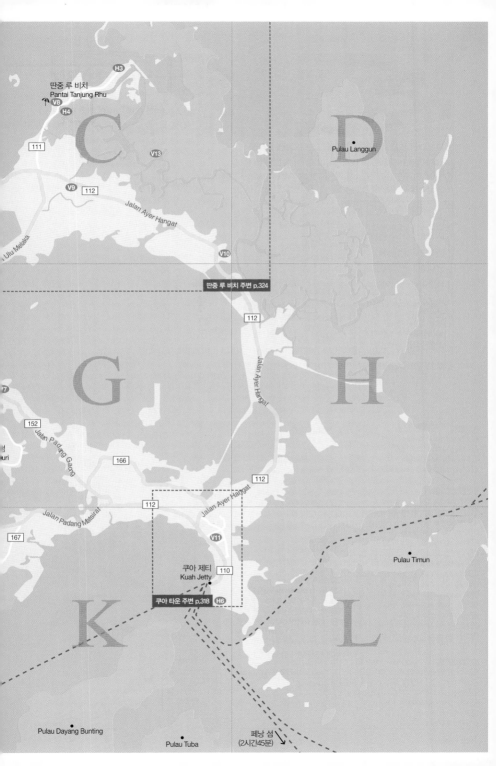

딴중 루 비치
Pantai Tanjung Rhu

H3
V8
H4

C

D

Pulau Langgun

111

V13

V9
112

Jalan Ayer Hangat

Jalan Ulu Melaka

V10

딴중 루 비치 주변 p.324

112

G

H

Jalan Ayer Hangat

7

152

Jalan Padang Gaong

166

112

uri

Jalan Padang Matsirat

112

Jalan Ayer Hangat

167

V11

Pulau Timun

쿠아 제티
Kuah Jetty

110

쿠아 타운 주변 p.318

H6

K

L

Pulau Dayang Bunting

페낭 섬
(2시간45분)

Pulau Tuba

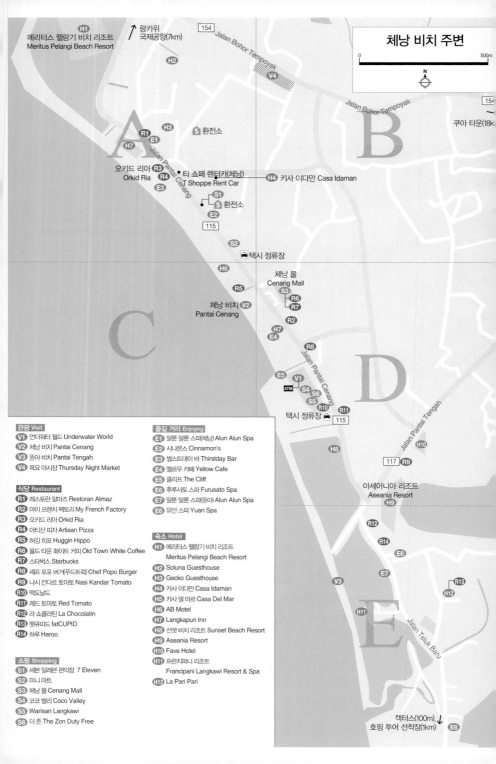

체낭 비치 주변

0   500m

N

랑카위 국제공항(7km)

154

Jalan Bohor Tempoyak

H1 메리터스 펠랑기 비치 리조트 Meritus Pelangi Beach Resort

H2

V4

A

Jalan Bohor Tempoyak

B

154

쿠아 타운(18k

H3

환전소

R1
E1

H7

Jalan Pantai Cenang

오키드 리아 R3 티 쇼페 렌터카(체낭) H4 키사 이다만 Casa Idaman
Orkid Ria R4 T Shoppe Rent Car

E3

S1

환전소

E2

115

S2

택시 정류장

H6

체낭 몰
Cenang Mall

R5

S3

R6
R7

체낭 비치 V2
Pantai Cenang

R2

C

H7
E4

R8

E5

V1

ATM S4

S6
S5
R10 R11

택시 정류장

115

Jalan Pantai Cenang

D

Jalan Pantai Tengah

H8

H10

117 R9

아세아니아 리조트
Aseania Resort

H9

R12

R14

E6

E7

V3

H11

H12

R13

아세아니아
E

Jalan Teluk Baru

캑터스(100m), ↓
호핑 투어 선착장(1km) E8

관광 Visit
V1 언더워터 월드 Underwater World
V2 체낭 비치 Pantai Cenang
V3 뜽아 비치 Pantai Tengah
V4 목요 야시장 Thursday Night Market

식당 Restaurant
R1 레스토란 알마즈 Restoran Almaz
R2 마이 프렌치 팩토리 My French Factory
R3 오키드 리아 Orkid Ria
R4 아티산 피자 Artisan Pizza
R5 허깅 히포 Huggin Hippo
R6 올드 타운 화이트 커피 Old Town White Coffee
R7 스타벅스 Starbucks
R8 셰프 포포 버거(푸드트럭) Chef Popo Burger
R9 나시 칸다르 토마토 Nasi Kandar Tomato
R10 맥도날드
R11 레드 토마토 Red Tomato
R12 라 쇼콜라틴 La Chocolatin
R13 팻큐피드 fatCUPID
R14 하루 Haroo

쇼핑 Shopping
S1 세븐 일레븐 편의점 7 Eleven
S2 미니 마트
S3 체낭 몰 Cenang Mall
S4 코코 밸리 Coco Valley
S5 Warisan Langkawi
S6 더 존 The Zon Duty Free

즐길 거리 Enjoyng
E1 알룬 알룬 스파(체낭) Alun Alun Spa
E2 시나몬스 Cinnamon's
E3 썰스트데이 바 Thirstday Bar
E4 옐로우 카페 Yellow Cafe
E5 클리프 The Cliff
E6 후루사토 스파 Furusato Spa
E7 알룬 알룬 스파(뜽아) Alun Alun Spa
E8 유안 스파 Yuan Spa

숙소 Hotel
H1 메리터스 펠랑기 비치 리조트
Meritus Pelangi Beach Resort
H2 Soluna Guesthouse
H3 Gecko Guesthouse
H4 키사 이다만 Casa Idaman
H5 카사 델 마르 Casa Del Mar
H6 AB Motel
H7 Langkapuri Inn
H8 선셋 비치 리조트 Sunset Beach Resort
H9 Aseania Resort
H10 Fave Hotel
H11 프란지파니 리조트
Francipani Langkawi Resort & Spa
H12 La Pari Pari

----- 01 -----

눈부시게 아름다운 랑카위의 대표 해변

체낭 비치
Pantai Cenang

반짝이는 바닷물과 푹신한 모래밭으로 사람들을 유혹하는, 랑카위의 대표 해변이다. 남북으로 길게 이어지는 모래 해변을 살짝 튀어나온 곳이 두 곳의 해변으로 나누고 있는데, 북쪽은 체낭 비치Pantai Cenang, 남쪽은 뜽아 비치Pantai Tengah라고 부른다. 그중 여행자들을 위한 숙소와 식당, 여행사들이 모두 밀집해 있는 곳이 체낭 비치다. 고립된 위치에 있는 특급 리조트에 숙박하지 않는 한, 랑카위를 방문한 여행자들은 전부 여기에 모여 있다고 해도 과언이 아닐 정도로 24시간 사람들로 북적거린다.

누구나 편안하게 쉴 수 있는 대중적인 분위기도 매력이다. 비키니를 입고 일광욕을 즐기는 서양 여행자들과 히잡을 쓴 채로 물장구를 치는 현지인들, 제트스키나 바나나보트를 신나게 타는 가족들과 조용히 해변을 산책하는 연인들까지, 다양한 사람들이 저마다의 방식으로 휴가를 즐긴다. 랑카위 섬의 서쪽에 자리하고 있는 덕분에 바닷물로 풍덩 떨어지는 석양을 볼 수 있다는 것도 이곳만의 매력이다.

ADD Pantai Cenang **OPEN** 24시간 **COST** 무료 **ACCESS** 랑카위 공항에서 차량으로 10분, 쿠아 타운에서 30분 소요 **MAP** p.300-J, p.302-C

수상 스포츠 즐기기

체낭 비치는 바나나보트, 패러세일링, 제트스키 등 다양한 워터 스포츠를 접할 수 있는 곳이다. 해변을 따라 업체부스들이 늘어서 있으므로 직접 신청하면 된다.

COST (1인 기준) 바나나보트 RM25, 패러세일링 RM120, 제트스키 15분 RM120

일몰시간에 산책하기 좋다.

아이들이 좋아하는 수족관
언더워터 월드
Underwater World

수족관 구경을 좋아하는 아이들이 랑카위에서 제일 좋아할 만한 장소다. 체낭 비치의 번화가 한가운데에 있는 아쿠아리움으로, 아이를 동반한 여행자들은 해변의 더위도 식힐 겸 방문해보면 좋다. 우리나라의 초대형 아쿠아리움에 비하면 소박한 규모지만 4,000여 종의 해양생물들을 볼 수 있다.

ADD Zon Patai Cenang, Mukim Kedawang **TEL** +60 4-955-6100 **OPEN** 10:00~18:00 공휴일 09:30~18:30 **COST** 성인 RM46, 3~12세 RM36 **ACCESS** 체낭 몰에서 도보 5분 **WEB** www.underwaterworldlangkawi.com.my **MAP** p.302-D

커다란 가오리나 상어가 노닐 수 있도록 50만 ℓ의 바닷물을 채운 15m 길이의 터널 탱크는 이곳의 하이라이트. 정해진 시간대에 따라 조련사들이 수족관으로 들어가 먹이를 주면 해양 동물들이 몰려드는 모습도 아이들이 좋아하는 구경거리다. 아이들이 열광하는 펭귄 전시관이나 플라밍고와 앵무새가 있는 열대우림 전시관도 함께 둘러볼 수 있다.

동물들에게 먹이를 주는 피딩 타임에 맞춰서 입장하면 좋다. 동물별 피딩 타임은 아프리칸 펭귄은 11:00/14:45, 록호퍼 펭귄은 11:15/15:00, 물개는 14:30, 터널 탱크는 15:30이다.

마수리 전설을 체험하는 민속 박물관
마수리 무덤
Kota Mahsuri

실내 전시관에서는 전통악기 공연도 볼 수 있다.

랑카위의 수많은 전설 중에서도 대표 격인 '마수리 전설'을 모티브로 하는 민속 박물관이다. 유럽으로 치면 〈로미오와 줄리엣〉의 실제 무대인 줄리엣의 집과 무덤을 복원해 관광단지로 만든 셈. '마수리 전설'을 실제 크기 인형들로 보여주는 전시관과 전통 공연을 보

ADD Jalan Makan Mahsuri, kampung Mawat, Mukim Ulu Melaka **TEL** +60 4-955-6055 **OPEN** 08:00~18:00 **COST** RM10 **ACCESS** 판타이 체낭에서 차량으로 20분, 쿠아 타운에서 15분 소요 **MAP** p.301-G

여주는 작은 홀, 수공예품 가게들이 있다. 정원에는 마수리의 집과 무덤을 포함해 랑카위의 전통가옥들을 복원해 놓았다.

TALK

랑카위에 저주를 내린 마수리

누구나 흠모할 만큼 아름다운 여인 마수리는 남편이 전쟁터에 나간 사이에 간통을 저질렀다는 헛소문에 휩싸인다. 질투로 시작된 소문은 가십을 좋아하는 사람들의 입을 통해 진짜처럼 되어 버렸고, 결국 간통죄로 억울한 죽음을 당한다. 자신이 무죄라면 하얀 피가 나올 거라는 그녀의 말처럼 시신에서는 흰 피가 흘러나왔고, 이후 **랑카위 섬은 그녀의 저주 그대로 전쟁과 흉년으로 7대에 걸쳐 고통을 받았다.**

마수리의 후손

1링깃짜리 군것질의 천국
목요 야시장
Thursday Night Market

목요일에 체낭 비치에 머무는 여행자라면 저녁 식사를 고민할 필요가 없다. 랑카위 섬을 돌아가며 열리는 야시장이 목요일 저녁에는 체낭 비치에서 북쪽으로 600m 떨어진 공터에서 열리기 때문. 쿠아 타운의 야시장보다 규모는 작은 편이지만 먹거리만큼은 쿠아 타운이 부럽지 않을 만큼 다양하고 저렴하다. 굳이 차를 타고 가지 않아도 될 만큼 가까운 거리에 있어 가벼운 산책 삼아 다녀오면 즐거운 저녁 한때를 보낼 수 있다.

여행자들에게 가장 인기가 좋은 군것질거리들은 대부분 RM1~3 선이다. 이것저것 내키는 대로 구입해도 가격 부담이 없고, 음식마다 정확한 가격표가 붙어 있어서 흥정의 피곤함도 없다. 이미 외국인 배낭여행자들은 목요일의 필수 코스로 즐겨 찾는 시장이니 놓치지 말 것.

ADD Kampung Lubok Buaya
OPEN 목 17:00~ 24:00 COST
무료 ACCESS 체낭몰에서 도
보 15분 MAP p.302–B

1 현지인들을 위한 시장이지만 외국인 여행자들도 많이 찾는다.
2 시장의 신상품인 장난감에 정신이 팔린 아이들

목요 야시장으로 가는 지름길

자동차 도로를 따라가면 멀리 둘러가야 하지만 저가 숙소들이 모여 있는 마을 뒷길로 걸어가면 금방이다. 체낭 비치의 오키드 리아 시푸드 레스토랑 건너편 골목으로 들어가서 숙소 사잇길을 따라 직진한다. 마을 공터와 논밭 옆으로 나 있는 샛길을 따라가면 10분이면 도착한다.

TALK

목요 시장의 먹거리

말레이 스타일의 간이식 비빔밥, 나시 르막

얄팍한 대신 저렴한 햄버거

알록달록 다양한 색의 음료들

고소하게 튀겨낸 닭튀김

새콤달콤한 소스를 찍어 먹는 어묵튀김꼬치

달콤짭짤한 간장소스로 볶아낸 볶음국수

한 조각씩 잘라 파는 두툼한 조각 피자

입맛대로 고르는 조각 케이크

두리안 시즌이면 특유의 냄새를 풍기는 두리안

달콤한 맛으로 최고 인기를 누리는 망고

보트를 타고 떠나는,
랑카위 바다 투어

랑카위 주변 섬들을 둘러보는
호핑 투어 Hopping Tour

랑카위 본섬 바로 아래쪽의 섬들과 그 주변을 둘러보는 투어로, 섬 구경과 해변에서의 짧은 해수욕은 물론 원숭이와 독수리도 볼 수 있어서 인기가 높다. 특히 유네스코에서 **지정한 생태공원인 다양 분팅 생태공원**을 둘러보는 것이 이 투어의 핵심. 다양 분팅 섬 안에는 천연 담수호가 형성되어 있는데. 섬 안에 호수라는 신비한 풍경만큼이나 신기한 전설도 스며 있는 곳이다.

OPEN 현지여행사 기준 09:00, 14:00(2회), 4시간 소요
COST 1인당 RM25~

TIP

투어 신청 방법

호핑 투어는 체낭 비치나 쿠아 제티에 있는 현지 여행사에서 신청한다. 투어는 점심식사 없이 4시간가량 진행된다. 빠르게 둘러보는 대신 저렴한 것이 장점으로, 보통 하루 전까지 신청하면 된다. 한인 여행사에서는 바다낚시와 BBQ 런치를 포함한 좀 더 긴 시간의 투어도 판매한다.

TALK
랑카위판 '선녀와 나무꾼'

다양 분팅 호수에 목욕하러 온 천상의 공주를 사랑하게 된 왕자는 그녀를 속여서 지상에 머물게 하고 결혼까지 한다. 하지만 그들의 아기는 태어난 지 7일 만에 죽어버리고 공주는 아기의 시신을 호수에 남겨둔 채 하늘로 돌아간다. 이곳에서 목욕하면 임신할 수 있다는 믿음 때문에 호숫물에 몸을 적시는 사람도 있다.

🐾 호핑 투어 이용 백서 (오전 출발 기준) 🐾

10:00 선착장에서 작은 쾌속 보트를 타고 출발

10:40 다양 분팅 섬에 도착 후 가벼운 등산처럼 언덕을 넘어간다.

10:50 다양 분팅 호수 도착. 보트를 탈 수 있는 시설이 있다.

11:40 다양 분팅 섬 선착장 출발, 선착장 주위에 야생 원숭이들이 있다.

12:00 두 번째 섬으로 가는 길에 독수리를 구경한다.

12:30 예쁜 해변이 있는 브라스 바사 Beras Basah 섬에 도착

13:30 1시간 정도 머물며 수상 스포츠나 수영을 즐긴 후 선착장으로 복귀

에메랄드빛 바다에서 즐기는 스노클링
코랄 아일랜드 투어 Coral Island Tour

산호초 사이를 누비는 알록달록한 열대어 구경을 하고 싶은 사람이라면 파야르 섬 Pulau Payar으로 떠나는 코랄 아일랜드 투어를 추천한다. 랑카위와 페낭 사이에 있는 파야르 섬은 양쪽 섬 모두에서 스노클링 투어 장소로 인기가 높은 곳으로, 페낭보다는 랑카위에서 가는 것이 조금 더 가깝다.

아침에 출발해 오후까지 바다에서 수영할 수 있는 시간이 충분하다는 것이 장점. 스노클링을 하다가 지치면 예쁜 해변에 누워서 일광욕하며 여유 있게 보낼 수 있다. 단, 쿠아 타운의 제티에서 출발하는 쾌속선을 타고 1시간 정도 가야 하는데 파도 상황에 따라 뱃멀미를 하는 경우도 있다.

투어 준비물

저렴한 코랄 아일랜드 투어는 점심 도시락이 부실하기로 유명하다. 든든한 간식거리를 충분히 챙겨가도록 한다. 수영 후 물기를 닦을 타월과 배 안 에어컨의 찬바람을 막을 옷, 뱃멀미를 하는 사람은 멀미약을 준비하자.

OPEN 09:30 쿠아 제티 출발, 8~9시간 소요 COST 성인 RM180~, 어린이 RM150~(현지 여행사 기준)

코랄 아일랜드 투어 Vs 코랄 투어

섬 앞쪽에 바지선을 띄어서 플랫폼으로 사용하는

코랄 투어(성인 RM290~)도 인기가 높다. 코랄 아일랜드 투어보다 좀 더 깊은 바다에서 스노클링을 할 수 있고 점심식사가 뷔페식으로 잘 나온다는 것이 장점이다. 유리로 된 바닥을 통해 바닷속도 볼 수 있다.

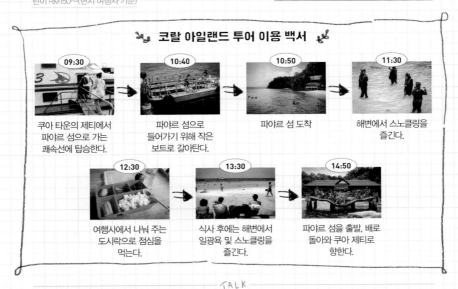

🐠 코랄 아일랜드 투어 이용 백서 🐠

09:30 쿠아 타운의 제티에서 파야르 섬으로 가는 쾌속선에 탑승한다.

10:40 파야르 섬으로 들어가기 위해 작은 보트로 갈아탄다.

10:50 파야르 섬 도착

11:30 해변에서 스노클링을 즐긴다.

12:30 여행사에서 나눠 주는 도시락으로 점심을 먹는다.

13:30 식사 후에는 해변에서 일광욕 및 스노클링을 즐긴다.

14:50 파야르 섬을 출발, 배로 돌아와 쿠아 제티로 향한다.

---TALK---

랑카위 최고의 스노클링 포인트

바닷물이 맑고 산호초가 발달한 파야르 섬 일대는 랑카위에서도 유명한 스노클링&다이빙 포인트이다. 산호초 사이에서 자라는 다양한 열대어들은 물론 작은 상어까지 볼 수가 있는데, 깊은 물에 들어가지 않아도 해변에서 다양한 어종들이 노니는 것을 볼 수 있다.

─── TALK ───

체낭 비치의 해산물 식당

바닷가 휴양지답게 해산물 식당들이 메인 거리 곳곳에 깔려 있다. 메뉴판에서 접시 단위로 주문하는 요리는 대부분 냉동/냉장 상태의 해산물을 사용한다. 수조에 살아 있는 해산물을 골라서 요리해주는 식당은 가격이 많이 올라간다. 냉장 해산물을 고를 때는 **주문 전 신선도를 확인**할 것!

01

랑카위에서 제일 유명한
해산물 식당

오키드 리아

Orkid Ria

버터 프라운

뜨거운 버터에 달걀을 넣어서 실처럼 만든 다음에 새우와 함께 볶아주면 완성. 달콤하면서도 짭짤한 간에 고소한 버터 냄새가 어우러져 새우나 랍스터 같은 갑각류에 잘 어울리는 요리법이다.

관광객들로 연일 문전성시를 이루고 주방의 웍이 한시도 쉴 틈이 없는 중국식 해산물 식당이다. 이 집의 일등 요리비법인 버터 소스는 실처럼 바삭하게 잘 뽑아낸 달걀에 특제 양념과 설탕을 적절히 뿌려서 감칠맛이 나는 것이 특징. 통통하게 살이 오른 타이거 프라운이나 랍스터에 잘 어울리는 요리법이다. 볶음밥을 주문했다면 말레이 전통 양념장인 '삼발'로 볶아내는 관자 요리도 함께 먹으면 좋다. 꼬릿하면서도 매콤달콤한 삼발로 살짝 볶아낸 관자는 밥반찬으로 최고다.

저렴한 냉장 상태의 해산물을 선택할 거라면 직접 고르지 않고 메뉴판에 있는 대/중/소大/中/小 요리들을 주문하는 것도 방법이다. 특별히 해산물 보는 안목이 없고 무게가 감이 잘 잡히지 않는다면 되레 편안한 방식일 것이다. 수조에 살아 있던 해산물은 아니지만, 재료 회전율이 빨라서 만족스럽게 먹을 수 있다. **버터 프라운** Udang Butter(小)은 보통 크기의 새우 네댓 마리, 삼발 스캘럽 Sambal Scallap(小)은 큼직한 관자 5개 정도로 한 사람이 먹기에 적당한 양이다.

ADD Lot 1225, Pantai Cenang **TEL** +60 4-955-4128 **OPEN** 11:00~15:00, 18:00~23:00 **COST** 마니스 프라운 100g RM28~, 살아있는 랍스터 100g RM40~, S/C 10% 별도 **ACCESS** 체낭 비치 메인 거리의 북쪽 초입, 카사 델 마르 호텔에서 도보 2분 **MAP** p.302-A

해산물 식당 주문 방법

수조로 가서 원하는 품목과 무게를 말한다. 직원이 근사치의 무게만큼 해산물을 담아 준다. 저울에 표시되는 만큼 가격을 기재한 후 원하는 조리법대로 주방에 주문을 넣는다. 새우나 랍스터 종류는 크기에 따라 가격 차이가 크게 나며, 냉장된 것보다 수조에 살아 있는 것이 훨씬 비싸다.

진열된 해산물을 직접 보고 고른다.

무게에 따라 계산한다.

02

유럽인의 기준으로 업그레이드한
서양 음식

레드 토마토
Red Tomato

1

2

3

1 짭조름한 간이 좋은 프라운
알리오 올리오 RM32.5
2 연어를 넣은 에그 베데딕트
Eggs Benedict, RM22.6
3 전용 잔에 따라주는 에딩거
맥주, RM19

어설프게 흉내 낸 서양 음식이 아니라 제대로 만든 서양 음식이 먹고
싶다면 추천할 만한 식당. 말레이–독일인 커플이 운영하는 식당인 만
큼. 싱싱한 재료를 푸짐하게 사용한 샐러드와 샌드위치, 진한 토마토
수프와 화덕 피자, 전용 잔을 사용하는 생맥주까지, 정통 서양식으로
즐길 수 있다.

갓 구운 잉글리시 머핀에 훈제 연어나 베이컨, 데친 시금치와 수란을
얹어 내는 '에그 베네딕트'는 이 집의 대표 브런치 메뉴다. 듬뿍 뿌린
홀란다이즈 소스의 맛을 내거나 수란이 터지지 않도록 하는 게 은근
까다로운 조리법인데, 특급 호텔 아니고는 여기만큼 제대로 만드는 곳
도 드물다. 새우를 넣은 알리오 올리오 역시 알덴테로 익힌 면에 적당
한 간과 기름기까지, 유럽인의 입맛대로 제대로 만든다.

ADD No. 5 Casa Fina Avenue, Jalan Pantai Cenang **TEL** +60 4-955-4055
OPEN 09:00~22:30 **COST** 샌드위치 RM15~, 파스타 RM23~, 메인 요리
RM45~ **ACCESS** 코코 밸리 면세점 길 건너편 **MAP** p.302-D

03

정통 프랑스 스타일 크레이프

마이 프렌치 팩토리
My French Factory

솔티 크레이프

코코넛 아이스크림을
얹은 와플

핑크
레모네이드

랑카위에 불어닥친 크레이프 crêpe 유행에 선두주자가 된 집이다. 프랑
스인 주인장이 직접 크레이프를 만들고 와플을 굽기 때문에, 어떤 가
게보다도 프랑스 정통에 가깝다. 얇고 부드러운 크레이프 반죽은 속
재료나 접는 방법에 따라 자유자재로 활용된다. 식사가 목적이라면 짭
짤하게 Salty Crepe, 디저트로 먹고 싶다면 달콤하게 Sweet Crepe, 전혀 다
른 두 가지 스타일로 즐길 수 있다.

가격 대비 만족감을 생각하는 사람이라면 바닥이 비칠 정도로 얇게 굽
는 크레이프보다는 도톰하고 폭신한 와플이 더 낫다. 좋은 밀가루와
버터를 사용하는 집이라 싸구려 와플에서 느껴지는 잡내 없이 향기롭
다. 특히 코코넛 아이스크림을 얹은 와플 종류를 추천! 단, 매장이 좁아
서 길에 펼쳐 놓은 테이블에 앉아 먹어야 한다.

ADD Jalan Pantai Cenang **TEL** +60 4-955 5196 **OPEN** 11:00~23:00, 금 휴무
COST 크레이프 RM9~23, 와플 RM10~24 **ACCESS** 체낭 몰에서 도보 1분 **MAP**
p.302-D

04

군침도는 현지식 생선 커리

하림 GP 굴라이
파나스 에어포트
Halim GP Gulai Panas Airport

생선 커리
Gulai Panas

오징어 튀김
Sotong Goreng

랑카위에 사는 교포들도 꼭 가봐야 할 식당으로 손 꼽는 곳. 말레이식 생선 커리를 파는데 에어컨도 없고 영어도 잘 통하지 않지만, 오직 맛과 가격 때문에 사랑받고 있다. 메뉴판이 따로 없으며 주방 앞쪽에 진열된 생선을 직접 보고 고르면, 그걸로 커리를 끓여준다. 생선들은 종류별로 토막이 나 있는 상태로 100그램 단위로 가격이 붙어 있다. 새우와 오징어도 있어서 원하는 조합으로 카레 Gulai를 만들 수 있고, 튀김 Goreng으로 주문할 수 있다. 이곳 커리는 인도식이 아닌 말레이식으로 맛이 직선적이면서 자극이 덜하다. 생선의 비린맛을 완전히 잡아주며 감칠맛을 적당히 살려주기 때문에 처음 먹는 사람도 부담감없이 먹을 수 있다. 공항 근처에 있어서 어디서든 그랩이나 택시를 타고 가야 하며, 술은 판매하지 않는다.

ADD no 4, Jalan Lapangan Terbang, Kampung Bukit Nau TEL +60 4-955 9376 OPEN 18:00~24:00 COST 생선 100g RM6~8 야채 RM 2 ACCESS 체낭 비치에서 그랩/택시로 15분 MAP p.300-F

바나나 팬케이크와 볶음밥

레스토란 알마즈
Restoran Almaz

로띠 피상 Roti
Pisang(바나나
팬케이크), RM3

닭고기를 넣은 볶음밥,
나시 고랭 아얌 Nasi
Goreng Ayam, RM9

체낭 비치 위쪽에 숙소를 잡은 배낭여행자들이 식사 때만 되면 모여드는 장소다. 저렴한 로띠 차나이 Roti Canai나 볶음밥으로 간단하게 한 끼를 해결하고 싶다면 굳이 아래쪽의 식당까지 찾아갈 필요가 없다. 미리 준비해 놓은 반찬 중에서 골라 먹는 나시 칸다르 Nasi Kandar 카운터도 운영하고 있다.

외국인에게 제일 인기 있는 메뉴는 얇은 밀가루 반죽 안에 바나나를 넣어서 굽는 로띠 피상 Roti Pisang이다. 뜨거운 열기에 더 달콤해진 바나나가 사르르 녹는 맛. 더 달콤하게 먹고 싶으면 연유도 듬뿍 뿌려보자. 닭고기를 넣은 볶음밥 Nasi Goreng Ayam도 맛있고, 매콤하면서도 달콤한 양념으로 조린 닭다리 Ayam Pedas Manis 하나를 골라 밥과 함께 먹어도 좋다. 와이파이도 있다.

ADD Jalan Pantai Cenang OPEN 24시간 COST 로띠 차나이 RM1.2~, 미고랭 RM5~, 나시 고랭 RM5~ ACCESS 카사 델 마르에서 길 건너편 MAP p.302-A

06 ....

지갑얇은 여행자를 위한 한끼

나시 칸다르 토마토
Nasi Kandar Tomato

로띠 차나이 RM1.2

볶음국수 Fried Noodle RM5

나시 칸다르 토마토는 원래 체낭 비치 거리의 한가운데에 있었던 식당으로, 저렴하고 맛있는 인도식 식사로 여행자들에게 사랑을 받았던 곳. 식당이 있던 자리가 해변 광장이 되면서 현재의 위치로 옮겼다. 체낭 비치 거리에서 조금 거리가 있지만 아직도 식사 시간이 되면 오토바이를 타고 이곳을 찾는 여행자들이 많다.

에어컨은 없고 넓은 1층 오픈형 공간에 테이블이 많다. 탄두리와 인도식 백반인 나시 칸다르 요리에서 볶음 요리 및 웨스턴식 한 접시 요리까지 다양하게 먹을 수 있다. 아침에 왔다면 로띠 차나이와 테 타릭으로 가볍게 식사를 할 수 있고, 점심이나 저녁이라면 볶음국수와 볶음밥에 치킨커리를 곁들여 푸짐하게 먹을 수 있다. 음료 종류는 비싸지 않은 대신 향만 나는 가벼운 단 물이라고 생각하면 된다.

ADD Jalan Pantai Chenang TEL +60 4-953 2828 OPEN 24시간 COST 로띠 차나이 RM1.2~ 볶음국수 RM5~ 볶음밥 RM7~ ACCESS 체낭 몰에서 도보 15분

MAP p.302-D

07 ....

푸드트럭 중에 으뜸

셰프 포포 버거
Chef Popo Burger

나시 르막 RM2

비프 스페셜 RM5

해변 휴양지라 물가가 비싼 체낭 비치에서 제일 저렴하면서도 든든하게 한 끼를 해결할 수 있는 방법이 바로 푸드트럭이다. 해가 떨어지고 나면 체낭 거리 한복판의 빈 주차장에 푸드트럭들이 모여서 영업을 시작한다. 나시 고랭, 사테, 로티 차나이 등 먹을 수 있는 메뉴가 다양한 가운데 그 중에서도 외국인 입맛에 잘 맞는 햄버거 트럭이 여행자들에게 인기다. 슈퍼마켓에서 파는 빵과 냉동 패티를 사용하는 저가형 햄버거지만, 곱게 채 썬 양배추를 높이 쌓아 올리고 달콤한 소스까지 듬뿍 뿌려주면 이 만한 식사도 없다. 가격대가 워낙 저렴한 만큼 달걀 프라이도 넣고 패티도 여러 장 넣은 최고가 햄버거를 먹는 사치를 부려봐도 좋다. 큼지막한 말레이식 주먹밥인 나시 르막도 2링깃이면 곁들여서 먹을 수 있다.

ADD Jalan Pantai Cenang OPEN 18:00~24:00 COST 햄버거 RM4~, 나시 르막 RM2 ACCESS 체낭 몰에서 도보 3분 MAP p.302-D

08

훌륭한 서비스와 음식

팻큐피드
fatCUPID

워터멜론 다이키리

비프 버거 RM28

팻큐피드는 작고 아름다운 숙소인 라 파리파리 리조트에서 함께 운영하는 식당이다. 체낭 비치에서 걸어갈 수 없는 조금 떨어진 위치에 있고, 바다도 보이지 않음에도 불구하고 오직 식사를 하기 위해 이곳을 찾는 사람들이 많다. 작은 수영장을 바라보고 있는 오픈형 테이블에 하얀색 의자들이 정갈하게 놓여 있다. 부드러운 재즈 음악과 함께 저녁의 기분좋은 만찬을 즐기기에 적합한 분위기. 요리는 말레이식과 서양식 두가지가 있는데 향신료에 거부감이 있다면 버거나 피시앤칩은 무난하게 고를 만하다. 비프 버거는 무슬림 손님들을 위해 소고기 베이컨을 사용하고 달걀, 치즈, 소스가 잘 어우러졌다. 레몬을 더해서 수박의 단맛과 과일향을 끌어 올린 워터메론 다이키리를 곁들이면 좋다.

ADD Lot 2273 Kampung Tasek Anak, Jalan Pantai Tengah **TEL** +60 4-955 3010 **OPEN** 09:00~15:00 & 18:00~22:00, 월 휴무 **COST** 버거 RM28, 워터멜론 다이키리 RM20 **ACCESS** 체낭 몰에서 그랩/택시로 5분 **MAP** p.302-E

09

해변풍경이 그림

허깅 히포
Huggin Hippo

해변의 테이블에 앉아서 망중한을 보내고 싶은 사람에게 추천하고 싶은 곳이다. 그 전에 '브라세리'라는 인기 있는 식당이 있었는데, 자리가 명당인지 지금도 역시 사람들이 많이 찾는다. 테이블은 세 가지 타입으로 해변이 보이는 작은 정원의 테이블, 천막 아래 야외 테이블, 그리고 에어컨이 있는 실내 자리. 특히 정원이 예쁜데 사방으로 나무가 가리고 있고 바다 쪽으로는 열려 있어서, 해는 잘 가려지고 시원한 바닷바람이 안쪽으로 들어온다. 음료 한잔을 앞에 두고 그늘에 앉아서 바다쪽 풍경을 바라보고 있노라면 절로 휴가 온 기분이 난다. 반면 실내는 전형적인 카페 분위기가 난다. 메인 요리들은 가격대가 있기 때문에 사람들은 과일쥬스, 스무디, 커피 한잔을 두고 시간을 보낸다.

ADD 27A, Jalan Pantai Chenang **TEL** +60 12-292 8102 **OPEN** 09:00~22:00 **COST** 팬케이크 RM18, 과일주스 RM10~12(서비스 비용 10% 별도) **ACCESS** 체낭 몰에서 도보 도보 1분 **MAP** p.302-C

서양인 배낭여행자들의 아지트
캑터스
Cactus

진한
과일주스

블랙 빈 소스 프라이드
피시 필레, Blackbean
Sauce Fried Fish Fillet

친 배낭여행자적이고, 친 서양적인. 동남아시아 해변 전형의 여행자식당이다. 투박한 목조 테이블에 앉아 맥주도 마시고, 볶음밥 한 그릇으로 끼니도 때우고, 축구 경기가 있는 날이면 모여서 TV 중계도 보는 서양인 배낭여행자들의 아지트. 유난히 아침 식사를 챙겨 먹는 서양인들의 특성을 고려해 바나나 팬케이크부터 잉글리시 브렉퍼스트까지 다양한 아침 메뉴를 준비하고 있다. 익숙한 맛이라 선호하는 BBQ와 피시 필레, 볶음밥과 볶음면을 대표메뉴로 하는 등 철저하게 외국인 여행자들의 입맛에 맞춘 곳. 뚱아 비치 쪽에 숙소를 잡은 사람이라면 적당한 가격에 한 끼를 해결하고 싶을 때 또는 동남아 여행 기분을 느끼며 맥주를 마시고 싶을 때 들르기 좋다.

ADD Jalan Pantai Tengah **TEL** +60-4-955-4180 **OPEN** 08:00~13:00, 16:00~23:00, 수 휴무 **COST** 아침 메뉴 RM8~20, 볶음밥 RM8~ **ACCESS** 뚱아 비치의 홀리데이 리조트 길 건너편 **MAP** p.302-E

달콤한 초콜릿 빵과 마카롱
라 쇼콜라틴
La Chocolatine

진하고 두툼한 초콜릿 마카롱

\TIP/

따뜻할 때 더 맛있는, 쇼콜라틴

가게 이름인 쇼콜라틴은 프랑스의 대표 페이스트리인 '팽 오 쇼콜라 pain au chocolat'를 말한다. 납작하고 네모난 반죽 중간에 한두 조각의 초콜릿을 넣어서 만든다. 따뜻하게 먹으면 초콜릿이 살짝 녹아 더 맛있다.

프랑스인 파티시에가 매일 아침 빵을 구워내는 베이커리 카페다. 초콜릿이 들어간 페이스트리부터 진하고 달콤한 초콜릿 타르트, 100% 초콜릿으로 만든 핫 초콜릿까지. 초콜릿 마니아들에게는 천국과도 같은 곳이다. 이 집의 시그너처인 초콜릿 마카롱은 진득할 정도로 촉촉한 가나슈에서 진한 초콜릿의 풍미가 느껴진다.

프랑스에서는 제빵사의 실력을 가늠하는 척도가 된다는 크루아상을 굽는 솜씨도 좋다. 쫄깃하면서도 부드럽게 찢어지는 질감이다. 따뜻한 핫 초콜릿이나 커피 한 잔을 곁들이면 간단하면서도 행복한 아침 식사를 할 수 있다. 저녁이 되기 전에 문을 닫고 인기 있는 제품들은 빨리 떨어지니 늦어도 점심시간에는 방문하도록 하자.

ADD No.3 Jalan Teluk Barum Pantai Tengah **TEL** +60 4-955-8891 **OPEN** 09:00~18:00, 금 휴무 **COST** 팔미에 RM5, 페이스트리 RM6~8, 케이크 RM13~ 크레이프 10~25 **ACCESS** 아세아니아 리조트에서 뚱아 비치 방향으로 도보 2분 **MAP** p.302-E

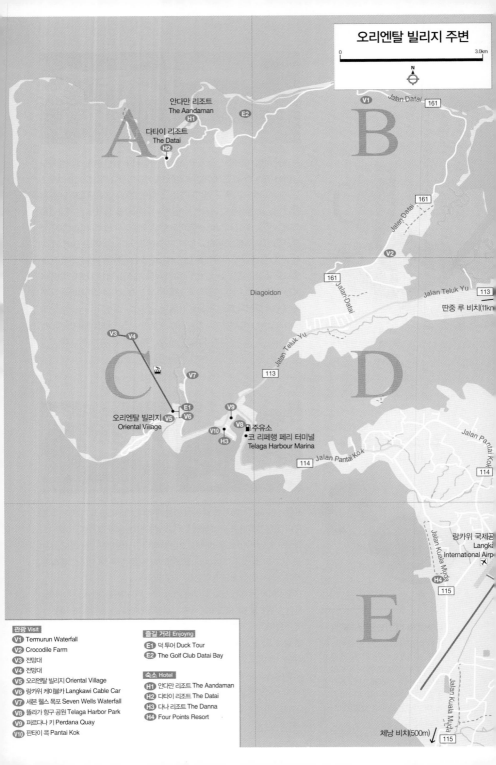

오리엔탈 빌리지 주변

0   3.0km

N

안다만 리조트
The Aandaman
H1

다타이 리조트
The Datai
H2

E2

V1
Jalan Datai
161

A

B

161

Jalan Datai

161

V2

Diagoidon

Jalan Datai

Jalan Teluk Yu
113

딴중 루 비치(11km)

V3 V4

Jalan Teluk Yu

113

V7

C

D

Jalan Pantai Kok

오리엔탈 빌리지
Oriental Village
V5

E1
V6

V9

V8

V10

H3

주유소
코 리페행 페리 터미널
Telaga Harbour Marina

114   Jalan Pantai Kok

114

Jalan Kuala Muda

랑카위 국제공
Langka
International Airp

H4

115

E

Jalan Kuala Muda

체낭 비치(500m)
115

관광 Visit
V1 Termurun Waterfall
V2 Crocodile Farm
V3 전망대
V4 전망대
V5 오리엔탈 빌리지 Oriental Village
V6 랑카위 케이블카 Langkawi Cable Car
V7 세븐 웰스 폭포 Seven Wells Waterfall
V8 뜰라가 항구 공원 Telaga Harbor Park
V9 퍼르다나 키 Perdana Quay
V10 판타이 콕 Pantai Kok

즐길 거리 Enjoyng
E1 덕 투어 Duck Tour
E2 The Golf Club Datai Bay

숙소 Hotel
H1 안다만 리조트 The Aandaman
H2 다타이 리조트 The Datai
H3 다나 리조트 The Danna
H4 Four Points Resort

01

랑카위 앞바다를 한눈에

랑카위 케이블카&오리엔탈 빌리지

Langkawi Cable Car&Orient Village

랑카위에서 잊을 수 없는 단 하나의 순간을 떠올려보라면, 아슬아
슬하게 매달려 있는 케이블카에서 바라본 푸른 바다의 풍경을 꼽
을 수 있다. 경사 42도까지 기울어지는 가파른 외줄을 타고 15분
가량 올라가야 하는 케이블카는 고소공포증이 있는 사람이라면
아쉽지만 포기해야 할 체험이다. 눈 질끈 감고 올라갈 용기만 있다
면 해발 700m가 넘는 정상 전망대에서 펼쳐지는 근사한 360도
파노라마 절경을 만끽할 수 있다.

스카이 캡Sky Cab이라고 불리는 케이블카는 6명까지 탑승할 수 있
으며 중간 정류장에서 한 번 내렸다가 다시 탈 수 있다. 고도가 높
은 전망대는 기상 변화가 많은 편이니 입장권을 사기 전에 날씨 상

ADD Langkawi Cable Car, Oriental Village,
Burau Bay TEL +60 4-959-4225 OPEN
08:30~20:00(비정기적으로 운행 중단/축
소 운영을 하니 홈페이지 확인 필수) COST
케이블카 성인 RM55, 어린이 RM40, 오리
엔탈 빌리지 입장은 무료 ACCESS 체낭 비
치에서 차량으로 25분, 쿠아 타운에서 40분
소요 WEB www.panoramalangkawi.com
MAP p.300-E, p.314-C

황부터 확인하고, 사람들이 몰리는 성수기나 주말에는 아침 일찍 서두르는 것이 좋다. 케이블카와 전망대가
들어서 있는 오리엔탈 빌리지는 덕 투어나 세그웨이, ATV 투어 등 각종 체험시설과 식당이 모여 있는 소규
모 유원지다. 개별 시설 이용 금액 외에는 무료로 입장이 가능하니 편하게 둘러보자.

1 정상 전망대. 울창한 열대
우림과 바다 풍경이 펼쳐진다.
2 작은 연못을 중심으로
유원지처럼 꾸민 오리엔탈 빌리지

세상에서 가장 아찔하고 아름다운 다리

케이블카가 서는 정
상의 전망대에서 옆
쪽의 산봉우리까지
는 **세계에서 제일
긴 곡선형 현수교**
인 스카이 브리지Sky
Bridge가 이어진다.
BBC에서 꼽은 세상에서 가장 아찔하고 아름다운
다리. 총 125m 길이인 다리에는 동시에 200명까지
입장할 수 있다. 입장료는 성인 RM5, 어린이 RM3.

Travel Plus +

오리엔탈 빌리지에서 출발하는 덕 투어

땅 위에서는 차가 되고 바
다에서는 보트가 되는 수
륙양용 차량을 타고 다니
는 '덕 투어Duck Tour'는 오리
엔탈 빌리지에서 가장 인기
있는 즐길 거리다. 오리엔탈
빌리지에서 출발해 근처의 뜰라가 항구 앞바다까지 다녀
오며 45분 정도 소요된다.
OPEN 09:30~18:00 COST RM38

물놀이하기 좋은 천연 수영장
세븐 웰스 폭포
Seven Wells Waterfall

랑카위 섬 안에는 여러 개의 폭포가 있지만 그중에서도 세븐 웰스 폭포는 가장 경치가 좋고 방문해볼 만한 가치가 있는 곳이다. 말레이어로 일곱 개의 우물이라는 뜻의 '뜰라가 뚜주 Telaga Tujuh'로 불릴 만큼 폭포가 만든 천연 수영장이 매력적인 곳. 더운 날씨에 찾아와서 한나절 시원하게 물놀이하다가 돌아가는 서양인 여행자들과 현지인들이 많은 이유다. 주차장에서 잘 포장된 도로나 계단을 따라 올라가다가 표지판을 따라 왼쪽으로 꺾어 들어가면 가볍게 수영을 즐길 만한 폭포 하단이 나온다. 폭포 상부까지 가려면 열대 우림 속을 지나는 638개의 계단을 1시간 정도 올라가야 한다. 힘들게 올라간 만큼 조망이 좋고 물놀이의 유혹을 뿌리치기 힘든 천연 수영장이니 수영복을 준비해 가보자.

ADD Gunung Mat Cincang OPEN 일출~일몰 COST 무료 ACCESS 체낭 비치에서 차량으로 25분, 오리엔탈 빌리지에서 차량으로 3분 MAP p.314-C

1 폭포로 올라가는 계단길. 연인들의 데이트 장소로도 활용된다.
2 주차장 근처에 모여 있는 간이식당과 가게

 ﹨T I P﹨ ─────────

폭포 놀러 가기 좋은 때
시즌에 따라 폭포의 수량 차이가 크다. 12월에서 4월까지 이어지는 건기에는 비가 거의 오지 않아서 폭포 모양도 볼품없어진다. 6월에서 10월까지 이어지는 우기, 특히 9~10월의 몬순 시즌에 방문하면 물이 가득한 천연 수영장에서 신나게 물놀이를 할 수 있다.

맑고 푸른 바닷물이 하얀 모래밭 위로 조용히 오가는, 그림처럼 아름답고 한적한 해변이다. 그 흔한 비치 바는커녕 화장실이나 탈의실도 없어서 불편하지만, 덕분에 더 조용하고 평화로운 분위기를 만끽할 수 있다. 깨끗하고 넓은 해변이 700m 가까이 이어지는데, 다나 리조트의 손님 말고는 거의 오가는 사람이 없어서 해변을 전세라도 낸 것처럼 즐길 수 있다.
해변 뒤쪽에 우거진 나무 아래에 앉아서 파도 소리를 듣기도 하고, 모래밭을 맨발로 걸으며 로맨틱한 분위기를 누릴 수 있는 곳이다. 주말이나 공휴일이면 현지인들이 피크닉 삼아 놀러 오니 한적함을 즐기려면 평일에 방문하는 것이 좋다. 화장실은 다나 리조트나 퍼르다나 키 Perdana Quay의 식당을 이용할 때 해결할 수 있다.

ADD Jalan Pantai Kok OPEN 24시간 COST 무료 ACCESS 체낭 비치에서 차량으로 20분, 오리엔탈 빌리지에서 차량으로 3분 소요 MAP p.300-E, p.314-C

자연 그대로의 해변
판타이 콕
Pantai Kok

찾는 사람이 많지 않아 한적하게 즐길 수 있다.

요트와 조그만 어선이 공존하는 평화로운 분위기

항구 초입에 있는 등대

코 리페 Koh Lipe행 보트가 출발하는 페리 터미널

04

랑카위 속 작은 유럽
뜰라가 항구 공원
Telaga Harbor Park

항구에 정박해 있는 수많은 요트들. 이국적인 모습을 배경으로 사진 찍기 좋은 랑카위 서부 지역의 대표 명소다. **프랑스 리비에라의 지중해풍 항구 도시를 본떠 만든 곳으로**, 유럽의 작은 마을을 연상시킨다. 흰색의 요트들이 정박한 마리나 항구를 중심으로 분위기 좋은 식당들이 입점해 있어서 주말이면 현지인들의 데이트 장소로 활용된다. 특히 우리나라 여행자들이 선호하는 다나 리조트가 항구 바로 앞쪽에 있기 때문에, 호텔 내 식당이 지겨워진 사람이라면 해 질 무렵 산책 겸 근사한 저녁 식사 장소로 추천할 만하다.

ADD Lot 1, Telaga Harbor Park, Pantai Kok TEL +60 4-959-220 OPEN 11:00~24:00 COST 무료 ACCESS 체낭 비치에서 차량으로 17분, 오리엔탈 빌리지에서 차량으로 5분 소요 WEB www.telagaharbour.com MAP p.300-E, p.314-C

해변 뒤쪽으로 움푹 파여 들어간 항구는 한 바퀴를 모두 걸어서 돌기에는 꽤 큰 편이다. 체낭 비치에서 차를 타고 오면 항구 동쪽에 있는 페트로나스 키 Petronas Quay 지역부터 만나게 된다. 페트로나스 키에는 태국의 코 리페 Koh Lipe로 가는 페리 터미널과 주유소 등의 주요 시설이 있다. 코 리페행 보트는 5~10월에만 운항되며 1시간 정도 소요된다. 항구 서쪽에는 식당과 가게가 모여 있는 퍼르다나 키 Perdana Quay 지역이, 해변과 이어지는 항구 앞쪽으로는 예쁜 등대가 있다.

\TIP/

퍼르다나 키의 해피 아워

퍼르다나 키에 있는 식당들은 오후 시간이면 해피 아워 Happy Hour 할인을 내세워 손님들을 끈다. 각 가게 앞에 '1+1'이나 '맥주 가격 할인' 등의 안내판을 세워 두니 확인할 것. 특히 해 질 무렵이면 맥주를 마시기에 제격이다.

렌터카로 찾아갈 때 도로 쪽에서 보이는 퍼르다나 키 표지판

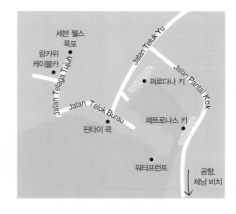

세븐 웰스 폭포
랑카위 케이블카
Jalan Telaga Tujuh
Jalan Telok Burau
Jalan Teluk Yu
Jalan Pantai Kok
퍼르다나 키
페트로나스 키
핀타이 콕
워터프런트
공항, 체낭 비치

체낭 비치(18km)

딴중 루 비
(22k

Jalan Ayer Hangat

Lebuhraya Langkawi

Jalan Padang Matsirat

Jalan Ayer Hangat

Jalan Penarak

RHB 은행

CIMB 은행

Jalan Pandak Mayah 5

Lencongan Putra 3

쿠아 타운 야시장
Kuah Night Market

Persian Putera

Lencongan Putra 2

Jalan Penarak

Persian Putera

관광 Visit
- **V1** 쿠아 타운 야시장 Kuah Night Market
- **V2** 전설 공원 Taman Legenda
- **V3** 독수리 광장 Dataran Lang

식당 Restaurant
- **R1** Merry Brown
- **R2** 오키드 인탄 Orkid Intan
- **R3** 완 타이 Wan Thai
- **R4** 원더랜드 Wanderland
- **R5** 타이 하우스 Thai House
- **R6** 하루 플러스 Haroo+
- **R7** 하루 스토리 Haroo Story
- **R8** 스타벅스
- **R9** KFC

즐길 거리 Enjoyng
- **E1** 헤븐리 스파 Heavenly Spa

쇼핑 Shopping
- **S1** 코코 밸리 Coco Valley Duty Free
- **S2** 랑카위 페어 쇼핑몰 Langkawi Fair Shopping Mall
- **S3** 빌리온 면세점 Billon Duty Free
- **S4** 제티 포인트 면세점 Jettry Point Duty Free
- **S5** 판닥 마야 쇼핑 거리 Jalan Pandak Mayah

숙소 Hotel
- **H1** Bella Vista Resort
- **H2** The Bayview Hotel Langkawi
- **H3** Langkawi Baron Hotel
- **H4** 웨스틴 랑카위 Westin Langkawi

쿠아 타운 Kuah Town

랑카위 섬의 남동쪽에 자리 잡은 쿠아 타운은 랑카위행 페리가 드나드는 쿠아 제티(페리 터미널)를 중심으로 형성된 도심 지역이다. 쇼핑몰과 면세점 등의 상업시설은 물론 공원과 광장 같은 공공시설과 중급호텔과 식당 등의 편의 시설이 밀집되어 있다.

독수리 광장
Dataran Lang

쿠아 제티
Kuah Jetty

페리 티켓 판매소 & 택시 카운터

Jalan Dato Syed Omar

웨스틴 랑카위
Westin Langkawi

쿠아 타운 주변

0 _____ 600m

N

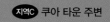

--- 01 ---

랑카위 여행 인증샷 찍기

독수리 광장 & 전설 공원
Dataran Lang & Taman Legenda

1 관광객들의 사진 배경으로
제일 많이 등장하는 포인트
2 시원한 나무 그늘이 드리워진
전설 공원

활짝 날개를 편 거대한 독수리 동상이 눈길을 사로잡는 독수리 광장은 랑카위를 방문한 여행자들의 인증 사진에 가장 많이 등장하는 장소다. **'적갈색 독수리'라는 뜻을 가진 랑카위 섬**을 상징하는 쿠아 타운의 대표 명소. '다타란 랑 Dataran Lang'이라는 말레이식 이름 역시 독수리 광장이라는 뜻이다. 맹그로브 투어나 아일랜드 호핑 투어를 하면 실제 독수리들도 많이 볼 수 있지만, 쿠아 타운의 중심인 제티와 가까운 곳이니 한 번쯤 들러서 기념사진을 남겨보자. 해 질 무렵이면 조명까지 더해져 분위기가 더 근사해진다.

독수리 광장 바로 옆에 있는 전설 공원은 랑카위 섬에 얽힌 전설을 테마로 삼아 만든 공원이다. 랑카위는 '전설의 섬'이라는 별명이 붙을 만큼 다양한 민담과 설화가 전해오는 섬으로, 그 이야기에 등장하는 영웅과 거인, 신화 속 새와 공주 등을 17개의 조형물로 만들어 놓았다. 울창한 나무 숲과 4개의 작은 인공호수까지 신경 써서 꾸며 놓았다.

ADD Dataran Lang& Lagenda Langkawi Dalam Taman TEL 전설 공원 +60 3-966-4223 OPEN 24시간(전설 공원은 09:00~19:00) COST 무료 ACCESS 쿠아 제티의 주차장 북쪽에 있는 다리를 건넌다. 제티 입구에서 도보 5분. 독수리 광장에서 나와 호수 사이의 길을 따라 왼쪽으로 3분 정도 걸어가면 전설 공원 입구가 나온다. MAP p.318-D

Travel Plus +

전설 공원 건너편에 있는
랑카위 페어 쇼핑몰

에어컨 바람 쐬면서 쉬어 가기

독수리 광장과 전설 공원을 구경하다가 잠시 쉬고 싶다면 길 건너편에 있는 랑카위 페어 쇼핑몰 Langkawi Fair Shopping Mall을 이용하자. 전설 공원을 나와서 도로를 건넌 후 왼편으로 3분 정도 걸으면 쇼핑몰 입구가 나온다. 맥도날드나 한식당 같은 음식점도 있고 술이나 초콜릿 등을 저렴하게 살 수 있는 슈퍼마켓형 면세점도 있다.

가족 단위의 현지인들이
산책 삼아 나들이 나오는 장소

슈퍼마켓보다도 저렴하게
신선한 과일을 살 수 있다.

········· 02 ·········

시장에서 즐기는 소박한 만찬
쿠아 타운 야시장
Kuah Night Market

일주일에 두 번 쿠아 타운에 야시장이 열리는 수요일과 토요일 저녁
이면 이곳에 사는 사람들에게 흥겨운 설렘이 느껴진다. 바론 호텔
Baron Hotel 앞쪽 넓은 공터에 가판대들이 줄지어 펼쳐지고 연신 고기를
구워내는 숯불 연기까지 뭉게뭉게 피어 오르면, 엄마·아빠의 손을
잡고 달려오는 꼬마들과 호기심 가득한 눈망울을 가진 외국인 여행
자들로 장터는 금세 채워진다.

ADD Lencongan Putra 3, Kuah OPEN
수·토 17:00~24:00 ACCESS 쿠아 타
운의 코코 밸리 면세점 남쪽에 있는 다리
를 건넌다. 바론 호텔 앞쪽의 공터에 야
시장이 열린다. MAP p.301-K, p.318-C

요일에 따라 랑카위 섬 이곳저곳에 야시장이 서긴 하지만 쿠아 타운에 서는 야시장이 제일 큰 규모이고 가
판대 종류도 다양한 편. 간편한 먹거리가 많고 가격도 아주 저렴하기 때문에 온 동네 사람들이 모여서 저녁
을 해결하는 왁자지껄한 분위기다. 밤늦은 시간까지 현지인들로 북적거리는 시장 가판대를 기웃거리다가
눈길 가는 간식들을 집어 먹다 보면 어느새 저녁과 야식까지 한 번에 해결하게 된다.

\TIP/

쿠아 타운 야시장에서 만나는 간식거리

RM10만 들고 가도 배 터지게 간식거리를 골라먹을 수 있는 것이 야시장의 매력이다. 음식마다 정확한 가격표가
붙어 있기 때문에 간단한 영어 단어 몇 개만 알면 주문부터 계산까지 문제가 없다.

1 튀김과 어묵 등 다양한 꼬치들
2 커다란 프라이팬에 볶아 놓은
볶음밥과 볶음국수
3 닭고기, 소고기, 양고기로 만든
맛있는 사테
4 달콤한 연유가 듬뿍 들어간
알록달록한 음료들
5 단팥을 넣어서 구운 말레이식
풀빵
6 진한 초콜릿 소스를 가득 뿌린
케이크 1조각

쿠아 타운의 현지인 맛집

쿠아 타운에는 관광객 대신 현지인들을 상대하는 식당들이 많다. 관광객 거품을 쏙 뺀 가격이라 더 저렴한 가격으로 제대로 된 현지 요리를 맛볼 수 있다는 것이 장점. 독수리 광장과 전설 공원에 놀러 온 김에 들러보면 좋다.

1 소프트 셀 크랩으로 만든 뿌 빳 뽕 커리
2 고소한 냄새가 진동하는 판단 치킨
3

01

인기 만점의 타이 푸드
완 타이
Wan Thai

TIP

현지인들의 음료

현지 무슬림들이 즐겨 찾는 식당이라 맥주 등 주류는 판매하지 않는다. 현지인들이 좋아하는 음료 리스트가 흥미로운데, 영국에서 발명한 말레이 반도 사람들도 즐겨 먹는 달콤한 곡물 음료 홀릭스 Horlicks와 열대과일 롱안 Longan으로 만든 주스도 있다.

롱안 주스와 홀릭스

랑카위는 지리적으로나 역사적으로나 태국과 밀접한 곳이라 다른 지역에 비해 유난히 많은 타이 요리를 만나 볼 수 있는데, 그중에서도 첫손으로 꼽히는 타이 요리 전문식당이다. 점심이나 저녁 시간이면 모든 테이블이 예약석으로 찰 만큼 현지인들의 사랑을 받는 식당. 넓은 매장을 가득 채운 테이블마다 음식이 다 나가려면 대기 시간이 길어지니 식사 시간을 살짝 피해서 가면 더 좋다.

말레이에서 느껴보는 타이 요리의 맛으로는 껍질이 부드러운 소프트 셀 크랩으로 만든 **뿌 빳 뽕 커리**를 추천한다. 달짝지근한 게살에 밴 풍부한 커리향과 부드러운 코코넛 크림, 달걀에 잘 스며든 짭조름한 양념이 밥을 절로 부른다. 판단 잎을 이용해서 요리하는 **판단 치킨** 역시 이 집의 인기 메뉴. 바삭거리는 판단 잎을 벗겨내고 은은한 향이 밴 닭고기를 매콤달콤한 칠리소스에 찍어 먹는다. 곁들여 먹기 좋은 망고 샐러드 역시 톡 쏘게 시면서도 상큼하게 매운 정통 타이 스타일이다.

ADD No. 80-82, Persiaran Bunga Raya, Kuah **TEL** +60 4-966 1214 **OPEN** 11:00~15:00, 18:30~22:00 **COST** 메인 요리 RM15~, 샐러드 RM10~ **ACCESS** 쿠아 타운 중심가에서 택시로 RM8 **MAP** p.318-A

1 소프트 셀 크랩으로 만든 뿌 빳 뽕 커리 Poo Phad Phong Kari
2 고소한 냄새가 진동하는 판단 치킨 Ayam Goreng Pandan
3 그린 망고를 채 썰어 매콤 새콤하게 무친 망고 샐러드

02 ————

쿠아 타운의 해산물 1인자
원더랜드
Wonderland

신선한 새우로 만든
버터 프라운 200g

후추 맛이 아주 강한 페퍼 소스
소프트 셸 크랩 200g

쿠아 타운에서 가볼 만한 해산물 식당 하나를 추천해달라면 현지인들이 이구동성으로 소개하는 곳이다. 싼 가격을 우선으로 하는 현지인 식당이라 주위 환경이 썩 만족스럽지는 않아도, 체낭 비치에 줄지어 있는 관광객용 식당에 비하면 저렴하고 푸짐하게 해산물 요리를 먹을 수 있다.

원하는 해산물을 무게 단위로 주문하고 적당한 조리법을 고르는데, 대부분 중국식 소스에 빠르게 볶아내는 방식이다. 우리나라 여행자들이 제일 만족감을 느낄 만한 메뉴로는 달콤짭짤한 버터 프라운을 추천한다. 뜨거운 버터에 달걀을 넣어서 실처럼 만드는 드라이 버터 소스 타입이라 이 집 주방장의 장기인 웍 다루는 솜씨가 잘 드러난다. 단 예고 없이 문을 닫을 때가 종종 있다.

ADD Lot 179, 180, 181 Pusat Perniagaan Kelana Mas, Kuah **TEL** +60 12–494–6555 **OPEN** 18:00~23:00, 금 휴무 **COST** 게 100g RM10~, 새우 100g RM8~ **ACCESS** 쿠아 타운 시내에서 도보 10분 **MAP** p.318–A

03 ————

내맘대로 끓이는 국수 한그릇
오키드 인탄
Orkid Intan

꿔띠오숩
Koay Teow Soup

ADD No. 20, 21, 22, Kampung Dindong, Kedah **TEL** +60 4–966 6064 **OPEN** 07:00~12:00 **COST** 꿔띠오숩 RM5, 숩 재료에 따라 RM5–7 **ACCESS** 쿠아 타운 시내에서 도보 10분 **MAP** p.318–A

티비 여행 프로그램에 나와서 한국인들이 많이 찾는 식당으로 전형적인 말레이시아식 호커 센터이다. '호커 센터'란 하나의 가게 안에 각기 다른 음식을 판매하는 가판대들이 입점해 있는 말레이 특유의 식당 문화인데, 말레이식, 중국식, 인도식 등 다양한 음식을 각 가판대에서 주문한 후 공용 테이블에서 먹는다. 한국 여행자들에게 인기 있는 곳은 두껍고 쫄깃한 면발의 쌀국수인 "꿔띠오숩" 가판대. 이 가판대에서는 "숩"이라는 이름으로 국수 종류와 들어가는 고명을 마음대로 선택해서 자신만의 국수 한그릇을 주문할 수 있다. 주로 어묵과 미트볼 종류를 그릇에 담고 건네주면 국물에 끓여서 준다. 육수는 강한 조미료 베이스로 기름지만 맛은 평범하다.

CHECK 호커센터에서는 음료를 1인 당 1개씩 반드시 주문해야 한다. 가판대들은 장소를 대여해서 쓰고 장소 대여비를 주인이 음료 비용으로 충당하는 시스템이다.

04

타이 스타일로 요리한 해산물
타이 하우스
Thai House

팟 펫 프라이드
프라운(小)

파인애플
볶음밥(小)

그린 파파야로 만든
샐러드, 솜땀(小)

쿠아 타운에 숙소를 잡은 사람들이 들르기 편한 타이식 해산물 레스토랑. 수족관을 보고 고르는 타입은 아니니 무게를 재는 종류보다는 인원에 따라 대/중/소를 고를 수 있는 요리가 무난하다.

꽃게와 새우, 오징어 등 해산물 종류를 고른 다음 원하는 요리법을 선택할 수 있는데, 타이 레스토랑에 온 만큼 타이 전통의 볶음 방식인 **팟 펫 프라이드** Pat Pet Fried를 추천한다. 그린 빈 같은 채소를 넉넉하게 넣고 칼칼한 레드 커리 페이스트와 피시 소스, 코코넛 밀크 등으로 볶는 방식이라 타이 특유의 매콤한 맛을 즐길 수 있다. 여기에 새콤하고 짭짤한 타이식 샐러드 솜땀 Somtam과 파인애플 볶음밥까지 곁들이면 랑카위에서도 태국에 놀러 온 듯한 기분이 든다.

ADD No.2 Pekan Kuah **TEL** +60 4-966-6501 **OPEN** 12:00~23:00 **COST** 해산물요리 RM22~, 솜땀 RM8~, 파인애플 볶음밥 RM6~, S/C 10% 별도 **ACCESS** 베이뷰 랑카위 호텔의 맞은편 **MAP** p.318-B

05

랑카위에서 한식을
하루 플러스
Haroo+

비빔밥 RM35

ADD Jalan Pandak Mayah 7, Pusat Bandar Kuah **TEL** +60 12-514 0049 **OPEN** 13:30~24:00 **COST** 비빔밥 RM35, 뚝배기불고기 RM35 돼지고기 바비큐 세트 1인 RM50 (서비스 차지 10% 별도) **ACCESS** 랑카위 베이뷰 호텔에서 도보 5분 **MAP** p.318-B

쿠아 타운 시내에 위치한 한국 음식점이다. 찌게, 비빔밥, 파전까지 다양한 한국음식들을 맛볼 수 있다. 모양과 맛은 제법 그럴듯하게 재현하지만 현지인 요리사가 만들었다는 사실을 숨길 수는 없다. 한식의 맛에 민감한 사람이라면 버너에 굽는 삼겹살 세트 메뉴를 추천한다. 단품 식사로는 찌개보다는 비빔밥이나 뚝배기 불고기가 무난하다. 비빔밥은 닭과 소고기 중에 선택할 수 있는데, 당근, 오이, 김, 양배추가 생으로 들어가고 밑에 볶음야채가 들어가 있다.

CHECK 하루는 랑카위에 3개의 매장이 있다. 쿠아타운에 2개(하루 플러스, 하루 스토리) 그리고 뚜아 비치에 1개(하루)가 있다. 세 개의 매장 모두 동일한 메뉴를 판매하며 3가지 기본 반찬과 후식 아이스크림을 제공한다.

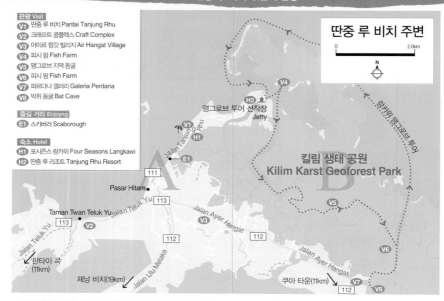

관광 Visit
- V1 딴중 루 비치 Pantai Tanjung Rhu
- V2 크래프트 콤플렉스 Craft Complex
- V3 아이르 항갓 빌리지 Air Hangat Village
- V4 피시 팜 Fish Farm
- V5 맹그로브 지역 동굴
- V6 피시 팜 Fish Farm
- V7 퍼르다나 갤러리 Galeria Perdana
- V8 박쥐 동굴 Bat Cave

즐길 거리 Enjoying
- E1 스카버러 Scaborough

숙소 Hotel
- H1 포시즌스 랑카위 Four Seasons Langkawi
- H2 딴중 루 리조트 Tanjung Rhu Resort

딴중 루 비치 주변

맹그로브 투어 선착장 Jetty

킬림 생태 공원
Kilim Karst Geoforest Park

Pasar Hitam

Taman Twan Teluk Yu

판타이 곡 (11km)

체낭 비치(19km)

쿠아 타운(11km)

01

랑카위에서 제일 아름다운 해변

딴중 루 비치
Tanjung Rhu Beach

길게 뻗은 하얀 모래밭 위로 조용히 오가는 푸른 파도, 딴중 루 비치는 랑카위뿐만 아니라 말레이시아에서도 가장 아름다운 해변으로 손꼽히는 곳이다. 관광객들로 북적거리는 체낭 비치와는 정반대인 섬의 북동쪽 구석에 자리하고 있어 한적하다는 것이 최고의 장점. 찾아가기에는 조금 불편하지만 그래서 더 고요하고 아름답다.

총 4km가 넘는 해변 가운데 제일 예쁜 곳은 최고급 리조트인 포시즌스 랑카위 리조트와 딴중 루 리조트가 차지하고 있지만, 리조트 시설이 들어서지 않은 공용 해변은 누구라도 편하게 즐길 수 있다. 렌터카나 오토바이를 타고 조용한 선탠 장소를 찾아다니는 이들에게 특히 인기 있는 장소로, 수상 스포츠 역시 여유 있게 즐길 수 있다.

ADD Pantai Tanjung Rhu OPEN 09:00~18:00 COST 무료 ACCESS 판타이 체낭에서 차량으로 30분, 쿠아 타운에서 20분 소요 MAP p.301-C, p.324-A

딴중 루 리조트 앞의 해변. 해변 앞에 떠 있는 기암괴석들이 멋지다.

리조트 대신 쉴 수 있는 해변 바

리조트 부대 시설 외에는 별다른 편의시설이 없다. 간단하게 요기를 하거나 화장실을 이용하려면 해변 한쪽에 있는 식당 '스카버러'(p.333)를 방문해 보자. 살짝 허름한 히피 분위기지만 생선튀김에 시원한 맥주 한잔을 마시는 곳으로 장기 체류자들과 서양인 배낭여행자에게 인기가 높다.

아이들과 함께하는 생태 체험
랑카위 맹그로브 투어 Langkawi Mangrove Tour

킬림 강이 바다와 만나는 곳에 무성하게 자라난 맹그로브 숲 사이를 다니며 랑카위의 다양한 생태계를 관찰하는 투어. 유네스코에 의해 생태 공원으로 지정될 만큼 잘 보존된 '킬림 생태 공원 Kilim Karst Geoforest Park'에서 이루어지기 때문에 습지와 석회암 지대, 동굴과 바다를 모두 둘러볼 수 있는 기회다. 강바람을 맞으며 보트를 타는 것도 신나고 맹그로브 숲 속에 사는 다양한 동물들도 만날 수 있어서 아이들을 동반한 가족들에게 인기를 끌고 있다.

ADD Jetty Kilim, Jalan Ayer Hangat TEL +60 4-966-7168(킬림 생태 공원) OPEN 점심 불포함 4시간 (10:30~14:30), 점심 포함 6시간(09:30~15:30) COST 점심 불포함 4시간 RM50~, 점심 포함 6시간 RM90~(체낭 비치의 현지 여행사 기준) ACCESS 체낭 비치나 쿠아 제티에 있는 현지 여행사나 한인 여행사를 통해 신청한다.

투어 신청 방법

현지 여행사에서 신청하는 맹그로브 투어는 선착장까지의 왕복 교통을 포함하며, 짧게 볼거리만 둘러보는 4시간짜리와 딴중 루 비치에서 점심을 먹고 쉬다 오는 6시간짜리 두 종류가 있다. 개별적으로 킬림 생태 공원의 선착장으로 가서 보트 투어를 신청할 수도 있다(보트 1대당 1시간 RM250~).

TALK

자연이 만든 천연 방파제, 맹그로브 숲

짜디짠 바닷물에도 뿌리를 내리고 사는 맹그로브 숲은 놀라운 생명력으로 해안 생태계를 지탱하는 환경 파수꾼이다. 바다와 육지의 경계에 서식하면서 파도와 폭풍으로부터 해안을 보호할 뿐 아니라 물고기의 산란 장소로 사용된다. 나무에 둥지를 트는 새들과 뿌리에 붙어사는 갑각류, 연체류, 이곳에서 사냥하는 뱀과 악어 등 수많은 생명체의 보금자리다.

🐒 맹그로브 투어 이용 백서(4시간짜리) 🐒

10:30 호텔이나 여행사에서 픽업&출발 ➡ **11:00** 선착장(제티)에서 보트 탑승 ➡ **11:30** 가두리 양식장처럼 만든 '피시 팜 Fish Farm' ➡ **12:00** 맹그로브 숲에 사는 원숭이 구경

12:15 랑카위의 명물인 독수리가 사는 서식지 ➡ **12:40** 맹그로브 숲 사이를 보트로 다니기 ➡ **13:00** 수천 마리 박쥐들이 사는 박쥐 동굴 ➡ **13:40** 보트를 타고 다시 선착장으로 복귀

열대 과일도 먹고 농장 구경도 하고

마르디 아그로테크놀로지 파크

MARDI Argotechnology Park

랑카위에서 생산되는 다양한 열대 과일에 대한 정보를 연구하고 전파하는 농장형 테마파크이다. 한국 여행자들에게는 '마르디 과일농장'이라는 이름으로 알려져 있다. 부지가 넓어서 개조한 트럭을 타고 가이드와 함께 농장을 둘러보는 투어 형식으로 진행한다. 트럭을 타고 제일 먼저 가는 곳은 과일 뷔페. 바나나와 수박은 물론 파파야, 잭프루트, 망고스틴, 스타푸르트 등 제철 과일을 접시에 담아서 마음껏 먹을 수 있다. 다음 다시 차를 타고 방금 먹은 과일밭과 나무를 찾아서 이야기를 들으면서 직접 눈으로 확인해본다. 가이드가 과일을 이용한 재밌는 인증샷을 남길 수 있도록 도와주기 때문에 아이들과 함께 하는 가족여행에도 적합한 곳이다.

ADD 1, Jalan Padang Gaong, Lubuk Semilang, Ulu Melaka Kuah TEL +60 4-953 2550 OPEN 08:30~17:00, 금 휴무 COST 어른 RM30 어린이 RM15(3세 이하 무료) ACCESS 첸낭 비치에서 그랩/택시로 25분 소요 WEB tatmi.mardi.gov.my MAP p.301-G

말레이시아 최장기 집권 총리의 소장품 박물관

퍼르다나 갤러리

Galeria Perdana

이곳은 고고학이나 역사 관련 박물관이 아니라 총리의 개인 소장품들만으로 만든 박물관이라는 것부터 재미있다. 커다란 건물을 가득 채울 만큼 방대한 전시품들은 1981년부터 2003년까지 22

ADD Kilim, Mukim Ayer Hangat TEL +60 4-959-1498 OPEN 08:30~17:30 COST 성인 RM10, 6~12세 RM4, 카메라 별도 RM2 ACCESS 판타이 체낭에서 차량으로 35분, 쿠아 타운에서 15분 소요 WEB www.jmm.gov.my MAP p.301-C, p.324-B

년 동안 집권한 마하티르 총리가 세계 각국의 정상이나 대기업으로부터 선물받거나 수집한 것. 그는 랑카위가 속한 크다 주에서 태어나서 랑카위 섬을 면세 특구로 만들며 이곳의 관광산업을 일으켰으며, 말레이시아 건국 이래 가장 오랫동안 집권한 총리였다. 2018년 92세 나이로 또다시 총리에 당선되어 세계에서 가장 나이가 많은 국가 지도자로서 새로운 역사를 쓰게 되었다. 클래식 올드카에서 일본 무장의 투구까지, 각국의 문화가 담긴 다양하고 진귀한 선물들을 구경할 수 있다.

우리나라 제주지사의 선물인 동하르방

따뜻한 온천에 발 담그고

아이르 항갓 빌리지
Air Hangat Village

더운 열대 나라에서 따뜻한 온천욕을 즐기는 색다른 재미를 느껴볼 수 있는 이색 공간이다. 말레이어로 물이라는 뜻의 '아이르 Air'와 따뜻하다는 뜻의 '항갓 Hangat'이 합쳐진 아이르 항갓은, 말 그대로 온천이라는 뜻. 예로부터 천연 온천수가 나오던 지역을 스파와 갤러리, 공연장 등을 갖춘 작은 관광단지로 개발했다.

개별적으로 사용할 수 있는 프라이빗 자쿠지나 마사지는 따로 돈을 내야 하지만, 군데군데 **족욕 시설이 있는 야외 정원은 누구나 무료**로 이용할 수 있다. 기념품 가게와 매점 등이 있는 입구 건물 쪽을 지나 안으로 들어가면 주위 풍경도 좋다. 기왕 렌터카를 빌렸다면 잠시 쉬어가는 포인트로 삼으면 좋다.

무료 족욕 즐기기

야외 정원의 안쪽까지 깊숙이 들어가면 편안하게 앉아서 족욕을 할 수 있는 정자가 있다. 유황을 함유한 온천수라 특유의 냄새가 강하다.

ADD Jalan Ayer Hangat TEL +60 4-959-1357 OPEN 09:00~18:00 COST 무료, 스파 빌라와 마사지는 별도 요금 ACCESS 판타이 체낭에서 차량으로 30분, 쿠아 타운에서 20분 소요 MAP p.301-C, p.324-A

05

말레이 전통 공예품 구경

크래프트 콤플렉스
Craft Complex

말레이시아의 전통 공예품들을 한 자리에서 구경할 수 있는 전시장 겸 판매장이다. 말레이시아 정부에서 인정받은 전통공예 장인들이 만드는 수공예품들을 편안하게 둘러보고 표시된 정가로 구매도 할 수 있는 좋은 기회다.

건물 규모가 꽤 큰 편이라 바틱과 직물, 라탄 바구니와 전통 자기, 조각과 장신구 등 공예 분야별로 전시장이 나뉘어 있다. 판매가 주요 목적이긴 하지만 구매 압박 없이 둘러볼 수 있다는 것도 장점. 건물 정중앙에 회랑으로 연결된 별관에서는 말레이 각 민족의 결혼풍습을 전통의상과 사진, 가구들로 보여주는 전시를 하고 있다.

ADD Craft Complex, Jalan Teluk Yu TEL +60 4-959-1913 OPEN 10:00~18:00 COST 무료 ACCESS 판타이 체낭에서 차량으로 30분, 쿠아 타운에서 25분 소요 WEB www. kraftangan.gov.my MAP p.300-B, p.324-A

기념으로 살 만한 수공예품

1 전통 염색(바틱)으로 만든 빛깔 고운 수건
2 화려한 전통 문양을 사용한 샌들
3 과일 모양으로 짠 귀여운 동전 지갑
4 전통 염색으로 만든 대형 걸개그림

술과 초콜릿의 천국

01 면세점
Duty Free Shop

섬 전체가 면세 특구인 랑카위에서는 누구나 슈퍼마켓 들르듯 편하게 면세점을 이용할 수 있다. 여행자들이 자주 들르는 쿠아 제티는 물론 체낭 비치의 메인 거리 곳곳에 면세점들이 들어서 있고, 체낭 몰이나 랑카위 페어 같은 쇼핑몰에도 면세점이 입점해 있다.

고급 명품 의류나 가방을 주로 취급하는 우리나라의 면세점과는 달리 이곳의 **주요 품목은 술과 초콜릿**이다. 그 외 화장품이나 향수 등은 우리나라 면세 가격과 비교했을 때 큰 매력이 없지만, 양주와 맥주, 와인 같은 주류와 전 세계에서 수입한 초콜릿은 누구라도 혹할 만큼 저렴한 가격이다. 말레이시아의 다른 지역에서는 비싼 맥주도 여기에서는 한 캔에 500원 정도. 상온에 있는 대형 팩 외에도 냉장고에 차갑게 보관된 맥주를 마트에서 장 보듯 구입할 수 있다.

Travel Plus +

여행자들이 찾아가기 편한 면세점

체낭 몰 2층의 면세점 Cenang Mall Duty Free
술과 담배를 파는 매장과 초콜릿을 파는 매장이 나누어져 있다. 체낭 몰에 온 김에 들르기 좋다.
ADD Jalan Pantai Cenang TEL +60 4-953-1188 OPEN 10:00~22:00 MAP p.302-D

코코 밸리(체낭 비치) Coco Valley Duty Free
언더워터 월드 바로 옆에 있어서 겸사겸사 들르기 좋다. 초콜릿과 와인 종류를 다양하게 갖추고 있다.
ADD Jalan Pantai Cenang TEL +60 4-955-6100 OPEN 10:00~18:30 MAP p.302-D, p.318-B

추천 더 존(체낭 비치) The Zon Duty Free
체낭 비치의 메인 거리에 있다. 술과 초콜릿 외에도 생활잡화들과 기념품들을 판매한다.

ADD Jalan Pantai Cenang TEL +60 4-955-5300 OPEN 10:00~21:00 MAP p.302-D

제티 포인트(쿠아 타운) Jetty Point Duty Free
쿠아 제티와 연결되어 있는 제티 포인트 콤플렉스 내에 있다. 가격은 비싸다.
ADD 15, Kompleks Perniagaan Kelibang, Kuah TEL +6 04-966-7560 OPEN 10:00~22:00 MAP p.318-D

빌리온(쿠아 타운) Billion Duty Free
랑카위 페어 쇼핑몰 안에 있다. 독수리 광장과 전설 공원을 구경하는 김에 들르기 좋다.
ADD Langkawi Fair Shopping Mall TEL +6 04-969-8100 OPEN 10:00~22:00 MAP p.318-C

랑카위 면세점의 잇 아이템

눈이 휘둥그레 질 만큼 다양한 양주와 맥주, 초콜릿이 진열되어 있다. 그리고 가격표를 확인하는 즉시 터져 나오는 단 한마디, '싸다'. 미니어처 양주부터 대용량까지 크기도 다양해서 이것저것 테스트해보는 기쁨도 누릴 수 있다.

1 시바스 리갈 12년산 Chivas Rega

750ml, RM75

우리나라 중장년층이 가장 선호하는 스코틀랜드산 위스키. 200년이 넘는 전통 블렌딩 기술로 만들어낸 깊고 부드러운 맛이 특징이다.

 한국 vs 랑카위 ｜ 우리나라 주류 전문점에서 5만 원대에 판매된다.

2 다양한 맛의 토블론 초콜릿 Toblerone

100g, RM4,9

전 세계인의 사랑을 받는 스위스산 초콜릿 바. 알프스의 봉우리인 마터호른을 상징하는 삼각 기둥 모양이다.

 한국 vs 랑카위 ｜ 한국은 인터넷 구입 기준 2,000원 정도. 랑카위에 는 훨씬 다양한 맛이 있고 특별 할인도 자주 한다.

3 페레로 로셰 초콜릿 Ferrero Rocher

30개짜리 1박스, RM29,5

선물용으로 인기가 높은 이탈리아산 정통 초콜릿. 견과류와 초콜릿 이 겹겹이 싸여 있는 프리미엄 브랜드로 사랑받고 있다.

 한국 vs 랑카위 ｜ 한국에서는 1만2천원, 랑카위에서는 8천원 정도로 판매 된다. 일정량 구매 시 덤을 주는 프로모션도 한다.

4 안톤 버그 위스키 봉봉 Anthon Berg

16개짜리 1세트, RM30

위스키 봉봉 중 최상급으로 인정받는 덴마크산 프리미엄 초콜릿. 초콜릿을 깨물면 안에 위스키나 리큐어가 찰랑찰 랑 담겨 있어 어른용 선물로 제격이다.

 한국 vs 랑카위 ｜ 국내 매장은 없다. 해외배송 직구 시 배송비 포함 2만6,000원정도. 랑카위에선 8,500원에 살 수 있다.

TIP

면세품 구입 시 주의점

랑카위에 48시간 이상 체류한 사람에 한해 담배 1보루와 주류 1ℓ (US$400 미만)를 면세로 가져 나갈 수 있다. 섬 밖으로 나가는 통로인 제티와 공항에서 짐 가방을 무작위로 선별해 검사한다. 술이나 담배를 살 때는 여권 지참이 필수! 술과 담배 종류는 한달 동안 구입할 수 있는 총량이 정해져 있다.

02 체낭 몰
Cenang Mall

Travel Plus +

☑ 체크할 만한 매장
화장품이나 생필품 쇼핑을 하려면 1층에 있는 약국형 매장 가디언 Guardian이 편리하다. 2층에는 카야 토스트로 유명한 올드 타운 화이트 커피점 Old Town White Coffee이 있고 1층에는 우리에게 익숙한 스타벅스와 KFC, 맥도날드가 있다. 베이커리로 유명한 더 로프 The Loaf에서 간식을 해결해도 좋다.

체낭 비치에 숙소를 잡은 사람이라면 한 번쯤 들르게 되는 쇼핑몰이다. 2층짜리 쇼핑몰의 규모는 그리 크지 않지만, 여행자들이 편하게 들르기 좋은 레스토랑 체인점들과 여행에 꼭 필요한 편의시설들이 다수 포진해 있다. 밥 먹으러 간 김에 환전도 하고, 커피 마시면서 에어컨 바람도 쐬고, 간단한 생활용품을 사면서 면세점까지 들를 수 있는 원스톱 쇼핑몰인 셈. 1층에는 환전소와 ATM이 있으며, 쇼핑몰 2층에는 주류와 초콜릿을 전문으로 판매하는 면세점도 입점해 있다.

ADD Jalan Pantai Cenang TEL +60 4-953-1188 OPEN 10:00~22:00 ACCESS 체낭 비치의 메인 거리의 한가운데에 있다. 언더워터 월드 맞은편 MAP p.302-D

03 판닥 마야 쇼핑 거리
Jalan Pandak Mayah

쿠아 제티와 가까운 쿠아 타운의 중저가 호텔로 숙소를 잡았다면, 면세 쇼핑을 위해 굳이 다른 곳을 찾아갈 필요가 없다. 숙소들이 밀집해 있는 판닥 마야 거리 일대가 모두 크고 작은 면세점으로 가득한 쇼핑 거리이기 때문. 코코밸리 Coco Valley처럼 다양한 물품들이 모여 있는 형태도 있고, 담배 전문점이나 와인 전문점 같은 소형 매장도 많다.

ADD Jalan Pandak Mayah OPEN 10:00~22:00 ACCESS 쿠아 제티에서 차량으로 5분 MAP p.318-B·C

말레이시아의 다른 도시에서 놀러 온 사람들이나 현지인들이 주로 이용하는 곳이라 체낭 비치의 면세점들보다 살짝 가격이 저렴한 편이다. 특히 초콜릿 종류는 말레이시아 제품에서부터 수입산까지 대규모로 가져다 놓고 판매하며, 재고 상황에 따라 3+1이나 5+1 등 할인 행사도 자주 하는 편. 수요일이나 토요일 저녁 쿠아 타운 야시장에 놀러 왔을 때 함께 둘러보면 좋다.

스파

체낭 비치와 뚱아 비치의 메인 도로에는 화려한 시설은 아니지만, 합리적인 가격으로 마사지를 받을 수 있는 마사지 가게들이 많다. 체낭 비치의 번화가와는 떨어져 있는 고급 리조트에 머문다면 호텔 부설 스파를 이용해 보는 것도 좋다.

고급 스파처럼 쾌적한 분위기
01 알룬 알룬 스파
Alun Alun Spa

ADD Lot 48, Jalan Patai Cenang TEL +60 4-953-3838 OPEN 11:00~23:00 COST 발 마사지 45분 RM88, 알룬알룬 웨이브 마사지 1시간 RM160 ACCESS 체낭 비치의 카사 델 마르 건너편. WEB www. alunalunspa.com MAP p.302-A

가격대가 비슷한 동급 스파들 중 가장 먼저 추천할 만한 곳. 랑카위 섬 안에만 3개 지점이 있는데 그중 체낭 비치 지점의 만족도가 제일 높다. 입구에서는 쉽게 상상이 가지 않을 만큼 아기자기하게 펼쳐지는 정원의 분위기도 좋고, 배낭 여행자들의 중심지인 체낭 비치에서는 손꼽힐 만큼 고급스러운 시설도 만족스럽다. 전신 마사지를 받는 개별 스파 룸과 발 마사지를 받는 살롱으로 나누어지며 알룬 알룬 웨이브 마사지가 대표 메뉴다.

말레이시아에서 손꼽히는 고급 스파
02 헤븐리 스파
Heavenly Spa

\TIP/

스파를 예약했다면 30분~1시간 전에 도착해 근사한 스파 풀과 파빌리온, 따뜻한 샤워도 마음껏 즐겨보자. 스파 전 근육을 풀기에도 좋다.

랑카위에서 가장 시설이 좋은 스파를 추천하라면 말레이시아의 유일한 헤븐리 스파인 이곳부터 꼽을 수 있다. 웨스틴 리조트의 상징이라고 할 만큼 충성도 높은 고객이 많은 세계적인 스파 브랜드로, 스파 프로그램을 SPG 포인트로 결제할 수도 있다. 아유르베다, 말레이식, 중국식, 스웨디시 마사지 등 다양한 옵션이 있다. 다른 곳에 비해 마감 시간이 늦은 편이라 밤에도 여유 있게 이용할 수 있어 좋고, 개별 빌라에서 진행되기 때문에 프라이빗한 분위기를 좋아하는 커플들에게 인기가 높다.

ADD Telaga Terminal, Lot 1 Telaga Harbour Park TEL +60 4-960-8861 OPEN 09:00~24:00 COST 말레이 마사지 60분 RM310, 아유르베다 프로그램 150분 RM590 ACCESS 웨스틴 랑카위 리조트 안, 체낭 비치에서 차량으로 40분 WEB www. westinlangkawi.com MAP p.318-D

해변을 따라 늘어서 있는 비치 바는 열대 휴양지를 찾은 이들의 로망이라고 할 수 있다. 맥주 한 병을 옆에 놓고 멍하니 바다를 바라보거나 흥겨운 음악과 함께 모두 친구가 되어가는 곳. 랑카위 나이트라이프의 꽃이다.

체낭 비치의 핫 플레이스

01 썰스트데이 바
Thirstday Bar

피나 콜라다

폭신폭신한 모래밭 위에 놓인 테이블들이 한없이 낭만적인 비치 바다. 체낭 비치가 대대적인 정비작업 중이라 해변에 있던 비치 바들이 많이 사라졌는데, 그런 아쉬움을 상쇄해줄 만한 근사한 비치 바가 체낭 비치 북쪽에 생겼다. 체낭 비치에서는 찾아보기 힘들 만큼 세련된 분위기도 장점이다.

작은 크기의 타이거 생맥주를 시키면 차가운 얼음물이 가득한 버킷에 퐁당 담가줄 준다. 햇빛에 달궈진 미적지근한 맥주를 마시지 않아도 되기 때문에 마시는 내내 기분이 좋다. 피나 콜라다 같은 대중적인 칵테일들도 주문할 수 있지만 칵테일 제조 기술이 뛰어나지는 않다. 근사한 석양을 바라보고 싶다면 야외에 일자로 만든 바 좌석이 최고의 명당자리! 해 질 무렵이면 해변 모래밭에 놓인 흰색 테이블에 앉아서 분위기를 즐기는 사람들도 많다.

ADD Lot 1225, Jalan Pantai Cenang **TEL** +60 4-955-4128 **OPEN** 13:00~다음날 01:00 **COST** 타이거 생맥주 RM8~28, 기네스 생맥주 RM10~35 **ACCESS** 체낭 비치의 북쪽, 카사 델 마르의 아래쪽 해변이다. **MAP** p.302-A

비치 바의 인기 칵테일, 모히토

전 세계 어디를 가나 젊은 사람들이 1순위로 선택하는 칵테일이다. 럼으로 유명한 쿠바의 대표 칵테일로, 라임과 애플민트에 황설탕을 넣어서 콩콩 찧은 다음 럼과 소다수를 넣어 만든다. 전 세계로 유행이 번지면서 다양한 과일을 첨가한 모히토도 생겨났다.

든든한 그릴 요리와 함께 맥주 마시기

02 옐로우 카페
Yellow Cafe

지글지글 고기가 구워지는 소리와 맛있는 냄새와 함께 퍼져가는 연기, 바쁘게 돌아가는 주방의 활기찬 분위기. 큼직한 스테이크나 피자와 함께 맥주 마시기를 좋아하는 서양인 여행자들에게 인기가 높은 그릴 레스토랑 겸 피자리아다. 맥주 한 병이라도 든든한 안주와 함께 먹는 것을 좋아하거나 맥주로 시작해 저녁까지 한 번에 해결하고 싶은 이들에게 추천하고 싶은 곳이다. 간판 메뉴인 그릴 요리의 가격이 조금 비싼 편이라, 스테이크나 해산물 그릴 대신 만만한 피자를 주문하는 이들도 많다. 노란색 건물 안에 있는 깔끔한 테이블에 앉아서 편하게 먹을 수도 있고 해변에 내놓은 큼직한 빈 백에 누워서 히피처럼 즐길 수도 있다.

ADD Pantai Cenang TEL +60 12-459-3190 OPEN 수~월 12:00~01:00, 화 휴무 COST 피자 RM20~60, 스테이크 RM52~78, 해산물 그릴 RM52~75 ACCESS 첸낭 몰 맞은편에 있는 Langakawi Inn 주차장 안쪽에 있다. 해변 쪽에 있는 노란 가게를 찾을 것. MAP p.302-D

딴중 루 비치의 피시&칩스

03 스카버러
Scaborough

아는 사람만 찾아갈 수 있는 외딴 위치에 있어서 바로 앞바다를 전세 낸 것처럼 누릴 수 있는 해변 식당이다. 마땅히 쉴 곳이 없는 딴중 루 비치에 놀러 온 여행자라면 정말 반가운 장소. 영국 잉글랜드의 항구 도시에서 따온 가게 이름에서 짐작할 수 있듯이 이 집의 간판 메뉴는 **영국식 피시 앤 칩스**다. 서양인 여행자들이 향수를 느끼는 메뉴인지라 드문드문 찾는 장기 체류자 단골도 많다.
대구 Snow Fish, 고등어 Mackerel, 붉은 돔 Red Snapper 등 생선 종류가 다양하며 튀김 Deep Fried과 팬 프라이 Pan Fried 중에서 고를 수 있다. 투박한 모양새지만 따끈하게 튀겨져 나온 생선튀김에 시원한 맥주를 들이켜면, 딴중 루 비치가 더 아름답게 느껴진다. 단, 오가는 택시가 없으니 렌터카가 있을 때 들러보자.

ADD Lot 1388 Jalan Tanjung Rhu, Mukin Air Hangat TEL +60 12-352-2236 OPEN 11:00~21:00 COST 피쉬&칩스 RM22~49, 맥주 1캔 RM5~8 ACCESS 첸낭 비치에서 차량으로 30분. 포시즌스 랑카위 리조트에서 1.2km MAP p.324-A

체낭 비치를 바라보는 최고의 전망 포인트

04 클리프
The Cliff

보드카+럼+
진+라즈베리 시럽의
퍼플 헤이즈 Purple Haze

에지 오브 더 락
Edge of the
Rock

이곳에 가는 이유는 단 하나. 전망 때문이다. 해안의 절벽 끝에 톡 튀어나온 독특한 구조물에 레스토랑 겸 바가 있는데, 입구 정면에는 식사 손님들을 위한 레스토랑이 오른쪽에는 칵테일을 마시는 손님들을 위한 바가 있다. 특히 해 질 무렵이면 석양으로 물드는 체낭 비치를 바라보기에 최고의 장소다. 바에서는 전통적인 칵테일은 물론 이곳 바텐더가 만든 창작 칵테일도 판매한다. 보드카에 사과주스와 라임주스를 섞은 '에지 오브 더 락 Edge of the Rock', 보드카 진 럼을 다 넣어서 꽤 독한 '퍼플 헤이즈 Purple Haze', 등 이곳 장소의 특징을 살린 이름을 붙여 놓았다. 다만 불행히도 칵테일은 성의 없는 바텐더의 몸짓만큼이나 맥 빠진 맛. 제일 저렴한 생맥주를 마시면서 전망을 즐겨도 좋다.

ADD Lot 63&40, Jalan Pantai Cenang TEL +60 4-953-3228 OPEN 12:00~23:00 COST 생맥주 RM8~, 칵테일 RM18, S/C 10% 별도 ACCESS 언더워터 월드 오른편의 언덕길로 올라간다. WEB www.thecliffllangkawi.com MAP p.302-D

가격은 저렴, 맛은 랑카위 칵테일 No.1

05 시나몬스
Cinnamon's

칼루아+브랜디
+휘핑크림
=더티 화이트 마더
Dirty White Mother

개인적으로는 랑카위에 다시 가고 싶은 이유 1순위에 등극해 있는 칵테일 바다. 선물가게 앞에 만들어 놓은 간이식 바와 야외 테이블 몇 개가 시설의 전부지만, 칵테일 제조기법이나 사용하는 재료 모두 정통 그대로를 고수하는 묘한 매력의 가게. 여느 칵테일 바보다 저렴한 가격으로 제대로 된 칵테일을 마실 수 있어 알음알음 찾아오는 서양인 단골들이 많다.
달콤한 맛을 선호한다면 커피 리큐어인 깔루아와 브랜디를 섞고 휘핑크림을 듬뿍 얹은 '더티 화이트 마더 Dirty White Mother'를 추천한다. 열대과일의 풍부한 맛을 좋아한다면 새콤달콤한 마가리타에 망고를 넣고 프로즌 스타일로 만든 '망고 마가리타 Mango Margarita'도 괜찮다.

ADD Jalan Pantai Cenang OPEN 18:00~24:00 COST 칵테일 한 잔 RM15~20 ACCESS 판타이 체낭 거리에서 세븐 일레븐 편의점을 바라봤을 때 오른쪽 미니 마트 옆 MAP p.302-A

Sleeping in Langkawi
랑카위의 숙소

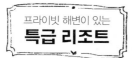

프라이빗 해변이 있는
특급 리조트

랑카위의 특급 리조트들은 섬의 한적한 해변에 흩어져 있다. 리조트 전용 해변이라도 해도 좋을 만큼 외따로 떨어진 해변을 사용하는 것이 특징이라 조용하고 여유로운 휴양을 즐길 수 있다.

.... 01 ....

랑카위에서 가장 근사한 바다 풍경
웨스틴 랑카위
Westin Langkawi

푸른 바다 위에 녹색 섬이 떠 있는 절경을 앞마당처럼 차지하고 있는 리조트. '백 개의 섬'이라는 랑카위의 별칭을 실감할 수 있는 멋진 풍경이라, 로맨틱한 커플 여행이나 근사한 가족 여행을 꿈꾸는 모두에게 추천한다. 넓은 리조트 부지 안에는 3개의 수영장과 작은 해변이 있으며, 일반형 객실뿐만 아니라 독립된 풀 빌라까지 갖추고 있어서 다양하게 선택할 수 있다. 충성도 높은 고객들이 많은 SPG 계열 호텔답게 특유의 화려한 시설과 아기자기한 센스들이 기분 좋은 여행을 만들어 준다.

가장 기본인 슈피리어 룸부터 웨스틴 특유의 화사하고 말끔한 인테리어, 편안한 침대(헤븐리 베드)와 시원한 샤워시설(헤븐리 레인 샤워), 아침마다 나오는 건강 음료와 무제한 스파클링 와인 등 웨스틴이 표방하는 건강하고 신나는 여행을 만끽할 수 있다. 휴양지에 온 기분을 내고 싶다면 바다가 보이는 발코니가 딸린 프리미엄 오션 뷰 Premium Ocean View를 추천한다.

ADD Telaga Terminal, Lot 1 Telaga Harbour Park **TEL** +60 4-959-3288 **COST** 슈피리어 RM581~, 프리미엄 RM756~, 원베드룸 빌라 RM2,319~ **ACCESS** 공항에서 차량으로 25분, 쿠아 제티에서 차량으로 5분 **WEB** www.westinlangkawi.com

MAP p.301-K

스파클링 와인을 무제한으로 제공하는 조식 뷔페의 차림새가 근사하다. 기왕이면 샴페인 브런치를 즐길 수 있는 조식 포함 객실로 예약하자.

프리미엄 오션 뷰

스파클링 와인에 복숭아 퓨레를 섞어 달콤한 칵테일 '벨리니'를 만들어보자.

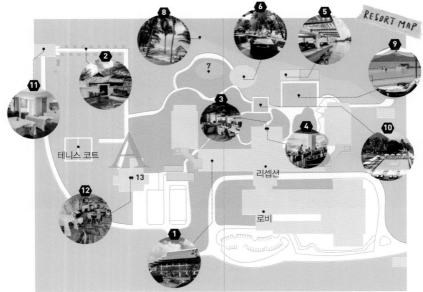

RESORT MAP

테니스 코트

13

리셉션

로비

12

1

---

1 객실동 리조트형 객실이 있는 건물. 가든 뷰부터 오션 뷰까지 다양하다.

2 풀 빌라 단지 허니문용 1베드룸 빌라와 가족여행용 2베드룸 빌라가 있다.

3 브리지 라운지 Breeze Lounge 가장 멋진 전망을 볼 수 있는 포인트.

4 시즈널 테이스트 Seasonal Taste 조식이 제공되는 뷔페 식당. 다양한 테마로 차려지는 디너 뷔페도 인기있다.

5 스플래시 Splash 수영장 바로 옆에 있는 리프레시 용 바. 모히토나 과일 스무디가 인기 메뉴다.

6 타이드 Tide 안다만 해를 바라보는 야외 레스토랑. 지중해풍 요리와 해산물 요리가 대표메뉴다.

7 오션 락 풀 Ocean Rock Pool 둥근 바위 위로 맑은 물이 흐르는 유선형 수영장. 열대 분위기가 물씬 난다.

8 비치 프런트 Beach Front 리조트 앞쪽의 작은 모래밭에서도 선탠을 할 수 있다.

9 인피니티 풀 Infinity Pool 바다와 이어지는 듯한 메인 수영장. 1.3m 깊이에 34m 길이다.

10 키즈 풀 Children's Pool 0.3m 깊이라 어린아이들도 안전하게 놀 수 있다.

11 헤븐리 스파 Heavenly Spa 말레이시아 최고로 손꼽히는 럭셔리 스파. 별도의 수영장도 있다.

12 키즈 클럽 Kids Club 4세에서 12세까지 사용할 수 있는 키즈 클럽. 유료로 운영된다.

13 웨스틴 워크아웃 Westin Workout 24시간 운영되는 피트니스 센터. 투숙객들은 무료로 이용할 수 있다.

중후하고 우아한 객실 인테리어

----- 02 -----

상류층의 취향, 우아하게 나른하게

다나 리조트
The Danna

세상에 풍경 좋은 리조트는 많지만 호텔 건물과 서비스가 아름답게 느껴지는 곳은 흔치 않다. 해변에 자리 잡은 식민지 시대 스타일 건물로 들어선 순간부터 어느 귀족의 대저택에 초대받은 듯 우아한 인테리어가 마음을 빼앗는 다나 리조트는 손님보다도 더 많게 느껴지는 직원들이 항시 투숙객의 동선에서 대기하고 있는 세심한 서비스를 자랑한다. 인근에 다른 호텔이 없어 한적한 리조트 앞 해변을 전용처럼 사용하며, 커다란 인피니티 풀도 한가롭게 수영하기에 제격이다.

높은 침대와 고풍스러운 가구들을 사용한 객실 역시 중후한 분위기를 자랑하며, 욕실로 들어가는 입구에 마련해놓은 드레스 룸이나 샤워실에 깔린 우드 플로어도 특별한 기분을 선사한다. 휴양지의 나른한 아침을 최고로 만끽할 수 있는 샴페인 브런치는 또 하나의 자랑거리. 날마다 차려지는 근사하고 특별한 아침 식사 덕분에 더욱 멋진 휴가를 보낼 수 있다.

ADD Telaga Terminal, Lot 1 Telaga Harbour Park, 07000 TEL +60 4-959 3288 COST 머천트(Merchant) RM981~, 그랜드 머천트(Grand Merchant) RM1,200~, 마리나(Marina) RM1,418~ ACCESS 공항에서 차량으로 15분, 쿠아 제티에서 차량으로 35분, 뜰라가 하버 바로 옆 WEB www.thedanna.com MAP p.300-E, p.314-C

바다를 바라보는 시 뷰 Sea View와 항구 쪽을 바라보는 마리나 뷰 Marina View, 산 쪽을 바라보는 힐 뷰 Hill View와 건물 내부의 정원을 바라보는 가든 뷰 Garden View가 있다. 물론 바다가 보이는 방향이 최고. 아니라면 주차장이나 상가가 보이는 힐 뷰보다는 리조트 중정을 바라보는 가든 뷰 쪽이 낫다.

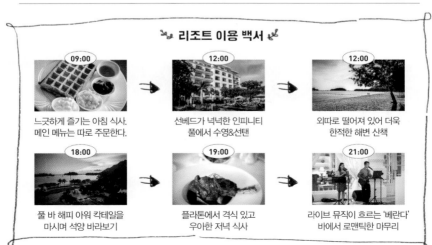

🍃 리조트 이용 백서 🍃

09:00 느긋하게 즐기는 아침 식사. 메인 메뉴는 따로 주문한다.

12:00 선베드가 넉넉한 인피니티 풀에서 수영&선탠

12:00 외따로 떨어져 있어 더욱 한적한 해변 산책

18:00 풀 바 해피 아워 칵테일을 마시며 석양 바라보기

19:00 플라톤에서 격식 있고 우아한 저녁 식사

21:00 라이브 뮤직이 흐르는 '베란다' 바에서 로맨틱한 마무리

03

랑카위에서 가장 예쁜 해변

딴중 루 리조트
Tanjung Rhu Resort

기나 긴 해변을 걷는 것만으로도 휴식이 될 만큼 조용하고 평화로운 해변을 독차지한 리조트. 오래된 리조트라 건물 외관이나 복도는 평범하지만 객실 내부는 근사한 스위트 룸으로 리노베이션했다. 가장 기본형인 다마이 스위트 Damai Suite도 묵직한 고급마루에 소파공간이 따로 마련되어 있다. 하얀 욕조 앞의 창문을 열면 침실과 바로 연결되는 로맨틱한 구조라 커플에게 추천할 만하다.

개별 차량으로 공항 트랜스퍼를 해주고 객실에서 체크인하는 등 편안한 서비스도 장점. 한 번 들어가면 드나들기 힘든 외진 위치에 있어 올 인클루시브 All-inclusive 패키지를 이용하는 투숙객이 많다.

ADD Mukim Ayer Hangat **TEL** +60 4-959-1033 **COST** 다마이 스위트 RM1,600~, 올 인클루시브 패키지 RM2,500~ **ACCESS** 공항에서 차량으로 25분, 쿠아 제티에서 30분. 픽업서비스 있음 **WEB** www.tanjungrhu.com.my **MAP** p.301-C, p.324-B

다마이 스위트

리조트 내부 전경

★ TIP

공항 트랜스퍼 없이 객실과 조식 뷔페만 제공하는 스탠더드 패키지 Standard Package, RM600~)도 홈페이지에서 스페셜 프로모션으로 판매한다. 환불/변경은 불가능.

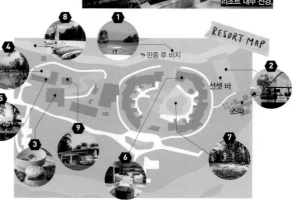

RESORT MAP

← 딴중 루 비치

선셋 바

스파

1 딴중 루 비치 썰물 때면 리조트 앞에 섬까지 바닷길이 열린다.

2 선셋 풀 Sunset Pool 60m 길이의 긴 수영장이라 제대로 수영을 즐길 수 있다.

3 샌즈 Sands 조식 뷔페 장소. 일정 금액을 추가하면 샴페인도 마실 수 있다.

4 샌즈 풀 Sands Pool 50m 길이의 오존 풀. 저녁에는 주위에서 라이브 공연을 한다.

5 샌즈 바 Sands Bar 선셋 타임 (17:30~19:30)에 열리는 해피 아워 이벤트.

6 리딩 룸 Reading Room 저녁에는 분위기 있는 라이브 피아노 연주를 한다.

7 라군 풀 Lagoon Pool 바닷물을 사용하는 유선형 풀로 자연 친화적인 분위기.

8 워터 스포츠 센터 무동력 워터스포츠를 즐길 수 있다.

9 사프론 Saffron 지중해 요리 전문 식당.

이국적인 정취의 최고급 리조트
포시즌스 랑카위
Four Seasons Langkawi

멜라루카 파빌리온의 마스터룸

예산에 구애받지 않고 리조트를 고를 수만 있다면 포시즌스는 언제나 1순위다. 럭셔리 호텔 중에서도 최고가를 자랑하는 곳이라 특별한 순간을 만끽하고 싶은 허니무너에게 인기 있는 리조트. 특히 최고급 대리석으로 단장한 욕실 공간이 감탄스러울 만큼 아름다워 로맨틱한 커플 여행지로 추천한다. 모로코의 대저택으로 공간이동을 한 듯한 로비 라운지부터 부유한 귀족이라도 된 듯한 기분이다.
기본형 객실인 파빌리온은 위층과 아래층을 나눠 쓰는 구조로 전망에 따라 가격 차이가 난다. 완벽하게 독립된 넓은 공간을 원하는 신혼 여행자라면 비치 빌라를 예약할 수도 있다.

ADD Jalan Tanjung Rhu **TEL** +60 4-950-8888 **COST** 멜라루카 파빌리온 RM2,168~, 비치 빌라 RM5,355~ **ACCESS** 공항에서 차량으로 30분. **WEB** www.fourseasons. com/langkawi **MAP** p.301-C, p.324-A

TIP

멜라루카 파빌리온은 실내 욕실과 이어진 야외 공간에 욕조가 놓여져 있다는 것이 특징. 비치 빌라에는 두 사람이 들어가도 넉넉할 만큼 커다란 대리석 욕조가 실내 공간에 있다.

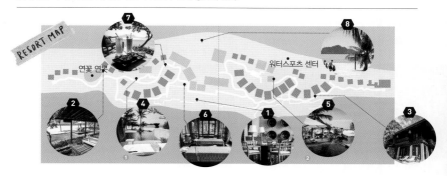

RESORT MAP

연꽃 연못

워터스포츠 센터

1 로비 라운지 모로코풍으로 설계한 파티오가 매력적이다.

2 비치 빌라 해변 쪽에 있는 독립형 빌라로, 1~3베드룸까지 있다.

3 멜라루카 파빌리온 아래층과 위층을 분리해서 사용하는 객실 동

4 성인 전용 수영장 돌담으로 분리된 카바나가 있어서 사생활이 보장된다.

5 패밀리 풀 선크림과 물이 준비되어 있고, 차가운 수건과 과일을 매시간 제공한다.

6 지오 스파 Geo Spa 열대 우림의 분위기가 물씬 나는 럭셔리 스파.

7 루 바 Rhu Bar 이국적인 분위기를 만끽할 수 있는 선셋 포인트.

8 딴중 루 비치 넓고 깨끗한 리조트 앞 해변. 물놀이를 하기에 좋다.

배낭 여행자들이 많은 체낭 비치에도 고급 리조트가 있다. 랑카위에서 제일 북적거리는 체낭 비치의 번화함과 깨끗한 리조트 시설, 편리한 교통을 모두 누리고 싶은 여행자들에게 추천한다.

01 지중해풍 별장 분위기의 부티크 호텔
카사 델 마르
Casa del Mar

체낭 비치에서 가장 만족도가 높은 5성급 부티크 호텔로, 지중해에 있는 별장에 놀러 온 것 같은 이국적인 분위기다. 30여 개밖에 없는 객실의 예약률이 워낙 높아 이곳에 묵고 싶다면 예약을 서둘러야 한다.

객실 시설은 우아하지만 단정하고 소박한 분위기로, 화려하고 거대한 리조트보다 내 집 같은 정원, 내 집 앞마당 같은 해변을 선호하는 이들에게 높은 점수를 따고 있다. 직원들의 밀착형 서비스도 유명하지만 투숙객들끼리도 말을 자주 거는 분위기라, 외국인들과 영어로 대화하기를 좋아한다면 더 즐겁게 머물 수 있다.

비치 프런트 스위트

ADD Jalan Pantai Cenang, Mukim Kedawang **TEL** +60 4-955-2388 **COST** 비치 프런트 스위트 RM914~, 시 뷰 주니어 스위트 RM1,177~ **ACCESS** 공항에서 차량으로 10분, 쿠아 제티에서 30분 소요 **WEB** www.casadelmar-langkawi.com **MAP** p.302-A

02 가족들이 묵기 편한 5성급 리조트
메리터스 펠랑기
비치 리조트
Meritus Pelangi Beach Resort

말레이 전통 스타일의 로비

넓은 해변과 야자수가 울창한 정원, 전통가옥을 본뜬 리조트 건물까지. 동남아시아의 해변 휴양지에서 흔히 볼 수 있는 전형적인 리조트. 랑카위 최초의 5성급 호텔인 만큼 살짝 오래된 시설이지만, 말레이시아 전통가옥 모양으로 지은 리조트 객실 안은 꾸준히 리노베이션하고 있다.

조금만 걸어가면 체낭 비치 번화가에 있는 편의시설들을 이용할 수 있어서 관광과 휴양을 섞기에 무난한 위치라는 점도 장점. 특히 아이들이 놀기 좋은 키즈 풀장이 있으며, 랑카위의 5성급 리조트 중에서는 합리적인 가격대라 가족 여행자들에게 인기가 있다.

ADD Jalan Pantai Cenanf **TEL** +60 4-952-8888 **COST** 가든 테라스 US$210~ **ACCESS** 공항에서 차량으로 10분, 쿠아 제티에서 30분 소요 **WEB** www.pelangibeachresort.co.kr **MAP** p.302-A

우드 톤으로 맞춘
편안한 인테리어

아이들이 좋아하는
슬라이드와 수영장

TIP

리조트 이름을 말레이식으로 발음하면 '쁠랑이 Pelangi', 무지개라는 뜻이다. 한국에서 통용되는 대로 펠랑기라고 발음하면 잘 못 알아듣는 택시기사도 있다.

중저가 숙소들은 주로 체낭 비치 주변에 모여 있다. 가격이 저렴한 만큼 객실이나 부대시설의 수준이 떨어지지만 해변이 가까운 곳이라 휴가 기분을 낼 수 있다. 작지만 수영장이 딸려 있는 숙소도 있다.

동급 최강인 해변의 방갈로
01 선셋 비치 리조트
Sunset Beach Resort

방갈로가 있는 정원 분위기가 아늑하다.

한적한 동아 해변과 바로 이어진다.

깔끔하게 인테리어한 객실 내부

해변과 바로 닿아 있는 깔끔한 숙소를 5만 원대에 묵을 수 있다는 것은 배낭 여행자들에게 참 반가운 소식이다. 선셋 비치 리조트는 비싼 리조트들과 만족도를 겨룰 만큼 가격 대비 성능이 뛰어난 저가형 숙소다. 아늑한 정원에 나란히 들어서 있는 방갈로형 객실들은 꽤 깔끔한 데다 인테리어도 나름 신경 쓴 모습이 역력하다.

발리풍의 나무조각이나 정원을 장식한 돌 조각들도 휴양지 기분을 한껏 살려 준다. 수영장은 따로 없지만 북적거리는 체낭 비치와 분리된 한적한 해변으로 바로 이어진다. 여기에 소박한 선베드도 몇 개 놓여 있어서 조용히 쉬기에 제격이다.

ADD Jalan Pantai Tengah **TEL** +60 4-955-1751 **COST** 더블 RM169~, 패밀리룸 RM318~ **ACCESS** 공항에서 차량으로 15분, 쿠아 제티에서 30분 소요 **WEB** www.sungrouplangkawi.com/sunset **MAP** p.302-D

저렴하고 깔끔한 더블 룸
02 카사 이다만
Casa Idaman

해변은 아니더라도 개별 욕실이 딸린 저렴한 더블 룸을 찾는 배낭여행자들에게 권해줄 만한 숙소다. 체낭 비치의 숙소들이 대부분 시설에 비하면 가격대가 높은 편이라, 저렴하면서도 깔끔한 방을 찾는 이들에게 인기가 있다. 가격대만큼 심플한 객실과 소박한 욕실이지만, 객실 공간이 꽤 넓은 편이고 매트리스 같은 침구나 객실 가구도 싸구려는 아니다. 논밭과 동네가 보이는 평범한 전망이긴 해도 객실마다 테라스가 딸려 있다. 처음 찾아가기에는 조금 어려운 위치에 체낭 비치에서 떨어져 있다는 것은 단점. 체낭 비치의 메인 거리로 나가는 지름길을 알고 나면 오가는 것이 크게 불편하지 않다.

ADD Lot 2327, Jalan Kampung Berjaya, Pantai Cenang **TEL** +60 4-955 3744 **COST** 디럭스 더블 RM150~ 스탠다드 트윈 RM150~ 패밀리룸 RM250~ **ACCESS** 카사 델 마르 길 건너편 골목길을 따라 도보 5분 **MAP** p.302-A

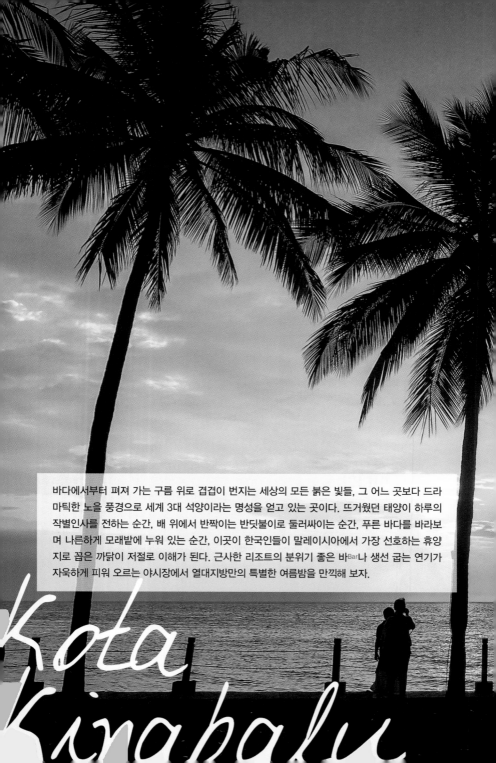

바다에서부터 펴져 가는 구름 위로 겹겹이 번지는 세상의 모든 붉은 빛들, 그 어느 곳보다 드라마틱한 노을 풍경으로 세계 3대 석양이라는 명성을 얻고 있는 곳이다. 뜨거웠던 태양이 하루의 작별인사를 전하는 순간, 배 위에서 반짝이는 반딧불이로 둘러싸이는 순간, 푸른 바다를 바라보며 나른하게 모래밭에 누워 있는 순간, 이곳이 한국인들이 말레이시아에서 가장 선호하는 휴양지로 꼽은 까닭이 저절로 이해가 된다. 근사한 리조트의 분위기 좋은 바Bar나 생선 굽는 연기가 자욱하게 피어 오르는 야시장에서 열대지방만의 특별한 여름밤을 만끽해 보자.

Kota Kinabalu

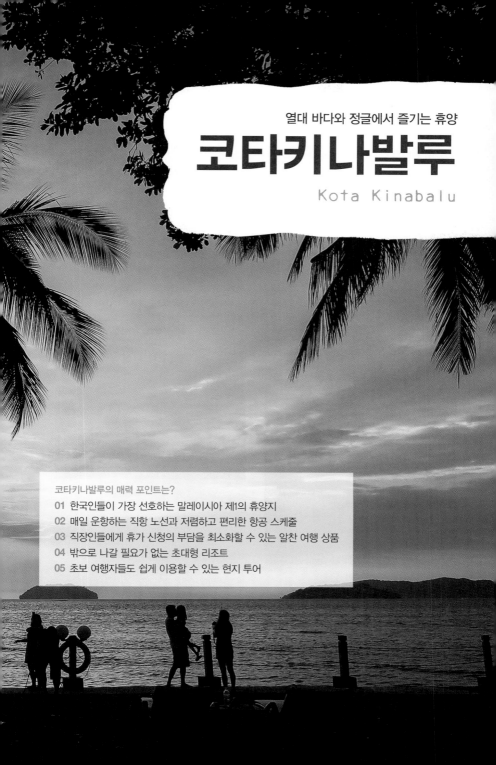

열대 바다와 정글에서 즐기는 휴양

코타키나발루

Kota Kinabalu

코타키나발루의 매력 포인트는?
01 한국인들이 가장 선호하는 말레이시아 제1의 휴양지
02 매일 운항하는 직항 노선과 저렴하고 편리한 항공 스케줄
03 직장인들에게 휴가 신청의 부담을 최소화할 수 있는 알찬 여행 상품
04 밖으로 나갈 필요가 없는 초대형 리조트
05 초보 여행자들도 쉽게 이용할 수 있는 현지 투어

기본 정보

➡ 여행안내소 Sabah Tourism Board

코타키나발루의 중심지인 가야 스트리트에 있다. 영국 식민지 시절에 지어진 유서 깊은 건물로 가야 스트리트에서도 주변 정취가 좋은 지역에 자리하고 있다. 지도를 나눠주는 기본적인 업무 외에도 인근 관광명소로 가는 대중교통 정보를 상세하게 알려준다.

ADD 51, Gaya Street, City Centre **TEL** +60 8-821-2121 **OPEN** 월~금 09:00~15:00, 토·일 09:00~16:00 **WEB** www.sabahtourism.com **MAP** p.368-C

사바 관광청 여행안내소, 영국 식민지 시절에 지어졌다.

1층 정문으로 들어가면 안내카운터가 있다.

➡ 코타키나발루 공항 여행안내소

출국 심사를 마치고 짐을 찾은 다음 출국장을 나서면 도착 로비에 여행안내소가 있다. 이곳에서는 코타키나발루를 비롯한 사바의 주요 관광지에 대한 브로셔와 지도를 얻을 수 있다. 다만 외곽으로 가는 투어 안내 말고는 대중교통 정보를 얻기가 힘든 편이다.

ACCESS 코타키나발루 공항의 도착 로비

➡ 환전소

위스마 메르데카 쇼핑몰, 센터 포인트 사바 쇼핑몰, 이마고 몰 안에 소규모 환전소들이 있다. 쇼핑몰 안에 여러 곳의 환전소가 있고, 환전소마다 그날의 환율을 게시하고 있으니 한 바퀴 둘러보고 나서 결정하는 것이 좋다.

한인 교민들이 **가장 환율이 좋은 곳으로 추천하는 곳은 위스마 메르데카 쇼핑몰 내 환전소**이지만, 며칠 동안 쓸 소액을 환전할 거라면 일부러 택시비를 들여서 찾아갈 정도까지는 아니다. 여행 동선 안에서 해결하는 것이 좋다.

위스마 메르데카 쇼핑몰 내에 있는 환전소

/TIP/

환전할 때는 그 자리를 떠나기 전 금액을 확인하는 것이 필수. 한 장 한 장 지폐를 세어가면서 환전소 직원이 보는 앞에서 바로 확인하자.

TALK

말레이시아 링깃(RM)으로 환전하는 방법

코타키나발루만 여행할 계획이라면 원화를 가져와서 환전해도 좋다. 코타키나발루는 말레이시아에서 원화 환전이 가장 활발하게 이루어지는 지역이라, 인천 국제공항에서 링깃으로 환전하는 것보다 환율이 좋은 편이다.

은행&ATM

선데이 마켓이 열리는 가야 스트리트와 인근 거리
에 은행 분점과 ATM이 있다. 쇼핑몰에도 다양한 은
행들의 ATM이 있으니, 쇼핑을 겸해서 한 번에 해결
하는 것도 좋다. 공항과 항구에도 ATM이 있으며,
대형 호텔 중에는 로비에 ATM이 있는 곳도 있다.
공항에서 외곽 리조트로 바로 가는 경우에는 혹시
모를 상황을 대비해서 미리 인출해가는 것이 좋다.

인터넷

대부분 숙소에서 무료로 와이파이를 사용할 수 있
다. 식당과 카페에서도 무료 와이파이를 제공하는
곳이 많다.

병원

질병이나 사고로 인해 병원을 찾는 경우가 발생할
수 있다. 더운 날씨와 에어컨 때문에 생긴 가벼운
질환에서부터 물놀이를 하다가 입은 부상까지 다
양하다. 해외여행자 보험을 신청한 경우 **진단서와
영수증을 챙겨오면 진료비를 환급**받을 수 있다. 시
내에 24시간 운영하는 클리닉이 있다.

Medisinar Klinik & Surgeri **ADD** Lot 2–01, Ground Floor,
Block 2, Api–Api Centre **TEL** +60 8–822–1723 **OPEN** 24
시간 **ACCESS** 센터 포인트 사바 쇼핑몰 맞은편, 아피아피
센터의 1층에 위치 **MAP** p.355–D

편의점

거리를 걷다가 물이나 음료수를 사야할 때, 또는
간단히 요기를 할 먹거리를 살 때 편의점을 이용하
게 된다. 코타키나발루 시내에서는 '세븐일레븐'
과 '오렌지' 편의점을 흔하게 볼 수 있다. 대부분
24시간 운영한다.

오렌지 편의점

슈퍼마켓

시티 그로서 City Grocer

수리아 사바 쇼핑몰의 3층에 있는 대형 슈퍼마켓
이다. 저렴한 기념품으로 사기 좋은 알리 커피나
사바 티, 망고젤리 등 여행자들이 관심을 가질 만
한 상품들을 구비하고 있다. 특히 **현지 특산품** Local
Products**만 따로 모아 놓은 매장**을 입구 부분에 대규
모로 운영 중. 다른 대형 쇼핑몰의 슈퍼마켓과 비
교해 보아도 품목이 더 다양하다.

ADD Lot, L3 – B4 41, Suria Sabah **OPEN** 10:00∼22:00
ACCESS 수리아 사바 쇼핑몰의 3층에 위치 **MAP** p.368–A

코타키나발루 들어가기

인천과 대구, 부산에서 출발하는 코타키나발루행 직항 노선이 있어 편리하다. 뿐만 아니라 쿠알라룸푸르, 페낭 등 말레이시아 각지에서 코타키나발루로 가는 국내선 노선도 많다.

✈ 우리나라에서 출발하는 국제선

코타키나발루행 직항 노선을 운항하는 항공사들이 많다. 인천 공항에서는 에어서울, 진에어, 이스타항공, 제주항공이 직항 노선을 운영한다. 부산의 김해 공항에서는 이스타항공과 에어부산의 노선이 있다. 2019년 5월부터 에어부산이 대구 공항에서 코타키나발루로 가는 항공편을 운영한다. 특히 직장인들은 수요일이나 목요일 저녁에 출발하여 일요일이나 월요일 아침에 돌아오는 패턴을 가장 선호한다. 4박 6일이나 3박 5일 일정의 할인 항공권이

자주 풀리는 편이니, 항공사나 여행사 홈페이지를 체크해보자.

출발 시각과 날짜를 확인하자

우리나라로 돌아오는 비행기 출발 시각이 자정 무렵인 경우가 많다 보니, 날짜 계산을 잘못해서 비행기를 놓치는 경우가 종종 발생한다. 항공권이나 숙박을 예약할 때, 반드시 날짜 확인을 하도록 하자.

※ 인천 ↔ 코타키나발루 직항 스케줄

항공사	출발지, 출발 시각	도착지, 도착 시각	소요 시간
진에어	인천 19:05	코타키나발루 11:15	5시간 10분
제주항공	인천 19:10	코타키나발루 11:20	5시간 10분
이스타항공	인천 19:30	코타키나발루 11:35	5시간 5분
에어서울	인천 19:50	코타키나발루 12:10	5시간 20분

※ 부산 ↔ 코타키나발루 직항 스케줄

항공사	출발지, 출발 시각	도착지, 도착 시각	소요 시간
이스타항공	김해 18:40	코타키나발루 10:55	5시간 15분
에어부산	김해 19:00	코타키나발루 11:50	5시간 50분

※ 대구 ↔ 코타키나발루 직항 스케줄
(운항일: 화·수·목·토·일요일)

항공사	출발지, 출발 시각	도착지, 도착 시각	소요 시간
에어부산	대구 19:30	코타키나발루 23:50	5시간 20분

워낙 저렴한 국제선 직항 노선이 많기 때문에 환승 노선을 이용하는 여행자들은 많지 않다. 싱가포르 항공이나 캐세이퍼시픽 항공, 에어아시아 모두 3~6시간 환승 대기를 해야 하므로 코타키나발루만 방문할 예정이라면 불편하다. 코타키나발루와 다른 도시를 함께 여행할 때 고려해보자.

인근 국가에서 출발하는 국제선

코타키나발루가 있는 보르네오 섬 주위에는 인도네시아와 필리핀, 브루나이 등 가까운 동남아 국가들이 많다. 이들 사이를 연결하는 주요 교통수단이 바로 비행기. 일반인들도 장거리 버스를 타는 것처럼 국제선을 즐겨 타며, 거리가 가까운 만큼 가격도 그리 비싸지 않다.

휴가가 짧은 직장인들은 코타키나발루만 왕복하는 것도 빡빡한 일정이겠지만, 시간적인 여유가 있는 사람이라면 인근 동남아 국가까지 한 번에 여행을 즐길 수 있다. 특히 에어아시아의 프로모션 기간에는 국제선 구간 티켓을 국내선 정도의 저렴한 가격으로 구할 수 있어서 인기를 끌고 있다.

※ 항공사별 코타키나발루 노선

- 에어아시아: 싱가포르, 마닐라, 자카르타, 선전
- 말레이시아항공: 홍콩, 타이베이, 퍼스
- 세부퍼시픽항공: 마닐라

국내선

코타키나발루가 속한 사바 Sabah **지역은 말레이시아의 본토인 말레이 반도와는 멀리 떨어진 보르네오 섬에 있다.** 따라서 코타키나발루와 말레이 반도를 연결하는 국내선은 둘 사이의 주요한 교통수단이다. 쿠알라룸푸르와 페낭 등 말레이시아의 주요 도시에서 코타키나발루로 가는 국내선을 운항한다.

국내선의 가격은 대부분 한화 기준 몇만 원 선으로 저렴하다. 말레이시아의 국민 비행기라고도 할 수 있는 저가항공 에어아시아의 프로모션을 잘 이용하면 단돈 1만 원대에 국내선 티켓을 구할 수도 있다. 항공사 홈페이지를 주시하면서 '깜짝 할인' 소식을 기다려보자.

TIP

국내선도 여권 지참 필수

국내선을 타고 온 승객들도 여권 검사를 하고 입국 도장을 찍는다. 쿠알라룸푸르 국제공항에서 받은 입국 심사와는 별개로 보르네오 섬의 사바 지역에 들어온 날짜와 나가는 날짜를 기록하는 것이다.

① 쿠알라룸푸르에서 코타키나발루 가기

쿠알라룸푸르에서 코타키나발루행 비행기를 타려면 쿠알라룸푸르 국제공항으로 가야 한다.
말레이시아 항공을 이용한다면 KLIA에서, 에어아시아를 이용한다면 KLIA 2에서 탑승 수속을 한다.

※항공사별 쿠알라룸푸르↔코타키나발루 운항 정보

항공사명	운항 횟수 및 소요 시간	홈페이지
말레이시아 항공	매일 12회, 2시간 35분~ 2시간 45분 소요	www.malay siaairlines.com
에어아시아	매일 11회, 2시간 30분~ 2시간 40분 소요	www.airasia.com

② 페낭에서 코타키나발루 가기

페낭에서 출발하는 코타키나발루행 국내선은 페낭 국제공항을 이용한다. 에어아시아에서 하루 1~2회 운항하며, 2시간 30분 정도 소요된다.

※페낭 ↔ 코타키나발루 운항 정보

항공사명	운항 횟수 및 소요 시간	홈페이지
에어아시아	매일 1~2회, 2시간 35분 소요	www.airasia.com

Focus

코타키나발루행 비행기가 도착하는

코타키나발루 국제공항
Kota Kinabalu International Airport(KKIA)

말레이시아 국적기인 말레이시아 항공과 에어아시아, 우리나라에서
출발한 제주항공, 이스타항공, 에어서울, 진에어 등 다양한 항공사들
이 이용한다. 입국장과 도착 로비는 1층에, 출발 로비는 3층에 있다. 입
국심사를 마친 후 짐을 찾아서 도착 로비로 나오면 은행, 택시 티켓판
매소, 여행안내소 등의 편의시설이 있다.

1 도착할 때 Arrival

입국 심사대 Passport Control

게이트를 빠져나온 후 입
국 심사대에 여권을 제시
하고 입국 심사를 받는
다. 이때 지문을 함께 등
록해야 한다. 지문인식기의 투명한 판 부분에 양손
검지를 올리고 녹색 불이 나오면 손가락을 뗀다.

유심 판매소 Simcard

짐을 찾은 후 도착 로비
로 나와서 왼쪽 통로를
따라가면 통신사 핫링크
Hotlink 와 Digi의 유심
판매소가 있다. 전화도 가능한 7일짜리 데이터 패
키지가 RM30 정도(4G LTE, 가입패키지에 따라 데
이터 6G~14G). 한 달 동안 사용 가능한 패키지도
판매한다.

은행 & ATM

도착 로비의 중앙에는 환
전이 가능한 은행 부스가
2곳 있다. 원화를 포함
한 환전 환율이 시내 환
전소보다 좋지 않으니 꼭 필요한 정도만 환전할 것.
ATM도 함께 있으니 환전 대신 국제현금카드를 사
용할 수도 있다.

OPEN 06:30~22:30

여행안내소

터미널의 도착 로비에 여행 안내소가 있다. 코타키
나발루를 비롯해 사바 지역의 관광 정보와 팸플릿
을 얻을 수 있다.

2 출발할 때 Departure

항공사 체크인 카운터 Check-in Counter

출발 로비의 중앙 부분에 각 항공사의 카운터들이
모여 있다.

카페 & 패스트푸드

3층 출발 로비에 24시간 운영하는 맥도날드 매장
이 있다. 1층 도착 로비에는 KFC(24시간)와 스타벅
스(06:00~다음 날 01:00)가 있다.

세금 환급 확인 카운터 Customs Refund Verification
Counter

1층 도착 로비의 정
문으로 들어가 왼
쪽 구석을 보면 세
금 환급 확인 카운
터가 있다. 준비해
온 세금 환급 서류
를 여권/보딩패스와 함께 제시하면 세관 확인 도장
을 찍어준다. 도착 로비에 있는 CIMB 은행 환전 창
구(OPEN 06:00~22:00)에 관련 서류를 제시하면
바로 현금으로 환급받을 수 있다.

CHECK 세금 환급이 가능한 매장에서 RM300 이상
구입하면 세금 환급 서류(GST 6%)를 발급해준다.
여권 지참 필수!

출발 게이트

출국장으로 들어가 짐 검색대를 통과한 후 게이트
앞에서 대기한다. 한국행 국제선이 이용하는 게이
트 주변에는 스타벅스와 제셀톤 코피티암 같은 카
페가 있다. 음료와 맥주 등을 판매하는 작은 상점도
있는데, 비행기에 가지고 탈 수는 없다. 탑승 전 다
시 짐 검색대를 통과한다.

코타키나발루 공항에서 시내까지 가는 방법

코타키나발루 공항은 코타키나발루 시내 중심에서 남쪽으로 7Km 정도 떨어져 있다. 각자의 목적지와 도착 시간에 맞는 이동 방법을 찾아보자.

1 그랩으로 시내 가기

그랩 Grab은 말레이시아의 주요 도시에서 사용 가능한 차량 공유 서비스다. 택시에 비해 비용이 저렴한 편이라 코타키나발루를 방문한 여행들에게 인기가 있다. 공항 근처에서 항상 대기하고 있는 기사들이 많아서 편리하게 이용할 수 있다.

코타키나발루 시내(가야 스트리트)까지 가는 경우 4인 기준 요금이 약 RM9~11 정도. 공항택시 요금에 비하면 1/3 정도다. 공항에서 멀리 떨어진 시내 외곽의 리조트로 가는 경우에도 유용하다.

도착 로비 출입구 밖에 있는 게이트 번호

체크! 그랩을 호출할 때는 도착 로비 출입구 밖의 게이트 번호를 기사에게 메시지로 알려주면 편리하다.

공항에서 그랩을 사용할 때 주의할 점

휴대폰에 설치한 애플리케이션으로 차량을 호출한 후 공항의 도착 로비 바깥에서 만나게 된다. 호출된 차량 번호가 표시되지만 기사들이 정확한 위치 파악을 위해 전화나 메시지를 하는 경우가 많다. 전화나 메시지를 통해 자신이 서 있는 곳을 정확하게 알리려면, 통화와 데이터 통신이 가능한 말레이시아 유심을 장착한 후 호출하는 것이 편하다. 또한 4인 기준이라고 하지만 대부분 소형 차량을 사용한다. 캐리어를 포함하는 경우 3인 정도가 최대 인원이라고 보는 것이 좋다.

2 택시로 시내 가기

원하는 목적지까지 가는 가장 빠르고 편리한 방법이다. 다만 이동 거리에 비하면 택시 요금이 조금 높게 책정된 편이다. 도착 로비에 있는 택시 티켓 카운터에서 **목적지에 따**

라 정액으로 택시 티켓을 판매한다. 티켓을 구입한 후 지정 승차장에서 기다리고 있는 택시를 탄다. 심야(23:50~06:00)에는 50%의 요금이 할증된다.

공항→시내 주요 목적지 택시 요금 코타키나발루 시내/상그릴라 탄중 아루/수트라하버 RM30(할증 RM45), 상그릴라 라사 리아 RM90(할증 RM135)

도착 로비의 택시 티켓 카운터

3 공항버스로 시내 가기

낮 시간에 도착하는 여행들은 코타키나발루 시내 중심으로 가는 공항버스를 이용할 수 있다. 도착 로비에 공항버스 티켓을 판매하는 카운터가 있다. 하루 12회만 운행하니 반드시 버스 출발시간을 확인한 다음에 티켓을 구입하자. 도착 로비의 출입문 앞에서 기다리고 있으면 정해진 시간에 맞춰서 버스가 온다.

코타키나발루 시내에서는 센터포인트 쇼핑몰 Center Point Sabah 앞 정류장, 호라이즌 호텔 Horizon Hotel 옆 정류장에 선 다음 파당 메르데카 Padang Merdeka 근처에 있는 종점으로 간다. 자신의 숙소와 가까운 정류장에서 내리면 된다. 수트라하버나 샹그릴라 탄중 아루 리조트 등으로는 가지 않는다.

CHECK 시내에서 공항을 갈 때는 파당 메르데카 근처의 종점을 이용하는 것이 좋다. 버스의 짐칸이 그리 크지 않으니 큰 짐을 실으려면 조금 서둘러야 한다.

공항버스 티켓 카운터

공항→코타키나발루 시내행 공항버스

OPEN 08:00~19:00(약 1시간 간격), 시내 종점까지 약 30분 소요 **COST** 성인 RM5, 어린이(12세 이하) RM3

코타키나발루 다니기

워터프런트와 야시장, 쇼핑몰 등 시내의 주요 볼거리들은 도보 15분 거리 내에 모여 있다. 차량 공유 서비스인 그랩 사용이 가능해지면서 여행자들의 이동이 매우 편리해졌다.

⇒ 그랩

우리나라에서는 차량 공유 서비스를 사용할 수 없지만 코타키나발루에서는 그랩 Grab 같은 차량 공유 서비스를 이용할 수 있다. 사용 방법은 우리나라의 카카오택시와 거의 동일하며, 택시에 비해 저렴한 요금이 제일 큰 장점이다.

휴대폰에 해당 애플리케이션을 설치한 후 구글 계정이나 전화번호로 가입을 한다. 지도 위에 출발지와 목적지를 입력한 후 기사를 호출한다. 기사가 호출되면 운전사의 얼굴과 차량 번호가 표시된다. 호출할 때 요금이 미리 결정되기 때문에 바가지를 쓸 염려가 없다. 비용은 목적지에 도착한 후 현금으로 내며, 영수증이 이메일로 발송된다.

⇒ 택시 Taxi

시내 곳곳에서 대기 중인 택시를 쉽게 발견할 수 있다. 미터기가 있긴 하지만 외국인 여행자들에게는 대부분의 기사들이 흥정한 요금을 받으려고 한다. 사람들의 이용이 많은 구간에는 암묵적으로 가격이 정해져 있는데, 시내 안에서 이동하는 경우는 RM15, 시내에서 가장 가까운 리조트인 수트라하버로 갈 때는 RM15~20, 시내에서 공항으로 갈 때는 RM30 정도를 받는다. 그 외 외곽으로 가는 경우는 기사와 흥정을 해야 한다. 필요한 경우 숙소에 부탁하면 택시를 불러주기도 한다.

코타키나발루 택시 미터 요금 최초 3km RM10~, 이후 100m당 RM0.12~

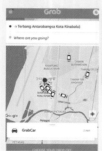

그랩 이용 시 알아두면 좋은 것들

① 비가 오는 날이나 주말 저녁, 길이 많이 막히는 시간대에는 차량을 찾기가 어려울 수 있다.
② 차량 호출은 휴대폰 애플리케이션을 사용하지만 전화통화나 메시지 등 영어를 써야 할 경우가 많다. 기사와 소통할 기본적인 영어 문장을 생각해둔다.
③ 기본 호출의 경우 최대 4인까지 탑승 가능하다. 단, 큰 짐이 없는 경우에 한한다.

운전자가 위치를 찾기 위해 메시지를 자주 사용한다.

반나절 택시 투어

택시를 하루 또는 반나절 가량 대여해서 시내 외곽의 볼거리들을 둘러볼 수도 있다. 명확한 대여 요금이 정해져 있지는 않지만 보통 2~3시간을 기준으로 RM100~150 정도를 받는다. 기사에 따라서 가격 차이가 나는 편이니 둘러볼 볼거리의 개수나 시간에 따라 흥정을 잘 해야 한다.

시내버스 Bus

코타키나발루 시내 중심과 외곽 지역을 연결하는 버스다. 요금은 거리에 따라 RM1~2.5 정도로 매우 저렴한 것이 장점이다. 단, 좌석이 허름하고 에어컨이 없는 등 버스 시설은 좋지 않다. 버스 요금은 운전기사나 차장에게 내면 된다.

버스의 색깔에 따라서 운행하는 지역이 달라지며, 중형 버스와 미니버스를 모두 사용한다. **파란색은 시내 북쪽, 주황색은 시내 동쪽, 빨간색은 시내 남쪽, 보라색은 시내 남쪽의 마을 지역**을 향한다.

시내 북쪽 방향으로 가는 파란색 버스

시내 남쪽 방향으로 가는 빨간색 버스

와와산 버스 터미널

코타키나발루의 시내버스는 시내 남쪽에 있는 와와산 버스 터미널에서 출발한다. 다만 현재 와와산 버스 터미널은 리뉴얼 공사가 진행 중이다. 시내버스들은 마리나 코트 Marina Court 앞에 있는 **툰 푸아드 스테펜 거리**의 정류장(MAP p.355-D)과 호텔 샹그릴라 Hotel Shangri-La 앞에 있는 **툰쿠 압둘 라만 거리의 정류장**(MAP p.355-E)을 임시로 나누어 사용하고 있다. 버스 노선마다 사용하는 정류장이 다르므로 미리 확인할 것.

툰 푸아드 스테펜 거리의 정류장
Jalan Tun Fuad Stephen

노선 번호	대표 행선지
16A	딴중 아루 마을 KAMPUNG TANJUNG ARU LAMA
16C	딴중 아루 해변 TANJUNG ARU BEACH

툰쿠 압둘 라만 거리의 정류장
Jalan Tunku Abldul Rahman

노선 번호	대표 행선지
1A(+ 8C, 8D)	시티 모스크 MASJID BANDARAYA
1C(+1D, 6C)	사바 주 청사 MENARA TUN MUSTAPHA, 말레이시아 사바 대학교 UNIVERSITI MALAYSIA SABAH
6C(+1D, 7B)	노보텔, 원 보르네오 쇼핑몰 1 BORNEO HYPERMALL

시티 버스 City bus

코타키나발루 시가 운영하는 시내 순환 버스로, 루트 A~C까지 3개 코스로 나누어 운행한다. 여행자들의 경우, 워터프런트와 시내 북쪽의 제셀톤 포인트 사이를 오고 갈 때 이용할 수 있다. 단, 운행 간격이 긴 편이고 운행 구간의 교통 체증이 심한 편이라 실제 이용하기에는 불편함이 있다.

Kota Kinabalu City Bus OPEN 06:00~21:00, 1시간 간격 운행 COST RM1.5 WEB www.kotakinabalucitybus.com

리조트 셔틀버스

리조트에 숙박하는 경우 리조트 셔틀버스를 이용할 수 있다. 수트라하버 리조트는 이마고 몰과 워터프런트, 위스마 메르데카를 경유하는 셔틀버스를 1일 4회 운행한다(왕복 성인 RM3.2, 어린이 RM1.6). 샹그릴라 라사 리아 리조트에서 코타키나발루 시내를 거쳐 샹그릴라 탄중 아루를 오가는 유료 셔틀버스도 운행한다. 그 외에도 무료 셔틀이나 공항 샌딩 서비스를 하는 호텔들이 많으니 리셉션에 문의해보자. 단, 셔틀버스는 좌석 수가 한정적이라 사람들이 많이 이용하는 시간대에는 시내 정류장에서 탑승을 하지 못하는 경우가 종종 발생한다.

일일 투어

코타키나발루를 방문한 사람들의 필수 코스인 반딧불이 구경 등 시내 외곽의 명소들은 대부분 일일 투어를 신청해서 돌아본다. 투어는 호텔 픽업과 샌딩을 포함하기 때문에 초보 여행자들도 편안하게 즐길 수 있다. 현지 여행사에서 신청할 수도 있고, 예약 대행 사이트나 한인 여행사를 통해 미리 예약할 수도 있다.

공항 가는 날, 반딧불이 투어 즐기기

한국으로 돌아가는 비행기가 대부분 자정 무렵에 있기 때문에, 떠나는 날 오후로 반딧불이 투어를 예약하면 체크아웃 후 시간을 알차게 보낼 수 있다. 14:00~15:00에 픽업해서 투어 후 돌아오면 밤 22:00 정도가 된다. 투어를 예약할 때 공항 샌딩과 비행기 탑승 가능 여부를 꼭 확인하자.

코타키나발루 추천 코스

다양한 저가항공사들이 노선을 운영하면서 코타키나발루를 여행하는 기간이 다양해졌지만, 3박 5일이나 4박 6일 일정으로 오는 여행자들이 가장 많다. 스노클링과 반딧불이 투어, 보르네오 증기기관차 등 핵심적인 볼거리들은 대부분 투어를 이용해 편안하게 이동할 수 있다. 투어 전후의 시간에 짬을 내서 시내 구경을 하는 방식이라 초보 여행자라도 크게 무리가 없는 일정이다. 일정에 여유가 있는 사람들은 아래의 3박 5일 일정에 원하는 일일 투어를 더 집어넣거나 리조트에서 휴식하는 시간을 늘려보자.

Course 1

공항 도착+ 숙소 체크인

코타키나발루
국제공항   p.348

↓ 택시 20분 ·············

숙소 도착

Tip 대형 리조트에 밤늦게 도착하게 되면 룸서비스 외에는 식당이나 가게를 찾기가 힘들다. 첫날 밤 간식거리는 미리 챙기도록 한다.
Option 늦은 밤 도착하기 때문에 첫날 숙소는 리조트 대신 저렴한 숙소를 잡는 경우도 많다.

Course 2

신나는 스노클링& 왁자지껄 시장 구경

중심 지역
제셀톤 포인트 & 워터프런트
소요시간 10〜11시간

제셀톤 포인트   p.362

↓ 보트 20분 ·············

스노클링 투어   p.367

↓ 보트 20분+도보 10분 ·····

쇼핑몰 구경   p.396

↓ 도보 10분 ·············

워터프런트   p.356

↓ 도보 1분 ·············

웻 마켓   p.358

↓ 도보 1분 ·············

핸디크래프트 마켓   p.358

↓ 도보 1분 ·············

**과일 시장과
건어물 시장**   p.359

Tip 석양 무렵 워터프런트에 도착하면 선셋 디너를 즐길 수 있다.
Option 동남아 여행의 재미를 더해주는 야시장(p.360〜361)도 구경해보자. 야식 거리를 해결할 수 있다.

Tip 여유 있는 여행을 선호한다면 가야 스트리트 구경 대신 리조트 수영장에서 휴식하자.
Option 취향에 따라 다른 일일 투어를 즐길 수도 있다. 어린아이가 있다면 마리마리 투어, 산을 좋아한다면 키나발루 산 투어, 바다를 좋아한다면 만타나니 섬 투어를 선호한다.

Tip 시내 외곽의 볼거리는 택시를 대절해서 한 번에 둘러보면 편하다.
Option 반딧불이 투어 대신 딴중 아루 비치(p.375)에서 석양을 맞이하거나 시내 스파에서 한가롭게 마사지(p.403)를 받을 수도 있다.

야간 비행기 기다리는 노하우
한국으로 가는 비행기는 대부분 자정 무렵에 출발한다. 늦은 저녁을 먹고 싶다면 **출국장으로 들어가기 전에 맥도날드(3층 출발 로비)나 KFC(1층 도착 로비)**를 이용하는 것이 좋다. 출국심사를 마치고 게이트로 가면 카페 두어 개와 음료와 간식거리를 파는 작은 가게 정도 밖에 없다.
공항 내부시설이 부족한 편이라 편하게 쉴 곳이 마땅치 않다. 아이가 딸린 가족이라면 레이트 체크아웃을 하거나 저렴한 호텔로 1박을 추가해 쉬어가는 것도 방법이다. 한국인들은 **출국심사 후 게이트(Gate B2) 근처에** 있는 스타벅스를 가장 많이 이용한다. P.P. 카드가 있다면 플라자 프리미엄 라운지를 활용할 수 있다.

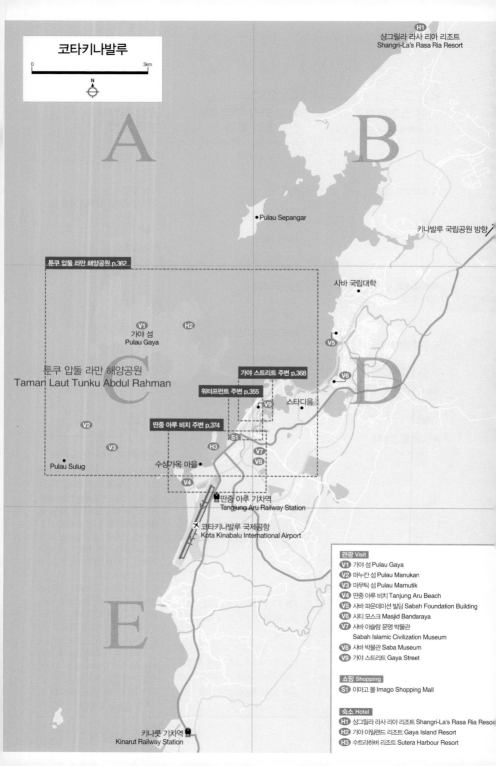

코타키나발루

0 ————— 3km

N

상그릴라 라사 리아 리조트
Shangri-La's Rasa Ria Resort **H1**

Pulau Sepangar

키나발루 국립공원 방향

A

B

사바 국립대학

투쿠 압둘 라만 해양공원 p.362

가야 섬
Pulau Gaya **V1**   **H2**

V5

투쿠 압둘 라만 해양공원
Taman Laut Tunku Abdul Rahman

C

V6

가야 스트리트 주변 p.368

워터프런트 주변 p.355

V9

스타디움

D

딴중 아루 비치 주변 p.374

V2

S1

V3

H3

수상가옥 마을

V7

V8

Pulau Sulug

V4

딴중 아루 기차역
Tanjung Aru Railway Station

코타키나발루 국제공항
Kota Kinabalu International Airport

E

키나룻 기차역
Kinarut Railway Station

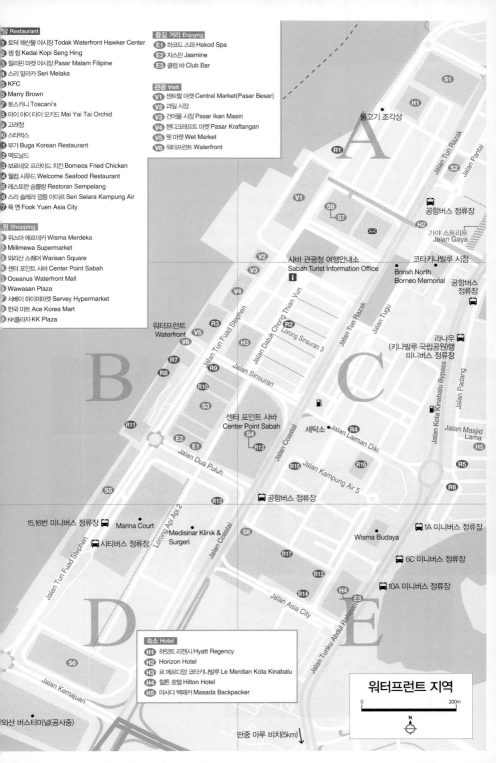

당 Restaurant
1. 토닥 해산물 야시장 Todak Waterfront Hawker Center
2. 셍 힝 Kedai Kopi Seng Hing
3. 필리핀 마켓 야시장 Pasar Malam Filipine
4. 스리 말라카 Seri Melaka
5. KFC
6. Marry Brown
7. 토스카니 Toscani's
8. 마이 야이 타이 오키드 Mai Yai Tai Orchid
9. 고려정
0. 스타벅스
1. 부가 Buga Korean Restaurant
2. 맥도날드
3. 보르네오 프라이드 치킨 Borneos Fried Chicken
4. 웰컴 시푸드 Welcome Seafood Restaurant
5. 레스토란 슴빨랑 Restoran Sempelang
6. 스리 슬레라 깜뿡 아이르 Seri Selara Kampung Air
7. 풋 옌 Fook Yuen Asia City

핑 Shopping
1. 위스마 메르데카 Wisma Merdeka
2. Miilimewa Supermarket
3. 와리산 스퀘어 Warisan Square
4. 센터 포인트 사바 Center Point Sabah
5. Oceanus Waterfront Mall
6. Wawasan Plaza
7. 서베이 하이퍼마켓 Servey Hypermarket
8. 한국 마트 Ace Korea Mart
9. KK플라자 KK Plaza

즐길 거리 Enjoyng
E1. 하코드 스파 Hakod Spa
E2. 자스민 Jasmine
E3. 클럽 바 Club Bar

관광 Visit
V1. 센트럴 마켓 Central Market(Pasar Besar)
V2. 과일 시장
V3. 건어물 시장 Pasar Ikan Masin
V4. 핸디크래프트 마켓 Pasar Kraftangan
V5. 웻 마켓 Wet Market
V6. 워터프런트 Waterfront

숙소 Hotel
H1. 하얏트 리젠시 Hyatt Regency
H2. Horizon Hotel
H3. 르 메르디앙 코타키나발루 Le Merdian Kota Kinabalu
H4. 힐튼 호텔 Hilton Hotel
H5. 마사다 백패커 Masada Backpacker

물고기 조각상
공항버스 정류장
가야 스트리트 Jalan Gaya
Jalan Tun Razak
Jalan Pantai
사바 관광청 여행안내소
Sabah Turist Information Office
Brirish North Borneo Memorial
코타키나발루 시청
공항버스 정류장
워터프런트 Waterfront
Jalan Tun Fuad Stephen
Jalan Datuk Chong Thian Yun
Lorong Sinsuran 3
Jalan Sinsuran
Jalan Tun Razak
Jalan Tugu
라나우 (키나발루 국립공원)행 미니버스 정류장
Jalan Kota Kinabalu Bypass
Jalan Padang
센터 포인트 사바 Center Point Sabah
세탁소 Jalan Laiman Diki
Jalan Masjid Lama
Jalan Coastal
Jalan Dua Puluh
Jalan Kampung Air 5
공항버스 정류장
15,16번 미니버스 정류장
Marina Court
시티버스 정류장
Medisinar Klinik & Surgeri
Lorong Api Api 2
Jalan Coastal
Wisma Budaya
1A 미니버스 정류장
6C 미니버스 정류장
10A 미니버스 정류장
Jalan Asia City
Jalan Tunku Abdul Rahman
Jalan Tun Fuad Stephen
Jalan Kemajuan
와산 버스터미널(공사중)
딴중 아루 비치(5km)

워터프런트 지역
0   200m
N

-------- 01 --------

석양이 지는 바로 그 자리
워터프런트
Waterfront

수평선 위로 떨어지는 붉은 태양과 황금빛 노을을 바라볼 수 있는 코타키나발루 시내 최고의 관광 명소. 저녁부터 늦은 밤까지 말레이 반도에서 놀러온 현지인들과 서양인 여행자들까지, 코타키나발루에서 관광객의 밀집 분포도가 가장 높은 곳이라고 할 수 있다. 코타키나발루 시내 중심가의 서쪽 바닷가에 목조데크를 연결해 만들어 놓은 전망 포인트로, 딱히 특별한 시설이랄 것도 없는 소박한 테라스지만 석양의 풍경 자체가 근사한 인테리어가 된다.

ADD Waterfront, Jalan Tun Fuad Stephens ACCESS 센터 포인트 사바 쇼핑몰에서 바다 방향으로 300m 정도 걸으면 워터프런트가 나온다. MAP p.355-B

약 250m 정도 이어지는 목조데크를 따라 전망을 보며 식사와 술 한잔을 할 수 있는 식당들이 줄지어 있는데, 오가는 관광객들을 호객하기 위해 경쟁이 치열하다. 서쪽에 위치한 만큼 노을이 물드는 해 질 무렵이 제일 예쁘면서도 제일 붐빈다. 석양을 바라보며 맥주를 마시려는 서양인 노부부들도 많고, 느지막이 시간에 맞춰 데이트를 나온 현지인 커플들도 많다. 야외 테라스에 앉아 반짝이는 남중국해를 바라보고 있으면 절로 기분이 좋아진다.

1 워터프런트 입구의 간판
2 해가 지고 난 후에도 아름답다.
3 석양을 바라보며 맥주 한잔 하기에 가장 좋은 곳

-------- TALK --------

워터프런트의 해피 아워 챙기기

술값이 비싼 말레이시아에서는 '해피 아워'를 이용하면 경비에 큰 도움이 된다. 워터프런트의 식당들도 저마다 해피 아워를 내세우는데, 주로 맥주를 버킷에 담아 할인해주거나 칵테일을 1+1으로 주는 방식이다. 맥주 브랜드에 따라 병 개수가 달라지니 입간판에 쓰여있는 해피 아워 광고를 체크하자.

코타키나발루에서 만나는
세계 3대 석양

그리스 산토리니 섬, 남태평양 피지와 함께 세계 3대 석양으로 꼽힐 만큼 아름다운 코타키나발루의 석양을 만나보자. 보르네오 섬의 서쪽에 자리한 코타키나발루는 바다로 내려앉는 노을을 바라보기에 안성맞춤이다. 어디에서 보면 제일 좋을지, 각자의 정답을 찾아보자.

TALK

코타키나발루에서 예쁜 노을을 만날 조건

은은한 파스텔 톤 석양이 하얀 집을 물들이는 산토리니와는 달리, 코타키나발루의 노을은 드라마틱하게 퍼져 있는 구름을 붉은 톤으로 물들이는 게 특징이다. 해가 나오질 않을 만큼 흐린 날씨는 안 되겠지만 얇은 구름이 적당히 하늘에 퍼져 있으면 더 멋진 석양 사진을 찍을 수 있다.

코타키나발루 Best 석양 명소

1 딴중 아루 비치

코타키나발루 최고의 선셋 포인트로 꼽히는 해변. 코타키나발루 시내에서도 정서쪽을 바라보는 해변이라 바닷속으로 풍덩 지는 태양을 볼 수 있다. 기나긴 백사장을 바라보며 선셋 칵테일을 마실 수 있는 비치 바들이 바닷가를 따라 이어지는 것도 매력적이다.

2 워터프런트

외국인 여행자들이 가장 즐겨 찾는 선셋 포인트. 시내 중심이라 이동하기에 편하고 식사와 휴식도 겸할 수 있어서 효율적이다. 석양을 바라보는 방향으로 식당과 펍이 줄지어 있는데, 해 질 무렵이면 해피 아워가 진행되기 때문에 석양을 바라보며 저렴한 가격으로 맥주를 즐기기에 좋다.

3 반딧불이 투어

우리나라 여행자들의 필수 코스인 반딧불이 투어에서 바라보는 석양도 놓칠 수 없다. 특히 녹색 정글 사이를 흐르는 강물 위로 내려앉는 석양은 반딧불이 투어에서만 볼 수 있는 낭만. 해 지기 전에는 긴코원숭이를 찾아 강 주위를 배회하다가 해 질 무렵이면 저녁 식사를 하는데, 이때가 제일 예쁜 선셋 타임이다.

4 리조트

수트라하버와 샹그릴라 탄중 아루, 샹그릴라 라사 리아에 묵는 사람이라면 굳이 멀리 가지 않고 리조트에만 있어도 최고의 석양을 볼 수 있다. 코타키나발루에서 가장 잘 정비된 지역이 리조트 안인 만큼, 눈에 거슬리는 것 하나 없이 주변 전경과 멋지게 어우러진 노을을 볼 수 있다. 리조트에 숙박하지 않아도 레스토랑이나 바는 얼마든지 이용할 수 있다.

02 ....

펄떡거리는 생선 구경
웻 마켓
Wet Market

코타키나발루의 어선들이 갓 잡아 올린 펄떡거리는 생선들을 구경할 수 있는 시장. 웻 Wet(젖은) 마켓이라는 이름처럼 생선에서 떨어진 바닷물로 시장 바닥이 흠뻑 젖어 있다. 전 세계에서 가장 다양한 종이 서식한다는 '코랄 트라이앵글'의 바다답게 신기한 모양의 열대 생선을 구경하는 재미가 있다. 소매 중심이라 둘러 보기에도 편리하다.

코타키나발루 사람들에게 제일 대중적이면서도 인기 있는 어종은 한치처럼 작은 오징어 종류. 말레이시아어로는 소통 Sotong이라고 하며 가격도 아주 저렴하다. 이 오징어를 가져다가 튀기기도 하고 말레이식 매운 양념에 볶아서 먹기도 하는데, 여느 해산물 식당에 가더라도 쉽게 찾아볼 수 있는 메뉴다.

ADD Jalan Tun Fuad Stephens
OPEN 배 들어올 때부터~21:00
ACCESS 워터프런트에서 해안을 따라 북쪽으로 바로 이어진다. **MAP** p.355-B

1 어시장 옆에는 어선들이 정박해 있다.
2 작은 오징어(소통 Sotong)가 최고 인기!

시장에서 배우는 말레이어 한 마디
시장에 들어가면 끊임없이 들려오는 소리. "사뚜 링깃 사뚜 링깃~" "두아 링깃 두아 링깃~". 생선 1kg당 가격이 RM1 또는 RM2이라며 손님을 부르는 말이다. 사뚜 Satu가 1, 두아 Dua가 2. '이거 얼마예요?'는 '이니 브라빠 Ini Berapa?'라고 한다.

03 ....

수공예 기념품을 살 수 있는
핸디크래프트 마켓
Pasar Kraftangan

말레이시아 냄새가 물씬 나는 기념품들을 찾고 있다면 한 번쯤 들러볼 만한 곳. 투박한 목각 장식품과 이곳의 명물인 오랑우탄 인형, 사바 지역을 주제로 한 프린트 티셔츠 등 코타키나발루 여행을 기념할 만한 물건을 구입할 수 있다.

ADD Jalan Tun Fuad Stephens
OPEN 10:00~22:00 **ACCESS** 워터프런트에서 해안가를 따라 이어지는 르 메르디앙 호텔 앞 대로를 따라서 북쪽으로 도보 2분 **MAP** p.355-B · C

스노클링 투어를 나갈 때 입을 만한 열대풍 사롱이나 친구들에게 가볍게 선물할 만한 열쇠고리를 사기에도 좋다. 인테리어에 관심이 있다면, 다양한 종류의 라탄 바구니와 매트도 구경해보자.
우리나라 여행자들에게 가장 인기 있는 아이템은 이 지역의 특산품인 **해수 진주로 만든 액세서리**다. 고급스러운 디자인은 아니지만 비교적 저렴한 가격에 진주 목걸이나 진주 비즈를 살 수 있어서 인기를 끌고 있다. 열심히 흥정하도록 하자.

핸디크래프트 마켓의 명물, 야외 수선집
핸디크래프트 마켓 정면에 줄지어 있는 수선집들도 독특한 볼거리다. 수십 년은 됨직한 골동품 재봉틀을 앞에 놓고 노년의 아저씨들이 옷감을 손질하고 있다. 우리나라에서는 사라져 가는 풍경인 데다 남자들이 재봉질한다는 것이 특이해서 관광객들의 카메라 세례를 받곤 한다.

열대로 여행을 왔다면 빠뜨릴 수 없는 간식거리, 망고를 사러 가보자. 핸디크래프트 마켓에서 센트럴 마켓으로 가는 길에는 두 개의 작은 시장이 연달아 있다. 왼쪽에는 건어물 좌판이, 오른쪽에는 망

ADD Jalan Tun Fuad Stephens
OPEN 10:00~22:00 ACCESS 핸디크래프트 마켓의 옆쪽. 도로변의 북쪽 코너에 있다. MAP p.355-C

잘 익은 망고가 가득한
과일 시장과 건어물 시장
Pasar Ikan Masin

고와 망고스틴 같은 과일 좌판이 주로 모여 있다. 대부분 kg당 가격이 표시되어 있어서 여행자들도 사기 편하다는 것이 장점. 두리안 시즌에는 두리안을 판매하는 가판대도 들어선다. 우리 입맛에는 아무래도 망고와 망고스틴이 가장 잘 맞는 과일이니 참고하자. 건어물 특유의 큼큼한 냄새가 가득한 건어물 시장에서는 말레이시아의 국민 음식인 '나시 르막 Nasi lemak'에 들어가는 말린 멸치가 인기다. 구운 오징어를 간식으로 즐기는 사람들답게 오징어나 문어, 해삼을 말려 놓은 제품도 다양하다.

1 시장 주위에 늘어선 망고 가판. 크기와 품질에 따라서 1kg에 RM10~25
2 건어물 시장

\TIP/
잘 익은 망고 고르는 법
망고의 꼭지 부분에 맑은 진물이 묻어 있고 껍질이 진한 노란빛이라면 맛있게 잘 익은 망고일 확률이 높다. 손으로 들어봤을 때 살짝 말캉말캉한 느낌이 느껴져야 한다.

코타키나발루 사람들의 생필품 장터
센트럴 마켓
Central Market (Pasar Besar)

센트럴 마켓은 현지인들이 생필품들을 해결하는 도매 중심의 시장이다. 코타키나발루 사람들이 푸짐한 세 끼 밥상을 차릴 수 있도록 신선한 야채와 다양한 과일들, 단백질의 주요 보충원인 닭과 달걀까지 일상적인 반찬거리들을 판매

ADD Jalan Tun Fuad Stephens
OPEN 06:00~18:00 ACCESS 워터프런트에서 해안가를 따라 이어지는 르 메르디앙 호텔 앞쪽 대로를 따라서 북쪽으로 도보 5분 MAP p.355-A

한다. 말레이시아 사람들이 즐기는 견과류와 전통 과자, 건어물과 향신료 등을 판매하는 좌판도 있다.
여행자들에게는 우리나라에서 흔히 볼 수 없는 야채 등 음식 재료들을 탐험하는 재미가 있다. 또는 우리도 늘 먹고 있는 음식 재료들을 발견하면서 '사람 사는 게 다 비슷하구나'라고 느끼기도 한다. 특히 다양한 종류의 과일이 있는 과일 매장에서는 그때그때 시즌에 따라 두리안, 망고, 파파야 등 알록달록한 열대 과일들을 작은 포장단위로 구입할 수 있다.

\TIP/
여행자용 간식 쇼핑
센트럴 마켓 길 건너편에 있는 KK플라자 지하에도 대형 슈퍼마켓이 있다. 커피, 카야잼, 망고젤리 등 간단한 기념품을 쇼핑하기에 편리하다(p.399 참고).

생선 굽는 연기가 자욱한

코타키나발루의 야시장
Kota Kinabalu Night Market

동남아 여행의 묘미는 뭐니 뭐니 해도 야시장. 뜨거운 햇살이 내리쬐는 낮에는 조용하던 거리가 밤 늦게까지 북적거리는 풍경을 흔히 볼 수 있다. 코랄 트라이앵글 지역에 위치해 해산물이 풍부한 코타키나발루의 야시장은 동남아에서도 유명한 야시장 중 하나다.

코타키나발루의 야시장은 주차장이나 해변의 공터 등 공간만 있으면 어디에서나 열리지만, 그중에서도 여행자들이 찾아가기 쉬운 곳은 **워터프런트와 핸디크래프트 마켓 사이에서 열리는 필리핀 마켓 야시장**이다. **ADD** Jalad Tun Fuad Stephens **OPEN** 17:30~23:30 **ACCESS** 르 메르디앙 호텔에서 큰길 건너편, 핸디크래프트 마켓의 옆쪽 **MAP** p.355-B

코타키나발루 야시장 이모저모

1 코타키나발루 야시장의 장점
다른 나라의 야시장을 구경해 본 여행자들이 가장 많이 호소하는 불편은 상인들의 지나친 호객 행위다. 코타키나발루의 야시장에서는 심하게 호객하는 상인들이 없어서 편하게 가판대를 구경할 수 있다.

2 야시장 제대로 즐기는 노하우
• 머리카락과 옷에 숯불 연기가 가득 밴다. 가급적 신경 쓸 필요가 없는 편안한 옷을 입고 간다.
• 큰 사이즈보다는 작은 사이즈로 여러 종류를 시키는 것이 실패 확률이 낮다.
• 가능하면 가격표가 붙어 있는 곳을 간다. 주문할 때마다 얼마인지 가격을 다시 확인한다.

말레이어로 숫자 읽기

0 kosong ≫ 꼬송	**7** tujuh ≫ 뚜주	**20** dua puluh ≫ 두아 뿔루
1 satu ≫ 사뚜	**8** lapan ≫ 라빤	**21** dua puluh satu ≫ 두아 뿔루 사뚜
2 dua ≫ 두아	**9** sembilan ≫ 슴빌란	**22** dua puluh dua ≫ 두아 뿔루 두아
3 tiga ≫ 띠가	**10** sepuluh ≫ 스뿔루	**30** tiga puluh ≫ 띠가 뿔루
4 empat ≫ 음빳	**11** sebelas ≫ 스블라스	**100** seratus ≫ 스라뚜스
5 lima ≫ 리마	**12** duabelas ≫ 두아블라스	**200** dua ratus ≫ 두아 라뚜스
6 enam ≫ 으남	**13** tigabelas ≫ 띠가블라스	

야시장 가판대 구경

1 야채 시장

워터프런트에서 필리핀 마켓으로 들어가면 가장 먼저 보이는 것이 바로 야채 시장이다. 저녁이 되기 전 5시부터 문을 열며 장보는 현지인들로 붐빈다. 토마토, 양파, 양배추 등 눈에 익숙한 야채부터 고추, 라임, 생강 등 사바 음식에 빠질 수 없는 향신채까지 모두 볼 수 있다.

2 과일 시장

과일 시장은 필리핀 마켓의 정 중앙에 있으며 야채 시장 바로 옆 열을 차지하고 있다. 관광객들이 가장 많이 지나가는 곳이기 때문에 한국어로 적어 놓은 과일 이름도 보이고, 한국어로 호객행위 하는 소리도 들을 수 있다. 최고의 인기 품목은 당연히 망고, 품종에 따라 색상과 가격이 다르다.

3 숯불에서 굽는 사테 Satay와 닭 날개 Chicken wing

연기가 뭉글뭉글 피어나는 곳을 찾으면 어김없이 사테나 닭 날개를 굽고 있다. 달짝지근한 소스를 발라서 바싹 구워낸 닭 날개는 관광객들에게 인기 만점. 양념에 재운 고기를 꼬치에 꽂아서 굽는 사테도 야시장의 베스트셀러다.

4 야시장의 해산물 요리

해산물 음식 가판대가 가장 많은 자리를 차지하고 있다. 큼직한 새우나 오징어, 생선 등을 꼬치에 꽂아서 구워놓은 게 제일 흔한 방식. 매콤한 말레이식 소스를 발라서 바나나 잎으로 감싼 다음 굽는 경우도 있다. 대부분의 가게가 초벌구이해 놓은 것을 살짝 다시 데워준다. 관광객들에게 제일 인기 있는 새우구이는 크기에 따라서 가격이 달라지니 주문 시 확인 필수.

5 뷔페처럼 진열한 현지 음식

미리 만들어 놓은 현지 음식을 오픈 뷔페처럼 진열한다. 주인에 따라 인도네시아식/필리핀식/말레이시아식/인도식/중국식 반찬이 많은 곳으로 나뉘는데, 반찬마다 가격은 다르지만 대체로 저렴한 편이다. 말레이 대표 양념인 블라찬(새우 페이스트)을 넣은 것은 짭조름한 감칠맛이 나고, 코코넛과 커리를 사용한 것은 특유의 고소하면서도 칼칼한 향이 난다.

6 간단한 일품요리

하루 일과를 마친 현지인들이 저녁 식사를 해결하는 장소. 말레이시아 사람들이 일상적으로 먹는 국수나 볶음밥 종류가 주요 메뉴다. 미 고랭 Mee Goreng(말레이식 볶음면), 나시 고랭 Nasi Goreng(말레이식 볶음밥) 등으로 한 끼 해결하기에 좋다.

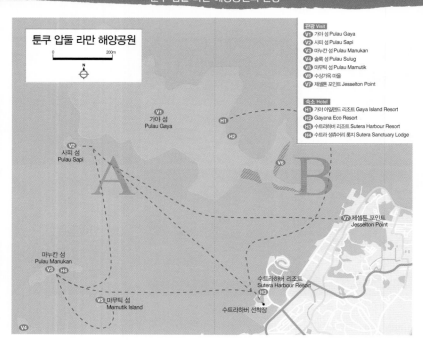

툰쿠 압둘 라만 해양공원

0   200m

N

관광 Visit
V1 가야 섬 Pulau Gaya
V2 사피 섬 Pulau Sapi
V3 마누칸 섬 Pulau Manukan
V4 술룩 섬 Pulau Sulug
V5 마무틱 섬 Pulau Mamutik
V6 수상가옥 마을
V7 제셀톤 포인트 Jesselton Point

숙소 Hotel
H1 가야 아일랜드 리조트 Gaya Island Resort
H2 Gayana Eco Resort
H3 수트라하버 리조트 Sutera Harbour Resort
H4 수트라 생츄어리 롯지 Sutera Sanctuary Lodge

V1 가야 섬 Pulau Gaya

H1

H2

V2 사피 섬 Pulau Sapi

A   B

V6

V7 제셀톤 포인트 Jesselton Point

마누칸 섬 Pulau Manukan
V3 H4

수트라하버 리조트 Sutera Harbour Resort
H3

V5 마무틱 섬 Mamutik Island

수트라하버 선착장

V4

01

스노클링 보트 투어의 출발지

제셀톤 포인트
Jesselton Point

1 붉은색 빈티지 전화부스
2 제셀톤 항구의 보트회사 티켓부스

1

2

코타키나발루 앞바다에 떠 있는 섬으로 가는 보트들의 출발 장소다. 시내에서는 스노클링을 할 만한 장소가 마땅치 않기 때문에, 푸른 열대 바닷속을 구경하고 싶은 여행자들은 이곳에서 배를 타고 가까운 섬으로 찾아가 스노클링을 즐긴다.

제셀톤 포인트는 19세기 말 영국군이 보르네오 섬에 최초로 상륙했던 장소로, '제셀톤'이란 이름은 당시 코타키나발루 시내를 부르던 이름이다. 이후 이곳은 코타키나발루의 페리 터미널로 사용되었으며, 지금은 인근 섬으로 가는 보트의 선착장으로 사용되고 있다. 선착장 주위의 카페나 식당에서 전망을 바라보며 시간을 보내기에도 좋다.

ADD Jesselton Point, Jalan Haji Saman **TEL** +60 88-240-709 **OPEN** 06:00~22:00 **COST** 무료, 보트 요금은 별도 **ACCESS** 수리아 사바 쇼핑몰 정문 오른편 길을 따라서 도보 5분 **WEB** www.jesseltonpoint. com.my **MAP** p.362-B, p.368-A

TIP

선착장으로 가는 길 오른쪽에 있는 매표소 건물 안으로 들어가면 각섬으로 가는 보트를 운항하는 회사들이 잔뜩 모여 있다.

툰쿠 압둘 라만 해양공원
Tunku Abdul Rahman Marine Park

코타키나발루 시내에서는 찾아볼 수 없었던 아름다운 해변을 도시 바로 앞바다에 있는 툰쿠 압둘 라만 해양 공원에서 만날 수 있다. 사피, 마누칸, 마무틱, 가야, 술룩 등 5개 섬으로 이루어진 툰쿠 압둘 라만 해양공원은 사바 지역 최초의 국립공원으로 지정되어 보호되고 있다.

푸른 바다와 눈부신 해변, 알록달록한 열대어가 노니는 맑은 바닷속으로 떠나는 스노클링까지, 열대 휴양지의 매력 속으로 떠나보자.

 TIP

여러 섬을 방문하더라도 **국립공원 입장료는 하루 한 번만** 내면 된다. 처음 방문한 섬에서 주는 영수증을 버리지 말고 잘 보관하도록 하자.

1 여행사별로 차지한 휴식공간
2 화장실과 탈의실
3 선착장에 내려서 왼쪽 해변이 스노클링 포인트다.
4 이구아나도 볼 수 있다.

사피 섬 Sapi Island

5개 섬 중 가장 많은 여행자가 찾는 섬. 수심이 얕고 물이 맑은 편이라 아이들을 동반한 가족들도 편안하게 스노클링을 할 수 있다는 것이 장점이다. 물이 얕은 곳에서도 다양한 산호와 작은 열대어들을 볼 수 있어서 초보자도 즐겁게 스노클링을 즐길 수 있다. 단체 여행객들도 많이 찾는 섬이라 성수기에는 유원지처럼 바글거리는 분위기다. 섬 크기는 5개 섬 중 세 번째로 백사장은 깨끗하고 긴 편이다.

선착장에 내리면 오른쪽에는 화장실과 탈의실, 짐을 둘 수 있는 천막과 간이 BBQ 시설 등이 있고, 왼쪽에는 스노클링 하는 사람들로 붐비는 해변과 매점, 간이 카페 등의 시설이 있다. 여행사마다 나무 그늘에 자리를 차지해 놓고 그곳에 짐을 두도록 하는데, 개별로 간 사람이라면 각자 비치매트를 빌려서 적당한 자리를 찾아야 한다.

MAP p.362-A

 TIP

사피 섬 장비 대여료

개별로 빌리는 것과 마스크+스노클+핀까지 세트로 빌리는 비용이 크게 차이가 나지 않는다. 장비 반납 시 돌려주는 보증금이 필요하니 현금을 준비한다.

대여 장비	대여료	보증금	대여 장비	대여료	보증금
마스크+스노클+핀	RM16	RM50	텐트	RM35	RM50
마스크+스노클	RM11	RM40	구명조끼	RM11	RM20
마스크	RM11	RM40	비치매트 싱글	RM6	RM5
핀	RM11	RM40	비치매트 더블	RM10	RM10

마누칸 섬 Manukan Island

사피 섬과 함께 단체 관광객들이 가장 많이 찾는 곳이다. 섬의 남동쪽에 초승달 모양의 해변이 있는데 사피 섬에 비하면 물이 좀 더 깊은 편이고 열대어도 큰 종류가 많다. 패러세일링이나 시 워킹, 제트스키 같은 해양스포츠 시설도 있어서 우리나라 단체 여행객들이 즐겨 찾는다.

선착장에 내려서 오른쪽에 있는 바다가 다양한 산호들이 모여 있는 스노클링 포인트로, 이쪽 해변에 카페와 매점 등 주요 시설들이 모여 있다. 백사장은 다소 거칠고 폭이 좁은 편인데, 대신 해변 바로 뒤로 나무 숲이 있어서 쉴 만한 장소를 찾기는 편하다. 수트라 생츄어리 롯지 Sutera Sanctuary Lodges와 부설식당도 있으며, 이곳의 런치 BBQ뷔페는 골드카드 이용자와 한국 단체 여행객들의 점심 장소로 애용되고 있다.

MAP p.354-C, p.362-A

1 맑은 물 위로 길게 이어지는 선착장
2 수트라 생츄어리 롯지

 TIP

수트라하버의 골드카드를 가지고 있다면 카드 이용 기간 중 1회 무료로 이용할 수 있는 마누칸행 왕복 보트와 런치 BBQ뷔페(12:00~14:30) 혜택을 최대한 활용하자. 새우, 게, 갈비 등의 메뉴가 특히 인기가 높다. 인기 메뉴를 마음껏 먹으려면 뷔페 오픈 시간에 맞춰 방문하자.

3 해변의 폭이 짧고 나무가 많다. **4** 해변 뒤쪽으로 이어지는 나뭇길을 산책하기 좋다.
5 시 워킹 센터가 있다. 단체 여행객들에게 인기가 있다.

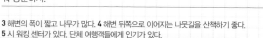

마무틱 섬 Mamutik Island

5개 섬 중 가장 자그마한 섬이지만 서양인 배낭 여행객들이 가장 선호하는 섬이다. 해변을 한 바퀴 도는 데 10분이 채 안 걸릴 만큼 규모가 작지만, 하얀 모래 위로 넘나드는 물이 맑고 단체 여행객들이 적은 편이라 한적하다는 것이 장점. 특히 오전 일찍 마무틱 섬에 들어가면 조용한 분위기를 만끽할 수 있다.

해변 가까이는 수심이 얕지만 조금 나가면 절벽처럼 떨어지는 깊은 수심인지라 스킨다이빙까지 즐기는 중급 이상의 스노클링 포인트로 인기가 있다. 선착장 오른쪽에 있는 해변은 파도가 좀 센 편이고 왼쪽으로 있는 얕은 해변이 산호도 많고 스노클링 초보자들에게 좋으니 참고한다. 간단한 음식을 팔고 장비를 대여하는 가게와 다이빙 센터, 탈의실과 화장실, 캠핑장 등이 있다.

MAP p.354-C, p.362-A

1 마무틱 섬의 선착장
2 스노클링과 일광욕을 즐기는 서양 여행자들이 많다.

스쿠버다이빙 자격증 따기

가야 섬에는 한인이 운영하는 다이빙 센터가 있어서, 체험다이빙을 즐기거나 세계 프로 전문 다이빙 강사협회(PADI)에서 승인하는 스쿠버다이빙 라이선스를 따기에 편리하다. 체험 다이빙 투어를 신청하면 가야 섬 스노클링도 함께 즐길 수 있다.

WEB cafe.naver.com/kkolivahouse

1 동쪽 해변에 있는 수상가옥 마을
2 북쪽 해변에 있는 리조트 시설

가야 섬 Gaya Island

5개 섬 가운데 가장 큰 섬으로 해변 몇 곳에 리조트가 들어서 있다. 호핑투어 여행객들을 위한 휴식 환경이 그리 좋은 편은 아니라 스노클링보다는 스쿠버다이빙 교육 장소로 자주 활용된다. 아직까지는 제셀톤 포인트에서 가야 섬으로 들어가는 투어 보트가 그리 많지 않아 단체 여행객들이 적은 편. 그래서 가야 아일랜드와 붕아 라야 리조트, 가야나 에코 리조트에 투숙하는 사람이라면 섬을 전세 낸 것처럼 즐길 수 있다. 큰 섬에는 열대 우림과 맹그로브 숲이 형성되어 있고, 수십km에 달하는 긴 백사장과 수상 가옥 마을도 있다.

MAP p.354-C, p.362-A

멀지만 아름다운
만타나니 섬 Mantanani Island

TIP

만타나니 투어 체크 포인트

☑ 작은 배가 고속으로 움직이기 때문에 파도에 따라 많이 출렁인다. 뱃멀미를 하는 사람은 멀미약을 반드시 챙길 것.

☑ 배로 이동하는 동안 물이 많이 튀기 때문에 수영복을 추천한다. 전자장비 방수도 미리 챙기자.

☑ 스노클링 포인트의 수심이 깊은 편이다. 수영에 익숙하지 않은 이들은 구명조끼를 착용한다.

☑ 만타나니 투어와 나나문 반딧불이 투어를 하루에 끝내려는 경우, 체력적으로 힘들 수 있다. 긴 차량 이동 시간과 뱃멀미에 대비하고 스노클링에서 무리하지 말 것.

멋진 포인트를 위해서라면 먼 길도 마다하지 않는 스노클링 마니아들이 코타키나발루에서 가장 아름다운 섬으로 꼽는 곳이다. 선착장까지 가는 데만 버스로 편도 1시간 반에서 2시간, 다시 섬까지 들어가는 보트로 50분이나 걸리지만, '코타키나발루의 몰디브'라고 불릴 만큼 아름다운 풍광을 자랑한다. 투어로 가는 경우, 선착장 근처 해변에서 스노클링을 하는 것이 아니라 섬 근처의 포인트까지 다시 보트를 타고 이동한다. 스노클링 포인트마다 30분 가량 머물며, 점심식사 이후에는 섬에서 자유시간을 보낼 수도 있다. 투어 회사별로 전용 비치의자와 천막, 테이블, 화장실, 샤워실 등의 시설이 있다.

COST 현지 여행사 기준 RM217~(호텔 픽업+왕복 교통+점심BBQ+스노클링 장비 대여 포함) **ACCESS** 제셀톤 포인트에 있는 여행사 부스, 현지 여행사의 홈페이지, 한인 여행사, 한인민박 등을 통해 예약한다.

🐚 만타나니 섬 투어 이용 백서 🐚

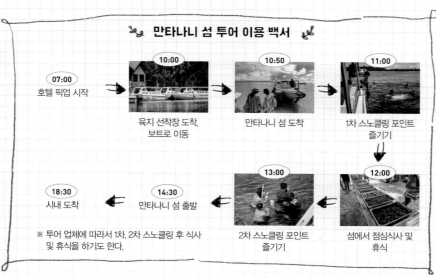

07:00
호텔 픽업 시작

10:00
육지 선착장 도착,
보트로 이동

10:50
만타나니 섬 도착

11:00
1차 스노클링 포인트
즐기기

12:00
섬에서 점심식사 및
휴식

13:00
2차 스노클링 포인트
즐기기

14:30
만타나니 섬 출발

18:30
시내 도착

※ 투어 업체에 따라서 1차, 2차 스노클링 후 식사
및 휴식을 하기도 한다.

코타키나발루 스노클링 FAQ

코타키나발루 여행의 핵심이라고도 할 수 있는 스노클링은 직접 보트 티켓을 구입해 자유여행으로 즐길 수도 있고, 여행사의 패키지 투어를 이용해서 다녀올 수도 있다. 자유여행자가 이용할 수 있는 보트가 출발하는 곳은 제셀톤 포인트와 수트라하버 리조트의 씨퀘스트 선착장, 두 곳이다.

1 어떻게 예약할까?

제셀톤 포인트의 보트 회사 티켓 부스

코타키나발루 시내의 제셀톤 포인트를 방문해서 직접 보트 티켓을 구입하는 것이 가장 저렴하다.
보트 운영 회사가 많으며, 예약을 하지 않고도 당일 아침에 티켓을 구할 수 있다. 단, 혼자 신청할 경우 보트에 사람이 찰 때까지 기다릴 수 있다.
[제셀톤 포인트] OPEN 페리 출발 08:30~16:30 (티켓 카운터 08:00~16:00) COST 섬 1곳 성인 RM23, 어린이 RM18, 섬 2곳 성인 RM33, 어린이 RM23, 섬 3곳 성인 RM44, 어린이 RM28(※ 터미널 이용료 성인 RM7.2, 어린이 RM3, 국립공원 입장료 성인 RM10, 어린이 RM6 별도 지급 필요)

수트라하버에서 보트타기

수트라하버 리조트에 묵는 사람들은 마리나 하버의 씨퀘스트 센터에서 출발하는 보트를 이용하는 것이 편리하다. 사피 섬, 마누칸 섬, 마무틱 섬으로 가는 보트를 운행하는데, 제셀톤 포인트의 요금보다는 다소 비싸지만 깨끗하고 좋은 보트를 운행한다는 것이 장점이다. COST 섬 1곳 성인 RM60, 어린이 RM42, 섬 2곳 성인 RM75, 어린이 RM57(※ 국립공원 입장료 성인 RM10, 어린이 RM6 별도 지급 필요)

2 추천 코스는?

하루에 섬 2곳을 들르는 코스가 제일 인기다. 보통 사피 섬, 마누칸 섬, 마무틱 섬 중에서 선택한다. 첫 번째 섬을 오전 10시 정도에 들어갔다가, 12시쯤 두 번째 섬으로

여러 곳의 섬을 방문하더라도 국립공원 입장료는 하루 1번만 지불하면 된다. 처음 방문한 섬에서 내는 영수증을 버리지 말고 잘 보관한다.

이동해서 점심식사 후 즐기면 좋다. 물론 이동 없이 여유 있게 쉬고 싶다면 한 섬만 선택하는 것도 방법이다.

3 스노클링 장비는 빌릴 수 있나?

제셀톤 포인트나 수트라하버 씨 퀘스트, 각 섬에 있는 대여점에서 스노클과 마스크, 구명조끼, 비치매트 등을 빌릴 수 있다. 각 장비에 따라 보증금은 별도로 지불해야한다. 각 섬에 있는 대여점은 섬을 떠날 때 장비를 반납해야 하니 여러 곳을 다닌다면 육지의 선착장에서 빌려서 가는 것이 좋다.

4 점심 식사는 어떻게 할까?

여행자들이 많이 찾는 사피 섬, 마누칸 섬, 마무틱 섬에는 간이식 카페가 있어서 간단한 볶음밥 등으로 저렴하게 식사를 해결할 수 있다. 가게에서 파는 시원한 음료나 과자 등으로 간식도 해결할 수 있으니, 과일 같은 간식거리를 가져가도 좋다. 수트라 생츄어리 롯지 Sutera Sanctuary Lodges가 있는 마누칸 섬에서는 리조트에서 운영하는 레스토랑이나 런치 BBQ뷔페도 이용할 수 있다.

5 섬에서 즐길 수 있는 해양스포츠는?

사피 섬, 마누칸 섬, 마무틱 섬에는 다양한 해양스포츠를 즐길 수 있는 센터가 있다. 마누칸 섬과 마무틱 섬에서는 바나나보트, 제트스키, 패러세일링 등을 즐기는 이들이 많으며, 현장에서 바로 신청할 수 있다. 사피 섬과 가야 섬은 스쿠버다이빙 교육을 받을 수 있는 센터로 인기를 끌고 있다.

개별 여행자의 해양 스포츠 이용 요금 및 시간
바나나보트 최소 4인, 1인당 RM40, 15분
플라이 피시 최소 2인, 1인당 RM70, 15분
패러 세일링 최소 2인, 1인당 RM90, 15분
제트 스키 최대 2인, 1대당 RM165, 30분

패러 세일링

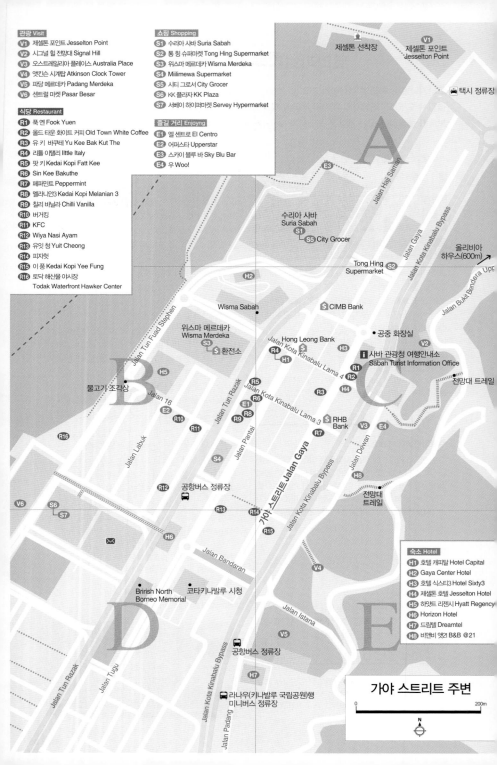

관광 Visit

- **V1** 제셀톤 포인트 Jesselton Point
- **V2** 시그널 힐 전망대 Signal Hill
- **V3** 오스트레일리아 플레이스 Australia Place
- **V4** 앳킨슨 시계탑 Atkinson Clock Tower
- **V5** 파당 메르데카 Padang Merdeka
- **V6** 센트럴 마켓 Pasar Besar

식당 Restaurant

- **R1** 푹 옌 Fook Yuen
- **R2** 올드 타운 화이트 커피 Old Town White Coffee
- **R3** 유 키 바쿠테 Yu Kee Bak Kut The
- **R4** 리틀 이탈리 little Italy
- **R5** 팟 키 Kedai Kopi Fatt Kee
- **R6** 신 키 바쿠테 Sin Kee Bakuthe
- **R7** 페퍼민트 Peppermint
- **R8** 멜라니안3 Kedai Kopi Melanian 3
- **R9** 칠리 바닐라 Chilli Vanilla
- **R10** 버거킹
- **R11** KFC
- **R12** Wiya Nasi Ayam
- **R13** 유잇 청 Yuit Cheong
- **R14** 피자헛
- **R15** 이 풍 Kedai Kopi Yee Fung
- **R16** 토닥 해산물 야시장
  Todak Waterfront Hawker Center

쇼핑 Shopping

- **S1** 수리아 사바 Suria Sabah
- **S2** 통 힝 슈퍼마켓 Tong Hing Supermarket
- **S3** 위스마 메르데카 Wisma Merdeka
- **S4** Miilimewa Supermarket
- **S5** 시티 그로서 City Grocer
- **S6** KK 플라자 KK Plaza
- **S7** 셔베이 하이퍼마켓 Servey Hypermarket

즐길 거리 Enjoyng

- **E1** 엘 센트로 El Centro
- **E2** 어퍼스타 Upperstar
- **E3** 스카이 블루 바 Sky Blu Bar
- **E4** 우 Woo!

숙소 Hotel

- **H1** 호텔 캐피탈 Hotel Capital
- **H2** Gaya Center Hotel
- **H3** 호텔 식스티3 Hotel Sixty3
- **H4** 제셀톤 호텔 Jesselton Hotel
- **H5** 하얏트 리젠시 Hyatt Regency
- **H6** Horizon Hotel
- **H7** 드림텔 Dreamtel
- **H8** 비앤비 앳컴 B&B @21

가야 스트리트 주변

0   200m

Sightseeing in Gaya Street

가야 스트리트 주변의 관광

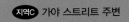

지역C 가야 스트리트 주변

---- 01 ----

코타키나발루의 역사가 시작된 곳

가야 스트리트
Gaya Street

1900년대부터 가게들이 들어서기 시작해 100년 넘게 상업의 중심지였던 가야 스트리트는 코타키나발루에서 가장 오랜 역사를 자랑하는 거리다. 1층은 가게로, 2층부터는 주거공간으로 사용하는 **숍 하우스** Shop house들이 거리 양옆으로 늘어서 있는데, 이 중에는 할아버지에서 손자까지 대를 이으며 가업을 있는 가게들도 있다. 도로 중앙의 가로수를 따라 일자로 쭉 뻗은 거리는 백 년 전이나 지금이나 여전한 코타키나발루의 대표 상업지구. 화려한 네온사인이나 대형 간판은 찾아볼 수 없지만, 다소 낡고 퇴색한 분위기가 가야 스트리트만의 매력을 더한다. 여행자들 역시 오랜 전통을 지닌 맛집을 찾아가기 위해서라도 한 번쯤은 이 길을 걷게 된다. 거리를 걷다 보면 **사바 관광청** Sabah Tourism Board과 **제셀톤 호텔** Jesselton Hotel이 모여 있는 51~69번지 사이의 거리가 인상적인데, 제2차 세계대전 이전의 분위기가 남아 있는 곳이다. 당시 연합군의 폭격 속에서도 살아남은 3개 건물 중 하나인 사바 관광청은 현재 영국식 석조 건물의 아름다움을 느낄 수 있는 문화유산으로 지정되어 있다. 제셀톤 호텔 역시 1954년 코타키나발루에서 처음으로 에어컨 시스템이 설치된 호텔이라는 오랜 역사를 가지고 있다.

ADD Gaya Street OPEN 24시간
ACCESS 가야 스트리트의 남쪽 끝에는 호라이즌 호텔이, 북쪽에는 사바 관광청이 있다. MAP p.354-D, p.368-C

1 가로수 양옆으로 숍 하우스들이 들어선 가야 스트리트
2 1916년에 지어진 영국풍 건물인 현재의 사바 관광청
3 코타키나발루 최초의 호텔인 제셀톤 호텔

---- TALK ----

코타키나발루의 역사
1881년 영국의 북보르네오 회사가 이곳에 자리를 잡으면서, 회사의 부회장 이름을 딴 '제셀톤 Jesselton'이라는 이름으로 불렸다. 영국의 섭정 아래 번성하던 식민지 시대의 유산들은 1942년 일본의 침략으로 대부분 사라졌으며, 1947년부터 다시 영국의 지배를 받으면서 사바 주의 수도로 성장한다. 1963년 영국으로부터 독립해 말레이시아 연방정부에 편입된 후 도시의 이름도 코타키나발루(현지인들은 흔히 KK라고 부른다)로 변경되었다.

일요일의 색다른 재미
선데이 마켓
Sunday Market

매주 일요일 아침이면 가야 스트리트는 차량 통행이 금지되고 나무 그늘에 천막들이 줄줄이 펼쳐진다. 상인들과 시민들이 총출동해 좌판을 벌이는데, 목각 인형이나 사롱 같은 수공예품부터 오래된 골동품, 신발, 과일, 향신료, 전통 케이크나 과자 등의 먹거리까지 그 종류가 매우 다양하다. 마켓의 규모가 그리 크지 않고 판매하는 물건들이 그리 고급스럽지는 않아도 구경하는 재미가 쏠쏠하다. 선데이 마켓에서만 맛볼 수 있는 간식도 먹고, 바틱(염색), 캘리그래피(글씨) 같은 전통 공예품, 코타키나발루를 기억할 만한 소박한 여행 기념품들도 살 수 있다.

선데이 마켓에서는 주말을 맞아 가족과 함께 놀러 나온 현지인들을 쉽게 만나볼 수 있다. 코타키나발루 사람들에게 선데이 마켓은 단순한 시장이 아닌 가족과 함께 주말을 즐기는 일종의 문화공간으로 여겨진다.

ADD Gaya Street **OPEN** 일 06:30~12:30 **COST** 무료 **ACCESS** 가야 스트리트의 남쪽 끝 부분

매주 금,토요일 저녁 6시부터 가야 스트리트에는 먹거리 야시장 Api Api Night Food Market이 열린다. 사테, 닭날개, 버거, 굴오믈렛, 딤섬, 국수 등 다양한 말레이시아 거리 음식들을 맛볼 수 있다.

Travel Plus +

선데이 마켓에서 만나는 풍경

1 선데이 마켓의 명물인 아이스크림 트럭
2 보르네오 섬의 마스코트인 원숭이 인형
3 헤나를 받고 있는 여행자
4 원하는 글자를 멋있게 써 주는 캘리그래피 공예 모습
5 애완동물을 파는 가게
6 나무를 깎아 만든 생활용품이나 천 가방 등이 주요 품목이다.

전통의 맛,
가야 스트리트
맛집 지도

코타키나발루만의 특별한 맛을 찾고 싶다면 가야 스트리트는 필수 방문 코스다. 에어컨도 안 나오는 허름한 가게에 앉아 땀을 뻘뻘 흘리며 먹는 여행의 재미. 간이식 플라스틱 테이블이지만 황제의 식탁도 부럽지 않은 깊은 전통의 맛이 가야 스트리트에 있다.

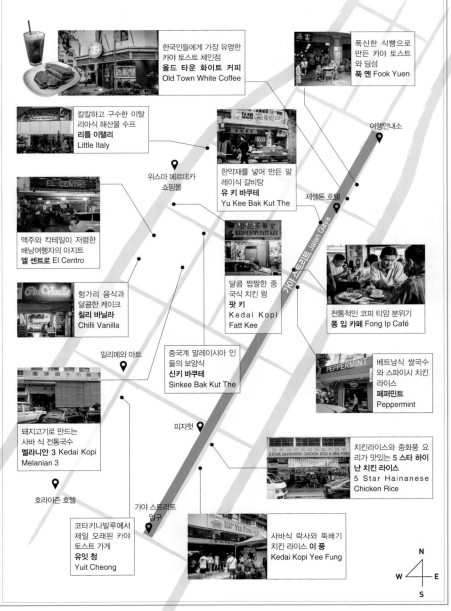

한국인들에게 가장 유명한 카야 토스트 체인점
올드 타운 화이트 커피
Old Town White Coffee

폭신한 식빵으로 만든 카야 토스트와 딤섬
푹 옌 Fook Yuen

칼칼하고 구수한 이탈리아식 해산물 수프
리틀 이탤리
Little Italy

여행안내소

한약재를 넣어 만든 말레이식 갈비탕
유 키 바쿠테
Yu Kee Bak Kut The

위스마 메르데카 쇼핑몰

제셀톤 호텔

가야 스트리트 Jalan Gaya

맥주와 칵테일이 저렴한 배낭여행자의 아지트
엘 센트로 El Centro

달콤 짭짤한 중국식 치킨 윙
팟 키
Kedai Kopi
Fatt Kee

전통적인 코피 티암 분위기
퐁 입 카페 Fong Ip Café

헝가리 음식과 달콤한 케이크
칠리 바닐라
Chilli Vanilla

중국계 말레이시아 인들의 보양식
신키 바쿠테
Sinkee Bak Kut The

밀리메와 마트

베트남식 쌀국수와 스파이시 치킨 라이스
페퍼민트
Peppermint

돼지고기로 만드는 사바 식 전통국수
멜라니안 3 Kedai Kopi
Melanian 3

피자헛

치킨라이스와 중화풍 요리가 맛있는 5 스타 하이난 치킨 라이스
5 스타 하이난 치킨 라이스
5 Star Hainanese
Chicken Rice

호라이즌 호텔

가야 스트리트 입구

코타키나발루에서 제일 오래된 카야 토스트 가게
유잇 청
Yuit Cheong

사바식 락사와 뚝배기 치킨 라이스 **이 풍**
Kedai Kopi Yee Fung

N
W E
S

1900년대로 떠나는 시간 여행

오스트레일리아 플레이스
Australia Place

제셀톤 호텔 뒤편의 큰길을 건너면, 이 도시의 1900년대 흔적들을 만날 수 있다. '오스트레일리아 플레이스'라는 이름은 **제2차 세계대전 당시 호주 연합군의 캠프가 있던 장소**라 붙여진 것. 정글로 우거진 시그널 힐 전망대 아래에 있는 작은 동네인지라 현대적인 도시가 아직 침범하지 않은 특유의 고즈넉한 분위기를 느낄 수 있다. 과거 코타키나발루의 인쇄 업무는 모두 여기에서 이뤄졌다고 할 정도로 거리 끝까지 인쇄소들이 빼곡히 차 있었다는데, 지금은 몇 곳 남지 않은 인쇄소와 함께 옛 건물을 활용한 카페와 호스텔이 빈자리를 채우고 있다.

남쪽으로 몇십m 더 내려가면 언덕 위쪽에 작은 시계탑인 '**앳킨슨 시계탑** Atkinson Clock Tower'이 보인다. 1950년대 등대 역할을 했던 시계탑은 현재 바다 쪽 방향으로 큰 건물들이 들어서면서 기능을 잃은 상태. 영국 식민지 시절 이곳의 지역 의원이었던 앳킨슨이 말라리아로 사망한 후 그의 어머니가 아들을 기리며 세운 것이라 앳킨슨이라는 이름이 붙었다.

ADD Lorong Dewan, Pusat Bandar, 88000 OPEN 24시간 ACCESS 제셀톤 호텔 뒤편에 있는 대로를 건넌다. MAP p.368-C

1905년에 지어진 앳킨슨 시계탑

TALK

독립이 선언된 장소, 파당 메르데카 Padang Merdeka

앳킨슨 시계탑에서 100m쯤 더 남쪽으로 내려가면 잔디가 깔린 넓은 광장이 나타난다. 1963년 영국으로부터의 독립을 선언하고 말레이시아 연방정부로의 편입을 선포한 장소다.

말레이어로 파당 Padang은 광장, 메르데카 Merdeka는 자유라는 뜻. 매년 독립기념일마다 열리는 기념행사를 비롯해 다양한 행사들이 개최되는 장소다.

1 시그널 힐 전망대에서 보이는 풍경
2 전망대에 있는 카페 겸 매점
3 시그널 힐 전망대에서 내려다본 오스트레일리아 플레이스

········ 04 ········

코타키나발루 시내로 지는 석양

시그널 힐 전망대
Signal Hill

오스트레일리아 플레이스 바로 위쪽, 정글로 우거진 언덕 위에 만들어 놓은 전망대. 코타키나발루 시내와 바다를 한눈에 내려다볼 수 있는 전망 포인트다. 햄버거나 샌드위치 같은 간단한 간식을 파는 카페 겸 매점과 벤치 몇 개 정도가 전부인 소박한 분위기이지만, 따로 입장료가 없어서 부담 없이 들를 만하다. 카페에서 판매하는 음료 가격도 비싸지 않아 한가로이 오후의 정취를 즐기며 시간을 보내기에 좋다.

전망대에서는 가야 스트리트를 포함한 시내 풍경은 물론 제셀톤 포인트와 앞바다, 멀리 가야 섬까지 볼 수 있다. 다만 전망대가 자리 잡은 언덕이 그리 높지 않고 코타키나발루 시내 건물들이 특별한 멋이 없어서 아주 근사한 절경은 기대하지 않는 것이 좋다. 그래도 제2차 세계대전의 폐허 속에서 재건한 도시의 모습을 관찰할 기회. 사바 박물관(p.377)에서 이곳의 옛 사진들을 보고 왔다면 더 감회가 새로울 것이다. 특히 석양 질 무렵이면 시내와 바다 쪽으로 붉은 노을이 내려앉는 모습을 바라볼 수 있다.

ADD Signal Hill, Jalan Bukit Bendara
OPEN 08:00~ 24:00 COST 무료
ACCESS 제셀톤 호텔 뒤편의 대로를 건너면, 노란색 건물 옆에 전망대로 올라가는 계단이 보인다. 시내에서 택시를 타면 RM10~15 정도 든다.
MAP p.368-C

 TIP

시그널 힐 가는 방법

시그널 힐 전망대로 가는 방법은 여러 가지다. 그중 여행자들이 찾아가기 쉬운 방법은 제셀톤 호텔 뒤편 대로를 건넌 후 노란색 건물 옆에 있는 계단 트레일을 올라가는 것(5~7분 소요). 또는 앳킨슨 시계탑이 있는 언덕 뒤쪽의 차도를 따라 계속 왼쪽으로 걸어가면 된다(15분 소요). 더운 날에는 택시를 타고 올라갔다가 계단 트레일로 내려오는 것을 추천한다.

노란색 건물 옆에 있는 계단 트레일의 시작점

목조데크와 계단으로 이루어진 전망대 트레일

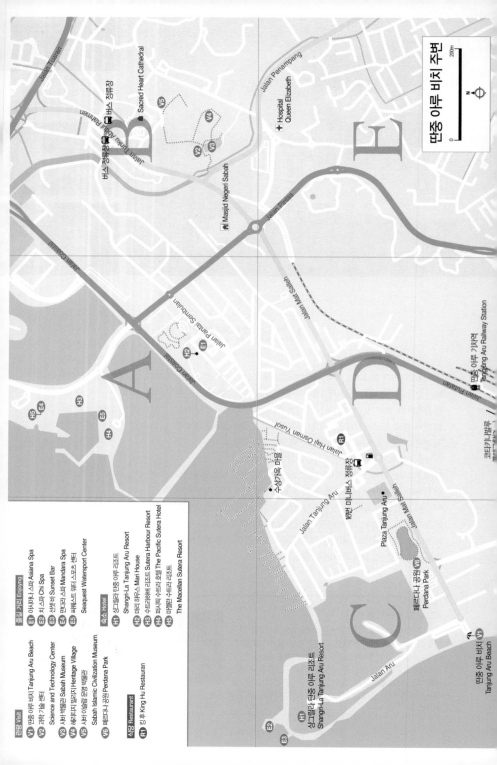

관광 Visit

- V1 딴중 아루 비치 Tanjung Aru Beach
- V2 과학 기술 센터
  Science and Technology Center
- V3 사바 박물관 Sabah Museum
- V4 헤리티지 빌리지 Heritage Village
- V5 사바 이슬람 문명 박물관
  Sabah Islamic Civilization Museum
- V6 페르다나 공원 Perdana Park

식당 Restaurant

- R1 킹 후 King Hu Restauran

즐길 거리 Enjoying

- E1 아시아나 스파 Asiana Spa
- E2 치 스파 Chi Spa
- E3 선셋 바 Sunset Bar
- E4 만다라 스파 Mandara Spa
- E5 씨퀘스트 워터 스포츠 센터
  Seaquest Watersport Center

숙소 Hotel

- H1 샹그릴라 딴중 아루 리조트
  Shangri-La Tanjung Aru Resort
- H2 마리 하우스 Mari House
- H3 수트라하버 리조트 Sutera Harbour Resort
- H4 퍼시픽 수트라 호텔 The Pacific Sutera Hotel
- H5 마젤란 수트라 리조트
  The Macellan Sutera Resort

딴중 아루 비치 주변

----- 01 -----

코타키나발루 최고의 선셋 포인트

딴중 아루 비치
Tanjung Aru Beach

배를 타고 섬에 들어가지 않고도 바다를 만날 수 있는 코타키나발루의
대표 해변. 시내 쪽에 있어 바다로 지는 태양을 볼 수 있다는 것이 이곳
의 가장 큰 장점이다. 해 질 무렵이면 석양을 보러 온 사람들로 해변 앞
주차장이 만원을 이룬다.

드넓은 해변이 2km가량 길게 이어지는데, 그 넓은 모래밭 위를 조용히

ADD Pantai Tanjung Aru, Jalan Aru
OPEN 24시간 **COST** 무료 **ACCESS**
시내에서 그랩, 택시로 15분 소요
MAP p.354-C, p.374-C

오가는 물결 위로 붉은 석양이 내려앉으면 그 자체만으로도 꽤 로맨틱한 분위기가 연출된다. 코타키나발루
공항 바로 옆쪽에 자리하고 있어서 시내에서 찾아가기에도 그리 멀지 않다. 모래가 곱지는 않지만 파도가
세지 않은 편이라 현지인들은 물놀이하는 장소로 자주 애용한다. 식당이나 바Bar 같은 편의시설도 잘 갖춰
져 있으니 저녁 식사를 하거나 선셋 칵테일을 마시는 장소로 활용해 보자.

Travel Plus +

무더운 밤의 시원한 음악 분수

딴중 아루 비치의 석양을 감상하고 시내로 그냥 돌아가기가 아쉽다면, 근처
페르다나 파크의 음악 분수를 감상해보자. 페르다나 공원은 코타키나발루의
운동 흘릭들이 모두 모여드는 공원으로 평일 저녁 7시부터 음악 분수를 볼
수 있다.

페르다나 공원 Perdana Park

ADD Jalan Melati **TEL** +60 11-2668 4082 **OPEN** 공원 05:00~21:00, 음악 분수 월
~목 19:00~21:00 **ACCESS** 딴중 아루 비치 주차장에서 도보 5분 **MAP** p.374-C

물에 비친 모습이 독특한
시티 모스크
Masjid Bandaraya

현대적인 모스크 내부

물 위에 떠 있는 듯한 독특한 풍경 덕분에 말레이시아에서 제일 아름다운 모스크 중 하나로 꼽히는 곳이다. 새하얀 건물에 얹혀진 푸른색 돔이 사원 주위의 인공 호수에 비친 모습이 인상적이라 '**물 위의 모스크** Floating Mosque'라는 별명도 얻고 있다.
1만 2,000여 명이 동시에 기도할 수 있을 만큼 큰 규모를 자랑하며 관광객들이 가장 많이 들르는 사원이다. 이슬람 제2의 성지인 메디나의 '예언자의 모스크'와도 유사한 건축양식. 푸른색과 금색으로 장식한 아라비아풍의 돔을 포함해 이슬람 현대 건축양식으로 지어진 사원 내부는 모던하면서도 경건한 분위기다.

ADD Jalan Pasir OPEN 토~목 09:00~11:45, 13:30~15:00, 16:15~17:45 COST 입장료 RM5, 옷 대여료 RM5~10 ACCESS 호텔 샹그릴라 앞쪽의 버스정류장에서 1A번 미니버스를 탄다. 시내에서 택시를 타면 RM12~15 MAP p.354-D

모스크 복장 제한

노출이 심해서 모스크 출입에 적합한 차림이 아닐 경우 모스크 주차장 입구에서 겉옷을 대여한다. 1인당 RM5~10에 이슬람 전통 복장을 빌릴 수 있다.

사바 주의 아이콘
사바 파운데이션 빌딩
Sabah Foundation Building (Menara Tun Mustapha)

1 바다에서 보는 건물 모습.
지반 약화로 건물이 기울어졌다.
2 건물 앞의 오랑우탄 포토 포인트

시티 모스크에 온 김에 같이 들르기 좋은 사바의 명물 건물이다. 유리로 된 30층짜리 건물은 원형 로켓 모양의 외관이 눈길을 끄는 사바 주의 아이콘이다. 건물 중앙에 강철 기둥으로 중심축을 세운 다음 칸칸이 층을 펼쳐가는 방식으로 건설했는데, 이 건물이 세워진 1977년에만 해도 전 세계에 3개밖에 없을 정도로 획기적인 건축 방식이었다. 현재는 지반 약화로 건물이 기울어지면서 1층을 제외하고는 내부 입장이 불가능한 상태. 여행자들은 주로 빌딩을 손바닥에 올리는 인증사진을 찍는 장소로 활용한다.

ADD Likas Bay OPEN 내부 입장 불가 ACCESS 호텔 샹그릴라 앞쪽의 버스정류장에서 1C, 1D, 6C, 7B번 미니버스를 탄다. 시내에서 택시를 타면 RM12~15 정도 든다. MAP p.354-D

보르네오 섬의 원주민들이 살던 모습

사바 박물관
Sabah Museum

코타키나발루를 단순한 휴양지로만 생각했다면 큰 규모의 사바 박물관을 보고 조금 놀랄 수도 있다. 사바 주의 수도로 오랫동안 기능해 온 도시답게 사바 주립 박물관이 시내 가까운 곳에 자리 잡고 있는데, 택시나 버스를 타고 쉽게 다녀올 수 있다. 영국 식민지 시절 북보르네오 지역의 총독 관저가 있던 자리에 1985년 문을 연 사바 박물관은 드넓은 부지 안에 여러 개의 전시관이 나뉘어 있어서 전부 돌아보려면 많은 시간이 소요된다.

특히 말레이시아 전통가옥을 본떠서 디자인한 **메인 빌딩** Main Building은 도자기와 직물, 공예품과 생활용품, 사바의 역사에 대한 주요 자료들을 전시하고 있다.

클래식한 올드 카와 북보르네오 열차가 전시된 작은 마당을 지나면 메인 빌딩 오른쪽에 **과학 기술 센터** Science and Technology Center가 있다. 빛바랜 전시물이긴 하지만 사바 지역의 오일과 가스 생산품들, 방송장비 등을 볼 수 있다. 말레이시아의 이슬람 전통과 이슬람 교리에 대한 전시물이 있는 **사바 이슬람 문명 박물관** Sabah Islamic Civilization Museum까지 보려면 박물관 부지 안의 길을 따라서 7분 정도 걸어가야 한다.

ADD Jalan Muzium TEL +60 88-253-199 OPEN 09:00~17:00 COST RM15 ACCESS 시내에서 그랩/택시로 약 5분 소요 WEB www.museum.sabah.gov.my MAP p.354-D, p.374-B

이슬람 문명 박물관

Travel Plus +

헤리티지 빌리지 Heritage Village

박물관 아래쪽에 있는 연못 주위에는 **말레이 전통 가옥들을 복원해놓은 헤리티지 빌리지**가 있다. 각 지역과 인종에 따라 조금씩 다른 전통가옥들의 모습을 살펴볼 수 있고, 나무로 둘러싸인 연못 주위의 정취도 좋아서 사진촬영 장소로도 인기가 높다. MAP p.374-B

반딧불로 밝힌 한여름의 트리

반딧불이 투어
Firefly tour

나무 가득 반짝반짝 별처럼 내려앉은 반딧불이의 여린 불빛, 맹그로브 숲에 사는 반딧불이를 구경하러 가는 반딧불이 투어는 코타키나발루를 찾은 여행자라면 빼놓을 수 없는 필수 코스다. 우리나라에서는 거의 사라져 버린 반딧불이를 구경하는 것도 재미있고, 유유자적 강물을 떠다니며 한가로운 시간을 보내는 것도 매력적이다. 특히 우리나라 사람들에게는 밤 비행기로 출발하기 전까지 오후와 저녁 시간을 효율적으로 보내는 방법으로 인기가 있다. 보트를 타고 맹그로브 숲 사이를 다니며 보르네오의 희귀종인 긴코원숭이 구경도 하고, 멋진 노을 구경을 하다가 해가 지고 나면 반딧불이를 보러 가는 보람찬 일정이다. 세계에서 제일 큰 반딧불이 서식지 중 하나인 코타키나발루의 명물 투어를 놓치지 말자.

OPEN 투어에 따라 6시간 30분~8시간 소요(14:00/15:00 출발~ 21:30/22:00 도착) COST RM120~200(왕복 픽업, 저녁 포함) ACCESS 현지 여행사, 한인 여행사, 예약대행사이트 등을 통해 신청한다.

투어 회사에 따라 큰 배도 있고 작은 배도 있다.

\TIP/

투어의 종류
반딧불이를 보러 가는 지역에 따라 다양한 투어가 있다. 사람들이 몰려서 반딧불이 개체 수가 줄면 또 새로운 장소를 개발하는 방식. 현재 한국인들이 많이 신청하는 투어는 나나문 Nanamun, 뚜아이 Tuai, 동막골 스르방 등이 있다. 각 지역마다 이동시간이 1시간 10분에서 2시간까지 차이가 있으므로 신청 전에 확인하도록 한다.

투어 흥정
일정에 여유가 있는 사람이라면 제셀톤 포인트의 여행사에 직접 가서 흥정을 하는 것이 제일 저렴하다. 인원과 협상력에 따라 가격이 크게 달라진다.

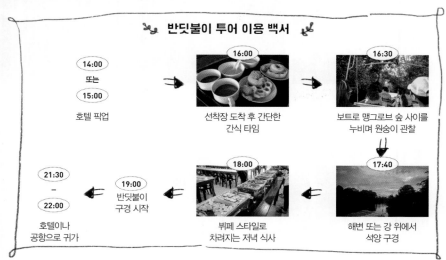
반딧불이 투어 이용 백서

14:00 또는 15:00 호텔 픽업

16:00 선착장 도착 후 간단한 간식 타임

16:30 보트로 맹그로브 숲 사이를 누비며 원숭이 관찰

17:40 해변 또는 강 위에서 석양 구경

18:00 뷔페 스타일로 차려지는 저녁 식사

19:00 반딧불이 구경 시작

21:30 - 22:00 호텔이나 공항으로 귀가

가족여행자들이
즐겨 찾는 투어

아이와 함께 여행하는 가족 단위 여행자들은 왕복 교통편과 식사 등이 모두 포함된 투어를 이용하는 것이 편리하다. 매일 투어만 해도 금세 며칠이 지날 만큼 다양한 종류의 투어가 있는 곳이 코타키나발루. 구성원의 나이대와 취향에 딱 맞는 투어들을 골라보도록 한다.

★
\TIP/ 각 투어는 현지여행사나 한인여행사, 예약대행사이트 등을 통해 예약한다. 현지여행사나 대행업체를 통하는 것이 공식 가격보다 더 저렴할 때가 많다.

대롱 화살 체험

1 마리 마리 컬처 빌리지
Mari Mari Cultural Village

사바 지역의 원주민 마을을 재현해 놓은 일종의 민속촌을 방문하는 투어. 체력적 소모가 적고 아기자기한 체험이 많은 편이라 어린아이와 함께 온 가족들이 주로 선호한다. 부족마다 관광객들을 위한 특별 프로그램을 준비하고 있어서 부족을 옮겨 다닐 때마다 흥미진진하게 참여할 수 있다.

정글 속에 꾸며놓은 원주민의 집을 구경하기도 하고, 전통 술이나 음식도 맛볼 수도 있으며, 불을 피우거나 나무껍질로 옷을 만드는 모습을 볼 수도 있다. 전통공연을 관람한 후 기념촬영을 하며 마무리. 일정 마지막에 점심 식사나 하이티 또는 저녁 식사를 제공한다.

OPEN 10:00, 14:00, 18:00, 3시간 소요 **COST** 성인 RM180, 어린이 RM160(여행사를 통하면 성인 RM140~) **WEB** www.marimariculturalvillage.com

2 켈리 베이 투어
Kelly Bay Tour

맹그로브 숲이 우거진 켈리 베이(용미만)에서 진행되는 투어. 자유시간이 충분히 주어지고 그 시간 동안 이용하는 바나나보트나 카약 등을 무제한으로 탈 수 있다는 것이 장점(무료). 켈리 베이 입구에 도착하면 나무로 만든 배를 타고 수상가옥으로 된 베이스캠프로 들어간다. 베이스캠프에 도착하면 그때부터 자유시간. 전통 염색 방식인 바틱 체험을 할 수도 있고, 원주민들의 사냥법인 대롱 화살 체험을 할 수도 있고, 카약이나 바나나보트를 즐기다가 피곤해지면 해먹에 누워서 낮잠을 잘 수도 있다. 점심은 현지식 뷔페로 제공되며, 맥주나 아이스크림 등은 별도로 판매한다.

OPEN 호텔 픽업 08:30~, 호텔 복귀 15:30 **COST** 성인 RM240~, 어린이 RM155~

3 키울루 강 래프팅
Kiulu River Rafting

물살을 함께 헤쳐나가며 대자연을 즐길 수 있는 래프팅은 활동적인 가족들이 좋아하는 투어. 여러 곳의 래프팅 포인트가 있지만, 보통 한국인 여행자들은 시내와 가깝고 난이도가 무난한 키울루 강을 선호한다. 물살이 그리 거칠지 않은 편이라 가족 단위의 여행자나 초보자도 충분히 가능한 수준이다.

안전장비를 착용한 후 간단한 래프팅 안전수칙을 교육받고 나면 즐거운 래프팅이 시작된다. 래프팅 후 샤워를 마치고 나면 점심이 제공되며, 래프팅하는 동안 찍은 사진 역시 투어가 끝날 무렵에 판매한다.

OPEN 09:00~14:00 **COST** 성인 RM175~, 어린이 RM128~

키나발루 국립공원 Kinabalu Park

해발 4,095m의 키나발루 산을 중심으로 하는 키나발루 국립공원은 약 5,000종의 식물들이 자라나는 생태계의 보고다. 풍부한 열대 저지대와 언덕의 열대우림, 열대 산악림과 아고산대 삼림, 더 높은 고도의 관목 지대까지. 이런 다양한 생태계 덕분에 2000년에는 말레이시아 최초로 유네스코 세계자연유산으로도 지정됐다. 드높은 키나발루 산 정상까지 등정하진 못하더라도 국립공원에서 운영하는 프로그램을 통해 세계에서 가장 다양한 식물이 풍부하게 자란다는 이곳의 자연을 즐겨보자.

★TIP! 원주민들은 죽은 자의 영혼이 산꼭대기에 살고 있다고 믿으며 이를 신성시한다. 키나발루라는 이름은 카다잔 족의 언어로 '죽은 자를 숭배하는 장소'라는 뜻인 아키나발루 Akinabalu에서 유래되었다.

드림텔 앞에 있는 미니버스 정류장. 라나우행을 탄다.

공원 입구 건너편 주차장에서 대기 중인 코타키나발루행 차량

1 어떻게 갈까?

드림텔 호텔 앞에 있는 외곽행 미니버스 정류장에서 '라나우 RANAU'행 버스(편도 RM20)를 탄다. 사람들이 다 차면 출발하는 방식이라 30분~1시간가량 대기할 수 있다. 국립공원 입구까지는 2시간 정도 소요된다.

2 어떻게 돌아올까?

국립공원 입구 건너편 도로에서 코타키나발루행 미니버스를 탄다. 국립공원으로 가는 버스 안에서 돌아오는 차편을 예약 받기도 하는데, 이 경우 출발 시각을 알려준다. 입구 건너편 주차장에서 대기하는 개인 영업 차량을 이용할 수도 있다. 차 한 대당 RM120 정도를 사람 수에 따라 나누어 내는 방식. 택시는 편도 RM150 정도로, 수트라 생크추어리 로지 안내소 옆 정류장에서 17:00까지 탈 수 있다.

3 어떻게 다닐까?

국립공원 입구에서 입장료(성인 RM15, 어린이 RM10)를 받으며, 안쪽의 키나발루 홀 Kinabalu Hall 주차장에 있는 가건물에서 원하는 체험프로그램을 신청할 수 있다. 키나발루 홀 주위에 있는 다양한 트레일을 따라 개별적으로 동식물을 관찰하며 숲길을 걸을 수도 있다. 평탄해서 별도의 장비는 필요없다.

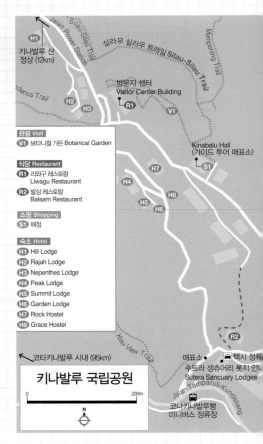

키나발루 산 정상 (12km)

실라우 실라우 트레일 Silau-Silau Trail

Jalan Silau Power Station

Mempening Trail

Pandanus Trail

방문자 센터 Visitor Center Building

관광 Visit
V1 보타니컬 가든 Botanical Garden

식당 Restaurant
R1 리와구 레스토랑 Liwagu Restaurant
R2 발삼 레스토랑 Balsam Restaurant

쇼핑 Shopping
S1 매점

숙소 Hotel
H1 Hill Lodge
H2 Rajah Lodge
H3 Nepenthes Lodge
H4 Peak Lodge
H5 Summit Lodge
H6 Garden Lodge
H7 Rock Hostel
H8 Grace Hostel

Kinabalu Hall (가이드 투어 매표소) S1

Kiau View Trail

← 코타키나발루 시내 (95km)

매표소

택시 정류장

수트라 생추어리 로지 Sutera Sanctuary Lodges

Jalan Tamparuli-Kundasang

코타키나발루행 미니버스 정류장

키나발루 국립공원

0 ――――― 200m

N

4 대표적인 체험 프로그램

네이처 트레일 워크
Guided Nature Trail Walk

가이드와 함께 키나발루 홀 주위의 트레일을 둘러보며 동식물들을 관찰하는 프로그램이다. 영어로 진행되며, 다양한 약용식물과 곤충, 작은 동물과 새들에 대한 설명을 들을 수 있다. 새소리와 물소리를 들으며 한적한 분위기를 느낄 수 있는 것이 장점. 실라우 실라우 Silau silau 트레일을 따라 진행된다.

OPEN 11:00, 45분~1시간 소요 **COST** 성인 RM3, 18세 이하 RM1.5

보타니컬 가든의
다양한 식물들

곤충을 잡아먹고 체액을
보관하는 식충식물

보타니컬 가든 투어
Botanical Garden Tour

키나발루 홀 북쪽에 있는 보타니컬 가든을 가이드와 함께 둘러보는 투어다. 보타니컬 가든은 혼자서 둘러볼 수도 있지만 가이드와 함께라면 훨씬 다양한 설명을 들을 수 있다.

1983년부터 공개한 보타니컬 가든의 식물들은 색깔이나 용도별로 나뉘는데, 10가지 종류의 식충식물과 피부의 가려움을 없애는 약용식물, 염색하거나 물건을 만드는 식물 등 다양한 종류를 만날 수 있다. 조금 서두르면 11:00의 네이처 트레일 워크 프로그램을 마친 다음 바로 이어서 12:00 투어를 들을 수도 있으니 참고하자.

OPEN 09:00, 12:00, 15:00 **COST** 성인 RM5, 18세 이하 RM2.5

TIP

리와구 레스토랑

점심 식사 해결하기

국립공원에 있는 2개 식당 중에서 고를 수 있다. 하나는 점심시간에만 뷔페 스타일로 운영하는 발삼 레스토랑 Balsam Restaurant이다. 다른 하나는 08:00부터 22:00까지 운영하는 리와구 레스토랑 Liwagu Restaurant으로 단품 요리가 RM20~. 방문자센터에 있으며 식사를 하고 쉴 수 있는 넓은 홀도 있다.

등산인들의 로망, 키나발루 산
TALK

세계에서 제일 높은 마운틴 토크 Mountain Torq로 유명한 키나발루 산은 등산 애호가라면 한 번쯤 오르고 싶어 하는 꿈의 산이다. 국립공원 내 숙소 예약을 마친 사람들만 가이드를 동반하고 오를 수 있으며, 하루 등반객 숫자를 제한하기 때문에 6개월 전에는 예약할 것을 권장한다. 가장 저렴한 방법은 산장을 통해 직접 예약하는 것. 보통 1박 2일의 일정(숙박+식사 5번 포함)으로 진행하는데 워낙 대기자가 많아서 예약이 쉽지가 않다. 다른 대안으로는 키나발루 산 등정 상품을 판매하는 여행사나 예약대행사이트가 있다. 비용은 좀 비싸지만, 왕복 교통과 가이드, 허가 절차를 대행해주기 때문에 편리하다.

영국 식민지 시대로 떠나는 시간 여행

북보르네오 기차 투어 North Borneo Railway

뭉게뭉게 뿜어 나오는 증기의 힘으로 달리는 옛날식 기차. 100년도 넘은 골동품 증기기관차가 끄는 열차를 타고 1900년대의 어느 시절로 돌아가는 기분을 만끽해보자. 정글 사이를 뚫고 달리는 증기기관차와 철로는 1800년대 후반부터 이곳에 자리를 잡은 영국의 북보르네오 회사가 남겨놓은 유산. 1896년에 제작된 기차를 2011년에 복원해 여행자들을 위한 관광상품으로 만들었다. 당시의 탐험대 복장을 한 승무원에서부터 클래식하게 꾸민 객실 내부까지 세세하게 복원한 덕분에, 영국 식민시대 당시의 모습이 생생하게 그려진다.

커다란 기적 소리와 함께 허연 증기를 뿜으며 달리는 기차 모습도 장관이고, 열린 창문으로 중간중간 덮쳐오는 나뭇재와 연기 구름도 재미있는 체험이 된다. 늪지대를 달리는 차창 밖 풍경이나 드문드문 나타나는 마을의 모습도 왠지 아련한 느낌이다. 이제는 현대화된 도시와 마을의 모습이 더 많이 보이지만, 당시 호기심 가득한 눈으로 이곳 보르네오 섬을 바라봤을 식민시대 영국인이 된 듯한 묘한 기분도 느껴진다.

ADD North Borneo Railway The Magellan Sutera Resort Level 2 **TEL** 02–752–6262(수트라하버 리조트 한국사무소) **OPEN** 수 · 토 10:00~13:40, 수트라하버 리조트에서 출발하는 왕복 셔틀버스 포함 5시간 소요 **COST** RM385.5, 3세 이하 무료 **ACCESS** 현지 이메일(nbrinfo@suteraharbour. com.my)이나 예약대행사이트(www.citytour.com)를 통해 예약

1 장작을 태워 증기를 만드는 기관실 풍경.
2 에어컨 대신 선풍기가 달린 고풍스러운 열차 내부

TALK
북보르네오 철도 패스포트

딴중 아루 역에서 발급받는 '북보르네오 철도 패스포트'는 기차 여행의 묘미를 더하는 재미있는 기념품이다. 패스포트에는 열차가 지나는 역들에 대한 간략한 설명이 있고, 각 역을 지날 때마다 승무원들이 돌아다니며 스탬프를 찍어준다.

TIP

일주일에 딱 2번(수 · 토요일)만 운행하며 최대 80명만 탑승할 수 있기 때문에 사전에 예약해 두어야 한다. 2인이 한 테이블을 사용하는 것을 기본으로 좌석이 배정되며, 혼자 앉을 수 있는 미니 테이블도 몇 개 있다. 수트라하버 리조트 투숙객의 경우, 퍼시픽 수트라 호텔에서 09:00, 마젤란 수트라 리조트에서 09:10에 딴중 아루 역으로 가는 버스를 이용할 수 있다(로비에서 탑승).

🌿 증기기관차 투어 이용 백서 🌿

09:15
딴중 아루 역 도착
+역에서 패스포트 받기

09:30
증기기관차에 탑승+좌석 확인

09:45
열차에서 즐기는 아침 식사

11:45
큰 규모의 재래시장이 있는
두 번째 마을(파파르 papar 역) 도착

10:40
중국 사원과 재래시장이 있는
첫 번째 마을(키나룻 Kinarut 역) 도착

10:30
역을 지날 때마다
패스포트에 도장 받기

12:40
돌아오는 기차에서
티핀 런치 즐기기

13:40
딴중 아루 역 도착

----- TALK -----

식민지 시대의 유산, 티핀 런치

북보르네오 철도투어의 백미는 영국 통치 시절에 즐겨 사용하던 전통 도시락 티핀에 담겨 나오는 점심 식사다. 영국의 식민지였던 인도에서 유래된 **티핀** Tiffin**은 '간단한 오후의 식사'를 뜻하는 말**로, 인도영화를 보면 이런 4단 도시락의 배달 모습을 종종 볼 수 있다. 승무원들이 날라주는 큼직한 4단짜리 도시락 안에는 밥과 메인 요리, 야채 볶음과 후식이 차곡차곡 쌓여 있는데, 1인분치고는 양이 넉넉하다.

인도식 커리 영양밥인
비르야니

샤테와 생선튀김, 새콤달콤한
파인애플 오이 샐러드

새우가 들어간 야채볶음

다양한 과일 후식

시푸드

맛있는 시푸드를 마음껏 먹을 수 있다는 것은 열대 바닷가에 놀러 온 즐거움 중 하나다. 세계에서 가장 풍부한 종이 서식한다는 '코랄 트라이앵글'답게 싱싱한 해산물들이 수조마다 가득. 살아있는 것을 직접 골라서 원하는 요리 방식을 지정하는 것까지, 딱 우리나라 취향이다.

TALK

드라이 버터 소스와 웻 버터 소스

우리나라 여행자들은 대부분 큼직한 새우나 게 종류를 선호한다. 담백하게 쪄서 먹어도 좋지만 고소하고 짭짤한 버터 소스나 매콤달콤한 칠리소스에 볶아내는 스타일이 가장 대중적이다. 특히 코타키나발루에서는 드라이 버터 타입뿐만 아니라 크림 소스처럼 촉촉한 **웻 버터 타입**이 인기를 끌고 있다. 1인분으로 적당한 양은 새우 기준 300~500g 정도이며, 꽃게는 최소 주문인 2마리가 750~850g 정도 나온다.

달걀을 실처럼 만드는 드라이 버터 소스

버터에 무가당 연유를 넣어서 만드는 웻 버터 소스

01

캄훙 크랩과 웻 버터 프라운

웰컴 시푸드
Welcome Seafood Restaurant

웻 버터 소스로 요리한 베이비 타이거 프라운 300g, RM36

매콤하고 짭짤한 캄훙 소스로 요리한 크랩 2마리, RM16

코타키나발루에서 제일 맛있는 해산물 식당으로 이름난 곳이다. 유명세에 비해 합리적으로 책정된 가격이 이 집의 가장 큰 장점. 플라스틱 테이블들이 다소 허름해 보이긴 하지만 흥정이나 강매의 부담 없이 해산물을 고를 수 있다. 무엇보다 소스의 맛으로 유명한 집이라 이 집의 특제 소스는 별도로 판매할 정도.
중국과 말레이시아, 인도의 양념들을 근사하게 조합한 **캄훙** Kam hiong **소스는 크랩**과 가장 잘 어울리는 소스. 잘게 썬 고추와 간장, 후추 등이 어우러져 감칠맛 나게 짭짤한 양념이 게살 속까지 잘 배어 있다. 달짝지근하면서도 짭조름한 **웻 버터** Wet Butter **소스는 달콤한 새우와 찰떡궁합**이다. 말레이시아의 대표 양념인 블라찬(새우페이스트)으로 볶은 야채는 매콤짤해서 반찬으로 좋다.

ADD Lot G 18, Ground Floor, Kompleks Asia City **TEL** +60 88-447-866 **OPEN** 12:00~23:00 **COST** 플라워크랩 1마리 RM8, 베이비 타이거 프라운 100g RM12, Tax 6% 별도 **ACCESS** 스타 시티 건물의 1층 안쪽으로 이어지는 도로로 좌회전해서 쭉 들어가면 왼편에 식당이 있다. **WEB** www.wsr.com.my **MAP** p.355-E

주문 방법

수조 앞에서 대기하고 있는 종업원에게 원하는 종류와 양을 이야기한다. 해산물별로 kg당 가격이나 1마리당 가격이 적혀 있으며 게 요리는 최소 2마리 이상 주문 가능하다. 고른 해산물에 따라 적당한 요리법과 양도 추천해 준다.

02

말레이식 해산물 요리
스리 말라카
Sri Melaka

말레이식 생선
조림인
아삼 피시와
오징어 튀김인
소통 고랭

버터 프라운

수조 딸린 관광객용 식당 대신 현지인들이 해산물을 즐기는 방법이다. 현지인들이 가족과 함께 외식하러 갈 때면 가장 선호하는 식당 중 하나로, 말레이 특유의 양념과 전통 조리법을 사용하는 다양한 요리들을 선보인다. 특히 생선과 새우, 오징어를 사용한 해산물 요리의 인기가 높다. 그중에서도 제일 유명한 요리는 말레이식 생선조림인 **아삼 피쉬** Asam Fish. 두툼한 생선살을 매콤 달콤한 특제 소스로 요리하는데, 발효 음식을 즐기는 우리들에게는 왠지 밥이라도 비비고 싶은 익숙한 맛이다. 작고 연한 오징어를 바삭하게 튀기는 **소통 고랭** Sotong Goreng이나 드라이 버터 소스로 볶은 **버터 프라운** Butter Prawn도 추천할 만하다. 테이블에 놓인 땅콩과 물수건은 별도 계산.

ADD No. 9, Jalan Laiman Diki, Kampung Air **TEL** +60 88-224-777, 88-213-028 **OPEN** 10:00~21:00 **COST** 메인 요리(S) RM13~16 **ACCESS** 센터 포인트 사바가 있는 사거리에서 맞은편 주유소 옆쪽의 도로로 들어간다. 왼편으로 식당 입구가 보인다. **WEB** www.srimelaka.com **MAP** p.355-C

03

야시장 분위기의 해산물 푸드 코트
스리 슬레라
깜풍 아이르
Seri Selera Kg. Air

스파이시 칠리소스로 요리한 가리비, 500g

주문 방법
가게마다 저렴하게 파는 종류들이 조금씩 다르다. 일단 먹고 싶은 음식 종류를 정한 후 해당 어종을 싱싱하고 저렴하게 구비해 둔 곳을 찾는 것이 좋다.

생선은 왁자지껄한 시장 분위기에서 먹어야 제맛이라고 생각한다면, 이곳을 방문해 볼 만하다. 가격은 핸디크래프트 마켓 쪽의 야시장 쪽이 훨씬 저렴하지만 맥주를 함께 판매하지 않아서 아쉬울 때 좋은 대안이 된다. 꽤 늦은 시간까지도 문을 열기 때문에 술 손님들이 많다. 커다란 수조를 앞세운 여러 개의 해산물 식당들로 둘러싸인 오픈형 푸드코트는 우리나라의 수산시장과도 비슷한 분위기다. 관광객들이 주요 고객이라 서로 열심히 호객하는 분위기인데 우리나라 여행자들도 자주 들르는 곳이라 몇 가지 간단한 한국어 단어들이 들려오기도 한다. 얼핏 보면 모두 다른 가게 같지만 사실은 서너 개의 큰 가게들이 여러 곳에 나누어 자리를 잡고 있다.

ADD Kampung Air, Kota Kinabalu **OPEN** 12:00~01:30 **COST** 타이거 프라운 1마리 RM30~70 **ACCESS** 센터 포인트 사바에서 주유소와 캐논 사무실이 있는 방향으로 길을 건넌 후, 200m 정도 걸으면 오른편에 입구가 보인다. **MAP** p.355-C

시그니처 메뉴인 굴소스 치킨 윙, RM12

달콤짭짤한 중국식 치킨 윙

팟 키
Kedai Kopi Fatt Kee

\TIP/ ─────────

가게에서 자리 잡기

저녁이면 손님이 몰리는데 번호
표나 뚜렷한 대기 순서가 없기 때
문에 빈 테이블을 각자 알아서 잡
아야 한다. 막 장사를 시작하는
17:00 무렵에 찾아가면 여유롭다.

이 집의 별미인 **굴소스 치킨 윙** Oyster sauce chicken wing을 맛보려면 긴 줄
과 치열한 자리 다툼 정도는 각오해야 한다. 중국식 볶음요리를 전문
으로 하는 서민 식당으로 끝없이 사람들이 밀려드는 곳. 살짝 퉁명스
러운 종업원들에게 빈정이 상했다가도 저렴한 가격과 탁월한 맛에 그
만 화가 풀려 버리는 마성의 가게다.

허름하고 좁은 가게 앞 거리에 내놓은 테이블마다 치킨 윙이 한 접시
씩 올려져 있는데, 마늘의 향이 은은하게 밴 양념 맛은 과히 달콤짭짤
한 맛의 정석이라 할 수 있다. 부드러운 두부 요리나 아삭하게 볶은 야
채 요리들도 수준급. 불맛을 잘 살리는 집이라 돼지고기나 소고기, 해
산물 등 다른 볶음 요리들도 두루두루 만족스럽다.

ADD Ang's Hotel(Jalan Haji Saman) **OPEN** 17:00∼23:30 **COST** 굴소스 치킨 윙
RM12 **ACCESS** 위스마 메르데카 쇼핑몰에서 큰길 건너편에 위치 **MAP** p.368-B

감칠맛 나는 뚝배기 치킨 라이스

이 풍
Kedai Kopi Yee Fung

클레이폿 치킨
라이스 Claypot
Chicken Rice, RM8

새우와 닭고기, 유부와
숙주 등이 고명으로
올려진 락사, RM8

거품이 흘러내리는
떼 따릭 펭
The Tarik Peng

뜨끈한 뚝배기에 담긴 치킨 라이스와 달콤하면서도 칼칼한 락사 국물
의 조화. 점심시간이면 가야 스트리트에서 제일 긴 줄이 늘어지는 이
집의 두 가지 대표 메뉴들.

사실 향신료가 익숙하지 않은 우리에게는 말레이식 돌솥비빔밥인 **클
레이폿 치킨 라이스** 쪽이 더 입에 맞는다. 뚝배기에 육수를 넣어서 지
은 밥에 짭조름한 치킨과 고추간장 소스를 섞어서 먹는데 뜨거운 밥을
호호 불어 먹는 것이 별미다. 달콤한 코코넛 밀크와 칼칼한 양념의 조
화가 독특한 **말레이식 국수요리 락사** Laksa도 다른 곳에 비하면 신맛이
별로 없는 편이라 한 번쯤 도전해 볼 만하다.

ADD Lot 127, Jalan Gaya **TEL** +60 88-312-042 **OPEN** 월∼금 06:30∼18:00,
토ㆍ일 06:30∼16:00 **COST** 락사 RM8, 클레이폿 치킨 라이스 RM8 **ACCESS** 호
라이즌 호텔 앞 광장에서 가야 스트리트로 들어간다. 50m 정도 걸으면 오른편에
식당이 보인다. **WEB** www.yeefunglaksa.com **MAP** p.368-E

03

말레이 사람들의 보양식

유 키 바쿠테
Yu Kee Bak Kut The

8번, 삼겹살 바쿠테, RM7.5

한자 메뉴 알아보기

영어 메뉴와 가격은 계산대 옆에, 테이블이 있는 벽 쪽에는 한자 메뉴와 사진이 걸려 있다. 야채볶음은 5번, 차+유부+튀긴 빵 세트는 6번, 미트볼은 7번, 삼겹살은 8번, 갈비(립)는 9번이다.

저녁 시간마다 가게를 가득 메우는 유키 바쿠테의 손님들은 늦은 밤 가야 스트리트를 왁자지껄하게 하는 장본인이다. 인도 한쪽을 장악하다시피 가득 테이블을 내 놓고도 줄을 서서 기다리는 손님들이 이곳의 인기를 말해주는 지표. 중국계 말레이인들이 즐겨 먹는 보양식인 **바쿠테는 돼지고기를 한약재와 함께 달이는 음식**으로, 우리나라의 한방 갈비탕과도 얼핏 비슷한 맛이 난다.

조그만 종지에 담겨 나오는 부위들을 취향대로 선택할 수 있는데, 우리 입맛에는 갈비와 삼겹살, 살코기가 편안하다. 한약재 냄새가 은은하게 밴 부드러운 고기는 고추를 섞은 간장소스에 찍어 먹고, 뜨끈한 국물에는 흰 밥을 시켜서 말아 먹으면 배 속까지 든든해진다. 유부와 튀긴 빵, 찻주전자는 모두 별도 계산된다.

ADD 74, Jalan Gaya **TEL** +60 88-221-192 **OPEN** 16:00~23:00 **COST** 갈비 1종지 RM7, 삼겹살 1종지 RM7.5 **ACCESS** 가야 스트리트의 제셀톤 호텔 건너편 **MAP** p.368-C

04

베이징 덕과 구수한 오리 국물

킹 후
King Hu Restaoran

진하고 뽀얗게
우러난 오리 국물

튀긴 꽃빵
Man Tao

밀전병에 싸 먹는 베이징 덕 1/2마리

딴중 아루 비치에서 찾아가기

시내 중심에서는 꽤 떨어진 곳이라 그랩이나 택시를 타고 가는 것이 좋다. 도보로 가려면 딴중 아루 비치에 석양을 보러 갔을 때 들를 수 있다. 해변 입구의 반대편 큰길을 따라 15분 정도 걸어가다가, 왼편에 'Pantai Bistro' 간판이 붙은 하얀 건물이 보이면 상가촌 안쪽 골목으로 쭉 들어간다.

맛만 있다면 위치 따위는 상관없이 사람들이 몰려드는, 맛집의 만유인력법칙은 세상 어디에서나 똑같다. 오가는 사람도 별로 없는 외진 상가촌에서 홀로 맛집의 아우라를 내뿜고 있는 작은 식당 킹 후의 대표 메뉴는 달콤한 소스를 발라 훈제한 **베이징 덕** Bejing Duck. 바삭하면서도 쫄깃한 껍질과 기름기 쏙 뺀 부드러운 살코기, 채 썬 파를 밀전병에 올리고 감칠맛 나는 소스를 발라 싸 먹는다.

사실 고기도 고기지만 오리 뼈를 우려낸 뽀얀 국물이야말로 이 집의 핵심이다. 베이징 덕을 주문하면 설렁탕처럼 보이는 국물을 함께 내주는데 구수하면서도 기름진 국물 맛이 끝내준다. 한쪽은 파삭하게, 한쪽은 촉촉하게 익힌 **교자** Dumpling도 빼놓을 수 없다.

ADD Lot 3, GF, Jalan Pinang, Tanjung Aru **TEL** +60 99-234-966 **OPEN** 11:30~14:00, 17:30~21:00 **COST** 베이징 덕 1/2마리 RM40~ **ACCESS** 공항에서 택시로 15분 **MAP** p.374-D

카야 토스트

말레이 스타일의 아침 식사는 카야 토스트와 커피 한 잔으로 완성된다. 바삭하게 구운 식빵에 달콤한 카야 잼과 고소한 버터를 바르는 **카야 토스트** Kaya Toast는 우리 입맛에도 제격이다.

TALK

**말레이시아판 악마의 잼,
카야 잼** Kaya Jam

코코넛 밀크에 달걀과 설탕을 넣어서 만든 카야 잼은 말레이시아와 싱가포르 사람들에게 가장 사랑받는 국민 잼이다. 커스터드나 슈크림처럼 부드러운 질감도 노르스름한 색깔도 매력적. 달달한 코코넛 향이 감도는 카야잼을 빵에 발라먹다 보면 쉽게 멈출 수 없는 중독성을 느낄 수 있다. 우리나라 사람들이 제일 많이 사가는 기념품 중 하나다.

TIP

커피 가게 인기 메뉴

차가운 음료

코피 오 펭 KOPI-O PENG ≫ 달달한 아이스 블랙커피
코피 펭 KOPI-PENG ≫ 연유 넣은 아이스 블랙커피
코피 씨 펭 KOPI-C PENG ≫ 아이스 밀크커피
떼 오 펭 THE-O PENG ≫ 설탕 넣은 아이스 티
떼 씨 펭 TEH-C PENG ≫ 아이스 밀크티

뜨거운 음료

코피 씨 KOPI-C ≫ 뜨거운 밀크커피
코피 오 KOPI-O ≫ 설탕만 넣은 뜨거운 커피

아침 식사로 좋은 딤섬

카야 잼과 버터를 넣은 토스트

01

폭신하고 부드러운 빵이 핵심

푹 옌
Fook Yuen

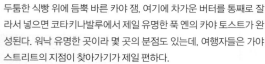

두툼한 식빵 위에 듬뿍 바른 카야 잼. 여기에 차가운 버터를 통째로 잘라서 넣으면 코타키나발루에서 제일 유명한 푹 옌의 카야 토스트가 완성된다. 워낙 유명한 곳이라 몇 곳의 분점도 있는데, 여행자들은 가야 스트리트의 지점이 찾아가기가 제일 편하다.

빵과 잼, 버터의 조합이라는 가장 단순한 맛이지만 묘하게 중독적인 맛. 특히 **폭신하고 부드러운 식빵**이 이 집의 핵심인데, 다른 곳보다 두툼하게 빵을 썰어주기 때문에 그 맛을 더 잘 느낄 수 있다.

카야 토스트와 함께 제일 유명한 음료는 진하게 우려낸 홍차에 설탕과 무가당연유를 넣은 아이스 밀크티인 **떼 씨 펭** Teh C Peng이다. 물론 버터가 사르르 녹는 맛을 느끼고 싶다면 따끈한 커피와 함께 먹는 것도 좋다. 쟁반을 들고 지나면서 고를 수 있는 딤섬의 인기도 좋다.

ADD Lot 54, Ground Floor, Wisma Menara Jubili, Off Jalan K.K Bypass(Jalan Gaya) **TEL** +60 88-484-454 **OPEN** 06:00~02:00 **COST** 토스트 RM1.7~1.8, 딤섬 RM5 **ACCESS** 가야 스트리트의 여행안내소 옆에 식당이 있다. **MAP** p.368-C

셀프 서비스 방식으로 운영된다.

TIP

카야 토스트 주문법

음식 진열대에는 카야 토스트가 따로 없다. 토스트는 계산 카운터에서 음료와 함께 주문해야 한다. 영어 메뉴판에는 브레드 Bread라는 이름으로 '잼+버터' 등 원하는 옵션을 선택하도록 되어 있다. 또한 **밀빵/보리빵**과 일반빵/토스트빵도 선택 가능하다.

02
추억을 먹다 아침을 먹다
유잇 청
Yuit Cheong

유잇 청 샤테는
11시(금요일은
14시) 이후부터
개시

100년 넘게 대를 이어가며 빵을 굽고 있는, 이 낡고 오래된 가게에서 먹는 카야 토스트의 맛은 그야말로 각별하다. 1896년에 문을 연 이후 손님들 역시 대를 이어가며 방문하는 가게로, 빛바랜 사진들이 걸려 있는 가게로 들어가는 순간 타임머신이라도 탄 기분이다.

푹 옌의 카야 토스트가 두툼하고 부드러운 빵을 내세운다면 유잇 청의 것은 포슬포슬한 빵가루가 느껴질 정도로 바삭하게 구운 식빵이 특징이다. 얇은 토스트에 과하지 않게 바른 카야 잼과 버터 사이의 딱 적당한 균형. 오랫동안 토스트를 만들며 찾아낸 적당함이 바로 이 집만의 비법이다.

ADD No.50, Jalan Pantai **TEL** +60 88-252-744 **OPEN** 06:00~18:00(샤테는 11:00~18:00) **COST** 카야 토스트 RM1.5, 반숙 달걀 RM1, 샤테 10개 RM8~ **ACCESS** 호라이즌 호텔 입구를 등지고 왼쪽으로 걸어간다. 사거리가 나오기 전 오른쪽 길 건너편을 보면 식당 입구가 있다. **MAP** p.368-B

Travel Plus +

코피티암의 대표 메뉴, 샤테

'유잇 청'에 입점해 있는 샤테 가 판매대도 코타키나발루의 명물 가게 다. 아얌 샤테(닭고기 꼬치)와 다 깅 샤테(소고기 꼬치) 등이 있다. 찍어 먹는 피넛소스가 고소하고 달콤하다.

03
한국인에게 제일 유명한
올드타운 화이트 커피
Old Town White Coffee

대나무 바구니에 찐 스팀
브레드 Kaya & Butter
Steam Bread,
RM4.8

토스트+달걀+커피=아침 세트 RM6.9

코타키나발루에서 카야 토스트를 먹어 봤다면 십중팔구 이 집이었을 경우가 많다. 그만큼 한국인에게 널리 알려진 카페 레스토랑 체인점이다. 이 집의 카야 토스트 Kaya&Butter Toast는 얇은 갈색 식빵을 바삭 구운 다음, 카야 잼을 바르고 길쭉하게 자른 버터를 두어 조각 넣는다. 바삭하게 씹히는 식빵과 달콤한 카야 잼, 짭짤한 버터가 어우러져 중독적인 맛이다. 카야 토스트에 진한 커피 한 잔과 반숙 달걀을 곁들이는 말레이 스타일 아침 세트 메뉴도 판매한다. 처음 왔다면 제일 유명한 카야& 버터 토스트를, 두 번째로 왔다면 대나무 바구니에 촉촉하게 쪄서 나오는 카야&버터 스팀 브레드를 먹어 볼 것을 추천한다. 부드러우면서도 쫄깃하게 씹히는 두툼한 식빵에 카야 잼과 버터를 직접 발라 먹는다.

ADD Menara Jubili, 53, Jalan Gaya **TEL** +60 88-259-881 **OPEN** 06:00~01:00 **COST** 아침 세트(카야토스트+수란 2개+커피, 06:00~11:00) RM6.9, 카야&버터 스팀 브레드 RM4.8 **ACCESS** 가야 스트리트의 여행안내소에서 도보 1분, 푹 옌의 옆 집이다. **WEB** www.oldtown.com.my **MAP** p.368-C

TALK

반숙 달걀 먹는 법

토스트와 함께 먹는 달걀은 반숙 으로 익혀 나온다. 입맛대로 간장 소스를 뿌리고, 토스트를 푹 찍어 서 먹는다. 달걀이 통째로 나오는 경우는 수저로 톡톡 두드려 달걀 을 깬 다음, 같이 나온 접시에 옮 겨 담는다.

글로벌 푸드

스파이시 치킨 라이스

01 ....

베트남 쌀국수를 파는
패스트푸드점
페퍼민트
Peppermint

미트볼과 고기가 섞인,
믹스 비프 누들

베트남식 드리퍼로
내려 먹는 커피

크리스피 스프링 롤
Crispy Spring Roll, RM5.9

느끼한 속을 시원하게 풀어 줄 국물이 먹고 싶다면 베트남식 쌀국수를 판매하는 페퍼민트를 추천한다. 코코넛 밀크나 낯선 향신료가 들어가지 않은 익숙하고 구수한 국물 맛. 국수에 올려진 양파와 고기를 국물 속으로 휘휘 저어 넣은 다음, 간장과 칠리소스, 레몬, 숙주, 아주 매운 고추 등은 입맛대로 더해 먹는다.

바삭하게 튀긴 치킨에 달콤 짭짤한 소스를 뿌린 **스파이시 치킨 라이스** Spicy Chicken Rice도 좋고, 가는 쌀국수와 야채를 라이스페퍼로 말아서 튀기는 스프링롤도 전채로 그럴싸하다. 마무리는 진하게 내린 커피를 달콤한 연유에 섞어 먹는 **베트남식 커피**로, 말레이시아의 가야 스트리트에서 만날 수 있는 베트남식 정찬이다.

ADD Jalan Gaya, Kota Kinabalu **OPEN** 10:00~22:00 **COST** 비프 누들 RM8.5~11.2, 스파이시 치킨 라이스 RM7.5, 스프링롤 RM5.9 **ACCESS** 가야 스트리트의 여행안내소에서 길을 따라 남쪽으로 걷는다. 작은 분수가 있는 사거리 코너에 있다. **MAP** p.368-C

02 ....

이탈리아식 해산물 수프
리틀 이탤리
Little Italy

주빠 디 마레,
RM28.9, 스파게티 면을
넣으면 RM3 추가

피자 스몰,
RM19.9~25

코타키나발루에서 가장 맛있는 이탈리아 음식을 먹을 수 있는 식당으로 외국인과 현지인들 모두에게 추천받는 곳이다. 이탈리아에서 건너온 가족들이 운영하는 곳답게 라비올리 Ravioli와 뇨키 Gnocchi를 직접 만드는 등 이탈리아 본토의 맛을 충실히 지켜가고 있다.

그중 놓치지 말아야 할 명물 요리는 오징어와 새우, 조개와 관자를 듬뿍 넣어 만드는 이탈리아식 해산물 수프 **주빠 디 마레** Zuppa di Mare. 타바스코 소스를 가미한 토마토 수프에 마늘과 해산물의 풍미가 어우러져서 칼칼하면서도 구수한 맛이 일품이다. 함께 주는 마늘빵을 적셔 먹어도 좋지만, 미리 스파게티 면 1인분을 추가해서 주문하면 국물 파스타처럼 푸짐해진다.

ADD Jalan Haji Saman, Capitol Hotel **TEL** +60 88-232-231 **OPEN** 10:00~23:00 **COST** 피자 RM20~, 주빠 디 마레 RM28.9(면 추가 RM3), Tax+S/C 16% **ACCESS** 호텔 캐피탈 1층 코너 **WEB** www.littleitaly-kk.com **MAP** p.368-C

/ TIP /

탄산음료 가격이 비싼 편이다. 콜라(RM8.9)보다는 신선한 레몬을 바로 짜서 만드는 프레시 레모네이드(레귤러 RM9.9, 라지 RM11.9)를 추천한다.

03

매콤한 굴라쉬와
달콤한 케이크
칠리 바닐라
Chilli Vanilla

\TIP/

**코타키나발루에서
제일 맛있는 케이크**

유럽 스타일로 만든 조각 케이크
가 있다. 부드러운 케이크 시트
에 화이트 초콜릿을 바른 화이
트 초콜릿 크랜베리 케이크 White
Chocolate Cranberry Cake를 추천한다.

치킨 룰라드

코타키나발루에 체류하는 서양인들이 가장 선호하는 식당 중 하나. 소
규모 레스토랑이지만 뉴욕 소호 거리 예술가들의 아지트 같은 아늑한
분위기로, 저녁 시간이면 빈자리를 찾기가 어렵다.

든든한 메인 요리로는 크림치즈와 시금치로 속을 채운 다음 롤처럼 말
아서 튀긴 **치킨 룰라드** Chicken Roulade를 추천한다. 함께 나오는 매시드
포테이토의 양도 많아서 한 끼 식사로 충분하다. 고추가 들어가 칼칼
하면서도 구수한 헝가리식 소고기 야채스튜 **굴라쉬** Hungarian Goulash는
매운 정도를 선택해 주문할 수 있다. 라임 주스는 설탕을 미리 넣지 않
고 따로 시럽을 주기 때문에 당도를 조절할 수 있다.

ADD 35, Jalan Haji Saman TEL +60 88-238-098 OPEN 11:00~22:00, 일 휴무
COST 샐러드 RM17~24, 메인 요리 RM16~41, S/C 10% 별도 ACCESS 위스마
메르데카 쇼핑몰에서 대로(Jalan Tun Razak)를 건넌 후 오른쪽으로 걸어간다. 세
븐 일레븐 편의점 옆에 식당이 있다. MAP p.368-B

04

주문하면 바로 튀기는
반 마리 치킨!!
보르네오
프라이드 치킨
Borneos Fried Chicken

반 마리 치킨 세트
Harf-Spring, RM15.8

\TIP/

코타키나발루에 2개의 매장이 있다.
센터 포인트 사바 쇼핑몰 지하 1층
이나 힐튼 호텔 뒤편의 아시아 콤플
렉스 건물 중 편한 곳을 이용한다.

치즈 치킨 라이스 세트
Cheesy Chicken Rice, RM9.9

코타키나발루가 있는 보르네오 섬 사바 주에만 매장이 있는 프라이드
치킨 프랜차이즈. 프라이드 치킨에 치즈 소스를 뿌려주는 치지 치킨
Cheesy Chicken이 이곳의 대표 메뉴다. 살짝 칼칼한 향신료를 넣은 튀김
옷과 고소한 치즈 맛이 어우러지는 중독적인 매력이 있다. 우리나라의
체인점과 비교하면 치킨의 크기가 큰 편이며, 치킨 소스를 뿌린 밥과
콜라를 세트 메뉴로 파는 것도 독특하다.

또 하나의 추천 메뉴는 자르지 않고 통째로 튀기는 치킨. 한 마리나 반
마리를 주문과 동시에 튀기기 때문에 15분 정도 걸린다. 갓 튀겨낸 치
킨의 촉촉한 속살은 언제라도 만족스러운 맛. 옛날식 시장 통닭처럼
껍질이 얇고 살짝 칼칼하게 매콤한 맛이 나 좋다.

ADD Lot L9-B1, Basement Floor, Centre Point Sabah TEL +60 88 266 023
OPEN 10:00~22:00 COST 치지 치킨 라이스 세트 RM9.9, 반 마리 치킨 세트
RM15.8 ACCESS 센터 포인트 쇼핑몰 지하 1층 혹은 힐튼 호텔 뒤편 아시아나 콤
플렉스 건물 코너 WEB www.borenos.com MAP p.355-C

워터프런트의 식당

워터프런트의 장점 중 하나는 다양한 세계 음식들이 한자리에 모여 있다는 것이다. 태국 음식에서부터 이탈리안 피자와 파스타, 아이리시 펍, 한식에 이르기까지 골라 먹는 재미가 쏠쏠하다. 다만 관광객들이 주 손님인 만큼 가격 대비 맛이 뛰어나지는 않다. 전망과 분위기를 즐기는 것이 주요 목적이라는 것을 염두에 두자.

TALK

자리를 잡기 전, 바다 냄새를 체크하자

시즌과 날씨에 따라 간혹 워터프런트 근처의 바닷물에서 불쾌한 냄새가 날 때가 있다. 보통 워터프런트의 북쪽에 있는 어시장에서부터 시작해 '토스카니'와 '마이 야이 타이 오키드'를 포함한 중간 블록까지는 좀 더 냄새가 나고, 중간 이후부터 '부가'가 있는 끝쪽은 냄새가 덜한 편이다. 자리를 잡고 앉기 전에 끝까지 걸어보면서 그날의 상황에 따라 자리를 선택하자.

코코넛
Young Thai Coconut

해산물을 넣은 볶음 국수 Pad Thai Seafood

01

새콤달콤한 타이 음식
마이 야이 타이 오키드
Mai Yai Thai Orchid

파파야로 만든 샐러드, 솜땀 Somtam

후덥지근한 날씨에는 새콤하면서도 짭조름한 태국 음식이 생각난다. 라임을 듬뿍 사용해 상큼한 맛을 내고 생선을 발효시켜 만든 피시 소스로 간을 맞추는 태국 음식들을 맛보면 각각 기후에 맞는 음식이 따로 있음을 실감하게 된다.

무더운 날씨에 몸이 늘어진다면 새콤한 **태국식 샐러드 솜땀**부터 추천한다. 매운 고추와 라임, 말린 새우와 땅콩, 설탕과 피시 소스 등을 절구에 넣어 꽁꽁 찧은 다음 잘게 채 썬 그린 파파야에 버무리는 음식이다. 태국 본토에서 먹는 것보다 알싸하게 매운맛은 덜하지만, 외국인 입맛에 맞춘 순한 새콤달콤한 맛이라 오히려 먹기에는 더 편하다.

가벼운 식사를 원한다면 **태국식 볶음 쌀국수인 팟타이 시푸드**도 좋다. 역시 관광객 눈높이로 순화시킨 맛이니, 피시 소스와 종려당, 타마린드 즙을 듬뿍 사용하는 현지 스타일을 원한다면 함께 내오는 고춧가루와 라임을 뿌려 먹어보자.

ADD LOT 13 Waterfront, Jalan Tun Fuad Stephens **TEL** +60 88-234-841

OPEN 11:30~23:00 **COST** 솜땀 RM15.3, 팟타이 시푸드 RM29.9, Tax 6% 별도

MAP p.355-B

02

매콤하고 뜨끈한 한식
부가
Buga Korea Restaurant

두툼한 돼지고기가
들어간 김치찌개

제육볶음과 기본 반찬들

코타키나발루에 있는 한식당 중에서 가장 전망이 좋은 곳이다. 그리운 한식을 먹으면서 워터프런트의 전망도 즐길 수 있으니 그야말로 일석이조. 워터프런트에 들어선 식당들 중에서는 시설이 깔끔한 곳이다. 24시간 문을 열기 때문에 언제라도 시원한 맥주와 함께 한식을 맛볼 수도 있다.

찌개에서부터 구이까지 한국인들이 떠올릴 만한 대부분의 한식 메뉴가 있다. 그중에서도 타지에 오면 가장 먼저 생각하는 음식인 김치찌개는 잘 익은 김치와 뭉텅뭉텅 썰어 넣은 돼지고기를 넉넉히 넣고 끓여 밥 한두 공기는 너끈히 비울 수 있다. 매콤달콤하게 양념한 제육볶음은 매운맛이 그리웠던 여자들에게 인기가 높다.

ADD Lot1B, KK Waterfront, Jalan Tun Fuad Stephen **TEL** +60 88-251-222, 014-559-666 **OPEN** 24시간 **COST** 김치찌개 RM25, 제육볶음 RM25, Tax+S/C 16% 별도 **WEB** www.bugafood.com **MAP** p.355-B

03

짭짤하고 고소한 이탈리아 음식
토스카니
Toscani's

전채로 먹을 만한
크리미 시푸드
마리아나

짭짤하고
고소한
페투치니
카르보나라

ADD Waterfront, Jalan Tun Fuad Stephens **OPEN** 11:30~23:00 **COST** 페투치니 카르보나라 RM19.9, 크리미 시푸드 마리아나 RM13.9, 시저 샐러드 RM15.8, Tax+S/C 16% 별도 **MAP** p.355-B

우리나라 여행자들 사이에서 유명한 이탈리아 식당. 동양인들이 지나가면 한국어로 호객하기도 하고 한국어로 된 메뉴도 준비해 두고 있다. 한국인들이 앉으면 매뉴얼처럼 '까르보나라' '페투치니 알라' '스테이크' '홍합 요리' '망고 라시'를 추천해주는 건 이 집의 장점이자 단점. 그동안 이곳을 거쳐 간 한국인들이 다들 먹어본 맛인지라 실패 확률이 작다는 점 때문인지 대부분 이 추천을 따르곤 한다.

사실 전망과 분위기 때문에 찾는 곳이지 파스타와 피자의 맛은 평범한 수준이다. 특이한 향신료나 재료를 사용하지 않고 관광객들의 대중적인 입맛에 맞춘 무난함이 가장 큰 장점. **페투치니 카르보나라**는 적당히 짭짤하면서도 고소한 맛이라 누구나 무난하게 즐길 수 있다. 진한 망고 퓌레의 향이 느껴지는 **망고 라시** 역시 관광객들이 좋아하는 대중적인 단맛이다.

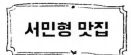

코타키나발루에 사는 평범한 사람들이 한 끼 맛있게 먹는 곳은 어디일까? 짭조름한 감칠맛을 좋아하는 말레이시아 사람들의 입맛과 발효음식을 즐기는 우리 입맛은 꽤나 비슷한 편. 그런 현지인들이 미리 검증해 준 서민형 맛집들을 소개한다.

01 ··············

구수한 돼지 국수 한 그릇

멜라니안 3
Kedai Kopi Melanian 3

한자로 읽은 생육면 生肉面이라는 글자 때문에 날고기가 아닐까 걱정했다면 일단 안심하자. 사바 음식의 대표 아이콘인 **상눅미** Sang Nyuk Mee는 돼지고기를 넣어서 만든 국수의 이름이다. 가게에 들어서면 우리나라 시장의 돼지국밥집 같은 냄새가 진하게 풍겨 오는데, 아니나다를까 큰 솥 가득 돼지고기 육수가 끓고 있다.

소스에 비빈 국수를 따로 내주는 드라이 타입과 국물에 말아주는 수프 타입 중에 고를 수 있는데, 기왕이면 달콤짭짤한 특제 소스에 비빈 국수와 구수한 국물 맛을 모두 볼 수 있는 **드라이 상눅미**를 추천한다. 별도로 주는 국물에 가득한 미트볼이나 고기를 건져서 고추 소스에 찍어 먹으면 그 또한 별미다. 면 종류는 가는 쌀국수와 두꺼운 쌀국수, 통통한 에그누들 중에 고를 수 있고, 국물에 들어가는 고기 종류도 미트볼과 간, 창자 등의 포함 여부를 선택할 수 있다. 일단 다 먹어보고 싶으면 믹스 Mixed Pork Noodle를 외치면 된다.

ADD No.34, Ground Floor, Jalan Pantai **TEL** +60 16-829-8668 **OPEN** 07:00~15:00, 수 휴무 **COST** 상눅미 RM7.5~11 **ACCESS** 호라이즌 호텔 정문을 등지고 왼쪽으로 걷는다. 사거리 2개를 지나면 왼편에 식당이 보인다. 호라이즌 호텔에서 도보 3분 **MAP** p.368-B

1 드라이 타입으로 주문한 상눅미, RM8.5~10
2 갖가지 재료가 준비된 오픈형 주방

02

사바 스타일 해산물 국수

셍 힝

Kedai Kopi Seng Hing
成兴茶餐室

사바 스타일로 만든 똠얌 미, RM10

겉은 바삭 속은 쫀득하게 볶은.
시푸드 투아란 미, RM10

크다이 코피 Kedai Kopi

말 그대로 해석하면 커피 가게 즉 커피숍이다. 하지만 커피나 음료만 파는 장소가 아니라 여러 개의 음식 가판이 들어서 있는 서민형 식당이다.

작은 커피숍 하나에 입점해 있는 가판대에서 사바 지역 최고의 명물 국수 두 가지를 만나볼 수 있다. 우선 사바의 전통 볶음 국수인 **투아란 미** Tuaran Mee부터. 에그누들을 바삭바삭할 정도로 고열에 볶아내는데, 여기에 어묵과 생선 튀김까지 넣으면 고소한 맛이 더욱 살아난다. 기왕이면 통통한 새우까지 들어간 **시푸드 투아란 미**를 추천한다.

같은 가게 안에 입점해 있는 사바 스타일의 **똠얌 미** Tom Yam Mee 역시 이곳의 명물 음식이다. 태국의 똠얌과 비슷하지만 신맛과 매운맛이 덜하고 대신 코코넛 밀크의 고소함이 강한 편이다. 부드러운 코코넛의 풍미가 새우의 감칠맛과 잘 어우러지며, 통통한 에그누들도 아삭한 숙주와 잘 어울린다.

ADD Block E, Lot 10, Sinsuran Complex **TEL** +60 88-211-594, 17-818-8855
OPEN 07:00~16:00 **COST** 시푸드 투아란 미 RM10, 똠얌 미 RM10~13 **ACCESS** 르 메르디앙 호텔 정문을 등지고 오른쪽에 있는 뒷골목으로 들어간다. 사거리에서 좌회전해서 걸으면 오른쪽 2번째 상가(E블록) 모퉁이에 있다. **MAP** p.355-C

03

말레이식 백반 나시 짬뿌르

레스토란 슴쁠랑

Restoran Sempelang

소고기 른당+오징어 볶음+채소
2가지를 담은 접시

--- TALK ---

나시 짬뿌르와 나시 칸다르

미리 만들어 놓은 반찬들을 골라먹는 식당 중에서 말레이-인도네시아 음식이 많은 곳을 '나시 짬뿌르 Nasi Campur', 커리나 탄두리 등 인도계 음식이 많은 곳을 '나시 칸다르 Nasi Kandar'라고 한다.

미리 만들어 놓은 반찬들을 골라서 한 접시 뚝딱, 바쁘고 시간 없는 사람들을 위한 서민형 맛집이다. 이렇게 한 접시에 여러 반찬을 담아서 먹는 말레이 스타일 백반을 '나시 짬뿌르'라고 하는데, 반찬은 고기 종류와 채소 종류로 나뉜다. 대부분 달콤하고 감칠맛이 강한 인도네시아 자바 스타일이라 우리나라 사람들에게도 익숙한 맛. 특히 **인도네시아식 장조림인 소고기 른당** Redang Sapi과 상큼한 숙주나물을 추천한다. 나시 짬뿌르 가격은 선택한 반찬의 종류와 양에 따라 달라지며, 반찬이 떨어지는 점심시간 이후에는 단품 요리 중심으로 운영한다. 시간대별로 판매하는 저렴한 세트들도 인기다.

ADD Lot 33, Grnd Floor, Blok F Singgah Mata, Asia City **TEL** +60 13-856-9778
OPEN 07:00~다음 날 01:00 **COST** 버짓 메뉴 RM3.9~4.9, 나시 고랭 RM3~6
ACCESS 센터 포인트 사바의 수트라하버 셔틀버스 정류장에서 큰길 건너편을 보면, 나무 뒤편 상가 코너에 식당이 있다. **MAP** p.355-C

코타키나발루의 대표 쇼핑몰

01 이마고 몰
Imago Shopping Mall

사바 지역의 전통 공연 이벤트
(남쪽 정문 로비)

코타키나발루 시내에서 가장 현대적이고 세련된 분위기를 자랑하는 대형 쇼핑몰이다. 주말이면 건물 전체가 북적일 만큼 현지인들도 즐겨 찾는 곳이라, 요즘 사람들 사는 구경을 하기에 이 쇼핑몰만큼 흥미진진한 곳도 없다. 가운데 뚫린 원형 공간을 두고 네 방향으로 뻗어 나가는 구조라 쇼핑몰 전체를 다 돌아보려면 의외로 시간이 걸린다. 쇼핑몰을 가득 채운 매장들은 유명 글로벌 브랜드에서부터 말레이시아의 대표 로컬 브랜드까지 총망라하고 있다.

한국인 여행자들이 즐겨 찾는 매장은 지하 층에 몰려 있다. 위스마 메르데카보다 좋지는 않지만 나쁘지 않은 환율의 환전소가 있고, 여행 기념품을 사기 좋은 슈퍼마켓과 현지 특산품 가게, 다양한 레스토랑과 카페들이 밀집해 있다. 환전하고 밥 먹고 커피 마시면서 쉬다가 기념품 쇼핑까지 한 번에 끝낼 수 있다.

체크! 주말 저녁에는 몰 주변 교통이 매우 혼잡하다.

ADD KK Times Square Phase 2, Jalan Coastal **TEL** +60 88-275 888 **OPEN** 10:00~22:00 **ACCESS** 수트라하버 리조트의 셔틀버스가 쇼핑몰 앞에 선다. 시내에서 택시로 10분 **WEB** www.imago.my **MAP** p.354-C

한식 레스토랑도 있다.

Travel Plus +

☑ 체크할 만한 매장
여자들이 좋아하는 **빅토리아 시크릿** Victoria Secret과 코스메틱 매장들이 GF층에 있다. 한국 가격보다 저렴한 품목들이 있는 **맥** MAC, 화장품 멀티숍인 **세포라** Sephora와 **사사** Sasa 등이 인기다. 저가형 화장품이나 생필품 쇼핑은 **왓슨스** Watson's 같은 약국형 매장을 이용할 수 있다. 저렴한 신발 쇼핑을 즐기고 싶다면 **빈치** Vincci와 바타 Bata 매장을 확인하자.

[각 층의 주요 매장]

2층	통신 회사(유심 판매), **현지식 푸드코트**, 영화관, 헤어샵, 완구, 서점
1층	바타, 왓슨스, 허쉬파피, 스케처스, FOS
GF층	에스프리, 유니클로, 빈치, **빅토리아 시크릿**, 맥, 슈에무라, 록시땅, 세포라, H&M, 찰스앤키스, 코튼온, 스타벅스, 어퍼스타
BF층	**에버라이즈(슈퍼마켓)**, 환전소, ATM, 요요 카페, BBQ, 두부요(한식), KFC, 피자헛, 버거킹, **부스트**, 티라미브, 빅 애플 도넛

\TIP/

기념품 사기 편한, 지하 슈퍼마켓

이마고 몰 지하층의 에버라이즈 슈퍼마켓 Everise Supermarket에는 한국인 여행자들이 유독 많다. 알리 커피나 멸치 과자, 망고 젤리 같은 기념품을 사기 위해 들르는 것. 한국인 취향을 대폭 반영한 현지 특산품 진열대가 따로 있다.

가야 스트리트에서 길 건너편

02 수리아 사바

Suria Sabah

코타키나발루 시내 중심에 있는 대형 쇼핑몰이다. 제셀톤 포인트에서 가까운 곳이라 스노클링 투어 전후에 들르기 좋다. 시원한 에어컨 바람을 쐬어가며 잠시 더위를 식히는 장소로 활용할 수 있다. 쇼핑몰의 정문으로 들어가면 좌우 양쪽으로 2개의 긴 복도가 있는데, 말레이시아의 대표적인 로컬 브랜드에서부터 우리나라에서도 흔히 볼 수 있는 유명 글로벌 브랜드까지 다양한 매장들이 들어서 있다. 우리나라의 일반 백화점과 유사한 구조인 메트로자야 백화점도 입점해 있다.

특히 3층에 있는 대형 슈퍼마켓 시티 그로서 City Grocer는 현지 특산품만 따로 모아 놓은 매장을 입구 부분에 대규모로 만들어 놓았다. 저렴한 여행 기념품으로 사기 좋은 커피와 초콜릿, 젤리 등 여행자들이 관심을 가질 만한 상품이 많다.

ADD 1, Jalan Tun Fuad Stephen TEL +60 88-288-800 OPEN 10:00~22:00 ACCESS 가야 스트리트의 여행안내소에서 호텔 sixty3 옆의 골목으로 대로가 나올 때까지 직진한다. 대로 건너편에 쇼핑몰 건물이 보인다. WEB www.suriasabah.com. my MAP p.368-A

Travel Plus +

☑ 체크할 만한 매장
쿠알라룸푸르의 쇼핑몰보다는 덜 붐비는 편이라 **망고** Mango 등 SPA 브랜드의 할인상품을 골라잡기가 편하다. 세일기간이라면 참고할 것. 콘셉트 스토어인 **파디니** Padini와 아웃렛 매장인 FOS도 입점해 있어서 알뜰 쇼핑을 할 수 있다. 저렴하고 실용적인 슬리퍼를 살 수 있는 **피퍼** Fipper 와 **바타** Bata 매장도 확인해보자. 화장품이나 생필품을 살 수 있는 **가디언** Guardian과 **왓슨스** Watson's는 지하층에 있다.

[각 층의 주요 매장]

3층	**수리아 푸드코트**, 시티 그로서(슈퍼마켓), 폴로, 유아복
2층	전자&가전매장, 통신회사, FOS, 자리자리 스파, 피부관리숍, 미용실
1층	파디니, 에스프리, **바타**, **피퍼**, 패션&신발 매장, 홀리카 홀리카, **시크릿 레시피**
G층	어퍼스타, 판도라, 코치, 에스프리, **코튼 온**, **망고**, **파디니**, 록시땅, Sasa, 스시테이, **스타벅스**
지하	빅애플도넛, KFC, 피자헛, 케니 로저스, **요요카페**, 지오다노, **가디언**, **왓슨스**, 허쉬파피, 다이소

⭐ \TIP/ ─

바다 전망의 푸드코트(3층)
푸른 바다를 바라보며 저렴하게 한 끼 해결할 수 있다. 미리 만들어 놓은 반찬을 골라 먹는 나시 짬뿌르 가게와 하이난 스타일의 치킨 라이스를 판매하는 가게가 제일 인기! 시원한 빙수나 음료를 즐기며 피곤한 다리를 쉬기에도 좋다. 창가 쪽 테이블을 잡으면 넓은 유리창 가득 코타키나발루 앞바다의 풍경이 펼쳐진다.

마사지 받으러 들르는
03 **와리산 스퀘어**
Warisan Square

ADD Jalan Tun Fuad Stephens TEL +60 88-447-871 OPEN 10:00~22:00 ACCESS 르 메르디앙 호텔의 맞은편. 워터프런트의 길 건너편에 있다. MAP p.355-B

쇼핑몰로서보다는 여행 온 김에 마사지를 받으러 들르게 되는 곳이다. 한국인 여행자들에게 유명한 마사지 가게들이 대부분 이곳에 입점해 있기 때문. 쇼핑몰 근처에서나 안에서는 마사지 손님들을 호객하려는 직원들이 연신 말을 건다.

와리산 스퀘어는 3개의 건물로 나누어진 주상복합 형태의 쇼핑몰로 그 규모가 꽤 크다. 하지만 쇼핑몰 안은 어두컴컴한 분위기로 매장 안을 걸어가다 보면 비어있는 가게들이 자주 보인다. 관광객들이 많이 다니는 워터프런트 바로 앞이라 쇼핑몰 바깥에서 보이는 가게들은 영업이 잘 되는 편. 한국인 여행자들은 외부 G층에 있는 스타벅스와 케이크로 유명한 외부 G층의 **시크릿 레시피**, 한식당인 **고려정** 등을 즐겨 찾는다.

환전하러 들르는
04 **위스마 메르데카**
Wisma Merdeka

원화를 링깃으로 환전하기
코타키나발루는 말레이시아의 다른 도시들에 비해 원화의 환율이 좋은 편이다. 달러화로 가져가 다시 링깃으로 재환전할 필요 없이 원화를 바로 환전하면 된다. 단, 며칠 동안 쓸 소액 정도라면 택시를 타고 환율 좋은 환전소를 찾아가기보다는 여행 동선 내에서 해결하는 것이 낫다.

코타키나발루 시내에서 제일 환율이 좋은 환전소들이 모여 있는 쇼핑몰이다. 덕분에 여행 첫날 이곳부터 들러서 환전해가는 한국인 여행자들이 많다. 수트라하버에 머무는 사람이라면 시내행 셔틀버스를 타고 위스마 메르데카의 정문 근처에서 내릴 수 있다.

환전소는 우리나라로 치면 1층인 'G층'에 여러 곳이 있다. 대부분 소규모로 운영하는 곳들이며 환전소 창구 앞에 그날의 환율을 게시하고 있다. 가볍게 한 바퀴 둘러보고 나서 가장 환율이 좋고 수수료가 없는 곳에서 환전하면 된다. 시내에 있는 다른 쇼핑몰에 비해 조금 오래된 건물이긴 하지만 현지인들이 즐겨 찾는 가게들이 많아서 손님은 항상 많은 편이다.

ADD Jalan Tun Razak TEL +60 88-232-761 OPEN 10:00~22:00 ACCESS 수리아 사바 쇼핑몰의 정문에서 'WISMA SABAH'라고 써진 흰색 건물 방향으로 직진하면 쇼핑몰 건물이 보인다. WEB www.wismamerdeka.com MAP p.355-A

캐리어를 가득 채울 쇼핑 1번지

05 KK 플라자
KK Plaza

지하 슈퍼마켓 입구

코타키나발루의 시내 중심에 있는 쇼핑센터로, 주로 현지인들이 이용하는 곳이다. 워터프런트에서 야시장을 지나 산책하다 보면 센트럴 마켓의 길 맞은편에서 만날 수 있다. 매장 1층부터 3층까지 저렴한 옷 가게나 핸드폰 가게가 잔뜩 들어가 있는데, 건물 지하에는 가벼운 기념품 종류를 사기 좋은 대형 슈퍼마켓인 서베이 하이퍼마켓 Servay Hypermarket이 있어서 여행자들은 이 곳을 그냥 지나칠 수 없다.

여행자들이 즐겨 찾는
간식 종류가 많은 슈퍼마켓

현지인들이 즐겨 찾는 쇼핑몰이라 슈퍼마켓의 물건값도 많이 저렴할 것이라 생각할 수 있는데, 이마고 몰이나 수리아 사바의 슈퍼마켓과 비교해 볼 때 가격 상의 이점은 별로 없다. 단, 산책하다 들르기 편리한 위치 덕분에 여행자들이 계속 몰리는 분위기이다.

ADD 2A, Jalan Lapan Belas TEL +60 88-221 979 OPEN 09:00~21:00
ACCESS 센트럴 마켓 맞은 편 MAP p.355-A

\TIP/

시내 중심에 있는 센터 포인트 사바 Center Point Sabah 쇼핑몰 지하에 서베이 하이퍼마켓이 새로 문을 열었다. KK 플라자까지 가지 않고도 동일한 물건들을 구입할 수 있다.

🌿 코타키나발루 슈퍼마켓 필수 쇼핑 리스트 🌿

1 알리 커피 Alicafe
인삼보다 좋다는 통갓 알리가 들어간 커피. RM15.

2 사바 티 Sabah Tea
달콤한 밀크티 버전도 있다. 티백 RM4.2, 가루 밀크티 RM18.99.

3 카야 잼 Kaya Jam
빵에 발라 먹으면 말레이시아에 다시 온 기분. 유리병과 캔 2가지 타입이 있고 브랜드도 다양하다.

4 멸치 과자 Golden Beach Roasted Anchovy
바삭하게 튀긴 멸치는 한 번 열면 멈출 수 없는 최고의 맥주 안주. 매운 맛과 일반 맛이 있다. RM8.

5 망고젤리 Lot100 Mango Jelly
가벼운 선물로 주기 좋은 젤리. 망고 맛과 사과 맛을 제일 추천. 150g에 RM5.5.

6 말린 열대과일 Dried Fruits
망고를 비롯해 두리안, 망고스틴, 람부탄 등 다양한 열대과일이 있다. RM16.99~.

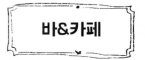

바&카페

하늘에서 바라보는 석양

01 스카이 블루 바
Sky Blu Bar

ADD Hotel Grandis **TEL** +60 88-522 875 **OPEN** 11:00~24:00 **COST** 칵테일 RM20~ 맥주 RM23~ **ACCESS** 수리아 사바 쇼핑몰 옆 **MAP** p.368-A

도시와 바다가 마주하고 있고, 그림 같은 석양을 지닌 코타키나발루지만, 의외로 괜찮은 루프탑 바가 많지 않다는 사실. 그래서 추천할 수 밖에 없는 곳이 바로 그란디스 호텔 옥상의 스카이 블루 바이다. 호텔이 수리아 사바 쇼핑몰과 바로 붙어 있어서 찾기도 쉽다. 일몰 시간보다 1시간 정도 일찍 찾으면 비교적 편안하게 좌석을 잡을 수 있다. 바닷가 쪽에 자리를 못 잡으면 일단 테이블을 잡고 석양이 올 무렵 사진을 찍으러 나가자. 얼굴을 따갑게 때리던 햇빛이 점차 부드러워지기 시작하고, 몸속을 퍼지는 알콜이 조금씩 마음을 느슨하게 풀어주기 시작할 때 여행 온 보람이 느껴지기 시작한다.

정식 메뉴판을 보기 전에 프로모션 전용 메뉴판을 보자. 버거에서 칵테일까지 기간에 따라 훨씬 저렴하게 제공되는 메뉴들이 기다리고 있다. 일반 메뉴는 6% 서비스 택스가 붙는 반면 할인 메뉴들은 추가 비용이 붙지 않는다.

뜨거운 태양을 피하고 싶다면

02 클럽 바
Club Bar

ADD Jalan Tunku Abdul Rahman, Asia City **TEL** +60 88-356 000 **OPEN** 월~금 15:00~24:00, 토·일 15:00~02:00 **COST** 시그너처 칵테일 RM42~45 카나페 RM15 **ACCESS** 힐튼 호텔 1층. 정면 뒷편에 문이 있다. **MAP** p.355-E

힐튼 호텔의 1층에 위치한 클럽 바는 대낮에도 햇빛이 거의 통하지 않는 어둡고 고급스런 분위기의 바이다. 입구는 단촐해보이지만 내부는 넓고 고급스럽다. 밤에는 작은 라이브 무대도 열린다. 특히 스타우드 계열의 호텔답게 바텐더가 제대로 된 칵테일을 만들며 가격도 합리적이다. 4가지 시그너처 칵테일이 있는데 추천 메뉴는 퍼페튜얼 Perpetual. 푸른 사과 빛깔 칵테일 위에 달콤하게 절여진 고추가 올라가 있는데 함께 먹으면 상큼하게 리프레시 되는 기분이다.

드레스코드가 있어서 스마트 캐주얼만 허용되며, 핫팬츠, 러닝셔츠, 슬리퍼를 신고 들어올 수 없다.

서양인 여행자들의 아지트

03 엘 센트로
EL Centro

\TIP/

'코타키나발루 최고의 마가
리타'라는 인터넷 평 덕분에
마가리타를 주문하는 손님들
이 많다. 사실 이 집 칵테일
의 장점은 품질이 그리 뛰어
나진 않지만 리조트에
비하면 저렴하다
는 것. 말레이시아의 특
성상 칵테일 수준이 많이
떨어지니 칵테일 맛에 기
대하지는 말자.

타코나 피자를 안주 삼아 즐기는 맥주 한 잔, 느슨하고 자유로운 분위기에 한
두 마디 농담을 건네는 친숙한 직원들. 동남아시아 지역에서 서양인 배낭 여
행객들이 모여드는 전형적인 분위기를 지닌 곳이다. 도로 쪽으로 열려 있는
오픈형 카페라 훤한 대낮에는 다소 썰렁한데, 밤만 되면 서양인 여행자들이
테이블을 가득 채우고 앉아 수다를 떠는 곳으로 변신한다.

다만, 저렴한 가격으로 함께 어울리는 분위기가 좋은 곳이지, 음식이나 칵테
일의 품질이 최고는 아니다. 타코나 피자처럼 맥주에 어울릴 만한 가벼운 안
주 종류들을 주로 많이 주문한다. 와인을 잔 단위로도 판매하며 캔 맥주 종류
는 4개 단위로 주문하면 조금 더 싸진다.

ADD 32, Jalan Haji Saman,
Pusat Bandar TEL +60 19-
893-5499 OPEN12:00~24:00
COST 맥주 RM12~, 글라스와
인 RM17~, 타코 RM15~22, 피
자 RM18~25 ACCESS 위스마
메르데카 쇼핑몰에서 베스트
웨스턴 호텔 쪽으로 대로를 건
넌 후 오른쪽으로 걷는다. 〈Lai
Lai Hotel〉옆 도로변에 있다.
WEB www.elcentro.my MAP
p.368-B

스테이크와 맥주의 조합

04 어퍼스타
Upperstar

감자튀김과 함께
나오는 램 찹 RM20.5

푸짐하고 저렴한 스테이크에 얼음처럼 시원한 맥주라는 환상적인 조합을 맛
보고 싶다면 이곳을 추천한다. 시설이나 분위기에 비하면 살짝 놀랄 만큼 합
리적인 가격대를 자랑하는 레스토랑 겸 펍^{Pub}으로 현지 젊은이들의 데이트
장소로 인기를 끌고 있다. 야외 테라스에서 밤공기를 맡으며 낭만을 즐길 수
있으면서도, 2층이라 좀 더 안전하고 편안한 분위기에서 마실 수 있다.

메뉴는 일반적인 패밀리레스토랑처럼 피자와 파스타 · 샐러드 · 치킨 등으
로 구성되어 있다. 그중에서도 만족도가 높은 것은 스테이크 종류. 특히 이
집의 특제 소스로 요리한 램 찹 Lamb Chop은 우리나라에 비하면 뛰어난 가격
대비 성능비를 자랑한다. 이마고 몰과 수리아 사바에도 지점이 있다.

ADD Segama Complex TEL +60
88-270-775 OPEN 12:00~다
음날 01:00 COST 맥주 RM5~,
칵테일 RM12.95~16.5, 파스타
RM6.95~8.95, 램 찹 RM20.5,
Tax&S/C 16% 별도 ACCESS
하얏트 리젠시 호텔의 맞은편
건물 1, 2층 MAP p.368-B

05 우!
Woo!

창문 너머 녹색 풍경이 시원한 자리

치킨 소시지 브랙퍼스트

당근/오렌지/
파인애플 주스

마차(말차) 무스 타르트
Matcha Mousse, RM11

⟍TIP/

식당이 자리한 '오스트레일리아 플레이스'는 일명 인쇄소 거리로 불린다. 지금은 분위기 좋은 카페들이 차례로 들어서고 있다.

사진에 담았을 때 예쁜 공간과 음식이 절대적인 인기를 끄는 요즘, 코타키나발루를 찾은 여행자들의 해시태그에는 '우'가 빠지지 않는다. 문을 열고 들어서는 순간 카페 이름과 똑같은 감탄사가 터져 나오는 곳으로, 바람이 잘 통하는 널찍한 공간에 넉넉한 간격을 두고 나무 테이블을 놓아 포근한 감성을 자아낸다. 벽은 온통 하얀색, 바닥은 강렬한 흑백의 지그재그 문양인데, 어떤 각도에서 찍어도 근사한 사진이 나오는 스튜디오 분위기다.

제일 인기있는 자리는 계산대를 지나서 뒤쪽 공간에 있는 넓은 창 아래의 테이블. 창 너머로 보이는 녹색 나무들 덕분에 눈도 시원하고 사진 배경으로도 제격이다. 대신 이 자리를 노리는 손님들이 많아서 약간의 운이 필요하다. 다른 공간 역시 친구들과 브런치를 먹으면서 수다 떨기에는 안성맞춤. 코타키나발루에서는 손에 꼽힐 만큼 훌륭한 커피 맛도 이 집의 인기 비결이다. 달콤 쌉쌀한 마차(말차) 무스 타르트를 꼭 곁들여 보자.

ADD 7, Lorong Dewan TEL 088 211 315 OPEN 화~일 09:30~23:30, 월 휴무 COST 브랙퍼스트 메뉴(~18:00) RM15~22, 파스타 RM19~21, 커피 RM7.5~15, 타르트 RM11, Tax+S/C 6% 별도 ACCESS 제셀톤 호텔 뒤편 대로를 건너 오스트레일리아 플레이스의 거리 초입에 있다. MAP p.368-C

스파&마사지

깨끗한 시설과 합리적인 가격
01 **자스민**
Jasmine

커튼으로 분리한 마사지 공간

ADD Unit A-02-01 Warisan Square, Jalan Tun Fuad **TEL** +60 88-447 333 **OPEN** 10:00~23:00 **COST** 발 마사지 45분 RM65, 타이 마사지 60분 RM90 **ACCESS** 와리산 스퀘어 3층에 있다. **WEB** www.jasminemassage.co.kr **MAP** p.355-B

적당한 가격이면서도 깨끗한 시설을 가진 중급 마사지 가게를 찾는 이들에게 인기 있는 곳. 마사지를 받는 공간이 별도의 룸으로 분리되어 있지 않고 커튼으로 가려져 있는 방식이긴 하지만, 말끔하게 관리하고 있어서 가격 대비 만족도가 높다. 우리나라 여행자들이 많이 찾는 만큼 한국인이 선호하는 스타일에 익숙하다는 평. 오일을 바르고 문지르는 말레이시아 스타일보다 강한 마사지를 원한다면 타이 마사지를 선택하는 것도 좋다.

시내 관광의 중심지인 워터프런트가 바로 코앞이라는 것도 장점. 운영 시간이 23:00까지로 넉넉하기 때문에 숙소를 체크아웃하고 밤 비행기를 타러 가기 전 시원하게 몸을 풀고 가는 장소로 많이 이용한다. 한국어 홈페이지의 다양한 프로모션을 확인해보자.

저렴하게 즐기는 핫 스톤 테라피
02 **하코드 오아시스 스파**
Hakod Oasis Spa

저렴하면서도 깔끔하게 마사지를 받고 싶을 때 찾게 되는 저가형 마사지 가게다. 전신 마사지를 하는 공간은 커튼으로 가린 침대 몇 개가 전부지만, 가격대에 비하면 깨끗하게 관리하고 있다. 워터프런트에서 석양을 보고 시장 구경 후 들러서 시원하게 마사지를 받기에 딱 좋은 위치인데다가 늦은 시간까지 영업하기 때문에 체크아웃 후 야간 비행기를 기다리는 동안 이용하기도 좋다.

저가형 마사지 가게에서는 찾아보기 힘든 '핫 스톤 테라피'가 이 집의 간판 메뉴라는 것도 장점이다. '등 마사지+핫 스톤'은 가격대가 저렴해서 한 번 체험 삼아 해 보아도 부담이 없다. 뜨겁게 달군 돌을 등에 문지른 다음 척추를 따라 올려놓는데, 따뜻한 기운이 온몸에 퍼지면서 피곤이 풀린다.

TALK

코타키나발루의 마사지 즐기기

전통이 깊은 타이 마사지나 지압으로 유명한 중국 마사지, 저렴한 가격으로 승부하는 필리핀에 비하면 말레이시아의 마사지는 가격에서나 기술에서나 그리 인상적이지는 않다.

고급스러운 분위기를 만끽하는 기분 전환용이라면 특급 리조트의 스파를 예약하고, 저렴한 맛에 쉬어가는 체험용이라면 와리산 스퀘어나 센터 포인트 근처에 밀집한 저가형 가게를 이용하자.

ADD Block A, Warisan Square, Jalan Tun Fuad Stephen **TEL** +60 88-487-700 **OPEN** 11:00~23:00 **COST** 바디마사지 60분 RM68, 등마사지+핫스톤 RM58 **ACCESS** 와리산 스퀘어의 남쪽 건물, 2층 통로에 있다. **MAP** p.355-B

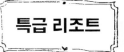

가족여행객이 많은 곳인 만큼 리조트 밖으로 나갈 필요가 없을 정도로 시설이 좋은 특급 리조트가 많다. 어린아이와 함께라면 수영장 시설을, 커플 여행이라면 리조트 분위기를 먼저 체크한다.

탄중 윙 시 뷰 룸

키즈 클럽

키나발루 윙 마운틴 뷰 룸

01

코타키나발루 최고의 선셋 포인트

샹그릴라 탄중 아루 리조트
Shangri-La's Tanjung Aru Resort

공항에서 가장 가까운 특급 리조트로 늦은 밤 도착하는 여행자라면 우선 확인하는 곳이다. 시내와도 그리 멀지 않아서 맛집 탐방이나 스노쿨링 투어를 하러 가기에도 편리하다. 특히 리조트가 자리 잡은 딴중 아루 비치는 석양이 지는 정서향이라. 멀리 갈 필요도 없이 리조트 안에서 **세계 3대 석양으로 손꼽히는 노을**을 만끽할 수 있다. 여기에 세계적인 럭셔리 호텔 체인인 샹그릴라의 안정적인 서비스와 말끔한 리조트 시설까지 더해져 휴가 여행지로 손색이 없다.

객실 발코니에서 석양을 바라보고 싶다면 정원 너머로 바다가 펼쳐지는 '탄중 윙'을 추천한다. 시 뷰와 마운틴 뷰가 섞인 '키나발루 윙'은 조용한 휴식을 원하는 커플들이 선호한다. 어린아이와 여행하는 가족들에게는 수영장과 키즈 클럽이 무엇보다 중요한데, 여러 개의 슬라이드와 물놀이 시설을 갖춘 소형 워터파크와 아침부터 저녁까지 운영되는 **키즈 클럽**이 있다는 점 또한 만족스럽다.

ADD 20 Jalan Aru, Tanjung Aru **TEL** +60 88-327-888 **COST** 키나발루 윙 시 뷰 RM799~, 탄중 윙 시 뷰 RM876~
ACCESS 공항에서 택시로 5분 **WEB** www.shangri-la.com/kotakinabalu/tanjungaruresort **MAP** p.374-C

🌿 리조트 이용 백서 🌿

08:00 — 치 스파의 요가 파빌리온에서 열리는 요가 강습

09:00 — 카페 타투 Café TATU에서 조식 뷔페 즐기기

11:00 — 소형 워터파크에서 신나는 물놀이

13:00 — 코코 조스 바&그릴에서 해산물 바비큐로 점심 식사

15:00 — 조그만 인공해변의 선베드에 누워서 나른한 휴식

18:00 — 코타키나발루 최고의 선셋 포인트, 선셋 바에서 칵테일 마시기

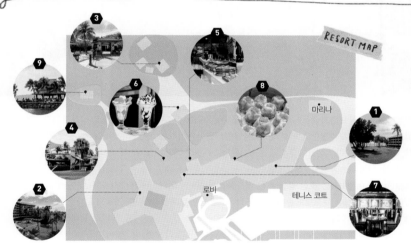

RESORT MAP

마리나 / 로비 / 테니스 코트

1 키나발루 윙 물놀이 장소와 떨어진 객실동으로 마운틴 뷰와 시 뷰가 섞여 있다.

2 탄중 윙 리조트 서쪽 부지를 바라보는 객실동으로 전체 객실이 시 뷰.

3 치 스파 Chi Spa 최고급으로 인정받는 샹그릴라 호텔의 대표 스파.

4 물놀이 장소 Water Play Area 총 100m 길이의 워터 슬라이드와 수영장이 있는 소형 워터파크.

5 카페 타투 Café TATU 조식과 석식 뷔페가 제공되는 식당.

6 코코 조스 바&그릴 Coco Joe's Bar & Grill 야외 바비큐 식당 겸 바. 칵테일과 아이스크림도 주문할 수 있다.

7 페피노 Peppino 로맨틱한 저녁 식사 장소로 추천할 만한 이탈리안 파인 다이닝 레스토랑(18:00~22:30).

8 샹 팰리스 Shang Palace 전통 중국요리를 선보이는 중식당. 주말의 딤섬 브런치 뷔페도 인기.

9 선셋 바 Sunset Bar 코타키나발루 최고의 선셋 포인트. 좋은 자리를 맡으려면 예약은 필수.

⭐ TIP

커플들을 위한 휴식 노하우

조용한 휴식을 원하는 커플 여행자에게는 리조트 서쪽의 작은 인공해변이나 수심이 깊은 성인 풀의 선베드를 추천한다.

밤 비행기를 타는 경우, 최대한 늦게까지 리조트에 머물며 휴식하는 것이 좋다. 체크아웃 후에도 수영장과 샤워실 등을 이용할 수 있으니 리셉션에 문의하자.

자연 속에서 즐기는 럭셔리 휴양

샹그릴라 라사 리아 리조트

Shangri-La's Rasa Ria Resort

오션 윙 프리미어 룸
Ocean Wing Premier Room

커다란 2인용 자쿠지가 있는
오션 윙의 테라스

아름다운 풍경만 보면서 조용히 쉬고 싶은 사람, 고급스러운 리조트에서 한 발자국도 나가지 않고 그저 머물고 싶은 사람에게 추천한다. 특히 리조트에 딸린 해변이 마땅치 않다는 것이 코타키나발루의 최대 단점인데, 이곳만큼은 그런 걱정들이 무색할 만큼 아름답고 깨끗한 해변이 펼쳐진다. 기나긴 해변에 노을이 내려앉으면 바다와 하늘이 포도주색으로 물드는 장관을 만끽할 수 있다.

특별한 커플 여행이라면 '오션 윙'을 추천. 바다를 바라보는 테라스에 커다란 자쿠지와 데이 베드가 놓여져 있어서 로맨틱한 허니문으로도 손색이 없다. 여유로운 전용 풀과 한적한 전용 조식당도 따로 있어서 조용하게 쉴 수 있다. 가족여행이라면 수영장이 있는 정원으로 바로 갈 수 있는 가든 윙 1층이 편리하다. 바다를 향한 테라스에서 석양을 맞이하거나 넓은 정원을 하릴없이 산책하다 보면, 시내에서 멀리 떨어져 있어서 아무데도 갈 수 없다는 이곳의 단점이 오히려 가장 큰 장점이라는 것을 깨닫게 된다.

ADD Pantai Dalit Beach, Tuaran, Kota KinabaluSabah 89208 TEL +60 88-797-888 COST 가든 윙 디럭스 가든 뷰 RM774~ 가든 윙 디럭스 시뷰 RM859~ 오션 윙 프리미어 RM1292~ ACCESS 공항에서 택시로 40~50분 WEB www.shangri-la.com/kr/kotakinabalu/rasariaresort MAP p.354-B

── ★ ──
\TIP/ ─────────────

특별한 에코 투어 프로그램
자연보호구역에 위치한 특성을 백분 활용한 프로그램들을 운영 중이다. 리셉션을 통해 사전 예약을 받는다.

❶ **캐노피 워크** Canopy Walk
가이드와 함께 정글 속을 걸으며 산속의 동물들을 관찰한다.

❷ **버드 워칭** Bird Watching
10m 높이의 캐노피 워크를 걸으며 60여 종의 새들을 관찰한다.

❸ **나이트 워크** Night Walk
정글 속에 사는 야행성 동물들을 관찰한다.

캐노피 워크 체험

🐝 리조트 이용 백서 🐝

08:00
〈커피테라스〉에서
푸짐하고 맛있는 조식 뷔페

10:00
우아한 〈더 스파〉에서
느긋하게 휴가 기분 즐기기

13:00
가든 윙 수영장에서 놀다가
〈테피 라웃 마깐 스트리트〉에서 점심

19:00
레스토랑 〈난〉에서
매혹적인 인도음식 맛보기

17:30
오션 윙 투숙객을 위한
무료 이브닝 칵테일

16:30
〈삼판 바〉의
해피아워 칵테일 즐기기

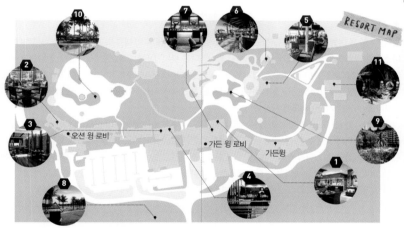

RESORT MAP

오션 윙 로비
가든 윙 로비
가든윙

1 커피 테라스 Coffee Terrace 가든 윙의 조식당. 인터내셔널 뷔페가 제공되는 메인 레스토랑이다.

2 오시아노 Oceano 오션 윙 조식 장소. 저녁에는 이탈리안 레스토랑이다.

3 난 Naan 독특한 풍미로 인기를 끌고 있는 인도음식 레스토랑(18:30~22:30).

4 코잔 Kozan 일본식 데판야키를 전문으로 하는 레스토랑(18:30~22:30).

5 테피 라웃 마깐 스트리트 Tepi Laut Makan Street 가든 윙 수영장 옆의 푸드코트형 식당. 저녁은 뷔페로 운영.

6 삼판 바 Sampan Bar 선셋 칵테일을 마시기에 제일 좋은 장소. 해피아워 찬스를 놓치지 말자.

7 로비 라운지 음료나 스낵 가능. 라이브 공연을 하는 저녁이면 더 근사한 분위기다.

8 달릿베이 골프클럽 습지대 골프코스로 유명한 18홀 규모의 골프장.

9 가든 윙 수영장 낮은 수심의 키즈풀과 워터슬라이드, 성인용 수영장이 있다.

10 오션 윙 수영장 오션윙 투숙객만 이용할 수 있는 전용 풀.

11 키즈클럽 아이들을 위한 다양한 프로그램이 있으며 08:00부터 22:00까지 운영.

12 더 스파 리조트 내의 럭셔리 스파. 고급 스파 트리트먼트를 즐길 수 있다.

TIP

달릿베이 골프클럽의 부설식당인 골퍼스 테라스 GoLfer's Terrace에서는 오징어볶음(RM38)과 불고기 덮밥(RM22) 등 간단한 한식 종류도 판매한다(07:00~19:00).

마젤란 수트라 리조트,
거실과 침실이 분리된
이그젝큐티브 스위트

마젤란 수트라 리조트,
딜럭스 씨뷰

·········· 03 ··········

리조트에서 누리는 휴가의 모든 것

수트라하버 리조트
Sutera Harbour Resort

코타키나발루 여행의 대명사가 될 정도로 널리 알려진 코타키나발루의 대표 리조트이다. 요트 항구인 **마리나 선착장**과 27홀의 **골프 코스**가 있을 만큼 넓고 아름다운 부지가 장점으로, 흰색 요트들이 정박한 항구에 내려앉는 노을의 풍경은 어디라도 부럽지 않을 만큼 근사하다. 굳이 리조트 밖으로 나갈 필요가 없을 만큼 부대시설이 잘 갖추어져 있는데, **5개의 수영장과 작은 해변**, 레저시설, 키즈클럽 등 다양한 놀이시설이 있어서 아이를 동반한 가족에게도 인기가 높다.

열대 휴양지 분위기가 물씬 나는 마젤란 수트라 리조트 The Magellan Sutera Resort와 현대적인 호텔 건물로 설계한 퍼시픽 수트라 호텔 The Pacific Sutera Hotel이 같은 부지 안에 있다. 비즈니스 목적이 아니라 휴가를 즐기기 위해 방문한 거라면, 퍼시픽 수트라 호텔보다는 전통적인 리조트 풍으로 설계한 마젤란 수트라 리조트를 추천한다. 딜럭스 씨뷰의 경우 바다를 향한 발코니에서 석양을 바라보기 좋아서 투숙객들의 만족도가 높다. 석양이 질 때면 브리지 비치 클럽 옆쪽에 있는 해변이나 마리나 선착장 주변에서 산책을 즐겨도 좋다.

ADD 1 Sutera Harbour Boulevard, Sutera Harbour **TEL** +60 8831-8888, 수트라하버 리조트 한국사무소 02-752-6262 **COST** 퍼시픽 수트라 호텔 딜럭스 골프뷰 RM519~, 마젤란 수트라 리조트 딜럭스 씨뷰 RM697~ **ACCESS** 공항에서 택시로 10분 **WEB** www.suterahabour.co.kr **MAP** p.354-C, p.374-A

\TIP/ ──────────

시내행 셔틀버스

호텔과 시내 사이를 오가는 셔틀버스를 하루 4번 운행한다. 1인당 성인 RM3.20, 어린이 RM1.60(골

드카드 소지자는 무료)으로 리셉션에서 구입. 단, 시내에서 호텔로 돌아오는 셔틀버스는 교통 상황에 따라 연착이 자주 생기고, 좌석 수가 한정적이라 못 타는 경우도 발생하니 참고하자.

퍼시픽 수트라 호텔 쪽에 있는 해변

🌿 리조트 이용 백서 🌿

08:30
파이브 세일즈에서
조식 뷔페 즐기기

10:00
마리나 선착장에서 마누칸
섬으로 스노클링 떠나기

14:00
뜨거운 햇빛을 피해 마리나
클럽에서 볼링 한 게임

18:00
바다를 바라보는 레스토랑
〈알프레스코〉에서 선셋 디너

16:00
〈머핀즈〉에서 아이스커피와
머핀으로 충전

14:30
아이들이 클럽에서 노는 동안
〈만다라〉에서 느긋한 스파

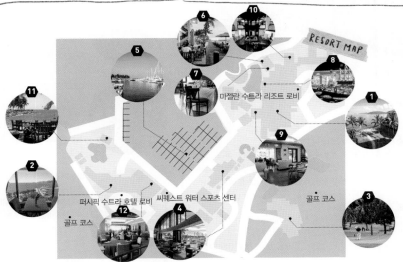

RESORT MAP

마젤란 수트라 리조트 로비
퍼시픽 수트라 호텔 로비　씨퀘스트 워터 스포츠 센터
골프 코스
골프 코스

1 마젤란 수트라 리조트 휴양지 분위기가 물씬 나는 5층짜리 리조트. 가족 여행자들이 선호한다.

2 퍼시픽 수트라 호텔 현대적인 12층짜리 호텔 건물로 비즈니스 여행자들이 선호한다.

3 골프&컨트리 클럽 06:00~16:30까지 운영하는 27홀의 골프 코스.

4 마리나 클럽 영화관, 볼링장, 테니스장 등 다양한 레크리에이션을 즐길 수 있다.

5 마리나 선착장 요트들이 가득 정박한 항구. 인근 섬으로 가는 보트도 운영한다.

6 알프레스코 Al Fresco 노을을 바라보기에 좋은 포인트. 피자와 파스타, 스테이크가 인기 메뉴다.

7 페르디난드 Ferdinand's 우아한 분위기를 즐길 수 있는 파인 다이닝 레스토랑(18:00~23:00).

8 파이브 세일즈 Five Sails 조식 뷔페와 석식 뷔페 장소.

9 머핀즈 Muffinz(10:00~22:00) 시원한 베이커리 카페. 머핀과 샌드위치,

케이크 등을 판매한다.

10 만다라 스파 Mandara Spa 마젤란 수트라의 럭셔리 스파. 발리 스타일의 마사지가 시그니처 메뉴.

11 브리지 비치 클럽 Breeze Beach Club 선셋 칵테일이나 맥주를 마시기에 좋은 장소(11:00~23:00).

12 실크가든 Silk Garden 한 번에 4가지씩 원하는 만큼 주문할 수 있는 런치 딤섬 뷔페로 유명한 중식당.

13 카페 볼레 Cafe Boleh 퍼시픽 수트라의 뷔페 레스토랑.

Special Page

한국인 여행자들을 위한, 골드카드 사용법

골드카드의 포함 내역을 살펴본 후 제일 필요한 날을 2일 연속으로 신청해야 한다. 호핑투어는 골드카드 사용기간 중 1회 이용 가능하며, 레이트 체크아웃은 골드카드 이용 고객이면 무료로 가능하니, 알차게 사용하도록 하자.

- ◉ **요금**
  1일 성인 USD90, 만 5~12세 USD60,
  만 0세~4세 무료 (최소 2일 이상 연속)
- ◉ **구매처**
  수트라하버 리조트 국내의 공식 예약센터나 국내 여행사에서 객실 예약 시 구매 가능. 해외 호텔 예약사이트 (아고다, 익스피디아, 호텔스닷컴 등)를 통해 객실 예약 시 골드카드 구매 불가.
- ◉ **포함 내역**
  * 리조트 내 레스토랑 지정된 세트 메뉴&뷔페, 음료 1잔 포함 (알코올류 제외)
  * 골프 드라이빙 레인지 골프공 50불 무료 (1일 기준, 사전예약 필수)
  * 마누칸 섬 호핑투어 카드 사용기간 중 1회, 해산물 BBQ 런치 뷔페와 왕복보트 포함
  * 키디즈 클럽(마리나 클럽 2층), 리틀 마젤란(마젤란 1층) 무료
  키디즈 클럽 09:00~21:00(주말은 08:00 오픈),
  리틀 마젤란 09:00~22:00
  * 마리나 클럽의 스포츠 액티비티 무료 이용
  * 호텔-시내 간 왕복 셔틀버스 무료 이용
  * 레이트 체크아웃 마지막 날 체크아웃 18:00까지 연장 (객실 상황에 따라 변경 가능)
  * 그 외 리조트 내 레스토랑 식음료(알코올, 담배 제외), 북보르네오 증기기관차, 스파, 씨퀘스트에서 10% 할인 등

✦TIP✦ 골드카드로 즐기는
베스트 레스토랑
골드카드로 이용할 수 있는 레스토랑 중에서 한국인들에게 가장 인기 높은 베스트 메뉴 5가지를 추천한다.

No.1
파이브 세일즈 디너 뷔페
(18:30~22:00) 해산물과 화려한 디저트가 추가되어 조식 뷔페와는 판이하게 다른 모습.

No.2
알프레스코 디너 세트
(18:30~22:00) 가장 멋진 석양을 볼 수 있는 뷰 포인트, 수프와 메인, 디저트로 이어지는 3코스

No.3
실크가든 런치 딤섬세트
(11:00~14:30) 딤섬으로 유명한 실크가든의 대표 메뉴를 맛볼 수 있다. 수프와 8가지의 딤섬, 식사 메뉴에 이어 디저트로 마무리.

No.4
마누칸 섬 런치 BBQ뷔페
(12:00~14:30) 해변의 테이블에서 즐기는 BBQ뷔페. 새우와 갈비 등 인기 있는 음식을 공략하려면 오픈 초반을 노리자.

No.5
페르디난드 디너 세트
(18:30~22:00) 로맨틱한 파인 다이닝을 이용해볼 수 있는 기회(1인당 추가 요금 15달러). 스테이크나 생선요리를 메인으로 하는 3코스다.

> **그 외 레스토랑 세트 메뉴 & 뷔페 시간**
> 카페볼레 뷔페(12:00~14:30, 18:30~22:00),
> 더테라스 런치 세트(11:30~ 14:30),
> 알프레스코 런치 세트(월~토11:00~14:30),
> 실크가든 저녁 세트(18:30~ 22:00),
> 마리나센터 키즈 런치 제공(키디즈 클럽 내)

키나발루 빌라의 침실

04

섬을 통째로 전세 내는 기분
가야 아일랜드 리조트
Gaya Island Resort

고즈넉한 섬에서 바다만 바라보며 보내는 휴가를 꿈꾸는 이들에게 추천할 만한 럭셔리 리조트다. 전용 보트를 타야만 들어갈 수 있는 불편함 덕분에 섬 한쪽을 전세 낸 기분이 든다. 툰쿠 압둘 라만 해양공원에 있는 가야 섬에 자리 잡은 곳이니 굳이 딴 섬으로 스노클링 투어를 떠날 필요도 없다. 한 번 들어오면 체크아웃 때까지 나가지 않는 손님이 대부분이라 스파와 요가센터, 24시간 문을 여는 피트니스 센터와 도서관 등을 갖추어 놓았고, 시간대별로 투숙객들이 참여할 수 있는 프로그램도 운영하고 있다.

가족여행자들이 선호하는 객실은 리셉션과 수영장 등 부대시설이 가까운 바유 빌라 Bayu Villa로 제일 저렴한 가격대라 예약률도 가장 높은 편이다. 전망은 언덕 위쪽에 자리 잡은 키나발루 빌라 Kinabalu Villa가 가장 좋다. 객실 앞의 테라스에 서면 푸른 남중국해를 지나 저 멀리에 키나발루 산의 모습이 보이기도 한다. 단, 식사 비용이 비싼 편(2인 기준 한화 10만~15만 원)이고 식사에 대한 만족도가 높지 않다는 것은 단점. 간식 종류를 충분히 챙겨 가면 좋다.

ADD Malohom Bay-Pulau Gaya Sabah TEL +60 3-2783-1000 COST 바유 빌라 RM960~, 캐노피 빌라 RM1080~, 키나발루 빌라 RM1190~, 조식 포함, 셔틀 보트 요금 RM140, Tax 16% 별도 ACCESS 수트라하버 리조트의 마리나 클럽에 있는 사무실에서 체크인 후 셔틀 보트를 탄다. WEB www.gayaislandresort.com MAP p.354-C, p.362-B

보트가 포함되지 않은 옵션으로 예약한 경우 별도의 왕복 요금을 내야 한다. 삼시 세끼를 모두 리조트에서 해결해야 하므로 가능하면 식사까지 포함된 패키지를 이용하는 게 마음이 편하다.

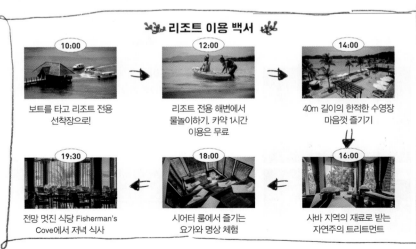

⚓ 리조트 이용 백서 ⚓

10:00 보트를 타고 리조트 전용 선착장으로!

12:00 리조트 전용 해변에서 물놀이하기. 카약 1시간 이용은 무료

14:00 40m 길이의 한적한 수영장 마음껏 즐기기

16:00 사바 지역의 재료로 받는 자연주의 트리트먼트

18:00 시어터 룸에서 즐기는 요가와 명상 체험

19:30 전망 멋진 식당 Fisherman's Cove에서 저녁 식사

어느 리조트의 선셋이 제일 멋질까?

짧게는 3박 5일 정도의 일정 중 대부분의 저녁 시간을 자신이 묵는 리조트에서 보내게 된다. 그만큼 석양 무렵의 풍경이 어디가 좋을지는 여행자들에게 중요한 관심거리. 세계 3대 석양이라는 코타키나발루의 노을 풍경, 한국인들이 가장 많이 찾는 리조트 세 곳을 비교해 보았다.

샹그릴라 탄중 아루

최고의 선셋 포인트로 손꼽히는 딴중 아루 비치에 자리하고 있다. 특히 해가 바다로 지는 정서향 방향이라 리조트 부지를 산책만 해도 근사한 석양을 볼 수 있다. 리조트 제일 끝 부분에 자리 잡은 '선셋 바'를 포함해 정원 곳곳에 있는 부대시설을 이용하면, 특급 호텔의 세련된 서비스를 받으며 럭셔리한 시간을 보낼 수 있다. 선셋 바를 예약하지 않았다면 서쪽을 바라보는 작은 인공해변에 놓인 선베드 자리를 노려보는 것도 좋다.

➡ **샹그릴라 탄중 아루의 선셋 포인트 선셋 바** Sunset Bar

1 & 2 선셋 칵테일을 즐기기에 제일 좋은 포인트, 석양을 바라보며 누워 있을 수 있는 데이 베드가 인기를 끌고 있다. 로열 모히토 Royal Mojito와 페페리타 Pepperita, 레파레파 Lepa-Lepa가 시그니처 칵테일이다.

수트라하버 리조트

하얀 요트 위로 석양이 내려앉는 근사한 풍경을 볼 수 있다. 퍼시픽 수트라 호텔에는 선셋 칵테일을 즐기기에 좋은 브리지 비치 클럽이 있고, 마젤란 수트라 리조트에서는 알프레스코에서 노을을 바라보며 맛있는 식사를 할 수 있다. 로맨틱 디너를 즐길 수 있게 세팅해 주는 페르디난드는 허니무너에게 추천. 부지가 워낙 넓어서 해안가의 방파제를 따라 산책을 해도 좋다.

➡ **수트라하버의 선셋 포인트 알프레스코** Al Fresco

3 & 4 석양을 바라보는 방향으로 자리 잡은 반 오픈형 레스토랑이라 선셋 디너를 즐기기에 제일 좋은 장소. 피자와 파스타, 스테이크가 인기 메뉴인 캐주얼 레스토랑이라 누구나 부담 없이 이용할 수 있다.

샹그릴라 라사 리아

광대한 자연 속에서 석양을 만날 수 있는 장소. 투숙객 말고는 아무도 찾지 않는 넓은 해변 위로 붉은 노을이 내려앉는다. 푹신푹신한 모래밭 위로 깨끗한 바닷물이 오가기 때문에, 석양으로 물든 해변을 맨발로 거니는 낭만도 즐길 수 있다. 커다란 캔버스 같은 하늘 위로 시시각각 변하는 노을의 모습을 오롯이 맞이할 수 있고, 해 진 후 로맨틱한 분위기로 변하는 리조트의 풍경도 매력적이다.

➡ **샹그릴라 라사 리아의 선셋 포인트 삼판 바** Sampan Bar**와 해변**

5 & 6 삼판 바는 선셋을 바라보며 칵테일을 마시기에 제일 좋은 장소. 다른 어떤 리조트보다 깨끗하고 긴 모래밭이 이어지는 곳이라 노을이 지는 해변의 모래밭을 산책하는 것도 좋다.

도시형 고급 호텔

시내와 떨어져 있는 리조트보다는 교통이 편리한 특급 호텔을 선호한다면 워터프런트 근처에 있는 5성급 호텔을 고려해 보자. 깔끔하고 현대적인 시설에서 휴식하면서 편리하게 관광도 할 수 있다.

워터프런트 바로 앞

01 르 메르디앙 코타키나발루
Le Méridien Kota Kinabalu

코타키나발루 시내의 중심이라고 할 수 있는 워터프런트 바로 앞에 있는 5성급 호텔이다. 호텔 주위에 식당가와 쇼핑몰이 있을 뿐만 아니라 시내 어디든 편리하게 갈 수 있다. 기념품과 과일 시장이 호텔 바로 앞에 있고 야시장도 호텔 바로 앞에서 열리기 때문에 저녁 늦게까지 편안하게 돌아다닐 수 있다.

가장 기본형인 어반 룸도 시내의 호텔 중에서는 넓은 편이다. 비스타 시 뷰 등급을 선택하면 워터프런트에서 펼쳐지는 석양 풍경을 객실에서 볼 수 있다. 충성도 높은 고객이 많은 SPG 계열 호텔인 만큼 조식 뷔페 등 부대시설의 서비스도 탁월하다.

ADD Jalan Tun Fuad Stephens, Sinsuran0 TEL +60 88-322-222 COST 더블 RM550~ 클럽룸 RM820~ ACCESS 핸디크래프트 마켓 길 건너편에 있다. WEB www.lemeridienkotakinabalu.com MAP p.355-C

1 객실 공간이 넓다.
2 작은 크기지만 2층 테라스에 야외 수영장이 있다.
3 조식 뷔페가 차려지는 식당

5성급 호텔의 클래식

02 하얏트 리젠시
Hyatt Regency

르 메르디앙 코타키나발루와 함께 코타키나발루의 도시형 특급 호텔을 대표하는 5성급 호텔이다. 지명도가 높은 하얏트 계열의 호텔답게 클래식하고 우아한 분위기. 빌딩형 건물을 가득 채운 288개의 객실은 중정을 바라보는 아트리움 뷰와 시내 쪽을 바라보는 시티 뷰, 바다 방향의 시 뷰까지 다양한 전망이 있다.

스탠더드 룸도 욕실이 개방형 구조라 충분히 넓은 느낌. 클럽룸이나 스위트 등급을 예약하면 호텔에서 가장 시원한 바다 전망이 펼쳐지는 클럽 라운지에서 이브닝 칵테일 서비스를 받을 수 있다. 물론 카바나가 딸린 작은 야외 수영장에서도 멋진 석양을 즐길 수 있다.

ADD Jalan Datuk Salleh Sulong TEL +60 88-22-1234 COST 더블 RM493~ 클럽 룸 RM793~ ACCESS 위스마 메르데카 쇼핑몰 옆에 있는 해안가 건물 WEB www.kinabalu.regency.hyatt.com MAP p.355-A

스탠더드 더블룸

호텔 부설 바는 나이트 스폿으로 인기가 있다.

발코니가 건물 내부로 향한 객실도 있다.

조금 긴 일정의 자유여행을 즐기는 사람들은 합리적인 가격의 중급 호텔을 선호한다. 가능하면 여행자들의 중심지인 가야 스트리트 근처에서 찾는 것이 주위 식당이나 가게를 이용하기에 편리하다.

가야 스트리트의 터줏대감

01 제셀톤 호텔
The Jesselton Hotel

유럽의 오래된 호텔 같은 로비 분위기

슈피리어 트윈 룸

가야 스트리트에서 가장 유서 깊고 고풍스러운 분위기를 가진 호텔이다. 1954년부터 운영을 해 온 코타키나발루 최초의 호텔이라 이곳에 묵는다는 것 자체가 역사를 체험하는 일이다. 원래 건물에서 현재의 장소로 옮겨 다시 인테리어를 하긴 했지만, 로비나 복도에 놓인 앤티크 가구에서 예스러움이 물씬 느껴진다.
객실 공간은 가장 기본형인 슈피리어 룸부터 넉넉하게 설계돼 있다. 말끔하게 리노베이션한 객실 역시 세월의 흔적 없이 잘 관리하고 있다. 4인 가족이라면 어른 두 명과 아이 두 명이 편안하게 머물 수 있는 스위트 룸을 추천. 침실과 완전히 분리된 거실도 시원스럽게 넓고 샤워부스와 욕조가 따로 있는 욕실 공간도 아주 크다.
ADD 69, Jalan Gaya TEL +60 88-223-333 COST 슈피리어 RM220~, 디럭스 RM240~, 조식 포함 ACCESS 가야 스트리트의 여행안내소를 등지고 왼쪽으로 100m 정도 걸어가면 사거리 건너편에 있다. WEB www.jesseltonHotel.com MAP p.368-C

객실 공간이 넓은 중급 호텔

02 호텔 식스티3
Hotel Sixty3

스탠더드 트윈 룸

가야 스트리트에서도 제일 쾌적한 위치에 자리 잡은 비즈니스형 중급 호텔. 수리아 사바 쇼핑몰과 여행안내소가 지척에 있고, 가야 스트리트의 유명 맛집들도 가까이 있어 편리하다. 특히 최신 설비를 갖춘 객실과 욕실 공간을 아주 넓게 설계했다는 것이 장점. 샤워할 때 좁고 답답한 건 딱 질색인 사람이라면 그 어느 곳보다 만족도가 높을 호텔이다. 모든 객실마다 커피 포트와 미니 바 등의 편의시설이 있고, 거실 공간이 딸린 이그제큐티브 룸에는 월풀 자쿠지와 전자레인지도 있다. 단체 여행객이 많은 탓인지 건물 전체에 담배 냄새가 약간 배어 있는 것은 단점.
ADD 63, Jalan Gaya TEL +60 88-212-663 COST 스탠더드 더블 RM200, 슈피리어 더블 RM250, 디럭스 RM380, 조식 비포함 ACCESS 코타키나발루 여행안내소 정문 앞에 있다. WEB www.hotelsixty3.com MAP p.368-C

알록달록한 KK의 랜드마크

03 호텔 캐피탈
Hotel Capital

위치가 좋은 중급 호텔. 수리아 사바 쇼핑몰과 환전하기 좋은 위스마 메르데카 몰이 바로 길 건너편에 자리하며, 가야 스트리트의 맛집들도 도보 2~3분 거리에 있다. 대로변 코너에 위치하며, 건물 전체가 알록달록한 외관을 갖추고 있어 찾기가 매우 쉬운데, 1960년대 코타키나발루에서는 최초로 지은 고층빌딩이었다.

벽이나 가구에서 세월의 흔적이 느껴지긴 하지만, 객실이나 욕실의 인테리어는 잘 되어 있는 편이다. 적당한 가격대의 중급 호텔을 찾는다면 만족스럽게 묵을 수 있는 곳. 냉장고와 커피포트 등 기본적인 편의시설을 갖추고 있고 침구류도 깨끗하게 관리돼 있다.

ADD 23, Jalan Haji Saman TEL +60 88-231-999 COST 스탠다드 더블룸 RM200~250, 조식 불포함 ACCESS 수리아 사바 쇼핑몰의 대각선 방향 길 건너편에 있다. WEB www.hotel-capital.inkotakinabalu.com MAP p.368-A

1 스탠더드 더블룸
2 욕실의 청소상태가 좋다.

공항버스 종점과 가까운 중급 호텔

04 드림텔
Dreamtel

비싸지 않은 가격으로 깔끔하게 묵을 수 있는 중급 호텔. 택시 대신 공항버스, 특급 리조트 대신 중급 호텔을 이용하며 합리적으로 여행하는 이들에게 추천할 만한 숙소다. 메르데카 광장 근처의 공항버스 종점이 근처에 있어 버스에서 내려 바로 이동하기에 좋은 위치. 큰길만 건너가면 가야 스트리트가 코앞이라 시내 구경을 하기에도 편리하다.

160여 개의 객실이 있는 10층짜리 건물은 중급 호텔 치고는 꽤 큰 규모로, 조식 뷔페를 제공하는 식당이 따로 있고 룸서비스도 24시간 운영한다. 높은 층 앞쪽 객실에서는 멀리 바다 전망이 보이기도 한다. 대신 저렴한 소재로 마감한 객실은 공간이 그리 넓지 않으며 방음이 잘 안 되는 편. 냉장고와 전기포트, 안전금고 등의 편의시설을 갖추고 있다.

ADD 5 Jalan Padang TEL +60 88-240-333 COST 스탠더드 더블 (창문 없음) RM180~, 슈피리어 더블 RM198~, 조식 포함 ACCESS 메르데카 광장 근처에 있는 공항버스 종점에서 도보 3분 거리 WEB www.dreamtel.my MAP p.368-D

1 스탠더드 더블룸

한국인들에게는 리조트 여행지로 널리 알려져 있지만 배낭여행을 하기에도 좋은 곳이 코타키나발루다. 저가형 호스텔을 찾으면 전 세계에서 몰려 온 배낭여행객들을 만날 수 있다.

배낭 여행객들의 깨끗한 아지트

01 마사다 백패커
Masada Backpacker

공용 공간으로 사용하는 2층 라운지

2층 침대로 된 남자 도미토리

코타키나발루를 찾은 배낭여행객들이 가장 선호하는 호스텔이다. 도미토리가 있어서 저렴한 가격도 장점이지만, 가야 스트리트 쪽에 있는 저가형 호스텔들보다 깨끗하게 관리를 하기 때문에 청결도 부분에서 만족도가 높다. 큰길을 건너서 조금만 걸어가면 가야 스트리트나 센터포인트 쇼핑몰 쪽으로 금세 이어져 편리하다.

배낭여행에 필요한 정보를 얻기가 쉽다는 것도 빼놓을 수 없는 장점. 여행자들에게 인기가 있다 보니 원래 있던 2층 외에도 1층 시설을 새로 확장했는데, 1층의 공용 욕실과 로비 시설이 좀 더 좋다. 아침 식사는 간단한 과일과 쿠키, 토스트 등으로 차려진다.

ADD No.9, 1st Floor, Jalan Masjid Lama, Mosque Valley TEL +60 88-238-494 COST 6인실 도미토리(공용 욕실) RM38, 더블(공동 욕실) RM93, 조식 포함 ACCESS 메르데카 광장 근처의 공항버스 종점에서 동쪽 방향으로 길을 건넌다. KFC와 킹 파크 호텔 사이의 골목으로 들어가면 오른편에 숙소 입구가 보인다. WEB www. masadabackpacker.com MAP p.355-C

오스트레일리아 플레이스의 아지트

02 비앤비 앳21
B&B @21

남자 4인 도미토리

뒤뜰 정원

코타키나발루 시내 중심부의 동쪽, 오스트레일리아 플레이스에 있는 호스텔이다. 대부분 객실이 도미토리이며, 방에 따라 철제 침대와 나무 침대를 함께 사용한다. 호스텔이 있는 거리가 오랜 역사를 가진 곳인 만큼, 건물 역시 조금 낡았지만 깨끗하게 관리하고 있다. 2층은 복도 바닥이 나무라서 발소리가 잘 울려 전체적으로 소음에 취약한 것이 단점.

도미토리에는 작은 크기의 개인 라커가 설치되어 있다. 아침식사는 주지 않지만 공용 부엌 시설을 잘 갖추고 있고 숙소 주변에 브런치를 전문으로 하는 세련된 카페들이 많아서 불편하지 않다. 건물 뒤편에 있는 작은 정원에는 휴식하기 좋은 테이블이 있다.

ADD Lot 21, Lorong Dewan TEL +60 88-210-632 COST 도미토리 RM38 ACCESS 코타키나발루 여행안내소에서 도보 4분 MAP p.368-C

한인 민박

일일 투어가 많은 코타키나발루에서는 한인 민박의 인기가 높다. 한국어로 편안하게 정보를 물어볼 수 있고 한국에서 예약하기도 편리하기 때문. 늦은 밤 도착해서 리조트에 들어가기 전에 하룻밤 묵는 용도로도 유용하다.

가족 여행의 친절한 길잡이
01 마리하우스
Mari House

수트라하버 바로 앞쪽에 있는 고급 타운하우스를 사용하는 한인 민박으로, 한국인 여행자들에게 가장 널리 알려진 곳이다. 오랫동안 한인여행사를 운영해 온 곳이라 필요한 여행정보를 손쉽게 구할 수 있고 여행 구성원들에게 적합한 투어도 추천받을 수 있다.

넓은 잔디밭과 수영장이 있는 근사한 타운하우스를 이용하는 것에 비하면 합리적인 가격도 장점. 주인과 같은 빌라를 사용하고 한식 조식이 포함된 커플룸부터 주인세대와 분리된 2베드룸/3베드룸의 콘도형 빌라까지 다양하게 선택할 수 있다. 이마고 몰에 있는 레지던스 빌딩에도 객실이 있는데, 쇼핑과 식사를 이마고 몰에서 한 번에 해결할 수 있어서 편리하다.

ADD Townhouse No.32, Grace ville, Jalan Patai Sembulan TEL 070-4062-9592, 카톡 ID marisong ACCESS 공항에서 택시로 10~15분 WEB cafe.naver.com/rumahmari MAP p.374-A

커플 룸의 베란다에서 보이는 전망

이마고 몰의 레지던스 거실

가야 섬 다이빙까지 한 번에
02 올리비아 하우스
Olivia House

인스타그램에서 녹색 정글 뷰의 방 사진으로 인기를 끌고 있는 한인 민박. 수트라하버 리조트 앞 타운 하우스에서부터 숙소 운영을 시작해서 현재는 시그널 힐 지역의 건물을 포함 3곳에서 숙소를 운영하고 있다. 특히 시그널 힐 건물은 방과 거실의 창밖으로 펼쳐지는 숲속 뷰가 핵심. 숙박비에 포함된 아침식사는 든든하게 한식으로 차려진다. 현지 정식 라이선스를 취득한 여행사(엠오 트래블)도 함께 운영하고 있어서 근교로 떠나는 일일 투어도 편리하게 예약할 수 있다. 또한 툰쿠 압둘 라만 공원의 가야 섬에 위치한 다이빙센터도 함께 운영하는 것도 이곳의 장점이다.

ADD House 83 Jalan Bukit Bendera Lower, Signal Hill TEL 070-8638-2050, 카톡 ID dtq3296/nef4624 ACCESS 공항에서 택시/그랩으로 15분. WEB cafe.naver.com/kkolivahouse MAP p.368-A · C

TRAVEL
PLUS

여행 준비하기

여행 시작하기

주의사항 Top 10

말레이시아에 대한 기본상식

01. 여행 계획 세우기

두려움과 설렘이 교차하는 여행 준비의 시작이다. 생전 안 가본 곳으로 가서 먹고 자는 일인데 두려움이 생기는 건 당연한 일. 하나씩 선택을 하고 해결하다 보고 서서히 걱정은 줄어들고 별 거 아니구나 자신감이 생긴다. 어떤 모습의 여행을 꿈꾸는지, 그림을 그려보자.

❶ 여행 형태를 결정한다

'정해진 일정대로 단체로 움직이는 패키지여행이 좋을까?
내 맘대로 혼자 다니는 개별 자유여행이 좋을까?'
단체 패키지여행은 개별 자유여행에 비해 항공이나 숙소 비용이 저렴하고 특별한 준비 없이 가이드만 따라 다녀도 된다는 게 장점. 단, 옵션 상품과 단체 쇼핑에 일정 시간을 써야 한다. 단체 패키지여행을 선택했다면 호텔 등급 옵션 투어의 포함 여부 등의 조건을 꼼꼼히 살펴보자. 용감하게 개별 자유여행을 결심했다면 항공권에서 숙소까지 모두 직접 예약을 시작해야 한다.

❷ 여행 목적을 결정한다

'쇼핑과 미식을 즐기다 올까? 리조트에만 머물며 휴양을 즐길까? 세계문화유산으로 지정된 옛 도시를 둘러볼까?'
여행의 주요 목적에 따라 방문해야 할 지역이 달라진다. 쇼핑의 메카인 대도시 쿠알라룸푸르와 세계문화유산으로 지정된 페낭과 말라카, 휴양지로 개발된 랑카위와 코타키나발루 등 각각의 도시들이 전혀 다른 매력을 가지고 있다. 목적지에 따라 입국할 공항도 달라진다.

❷ 여행 기간을 결정한다

'주말을 낀 짧은 리프레시 여행으로 다녀올까?
여름휴가 내고 공휴일까지 끼워서 제대로 돌아볼까?'
짧은 주말 여행이라면 3박 5일짜리 할인 항공권이 많이 나오는 코타키나발루 지역 여행이 제일 편리하다. 하루에도 몇 번씩 직항편이 운행되는 쿠알라룸푸르 인근을 여행하는 것도 주말 여행으로 좋다. 쿠알라룸푸르+랑카위 또는 코타키나발루+페낭처럼 두 개 지역을 함께 돌아보려면 일주일 정도는 일정을 잡는 게 좋다. 세 지역 이상을 보고 싶다면 직장인휴가의 마지노선인 8박 9일 정도는 투자해야 한다.

02. 여행 정보 수집

어떤 여행 정보를 들고 있느냐에 따라 그 여행의 질도 결정된다. 낯선 환경에 들어갈수록 '아는 만큼 보인다'는 명언은 힘을 발할 터. 별다른 계획 없이 떠나거나 정보가 부족하다면 어렵게 떠난 해외 여행지에서 시간 낭비를 할 수 있다.

❶ 가이드북&인문서
말레이시아라는 하나의 주제를 가지고 여행자에게 필요한 핵심 정보들을 정리해 놓은 것이 가이드북이다. 가이드북을 읽으며 말레이시아에 대한 기본 그림이 그려졌다면, 관심이 더 증폭되는 부분에 대해 관련 서적들을 찾아보자. 영국의 제국주의, 향신료 전쟁, 힌두교, 중국 화교, 이슬람 예술, 대항해 시대, 콜로니얼 건축, 음식문화, 오리엔탈리즘 등 다양한 키워드가 생긴다.

❷ 인터넷&여행사
다수의 사람들이 실시간으로 쏟아내는 정보들을 인터넷에서 찾을 수 있다. 직접 체험한 생생한 느낌을 전해 들을 수 있는 방법. 단, 주관적인 경험 위주라 검증되지 않는 정보가 유통되는 경우도 많다. 여행 정보를 얻을 수 있는 인터넷 카페에 가입하거나, 여행사들이 운영하는 홈페이지나 카페에도 방문해 보자.

❷ 지인&친구
그곳을 미리 체험한 이들의 조언도 무시할 수 없다. 책이나 인터넷으로 상상하는 것과는 또 다른 차원의 말레이시아. 비슷한 환경에서 맺어지는 친분 관계가 많은지라 취향이나 관점도 비슷할 때가 많다. 방금 전에 다녀온 사람일수록 생생한 정보가 많은 것은 당연한 일. 소소하게 놓치기 쉬운 준비사항들을 즐겁게 대화하면서 발견해보자.

추천 사이트 애플리케이션

그랩 Grab
www.grab.com/my/
차량 공유 애플리케이션

에어아시아 AirAsia
www.airasia.com
말레이시아 대표 저가 항공사, 에어아시아가 운영하는 애플리케이션

아고다 Agoda
www.agoda.com
호텔 예약 애플리케이션

이지북 Easybook
www.easybook.com/app
말레이시아 고속 버스 예약 애플리케이션

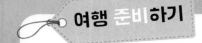

여행 준비하기

03. 여권과 비자

❶ 어디에서 만들까?

여권은 외교통상부에서 주관하는 업무이지만 서울에서는 외교통상부를 포함한 대부분의 구청에서, 광역시를 비롯한 지방에서는 도청이나 시구청에 설치되어 있는 여권과에서 발급받을 수 있다. 인터넷 포털 사이트에서 '여권 발급 기관'을 검색하면 서울 및 각 지방 여권과에 대해 자세한 안내를 받을 수 있으니 가까운 곳을 선택해 방문하자.

❷ 어떻게 만들까?

전자여권은 타인이나 여행사의 발급 대행이 불가능하기 때문에 본인이 신분증을 지참하고 직접 신청해야 한다. 단, 18세 미만의 신청은 대행이 가능하다.

여권 종류에 따른 필요 서류와 여권 사진을 챙긴다 ➡ 거주지에서 가까운 관청의 여권과로 간다 ➡ 발급신청서 작성 ➡ 수입인지 붙이기 ➡ 접수 후 접수증 챙기기 ➡ 3~7일 후 신분증 들고 여권 수령

여권 발급 신청 준비물

- 신분증(주민등록증, 운전면허증, 공무원증, 유효한 여권)
- 여권용 사진 1매(6개월 이내 촬영한 사진, 전자여권이 아니면 2매 필요)
- 여권 발급 신청서
- 여권 발급 수수료

❸ 여권을 잃어버렸다면?

여권을 분실했을 때는 재발급 또는 신규발급 중에 선택해서 신청할 수 있다. 재발급의 경우 발급

비용이 저렴한 대신 기존 여권의 남은 유효기간으로 발급이 되며, 신규 발급은 신청 시점을 기준으로 새로운 유효기간이 산정된다. 재발급 절차는 신규 여권 발급과 비슷하며, 재발급 사유를 적는 신청서와 분실신고서를 작성한다.

❹ 군대 안 다녀온 사람은?

25세 이상의 군 미필자는 여전히 허가를 받아야 한다. 병무청 홈페이지에서 신청서를 작성하며, 신청 후 홈페이지에서 국외여행허가서와 국외여행허가증명서를 출력할 수 있다. 국외여행허가서는 여권 발급 신청 시 제출하고, 국외여행허가증명서는 출국할 때 공항에 있는 병무신고센터에 제출해야 하다.

❺ 어린 아이들은?

만 18세 미만의 미성년자는 부모의 동의 하에 여권을 만들 수 있다. 여권을 신청할 때는 일반인 제출 서류에 가족관계증명서를 지참해 부모나 친권자, 후견인 등이 신청할 수 있다. 만 12세 이상은 본인이 직접 신청할 수도 있는데, 이럴 경우 부모나 친권자의 여권발급동의서와 인감증명서, 학생증을 지참해야 한다.

> **말레이시아 입국 비자**
>
> 말레이시아와의 사증면제 협정에 의해, 관광을 목적으로 하는 입국하는 사람은 비자 없이 90일 동안 말레이시아에 체류할 수 있다. 단, 여권유효기간이 6개월 이상 남아 있어야 한다. 관광 이외의 목적이거나 90일 이상의 체류일 경우는 별도의 비자가 필요하다.

04. 여행자 보험 가입하기

낯선 곳에서 여행을 하면서 어떤 일을 겪게 될지는 누구도 예상할 수 없다. 외부에서의 활동이 많아지는 만큼 다치거나 아파서 병원에 가게 될 확률도 높아지고, 의도치 않게 귀중품을 도난 당하는 일도 생긴다. 이런 경우를 대비하는 것이 바로 여행자 보험이다.

❶ 보험 가입하기

여행자 보험은 손해보험사의 홈페이지나 여행사를 통해 신청할 수 있다. 출발 직전 공항에서 가입할 수도 있지만, 공항에서 가입하는 보험료가 제일 비싼 편이다. 가능한 출발 전에 미리 가입해 놓도록 한다. 환전 시 이벤트로 제공하는 무료 여행자보험은 보장 내역을 잘 살펴볼 것. 꼭 필요한 내역이 빠져 있는 경우도 있다.

❷ 증빙서류 챙기기

보험증서에 첨부해주는 진단서 양식과 비상연락처는 여행가방 안에 잘 챙겨둔다. 여행 중 이용하게 된 병원과 약국에서 받은 진단서와 치료비계산서, 처방전, 영수증 등은 잘 보관해 두어야 한다. 휴대폰을 도난 당했다면 담당 경찰서에 가서 '폴리스 리포트(도난 증명서)'부터 받을 것. 서류가 미비하면 제대로 보상을 받기가 힘들다.

❸ 보상금 신청하기

귀국 후에 보험 회사로 연락해 제반 서류들을 보내고 보상금 신청 절차를 밟는다. 병원 치료를 받은 경우 병원 진단서와 처방전, 병원비 및 약품 구입비 영수증 등을 꼼꼼하게 첨부한다. 도난을 당했을 경우 '분실 Lost'이 아니라 '도난 Stolen'으로 기재된 폴리스 리포트를 제출해야 한다. 도난 물품의 가격을 증명할 수 있는 쇼핑 영수증도 첨부할 수 있다면 좋다.

여행자 보험 가입 시 확인해야 할 것

❹ 의료비 보상 내역 확인

여행자 보험이 가장 빛을 발하게 되는 순간은 상해나 갑작스런 질병으로 병원을 가게 되는 경우다. 의료보험에 가입되지 않은 외국인에게 청구되는 병원비는 상상을 초월할 경우가 많다. 입원/통원 치료비가 충분하게 보장되는지 확인한다.

❺ 휴대품 도난 보상금액

일반적인 여행자가 가장 자주 겪게 되는 사건은 휴대품 도난이다. 3개월 미만의 단기 여행자보험에서 보험비가 올라가는 핵심 요소 중 하나가 바로 도난보상금액. 이 부분의 상한선이 올라가면 내야 할 보험비도 높아진다.

❻ 보험 혜택 불가 항목

보험사의 정책에 따라서 보험 혜택이 불가능한 항목들이 있다. 특히 위험한 액티비티 활동(사전 훈련, 자격증이 필요한 활동) 중에 일어난 상해나 모터 보트, 오토바이 경기나 시운전 중 일어난 상해는 보상되지 않으니 미리 확인하자.

05. 면세점 이용하기

해외여행을 하는 재미 중 하나가 면세점 쇼핑이다. 평소 눈여겨보았던 상품들을 세금이 면제된 가격으로 구입할 수 있다. 시중가보다 20~30% 낮은 가격에다 각종 할인 쿠폰과 적립금까지 적용하면 훨씬 저렴하게 구입할 수 있다.

❶ 도심 면세점

백화점처럼 매장이 구성되어 있어서 직접 방문해서 쇼핑하기가 좋다. 특히 촉박한 시간 안에 공항 면세점을 즐길 수 없는 이들에게 안성맞춤. 국내 최대 브랜드 및 다양한 상품들을 보유하고 있다.

✅ 도심 면세점에서 주목할 상품
- 눈으로 직접 봐야 하는 패션 제품들
- 미묘한 색상 차이를 확인할 수 있는 메이크업 제품
- 원하는 품목의 품절이 잦은 명품 브랜드
- 구입 금액별로 사은품을 증정하는 화장품 브랜드

❷ 온라인 면세점

각 면세점 홈페이지에는 온라인으로 구매할 수 있는 면세품들이 브랜드별/품목별/인기 제품별로 잘 정리되어 있다. 쇼핑할 시간이 부족한 여행자나 지방 거주 여행자들에게 추천. 일반 인터넷 쇼핑과 비슷한 시스템이며 여권 정보와 항공편명, 출발 시각 등을 입력해야 한다.

✅ 온라인 면세점에서 주목할 상품
- 적립금을 최대한 활용할 수 있는 화장품들
- 이미 사용해본 경험이 있는 익숙한 제품
- 남들이 검증해 준 품목별 베스트셀러

❸ 공항 면세점

출국 심사를 마치고 난 다음부터 공항 면세점 구역이 바로 이어진다. 도심 면세점이나 온라인 면세점을 미처 이용하지 못했다면 이곳의 매장들을 둘러보도록 한다. 직접 눈으로 봐야 하는 패션 소품들, 평소 향기를 맡아보고 싶었던 브랜드의 향수들을 체험해 볼 수 있다.

✅ 공항 면세점에서 주목해야 할 상품들
- 여행 기간 동안 사용할 제품들
- 온라인 면세점에서는 구입 불가능한 담배&주류
- 선글라스 등의 패션 소품과 명품 향수 종류

❹ 기내 면세점

비행기에서도 기내 면세품 판매시간을 통해 면세품을 구입할 수 있다. 판매하는 제품들은 기내에 비치된 브로셔 및 홈페이지로 확인 가능. 국적기를 이용할 경우 귀국 편에 구입할 제품들을 미리 예약할 수 있다. 고정된 환율로 미리 결재할 수 있으며 무겁게 들고 다닐 필요가 없어서 편리하다.

✅ 기내 면세점에서 주목해야 할 상품들
- 귀국 선물용으로 구입할 주류
- 귀국 선물로 좋은 명품 브랜드의 인기 화장품
- 기내 전용으로 나온 대용량 에센스
- 하나씩 나누어주기 좋은 립글로스&립스틱 세트

여권 번호 확인

온라인 면세점을 이용할 때는 여권 번호를 정확히 입력해야 한다. 특히 여권 재발급 등으로 여권번호가 바뀌었을 때에는 새로운 정보로 업그레이드해야 한다. 동일인이라 할지라도 여권 번호가 다르면 물건을 찾을 수 없으니 유의하자.

입국장 면세점 쇼핑

2019년 5월 31일 인천공항에 입국장 면세점이 들어섰다. 면세 물품을 가지고 다니고 여행 다닐 필요가 없어서 편해졌다. 주류, 향수, 화장품 등 10여 개 품목을 판매하며 고가 브랜드와 담배는 판매하지 않는다. 구매 한도는 입국장 면세점 한정 US$600다.

01. 우리나라 공항 안내

여행을 시작하는 첫날은 여행기간 동안의 컨디션과 기분을 좌우한다. 낯선 곳으로 향하는 첫날, 설레이는 마음 때문에 중요한 물건을 빠뜨리기도 하고 어이없는 실수를 하기도 한다. 우리나라를 떠나는 출국 과정과 말레이시아로 들어가는 입국 과정이 이어지는 날인 만큼 차분한 마음을 유지하자.

❶ 인천국제공항

말레이시아로 가기 위해 타야하는 국제선은 대부분 인천국제공항에서 출발한다. 2018년 제2여객터미널이 개장함에 따라 항공사 별로 이용하는 여객터미널이 다르다. 반드시 출발 전 E-티켓을 확인하여 티켓에 적힌 터미널을 확인해야 한다(페이지 하단 참조).

인천광역시 중구에 위치한 인천국제공항은 넓고 많은 노선이 이용하기 때문에, 출발 3시간 전에는 도착해야 여유 있게 출국 수속을 밟을 수 있다. 특히 휴가철 성수기나 연휴기간에는 출국 수속을 밟는 사람들이 장사진을 이루기 때문에 평소보다 더 긴 대기시간을 예상하고 움직이자.

ADD 인천광역시 중구 공항로 272 **WEB** www.airport.kr

인천국제공항의 긴급 여권 발급 서비스

여권 재봉선이 분리되거나 신원정보지가 이탈되는 등 여권의 자체결함이 있거나 여권사무기관의 행정 착오로 여권이 잘못 발급된 사실을 출국 당시에 발견한 경우, 또는 국외의 가족 또는 친인척의 사건 사고로 긴급히 출국해야 하거나 기타 인도적/사업적 사유가 인정되는 경우에는 긴급여권발급 서비스를 이용할 수 있다.

1년 유효기간의 긴급 단수여권이 발급되며 시간은 1시간 30분 정도 걸린다. 여권발급신청서와 신분증, 여권용 사진 2매, 신청사유서, 당일항공권, 긴급성 증빙 서류, 여권발급수수료 등이 필요하다.

단, 5년 이내 2회 이상 여권분실자, 거주여권 소지자, ESTA 승인을 통해 미국을 여행해야 하는 경우 등은 이용할 수 없다.

● 외교부의 인천국제공항 여권민원센터
[제1여객터미널] **TEL** 032-740-2777~8 **OPEN** 09:00~18:00, 공휴일 휴무 **ACCESS** 3층 출국장 F카운터쪽
[제2여객터미널] **TEL** 032-740-2782~3 **OPEN** 09:00~18:00, 연중무휴 **ACCESS** 2층 중앙 정부종합행정센터 내 위치

집을 떠나기 전 다시 한번 체크

· 여권
다른 물건은 현지에서 얼마든지 대체할 수 있지만 여권만큼은 대체할 방법이 없다. 생각보다 많은 사람들이 여권을 깜박하거나 여권의 남은 유효기간을 확인하지 않아서 낭패를 본다. 6개월 이상 유효기간이 남은 여권을 가방 안에 챙겨놓았는지 다시 한번 확인하자.

· 제2여객터미널
2018년 1월 문을 연 제2여객터미널은 기존 터미널(제1여객터미널)과 거리가 다소 떨어져 있다(공항철도로 1정거장 또는 터미널 간 무료 셔틀버스 운행).
항공사별로 터미널이 다른데, 대한항공, 델타항공, 에어프랑스항공, KLM네덜란드항공, 아에로멕시코, 알리탈리아, 중화항공, 가루다인도네시아, 사면항공, 체코항공, 아에로플로트 등 11개의 항공사를 이용하는 여행자들은 제2여객터미널을 이용해야 하며, 아시아나항공, 저비용항공사 및 기타 외국 국적 항공사를 이용하는 여행자들은 기존의 제1여객터미널을 이용한다.

❷ 인천국제공항 가는법

리무진 버스

인천국제공항까지 가는 대표적인 교통수단이다. 서울, 경기 지역은 물론 지방에서도 인천국제공항행 리무진 버스를 운행하고 있다. 요금과 정류장 시간표 배차 간격 등은 공항 홈페이지나 공항 리무진 홈페이지를 참고한다.

WEB www.airportlimousine.co.kr

공항철도

서울역에서 출발하는 공항철도는 공덕역, 홍대입구역, 디지털미디어시티역, 김포공항역 등을 거쳐 인천국제공항(인천공항1터미널역, 인천공항2터미널역)까지 연결된다. 배차 간격은 10분 전후이며, 서울역 기준으로 05:20부터 23:40까지 운행된다. 서울역에서 인천국제공항까지 논스톱으로 가는 직통열차는 06:10부터 22:50분까지 운행되며, 코레일 열차를 이용한 경우 연계승차권 할인을 받을 수 있다. 자세한 내용은 공항철도 홈페이지를 참고하자.

WEB www.arex.or.kr

자가용

단기 여행을 하는 가족여행자들은 자가용을 이용하는 것이 편리할 수 있다. 인천국제공항까지 연결되는 고속도로 통행료와 공항에서의 주차요금 등의 비용이 든다.

택시

탑승 수속까지 시간이 얼마 남지 않았을 경우 선택할 수 있는 비상수단. 공항을 오가는 택시들은 미터 요금을 거부하는 경우가 종종 있으니 콜택시를 부르거나 미리 요금을 정확히 해두고 이용하도록 하자. 인천국제공항 고속도로 통행료는 별도로 추가된다.

도심공항터미널 이용하기

짐 없이 편하게 공항으로 가는 방법. 서울시 강남구 삼성동 도심공항터미널이나 서울역과 광명역의 도심공항터미널에서 미리 탑승 수속, 수하물 보내기, 출국 심사를 할 수 있다. 이곳에서 체크인을 하면 무거운 짐을 들고 공항으로 이동할 필요가 없고, 인천국제공항에서는 전용 출국 통로를 통해 빠르게 출국할 수 있다. 사람들로 붐비는 성수기에 특히 유용하다.
단, 자신이 탑승하는 항공편이 도심공항터미널에서 탑승수속이 가능한 항공편인지 여부는 미리 확인해 볼 것. 삼성동 도심공항터미널에서 외항사를 체크인하는 경우 다소 대기시간이 긴 편이고, 서울역 도심공항터미널은 인천국제공항 직통공항철도 이용 고객에 한해 수속 서비스를 진행한다.

공항철도

02. 출국하기

공항에 무사히 도착했다면 아래의 출국 과정에 따라 비행기에 탑승한다. 체크인 카운터로 가기 전에 기내 반입불가 물품들은 미리 위탁 수하물 안에 집어넣어 둘 것. 여권과 전자항공권, 면세품 인도증 등은 위탁 수하물과 분리해 따로 보관하도록 하자.

➡ Step1 카운터 확인

공항에 도착하면 출국장에 있는 운항 정보 안내 모니터에서 본인이 탑승할 항공사와 탑승 수속 카운터를 확인한다.

➡ Step2 탑승 수속

해당 항공사의 카운터에 여권과 전자항공권(또는 항공 예약번호)을 제시하고 위탁수하물을 부친다. 탑승권(보딩 패스)과 짐표(배기지 태그)를 받은 다음. 탑승권에 적힌 게이트 번호와 탑승 시간을 확인한다.

대한항공이나 아시아나의 전자항공권을 소지한 경우에는 셀프 체크인 카운터를 이용해 시간을 절약할 수 있다. 또한 따로 붙일 위탁수하물이 없다면 '짐이 없는 승객 전용 카운터'를 이용할 수도 있다.

 Check!

100㎖ 이상의 액체류와 맥가이버 칼 등 기내 반입금지 물품들은 반드시 위탁 수하물 안에 넣어서 보내야 한다. 액체류를 기내에 반입하려면 100㎖ 이하의 개별용기에 담아 1L짜리 투명 비닐지퍼백 1개 안에 넣어야 한다.

 Check!

분리된 형태의 보조 배터리 및 휴대용 리튬 이온 배터리(스마트폰, 노트북, 카메라 등에 사용하는 배터리)는 위탁 수하물에 반입할 수 없다. 각 항공사에 따라 기내 수하물로 반입 가능한 배터리의 개수와 용량의 제한 규정도 달라진다. 탑승하는 항공사에 사전에 문의할 것.

➡ Step3 세관 신고

말레이시아 여행을 하는 동안 소지하고 있을 고가의 물건이 있다면 세관에 미리 신고하는 게 좋다. 출국하기 전에 '휴대물품 반출신고 확인서'를 받아야만 입국 시 면세를 받을 수 있다. 출국 전에 신고를 하지 않은 경우, 해당 물건을 가지고 다시 입국할 때 세금을 내야 하는 일이 생길 수도 있다. 미화 1만 달러를 초과하는 외화 또는 원화도 신고 대상이다.

➡ Step4 보안 검색

검색요원의 안내에 따라 휴대한 가방과 소지품들을 바구니에 담아 검색대 위에 올려놓는다. 노트북은 휴대한 가방과는 별도로 바구니에 담아서 올려놓아야 한다. 두꺼운 외투나 모자도 벗어야 하며, 상황에 따라 벨트와 신발을 벗어야 하는 경우도 있다.

➡ Step5 출국 심사

출국심사대 앞에서 줄을 서서 기다리다가 차례가 되면 출국심사를 받는다. 모자나 선글라스를 반드시 벗어야 하며, 여권과 탑승권을 함께 제시한다. 별 문제 없다면 별도의 출국신고서 작성은 필요 없다.

───── Check! ─────

만 19세 이상의 국민이라면 사전 등록 절차 없이 자동출입국 심사대를 바로 이용할 수 있다(단, 만 7세 이상~19세 미만의 국민, 성명이나 주민등록번호가 변경된 경우 사전 등록이 필요함). 여권 사진 면을 펼쳐서 판독기에 인식→스캐너에 지문 인식→정면 카메라로 얼굴 인식 과정을 거친다.

➡ Step6 탑승구로 이동

탑승권에 적혀 있는 출발 게이트로 이동한다. 제1 여객터미널 기준 출발 게이트는 국적항공사들이 이용하는 여객터미널(1~50번)과 외국 취항사들이 이용하는 탑승동(101~132번)으로 나뉘어져 있으며, 여객터미널에서 탑승동으로 가는 셔틀트레인을 운행한다. 가는 길에 면세점 등 공항시설을 이용할 수 있으며, 출발 시간 30~40분 전(보딩타임 10분 전)에는 출발 게이트에 도착해 있도록 하자.

셔틀트레인

───── Check! ─────

여객터미널에서 탑승동으로 갈 때는 무료로 운행되는 셔틀트레인(5분 간격 출발, 3~5분 소요)을 탄다. 일단 한번 탑승동으로 이동한 다음에는 다시 여객터미널로 되돌아올 수 없다. 탑승동에도 별도의 면세점과 공항 시설이 있긴 하지만, 여객터미널에만 위치한 면세점이나 공항시설 등을 이용할 사람들은 참고하자.

TIP

면세품 찾기

시내의 면세점이나 인터넷 면세점에서 구입한 물품들은 공항의 면세품 인도장에서 받는다. 물품 인도증에 있는 약도를 보고 해당 면세품 인도장으로 찾아가 구입한 물건을 챙기도록 한다. 화장품 등 액체류는 밀봉된 포장을 풀면 안 되니 주의할 것.

탑승구로 이동

탑승구 앞 도착

비행기 탑승

03. 말레이시아 입국하기

말레이시아 입국 심사는 지문인식을 활용하기 때문에 다소 대기 줄이 긴 편이다. 입국장에 도착한 순서대로 입국 심사를 받게 되니 조금 서둘러서 움직이도록 한다.

Step1 입국장으로 이동

기내에서 빠뜨린 짐은 없는지 다시 한 번 확인한 뒤 비행기에서 내린다. 비행기를 나와서 'Arrival'이라고 적힌 표지판을 따라 이동하자. 입국 신고서 작성은 필요 없다.

Step2 입국 심사

'Arrival'이라고 적힌 표지판을 따라가면 입국심사대 'Passport Control'가 나타난다. 여권과 전자항공권 사본을 가지고 입국심사대에 줄을 선다. 모자와 선글라스는 착용하지 않는다. 자신의 차례가 되었을 때 여권을 내밀면 대부분 특별한 질문 없이 입국 스탬프를 찍어서 돌려준다. 귀국 항공권을 요청하면 전자항공권 사본을 보여주면 된다. 입국심사관이 체류 기간과 방문 목적, 머물 장소 등을 질문하는 경우 침착하게 영어로 대답한다.

말레이시아 국제공항의 출입국 심사에는 지문인식이 활용된다. 입국심사관의 지시에 따라 양쪽 검지 손가락을 심사대 앞에 놓여진 지문스캐너 위에 올려놓는다. 완료 표시인 녹색불이 들어오면 손을 뗀다.

Step3 수하물 찾기

입국심사대를 통과했다면 'Baggage Claim'이라 적혀 있는 안내판을 따라 이동한다. 이동 후 자신이 타고 온 항공사의 노선명이 나와 있는 곳에서 짐을 기다린 후 찾으면 된다.

Step4 세관 심사

특별히 신고해야 할 물품이 없는 사람들은 'Nothing to Declare'라고 적힌 녹색 안내판이 있는 출구로 나가면 된다. 신고할 사항이 있다면 빨간 색 불이 켜진 'Goods to Declare' 출구로 가서 신고하고 세금을 지불한다.

Check!

짐이 나오지 않는 경우

체크인한 짐이 나오지 않는다면, 공항 직원이나 해당 항공사의 담당자에게 배기지 태그 를 보여주며 문의한다. 공항이나 항공사의 잘못으로 짐이 늦게 도착하는 거라면 짐을 찾는 대로 호텔까지 보내 준다. 2~3일 정도가 걸리기도 하니 짐을 받을 수 있는 호텔의 이름과 주소 등을 정확하게 알려줘야 한다. 분실이나 파손된 경우는 항공사의 관련 규약에 따라서 보상을 받게 된다. 그 금액이 그리 크지 않으니 고가의 물품은 위탁수하물로 보내지 않는다.

04. 쿠알라룸푸르 공항에서 다른 지역으로

쿠알라룸푸르 시내로 들어가지 않고 바로 페낭이나 랑카위, 말라카 등으로 이동하는 경우도 있다. 공항에서 시내까지 오고가는 시간이 들지 않기 때문에 단기간의 여행 일정을 짜기에는 효율적인 방법. 공항에서 국내선으로 환승하거나 버스 터미널로 이동하는 방법을 알아보자.

❶ 국내선으로 바로 환승할 경우

페낭이나 랑카위 지역으로 가는 사람들은 쿠알라룸푸르 공항에서 바로 국내선으로 갈아타는 경우가 많다. 한국에서 출발한 국제선은 항공사에 따라 KLIA 또는 KLIA2로 도착하며, 말레이시아 각 지역으로 가는 국내선 역시 항공사에 따라 KLIA 또는 KLIA2에서 출발한다. 편안한 환승을 위해서는 같은 터미널을 사용하는 항공사를 이용하는 것이 좋다. 국내선 최종 목적지까지 바로 짐을 보낼 수 있는지 여부는 해당 항공사에 확인한다.

●국내선 환승 절차
(수하물이 연결되지 않는 경우)
국제선 도착 ➡ 입국장 도착 ➡ 입국 심사 ➡ 수하물 찾기 ➡ 세관 통과 ➡ 해당 국내선이 출발하는 터미널(KLIA 또는 KLIA2)로 이동 ➡ 해당 국내선 카운터 체크인 ➡ 국내선 탑승

●국내선 환승 절차(수하물이 연결되는 경우)
국제선 도착 ➡ 입국장 도착 ➡ 입국 심사 ➡ 환승 카운터 체크인 ➡ 국내선 탑승

TIP

KLIA와 KLIA2 사이 이동하기

공항철도나 공항셔틀버스를 타고 두 터미널 사이를 이동할 수 있다. 공항철도를 이용하려면 공항철도 플랫폼에서 '클리아 트랜짓 KLIA Transit'을 탄다(요금 RM2). 이때 KL 센트럴까지 바로 가는 '클리아 익스프레스 KLIA Ekspres'와 헷갈리지 않도록 주의할 것.

Travel Plus +

공항 노숙 대신 편안한 휴식!

아주 저렴한 가격에 판매되는 저가항공사의 프로모션 티켓은 이른 새벽이나 밤늦은 시간에 출발하는 경우가 많다. 이런 초특가 항공편을 이용하기 위해 공항 노숙을 불사하는 사람들은 공항마다 흔한 풍경. 좀 더 편안한 휴식을 원하는 사람은 공항의 숙소를 이용할 수 있다.

●사마 사마 호텔 in KLIA Sama Sama Hotel
KLIA에 있는 고급 호텔이다. 청사 건물 길 건너편의 버스 터미널 건물에 있다. 공항 청사에서 호텔까지 왕복 버기 서비스를 제공한다.
WEB www.samasamahotels.com

●사마 사마 익스프레스 in KLIA & KLIA2
Sama Sama Espress
KLIA와 KLIA2에 있는 트랜짓 전용 호텔이다. 공항 밖으로 나가지 않고 면세점 쇼핑을 하기에 편리하다. 요금은 6시간 단위로 지불한다.
WEB www.samasamaexpress.com

●튠 호텔 in KLIA2 Tune Hotel
KLIA2 청사 바깥쪽에 위치한 저가형 호텔이다.
WEB www.tunehotels.com

●캡슐 바이 컨테이너 호텔 in KLIA2
Capsule by Container Hotel
KLIA2의 쇼핑몰 건물 1층, 교통 허브층에 있는 컨테이너 도미토리형 숙소다. 개인 라커와 공용 샤워실도 완비. 6~12시간 단위로 숙박비를 계산한다.
WEB www.capsulecontainer.com

❷ 말라카/페낭행 버스로 바로 갈아탈 경우

공항의 버스 터미널에서 국내 주요 도시로 가는 시외버스를 탈 수 있다. 남부의 말라카, 북부의 페낭 등이 주요 목적지. 운항 편수가 많지는 않지만 쿠알라룸푸르 시내의 버스 터미널까지 이동할 필요가 없어서 편리하다. KLIA와 KLIA2의 버스 터미널 두 곳 모두에서 출발 가능하다.

※KLIA 공항에서 출발하는 시외 버스

목적지	운행시간	소요시간	요금
말라카	06:45~21:00, 1~2시간 간격	약 2시간	RM 25~30
페낭 (버터워스)	07:00~01:00, 2~3시간 간격	약 5시간 30분	RM 55~60

❸ TBS 버스 터미널로 가는 경우

쿠알라룸푸르 시내 남쪽에 위치한 TBS 버스 터미널로 갈 수도 있다. 쿠알라룸푸르 시내 중심에서 남쪽으로 10km 정도 떨어져 있는 버스 터미널로, 말레이시아 각 지역으로 가는 장거리버스를 탈 수 있다. 쿠알라룸푸르 국제공항에서는 KLIA 트랜짓(공항철도)을 타고 반다르 타식 슬라탄 Bandar Tasik Selatan 역에서 내리면 된다.

●TBS(Terminal Bersepadu Selatan)
ADD L3-11, Jalan Lingkaran Tengah Ii, Bandar Tasik Selatan TEL +60 3-9057-5804 WEB www.tbsbts. com.my ACCESS KLIA 트랜짓, 반다르 타식 슬라탄 Bandar Tasik Selatan 역에서 하차. 연결 통로를 따라 도보 5분

주의사항 Top 10

말레이시아에서 조금 더 즐겁고 안전하게 여행하는 방법,
이것만은 꼭 알아두세요!

01. 말레이시아에는 관광세가 있어요.

말레이시아 연방정부는 외국 여권 소지자에게 객실 하나당 1박에 10링깃씩 '관광세 Tourism Tax'를 부과합니다. 이 금액은 체크인 또는 체크아웃 시 호텔이 대신 징수합니다. 단, 각 지방자치정부마다 시행 여부에는 다소 차이가 있을 수 있습니다.

02. 우리와는 정반대, 좌측 통행입니다.

도로에 다니는 차량들의 방향이 우리와는 정반대인 좌측통행입니다. 영국의 식민지였던 영향인데요. 길을 건널 때는 항상 오른쪽부터 살펴볼 것! 우리나라에서의 습관대로 무심코 길을 건너면 큰일날 수 있습니다.

03. 에어컨 바람이 아주 센 편입니다.

무더운 열대이다 보니 사시사철 강력한 에어컨 바람을 느낄 수 있어요. 지하철이나 쇼핑몰 등 실내 온도가 한국보다 아주 낮게 설정되어 있습니다. 찬 바람을 막을 수 있는 스카프나 얇은 카디건을 가지고 다니세요. 실내와 바깥의 온도 차이가 심하다 보면 감기 들기 쉽습니다.

04. 모든 지역에서 원화 환율이 좋진 않아요.

한국인들이 많이 찾는 코타키나발루나 쿠알라룸푸르에서는 원화 고액권을 들고 와서 환전하는 게 제일 유리합니다. 하지만 그 외의 지역에서는 원화의 환율이 그다지 좋지 않아요. 쿠알라룸푸르에서 미리 여행 경비를 환전해가거나, 100달러 짜리 고액권으로 준비하세요.

05. 신용카드 결제는 언제나 현지화로!

원화로 결제해 드릴까요? 해외에서 이 질문은 고객을 위한 것이 아닙니다. 원화로 알려주니 편하다고 생각하기 쉽지만, 실제 금액보다 3~8%가량 높은 원화결제서비스 수수료(DCC)가 발생해요. 원화로 청구된 영수증에는 절대 사인하지 말고 카드 취소를 요구할 것! 취소 영수증도 잘 챙기세요.

06. 스마트폰 충전하려면 멀티 어댑터를 챙기세요.

말레이시아는 우리나라와는 완전히 다른 3핀식 전기 플러그를 사용해요. 미리 준비하지 못했다면 현지 편의점이나 상점에서도 구입 가능. 숙소에서 대여해 주는 곳도 많으니 한번 문의해보세요. 일부 숙소는 한국식 플러그를 꼽을 수 있는 콘센트가 있는 곳도 있습니다.

07. 여성 여행자들에게만 접근하는 현지인은 경계하세요.

여행자들에게 친절하기로 유명한 말레이시아 사람들이지만, 불행히도 경제적 상황과 인종에 따라 약간의 차이를 보이곤 합니다. 특히 여성 여행자들만 골라서 접근하는 인도계 남성들의 사례가 종종 보고되곤 합니다. 이유 없는 친절, 과도한 친절에는 다 이유가 있다는 것! 알아두세요.

08. 테이블에 놓여 있는 물티슈와 땅콩은 유료입니다.

일부 지역의 식당에서는 물티슈를 별도로 계산합니다. 테이블 위에 땅콩이나 건과일 종류를 올려놓는 경우도 마찬가지. 가게마다 다르지만 보통 물티슈는 RM0.5~1, 땅콩은 한 접시당 RM1~2 정도. 먹고 싶지 않다면 미리 치워달라고 하세요.

09. 오토바이 날치기 조심하세요.

가방을 어깨 한쪽에 가볍게 걸치고 다니면 오토바이 날치기의 타깃이 될 수 있습니다. 크로스형 가방을 몸 앞쪽으로 메고, 가능한 길 안 쪽으로 걸으세요. 가방을 빼앗기지 않으려다 도로로 끌려나가면 더 큰 2차 사고가 이어질 수 있으니 주의하세요.

10. 코타키나발루에 갈 때는 국내선도 여권심사를 받아요.

코타키나발루가 있는 사바 지역으로 들어갈 때는 국내선도 여권 검사를 합니다. 국제선을 타고 바로 입국할 때는 당연한 일이지만, 국내선을 타고 갈 때도 여권 심사대에서 줄을 서야 하니 당황하지 마세요. 여권을 준비한 후 기다리면 별도의 입국 스탬프도 찍어줍니다.

말레이시아는? 태국의 남쪽, 인도네시아의 북쪽 사이에 있는 동남아시아의 나라. 말레이 반도와 보르네오 섬 지역으로 나뉜다. 수도는 쿠알라룸푸르, 행정 수도는 푸트라자야다.

시차는? 우리나라보다 1시간 느리다(GMT+8).

크기는? 말레이 반도가 중심이 되는 서말레이시아(11개 주)와 보르네오 섬이 중심이 되는 동말레이시아(2개 주) 등 모두 13개 주와 3개의 연방직할지로 구성되어 있다. 전체 면적은 330,252㎢, 한반도의 1.5배 크기다.

인구는? 인구가 약 3천7백만 명, 세계에서 43번째로 인구가 많다. 전체의 60%가 말레이계, 25%가 중국계, 7% 정도가 인도계다.

언어는? 말레이시아어가 공용어이다. 중국계들은 출신 지역의 중국어를 함께 사용하며, 타밀계 인도인들은 영어를 주로 사용한다. 전체적으로 초등학생 때부터 영어를 교육받아 기본적인 영어 소통이 가능하다.

종교는? 국교는 이슬람교로 인구의 약 60%가 믿고 있다. 종교의 자유가 있으며 20%는 불교, 10%는 기독교, 6%가 힌두교를 믿는다.

경제는? 말레이시아의 국내총생산(GDP)은 3,093억 달러 정도. IMF 2016년 기준으로 세계 34위의 경제 규모다.

역사는? 1957년 8월 31일 말라야 연방(Federation of Malaya)이 세워졌고, 1963년 9월 16일 싱가포르 자치령과 영국령에 있던 보르네오가 합쳐지면서 오늘날의 말레이시아가 탄생했다. 1965년 8월 31일 말레이시아로부터 싱가포르가 분리 독립했다.

기후는? 적도 부근에 위치해 있어 우기와 건기가 있는 열대성 기후이다. 보르네오 섬에 있는 동말레이시아는 해양성 기후이다.

통화는? 말레이시아 링깃(RM). 통화 단위는 100, 50, 20, 10, 5, 1링깃의 지폐가 있고, 동전으로는 1링깃과 50, 20, 10, 5, 1센트가 있다. **1링깃은 약 288원 정도다(2020년 1월 기준).**

비자는? 관광 목적으로 입국하면 도착 비자(90일 유효기간) 발급. 유효기간 6개월 이상 남은 여권이 필요하다.

전압은? 우리나라와 비슷한 220~240V. 50HZ. 플러그는 3핀 방식을 사용해서 어댑터가 필요하다.

전화는? 로밍을 하거나 스마트폰의 경우 현지 유심을 사서 금액 충전 후 끼우면 바로 사용 가능하다(국가번호 +60).

Index

Index

Index

Index

Index

Index

Memo

Memo

friends 프렌즈 시리즈 26

프렌즈 말레이시아

초판 1쇄 2016년 8월 2일
개정 4판 1쇄 2019년 8월 5일
개정 4판 3쇄 2020년 1월 29일

지은이 | 김준현 · 전혜진

발행인 | 이상언
제작총괄 | 이정아
편집장 | 손혜린
책임편집 | 문주미
디자인 | 렐리시 · 정원경 · 르마
개정 디자인 | 양재연 · 김미연
지도 디자인 | 글터

발행처 | 중앙일보플러스(주)
주소 | (04517) 서울시 중구 통일로 86 바비엥3 4층
등록 | 2008년 1월 25일 제2014–000178호
판매 | 1588–0950
제작 | (02) 6416–3981
홈페이지 | jbooks.joins.com
네이버 포스트 | post.naver.com/joongangbooks

ⓒ김준현 · 전혜진 2016~2020

ISBN 978–89–278–1032–2 14980
ISBN 978–89–278–0967–8(세트)